中 国 国 家 标 准 汇 编

2017 年修订-11

中国标准出版社　编

中国标准出版社
北　京

图书在版编目(CIP)数据

中国国家标准汇编:2017年修订.11/中国标准出版社编.—北京:中国标准出版社,2019.5
ISBN 978-7-5066-9232-8

Ⅰ.①中… Ⅱ.①中… Ⅲ.①国家标准-汇编-中国-2017 Ⅳ.①T-652.1

中国版本图书馆CIP数据核字(2019)第063578号

中国标准出版社出版发行
北京市朝阳区和平里西街甲2号(100029)
北京市西城区三里河北街16号(100045)

网址 www.spc.net.cn
总编室:(010)68533533 发行中心:(010)51780238
读者服务部:(010)68523946
中国标准出版社秦皇岛印刷厂印刷
各地新华书店经销

*

开本 880×1230 1/16 印张 36 字数 1 294 千字
2019年5月第一版 2019年5月第一次印刷

*

定价 220.00 元

出 版 说 明

《中国国家标准汇编》是一部大型综合性国家标准全集。自1983年起，每年按国家标准顺序号分册汇编出版，分为“制定”卷和“修订”卷两种形式。

“制定”卷收入上一年度我国发布的、新制定的国家标准，视篇幅分成若干分册，封面和书脊上注明“20××年制定”字样及分册号，分册号一直连续。各分册中的标准是按照标准编号顺序连续排列的，如有标准顺序号缺号的，除特殊情况注明外，暂为空号。

“修订”卷收入上一年度我国发布的、被修订的国家标准，视篇幅分成若干分册，但与“制定”卷分册号无关联，仅在封面和书脊上注明“20××年修订-1，-2，-3，……”字样。“修订”卷各分册中的标准，仍按标准编号顺序排列（但不连续）；如有遗漏的，均在当年最后一分册中补齐。需提请读者注意的是，个别非顺延前年度标准编号的新制定国家标准没有收入在“制定”卷中，而是收入在“修订”卷中。

读者购买每年出版的《中国国家标准汇编》“制定”卷和“修订”卷则可收齐由我社出版的上一年度制定和修订的全部国家标准。

2017年我国制修订国家标准共3 811项。本分册为《中国国家标准汇编》“2017年修订-11”，收入新制修订的国家标准27项。

中国标准出版社

2019年3月

目　　录

ICS 29.020
J 07

中华人民共和国国家标准

GB/T 5226.31—2017/IEC 60204-31:2013
代替 GB 5226.4—2005

机械电气安全　机械电气设备 第31部分:缝纫机、缝制单元和缝制系统的特殊安全和EMC要求

Electrical safety of machinery—Electrical equipment of machines—Part 31:Particular safety and EMC requirements for sewing machines, units and systems

(IEC 60204-31:2013,Safety of machinery—Electrical equipment of machines—Part 31:Particular safety and EMC requirements for sewing machines, units and systems,IDT)

2017-10-14 发布　　2018-05-01 实施

中华人民共和国国家质量监督检验检疫总局
中国国家标准化管理委员会　发布

前　　言

GB/T 5226《机械电气安全　机械电气设备》拟分成部分出版，已经发布如下几部分：

——第1部分：通用技术条件；

——第6部分：建设机械技术条件；

——第11部分：电压高于1 000 Va.c.或1 500 Vd.c.但不超过36 kV的高压设备的技术条件；

——第31部分：缝纫机、缝制单元和缝制系统的特殊安全和EMC要求；

——第32部分：起重机械通用技术条件；

——第33部分：半导体设备技术条件。

本部分为GB/T 5226的第31部分。

本部分按照GB/T 1.1—2009给出的规则起草。

本部分代替GB 5226.4—2005《机械安全　机械电气设备　第31部分：缝纫机、缝制单元和缝制系统的特殊安全和EMC要求》，与GB 5226.4—2005相比主要技术变化如下：

——修改了第3章术语和定义中各词条叙述；

——与GB 5226.1--2008的标题和子标题顺序相对应；

——为与相关IEC标准保持一致对附录AA进行了修改；

——删除了5.1“替换第三段第一句，可以使用中线”；

——删除了5.3.3.1概述的补充内容；

——删除了”6.4 采用PELV保护”；

——删除了”9.1.4 控制器件的连接”；

——删除了9.2.5.2“缝制周期短的缝纫单元和缝制系统，例如：自动加固缝、锁眼、钉扣等设备。”；

——删除了“控制接口”和“电子设备”内容；

——修改了9.4.1一般要求的补充内容；

——增加了18.4耐压试验补充浪涌保护装置的内容；

——增加了附录AA.4性能判据增加性能判据C；

——删除了表AA.2中射频电磁场脉冲调制抗扰度要求，增加了工频磁场抗扰度；

——删除了表AA.4过程、测量和控制线、长控制总线端口的抗扰度；

——删除了表AA.5直流电源输入/输出端口的抗扰度；

——删除了表AA.7接地端口的抗扰度；

——原表AA.6交流电源输入/输出端口的抗扰度改为表AA.4，并增加电压暂降、电压中断、浪涌（冲击）的抗扰度要求；

——修改了附录BB内容。

本部分使用翻译法等同采用IEC 60204-31:2013《机械安全　机械电气设备　第31部分：缝纫机、缝制单元和缝制系统的特殊安全和EMC要求》（第4版，英文版）。

与本部分中规范性引用的国际文件有一致性对应关系的我国文件如下：

——GB 4824—2013　工业、科学和医疗（ISM）射频设备　骚扰特性　限值和测量方法（IEC/CISPR 11:2010）

——GB/T 4798.3—2007　电工电子产品应用环境条件　第3部分：有气候防护场所固定使用（IEC 60721-3-3:2002，MOD）

——GB/T 14048.1—2012　低压开关设备和控制设备　第1部分：总则（IEC 60947-1:2011，

MOD)

——GB/T 15092.1—2010 器具开关 第1部分:通用要求(IEC 61058-1:2008,IDT)

——GB/T 16895.21—2011 低压电气装置 第4-41部分:安全防护 电击防护(IEC 60364-4-41:2005,IDT)

——GB 17625.1—2012 电磁兼容 限值 谐波电流发射限值(设备每相输入电流≤16 A)(IEC 61000-3-2:2009,IDT)

——GB/T 17625.2—2007 电磁兼容 限值 对每相额定电流≤16 A且无条件接入的设备在公用低压供电系统中产生的电压变化、电压波动和闪烁的限制(IEC 61000-3-3:2005,IDT)

——GB/T 17626.2—2006 电磁兼容 试验和测量技术 静电放电抗扰度试验(IEC 61000-4-2:2001,IDT)

——GB/T 17626.3—2006 电磁兼容 试验和测量技术 射频电磁场辐射抗扰度试验(IEC 61000-4-3:2002,IDT)

——GB/T 17626.4—2008 电磁兼容 试验和测量技术 电快速瞬变脉冲群抗扰度试验(IEC 61000-4-4:2004,IDT)

——GB/T 17626.6—2008 电磁兼容 试验和测量技术 射频场感应的传导骚扰抗扰度(IEC 61000-4-6:2006,IDT)

——GB/T 17626.11—2008 电磁兼容 试验和测量技术 电压暂降、短时中断和电压变化的抗扰度试验(IEC 61000-4-11:2004,IDT)

——GB/T 19212.1—2008 电力变压器、电源、电抗器和类似产品的安全 第1部分:通用要求和试验(IEC 61558-1:2005,IDT)

本部分做了下列编辑性修改:

——标准名称改为《机械电气安全 机械电气设备 第31部分:缝纫机、缝制单元和缝制系统的特殊安全和EMC要求》。

本部分由中国机械工业联合会提出。

本部分由全国工业机械电气系统标准化技术委员会(SAC/TC 231)归口。

本部分由北京大豪科技股份有限公司负责起草,北京机床研究所、中国缝制机械协会、上海市缝纫机研究所、上海鲍麦克斯电子科技有限公司、四川省绵阳西南自动化研究所、西安标准工业股份有限公司、中捷缝纫机股份有限公司、浙江琦星电子科技有限公司、浙江新杰克缝纫机股份有限公司参加起草。

本部分主要起草人:胡文海、钱毅、黄祖广、陈戟、吴剑敏、朱兰斌、李杰、朱强、楼俏军、吴文俊、张传有。

本部分于2005年8月首次发布,本次为第一次修订。

引　　言

本部分是对 GB 5226.1—2008 相应条款的修改和补充，本部分应与 GB 5226.1—2008 配套使用。

本部分适用于缝纫机、缝制单元和缝制系统电气设备的特殊安全和 EMC 要求。

在本部分中未提到的 GB 5226.1 中的特殊条款，应尽可能的合理使用。本部分中的“补充”“修改”或“替换”是对 GB 5226.1 相关章节的修改。

对 GB 5226.1 补充的附录编号为附录 AA 和附录 BB。

机械电气安全　机械电气设备　第31部分:缝纫机、缝制单元和缝制系统的特殊安全和EMC要求

1　范围

GB 5226.1—2008 中第 1 章由以下内容替换:

本部分适用于为工业用途专门设计的缝纫机、缝制单元和缝制系统的电气和电子设备。

注:家用或类似用途的缝纫机要求见 IEC 60335-2-28。

本部分所论及的设备是从机械电气设备的电源引入端开始(见 5.1)。本部分适用的电气设备或电气设备部件,其额定电压不超过交流 1 000 V 或直流 1 500 V,额定频率不超过 200 Hz。

本部分不包括全部要求(例如防护、联锁、控制),这些要求是其他标准中保护人员免遭非电气危险所必要的。

本部分适用于安装在干燥和洁净场所并且缝制干式缝料(如工业布料)的缝制单元和系统。对于在潮湿和污染场所使用的缝纫机单元和系统应采取更严格的措施,该措施需要制造商与客户达成一致。

缝纫机电气电子设备产生的噪声并不视为一种相关伤害,因此 GB/T 5226 不包含任何有关噪声的特定要求。

2　规范性引用文件

下列文件对于本文件的应用是必不可少的。凡是注日期的引用文件,仅注日期的版本适用于本文件。凡是不注日期的引用文件,其最新版本(包括所有的修改单)适用于本文件。

GB 5226.1—2008 的第 2 章按下列修改后适用于本部分。

补充引用文件:

GB 5226.1—2008　机械电气安全　机械电气设备　第 1 部分:通用技术条件(IEC 60204-1:2005, IDT)

GB/T 16935.1—2008　低压系统内设备的绝缘配合　第 1 部分:原理、要求和试验(IEC 60664-1:2007, IDT)

GB/T 17626.5—2008　电磁兼容　试验和测量技术　浪涌(冲击)抗扰度试验(IEC 61000-4-5:2005, IDT)

IEC 60364-4-41　低压电气装置　第 4-41 部分:安全防护　电击防护(Low-voltage electrical installations—Part 4-41:Protection for safety—Protection against electric shock)

IEC 60721-3-3　环境条件分类　第 3 部分:环境参数组及其严酷程度的分类分级　第 3 节:在有气候防护场所的固定使用(Classification of environmental conditions—Part 3:Classification of groups of environmental parameters and their severities—Section 3:Stationary use at weatherprotected locations)

IEC 60947-1:2007　低压开关设备和控制设备　第 1 部分:总则(Low-voltage switchgear and controlgear—Part 1:General rules)(修订 1:2010)

IEC 61000-3-2　电磁兼容　限值　谐波电流发射限值(设备每相输入电流≤16 A) [Electromagnetic compatibility (EMC)—Part 3-2: Limits—Limits for harmonic current emissions (equipment input current≤16 A per phase)]

IEC 61000-3-3 电磁兼容 限值 对每相额定电流≤16 A且无条件接入的设备在公用低压供电系统中产生的电压变化、电压波动和闪烁的限制[Electromagnetic compatibility(EMC)—Part 3-3:Limits—Limitation of voltage changes,voltage fluctuations and flicker in public low-voltage supply systems,for equipment with rated current≤16 A per phase and not subject to conditional connection]

IEC 61000-4-2 电磁兼容 试验和测量技术 静电放电抗扰度试验[Electromagnetic compatibility(EMC)—Part 4-2:Testing and measurement techniques—Electrostatic discharge immunity test]

IEC 61000-4-3 电磁兼容 试验和测量技术 射频电磁场辐射抗扰度试验[Electromagnetic compatibility(EMC)—Part 4-3:Testing and measurement techniques—Radiated,radio-frequency,electromagnetic field immunity test]

IEC 61000-4-4 电磁兼容 试验和测量技术 电快速瞬变脉冲群抗扰度试验[Electromagnetic compatibility(EMC)—Part 4-4:Testing and measurement techniques—Electrical fast transient/burst immunity test]

IEC 61000-4-6 电磁兼容 试验和测量技术 射频场感应的传导骚扰抗扰度[Electromagnetic compatibility(EMC)—Part 4-6:Testing and measurement techniques—Immunity to conducted disturbances,induced by radio-frequency fields]

IEC 61000-4-11 电磁兼容 试验和测量技术 电压暂降、短时中断和电压变化的抗扰度试验[Electromagnetic compatibility(EMC)—Part 4-11:Testing and measurement techniques—Voltage dips,short interruptions and voltage variations immunity tests]

IEC 61058-1 器具开关 第1部分:通用要求[Switches for appliances—Part 1:General requirements]

IEC 61558-1 电力变压器、电源、电抗器和类似产品的安全 第1部分:通用要求和试验[Safety of power transformers,power supplies,reactors and similar products—Part 1:General requirements and tests]

CISPR 11:2009 工业、科学和医疗(ISM)射频设备 骚扰特性 限值和测量方法(Industrial,scientific and medical equipment—Radio-frequency disturbance characteristics—Limits and methods of measurement)(修订1:2010)

ENV 50204 数字无线电话辐射电磁场抗扰度试验(Radiated electromagnetic field from digital radio telephones—Immunity test)

3 术语和定义

GB 5226.1—2008界定的以及下列术语和定义适用于本文件。

3.101

缝纫机 sewing machine

用一根或多根缝线形成一种或多种线迹的机械。

注1:以前曾用“缝纫机头”术语代替“缝纫机”。

注2:线迹定义参见ISO 4915。

注3:接缝型式定义参见ISO 4916。

注4:在生成一个接缝时机械可以完成一种或多种缝纫功能。

3.102

缝纫机台架 sewing machine stand

类似于桌子,在其上放置缝纫机以使能最佳操作。

3.103

缝纫机的驱动　sewing machine drive

可带或不带定位装置和缝纫机功能控制,速度可用电气和(或)机械装置控制的缝纫机驱动器件,例如电动机。

3.104

缝制单元　sewing units

至少由一台缝纫机、缝纫机台架和缝纫机驱动器组成的设备。

注:缝纫机或缝制单元包含一个或几个装置,例如缝纫装置、剪线装置、送料装置等,缝料和缝纫机可以通过人工或自动方式控制。

3.105

缝制系统　sewing system

由至少两台功能性互连的缝制单元或缝制单元部件组成的设备。

4　基本要求

GB 5226.1—2008 的第 4 章按下列修改后适用于本部分。

4.4.2　电磁兼容性

替换:

附录 AA 替换本部分。

4.4.4　湿度

修改:

第一段由下列内容替换:

在 IEC 60721-3-3 中规定的 3K3 严酷等级的湿度条件下,电气设备以预期方式应能正常工作。

5　引入电源线端接法和切断开关

GB 5226.1—2008 的第 5 章按下列修改后适用于本部分。

5.1　引入电源线端接法

修改:

在第一段第一句后补充:

每个缝制单元应连接到单一的引入电源。

由至少两个没有控制互联关系的缝制单元组成的缝制系统中,每个缝制单元可以有独自连接的引入电源。但是,如果其中一个缝制单元出现故障会产生危险,则缝制系统应连接到单一的引入电源。

5.3　电源切断(隔离)开关

5.3.1　概述

补充:

由控制系统将缝制单元互联组成的缝制系统只应有一个电源切断开关。

5.3.2　型式

d)条款中补充:

当通过操动“保持—运转”控制器件(例如:脚踏板)启动和停止缝制单元和缝制系统时,应使用符合IEC 60947-3 中使用类别 AC-3 或 DC-3 的隔离开关,或符合 IEC 61058-1 规定的内装式开关。

5.3.4 操作装置

补充:

坐姿操作的“通/断”开关手柄应安装在操作平面以上 0.5 m～1.5 m 间。

6 电击防护

GB 5226.1—2008 的第 6 章按下列修改后适用于本部分。

6.1 概述

补充:

电击防护也可以采用 IEC 60364-4-41 的 SELV 防护措施实现。

7 电气设备的防护

GB 5226.1—2008 的第 7 章按下列修改后适用于本部分。

7.5 对电源中断或电压降落随后复原的保护

补充:

对通过操动时为“起动”、释放时为“停止”的“保持—运转”控制器件(例如:脚踏板)的缝制单元和缝制系统,无需设置用以防止电源中断或电压降落随后意外起动和电压复原的装置。

8 等电位联结

GB 5226.1—2008 的第 8 章按下列补充后适用于本部分。

8.2.5 不必连接到保护接地联结电路上的零件

补充:

下列情况不必将缝纫机台架或易接近的导电部分连接到保护接地电路上:

——没有安装电气设备;或

——只在 SELV 和(或)PELV 下工作的电气设备(见 IEC 60364-4-41)。

9 控制电路和控制功能

GB 5226.1—2008 中的第 9 章按下列修改后适用于本部分。

9.1.1 控制电路电源

替换:

缝制单元和缝制系统的控制电路应符合 PELV(见 6.4)或 SELV(见 IEC 60364-4-41)的要求,控制电路电源采用的变压器应符合 IEC 61558-1 的规定。

9.2.5.2 起动

补充：

GB 5226.1—2008 的 9.2.5.2 不适用以下情况：

——采用操作时为“起动”的“保持—运转”控制器件(例如：脚踏板)的缝制单元和缝制系统。

9.2.5.3 停止

补充：

采用“保持—运转”控制器件(例如：脚踏板)能满足缝制单元和缝制系统停止功能要求。对于缝纫周期短的缝制单元和缝制系统(例如：自动加固、锁眼、钉扣等)采用符合 IEC 60947-3 或 IEC 61058-1 规定的“通”“断”开关，满足其停止功能要求。

9.4 失效情况的控制功能

9.4.1 一般要求

补充：

注：缝制单元和缝制系统上对部件危险运动已有固定防护装置防护则不必采用电路连锁保护。

9.4.2.2 部分或完整采用冗余技术

补充：

注：缝制单元和缝制系统上限于缝纫机本身有危险运动的部件(例如：形成线迹、送料等机构)无需采用冗余技术。

9.4.2.3 相异技术

补充：

注：缝制单元和缝制系统上限于缝纫机本身有危险运动的部件(例如：形成线迹、送料等机构)无需采用相异技术。

9.4.3.1 接地故障

补充：

缝制单元和缝制系统中当接地故障可能引起机械意外起动、危险运动或妨碍机械停止的情况下，涉及的导体可采用特殊安全措施，而不将控制电路与保护接地电路或配备的绝缘监控装置相连接。

特殊安全措施用以下方式实现，例如：

——将绝缘导线置于绝缘材料的管道中；

——采用双重绝缘技术；或

——将器件和部件封装起来。

10 操作板和安装在机械上的控制器件

GB 5226.1—2008 的第 10 章按下列修改后适应于本部分。

10.1.2 位置和安装

修改：

第二段的第一项(即“——操动器不低于操作平面以上 0.6 m，并处于操作者在正常工作位置上易够得着的范围内；”)用以下两项替换：

——用于正常操作的操动器不低于操作平面以上 0.5 m，并处于操作者在正常工作位置上易够得

着的范围内(也见 5.3.4);

——用于调试和维修的操动器不低于操作平面以上 0.3 m,并处于在正常操作(例如定位、锁定)期间不会被意外操作的位置。

10.1.3 防护

替换:

预期安装在操作板和机械上的控制器件应能承受规定的使用应力,并应具有至少 IP40(见 IEC 60529)的最低防护等级。缝制单元和缝制系统工作在无腐蚀性液体、气体、粗颗粒粉尘和碎片的环境中,具有 IP40 的防护等级是足够的。

10.2 按钮

10.2.1 颜色

修改:

第一段用以下内容替换:

应用时,按钮操动器的颜色代码应符合表 2 的要求,并受限于按钮操动器及其内装式罩壳和结构尺寸。

10.3 指示灯和显示器

10.3.2 颜色

修改:

第一句用以下内容替换:

应用时,指示灯玻璃的颜色代码应根据机械状态符合表 4 的要求,并受限于指示灯及其内装式罩壳和结构尺寸。

10.4 光标按钮

修改:

第一句用以下内容替换:

应用时,光标按钮的颜色代码应符合表 2 和表 4 的要求,并受限于光标按钮及其内装式罩壳和结构尺寸。

10.7.4 电源切断开关的本身操作实现急停

补充:

在自动控制的缝制单元和缝制系统中电源切断开关可起到急停器件的功能,无需考虑 10.7.2 所述的急停器件。

对操动时为“起动”的“保持—运转”控制器件(例如:脚踏板)的缝制单元和缝制系统,无需配置急停器件。另外,对于缝纫周期短的自动控制的缝制单元和缝制系统,例如:自动加固、锁眼、钉扣等,也无需配置急停器件。

这些缝制单元和缝制系统可按 IEC 60947-3 或 IEC 61058-1 要求配置“通”“断”转换开关。

11 控制设备:位置、安装和电柜

GB 5226.1—2008 的第 11 章按下列修改后适应于本部分。

11.2 位置和安装

11.2.1 易接近性和维修

修改：

第二段用以下内容替换：

为了常规维修或调整而需接近的有关器件，应安设于维修站台以上 0.3 m～2 m 之间。

11.2.2 实际隔离或成组

补充：

防护外壳应符合 GB 5226.1—2008 中 6.2.1 的规定，其外露可导电部分与带电部分的电气间隙和爬电距离应不小于 IEC 60947-1:2007(修订 1:2010)表 13 情况 A 和表 15 中污染等级 2 下的规定。

对于印刷电路组件和其他所有电气设备和装置(例如：开关、电机等)，均应符合 GB/T 16935.1—2008 表 F.4 中污染等级 2 的规定。

11.3 防护等级

替换：

缝制单元和缝制系统的开关器件外壳的防护等级不低于 IP40。例外，如果所有电路和所配器件均符合 6.1 的要求，则允许最低防护等级为 IP20。

12 导线和电缆

GB 5226.1—2008 的第 12 章适用于本部分。

13 配线技术

GB 5226.1—2008 的第 13 章按下列修改后适用于本部分。

13.2.4 颜色的标识

补充：

用于功能接地的导线应标识为灰色。

公用导线(例如用于消除静电的导线)应标识为灰色。

13.5.8 接线盒与其他线盒

修改：

第一段第二句用以下内容替换：

缝制单元和缝制系统的接线盒与分线盒的防护等级应不低于 IP40。例外，如果所有电路和所配器件符合 GB 5226.1—2008 中 6.1 要求，则允许最低防护等级为 IP20。

14 电动机及有关设备

GB 5226.1—2008 的第 14 章按下列修改后适用于本部分。

14.1 一般要求

补充：

用电动机定子绕组抽头为外部耗能装置（负载）供电的电压变换是不允许的。

14.2 电动机外壳

补充：

缝纫机驱动器（包括其可能附加的控制装置）的防护等级应不低于 IP40。

14.3 电动机尺寸

补充：

缝纫机驱动器的尺寸不需要与 IEC 60072-1 和 IEC 60072-2 相符合。

15 附件和照明

GB 5226.1—2008 的第 15 章按下列修改后适用于本部分。

15.2 机械和电气设备的局部照明

15.2.1 概述

补充：

如果缝制单元和缝制系统的局部照明（缝纫灯）额定交流电压不超过 50 V，其通断开关可安装在软导线上。

15.2.2 电源

补充：

低电压缝纫灯应配备内置式变压器或符合 IEC 61558-1 规定的外置式特低电压变压器。

用于穿缝线、更换缝制装置、维护等局部照明（缝纫灯）电路，应连接到缝制单元或缝制系统通/断开关器件的电源输入端。

16 标记、警告标志和参照代号

GB 5226.1—2008 的第 16 章适用于本部分。

17 技术文件

GB 5226.1—2008 的第 17 章按下列修改后适用于本部分。

17.7 操作说明书

补充：

说明书应对缝制单元或缝制系统先断电（例如：通过操作通/断开关或从电源输入端拔下插头）再进行的操作予以说明：

——更换缝制器具（例如缝针、压脚、旋梭或针板）；

——缝针、弯针、勾针穿缝线；
——工作场合无人看管；
——进行维护工作。

18 检验

GB 5226.1—2008 的第 18 章按下列修改后适用于本部分。

18.1 概述

补充：

18.2、18.3、18.4 和 18.7 为例行试验。

18.5、18.6 为型式试验。

18.3 绝缘电阻试验

补充：

当试验其他电路时，所包含电子器件的控制和信号电路应与保护导体连接。测量控制和信号电路对地绝缘电阻时，断开与其相连的保护导体，在其与接地电路间施加至少直流 100 V，时间为 1 s 的电压。为避免损坏电子电路，测试电压应逐渐增加。

18.4 耐压试验

补充：

整流器、电容、电子器件和额定功率小于 1 kW 的电动机试验前应断开。

电动机应按 IEC 60034-1 的规定进行试验。额定电压低于 50 V 的电子电路不应进行耐压试验。

机械电气设备中如果包含浪涌保护装置，并且测试过程中该装置可能起作用时，可以采取以下措施：

——断开浪涌保护装置，或
——采用低于保护装置的保护电压作为测试电压，但应不低于供电电压(相电压)的上限峰值。

附录

GB 5226.1—2008 的附录按下列修改后适用于本部分。

补充：

附 录 AA
（规范性附录）
电磁兼容性要求

AA.1 概述

本附录的目的是规定缝制单元、缝制系统和缝纫机驱动器、控制器等设备可能干扰其他设备的电磁发射限值，以及有关快速瞬变脉冲群、传导和辐射骚扰、静电放电的限值。

AA.2 电磁兼容试验等级

受电磁现象影响的端口有：

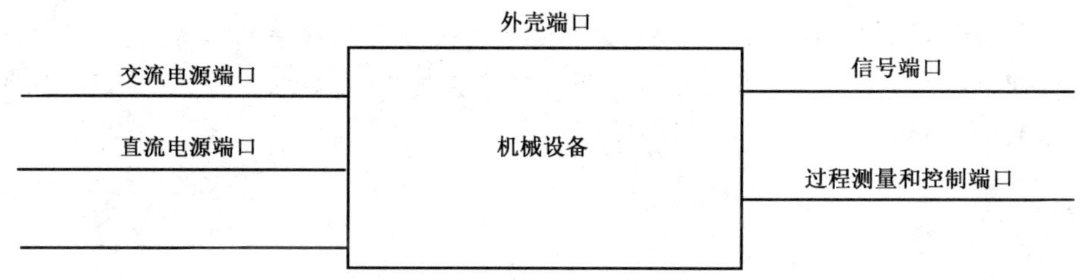

图 AA.1 端口

表 AA.1～表 AA.4 中规定的电磁兼容性限值，对下列情况有效：

——关于发射限值，预期在居住环境中使用；和

——关于抗扰度限值，在具有工业环境特征的缝制工业中使用。

因此，这些限值适用于在任何环境中预期使用的工业缝纫设备。

AA.3 发射

机械或设备产生的电气骚扰不应超过表 AA.1 规定的水平。

对于连接到设备的屏蔽部件的屏蔽线不需要测量骚扰电压，但屏蔽装置应相互连接。

对于长度小于 2 m 且不能延长的设备部件的连接导线不需要测量骚扰电压。

AA.4 抗扰度

所有电子设备的设计应至少能承受表 AA.2～表 AA.4 规定的试验值。

本部分涉及的缝纫机和设备抗扰度试验要求是按端口逐一给出的。

AA.5 性能判据

按本部分的规定进行试验，机械和设备不应出现危险。

在 EMC 试验期间或由于试验结果需要，应给出功能描述和性能判据的定义，并根据以下判据在试

验报告中注明：

——性能判据 A：机械和设备应按预期方式连续工作。当机械和设备按预期使用时，性能降低或功能丧失不允许低于制造商规定的性能水平。有些场合，性能水平可以用允许的性能丧失来代替。

——性能判据 B：试验后，机械和设备应按预期方式继续工作。当机械和设备按预期使用时，性能降低或功能丧失不允许低于制造商规定的性能水平。有些场合，性能水平可以用允许的性能丧失来代替。试验期间，性能降低是允许的，但实际工作状态或存贮数据不允许有任何改变。

——性能判据 C：允许暂时丧失功能，只要这种功能可自行恢复或者可以通过操作控制器来恢复。

如果供方没有规定最低的性能水平或允许的性能丧失，那么这些要求可以从产品说明、技术文件或用户在按预期方式使用机械和设备时得到。

AA.6 电磁兼容试验

AA.6.1 电磁兼容通用试验条件

EMC 试验应按下列条件进行：

——缝制单元、缝制系统或设备在规定的工作条件范围内和额定供电电压条件下；

——完整配置和准备好使用的缝制单元和缝制系统，或按工作顺序由独立机械组成的完整缝制系统；

——按最大扩展范围配置的缝制单元、缝制系统或设备(例如最大输入/输出和功能数量的控制系统，所有符合标准的配置较少的缝纫机和设备)。

——单个试验按顺序进行时，试验顺序是随意的。

试验中的配置和运行模式应正确记入试验报告。

当不太可能对缝纫机的每项功能进行试验时，应选择最严酷的运行模式进行试验。

从特殊机械和设备的电气特性和使用考虑，可以确定有些试验是不恰当的，因此是不必要的。在这种情况下，应将不试验的理由记录在试验报告中。

缝纫机驱动器和附加设备应按图 AA.1 所示的标准缝制单元的配置进行试验。

这样试验的缝纫机驱动器和设备是为 EMC 配置的，特殊试验方法应与供方协商。

注：配备的 EMC 设备不能完全保证缝制单元和缝制系统的 EMC 兼容性。

对每个 EMC 现象，测量应在定义明确和可重复条件下进行。

AA.6.2 EMC 发射试验条件

试验和试验设备应按 CISPR 11:2009(修订 1:2010)中第 7 章、第 8 章的要求进行。

应按图 AA.2 所示的试验配置进行试验。接地板应符合 CISPR 11:2009(修订 1:2010)中第 8 章的要求。

AA.6.3 EMC 的抗扰度试验条件

试验描述、试验方法及试验设备在本部分表 AA.2～表 AA.4 给出。

应按图 AA.2 所示的试验配置进行试验。

缝制系统的试验可与图 AA.2 所示的配置不同。

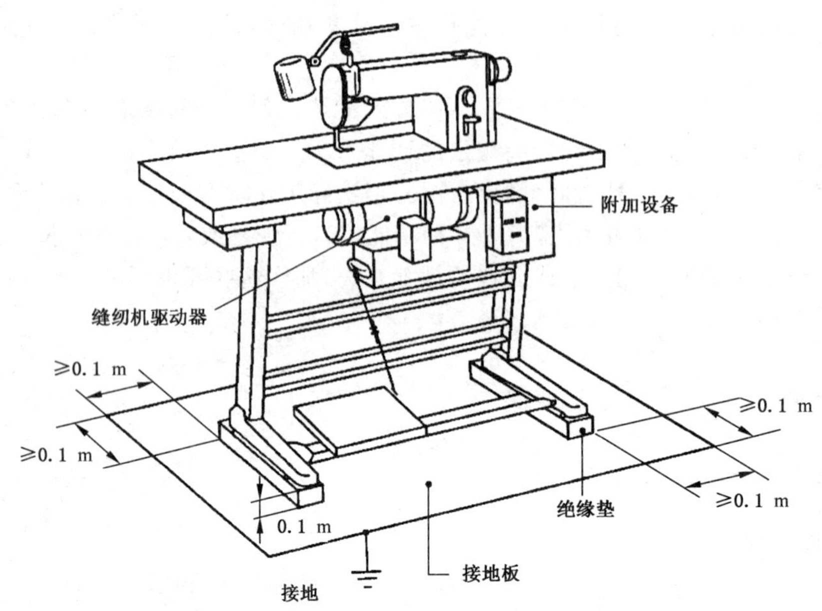

图 AA.2 标准缝制单元 EMC 试验配置

表 AA.1 辐射(外壳)和传导(交流电源)发射限值

端口	频率范围	限值	基础标准	适用性
外壳	30 MHz～230 MHz 230 MHz～1 000 MHz	30 dB(μV/m)准峰值,测量距离 10 m 37 dB(μV/m)准峰值,测量距离 10 m	CISPR 11	见注 1
交流电源	150 kHz～0.5 MHz	66 dB(μV/m)～56 dB(μV/m)准峰值 56 dB(μV/m)～46 dB(μV/m)平均值 限值随频率对数线性降低		见注 2、注 3 和注 4
	0.5 MHz～5 MHz	56 dB(μV/m)准峰值 46 dB(μV/m)平均值		见注 2、注 3 和注 4
	5 MHz～30 MHz	60 dB(μV/m)准峰值 50 dB(μV/m)平均值		见注 2、注 3 和注 4

注 1：本标准不包括现场测量。

注 2：脉冲噪声(喀呖声)每分钟小于 5 次时不考虑其限值。对于每分钟经常大于 30 次的喀呖声采用表 AA.1 所列限值。对于每分钟 5 次～30 次的喀呖声,表 AA.1 所列限值允许放宽 20lg(30/N)dB(N 指每分钟的喀呖声数)。

注 3：仅适用工作在低于交流电压有效值 1 000 V(均方根)以下的机械和设备。

注 4：这些限值是 CISPR 11 的一部分。

应符合 IEC 61000-3-2 和 IEC 61000-3-3 要求。

表 AA.2　外壳端口的抗扰度

环境现象	试验等级	单位	基础标准	备注	性能判据
工频磁场	50,60 30	Hz A/m	IEC 61000-4-8	应按电源频率试验,设备(组合设备、装置)只在其中某一供电频率的区域中使用时,则仅对该频率进行试验。见注 1	A(见注 2)
射频电磁场调幅	80～1 000 10 80	MHz V/m %调幅(1 kHz)	IEC 61000-4-3	规定的试验等级是调制前的有效值。见注 3	A
	1.4～2.0 3 80	GHz V/m %调幅(1 kHz)		规定的试验等级是调制前的有效值。见注 4	
	1.4～2.7 1 80	GHz V/m %调幅(1 kHz)		规定的试验等级是调制前的有效值。见注 4	
静电放电　接触放电	±4(充电电压)	kV	IEC 61000-4-2	接触放电和(或)空气放电试验见基础标准	B
静电放电　空气放电	±8(充电电压)	kV			

注 1:只应用于设备(装置)中包含有对磁场敏感的装置(组件)。

注 2:对于 CRT,可接受的图像抖动取决于字符的大小,并按以下公式对 1 A/m 的试验电平进行计算:$J=(3C+1)/40$。式中:抖动 J 和字符尺寸 C 的单位是 mm。因为抖动正比于磁场强度,因此可以用其他的试验值进行试验,再恰当的外推到最大的抖动值上。

注 3:ITU 广播频段 87 MHz～108 MHz、174 MHz～230 MHz 和 470 MHz～790 MHz 除外,那些频段上的试验值为 3 V/m。

注 4:选择此频率段旨在可检测到潜在的最高频率干扰。

表 AA.3　信号线和数据总线端口的抗扰度

环境现象	试验等级	单位	基础标准	试验布置	备注	性能判据
射频共模调幅	0.15～80 10 80 150	MHz V(未调制,方均根值) %调幅(1 kHz) 电源阻抗(Ω)	IEC 61000-4-6	IEC 61000-4-6	见注 1、注 2 和注 3 规定的试验参数是调制前的	A
快速瞬变	1 5/50 5	kV(峰值) (Tr/Th)ns (重复频率)kHz	IEC 61000-4-4	IEC 61000-4-4	见注 3	B

注 1:试验等级定义为接入 150 Ω 负载的等效电流。

注 2:另外,在 47 MHz～68 MHz ITU 广播频段的试验等级应为 3 V。

注 3:仅适用于连接有根据制造商功能技术规范电缆总长度超过 3 m 的端口。

线缆长度小于 30 m 时不考虑 GB/T 17626.5—2008 要求，参见 IEC 61000-4-2 表 2 注 4。

表 AA.4 交流电源输入/输出端口的抗扰度

<table>
<tr><th>环境现象</th><th colspan="2">试验等级</th><th>单位</th><th>基础标准</th><th>备注</th><th>性能判据</th></tr>
<tr><td>非对称射频</td><td colspan="2">0.15～80
10
80</td><td>MHz
V(未调制，方均根值)
%调幅(1 kHz)</td><td>IEC 61000-4-6</td><td>规定的试验参数是调制前的方均根值。见注 1、注 2</td><td>A</td></tr>
<tr><td rowspan="2">电压暂降</td><td colspan="2">0
1</td><td>%(剩余电压)
周期</td><td rowspan="2">IEC 61000-4-11</td><td rowspan="2">电压在过零处变动。见注 3</td><td>B(见注 4)</td></tr>
<tr><td>40
10/12(50/60 Hz)</td><td>70
25/30(50/60 Hz)</td><td>%(剩余电压)
周期</td><td>C(见注 4)</td></tr>
<tr><td>电压中断</td><td colspan="2">0
250/300(50/60 Hz)</td><td>%(剩余电压)
周期</td><td>IEC 61000-4-11</td><td>电压在过零处变动。见注 3</td><td>C(见注 4)</td></tr>
<tr><td>浪涌(冲击)
不对称(线-地)
对称(线-线)</td><td colspan="2">1.2/50(8/20)
±2
±1</td><td>(Tr/Th)μs
kV(开路电压)
kV(开路电压)</td><td>GB/T 17626.5</td><td>见 GB/T 17626.5—2008 第 5 章第 3 段</td><td>B</td></tr>
<tr><td>快速瞬变</td><td colspan="2">±2
5/50
5</td><td>kV(充电电压)
(Tr/Th)ns
(重复频率)kHz</td><td>IEC 61000-4-4</td><td></td><td>B</td></tr>
<tr><td colspan="7">注 1：试验等级被定义为接入 150 Ω 负载的等效电流。
注 2：另外，在 47 MHz～68 MHz ITU 广播频段的试验等级应为 3 V。
注 3：仅适用于输入端口。
注 4：对于电子功率变换器，允许保护装置动作。</td></tr>
</table>

参 考 文 献

[1] GB 4706.74—2008 家用和类似用途电器的安全 缝纫机的特殊要求
[2] GB/T 17799.2—2003 电磁兼容 通用标准 工业环境中的抗扰度试验
[3] ISO 4915:1991 纺织品 线迹型式 分类和术语
[4] ISO 4916:1991 纺织品 接缝型式 分类和术语

ICS 29.020
J 80

中华人民共和国国家标准

GB/T 5226.32—2017/IEC 60204-32:2008
代替 GB 5226.2—2002

机械电气安全　机械电气设备 第32部分:起重机械技术条件

Electrical safety of machinery—Electrical equipment of machines—Part 32:Requirements for hoisting machines

(IEC 60204-32:2008,Safety of machinery—Electrical equipment of machines—Part 32:Requirements for hoisting machines,IDT)

2017-12-29 发布　　2018-07-01 实施

中华人民共和国国家质量监督检验检疫总局
中国国家标准化管理委员会　发布

前　言

GB/T 5226《机械电气安全　机械电气设备》分为以下几部分：

——第1部分：通用技术条件；

——第6部分：建设机械技术条件；

——第11部分：交流电压高于1 000 V或直流电压高于1 500 V但不超过36 kV的通用技术条件；

——第31部分：缝纫机、缝制单元和缝制系统的特殊安全和EMC要求；

——第32部分：起重机械技术条件；

——第33部分：半导体设备技术条件。

本部分为GB/T 5226的第32部分。

本部分按照GB/T 1.1—2009给出的规则起草。

本部分代替GB 5226.2—2002《机械安全　机械电气设备　第32部分：起重机械技术条件》，与GB 5226.2—2002相比主要技术变化如下：

——修改了标准名称(见封面，2002年版的封面)；

——增加了(持续)载流量(3.17)、隔离器件(3.20)、急停器件(3.24)、紧急断开器件(3.25)、功能联结(3.34)、感应电源系统(3.39)、手动控制起重机械(3.46)、保护联结(3.54)、安全相关控制功能(安全相关控制电路)(3.62)9个术语；

——增加了电磁兼容性(见4.4.2)；

——增加了保护联结电路(见8.2)；

——增加了紧急断开器件(见10.8)和使能控制器件(见10.9)；

——增加了用自动切断电源作保护条件的检验(见18.2)；

——增加了在TN系统中的间接接触防护(见附录A)和断续工作制导线的选取(见附录D)；

——增加了常用导线截面积的对照表(见附录F)；

——修改了电动机的过载保护(见7.3，2002年版的7.3)；

——修改了紧急停止(见9.2.5.4.2，2002年版的9.2.5.4.2)；

——修改了无线控制(见9.2.7，2002年版的9.2.7)；

——删除了3个术语(见2002年版的3.17，3.53，3.59)；

——删除了电源系统设计(见2002年版的6.3.2.4)；

——删除了保护接地电路的断开(见2002年版的8.2.6)；

——删除了接至公共基准电位(见2002年版的8.3.3)；

——删除了控制器件的连接(见2002年版的9.1.4)；

——删除了串行数据通信(见2002年版的9.2.7.4)；

——删除了相关安全控制电路(见2002年版的9.5)；

——删除了第11章电子设备(2002年版的第11章)。

本部分使用翻译法等同采用IEC 60204-32:2008《机械安全　机械电气设备　第32部分：起重机械技术条件》。

与本部分中规范性引用的国际文件有一致性对应关系的我国文件见附录NA。

本部分做了下列编辑性修改：

——为与现有标准系列一致，修改标准名称；

——增加资料性附录 NA；

——在 10.9 的“注”中增加资料性要素，即“三位置形式可参见 GB/T 14048.20—2013”。

本部分由中国机械工业联合会提出。

本部分由全国工业机械电气系统标准化技术委员会(SAC/TC 231)归口。

本部分负责起草单位：北京起重运输机械设计研究院、中联重科股份有限公司、北京机床研究所。

本部分参加起草单位：大连众益电气有限公司、中船第九设计研究院工程有限公司、徐州重型机械有限公司、西门子(中国)有限公司、深圳市汇川技术股份有限公司、卫华集团有限公司、浙江三港起重电器有限公司、扬戈科技股份有限公司、广西建工集团建筑机械制造有限责任公司、辽宁国远科技有限公司、南京开关厂有限公司。

本部分主要起草人：岳文翀、赵春晖、赵丽媛、薛瑞娟、曾杨、程涛、张军、朱长建、段龙、夏翔、周强、周峰、范大山、林永、宋宵、吴以国。

本部分所代替标准的历次版本发布情况为：

——GB 5226.2—2002。

引　言

本部分对起重机械的电气设备提出技术要求和建议，以便促进提高：

——人员和财产的安全性；

——控制响应的一致性；

——维护的便利性。

不应以降低上述基本要求来获取高性能。

图1和图2有助于理解一台起重机械各个环节和其相关设备间的关系。图1所示是某典型物料搬运系统（一组协同工作的起重机）的总框图，图2为某典型起重机和关联设备的框图，它表示了本部分所涉及电气设备的各个环节。

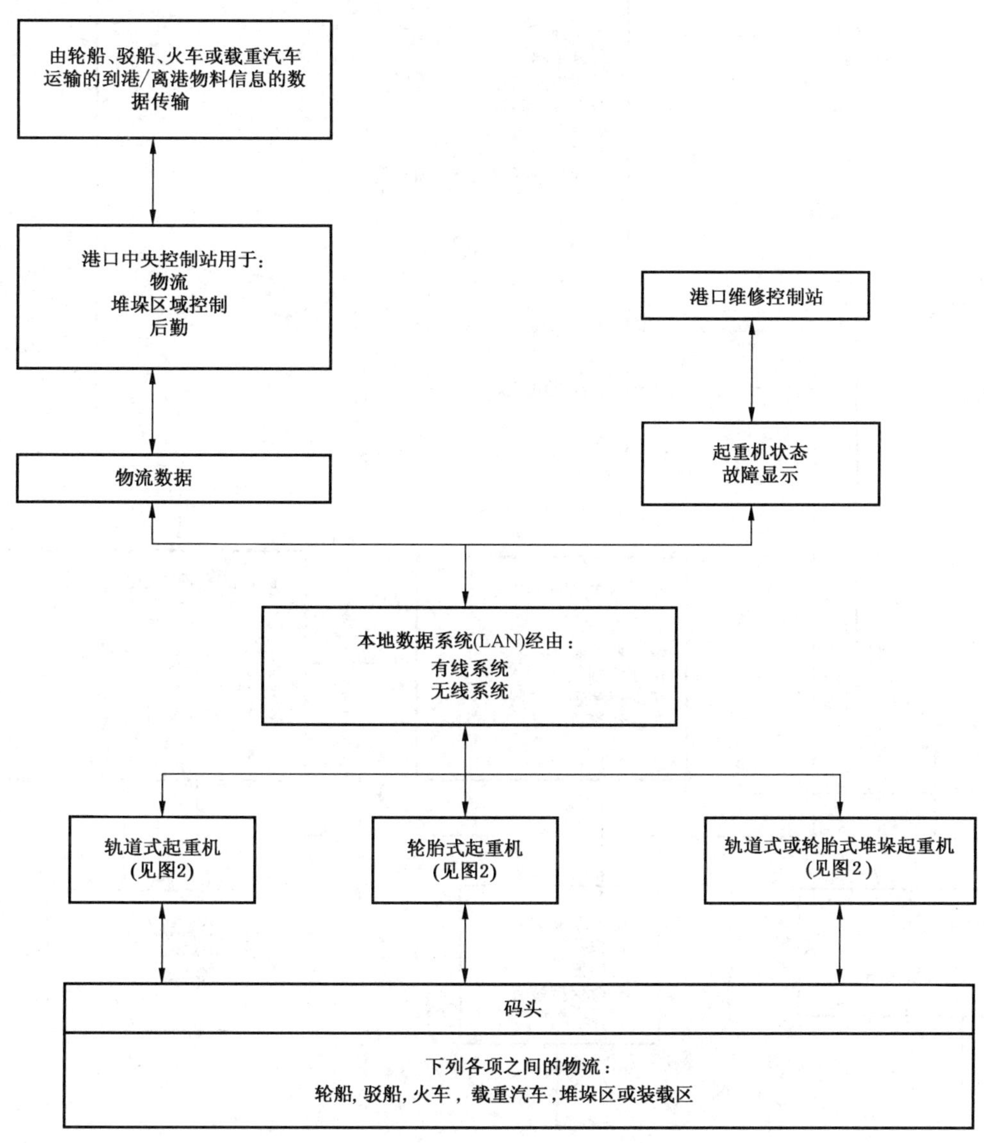

图1　港口典型物料搬运系统中联合作业的起重机框图

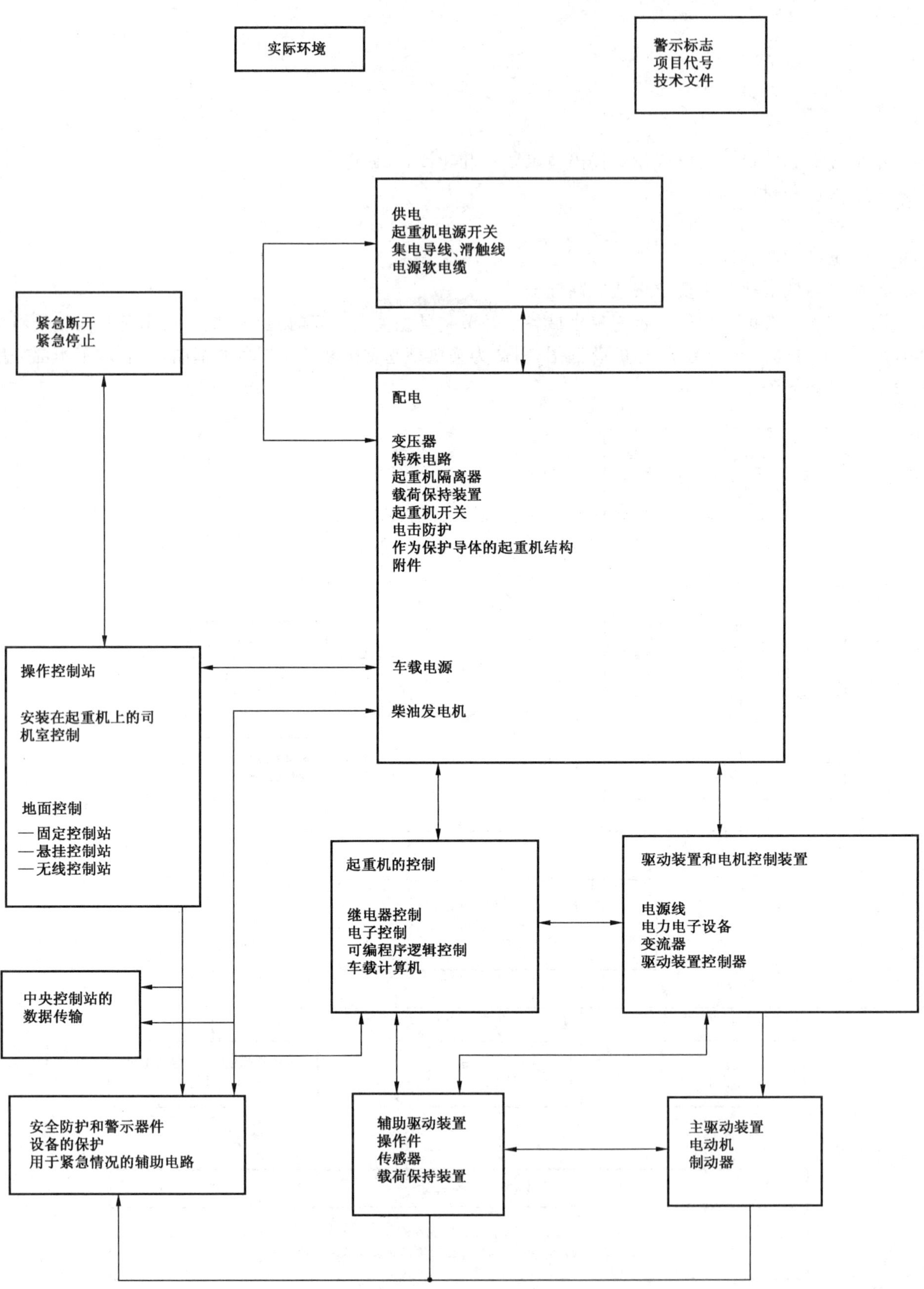

图 2　典型起重机及其相关电气设备的框图

机械电气安全 机械电气设备 第32部分:起重机械技术条件

1 范围

GB/T 5226 的本部分适用于与起重机械相关的电气和电子设备及系统。

注 1:本部分中,"电气"一词包括电气和电子两方面(即电气设备是指电气设备和电子设备两者)。

注 2:本部分中,"人员"一词指任何个人和那些受用户或其代理指派使用和管理起重机械的人。

本部分所包含的设备是从起重机械电气设备的电源接入处(起重机电源开关)开始的,包括起重机械外部的电源及控制馈线系统,例如软电缆或集电导线或滑触线(见图 3)。

注 3:有关建筑物电源安装要求,见 IEC 60364。

本部分适用的电气设备及其部件,其线电压不超过 1 000 V(a.c.)或 1 500 V (d.c.),额定频率不超过 200 Hz。

注 4:对高电压的要求见 IEC 60204-11。

对于用于以下环境中起重机械的电气设备可以规定附加和特殊要求:

——用于露天使用(即:在建筑物或其他防护结构的外部);

——用于处理或运输潜在易爆炸性的物质(例如,油漆或者锯末);

——用于潜在易爆物或易燃气体;

——用于矿山。

对本部分而言,起重机械包括各种类型的起重机、各种类型的绞车以及有轨巷道堆垛起重机,包括下列各类产品:

——桥式起重机;

——流动式起重机;

——塔式起重机;

——门座式起重机;

——门式起重机;

——岸边起重机;

——浮式起重机;

——各种绞车;

——葫芦及附件;

——装载起重机;

——缆索起重机;

——载荷保持装置;

——有轨巷道堆垛起重机;

——单轨小车运输系统;

——跨运车;

——轮胎式门式起重机(RTGs)。

本部分涉及电气设备元件的选用和安装,但不涉及元件本身。

2 规范性引用文件

下列文件对于本文件的应用是必不可少的。凡是注日期的引用文件,仅注日期的版本适用于本文件。凡是不注日期的引用文件,其最新版本(包括所有的修改单)适用于本文件。

GB/T 2423.5—1995 电工电子产品环境试验 第2部分:试验方法 试验Ea和导则:冲击(IEC 60068-2-27:1987,IDT)

GB/T 2423.8—1995 电工电子产品环境试验 第2部分:试验方法 试验Ed:自由跌落(IEC 60068-2-32:1990,IDT)

GB/T 6988.1—2008 电气技术用文件的编制 第1部分:规则(IEC 61082-1:2006,IDT)

GB/T 12668.502—2013 调速电气传动系统 第5-2部分:安全要求 功能(IEC 61800-5-2:2007,IDT)

GB/T 14048.2—2008 低压开关设备和控制设备 第2部分:断路器(IEC 60947-2:2006,IDT)

GB/T 16754—2008 机械安全 急停 设计原则(ISO 13850:2006,IDT)

GB/T 16855.1—2008 机械安全 控制系统有关安全部件 第1部分:设计通则(ISO 13849-1:2006,IDT)

GB/T 16895.2—2005 建筑物电气装置 第4-42部分:安全防护 热效应保护(IEC 60364-4-42:2001, IDT)

GB/T 16895.21—2011 低压电气装置 第4-41部分:安全防护 电击防护(IEC60364-4-41:2005,IDT)

GB/T 16895.23—2012 低压电气装置 第6部分:检验(IEC 60364-6:2006,IDT)

GB/T 16935.1—2008 低压系统内设备的绝缘配合 第1部分:原理、要求和试验(IEC 60664-1:2007, IDT)

ISO 7000:2004 设备用图形符号 索引和一览表(Graphical symbols for use on equipment—Index and synopsis)

ISO 12100-1 机械安全 第1部分:基本术语和方法(Safety of machinery—Part 1: Basic terminology, methodology)

ISO 12100-2:2003 机械安全 基本概念与设计通则 第2部分:技术原则(Safety of machinery—Basic concepts, general priciples for design—Part 2: Technical principles)

ISO 13849-2:2003 机械安全 控制系统有关安全部件 第2部分:确认(Safety of machinery—Safety-related parts of control systems—Part 2:Validation)

ISO 13851:2002 机械安全 双手操纵装置 功能状况及设计原则(Safety of machinery—Two-hand control devices—Functional aspects and design principles)

ISO 13852:1996 机械安全 防止上肢触及危险区的安全距离(Safety of machinery—Satety distances to prevent danger zones being reached by the upper limbs)

IEC 60034-1 旋转电机 第1部分:定额与性能(Rotating electrical machines—Part 1:Rating and performance)

IEC 60034-5 旋转电机 第5部分:旋转电机整体结构的防护等级(IP代码) 分级[Rotating electrical machines—Part 5:Degrees of protection provided by the integral design of rotating electrical machines (IP code)—Classification]

IEC 60034-11 旋转电机 第11部分:热保护(Rotating electrical machines—Part 11:Thermal protection)

IEC 60072-1 旋转电机尺寸和输出功率等级 第1部分:机座号56~400和凸缘号55~1080(Dimensions and output series for rotating electrical machines—Part 1:Frame numbers 56 to 400 and flange numbers 55 to 1080)

IEC 60072-2 旋转电机尺寸和输出功率等级 第2部分:机座号355~1000和凸缘号1180~2360(Dimensions and output series for rotating electrical machines—Part 2:Frame numbers 355 to 1000 and flange numbers 1180 to 2360)

IEC 60073 人机界面、标志和标识的基本和安全规则 指示器和操作器件的编码规则(Basic and safety principles for man-machine interface, marking and identification—Coding principles for indicators and actuators)

IEC 60309-1 工业用插头、插座和耦合器 第1部分:一般要求(Plugs, socket-outlets and couplers for industrial purposes—Part 1:General requirements)

IEC 60332(所有部分) 电缆和光缆在火焰条件下的燃烧试验(Tests on electric and optical fibre cables under fire conditions)

IEC 60364-1 低压电气装置 第1部分:基本原则、一般特性评估和定义(Low-voltage electrical installations—Part 1:Fundamental principles, assessment of general characteristics, definitions)

IEC 60364-4-43:2001 建筑物电气装置 第4-43部分:安全保护 过电流保护(Electrical installations of buildings—Part 4-43:Protection for safety—Protection against overcurrent)

IEC 60364-5-52:2001 建筑物电气装置 第5-52部分:电气设备的选择和安装 布线系统(Electrical installations of buildings—Part 5-52:Selection and erection of electrical equipment—Wiring systems)

IEC 60364-5-53:2002 建筑物电气装置 第5-53部分:电气设备的选择和安装 隔离、开关和控制设备(Electrical installations of buildings—Part 5-53:Selection and erection of electrical equipment—Isolation, switching and control)

IEC 60364-5-54:2002 建筑物电气装置 第5-54部分:电气设备的选择和安装 接地配置、保护导体和保护联结导体(Electrical installations of buildings—Part 5-54: Selection and erection of electrical equipment—Earthing errangements, protective conductors and protective bonding conductors)

IEC 60417 电气设备用图形符号(Graphical symbols for use on equipment)

IEC 60439-1:1999 低压成套开关设备和控制设备 第1部分:型式试验和部分型式试验成套设备[Low-voltage switchgear and controlgear assemblies—Part 1:Type-tested and partially type-tested assemblies[1)]]

IEC 60445 人机界面、标志和标识的基本和安全规则 设备端子和导体终端的标识(Basic and safety principles for man-machine interface, marking and identification-Identification of equipment terminals and conductor terminations)

IEC 60446:1999 人机界面标志标识的基本和安全规则 导体的颜色或数字标识(Basic and safey principles for man-machine interface,marking and identification-ldentification of conductors by colours or alphanumerics)

IEC 60447 人机界面、标志和标识的基本和安全规则 操作原则(Basic and safety principles for man-machine interface, marking and identification—Actuating principles)

IEC 60529:2001 外壳防护等级(IP代码)[Degrees of protection provided by enclosures (IP Code)]

IEC 60617 简图用图形符号(Graphical symbols for diagrams)

IEC 60898(所有部分) 电气附件 家用及类似场所用过电流保护断路器(Electrical accessories—Circuit-breakers for overcurrent protection for household and similar installations)

---

1) 存在一个统一的版本4.1(2004),包括第4版及修改件。

IEC 60947-1:2007 低压开关设备和控制设备 第1部分:总则(Low-voltage switchgear and controlgear—Part 1:General rules)

IEC 60947-3 低压开关设备和控制设备 第3部分:开关、隔离器、隔离开关以及熔断器组合电器(Low-voltage switchgear and controlgear—Part 3:Switches, disconnectors, switch-disconnectors, and fuse-combination units)

IEC 60947-4-1:2000[2] 低压开关设备和控制设备 机电式接触器和电动机起动器(Low-voltage switchgear and controlgear—Part 4-1:Contactors and motor-starters—Electromechanical contactors and motor-starters)

IEC 60947-5-1:2003 低压开关设备和控制设备 第5-1部分:控制电路电器和开关元件 机电式控制电路电器(Low-voltage switchgear and controlgear—Part 5-1:Control circuit devices and switching element—Electromechanical control circuit devices)

IEC 61140 电击防护 装置和设备的通用部分(Protection against electric shock—Common aspects for installation and equipment)

IEC 61180-2:1994 低压电气设备的高电压试验技术 第2部分:试验设备(High-voltage techniques for low-voltage equipment—Part 2:Test equipment)

IEC 61310(所有部分) 机械安全 指示、标志和操作(Safety of machinery—Indication, marking and actuation)

IEC 61346(所有部分) 工业系统、装置与设备以及工业产品结构原则与参照代号(Industrial systems, installations and equipment and industrial products-Structuring principles and reference designations)

IEC 61557-3 交流1 000 V和直流1 500 V以下低压配电系统电气安全 防护措施的试验、测量或监控设备 第3部分:环路阻抗(Electrical safety in low voltage distribution systems up to 1 000 V a.c.and 1 500 V d.c.—Equipment for testing, measuring or monitoring of protective measure—Part 3:Loop impedance)

IEC 61558-1 电力变压器、电源、电抗器和类似产品的安全 第1部分:通用要求和试验(Safety of power transformers, power supplies, reactors and similar products—Part 1:General requirements and tests)

IEC 61558-2-6 电力变压器、电源和类似产品的安全 第2-6部分:通用安全隔离变压器的特殊要求(Safety of power transformers, power supply units and similar—Part 2-6:Particular requirements for safety isolating transformers for general use)

IEC 61984 连接器 安全要求和试验(Connectors—Safety requirements and tests)

IEC 62023 技术信息与文件的构成(Structuring of technical information and documentation)

IEC 62027 明细表的编制(Preparation of parts lists)

IEC 62061 机械安全 与安全有关的电气、电子和可编程序电子控制系统的功能安全(Safety of machinery—Functional safety of safety-related electrical, electronic and programmable electronic control systems)

IEC 62079 说明书的编制 构成、内容和表示方法(Preparation of instructions—Structuring, content and presentation)

2) 存在一个统一的版本2.1(2002),包括第2版及修改件。

3 术语和定义

下列术语和定义适用于本文件。

3.1

操动器 actuator

将外部手动作用施加在装置上的部件。

注1：手柄、旋钮、按钮、滚轮、推杆操作件等。

注2：有某些操作方式只要求起作用而不需外部作用力。

注3：注意操动器和机械执行机构的区别(见3.44)。

3.2

环境温度 ambient temperature

应用电气设备处的空气或其他介质的温度。

3.3

(电气)保护遮栏 (electrically)protective barrier

为防止从任一通常接近方向直接接触而设置的防护物。

[IEV 826-12-23]

3.4

司机室操纵的起重机械 cabin controlled hoisting machine

由永久性地附设在起重机械上的司机室来操纵的起重机械。

3.5

电缆托盘 cable tray

带有连续底盘和翻边，但没有盖子的电缆支撑物。

注：电缆托盘可以是带孔的或是网格状的。

[IEV 826-15-08]

3.6

电缆槽盒系统 cable trunking system

由底座和可拆卸罩组成的封闭外壳系统，用于完全封围绝缘电线、电缆和软线及容纳其他的电气设备。

3.7

联合引发 concurrent

以联合形式起作用。用于下列情况：在操作条件下，同时存在两处或多处控制作用(但不一定同时动作)。

3.8

导管 conduit

电气或通信装置中用于绝缘导线和/或电缆的一般为圆形横截面的封闭式布线系统部件，导线或电缆可以从中穿入和/或更换。

注：导管要尽可能地紧密接合，以使只能穿入绝缘导线和/或电缆，而不能从其侧面插入。

[IEV 826-15-03]

3.9

(起重机械的)控制电路 control cirduit(of a hoisting machine)

用于起重机械和电气设备控制，包括监测的电路。

3.10

控制器件　control device

连接在控制电路中用于控制起重机械工作的器件(如位置传感器、手控开关、继电器、电磁阀、速度传感器等)。

3.11

控制设备　controlgear

开关电器及其相关控制、测量、保护和调节设备的组合,也包括这些器件及设备与相关内部连接、辅助装置、外壳和支承结构的组合,一般用于消耗电能设备的控制。

[IEV 441-11-03,修订]

3.12

可控停止　controlled stop

停止过程中保持机械执行机构电源的起重机械运动的停止。

3.13

起重机　crane

用于起升/下降和水平移动悬吊载荷的机械。

3.14

起重机隔离器　crane-disconnector

用于断开(隔离)电源电路(如用于修理或维护工作)的一种安装在起重机械上的手动隔离器件。

3.15

起重机电源开关　crane-supply-switch

用于断开起重机械输入电源的一种分断(隔离)和开关电器。

3.16

起重机开关　crane-switch

用于断开连接驱动装置电源的一种开关电器(如在紧急停止时使用)。

3.17

(持续)载流量　(continuous)current-carrying capacity

导体、器件和电器在稳态温度不超过规定值的条件下所能持续承载的最大电流。

[IEV 826-11-13]

3.18

直接接触　direct contact

人或动物与带电部分的电接触。

[IEV 826-12-03]

3.19

(触头元件的)直接断开操作　direct opening action(of a contact element)

开关的操动器规定的运动通过无弹性部件(即不采用弹簧)使触头断开。

[IEC 60947-5-1 中 K.2.2]

3.20

隔离器件　disconnecting device

在断开状态下能符合隔离功能要求规定的器件。

3.21

管道　duct

专用于放置和保护电线、电缆及母线的封闭通道。

注:管道类型包括导管(见 3.8)、电缆槽盒系统(见 3.6)和地下线槽。

3.22

电气工作区　electrical operating area

电气设备用的隔间或位置，只限于熟练技术人员或受过培训的人员，不使用钥匙或工具就可以打开门或移去遮栏而靠近，电气工作区标有清晰的警示标志。

3.23

电子设备　electronic equipment

包含其运行依赖的电子器件和元件电路的电气设备部件。

3.24

急停器件　emergency stop device

用于起动急停功能的手动控制器件。

[GB/T 16754—2008，定义 3.2]

注：参见附录 E。

3.25

紧急断开器件　emergency switching-off device

用手操动的，用来切断发生电击危险或其他有关电的危险的装置的部分或全部电源的控制器件。

注：参见附录 E。

3.26

封闭电气工作区　enclosed electrical operating area

电气设备用的隔间或位置，只限于熟练技术人员或受过培训的人员，通过使用钥匙或工具打开门或移去遮栏而靠近，电气工作区标有清晰的警示标志。

3.27

外壳　enclosure

为防护某些外来影响和防止任何方向直接接触而提供的设备防护部件。

注：取自现行 IEV 的定义，在本部分范围内作如下解释：

a）外壳为防止人或牲畜触及危险件提供保护；

b）遮栏、孔型通道或用于防止或限制专用测试探头进入的任何其他装置，不论是附着在外壳上的还是由封闭设备构成的，均视为外壳的组成部分，除非它们不用钥匙或工具就能移去；

c）外壳可以是：

——安装在起重机械上或独立于起重机械的柜体或箱体；

——由起重机械结构上的封闭空间构成的隔间（如箱形梁）。

3.28

设备　equipment

一个通用术语，包括材料、装置、器件、用具、卡具、仪器以及涉及电气装置或用于电气装置的零件。

3.29

等电位联结　equipotential bonding

为达到等电位，多个可导电部分间的电连接。

[IEV 195-1-10]

3.30

外露可导电部分　exposed conductive part

可触及的、正常工作状态下不带电，但在故障情况下可能带电的电气设备的可导电部分。

[IEV 826-12-10，修订]

3.31

外界可导电部分　extraneous conductive part

非电气装置的组成部分，且易于引入电位的可导电部分，该电位通常为局部地电位。

[IEV 826-12-11]

3.32

失效　failure

产品完成要求功能的能力中断。

注 1：失效后，产品处于故障状态。

注 2："failure(失效)"与"fault(故障)"的区别在于，失效是一次事件，故障是一种状态。

注 3：这里定义的"失效"，不适用于由软件构成的产品。

[IEV 191-04-01]

注 4：实际上，"fault(故障)"和"failure(失效)"这两个术语经常作同义词用。

3.33

故障　fault

产品不能完成要求功能的状态，预防性维护或其他计划的行动或因缺乏外部资源的情况除外。

注 1：故障通常是产品自身失效引起的，但即使失效未发生，故障也可能存在。

注 2：英语"fault"一词及其定义与在 IEV 191-05-01 中是一致的。在机械领域中，这一术语法语用"défault"，德语用"Fehler"而不用术语"panne"和"Fehlzustand"。

3.34

功能联结　functional bonding

是为电气设备适合的功能所需要的等电位联结。

3.35

防护装置　guard

借助于物理遮栏专门用于提供防护的起重机械部件，按结构可称作箱、盖、屏、门、封闭体等。

[ISO 12100-1 中 3.25，修订]

3.36

手持直接控制器件　hand-held direct-control device

在作业中，手持其外壳移动，直接作用在动力电路上的一种手动开关器件。

3.37

危险　hazard

伤害身体或损害健康的潜在源。

注 1："危险"一词可由其起源(例如，机械危险，电气危险)或其潜在伤害的性质(例如，电击危险，切割危险，中毒危险和火灾危险)进行限定。

注 2：本定义中的危险包括：

——在机器的预定使用期间，始终存在的危险(例如，危险运动部件的运动，焊接过程中产生的电弧，不健康的姿势，噪声排放，高温)；

——意外出现的危险(例如，爆炸、意外启动引起的挤压危险、泄漏引起的喷射、加速/减速引起的坠落)。

[ISO 12100-1 中 3.6，修订]

3.38

间接接触　indirect contact

人或动物与故障状况下带电的外露可导电部分的电接触。

[IEV 826-12-04]

3.39

感应电源系统　inductive power supply system

由磁轨转换器和磁轨导体组成，他们能沿着一个或多个提取器和关联的提取转换器移动，并没有任何电或机械接触，其目的是为了传输电能，例如，可移式起重机械。

注：磁轨导体和提取器分别类似于变压器的初级和次级线圈。

3.40

受过培训的(电气)人员　(electrically) instructed person

由熟练电气技术人员充分指导和监督的,能察觉和避免由于电引起危险的人员。

[IEV 826-18-02]

3.41

(安全防护用)联锁　interlock(for safeguarding)

将防护装置或器件与控制系统互连和/或将全部或部分电能分配给起重机械的一种电路。

3.42

限制装置　limiting device

用来防止起重机械或其部件超出设计极限(如空间极限、压力极限)的一种器件。

[ISO 12100-1 中 3.26.8]

3.43

带电部分　live part

正常运行中带电的导体或可导电部分,包括中性导体,但按惯例不包括 PEN 导体、PEM 导体或 PEL 导体。

注:本概念不意味着有电击危险。

[IEV 826-12-08]

3.44

机械执行机构　machine actuator

一种用于引起起重机械运动的动力装置。

3.45

机械(机器)　machinery(machine)

由若干零、部件组合而成,其中至少有一个零件是可以运动的,并具有适当的机械执行机构、控制和动力电路等。它们的组合具有一定应用目的,如物料的加工、处理、搬运或包装等。

"机械"这一术语也包括机器的组合,即将同一应用目的的若干台机器安排、控制得如同一台完整机器那样发挥它们的功能。

[ISO 12100-1 中 3.1,修订]

注:在这用的"组合"这一术语在通常意义上不仅是电气部件的组合。

3.46

手动控制起重机械　manually controlled hoisting machine

具有连续直接手动控制负载和负载对操作者连续可见的起重机械。

3.47

标记　marking

用于识别设备、元件和/或器件的主要符号或标牌,可能包括某些特征。

3.48

中性导体　neutral conductor

电气上与中性点连接并能用于配电的导体。

[IEV 826-14-07]

3.49

阻挡物　obstacle

用于防止无意的直接接触,但不能防止有意直接接触的一种部件。

3.50

过电流　overcurrent

超过额定值的电流。

3.51

（电路的）过载　overload (of a circuit)

电路在无故障情况下超过满载值时，电路内时间与电流的关系。

注 1：过载不宜用作过电流的同义词。

注 2：起重机械中“过载”一词也用于机械过载，其有可能会也有可能不会引起电气过载。

3.52

插头/插座组合　plug/socket combination

适用于导体端子，为连接和断开两个或多个导体的组件和适配组件。

注：插头和插座组合的示例包括：

——符合 IEC 61984 要求的连接器；

——符合 IEC 60309-1 要求的电源插头和插座、电缆耦合器或器具耦合器；

——符合 IEC 60884-1 要求的插头和插座或符合 IEC 60320-1 要求的器具耦合器。

3.53

动力电路　power circuit

从电网向生产性操作的电气设备单元和控制电路变压器供电的电路。

3.54

保护联结　protective bonding

为防止电击的等电位联结。

注：防电击的措施也能减少灼伤或火灾的风险。

3.55

保护联结电路　protective bonding circuit

为防止因绝缘失效发生电击而连接在一起的保护导体和导体件。

3.56

保护导体　protective conductor

某些防电击措施所需的一种导线(体)，用于与下列部分的电气连接：

——外露可导电部分；

——外界可导电部分；

——总接地端子(PE)。

[IEV 826-13-22，修订]

3.57

冗余技术　redundancy

多重器件或系统，用于确保一路失效时，另一路能有效地执行所要求的功能。

3.58

参照代号　reference designation

用于标识文件中和设备上项目的区别代码。

3.59

风险　risk

伤害(例如损伤或危害健康)发生概率和伤害发生的严重程度的综合。

[ISO 12100-1 中 3.11，修改]

3.60

安全防护装置　safeguard

用于保护人员免受危害所使用的防护装置。

3.61

安全防护　safeguarding

使用安全防护装置保护人员的措施。这些保护措施使人员远离那些不能合理消除的危险或者通过本质安全设计方法无法充分减小的风险。

[ISO 12100-1 中 3.20]

3.62

安全相关控制功能(安全相关控制电路)　safety-related control function(safety-related control circuit)

用于维护起重机械安全或防止危险突然增加的控制功能(电路)。

3.63

维修平台　servicing level

操作或维修电气设备时,维护人员通常站立的台面。

3.64

短路电流　short circuit current

由于电路中的故障或连接错误造成的短路而引起的过电流。

[IEV 441-11-07]

3.65

熟练(电气)技术人员　(electrically) skilled person

具有相应教育和经验,能察觉和避免由于电引起危害的人员。

[IEV 826-18-01]

3.66

供方　supplier

提供与起重机械相关的电气设备或服务的一个实体(如制造厂、承包商、安装者、组装者)。

注:用户自己也可作为供方。

3.67

开关电器　switching device

用来接通或断开一个或几个电路电流的器件。

[IEV 441-14-01]

注:一个开关电器可以完成接通、断开动作之一或兼具两者。

3.68

端子　terminal

和导体连接的设备或器件的一部分,可重复使用的连接部件。

[IEV 442-06-05,修订]

3.69

不可控停止　uncontrolled stop

通过切除机械执行机构的电源来停止起重机械的运动。

注:本术语并不意味着对其他(例如非电气)停止器件做出任何的具体规定,如超出本部分范围的机械或液压式刹车机构。

3.70

用户　user

使用起重机械及其相关电气设备的实体。

4　基本要求

4.1　一般原则

本部分适用于各种起重机械和一组协同工作的起重机械的电气设备。

作为起重机械风险评价的整体要求的一部分，与电气设备危险有关的风险应进行评价。这就要在使起重机械及其电气设备的性能保持在可接受的水平的条件下，确定可接受的风险水平和对可能遭受危险人员采用必要的保护措施。

危险可能由下列几种原因引起，但不限于这些：

——电气设备失效或故障，导致电击或由电引起火灾的可能性；

——控制电路（或者与其有关的元器件）失效或故障，导致起重机械误动作；

——电源骚扰或故障，以及动力电路失效或故障造成的起重机械误动作；

——靠滑动或滚动接触保持电路连续性的消失，导致安全功能失效；

——电气设备外部或内部产生的电气骚扰，如电磁、静电，导致起重机械误动作；

——存储能量（电气或机械的）释放，导致如电击、会引起伤害的非预期动作；

——会引起伤害的外表温度。

根据 ISO 12100-1 和 ISO 12100-2 规定的安全措施的分类，危险的降低是由供方在设计阶段实施的措施和用户实施的措施来实现的。

在设计和研制过程中，应识别源于起重机械及电气设备的危险和风险。由本质安全设计方法不能消除危险和/或充分降低风险的场合，应提供降低风险的保护措施，例如，安全防护。在需要进一步降低风险的场合，应提供额外的方法（例如，引起注意风险的方法，如闪烁灯、警示或标志）。此外，降低风险的工作程序是需要的。

本部分推荐使用附录 B 的查询表以便于拟定用户和供方间的协议。协议是根据电气设备的有关基本条件和用户的附加技术要求而制定的，这些附加要求包括：

——根据起重机械（或一组起重机械）的类型和用途，提出附加的要点；

——便于维护和修理；

——提高操作的可靠性和简易性。

注：附录 B 也有利于判断选择的起重机械是否适用于预期用途。

4.2 电气设备的选择

4.2.1 概述

电气设备和器件应适应于它们预期的用途，并且应符合现行有关国家标准的规定。

4.2.2 电源接触器的选择

接触器与其相关的短路保护器件应按照 IEC 60947-4-1 中 8.2.5.1 选择“2”型协调配置。

由安全控制电路启动，完成运动驱动机构停止功能的接触器，应按如下方法选择并和其他设备协调配置：确保不出现触头粘连现象或者即使触头粘连也不影响紧急停止功能。可采纳供方的建议（见 7.2.9）。

注：直接控制运动且需要高频次动作的接触器，推荐其机械寿命至少为三百万次工作循环。

4.2.3 符合 IEC 60439 系列的电气设备

起重机械电气设备应满足起重机械风险评价所确定的安全要求。根据起重机械的预期使用和电气设备情况，设计者可选择符合 IEC 60439-1 要求的电气设备部件，必要时，也可选择符合 IEC 60439 系列要求的其他相关部件。

4.3 电源

4.3.1 概述

电气设备应设计成在下列供电点（即在起重机电源开关处，见图 3）供电的条件下能正常运行：

——按 4.3.2 或 4.3.3 规定的电源条件；
——按用户另行规定，参见附录 B；
——在用专用电源如 4.3.4 规定的车载发电机的情况下，按供方规定。

4.3.2 交流电源

电压：稳态电压值：0.9 倍～1.1 倍标称电压。

注 1：对于某些设备（如大型集装箱起重机）以及通过与用户的协商规定，供电点处（即在起重机电源开关处，见图 3）的电压范围可缩小至 0.95 倍～1.05 倍标称电压。

频率：0.99 倍～1.01 倍标称频率（连续的）。
0.98 倍～1.02 倍标称频率（短时工作）。

注 2：短时工作频率值可由用户自行规定（参见附录 B）。

谐波：2 次～5 次畸变谐波总和不超过线间总电压方均根值的 10%。对于 6 次～30 次畸变谐波总和，允许最多附加线间总电压方均根值的 2%。

不平衡电压：三相电源电压负序和零序分量都不应超过正序分量的 2%。

电压中断：在电源周期的任意时间，电源中断或零电压持续时间不超过 3 ms，相继中断间隔时间应大于 1 s。

注 3：对于某些带电源反馈的变频驱动装置，低于 3 ms 的电压中断也可导致冲击电流通过和熔断器熔断。

注 4：起重机开关可能频繁动作，所选的所有组件（例如充电电路）应满足包括试运行阶段情况下的开关频率。

电压跌落：电压跌落应不超过电源峰值电压的 20%，并且不超过一个周期。相邻两次电压跌落间隔时间应大于 1 s。

4.3.3 直流电源

由电池供电：
——电压：0.85 倍～1.15 倍标称电压；
0.7 倍～1.2 倍标称电压（对于用电池组供电的车辆）。
——电压中断时间：不超过 5 ms。

由换能装置供电：
——电压：0.9 倍～1.1 倍标称电压；
——电压中断时间：不超过 20 ms，相继中断间隔时间应大于 1 s；
——波纹电压（峰峰值）：不超过标称电压的 0.15 倍。

注：为了保证电子设备的正常工作，此项按 IEC 导则 106 变动。

4.3.4 车载电源

对于特殊电源系统如自备发电机，如果电气设备设计成在规定条件下能正常工作，则允许超过 4.3.2 和 4.3.3 中给出的极限值。

对于交流电源系统，应配备装置使之能在下述条件下自动切断电源：
——电源电压在 0.85 倍～1.1 倍标称电压范围以外；
——频率在 0.95 倍～1.05 倍标称频率范围以外。

4.4 物理环境和运行条件

4.4.1 总则

电气设备应适应于其预期使用的物理环境和运行条件。4.4.2～4.4.8 规定的物理环境和运行条件范围覆盖了大多数起重机械。当物理环境或运行条件超出规定范围时，供方和用户之间（见 4.1）应有一个协议(参见附录 B)。

4.4.2 电磁兼容性(EMC)

电气设备产生的电磁骚扰不应超过其预期使用环境允许的水平。此外,电气设备还应具有足够的抗电磁骚扰能力,使其能在预期环境中正常工作。

注 1:EMC 通用 GB/T 17799.1 或 GB/T 17799.2 和 GB 17799.3 或 GB 17799.4 给出了 EMC 通用的抗扰度和发射限值。

注 2:为确保电气和电子系统的 EMC 水平,IEC 61000-5-2 给出了其系统电缆和接地的指南。如果有产品标准(如 GB/T 19436.1、GB 12668.3、GB/T 14048.10),产品标准优先于通用标准。

抑制产生电磁骚扰(即传导和辐射的发射)的措施包括:

——电源滤波;

——电缆屏蔽;

——使射频辐射减至最小的外壳设计;

——射频抑制技术。

提高设备的抗扰度,抑制传导和射频辐射骚扰的措施包括:

——功能联结系统的设计应考虑如下要求:

- 敏感电路连接到底板的端子上,这种连接端子应使用 IEC 60417-5020(2002-10)中的图形符号标记:

- 底板接地(PE)的连接应使用尽可能短的低射频阻抗导线。

——为将共模骚扰减至最小,将敏感电气设备或电路直接连接到 PE 电路或功能接地导体(FE)上(见图 4)。这种连接端子应使用 IEC 60417-5018(2002-10)中的图形符号标记:

——将敏感电路与骚扰源分离;

——设计能降低射频传输的外壳;

——EMC 布线规范:

- 使用双绞线以降低差模骚扰的影响;
- 敏感电路的导线与发射骚扰的导线保持足够的距离;
- 电缆交叉走线时,尽可能接近 90°;
- 电缆尽可能接近接地平板走线;
- 采用带有低射频阻抗端子的静电屏蔽和/或电磁屏蔽盒。

4.4.3 环境温度

电气设备应能在预期环境温度中正常工作。对所有电气设备的最低要求是在环境温度 0 ℃～+40 ℃范围内应能正常工作。对于高温环境(如热带气候、钢厂、造纸厂)和寒冷环境,建议规定附加要求(参见附录 B)。

4.4.4 湿度

当最高温度为 40 ℃下的相对湿度不超过 50%时,电气设备应能正常工作。在较低温度下可允许较大的湿度(如 20 ℃时为 90%)。

要求采取正确的电气设备设计来防止偶然性凝露的有害影响，或者在必要场所采用适当的附加设施（如内装加热器、空调器、排水孔）。

4.4.5 海拔

电气设备应能在海拔不超过1 000 m时正常工作。

4.4.6 污染

电气设备应适当保护，以防止固体和液体的侵入（见11.3）。

若电气设备安装处的物理环境中存在污染物（如灰尘、酸类物、腐蚀性气体、盐类物）时，电气设备应适当防护（参见附录B）。

4.4.7 离子和非离子辐射

当设备受到辐射（如微波、紫外线、激光、X射线）时，应采取附加措施，以避免设备误动作和加速绝缘老化。供方与用户之间可能有必要达成专项协议（参见附录B）。

4.4.8 振动、冲击和碰撞

应通过选择合适的设备、将设备远离振源安装或采取抗振措施等途径防止（由起重机械及其有关设备产生或物理环境引起的）振动、冲击和碰撞的不良影响。供方和用户之间可能有必要达成专项协议（参见附录B）。

4.5 运输和存放

电气设备应通过设计或采取适当的预防措施，以保障能经受得住在−25 ℃～+55 ℃的温度范围内的运输和存放，并能经受温度高达70 ℃、时间不超过24 h的短期运输和存放。应采取适当的措施防止潮湿、振动和冲击的影响，以免损坏电气设备。供方和用户之间可能有必要达成专项协议（参见附录B）。

注：在低温下易损坏的电气设备包括PVC绝缘电缆。

4.6 设备搬运

对于运输时必须从起重机械上拆下或独立于起重机械的重量大和体积大的电气设备，应提供合适的方法，以供起重机或类似设备进行搬运（见13.4.6）。

4.7 安装

应按照供方说明书安装电气设备。

5 引入电源线端接法和切断开关

5.1 引入电源线端接法

建议在可行的地方把起重机械电气设备连接到单一电源上。如果需要用其他电源给电气设备的某些部分（如电子电路、电磁离合器）供电，这些电源应尽可能取自组成起重机械电气设备一部分的器件（如变压器、变流器）。对于大型复杂的起重机械需要多个引入电源（见5.3.5.1）。

除非随起重机械提供一连接电源的插头[见5.3.2e)]，否则建议电源线连接到起重机电源开关上。若不可行，则应为电源线提供独立的接线端子。

使用中性导体之处应在起重机械的技术文件（如安装图和电路图）中清楚标明，并应对中性导体提供标有N的独立绝缘端子（参见附录B）。

在电气设备内部，中性导体和保护接地电路之间不应相连，也不应使用PEN兼用端子。

例外：假如保护导体符合12.7.2规定，TN-C系统电源（见图3）到起重机械的连接点处，中线端子和PE端子可以相连。

所有引入电源端子都应按IEC 60445作出清晰的标记，外部保护导体端子的标识见5.2。

5.2 连接外部保护接地系统的端子

对每个引入电源，应在有关相线端子的邻近处（见8.2.1）设一端子，用于将起重机械接到外部保护接地系统或接到外部保护导体，这取决于电源分配系统，并应符合有关的安装标准。

这种端子的尺寸应适合与表1规定截面积的外部铜保护导体相连接。

表1 外部保护铜线的最小截面积

设备供电相线的截面积 S mm^2	外部保护铜导线的最小截面积 S_P mm^2
$S \leqslant 16$	S
$16 < S \leqslant 35$	16
$S > 35$	$S/2$

如果外部保护导体采用非铜材料，则端子尺寸应作相应的选择（见8.2.2）。

在每个引入电源点，外部保护导体或外部保护接地系统的端子连接应使用字母标志PE（IEC 60445）来标明。

5.3 电源隔离和开关电器

5.3.1 概述

电源隔离和/或开关功能应由下列器件完成：

——起重机电源开关（见5.3.5）；

——起重机隔离器（见5.3.6）；

——起重机开关（见5.3.7）。

（见图3）

5.3.2 形式

电源隔离和开关电器应是下列形式之一：

a) 符合IEC 60947-3带或不带熔断器的隔离开关，使用类别AC-23B或DC-23B；

b) 符合IEC 60947-3具有一个辅助触头、带或不带熔断器的隔离器，在任何情况下，辅助触头都使开关电器在隔离器主触头断开之前先切断负载电路；

c) 符合GB/T 14048.2适合于绝缘的断路器；

d) 任何符合IEC产品标准和满足IEC 60947-1隔离要求，又在产品标准中定义适合作为电动机负荷开关或其他感应负荷应用类别的开关电器；

e) 通过软电缆供电的插头/插座组合。

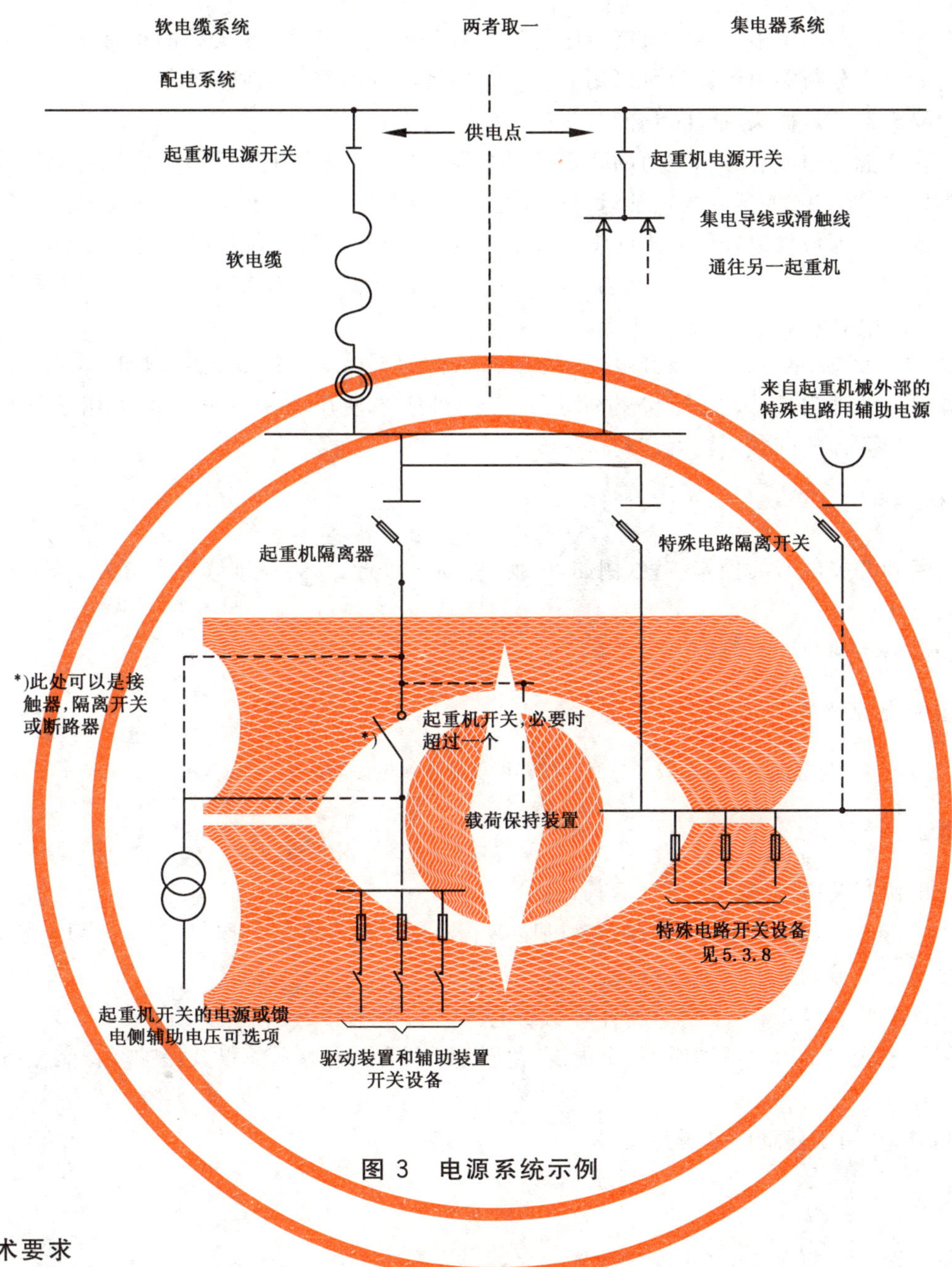

图 3 电源系统示例

5.3.3 技术要求

当电源隔离和开关电器采用 5.3.2a)～5.3.2d)规定的形式之一时,应满足下述全部要求:

——把电气设备从电源上隔离,有一个“断开”(隔离)和一个“接通”位置。清晰地标记了“O”和“|”[IEC 60417-5008(2002-10)和 IEC 60417-5007(2002-10),见 10.2.2]。

——有可见的断开间隙或在所有触头确实断开和绝缘要求满足之后才能指示“断”(隔离)的位置指示器。

——有一个外部操作装置(如手柄)(例外,动力操作的开关设备有其他方法断开时,就不需要从外壳外操作)。在外部操作装置不用于紧急操作时,外部操作装置建议用黑色或灰色(见 10.7.4 和 10.8.4)。

——在“断开”(隔离)位置上提供能将其锁住的工具(如挂锁)。当锁住时,应防止遥控及在本地使开关闭合。

——切断电源电路的所有带电导线。但对于 TN 电源系统,中性导体可以切断也可以不切断。除非在有些国家中强制要求切断中性导体。

——有足以切断功率最大电动机堵转电流及所有其他电动机和/或负载的正常运行电流总和的分断能力。分断能力计算值可以用一个经过验证的同时系数加以降低。

当电源隔离器件是插头/插座组合时,应满足下列要求:

——有切换能力的或有分断能力的联锁开关电器,要有足以切断功率最大电动机堵转电流及所有其他电动机和/或负载的正常运行电流总和的分断能力。分断能力计算值可以用一个经过验证的差异因数加以降低。当联锁开关电器为电动操作(例如,接触器)时,其应具有与之相适应的使用类别。

——13.4.5 中的要求。

注:符合 IEC 60309-1 要求的插头和插座组合,电缆耦合器或器具耦合器可以满足这些要求。

在电源隔离器件为插头/插座组合的场合,应提供适当使用类别的开关电器用于机械的"通"和"断"。采用上述联锁的开关电器可达到这一要求。

5.3.4 操作装置

电源切断和开关电器的操作装置(例如,手柄)应易于接近,安装在维修平台上方 0.6 m~1.9 m 处,上限值建议为 1.7 m。

注:在 IEC 61310-3 中给出了操作方向要求。

5.3.5 起重机电源开关

注:此条不适用于起重机械设有车载电源而又没有可切换外接电源的起重机械。

5.3.5.1 概述

起重机电源开关应具备:

——为进行修理和维护工作(如在起重机械集电导线上进行维护工作)从引入电源上断开(隔离)连接起重机械的集电导线、滑触线或电缆;

——在需要紧急停止和/或紧急断开时切断电源(见 9.2.5.4)。

在使用两个或多个引入电源时,每个电源都应设有起重机电源开关以及保护联锁装置,以确保正确操作。

5.6 的要求适用于起重机电源开关。

5.3.5.2 形式

起重机电源开关应是 5.3.2 中规定的形式之一。

若起重机械位于建筑工地,则工地配电盘上的装置可用以实现起重机电源开关的功能。5.6 的要求可以通过锁定来达到,不管这种断路装置是否可以直接监视。

5.3.5.3 技术要求

对于单台起重机械,电源开关的分断能力应足以切断功率最大驱动装置在转子堵转条件下的最大电流与其他可能同时运转的各驱动装置标称运行电流之和。

注:如果按照给定的作业条件,在一条公共电源线上有一台以上起重机械,分断电流可采用一个经过验证的同时系数。

如果起重机电源开关按 9.2.5.4.3 作为紧急断开开关,应能在靠近起重机械并易于接近的地方(远程或直接)切断此开关。

只有在紧急断开器件复位后,由紧急断开器件远程断开的起重机电源开关才可能重接。

当几个并联的起重机电源开关向集电导线或滑触线馈电时，它们应装有保护联锁装置以确保正确操作。

当起重机电源开关用于向裸导线或滑触线馈电或者起重机电源开关采用远程控制器时，建议起重机电源开关应尽可能设置在从操作位置能看到导线或滑触线的地方。

上述各项要求也适用于特殊情况，例如：

——有两路主电源集电导线或滑触线或集电器系统，其中任一路均可用于向起重机械供电；

——主电源集电导线或滑触线分成隔离段时。

在这些要求不适用的情况下，应采用其他措施提供必要的安全性。

5.3.6 起重机隔离器

5.3.6.1 概述

一台起重机械应装有一个单独的起重机隔离器，以便在修理和维护时能将电气设备隔离，并且在起重机械上进行机械工作期间防止意外起动，但下列情况除外：

——如果在预定起重机隔离器位置和 5.3.7 中规定的起重机开关之间的布线系统中没有连线和分支，可不必装设起重机隔离器，而由起重机开关起隔离器的作用并满足 5.6 的要求。

——地面操纵的单台起重机械，当起重机电源开关起隔离器作用时，不要求装设起重机隔离器。

注 1：地面操纵起重机械是指由悬挂式控制站、固定式遥控控制站或便携式控制站操纵。

——在可用其他措施使电压降到零并保持为零值的地方(如锁住柴油发电机的燃油供给或起动机构等)，不需要起重机隔离器。

——电源电压大于 1 kV a.c.的起重机械，且起重机械上装有 1 台或多台变压器以获得低压电源时，在每个变压器的二次侧需要设置一个或多个起重机隔离器来隔离各个低压部分(见 5.5)。与每一起重机隔离器相接的回路应明显可辨，例如通过采用：

a) 间隔；

b) 遮栏；

c) 标记和标签。

注 2：优先采用只用一个起重机隔离器来隔离起重机械电源。

5.3.6.2 形式

如果已有措施防止无意和未经许可的断开起重机隔离器，则起重机隔离器至少应满足 IEC 60947-3 中对隔离器规定的要求，否则应满足 IEC 60947-3 中对隔离开关规定的要求。起重机隔离器操动器应满足 5.3.4 的要求。

当可拆卸集电器或插头/插座组合执行相同功能时，可以作为起重机隔离器使用。

对于具有可切换电源系统的起重机械，如果电源转换开关具有断电中间档位且满足 5.3.6 的要求，可将电源转换开关用作起重机隔离器。

5.3.6.3 要求

应适当采用 5.4、5.5 和 5.6 的要求。

5.3.7 起重机开关

5.3.7.1 概述

每台起重机械应具有一个或多个可从操作控制站操作的起重机开关，用于紧急停止所有运动驱动装置，必要时用于切断其他设备的电源。

断电时不能继续吸住载荷的载荷保持装置(如电磁铁、气动吸持装置),应从起重机开关的电源侧供电。

例外:紧急停止功能由其他措施实现时,下列情况可以不设起重机开关:

——只有起升机构是电动的起重机械;

——小车运行是手动或由 500 W 以下电动机驱动的地面操纵单轨小车运输系统。

5.3.7.2 形式

起重机开关至少应满足 IEC 60947-3 中对开关规定的要求,该要求由 5.3.2a)或 5.3.2c)中规定的器件之一来达到,也可使用按 4.2.2 选择的接触器和使用与隔离器件联合使用的接触器。

5.3.7.3 要求

应适当采用 5.3.3 和 5.3.4 的要求。

5.3.8 特殊电路

修理和维护工作时不予断开的电路视为特殊电路,特殊电路使用一个满足 5.6 要求的专用隔离器(见图 3),从 5.3.6 中规定的起重机隔离器的电源侧供电。

特殊电路可以是如下电路但不仅限于此:

——插头插座和照明电路;

——安装在起重机械上的电梯、检修工具及检修起重机用的电路;

——加热、空调和通风装置电路;

——履行安全作用装置的电路,如防碰撞装置、航空照明的电气设备电路;

——火警系统电路;

——通讯电路、数据传输线路或程序存储器件;

——仅用于电源故障时自动脱扣的欠压保护电路;

——联锁控制电路。

特殊电路的设计和安装应做到在对起重机械进行修理和维护工作时不使用裸露的集电导线、滑触线或滑环组件。

特殊电路应由下述方法识别:

——在起重机隔离器附近设置符合 16.1 要求的永久性警示标志;

——在维修说明书中相应说明,并应提供下列一项或多项内容:

a) 在每一个特殊电路附近设置符合 16.1 要求的永久性警示标志;

b) 将特殊电路与其他电路分开;

c) 用颜色标识导线时,应考虑 13.2.4 推荐的颜色。

5.4 防止意外起动的断开器件

应配备防止意外起动的断开器件(如维修期间机械或机械部件的起动可能发生危险),对于整台起重机械来说,起重机隔离器(见 5.3.6)可满足这一功能要求。当有必要对起重机械的独立部件进行工作时,对每个要求单独断开的部件应配备附加断开器件。

这种器件应适用及使用方便,适于安装,根据功能和用途易于识别。

注 1:本部分未提出全部防止意外起动的规定。见 ISO 14118(EN 1037)。

应采取措施防止这些器件来自控制器或其他位置的疏忽或错误的闭合(见 5.6)。

注 2:用于防止误起动的设备的断开位置和设备的驱动的更多信息见 ISO 14118(EN 1037)。

满足隔离功能的下列器件可满足这些要求:

——在 5.3.2 中所述的器件；
——仅限于安装在封闭的电气工作区(见 3.26)的隔离器、可插拔式熔断体或可插拔式连接件。
不满足隔离作用的器件(如用控制电路切断的接触器)，这种器件仅宜用于下述场合：
——检查；
——调整；
——电气设备作业场合：
a) 无电击(见第 6 章)和灼伤的危害；
b) 整个作业中切断方法保持有效；
c) 辅助性作业(如不扰乱现存配线就可更换插入式器件)。

注 3：选择器件应考虑，例如来自于风险评价的信息，器件的预期使用和预期的错误使用。例如，装在封闭的电气工作区使用的隔离器、可插拔式熔断体或可插拔式连接件由清洁工人[见 17.2b)12)]操作是不恰当的。

5.5 断开电气设备的器件

当电气设备要求断开和隔离时，应配备可断开或隔离电气设备的器件，该器件应满足：
——对预期使用适当而方便；
——安装位置合适；
——易于识别，即用于设备的哪部分或哪个(些)电路。
应提供措施以防止来自控制器或其他位置的断开器件因疏忽或错误的闭合(见 5.6)。
起重机隔离器(见 5.3.6)在某些情况下可以满足切断功能的要求。而有些场合需要由公共滑触线、集电导线或感应电源系统向起重机械电气设备的单独工作部件或向多台起重机械中的一台馈电时，应该为需要隔离开的每个部件或每台机械配备隔离器件。
除起重机隔离器外，满足隔离功能的下列器件可以达到断开的目的：
——在 5.3.2 所述器件；
——仅限于安装在电气工作区(见 3.22)的隔离器、可插拔式熔断体或可插拔式连接件，并随电气设备提供相关信息[见 17.2b)9)和 17.2b)12)]。

注：已提供符合 6.2.2c)电击防护的场合，可插拔式熔断体或可插拔式连接件由熟练技术人员或受过培训的人员使用。

5.6 对未经许可、无意和/或误接通的防护

装在封闭电气工作区外的 5.4 和 5.5 所述器件在其断开位置(或断开状态)应提供安全措施(例如，提供挂锁、陷阱钥匙联锁)，这种安全措施应防止遥控及在本地使开关闭合。

装在封闭电气工作区内的非锁住的隔离器件(如可插拔式熔断体或可插拔式连接件)，可采用其他防止连接的保护措施(例如，符合 16.1 警示标志)。

但是，按照 5.3.2e)使用插头/插座时，只要其位置处于工作人员即时监督之下，不需要提供断开位置的保护措施。

6 电击的防护

6.1 概述

电气设备应具备在下列情况下保护人员免受电击的功能：
——直接接触(见 6.2 和 6.4)；
——间接接触(见 6.3 和 6.4)。
为实现此类防护而推荐的措施列于 6.2、6.3 和 6.4 的 PELV，它们来源于 GB/T 16895.21。若这些

推荐性措施不适用,例如由于物理环境或运行条件,可采用 GB/T 16895.21 规定的其他措施。

注：在 GB/T 16895.21—2011 中使用术语“基本保护”和“故障保护”替代本部分中使用的术语“直接接触防护”和“间接接触防护”。

6.2 直接接触的防护

6.2.1 概述

电气设备的每个电路或部件,都应采取 6.2.2 或者 6.2.3 和所规定的措施,并在必要时采取 6.2.4 规定的措施。

例外:若这些防护措施不适用,可采用 GB/T 16895.21 中规定的其他直接接触防护措施(如:使用遮栏、置于伸臂范围以外的防护、使用阻挡物、采用防止接近的结构和安装技术)(见 6.2.5 与 6.2.6)。

当电气设备安装在对所有人员(包括儿童)都开放的地点时,应采用 6.2.3 或 6.2.2 中的防护措施,其直接接触的防护等级应至少为 IP4X 或 IPXXD(见 IEC 60529)。

6.2.2 采用外壳进行防护

带电部分应安装在符合第 4 章、第 11 章和第 14 章有关技术要求,且直接接触防护等级不低于 IP2X 或 IPXXB(见 IEC 60529)的外壳内。

如果壳体上表面是易于接近的,则上表面直接接触的最低防护等级应为 IP4X 或 IPXXD。

只有在下列的一种条件下才允许开启外壳(即开启门、罩、盖板及类似件):

a) 必须使用钥匙或工具。对于封闭电气工作区要求(如适用)见 GB/T 16895.21 或 IEC 60439-1。

注 1:钥匙或工具的使用仅限于熟练技术人员或受过培训的人员[见 17.2b)12)]。

当设备需要带电对电器重新整定或调整时,可能触及的所有带电部件,其防止直接接触的防护等级应至少为 IP2X 或 IPXXB。门内的其他带电部件防止直接接触的防护等级应至少为 IP1X 或 IPXXA。

b) 开启外壳之前先切断其内部的带电部件。这个技术要求可由门与隔离器件(如起重机隔离器)的联锁机构来实现,使得只有在隔离器件断开后才能开门,以及将门关闭后才能接通隔离器件。

例外:下列情况可用供方规定的专门器件或工具解除联锁:

——当解除联锁时,不论什么时候都能断开隔离器件并在断开位置锁住隔离器件或其他防止未经允许闭合隔离器件;

——当关上门时,联锁功能自动恢复;

——当设备需要带电对电器重新调整或整定时,可能触及的所有带电部件,其防止直接接触的防护等级至少为 IP2X 或 IPXXB,以及门内其他带电部件防止直接接触的防护等级至少为 IP1X 或 IPXXA;

——随电气设备提供相关信息[(见 17.2b)9)和 17.2b)12))]。

注 2:专门器件或工具的使用仅限于熟练技术人员或受过培训的人员[见 17.2b)12)]。

电柜背后门未与隔离器件直接联锁时,应提供措施仅限于熟练技术人员或受过培训的人员[见 17.2b)12)]接近带电体。

应对隔离器件断开后仍然带电的所有部件进行直接接触防护,其防护等级至少为 IP2X 或 IPXXB(见 IEC 60529)。这些部分应按 16.2.1 规定标明警示标志(按颜色识别导线见 13.2.4)。

以下情况可不作标记:

——仅由于连接到联锁电路而可能带电的部件以及按照 13.2.4 用颜色识别可能带电的部件;

——单独安装在独立外壳中的起重机电源开关和起重机隔离器的电源端子。

c) 只有当所有带电部件直接接触的防护等级至少为 IP2X 或 IPXXB 时(见 IEC 60529),才允许不用钥匙或工具和不断开带电部件去开启外壳。用遮栏提供这种防护时,应要求使用工具才能拆除遮栏，或拆除遮栏时所有被防护的带电部件能自动断电。

注3：在防止直接接触的防护措施达到6.2.2c)要求，以及手动操动器件(例如，手动闭合接触器或继电器)可能导致危险的场合，这种操动方式应提供需要工具才能拆除遮栏或阻挡物的防护措施。

6.2.3 采用带电部分绝缘层进行防护

用绝缘层保护的带电部分应用绝缘层完全覆盖住，只有用破坏性办法才能去掉绝缘层。在正常工作条件下绝缘层应能经得住可能遇到的机械的、化学的、电气的及热的应力作用。

注：油漆、清漆、喷漆及类似产品通常不适于单独用作防护正常工作条件下的电击。

6.2.4 对剩余电压的防护

剩余电压高于60 V的带电部分都应在电源切断后的5 s之内放电到60 V或60 V以下，只要此放电速率不妨碍电气设备的正常功能。元件储容量不大于60 uC时可免除此要求。如果此放电速率会干扰电气设备的正常功能，应在显见位置或在装有电容的外壳临近处作提醒注意危害的耐久性警示标志，并说明在打开外壳之前必要的延时。

对拔出后会裸露出导电部分(如插针)的插头或类似器件，放电时间不应超过1 s，否则这些导电部分应加以防护，直接接触的防护等级至少为IP2X或IPXXB。如果1 s的放电时间和至少为IP2X或IPXXB的防护等级都达不到(如集电导线上的可拆集电器、滑触线或滑环组件，见12.7.4)，应采用附加断开器件或适当的警示装置(例如符合16.1要求的警示标志)。

注：这些要求适用于例如用于功率因素调整和过滤功能的电容器以及用于调速驱动的直流母线中的电容器。

6.2.5 采用遮栏进行防护

采用遮栏进行防护，见GB/T 16895.21—2011中A.2。

6.2.6 置于伸臂范围之外的防护或用阻挡物的防护

置于伸臂范围之外的防护，见GB/T 16895.21—2011中B.3。用阻挡物的防护，见GB/T 16895.21—2011中B.2。

对于防护等级低于IP2X的集电导线系统或滑触线系统，见12.7.1。

6.3 间接接触的防护

6.3.1 概述

间接接触的防护用来防止带电部分与外露可导电部分之间绝缘失效时所产生的危险情况。

对于电气设备的每个电路或部件，至少应采用6.3.2～6.3.3规定的措施之一：

——防止出现危险接触电压(6.3.2)；

——触及接触电压可能造成危险之前自动切断电源(6.3.3)。

注1：由接触电压引起有害的生理效应的风险取决于接触电压及可能暴露的持续时间。

注2：设备和保护措施的分类见IEC 61140。

6.3.2 防止出现接触电压的措施

6.3.2.1 概述

防止出现危险接触电压的措施如下：

——采用Ⅱ类电气设备或等效绝缘；

——电气隔离。

6.3.2.2 采用Ⅱ类设备或等效的绝缘的防护

这种措施用来防止由于基本绝缘失效而出现在易接近部件上的接触电压。

这种防护应用下述一种或多种措施来实现：

——采用Ⅱ类电气设备或器件(双重绝缘、加强绝缘或符合 IEC 61140 的等效绝缘)；

——采用符合 IEC 60439-1 规定的具有完整绝缘的成套开关设备和控制设备组合；

——采用符合 GB/T 16895.21—2011 中 412 规定的附加绝缘或加强的绝缘。

6.3.2.3 采用电气隔离作防护

单一电路的电气隔离，用来防止该电路的带电部分基本绝缘失效时的接触电压在触及外露可导部分而引起的电击电流。

这种防护形式应符合 GB/T 16895.21—2011 中 C.3 和 413 的要求。

6.3.3 采用自动切断电源进行防护

在故障情况下这种措施是经保护器件自动操作切断一路或多路相线。切断应在极短时间内完成，以限制接触电压，使其在持续时间内没有危险。附录 A 给出了切断时间。

这种措施需协调以下几方面要求：

——电源接地系统形式；

——不同地基的保护联结系统的接地阻抗值；

——检测绝缘故障保护期间的特性。

出现绝缘故障后，受其影响的任何电路的电源自动切断，为了防止来自接触电压引起的危险情况。

这种措施包括以下两方面：

——外露可导电部分的保护联结(见 8.2.3)；

——下列任一种方法：

a) 在 TN 系统中，检测到绝缘故障时过电流保护器件自动切断电源；

b) 在 TT 系统中，检测到带电部分对外露可导电部分或对地的绝缘故障时，引发剩余电流保护器件自动切断电源；

c) 采用绝缘检测或剩余电流保护器件引发 IT 系统自动断开。除外：除非设置的保护器件在首次接地故障情况下切断电源，否则应提供绝缘监测器件，以指示来自带电部分对外露可导电部分或对地发生的首次故障。这种绝缘监测器件应引发听觉的和/或视觉的信号，随故障持续而连续。

配有按照 a)要求的自动切断，而不能确保在 A.1 规定的时间内切断的场合，应提供满足 A.3 要求所必须的辅助联结。

6.4 采用 PELV 的防护

6.4.1 一般要求

采用 PELV(保护特低电压)是为了保护人身免受间接接触的电击和有限面积直接接触的电击(见 8.2.5)。

PELV 电路应满足下列全部条件：

a) 标称电压应不超过：

——当设备通常用于干燥地带及带电部分与人体无大面积接触时，为 25 V 交流方均根值或 60 V 直流无纹波值；

——其他情况下为 6 V 交流方均根值或 15 V 直流无纹波值。

注：无纹波一般定义为一个正弦纹波电压，其纹波含量不超过10%方均根值。

b) 电路的一端或该电路电源的一点应连接到保护联结电路上。

c) PELV电路的带电部分应与其他通电电路电气隔离。电气隔离应不低于安全隔离变压器的初级和次级电路之间的要求(见IEC 61558-1和IEC 61558-2-6)。

d) 每条PELV电路的导线均应与其他任何电路的导线相隔离。当此要求不能满足时，应满足13.1.3的绝缘要求。

e) PELV电路用插头和插座应遵守下列要求：

   1) 插头应不能插入其他电压系统的插座内；

   2) 插座应不接受其他电压系统的插头。

6.4.2 PELV电源

PELV电源应是下列形式之一：

——符合IEC 61558-1和IEC 61558-2-6要求的安全隔离变压器；

——安全等级等效于安全隔离变压器的电源(如带有等效绝缘绕组的电动发电机)；

——电化学电源(如电池)或其他与较高电压电路无关的电源(如柴油发电机)；

——符合相应标准的电子电源，这些标准规定所采取的措施应确保即使在内部故障情况下输出端子的电压仍不会超过6.4.1中的规定值。

7 电气设备的保护

7.1 概述

本章详述了为防止电气设备受到下述情况影响而需采取的措施：

——由短路引起的过电流；

——过载电流；

——异常温度；

——失压或欠电压；

——电动机超速；

——接地故障；

——相序错误；

——由于雷电和开关浪涌而引起的过电压。

如果这些异常情况中的一种引起保护器件动作而造成运动驱动电机停止运转，则应防止自行重新起动。

注：该要求可借助于下述示例中的装置来满足：

——只在所有操作控制器件均处于断开位置时才能接通的起重机开关；

——自动返回到断开位置的操作控制器件。

如果仅是起重机械的一部分或一组协同工作的起重机械的一部分受到保护器件动作的保护，则该动作应使相应的控制系统作出响应以确保协调一致(见9.3.4)。

7.2 过电流保护

7.2.1 概述

起重机械电路中的电流如果超过任一元件的额定值或导线的载流能力，则应按较小值提供过电流保护。使用的额定值或整定值在7.2.10中详述。

7.2.2 电源线

除非用户另有要求(参见附录 B),否则电气设备供方不负责向电气设备电源线提供过电流保护器件。

电气设备供方应在安装图上说明选择过电流保护器件的必要数据(见 7.2.10 和 17.4)。

7.2.3 动力电路

每根带电导线应装设按 7.2.10 选择的过电流检测和过电流断开器件。

下列导线,如适用,在所有关联的带电导线未切断之前不应断开:

——交流动力电路的中性导体;

——直流动力电路的接地导体;

——连接到活动机器的外露可导电部分的直流动力导线。

如果中性导体的截面积至少等于或等效于有关相线,则在中性导体上不必设置过电流检测和隔离器件。对于截面积小于相应相线的中性导体,应采取 IEC 60364-5-52 中 524 所述的保护措施。

在 IT 系统中,建议不采用中性导体。然而,如果采用中性导体时,应采取 IEC 60364-4-43 中 431.2.2所述的保护措施。

7.2.4 控制电路

直接连接电源电压的控制电路和由控制电路变压器供电的电路,其导线应按照 7.2.3 配置过电流保护。

由控制电路变压器或直流电源供电的控制电路导线应提供防止过电流保护措施(见 9.4.3.1):

——在控制电路连接到保护联结电路场合,在设有开关的导线上插接过电流保护器件;

——在控制电路未连接到保护联结电路场合:

a) 当所有的控制电路中采用相同截面积导线时,在设有开关的导线上插接过电流保护器件;

b) 当不同的分支控制电路采用不同截面积导线时,在设有开关的导线和各分支电路的公共导线都应插接过电流保护器件。

7.2.5 插座及其有关导线

主要用来给维修设备供电的通用插座,其馈电电路应有过电流保护。这些插座的每个馈电电路的未接地带电导线上均应设置过电流保护器件。

7.2.6 照明电路

供给照明电路的所有未接地导线,应使用过电流保护器件防止短路,并与防护其他电路的保护器件分开。

7.2.7 变压器

变压器应按照制造厂说明书设置过电流保护。这种保护应(见 7.2.10):

——避免变压器合闸电流引起误跳闸;

——避免受二次侧短路的影响使绕组温升超过变压器绝缘等级允许的温升值。

7.2.8 过电流保护器件的设置

过电流保护器件应安装在导线截面积减小或导线载流容量减小处。满足下列条件的场合除外:

——导线载流量不小于负载所需容量;

——导线载流容量减小处与连接过电流保护器件处之间的导线长度不大于 3 m；

——采用减小短路可能性的方法安装导线，例如，利用外壳或管道保护避免机械损伤，或用其他合适的方法保护。

7.2.9 过电流保护器件

额定短路分断能力应不小于保护器件安装处的预期故障电流。若流经过电流保护器件的短路电流除了来自电源的电流还包括附加电流(如来自电动机、功率因数补偿电容器)，这些电流均应考虑进去。

如果在电源侧已设有保护器件(如电源线过电流保护器件见 7.2.2)，且具有必要的分断能力，则负载侧允许选用较低分断能力的保护器件。此时，两套器件的特性应相互协调，以便经过两套串接器件的能量(I^2t)不超过其耐受值，因而不会损伤负载侧过电流保护器件和由其保护的导线(见 GB/T 14048.2—2008中附录 A)。

注：采用这种协调布置的过电流保护器件可能导致两个过电流保护器件都工作。

如果采用熔断器作为过电流保护器件，应选取用户所在地区容易买到的类型，或为用户安排备件的供应。

7.2.10 过电流保护器件的额定值和整定值

熔断器的额定电流或其他过电流保护器件的整定电流应选择得尽可能小，但应满足预期的过电流通过(如在电动机起动或变压器合闸期间)。当选择这些保护器件时应考虑到控制开关器件由于过电流引起损坏的保护问题(如控制开关电器触头的熔焊)。

过电流保护器件的额定电流或整定电流取决于受该器件保护的导线的载流能力，该保护导体应符合 12.4、附录 C.2 和最大允许中断时间 t(按照 C.3 的要求)。应考虑到与保护电路中其他电气器件协调的要求。

多电机驱动的情况下，在供电系统中过电流保护在短路的情况不一定能保护每一条分支电缆，应考虑辅助保护措施或按最大短路电流选择分支电缆。

7.3 电动机的过热保护

7.3.1 综述

额定功率超过 2 kW 的电动机应配备电动机过热保护。

例外：在工作中不允许自动切断电动机运转的场合(如载荷保持装置)，这种检测方式应发出报警信号，使操作者能够响应。

电动机过热保护可以由以下方式实现：

——过载保护(7.3.2)；

注 1：过载保护器件检测电路负载超过额定满载值时电路中时间和电流间的关系(I^2t)，并引发适当的控制响应。

——超温度保护(7.3.3)；

注 2：温度检测器件可检测温度过高并引发适当的控制响应。

——限流保护(7.3.4)。

应防止过热保护后任何电动机自行重新起动，以免引起危险情况，损坏机械或破坏工作流程。

7.3.2 电动机的过载保护

在提供过载保护的场合，除中性导体外每条带电导线都应提供过载检测。然而，在电缆过载保护(见 C.2)未采用电动机过载检测的场合，过载检测器件的数量可按用户要求减少(参见附录 B)。对单相或直流电动机，检测器件只允许接在未接地带电导线中。

若过载保护是用切断电路的办法实现，则开关电器应断开所有带电导线。中性导体除外。

对于要求频繁起动、制动的特殊工作制电动机(如用于快速移动、锁紧、快速反转、灵敏钻孔、堵转和微调的电动机),由于保护器件与被保护绕组的时间常数差异较大,配置过载保护可能是困难的。有必要采用为特殊工作制电动机或超温度保护(见7.3.3)专门设计的保护器件。

对于不会出现过载的电动机(例如,由机械过载保护器件保护或有足够容量的力矩电动机和运动驱动器)不要求过载保护。

7.3.3 超温度保护

在可能影响冷却效果的环境中,建议采用带超温度保护的电动机(见IEC 60034-11)。根据电动机的类型,如果在转子失速或缺相条件下超温度保护不总起作用,则应提供附加保护措施。

在可能存在超温度场合(例如,散热不好),对于不会出现过载的电动机(如:由机械过载保护器件保护或有足够容量的力矩电动机和运动驱动器)也建议设置超温度保护。

注:冷却效果有可能会受影响,例如,灰尘环境和电机风机的低速运转。

7.3.4 限流保护

在三相电动机中用电流限制方法达到防止过热的场合,电流限制器件的数量可从3个减小到2个(见7.3.2)。对于单相交流电动机或直流电机,至少应在未接地带电导线中使用电流限制器件。

7.4 异常温度的保护

正常运行中可能达到异常温度以致会引起危险情况的发热电阻或其他电路(例如,由于短期工作制或冷却介质不良),应提供恰当的检测,以引发适当的控制响应。

7.5 对电源中断或电压下降随后恢复的保护

电源中断或电压下降会引起危险情况时,例如损坏起重机械或吊装物,则应在预定的电压值下提供欠压保护(如断开起重机械电源和/或闭合机械制动器)。

注:根据危险评价,手动控制的起重机械可不用欠压保护。

若起重机械的运行允许电压短时中断或下降,则可配置带延时的欠压保护器件。欠压保护器件的工作不应妨碍起重机械的任何停车控制的操作。

应防止电压恢复或电源接通后机械自行重新起动,以免引起危险情况。

如果仅是机械的一部分或以协作方式同时工作的一组机械的一部分受电压下降或电源中断的影响,则欠压保护应激发适当的控制响应。

7.6 电动机的超速保护

对可能发生超速并可能引起危险的情况,则应按9.2.5.5和9.3.2所考虑到的措施提供超速保护。超速保护应激发适当的控制响应,并应防止自行重新起动。

超速保护的运行方式应使电动机的机械速度限值或其负载的速度限值不被超过。

注1:例如,该保护可由离心式开关、限速监测器或置于驱动系统内部的速度检测构成。

注2:例如,在装有直流电动机或变频驱动的起升机构上就有可能出现不允许的高速。

7.7 接地故障/剩余电流的保护

除了按6.3的规定提供自动切断电源的过电流保护外,还可以提供接地故障/剩余电流保护,用于减小由于接地故障电流小于过电流保护的检测值而引起的对电气设备的损害。

只要满足电气设备的正常运行,这些保护器件的整定值应尽可能小。

7.8 相序的保护

如果电源相序错误会引起危险情况或损坏起重机械，则应提供相序保护。

注：可引起相序错误的使用条件包括：

——起重机械从一个电源转换到另一个电源；

——流动式起重机带有连接外接电源的设备。

带有辅助电源连接装置(如修理用)或可换切电源(如紧急情况下)的起重机械应具有相序保护器件以确保电动机的正确旋转。

7.9 雷电和开关浪涌的防护

可以装设保护器件对由雷电或开关浪涌引起的过电压提供保护。

装设位置：

——抑制由雷电引起过电压的保护器件应连接到起重机电源开关和/或起重机隔离器的引入端。

——抑制由开关浪涌产生过电压的保护器件应跨接到所有需要这种保护的设备的端子上。

在危险评价有要求的地方，室外起重机应设置雷电保护装置，包括：

a) 接闪器装置

如果起重机的结构具备此功能，没必要安装单独的接闪器。

b) 引下线装置

所有铰接点和其他活动连接处经由接地导线短接的起重机结构，可以用作引下线。

c) 接地装置

接地端可包括接到起重机轨道上的接地集电器。

注1：危险评价和雷电保护装置指导在 IEC 62305 系列标准中给出。

注2：可能会有国家防雷要求的标准。

8 等电位联结

8.1 概述

本章提出保护联结和功能联结两者的要求。图4说明这些概念。

保护联结是为了保护人员防止来自间接接触的电击，是故障防护的基本措施(见 6.3.3 和 8.2)。

功能联结(见 8.3)的目的是为尽量减小：

——绝缘失效可能影响起重机械的工作；

——敏感电气设备受电骚扰而影响机械运行的后果。

通常的功能联结可由连接到保护联结电路来实现，对于电气设备的适当功能，而对保护联结电路的电骚扰水平不是足够低的场合，有必要将功能联结电路连接到单独的功能接地导体上(见图4)。

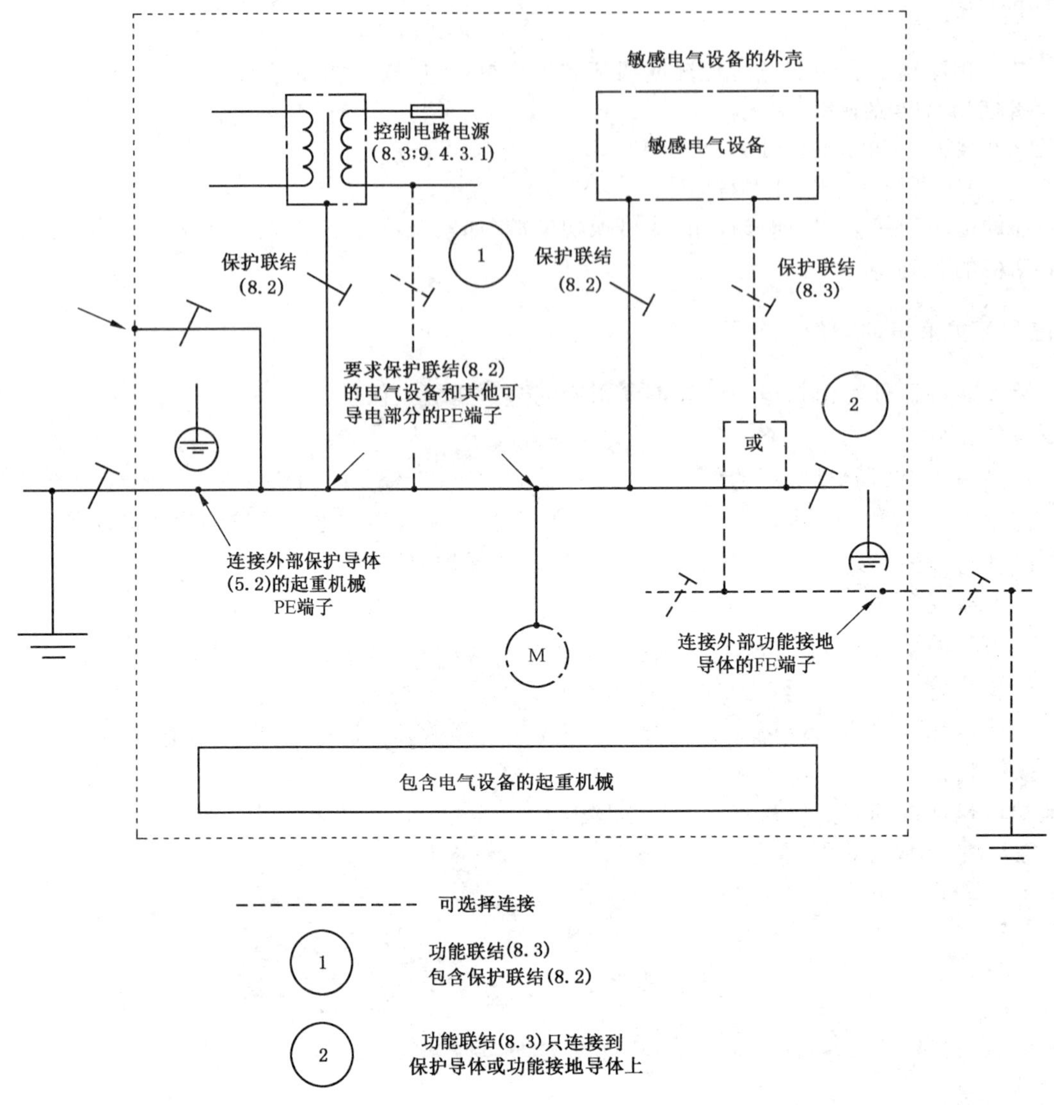

注："功能接地导体"原先叫做"无噪声接地导线"和"FE"端子原先称为"TE"(见 IEC 60445)。

图 4　起重机械电气设备等电位联结示例

8.2　保护联结电路

8.2.1　概述

保护联结电路由下列部分组成：

——PE 端子(见 5.2)；

——电气设备和起重机械的导电结构件；

——起重机械设备上的保护导体，包括作为电路部分的滑动触头。

对具有车载电源的流动式起重机，其保护电路、外露可导电部分和外界可导电部分均应连接到保护接地端子以对电击提供防护。

注：当电能的供给是装在设备的固定、活动或可拆件内的车载电源，且没有外部连接电源时(如不连接车载电池充电器时)，不需要将这些设备接到外部保护导体上。

保护联结电路所有部分应设计成能够承受保护联结电路中可能流过的接地故障电流所造成的最高热应力和机械应力。

电气设备或起重机械的结构件的电导率小于连接到外露可导电部分最小保护导体的电导率的场合，应设辅助的联结导线。辅助联结导线的截面积不应小于其相对应保护导体的一半。

如果采用 IT 配电系统，起重机械的结构应作为保护联结电路的一部分，并设置绝缘监控。见6.3.3c)。

符合 6.3.2.2 要求的设备的可导电结构件不必连接到保护联结电路上。按 6.3.2.2 要求设置的所有设备，构成起重机械机构的外界可导电部分不必连接到保护联结电路上。

符合 6.3.2.3 要求的设备的外露可导电部分不应连接到保护联结电路上。

8.2.2 保护导体

保护导体应按 13.2.2 做出标记。

应采用铜导线。在使用非铜质导线的场合，其单位长度电阻不应超过允许的铜导线单位长度电阻，并且它的截面积应不小于 16 mm^2。

保护导体截面积应按下列标准的技术要求来决定：

——IEC 60364-5-54 中 543；

——IEC 60439-1 中 7.4.3.1.7，如适用。

与设备相连的相线的截面积与有关保护导体的截面积的对应关系若符合表 1 的规定，大多数情况下都能满足这个要求。

8.2.3 保护联结电路的连续性

所有外露可导电部分都应按 8.2.1 要求连接到保护联结电路上。

例外：见 8.2.5。

若由于任何原因(如日常维护)拆掉一部分时，则不应使余留部分的保护联结电路连续性中断。

连接件和连接点的设计应确保不受机械、化学或电化学的作用而削弱其导电能力。当外壳和导体采用铝材或铝合金材料时，应特别考虑电蚀问题。

金属软管、硬管和电缆金属护套不应用作保护导体。然而，这些金属管道和所有连接电缆的金属护套(如电缆恺甲、铅护套)均应连接到保护联结电路上。

电气设备安装在罩、门或盖板上时，应确保其保护联结电路的连续性，并建议采用保护导体(见 8.2.2)。否则在设计上应采用具有低电阻的紧固件、铰链或滑动触头(见 18.2.2，试验 1)。

有裸露危险的电缆(如拖曳软电缆)应采取适当措施(如监测)确保电缆中保护导体的连续性。

对于采用集电导线、滑触线和滑环组件的保护导体的连续性的要求见 12.7.2。

起重机械的钢轨可连接到保护联结电路上。但是，它们不能取代从电源到起重机械的保护导体(如电缆、集电导线或滑触线)。

准备用于不同场合的起重机械(如可移动式起重机械)电气设备的设计应满足本部分中对所有预期电源接地系统的要求。当采用 IT 或 TT 系统时，起重机械的保护联结电路应连接到现场的接地系统上。

8.2.4 禁止将开关电器接入保护联结电路

保护联结电路中不应接有开关电器、过电流保护器件(如开关、熔断器)。

不应设置中断保护联结导线的手段。

例外：

——试验或测量用的连接线，装在封闭电气工作区内，没有工具不能被断开；

——当保护联结电路的连续性可能被可移动式集电器或插头/插座组合断开时,保护联结电路应被一个首先接通最后断开的触头中断。该条规定也适用于可移动的或可插拔的插入式器件(见13.4.5)。

8.2.5 不必连接到保护联结电路上的零件

有些零件安装后不会构成危险,那么就不必把它的外露可导电部分连接到保护联结电路上,因为:

——这些零件不能大面积触摸到或不能用手握住和尺寸很小(约小于50 mm×50 mm);或

——这些零件的位置使得既不大可能接触带电部分,绝缘也不易失效。

这适用于螺钉、铆钉和标牌等小零件,以及装在电控柜内的与尺寸大小无关的零件(如接触器或继电器的电磁铁、器件的机械部分)。

注:更多信息见GB/T 16895.21—2011中410.3.9。

8.2.6 保护导体的连接点

所有保护导体应按13.1.1进行端子连接。保护导体的连接点不应有其他功能,且不应用于例如系到或连接到器具或零件上。

每个保护导体连接点都应有标记或标签,采用IEC 60417-5019(2002-10)中的符号。

或用PE字母,图形符号优先,或用黄/绿双色组合,或这些的任一组合进行标记。

当带有车载电源的流动式起重机也能接到外部引入电源时,保护联结端子应作为外部保护导体的连接点。

8.2.7 电气设备对地泄漏电流大于10 mA a.c.或d.c.的附加保护联结要求

注1:对地泄漏电流定义为"在绝缘缺失的故障情况下,从装置的带电部分流入地的电流"(IEV 442-01-24)。这种电流可以有电容成分,包括有意使用电容产生的电流。

注2:大多数符合IEC 61800相关部分要求的调速电气传动系统,其对地泄漏电流大于3.5 mAa.c.。调速电气传动系统对地泄漏电流的测定,按IEC 61800-5-1中型式试验规定的接触电流测量方法要求进行。

当电气设备(如可调速电气传动系统和信息技术设备)的对地泄漏电流大于10 mAa.c.或d.c.时,在任一引入电源处有关保护联结电路应满足下列一项或多项要求。

a) 保护导体应当是电源电缆或封闭母线系统的一部分,且保护导体全长的截面积应至少为1.5 mm^2(铜质)。

b) 保护导体全长的截面积应不小于10 mm^2(铜质)或16 mm^2(铝质)。

c) 当保护导体的截面积小于10 mm^2(铜质)或16 mm^2(铝质)时,应敷设第二根保护导体,其截面积不应小于第一根保护导体的截面积,第二根保护导体应一直敷设到截面积大于等于10 mm^2(铜质)或16 mm^2(铝质)的保护导体处。

注3:这可能要求为用电气设备的第二根保护导体设置单独的接线端子。

d) 在保护导体连续性损失的情况下,电源自动断开。

为防止产生电磁骚扰问题,4.2.2有关要求也适用于设双重保护导体的设备。

另外,在PE端子附近,需要时,临近电气设备标牌的地方应设警示标志。按17.2b)1)要求提供的信息应包括泄漏电流和外部保护导体的最小截面积。

8.3 功能联结

防止因绝缘失效而引起的非正常运行,可按9.4.3.1要求连接到共用导线。

有关功能联结的建议是为了避免因电磁骚扰而引起的非正常运行,见4.4.2.。

8.4 限制大泄漏电流影响的措施

限制大泄漏电流的影响,可用有独立绕组的专用电源变压器对大泄漏电流设备供电来实现。当变压器用于此目的时,保护联结电路应与设备的外露可导电部分相连,此外,还要和变压器的二次绕组相连。设备与变压器二次绕组间的保护导体应满足 8.2.7 所列的一项或多项要求。

9 控制电路和控制功能

9.1 控制电路

注:不适用于手持直接控制器件(见 3.36)。

9.1.1 控制电路电源

当控制电路由交流电源供电时,控制电路电源应由变压器供电。这些变压器应有独立的绕组。如果使用几个变压器,建议这些变压器的绕组应连接起来以使二次电压同相位。

如果取自交流电源的直流控制电路连接到保护联结电路(见 8.2.1),它们应由交流控制电路变压器的一个单独的绕组供电或由另外的控制电路变压器供电。

注 1:符合 IEC 61558-2-17 要求的带有独立绕组变压器的开关型单元满足这一要求。

采用单一电动机起动器和不超过两只控制器件的机械,不强制使用变压器。

注 2:这种例外情况适用于如仅带有一台起升电机具有上下两个运动方向和上限位的小型起重机械。为进行试验和/或维护,带有一台以上电气驱动装置的起重机械,宜配置能单独给其驱动控制电路供电而不给其动力电路供电的装置。

9.1.2 控制电路电压

控制电压标称值应与控制电路的正常运行协调一致。当用变压器供电时,控制电路的标称电压不应超过 277 V。

9.1.3 保护

控制电路应按 7.2.4 和 7.2.10 提供过电流保护。

9.2 控制功能

注 1:ISO 12100-2:2003、GB/T 16855.1—2008、ISO 13849-2:2003 和 IEC 62061 中给出了控制功能(包括那些由可编程电子系统实现)有关安全方面的信息,也可见 9.4。

注 2:本条款未对用于执行控制功能的设备要求作出规定。这种要求的示例见第 10 章。

9.2.1 起动功能

起动功能应通过给有关电路通电来实现(见 9.2.5.2)。

9.2.2 停止功能

有下列 3 种类别的停止功能:

——0 类:用立即切除起重机械执行机构动力的方法停车(即不可控停止;见 3.69);

——1 类:起重机械执行机构停车过程中留有动力,停车后切除动力的可控停止(见 3.12);

——2 类:起重机械执行机构停车过程中和停车后都保留动力的可控停止。

当使用停止功能作为安全相关的控制功能时,应提供措施防止不允许的控制偏差(见 9.4.4),(例如,使用根据 GB/T 12668.502 提供相应安全控制功能的驱动系统)。

9.2.3 工作方式

每台起重机械可能有一种或多种工作方式,这取决于起重机械的类型及其用途。

当选择某一种工作方式能导致危险时,应采取适当的措施(如钥匙操作开关,访问码)来防止未授权和/或无意地选择。

工作方式选择本身不应造成起重机械自行起动。起动控制应单独操作。

对于每个规定的工作方式,应执行有关安全功能和/或安全防护措施。

应对已选定的工作方式提供显示(如工作方式选择器的位置、指示灯的装设、显示器指示)。

9.2.4 安全防护的暂停

在设置、试验和维修过程中如果需要暂停安全功能和/或安全防护措施,这些措施设计时应考虑可预见的错误使用[见 ISO 12100-1 中 5.3c)]。

在安全功能或保护措施的暂停期间,由以下措施确保防护:

——其他所有工作(控制)方式都不能使用;

——可能包括下列一条或多条其他措施(见 ISO 12100-2:2003 中 4.11.9):

- 利用“保持—运转”器件或类似的控制器件开动运转。
- 一种带急停器件及在适当时带使能器件的便携式控制站。若采用便携式控制站,则只能从此站开动运转。
- 一种符合 9.2.7.3 要求的带引发停止功能装置及在适当时带使能器件的无线式控制站。若采用无线式控制站,则只能从此站开动运转。
- 限制运动速度或功率。
- 限制运动范围。

可以在具体的产品标准中定义特殊安全功能暂停的附加要求和限制。例如,过载保护的暂停即使是在设置、试验和维修活动中也可被禁止,以防特殊起重机械出现稳定问题。

9.2.5 操作

9.2.5.1 概述

应为安全操作提供必要的安全功能和/或保护装置(如联锁,见 9.3)。

起重机械意外停车(如由于制动状态、电源故障、更换电池、无线控制信号丢失)后,应采取措施防止机械运动。

手动控制起重机械应当用保持—运转控制或两位置使能器件(见 10.9)来启动;这个要求不适用于不可能有危险情况发生的带有超行程限位装置的司机室操纵的起重机械。

对于采用多个操作控制站控制同一驱动机构的一台起重机械,(如司机室操纵和地面操纵),在任何给定时间内只允许一个操作控制站工作。紧急停止见 9.2.5.4.2 和 10.7。应装有显示操作控制站工作状态的装置。

9.2.5.2 起动

只有在相关安全功能和/或保护装置全部就位并起作用后才能开始运转,但 9.2.4 叙述的情况除外。

有些机械上的安全功能和/或保护装置不适合某些操作(如特殊的运动),这类操作的手动控制应采用保持-运转控制,如适用,与使能装置一起使用。

应设置恰当的联锁以确保正确的起动顺序。

在机械要求使用多个控制站操作起动时，每个控制站应有独立的手动操作的起动控制器件。操作起动应满足如下条件：

——应满足起重机械运行的所有工况；

——所有起动控制器件应处于释放(断开)位置；

——所有起动控制器件应联合引发(见3.7)。

9.2.5.3 停止

当需明确风险评价与起重机械的功能要求(见4.1)时，应提供0类和/或1类和/或2类停止。见9.4.1和9.4.4。

注：当电源切断和开关器件(见5.3)操作时属于0类停止。

停止功能应优先于有关的起动功能(见9.2.5.5)。

在需要的场合，应提供连接保护器件和联锁的装置。如果这种保护器件或联锁会引起起重机械停止，则有必要将这种状态以信号形式传给控制系统的逻辑单元。停止功能的复位不应引发任何危险情况。

可能被重力和其他外力(例如，风力)影响的运动，保持运动停止不应由驱动装置完成，而应由不依靠电源的装置完成(例如，通过机械制动器)。见9.3.4，9.4.3.2和14.7。

9.2.5.4 紧急操作(紧急停止、紧急断开)

9.2.5.4.1 概述

本部分对附录E中列出的紧急操作的紧急停止和紧急断开功能规定了要求，本部分中的这两种操作都是由单人操作完成的。

一旦紧急停止(见10.7)或紧急断开(见10.8)操动器的有效操作中止了后续命令，该操作命令在其复位前一直有效。复位应只能在引发紧急操作命令的位置用手动操作。命令的复位不应重新起动机械，而只是允许再起动。

所有紧急停止命令复位后才允许重新起动起重机械。所有紧急断开命令复位后，才允许机械重新通电。

注：紧急停止和紧急断开是辅助性保护措施，对于起重机械上某些危险(如压碎、碰撞、电击或灼伤)这些措施不是降低风险的根本方法。[见ISO 12100(所有部分)]。

9.2.5.4.2 紧急停止

紧急停止设备的设计原则，包括功能方面的设计原则在GB/T 16754中给出。起重机械应具有紧急停止功能，该急停功能至少应停止运动驱动装置和其他可能引起危险情况的起重机械执行机构。这一紧急停止功能应具备0类或1类停止功能(见9.2.2)。紧急停止的类别选择应取决于起重机械的风险评价。

除上述停止要求(见9.2.5.3)之外，紧急停止功能还有下列要求：

——紧急停止功能应优先于所有工作方式中的所有其他功能和操作；

——接至能够引起危险情况的起重机械执行机构的动力应立即切除(0类停止)或采用尽快停止危险运动的可控方式(1类停止)，且不引起其他危险；

——复位不应引起重新起动。

紧急停止功能可以由图3中一个或多个开关器件来执行(即，驱动装置开关设备，起重机开关或起重机电源开关)。

9.2.5.4.3 紧急断开

紧急断开的功能见 IEC 60364-5-53 中 536.4。

在下列场合应配备紧急断开功能：

——直接接触(例如，与在电气工作区内使用的集电导线、滑触线、滑环组件、开关设备)的防护仅通过置于伸臂范围以外或通过阻挡物(见 6.2.6)获得；

——由电源可能引起其他危险或伤害的地方。

紧急断开由连接到引入电源的起重机械执行机构的 0 类停止作用的机电开关器件(如起重机电源开关)断开相关的引入电源来完成的。如果机械不允许采用 0 类停止，就需要由其他保护，如直接接触防护，使得不需要紧急断开(例如，负载保持装置如励磁真空起升机可能要求连续供电)。

9.2.5.5 指令动作的监测

起重机械或起重机械部件的运动或动作会引起危险情况时，应对其进行监测。对于手动控制的起重机械，操作者可完成某些监测。对于预计操作者不能监测的情况，将需要安装一些装置，包括超行程限制器、电动机超速检测装置、机械过载检测装置或防碰撞装置。

9.2.6 其他控制功能

9.2.6.1 保持-运转控制

保持-运转控制应要求该控制器件持续激励直至工作完成。

注：保持-运转控制可以实现，例如，通过双手操纵装置。

9.2.6.2 双手控制

ISO 13851 中定义了双手控制的 3 种形式，其选择取决于风险评价。

9.2.6.3 使能控制

使能控制(见 10.9)是一个手动激励的控制功能联锁，即：

a) 被激励时，允许机械运转由单独的起动控制引发；

b) 去激励时：

   1) 引发 0 类停止或 1 类停止功能；

   2) 防止机械运转。

使能控制的配置应使其失效的可能性最小，例如在机械运转可能被重新起动前，要求使能控制器件去激励。借助简单装置的使能功能不应有失效的可能。

使能控制装置类型的选择参照危险评价。

注：三位置类型控制装置在慌乱情况下为优选。

9.2.6.4 兼具起动和停止功能的控制器

那些在操作时能交替控制起动和停止的按钮和类似器件，只应用于不会发生危险情况的功能。

9.2.7 无线控制

9.2.7.1 概述

本节叙述了采用无线(例如无线电、红外线)技术在起重机械控制系统和操作控制站之间传递指令和信号的控制系统的功能要求(见第 10 章，特别是见 10.1.5)。

注 1：无线控制的操作控制站通常被称作发射器，而安装在起重机上的部分被称作接收器。接收器构成起重机械控制系统的接口。

注 2：其中某些应用及系统的考虑也适用于使用串行数据通信技术的控制功能，此处通信链路使用电缆（如同轴电缆、双绞线、光缆）。

应提供易于拆除或切断操作控制站电源的方法（见 9.2.7.3）。

必要时应采取措施（如钥匙操作开关、访问码）防止擅自使用无线操作控制站。当阻止擅自使用的措施被攻破时，操作控制站不应传输信号。

每个无线操作控制站应带有一个预定由其控制的起重机械的明确标记。

9.2.7.2 控制限制

应采取措施以确保控制指令：

——只对预定的起重机械起作用；

——只对预定功能起作用。

应采取措施防止起重机械对来自非预定操作控制站的信号作出响应。

无线控制系统应包含以下控制功能：

——无线操作控制站的激活应当在操作控制站上指示出来，而且不应引发任何起重机械运动；

——只有当接收器接收到来自操作控制站包含正确地址和正确命令的帧时，它才向起重机械控制系统提供操作指令；

——除非在产品标准中说明，否则当接收器接收到来自操作控制站的至少一个正确的启动指令而不是操作指令帧时，起重机开关应在通电状态（例如，控制在开的状态），停止功能应当复位；

——不论任何情况（例如，电源故障，更换电池，或丢失信号）导致起重机械停止后，为避免其意外运动，起重机械司机把操作控制站的操动器退回到“关”的位置一段合适的时间之后，接收器才应输出引起起重机械运动的操作指令（即接收器接收到至少一个不含任何操作指令的帧）；

——无论起重机开关何时断电，引起起重机械运动的所有操作命令将禁止输出。

必要时，应采取措施使起重机械在一个或多个预定区域或位置仅能接受操作控制站的控制。

9.2.7.3 停止

对于引发起重机械的停止功能或引发会引起危险情况所有运转的停止功能，操作控制站应设有一个单独并清晰可辨的装置。引发这种紧急停止功能的操动装置不应与急停器件标记或标明的一样。这种停止可以是 0 类或 1 类停止，由风险评价来确定。它将优于所有模式的其他功能和操作，并且这种停止功能的复位不应引起重新启动。

执行停止功能的无线控制系统部分是起重机械控制系统安全相关的一部分，它的任何部分的一个故障都不应导致安全功能失效。只要合理可行，这个故障应在下一个安全功能命令或之前被检测出来。

注：无线控制站急停器件的可行性见 IEC/TC 44。

无线控制系统对停止指令的响应时间应不超过 550 ms。

无线控制系统在下列情况下应通过断开起重机开关自动引发起重机械停止：

——当检测到系统有故障时；

——当在 0.5 s 内（参见附录 B）未检测出有效信号时，但是不包括起重机械正在执行预先计划的超出无线控制范围以外且不会引起危险情况的一项任务时。对于 0.5 s 太短的应用场合，该值可以最大延长到 2 s。应评估起重机械的预期使用，来确保延长时间值不会引起附加风险。假若通过监测控制系统的状态来引发停止，起重机开关的断电最大可以延长到 5 min。

9.2.7.4 发射器和接收器间通讯

在运行中，应重复发送帧。任一需要运动来引发的帧应在控制系统可能引发那个运动之前被正确地接收到。每一个传输的帧应包括所有命令要求的状态。

系统提供的传输可靠性应使汉明距离等于每帧总比特数除以20,但最小汉明距离为4;或采用其他措施确保等同的可靠性水平,错误帧可能性小于10^{-8}。

注:推荐使用IEC 60870-5-1中的错误检测方法。

9.2.7.5 使用多个操作控制站

注:本条没有考虑有线和无线控制站之间的转换。

若起重机械有多个无线控制站,应采取措施确保在给定时间内只有一个控制站起作用。由起重机械风险评价确定在适当位置,对哪一个操作控制站正在控制起重机械要有指示。

只有当第一个发射器传送了起重机停止命令,并且第一个发射器取消激活之后,控制权才能从第一个发射器转到另一个发射器,另一个发射器的激活需要一个为此目的特殊设计的特意动作。

应采取措施使几对发射器/接收器在传送范围内互不干扰地工作。这些措施应防止意外或非预期的变化。

9.2.7.6 电池供电的操作控制站

电池电压的变化不应引起危险情况。如果使用电池供电的无线操作控制站控制一个或多个可能有危险的运动,则当电池电压的变化超过规定的限值时,应向操作者发出清晰的警示。此时,无线操作控制站应保持其功能直到起重机械脱离危险情况。

注:通常允许的时间周期为10 min。

当发射器电池电压变得很低以至不能可靠传送信息时,发射器应按照9.2.7.3发出一个停止信号且在发射器再被激活前不允许发送帧(见9.2.7.2)。

9.3 联锁保护

注1:联锁保护控制功能相关安全方面的信息,包括用可编程电子系统实现的信息,见ISO 12100-2:2003、GB/T 16855.1—2008、ISO 13849-2:2003和IEC 62061。也可见9.4。

注2:本节没有规定用于执行联锁保护控制功能设备的要求。这些要求的示例在第10章中给出。

9.3.1 联锁安全防护装置的重新接通或复位

联锁安全防护装置的重新接通或复位不应引发起重机械的运转或其他操作,以免发生危险情况。

注:对具有起动功能(控制防护装置)的联锁防护装置的要求在ISO 12100-2中5.3.2.5给出。

9.3.2 超过工作限值

超过工作限值(例如,载荷、位置、速度、压力)可能导致危险情况的场合,应配备装置(如位置传感器或限位开关)来检测是否超过预定的极限并根据起重机械的风险评价引发适当的控制动作。

当限制器已使司机控制的起重机械停止运动时,可重新起动,但只能沿相反方向运行。

9.3.3 辅助功能的工作

应通过适当的器件(如压力传感器)去检验辅助功能是否正常工作。

如果辅助功能(如润滑、供冷却液)的电动机或器件不工作有可能引发危险情况或损坏起重机械或载荷,则应提供适当的联锁。

9.3.4 不同动作和反向运动间的联锁

控制起重机械各零部件的且同时动作可能会带来危险(例如,启动反向运动的器件)的所有接触器、继电器和其他控制器件,应进行联锁以防止不正确的工作。

反向接触器(如控制电动机旋转方向的接触器)应联锁,使得在正常使用中进行切换时不会发生短路。

如果为了安全或持续运行,起重机械上某些功能需要相互关联,则应用适当的联锁以确保正常的协调。对于以协同方式共同工作并具有多个控制器的一组起重机械,必要时应对控制器的协调操作作出规定。

如果机械制动操动器的失效会产生制动,此时有关的起重机械执行机构已供电而且可能出现危险情况,则应提供联锁使该起重机械执行机构断电。

当起重机械执行机构未通电且如果释放机械制动器可能会带来危险情况时,则应用联锁来阻止机械制动器的释放。

9.3.5 反接制动

如果电动机采用反接制动,则应采取有效措施避免制动结束时电动机反转,这种反转可能会造成危险情况或损坏起重机械或载荷。为此,不应允许采用只按时间作用原则的器件。

本要求只适合于自动操作的起重机械。

9.4 故障情况下的控制功能

9.4.1 一般要求

电气设备中的失效或骚扰会引起危险情况或损坏起重机械或载荷时,应采取有效措施以减少这些危险出现的可能性。所需的措施及实施程度,无论是单独或联合使用,均取决于相关各应用的风险程度(见 4.1)。

电气控制电路应有适当的安全性能水平,这由起重机械的风险评价确定。应满足 IEC 62061 和/或 GB/T 16855.1—2008、ISO 13849-2:2003 的要求。

减少这些风险的措施包括但不限于:

——起重机械上的保护器件(如联锁防护装置、脱扣器件);

——电路的保护联锁;

——采用经过验证的电路技术和元件(见 9.4.2.1);

——提供部分或完整的冗余技术(见 9.4.2.2)或相异技术(见 9.4.2.3);

——提供功能试验(见 9.4.2.4)。

对于能实现记忆存储的,例如由电池供电保持的场合,应采取措施防止由于电池失效或摘除而引起危险情况。

应提供措施如使用按键、访问码或工具防止未经授权或意外修改存储器的内容。

通常,只考虑单一失效。在风险程度较高的情况下,可能有必要确保多个失效也不会造成危险情况。

9.4.2 失效情况下降低风险的措施

9.4.2.1 采用成熟的电路技术和元件

这些措施包括但不限于:

——出于工作目的将控制电路接到保护联结电路上(见 9.4.3.1 和图 4);

——按 9.4.3.1 进行控制器件的连接;

——用断电的方式停车(见 9.2.2);

——切断接至受控器件上的所有控制电路导线(见 9.4.3.1);

——使用具有直接断开操作的开关电器(见 IEC 60947-5-1);

——电路设计上要减少意外操作引起失效的可能性;

——使用经过验证性能等级(见 GB/T 16855.1)或安全完整性等级(见 IEC 62061)的部件(例如,可编程电子控制系统)。

9.4.2.2 采用部分或完整的冗余技术

通过提供部分或完整的冗余技术能使电路中由单一失效引起危险的可能性减至最小。冗余技术可以在正常运行时起作用(即在线冗余),或设计成仅在运行功能失效时才起到保护作用的专用电路(即离线冗余)。

在采用正常运行期间不起作用的离线冗余的场合,应采取适当措施确保这些控制电路在需要时起作用。

9.4.2.3 采用相异技术

采用具有不同操作原理或不同类型器件的控制电路,可以减少故障和/或失效引起危险的概率。例如:

——由联锁防护装置控制的常开和常闭触头的组合;

——电路中不同类型控制电路元件的使用;

——在冗余结构中机电和电子电路的组合。

电和非电(如机械、液压、气压)系统的组合可以执行冗余功能并提供相异技术。

9.4.2.4 功能试验

应提供适当的方法进行功能试验(见 17.2 和 18.6):

——在起动时和/或按预定的间隔进行;

——可由控制系统自动进行,或手动(通过检查或试验),或以适当方式组合。

9.4.3 接地故障、电压中断和电路连续性丧失引起误动作的防护

9.4.3.1 接地故障

控制电路的接地故障不应引起意外的起动、潜在危险的运动或妨碍起重机械的停止。

满足这些要求可采用但不限于下列方法:

方法 a) 由控制变压器供电的控制电路:

1) 控制电路电源接地的情况,共用导线连接到保护联结回路。所有预期要操作电磁或其他器件(如继电器、指示灯)的触点、固态元件等,接入到控制电路电源有开关的导线一边,并与线圈或器件的一侧端子连接。线圈或器件的其他端子(最好是同标记端)直接连接到控制电路电源另一侧且没有任何开关元件的共用导线上(见图 5)。

   例外:保护器件的触点可以接在共用导线和线圈之间,假若:

   ——在接地故障事件中,自动切断电路,或

   ——连接非常短(如在同一电柜中)以致不大可能有接地故障(如过载继电器)。

2) 控制电路由控制变压器供电且不连接保护联结回路,接线如图 5 所示,并配备有在接地故障中自动切断电路的绝缘监测装置(见 7.2.4)。

   注 1:可以使用绝缘失效显示代替切断,使起重机械进入安全状态。

方法 b) 控制电路由带中心抽头绕组的控制变压器供电,中心抽头连接保护联结回路,接线如图 6 所示,图中所有控制电路电源导线中,有包含开关元件的过电流保护器件。

注 2：对有中心抽头的接地控制电路，一个接地故障会在继电器线圈上留下 50％的电压。在这种情况下，继电器会保持，导致不能停机。在这种情况下，有必要断开线圈或器件的两边。由过电流器件检测单一接地故障时，仅断开线圈或装置的一边就足够了。

方法 c）控制电路不经控制变压器供电而是下列的一种：

1）直接连接到已接地电源相导体之间；

2）直接连接到相导体之间或连接到不接地或高阻抗接地的电源相导体和中性导体之间。

在意外起动或停车失效事件中，或在 c)2）的情况中，可能引起危险情况或损坏起重机械的那些起重机械功能的起动或停止，应使用切换所有带电体的多极开关，在接地故障事件中应提供自动切断电路的绝缘监测装置。

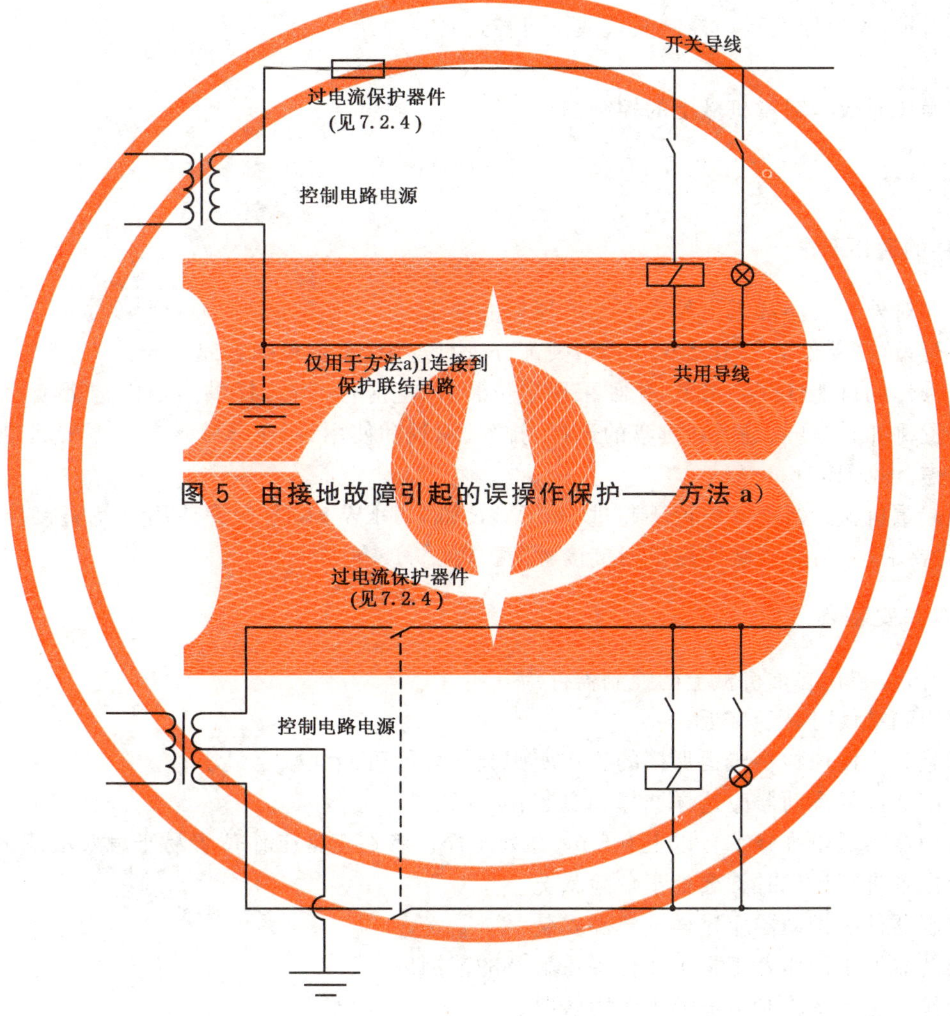

图 5　由接地故障引起的误操作保护——方法 a）

图 6　由接地故障引起的误操作保护——方法 b）

9.4.3.2　电压中断

应采用 7.5 中详述的要求。

如果控制系统采用存储器，一旦电源失效应确保正常功能（例如用非易失性存储器），防止记忆丢失所发生的危险情况。

9.4.3.3 电路连续性丧失

如果依靠滑动触头构成的相关安全控制电路其连续性的丧失可能引起危险情况时，则应采取适当的措施(例如采用双重滑动触头)。

9.4.4 运动控制系统误动作的防护

在电动机的运动控制系统里，应能自动检测出可能会造成危险情况不允许的控制偏差，采用0类停止切断电动机的电源，并使机械制动器上闸(见14.7)。

在采用能量转换器的液压或气动传动中，如果能量转换器的电源发生故障，应停止运动。

运动控制系统的任何器件，其内部任何保护功能的激发(例如，用于保护器件本身的可调速驱动的过压或过流保护)不应导致运动控制失效或不可控运动。

10 安装在操作面板和起重机械上的控制器件

10.1 概述

10.1.1 器件的通用要求

本章包含对外装或局部露出外壳安装的器件的要求。

只要可行，这些器件应按IEC 61310相关部分进行选用、安装和标志或编码。

应使误操作的可能性降到最低，例如采用定位装置、适应性设计、提供附加保护措施。特别考虑操作者输入装置例如触摸屏、键区和键盘的选择、排列、编程和使用，对于危险场合应用的起重机械的控制也应特别考虑。见IEC 60447。

只有当起重机械运行在额定值不超过500 Va.c.和7.5 kW时，才允许使用手持直接控制装置。按照6.3.2.2的要求，应为这些装置提供间接接触防护(见9.1.1)。

10.1.2 位置和安装

只要可行，安装在起重机械上的控制器件应：

——使用和维修时易于接近；

——安装时应使像物料搬运那样的工作所引起损坏的可能性减至最小；

手动控制器件的操动器应这样选择和安装：

——操动器不低于维修平台以上0.6 m，并处于操作者在正常工作位置易于触及的范围内；

——操作者进行操作时不会处于危险状况。

脚动控制器件的操动器应这样选择和安装：

——操动器处于操作者正常工作位置易触及的范围内；

——操作者进行操作时不会处于危险状况。

10.1.3 防护

防护等级(见IEC 60529)和其他适当措施一起应能防护：

—— 物理环境中存在或常见于起重机上的腐蚀性液体、蒸汽或气体的影响；

—— 污染物(例如粉尘、固体颗粒)的侵入。

此外，操作面板上的控制器件直接接触的防护等级最低应为IPXXD(见IEC 60529)。

10.1.4 位置传感器

位置传感器(如位置开关、接近开关)的安装应确保即使处于超行程也不会受到损坏。

相关安全控制功能电路中使用的位置传感器应具有肯定(或直接)断开的功能(见 IEC 60947-5-1),或具有与此相当的可靠性(见 9.4.2)。

注:相关安全控制功能是为了保持起重机械安全状态或防止在起重机械上发生危险情况。

10.1.5 便携式和悬挂式控制站

便携式和悬挂式操作控制站及其控制器件的选择和安装应使由冲击和振动(例如,操作控制站掉落或撞击障碍物)引起无意操作起重机械的可能性减至最小(见 4.4.8)。

便携式操作控制站(设备)应:

——提供措施减少意外掉落的可能性,例如配置腰带或颈带;

——满足下列试验,不会造成可见损坏或不正确操作:

a) GB/T 2423.8,试验 Ed 的自由跌落试验;

b) GB/T 2423.5,试验 Ea 的撞击试验。

10.2 按钮

10.2.1 颜色

按钮操动器的颜色代码应符合表 2 的要求(参见 9.2 和附录 B)。

“起动/接通”操动器的颜色可为白、灰、黑或绿色,优先用白色,但不允许用红色。

紧急停止和紧急断开操动器应使用红色。

“停止/断开”操动器可为黑、灰或白色,优先选用黑色,不允许用绿色。也允许选用红色,但建议在紧急操作器件附近不使用红色。

作为“起动/接通和停止/断开”交替操作的按钮操动器的优选颜色为白、灰或黑色,不允许用红、黄或绿色(见 9.2.6)。

对于按住运转而松开则停止运转(如保持一运转)的按钮操动器,其优选颜色为白、灰或黑色,不允许用红、黄或绿色。

复位按钮应为蓝、白、灰或黑色。如果它们还兼作停止/断开按钮,最好使用白、灰或黑色,优先选用黑色,不允许用绿色。

对于不同功能使用相同颜色白、灰、或黑(如起动/接通和停止/断开操动器都用白色),应使用辅助编码方法(如形状、位置、符号)以识别按钮操动器。

表 2 按钮操动器的颜色代码及其含义

颜色	含义	说明	示例
红	紧急	危险或紧急情况时操作	紧急停止 紧急功能起动
黄	异常	异常情况时操作	干预制止异常情况 干预重新起动中断了的自动循环
蓝	强制	要求强制性动作的情况时操作	复位功能
绿	正常	起动正常情况时的操作	
白	未赋予特定含义	除急停以外的一般功能的起动(见注)	起动/接通(优先) 停止/断开

表 2（续）

<table>
<tr><th>颜色</th><th>含义</th><th>说明</th><th>示例</th></tr>
<tr><td>灰</td><td rowspan="2"></td><td rowspan="2">除急停以外的一般功能的起动(见注)</td><td>起动/接通
停止/断开</td></tr>
<tr><td>黑</td><td>起动/接通
停止/断开(优先)</td></tr>
<tr><td colspan="4">注：如果使用代码的辅助手段(如形状、位置、结构)来识别按钮操动器，则白、灰或黑同一种颜色可用于各种不同功能(如白色用于起动/接通和停止/断开操动器)。</td></tr>
</table>

10.2.2 标记

除了如 16.3 所述功能识别以外，建议给按钮作出标记，标记可做在其附近，最好直接标在操动器上，标记见表 3。

表 3 按钮的符号

起动或接通	停止或断开	起动或停止和接通或断开交替动作的按钮	按住即运转而松开则停止运转的(即“保持-运转”)
IEC 60417-5007(2002-10)	IEC 60417-5008(2002-10)	IEC 60417-5010(2002-10)	IEC 60417-5011(2002-10)

10.3 指示灯和显示器

10.3.1 概述

指示灯和显示器用来发出下列形式的信息：

——指示：引起操作者注意或指示操作者应该完成某项工作。红、黄、绿和蓝通常用于这种方式；闪烁指示灯和显示器见 10.3.3。

——确认：确认一条指令或一种状态，或确认一种变化或转换阶段的结束。蓝色和白色通常用于这种方式，某些情况下也可以用绿色。

指示灯和显示器的选择及安装方式，应从操作者的正常位置看得到(见 IEC 61310-1)。

用于警示灯的指示灯电路应配备检查这些指示灯可操作性的装置。

10.3.2 颜色

除非供方和用户间另有协议(参见附录 B)，否则指示灯的颜色代码应符合表 4 中起重机械的状态(状况)的要求。

表 4　指示灯的颜色及其相对于起重机械状态的含义

颜色	含义	说明	操作者的动作
红	紧急	危险情况	立即动作去处理危险情况(如断开起重机械电源,发出危险状态报警)
黄	异常	异常情况 紧急临界情况	监视和/或干预(如重建需要的功能)
蓝	强制	指示操作者需要动作	强制性动作
绿	正常	正常情况	任选
白	不确定	其他情况,可用于红、黄、绿、蓝色的应用有疑问时	监视

起重机械上的指示塔台适用的颜色自顶向下依次为:红、黄、蓝、绿和白色。

10.3.3　闪烁灯和显示器

为了进一步区别或发出信息,尤其是给予附加的强调,闪烁灯和显示器可用于下列目的:

——引起注意;

——要求立即动作;

——指出指令与实际情况有差异;

——指出进程中的变化(转换期间闪烁)。

对于较重要的信息,建议使用较高频率的闪烁灯和显示器(推荐的闪烁速率和脉冲/间歇比见 IEC 60073)。

用闪烁灯或显示器提供较重要的信息的场合,也应提供音响报警装置。

10.4　光标按钮

光标按钮操动器的颜色代码应符合表 2 和表 4 的要求。当难以选定适当的颜色时,应使用白色。紧急停止操动器的红色不应依赖于其灯光的照度。

10.5　旋转控制器件

具有旋转部分的器件如电位计和选择开关的安装应防止其静止部分转动。只靠摩擦力是不够的。

10.6　起动器件

用于引发起动功能或起重机械机构(如小车)运动的操动器,其构造和安装应尽量减小意外操作的可能性。但是磨菇头操动器可用于双手控制(见 ISO 13851)。

10.7　急停器件

10.7.1　急停器件的位置

急停器件应易接近。

急停器件应设置在各个操作控制站以及其他可能要求引发紧急停止功能的位置,例如,在未保护的钢丝绳绞车附近(例外:见 9.2.7.3)。

固定的(不可拆卸的)急停器件应一直处于激活状态,包括当对应的操作控制站未激活时。

对于非固定的急停器件(例如,带有插头/插座组合的备用操作控制站),应采取措施避免混淆急停器件是否被激活。(例如,使用信息,将未激活的操作站锁起来)。

需要时,在起重机械以外也应设置急停器件(例如,对于桥式起重机情况可从地面操作)。

对于那些可造成附带危险的起重机械驱动装置,不需要从地面上停止所有运动驱动装置,例如,对于门式起重机,停止大车运动即可。对于流动式起重机在地面上可不设此器件。

10.7.2 急停器件的形式

急停器件的形式包括:

——掌揿式或蘑菇头式按钮操作开关;

——拉线操作开关;

——无机械防护装置的脚踏开关。

急停器件应有直接断开操作(见 IEC 60947-5-1 中附录 K)。

10.7.3 操动器的颜色

急停装置的操动器应着红色。如果在操动器的后面有背景,则背景的颜色应为黄色。见 GB/T 16754。

10.7.4 起重机电源开关和起重机隔离器的本身操作实现紧急停止

起重机电源开关和/或起重机隔离器本身操作在下列情况下可起紧急停止功能的作用:

——易于操作者接近;

——是 5.3.2a)、b)、c)或 d)中所述的形式。

在这种使用条件下,起重机电源开关和/或起重机隔离器应符合 10.3.7 的颜色要求。

注:上述器件通常不位于操作控制站,因此它不能被用作仅有的急停器件(见 10.7.1 和 10.8.1)。

10.8 紧急断开器件

10.8.1 紧急断开器件的位置

紧急断开器件应能够从可方便和迅速地接近起重机械的位置直接操纵或进行远程操纵。根据风险评价,对于正常工作有裸露带电导体的场合也有必要配置紧急断开器件。(见 9.2.5.4.3 和 12.7.1)。

这些器件通常与操作控制站隔开设置。需要提供带急停器件和紧急断开器件的控制器场合,应提供避免这些器件之间相互混淆的措施。

注:达到此要求,如预备可碎透明外壳的紧急断开器件。

10.8.2 紧急断开器件的形式

紧急断开器件有下列形式:

——操动器为掌揿式或蘑菇头式的按钮操作开关;

——拉线操作开关。

这些器件应是直接断开操作(见 IEC 60947-5-1 中附录 K)。

按钮操作开关可装在易碎透明外壳内。

10.8.3 操动器的颜色

紧急断开器件的操动器应为红色。如果在操动器周的后面有背景,则背景应为黄色。

在紧急停止和紧急断开器件相互间可能出现混淆的场合应提供使混淆降至最小的措施。

10.8.4 起重机电源开关和起重机隔离器本身操作实现紧急断开

用起重机电源开关或起重机隔离器本身操作实现紧急断开的场合,其应易于接近,并满足 10.8.3

的颜色要求。

如果用于紧急断开,起重机隔离器应有足够的分断能力。

10.9 使能控制器件

当使能控制器件作为系统的部件提供时,且只在一个位置操动时,它应发出使能控制信号以允许运行。在其他任何位置,应停止或防止运行。

使能控制器件的选择和布置,应使其失效的可能性减至最小。

使能控制器件的选择应具有下列特性:

——设计要考虑人体工程学原则;

——对于二位置形式:

- 位置 1:开关的断开功能(操动器不起作用);
- 位置 2:使能功能(操动器起作用);

——对于三位置形式:

- 位置 1:开关的断开功能(操动器不起作用);
- 位置 2:使能功能(中间位置操动器起作用);
- 位置 3:断开功能(超过中间位置操动器起作用);
- 当从位置 3 返回位置 2 时,使能功能不起作用。

注:使能控制功能在 9.2.6.3 中说明。三位置形式可参见 GB/T 14048.20—2013。

11 控制设备:位置、安装和电柜

11.1 一般要求

所有控制设备的位置和安装应:

——易于接近和维护;

——易于防御外界影响或预定操作中出现的情况;

——便于起重机械及其相关设备的操作和维护。

11.2 位置和安装

11.2.1 易接近性和维护

控制设备的所有元件的设置和排列应使得不用移动它们或其配线就能清楚识别。对于那些需要检查其运行是否正确或有可能需要更换的元件,最好能在不拆卸起重机械的其他设备或部件情况下就能得以进行(开门或卸罩盖、遮栏或阻挡物除外)。与控制设备组件或器件部分无关的端子也应符合这些要求。

所有控制设备的安装都应易于从正面操作和维护。当需要用专用工具拆卸器件时,应提供这种专用工具。为了常规性维护或调整而需接近的有关器件,应安置在维修平台以上 0.4 m～2 m 之间。建议端子至少在维修平台 0.2 m 以上,且使导线和电缆能容易连接其上。

除操作、指示、测量、冷却器件外,在门上和通常可拆卸的外壳孔盖上不应安装控制器件。当控制器件是通过插接方式连接时,它们的插接应通过型号(形状)、标记或参照代号(单独或组合使用)加以区分(见 13.4.5)。

正常工作中需插拔的插入器件应具有非互换性，缺少这种特性会导致错误工作。

正常工作中需插拔的插头/插座组合的位置和安装应提供畅通无阻的通道。

当提供用于连接测试设备的测试点时应：

——在安装上提供畅通无阻的通道；

——有符合技术文件的清楚识别(见 17.3)；

——有满足要求的绝缘；

——有充分的空间。

11.2.2 物理隔离或成组

与电气设备不直接相联的非电气部件和器件不应安装在装有控制设备的电柜中。如电磁阀那样的器件应与其他电气设备隔离开(如在单独的隔间中)。

组合安装并连有电源电压或连有电源与控制两种电压的控制器件应与仅连有控制电压的控制器件隔离开独立成组。

接线端子应按下列电路分组：

——动力电路；

——相关控制电路；

——从外部电源供电的其他控制电路(例如联锁)。

若每组均能易于识别(如通过标记、通过用不同尺寸、通过使用遮栏或用颜色)，则各组可毗邻安装。

在布置器件位置时(包括互连)，应保持由供方为它们规定的考虑了外部影响或物理环境条件的电气间隙和爬电距离。

11.2.3 热效应

发热元件(如散热片、功率电阻)的安装应使附近所有元件的温度保持在允许限值内。

电气设备易接近部分的温度应遵守 GB/T 16895.2—2005 表 42A 中所列温度限值的规定。装置的所有部分，其温度可能出现超过表 42A 所列限值时，应加以防护，防止任何意外接触或按 16.2.2 中的要求标志。

应考虑避免起重机械环境过热(例如，调速驱动机构的制动电阻在粉尘环境中或当起重机械靠近易燃材料停车时可能会引起火灾危险)。

注：例如，用于调速(交流)驱动的(制动)电阻通常需有警示标志或有保护措施。

11.3 防护等级

考虑到起重机械在预定使用条件下的外部影响(即位置和物理环境条件)，控制设备应足以防止外来固体和液体的侵入，并应充分防止粉尘和冷却液的侵入。

注 1：第 6 章规定了电击防护的要求。

注 2：IEC 60529 规定了防止水侵入的防护等级。可能还需要防止其他液体侵入的附加防护措施。

控制设备的外壳防护等级应至少为 IP2X(见 IEC 60529)。

例外：

a) 在电气工作区用外壳提供适当的防护等级以防止固体和液体的侵入。

b) 如果集电导线或滑触线系统使用可拆卸集电器，且防护等级达不到 IP2X 时，则应采用 6.2.5 中的防护措施。

注 3：某些应用示例以及由电柜提供的典型防护等级列举如下：

——仅装有电动机起动电阻和其他大型设备的通风电柜：IP10；

——装有其他设备的通风电柜：IP32；

——一般工业用电柜：IP32，IP43 与 IP54；

——低压喷水清洗场(用软管冲、洗)用的电柜：IP55；

——能防护细粉尘的电柜：IP65；

——装有滑环组件的电柜：IP2X。

根据安装条件，可采用其他相适宜的防护等级。

11.4 电柜、门和通孔

电柜应使用能承受在正常工作时可能受到的机械、电气和热应力以及湿度和其他环境因素影响的材料制造。

紧固门和盖板的紧固件应为系留式的。为观察内部安装的指示器件而提供的窗口应选择适合于能承受机械应力和耐化学腐蚀的材料(如 3 mm 厚的钢化玻璃和聚碳酸脂板)。

建议电柜门宽不超过 0.9 m，且使用垂直铰链，开角至少为 95°。

门、罩、盖和柜体的铰接件或密封垫应能经受住起重机械使用环境中存在的侵蚀性液体、蒸汽或气体的化学影响(参见附录 B)。因运行或维护而需要开启或卸下的门、罩和盖上用来保持电柜的防护等级的铰接件或密封垫应：

——牢靠地紧固在门/盖或电柜上；

——不因门、盖的拆卸或更换而损坏，以至降低防护等级。

当外壳上有通孔(如电缆通道)，包括通向地板或地基，或通向起重机械其他部件的通孔，均应提供措施以确保获得设备规定的防护等级。电缆入口孔在现场应易于打开。起重机械内部的隔间底面可设置适当的通孔，以便能排除冷凝水。

在装有电气设备的电柜和装有冷却液、润滑油或液压油的隔间或可能进入油液、其他液体以及粉尘的隔间之间不应有通孔。此要求不适用于专门设计的在油中工作的电器(如电磁离合器)，也不适用于需要使用冷却液的电气设备。

如果电柜上有安装用孔，可能需要采取措施使其安装后不致削弱所要求的防护等级。

在正常工作或不正常工作时，表面温度可能会达到足以引起火灾或对外壳材料造成有害影响的设备应：

——置于能承受可能达到该温度而不起火或造成有害后果的电柜中；

——装设在与相邻设备足够远的位置，以便于安全地散热(见 11.2.3)；

——采用能承受该设备散出的热量而不起火或造成有害后果的材料进行防护。

注：必要时使用 16.2.2 中的警示标志。

11.5 开关设备和控制设备通道

11.5.1 概述

在开关设备和控制设备前面和其间通道的尺寸应满足电气设备安全操作和维修。最小尺寸在 11.5.2 和 11.5.3 中给出。

根据风险评价，仅装有接线端子和极少需要维修的其他元件(例如，电阻器)的电柜不必遵循本条款要求。

11.5.2 通向通道的入口

20 m 以上长度的操作和维护通道应从两端出入。对于小于 20 m 但超过 6 m 的通道建议从两端出入。

允许一个人完全进入的通道的门和电气工作区的门应是：

——至少宽 0.7 m，高 2.0 m；

——外开式；

——带有不使用钥匙或工具就可从里面打开的装置（如，太平门栓）；

——有足够空间完全打开。

11.5.3 开关设备和控制设备前面的通道

开关设备和控制设备的电柜前面通道净宽应至少为 0.6 m，当门打开到最大角度时，门前面通道净宽应至少为 0.4 m。

允许一个人完全进去工作（例如，复位、调整或维修）的电柜净宽应至少为 0.7 m，净高应至少为 2.0 m。

以下情况通道净宽应至少为 1.0 m：

——在进入时设备可能带电；

——导电部件裸露。

当通道两侧都有裸露的导电部件时，净宽应至少为 1.5 m。

11.5.4 通道和门的限制

通道和/或门的尺寸不得不减小的地方，例如在箱形梁需要加筋的隔板处，其净高可减至不小于 1.4 m，净宽可减至不小于 0.6 m。

注：对于紧邻这些限制区的区域，为防止不经意地触及沿通道的带电部分而采取的措施可能还不够。在这些地方可能还需要采取附加防护措施（见 6.2）。

12 导线和电缆

12.1 一般要求

导线和电缆的选择应适合于工作条件（如电压、电流、电击的防护、电缆的分组）和可能存在的外界影响[如环境温度、存在水或腐蚀性物质、机械应力（包括安装期间的应力）和火灾危险]。

注：详细信息见欧洲电工委员会 HD516S2。

这些要求不适用于按有关国家标准（如 IEC 60439-1）制造和测试的成套设备、分组设备和器件的集成配线。

当电缆安装在露天使用（如建筑物或其他防护结构外面）的起重机械上时，它们应适合于户外使用（如防紫外线、满足要求的温度范围），或进行适当防护。

12.2 导线

一般情况，导线应为铜质的。如果用铝导线，截面积应至少为 16 mm^2。

为确保足够的机械强度，导线的截面积不宜小于表 5 示出值。然而，如果用其他措施来获得足够的机械强度且不削弱正常功能，在设备上可以使用截面积比表 5 中示出值小的导线。

注：导线的分类见表 6。

表 5　铜导线的最小截面积

位置	用　途	导线、电缆的类型				
		单芯		多芯		
		软电缆 5 类或 6 类	硬线(1 类) 或绞线(2 类)	双芯屏蔽线	双芯无屏蔽线	三芯或三芯以上屏蔽线或无屏蔽线
(保护)外壳外部配线	固定敷设的动力电路	1.0	1.5	0.75	0.75	0.75
	频繁运动的动力电路	1.0	—	0.75	0.75	0.75
	控制电路	1.0	1.0	0.2	0.5	0.2
	数据通信	—	—	—	—	0.08
[a]外壳内部配线	固定敷设动力配线	0.75	0.75	0.75	0.75	0.75
	控制电路	0.2	0.2	0.2	0.2	0.2
	数据通信	—	—	—	—	0.08

注：所有截面积的单位为平方毫米(mm^2)。

[a] 个别标准的特殊要求除外；见 12.1。

表 6　导线的分类

类别	说明	用法/用途
1	实心铜或铝导线	固定敷设
2	铜绞线或铝绞线	
5	软铜绞线	用于有振动的机械安装；连接移动部件 用于频繁移动
6	比 5 类更软的铜绞线	

注：来源于 IEC 60228。

1 类和 2 类导线主要用于刚性的、非移动部件之间，只要其截面积小于 0.5 mm^2，也可用于产生极小弯曲的场合。

须经常频繁运动(例如，机械工作每小时运动一次)的所有导线，均应采用 5 类或 6 类软绞线。

12.3　绝缘

绝缘的种类包括，但不限于：

——聚氯乙烯(PVC)；

——天然或合成橡胶；

——硅橡胶 (SiR)；

——无机物；

——交联聚乙烯(XLPE)；

——乙丙橡胶(EPR)。

导线和电缆的绝缘材料(例如 PVC)由于火的蔓延或有毒或腐蚀性烟雾的扩散可能构成危险时，宜寻求电缆供方的指导，特别应注意，保持相关安全功能电路的完整性是重要的。

所用电缆和导线的绝缘应适合试验电压：

——对工作于电压高于 50 V a.c.或 120 V d.c.的电缆和导线，要经受至少 2 000 V a.c.持续 5 min 的耐压试验；

——对于 PELV 电路，应承受至少 500 V a.c.持续 5 min 的耐压试验(见 GB/T 16895.21—2011 中Ⅲ类设备)。

绝缘层的机械强度和厚度应使得工作或敷设时，尤其是电缆穿入管道时绝缘层不受损伤。

注：选择电缆时应考虑电压和电流波形的影响，例如调速驱动装置可能会对电机电缆产生附加的电压应力(见 IEC 61800 系列)。

12.4 正常工作时的载流量

导线和电缆的载流量取决于几个因素，例如，绝缘材料，电缆中的导体数，设计(护套)，安装方式，集聚和环境温度。

注 1：详细信息和指导见 IEC 60364-5-52，可在某些国家标准中找到或由制造商给出。

在稳态条件下，外壳和设备单独部件之间适用于 PVC 绝缘配线载流量的典型示例见表 7。

表 7 环境温度 40 ℃时，稳态条件下采用不同敷设方法的 PVC 绝缘铜导线或电缆的载流量(I_Z)

截面积 mm²		敷设方法(见 C.1.2)			
		B1	B2	C	E
		三相电路载流量 I_Z/A			
0.75		8.6	8.5	9.8	10.4
1.0		10.3	10.1	11.7	12.4
1.5		13.5	13.1	15.2	16.1
2.5		18.3	17.4	21	22
4		24	23	28	30
6		31	30	36	37
10		44	40	50	52
16		59	54	66	70
25		77	70	84	88
35		96	86	104	110
50		117	103	125	133
70		149	130	160	171
95		180	156	194	207
120		208	179	225	240
电子设备(线对)	0.20	不适用	4.3	4.4	4.4
	0.5	不适用	7.5	7.5	7.8
	0.75	不适用	9.0	9.5	10

注 1：表 7 载流量的值是基于：

——平衡三相电路适用截面积 0.75 mm² 和更大；

——控制电路线对适用截面积 0.2 mm² 和 0.75 mm² 之间。

安装更多电缆/线对，表 7 中的值宜按照表 C.2 或表 C.3 减额。

注 2：对于除 40 ℃以外的环境温度，用表 C.1 规定值进行修正。

注 3：这些值不适用于在卷筒上缠绕的软电缆(见 12.6.3)。

注 4：其他电缆的载流量，见 IEC 60364-5-52。

注 2：针对特定应用，当根据导体(如，高惯性负载起动，断续工作制)工作制周期和热时间常数之间的关系确定导线的规格时，宜寻求电缆制造商的意见。断续工作制导线的选择应寻求导线制造商的指导。如果不能得到以上信息，可以使用附录 D 中给出的准则。

12.5 电压降

在正常工作条件下，从起重机电源开关到电动机，或在变流器驱动电机情况下，至变流器进线端的电压降不应超过标称电压的 5%。为了遵守这个要求，可能有必要采用截面积大于表 7 规定值的导线。

注：如果不能得到更多的信息，电压降可通过使用功率最大的驱动装置的起动电流与第二大驱动装置的标称电流组合起来计算得出。当一台以上起重机械使用同一电源时，可根据给定的使用条件采用同时系数。

12.6 软电缆

12.6.1 概述

软电缆应采用 5 类或 6 类导线。

注 1：6 类导线是较小直径的绞线，比 5 类导线更柔软(见表 6)。

经受繁重工作条件的电缆应具有适当的结构以防止：

——由于机械搬运和拖曳过粗糙表面所造成的磨损；

——由于工作时无导向件所造成的扭结；

——由于导向滚轮和强迫导向使电缆在电缆卷筒上正反向缠绕所产生的应力。

注 2：符合这种条件的电缆见国家有关标准。

注 3：在不利的工作条件，如大的拉应力、小弯曲半径、弯入另一平面和/或同时进行频繁周期工作时，电缆的使用寿命将会减少。

12.6.2 机械性能

起重机械电缆支撑系统的设计应使得在起重机械工作期间导线的拉应力尽可能地低。当采用铜导线时，铜导线截面区的拉应力应不超过 15 N/mm²。在应用要求超过 15 N/ mm² 拉应力限值的地方，宜采用具有特殊结构性能的电缆，且允许的最大抗拉强度宜与电缆制造厂达成协议。

非铜质材料的软电缆导线所允许的最大应力应不超过电缆制造厂的规范。

注：下列条件影响导线的拉伸应力：

——加速力；

——运动速度；

——电缆自重(吊挂重量)；

——导向方法；

——电缆卷筒系统的设计。

12.6.3 绕在电缆卷筒上的电缆的载流量

绕在卷筒上电缆应选用具有这样截面积的导线：当其完全缠绕在卷筒上并承受正常工作载荷时，不超过导线允许的最高温度。

对装在卷筒上圆形截面电缆，其在大气中的最大载流量宜按表 8 减额。

注：在大气中的电缆的载流量可以在制造厂说明书或者有关国家标准中找到。

表 8 绕在卷筒上的电缆的减额系数

卷筒类型	电缆层数				
	任意层数	1	2	3	4
圆柱形通风式	—	0.85	0.65	0.45	0.35
径向型通风式	0.85	—	—	—	—
径向非通风式	0.75	—	—	—	—

注 1：径向型卷筒是电缆螺旋层装在小间距法兰之间的卷筒；如采用实心法兰，则卷筒称作非通风式，如果法兰具有适当的孔，则称作通风式。

注 2：通风式圆柱卷筒是电缆层装在宽间距法兰之间，且卷筒和端法兰具有通风孔的卷筒。

注 3：使用减额系数时建议与电缆和电缆卷筒制造厂协商。这可能导致采用不同的系数。

12.7 集电导线、滑触线和滑环组件

12.7.1 直接接触的防护

集电导线、滑触线和滑环组件应以这样的方式安装或封闭，使得在正常通向起重机械期间，例如经沿着起重机轨道或沿着起重机主梁的通道，使用下列防护措施之一可以达到直接接触的防护：

——带电部分用局部绝缘防护，这是优先选用的措施；

——外壳或遮栏的防护等级至少为 IPXXB 或 IP2X（见 GB/T 16895.21—2011 中 A.2)。

容易触及的遮栏或外壳的水平顶面的防护等级应至少达到 IPXXD 或 IP4X。

如果达不到所要求的防护等级，应采用下列附加防护措施之一：

a) 将带电部分置于伸臂范围(见 GB/T 16895.21—2011 中 B.3)以外并按照 9.2.5.4.3 采用紧急断开的措施共同防护；如果此条不适用，则

b) 按照图 7a)、图 7b) 或图 7c)中给出的极限(出自 ISO 13852)来防护。该措施规定用于只有熟练技术人员或受过培训的人员可以接近的地方和存在特殊条件的地方(如钢厂或化工厂的高温区)。

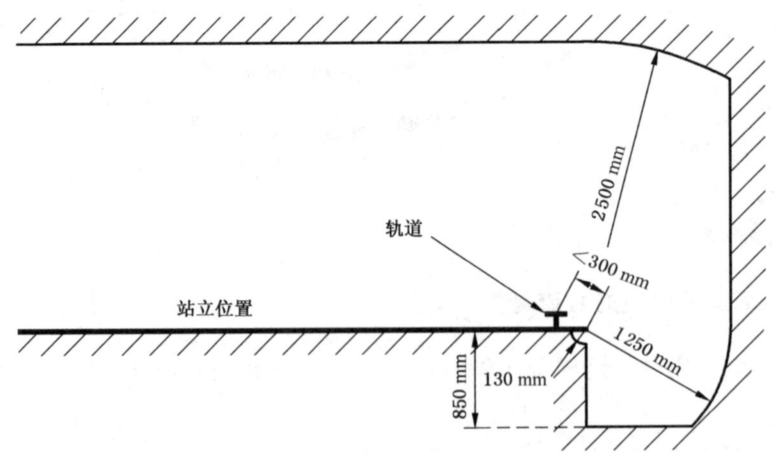

a) 起升装置钢轨中央至主梁边缘距离小于 300 mm 情况下伸臂范围的界限

图 7 伸臂范围界限

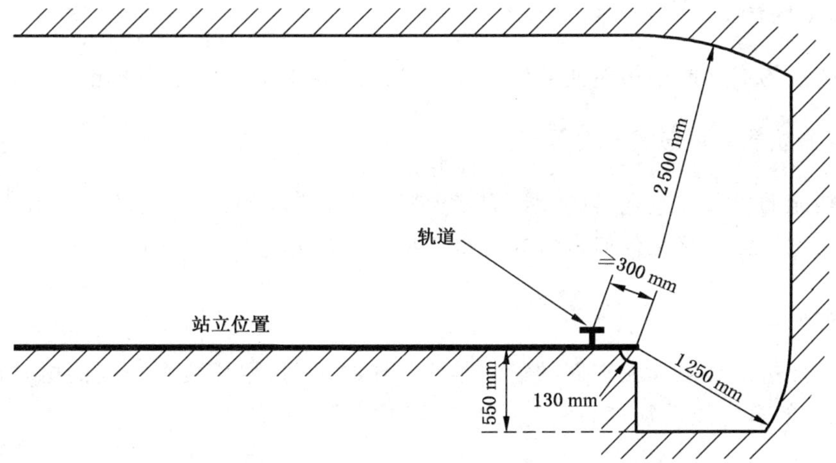

b） 起升装置钢轨中央至主梁边缘距离不小于 300 mm 情况下伸臂范围的界限

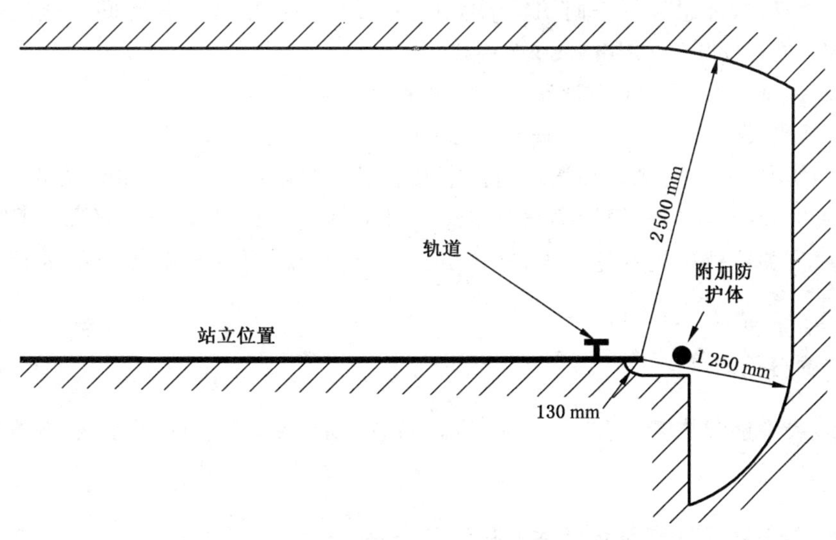

c） 采用附加阻挡物情况下伸臂范围的界限

图 7（续）

注：位于无保护集电导线、滑触线上方的阻挡物示例是栏杆、网筛。

集电导线和滑触线应按如下安装和/或防护：

——防止接触，尤其防止无保护的集电导线和滑触线与带电元件如拉线开关的软线、卸荷装置以及传动链接触；

——防止由于载荷摆动而损坏。

如果为集电导线或滑触线规定的防护等级不起作用（如靠近集电器），应提供附加措施（如附加阻挡物）。

如果不同起重机隔离器的电路均通过集电导线、滑触线或滑环组件，则每个分电路系统的直接接触防护等级至少为 IP2X 或 IPXXB（见 IEC 60529）。

12.7.2 保护导体电路

作为保护联结电路的一部分来安装的集电导线、滑触线和滑环组件，它们在正常工作时，不应有电流流过。因此保护导体（PE）和中性导体（N）应分别使用一条单独的集电导线、滑触线或滑环。采用滑动触头的保护导体电路的连续性应通过采取适当的措施（如复式集电器、连续性监测）来保证。

12.7.3 保护导体集电器

保护导体集电器的形状或结构应使它们不能与其他集电器互换。这种集电器应是滑动触头型的。

12.7.4 具有隔离器功能的可移式集电器

具有隔离器功能的可移式集电器的设计应使得只有在切断带电导线后才能断开保护导体电路,而且保护导体电路的连续性应该在任何带电导线重新接通之前先行恢复(见 8.2.4)。

12.7.5 电气间隙

集电导线、滑触线、滑环组件及它们的集电器的各导线之间、相邻装置之间的电气间隙应至少满足 GB/T 16935.1 规定的过电压类别Ⅲ的额定冲击电压的要求。

12.7.6 爬电距离

集电导线、滑触线、滑环组件及它们的集电器的各导线之间、相邻装置之间的爬电距离应适合于在预定的环境中工作(见 GB/T 16935.1—2008 中 5.2)。

注:设计在 3 级污染条件下工作的电气设备满足大部分的应用场合。

在异常多尘、潮湿或腐蚀性环境下,采用下列爬电距离的要求:

——未保护的集电导线、滑触线和滑环组件应装有最小爬电距离为 60 mm 的绝缘子;

——封闭式集电导线、绝缘多极滑触线和绝缘单极滑触线应具有 30 mm 的最小爬电距离。

应遵照制造厂有关特殊措施的建议防止由于不利的环境条件(如导电尘埃的沉积、化学腐蚀)造成的绝缘值逐渐减小。

12.7.7 导线系统的分段

如果集电导线或滑触线按若干独立的部分进行布置,则应采取适当的设计措施防止由集电器本身使相邻部分通电。

12.7.8 集电导线、滑触线系统和滑环组件的构造和安装

用于动力电路的集电导线、滑触线和滑环组件应与用于控制电路的集电导线、滑触线和滑环组件分开成组。

集电导线、滑触线和滑环组件应能承受机械力和短路电流的热效应而无损坏。

敷设在地下或地板下的集电导线和滑触线系统的可移式盖板的设计应使得一个人不借助于工具则无法打开。

如果滑触线装在普通金属外壳里,外壳的各个部分应连接在一起,并根据它们的长度在若干点接地。敷设在地下或地板下的滑触线的金属盖板也应连接在一起并接地。

注:对于保护联结在一起的金属外壳或地板下管道的罩板及盖板,金属铰链被认为足以确保联结连续性。

地下和地板下滑触线管道应具有排水设施。

13 配线技术

13.1 连接和布线

13.1.1 一般要求

所有连接,尤其是保护联结电路的连接应确保不意外松脱。

连接方法应与被连接导线的截面积及性质相适应。

只有专门设计的端子,才允许一个端子连接两根或多根导线。但一个端子的连接点只应连接一根保护导体。

只有提供的端子适用于焊接时才允许焊接连线。

接线板上的端子应做清晰地标示或标签,与电路图上的标记相一致。

当错误的电气连接(例如由更换元器件引起的)可能是危险源并且通过设计措施不可能降低时,导线和/或接线端子应按照 13.2.1 标识。

软导管和电缆的敷设应使液体能排出。

当器件或端子不具备端接多股芯线的条件时,应提供拢合绞芯束的办法。不应使用焊锡来达到此目的。

屏蔽导线的端接应防止绞线磨损并应容易拆卸。

识别标签应清晰、耐久,并适合于物理环境。

接线板的安装和接线应使内部和外部配线不跨越端子。

13.1.2 导线和电缆的敷设

导线和电缆的敷设应使得各端子之间无绞接点或拼接点。使用带适合防止意外断开的插头/插座组合进行连接,对本条而言不认为是接头。

例外:如果在接线盒中不能提供端子(例如,起重机械上采用长的软电缆;电缆连接长度超过电缆制造厂能提供的整卷电缆长度;由于安装和工作期间机械应力导致的电缆维修),可以使用绞接或接头。

为满足连接和拆卸电缆和电缆束的需要,应为此提供足够的附加长度。

电缆端部应充分固定支承以防止导线端部的机械应力。

只要可能就应将保护导体靠近相关带电导线安装,以便减小回路阻抗。

13.1.3 不同电路的导线

不同电路的导线可以并排放置,可以穿在同一管道中(如导管或电缆槽盒系统),还可以处于同一多芯电缆中,只要这种安排不削弱各自电路的原有功能。如果这些电路的工作电压不同,应用适当的遮栏把导线隔开,或者把可能遇到这种情况的同一管道内的导线都按最高电压绝缘等级选择,例如,线电压用于不接地系统和线对地电压用于接地系统。

13.1.4 感应电源系统接收器和接收转换器之间的连接

感应电源的接收器和接收转换器之间的电缆应:

——由感应电源制造厂规定;

——尽可能的短;

——充分防护,防止机械损坏。

注:接收器的输出可能是一个电流源;因此,电缆的损坏可能会引起高电压危险。

13.2 导线的标识

13.2.1 一般要求

每根导线应按照技术文件的要求(见第 17 章)在每个端部做标记。

建议(如为维修方便)导线标识可用数字,字母数字,颜色(导线整体用单色或用单色、多色条纹)或颜色和数字或字母数字的组合。采用数字时,应是阿拉伯数字,字母应是罗马字母(大写或小写)。

注:附录 B 可作为供方和用户之间关于最佳标识的协议。

13.2.2 保护导体的标识

应通过形状、位置、标记或颜色而使保护导体易于识别。当只用颜色标识时，应在导线全长上使用黄/绿双色组合。这一颜色标识是保护导体绝对专用的。

对于绝缘导线，黄/绿双色组合应这样安排，即在任意 15 mm 长度上，一种颜色覆盖导线表面至少为 30％且不超过 70％，另一颜色覆盖其余表面。

如果保护导体能容易地按其形状、位置或结构(如编织导线，裸绞导线)识别，或者绝缘导线难以触及则不必在整个长度上使用颜色代码，但应在端头或易接近部位上清楚地标明 IEC 60417-5019(2002-10)中的图形符号或用黄/绿双色组合标记。

13.2.3 中性导体的标识

如果电路包含只用颜色标识的中性导体，其颜色应为蓝色。为避免与其他颜色混淆，建议使用不饱和蓝，这里称为“淡蓝”(见 IEC 60446 中 5.2.2)，如果选择的颜色是中性导体的唯一标识，在可能产生混淆时，不应使用这种颜色来标记其他任何导体。

如果颜色标识用于中性导体的裸导体，应使用 15 mm～100 mm 宽的淡蓝色条纹，在每个隔间或单元或每个可触及的部位标出，或从头至尾用淡蓝色标出。

13.2.4 颜色的标识

当用颜色代码作导线[除了保护导体(见 13.2.2)和中性导体(见 13.2.3)] 标识时，可采用下列颜色：黑、棕、红、橙、黄、绿、蓝(包括浅蓝)、紫、灰、白、粉红、青绿。

注：该颜色系列取自 GB/T 13534。

如果采用颜色作标识，建议在导线全长上使用绝缘层的颜色或以固定间隔在导线上和其端部或易接近的位置用颜色标记。

由于安全原因，在有可能与黄/绿双色组合(见 13.2.2)发生混淆的场合下，不宜使用绿或黄色。

可以使用上面列出颜色的组合色标，只要不发生混淆和不使用绿或黄色，不过黄/绿双色组合标记除外。

当使用颜色代码标识导线时，建议使用下列颜色代码：

——黑色：交流和直流电力电路；

——红色：交流控制电路；

——蓝色：直流控制电路；

——橙色：与 5.3.8 相符的特殊电路。

允许以下例外情况：

——没有所需颜色的绝缘导线时；

——采用不是黄/绿双色组合的多芯电缆时。

13.3 电柜内配线

配电盘内的配线应固定在需要的位置上。仅允许使用由阻燃绝缘材料制成的非金属管道(见 IEC 60332 系列)。

安装在电柜内的电气设备建议设计和制作成允许从电柜正面修改配线(见 11.2.1)。如果这样不可能实现及控制器件从电柜后面接线，此时应提供检修门或能旋出的配电盘。

安装在门上或其他活动部件上的器件，应使用符合 12.2 和 12.6 要求的允许频繁移动用的软导线连接。这些导线应固定在固定部件上和与电气连接无关的活动部件上(见 8.2.3 和 11.2.1)。

不敷入管道的导线和电缆应牢固固定住。

引出电柜外部的控制配线，应采用接线板或插头/插座组合。关于插头/插座组合见 13.4.5 和13.4.6。

对于预定的可以直接连接时，动力电缆和测量电路的电缆可以直接接到器件的端子上。

13.4 电柜外配线

13.4.1 一般要求

电缆或管道连同其专用密封套、套管等进入柜内的导入措施，应确保不降低防护等级(见 11.3)。

13.4.2 外部管道

电气设备电柜外部的导线及其连接线应封闭在按 13.5 所述的适当的管道中(即导管或电缆槽盒系统)，只有具有适当保护的电缆可以例外，这种电缆可以无管道安装，以及用或不用开式电缆托盘或电缆支承措施进行安装。提供的器件例如位置开关或接近开关带有专用电缆，当电缆适用，足够短，放置或保护得当，使损坏的风险最小时，它们的电缆不必密封在管道中。

与管道或多芯电缆一起使用的接头附件应适合于物理环境。

如果至悬挂按钮站的连接必须使用柔性连接，则应采用软导管或多芯软电缆。悬挂站的重量不应借助软导管或软多芯电缆来支承，除非是为此用途专门设计的导管或电缆。

软导管或多芯软电缆应使用于小范围运动或不频繁运动的连接。也允许使用于通常固定的电动机、位置开关和其他外部安装器件的连接。

13.4.3 与起重机械和起重机械上移动件的连接

连接到移动部件和预定移动的起重机械的导线，考虑到预期的频繁运动，应使用符合 12.2 和 12.6 要求的导线。软电缆和软导管的安装应避免过度弯曲和绷紧，尤其是在接头附件部位。

移动电缆的支承应使得在连接点上没有机械应力，也没有急弯。当利用弯曲回环达到此目的时，电缆应有足够的长度，以使电缆之处弯曲半径至少为其外径的 10 倍。

起重机械的软电缆安装和防护应使得电缆因下列使用或可能滥用因素引起外部损坏的可能性减到最小：

——被起重机械自身辗过；

——被车辆或其他起重机械辗过；

——在移动期间与起重机械结构碰触；

——进出电缆吊篮，或绕入绕出电缆卷筒；

——作用在电缆吊挂系统或悬挂电缆上的加速力和风力；

——拖链系统的错位；

——由电缆收集器造成的过度摩擦；

——暴露于过度的热辐射中。

电缆护套应能耐受由于移动而产生的可预料到的正常磨损，并能经受环境污染物质(如油、水、冷却液、粉尘)的影响。

如果移动电缆靠近运动部件，则应采取措施使运动部件和电缆之间保持至少 25 mm 的距离。如果做不到，则应在电缆和运动部件之间安装遮栏。

电缆移动系统应设计成使电缆侧向角度不超过 5°，避免电缆在下列情况下产生扭曲：

——电缆绕入或绕出电缆卷筒时；

——接近或偏离电缆导向装置时。

应采取措施确保软电缆在电缆卷筒上至少始终保留两圈。

考虑到允许的张力和预期的疲劳寿命,用于导向和携载软电缆装置的设计应使电缆在所有弯曲点处的内弯半径不小于表 9 规定的值,除非与电缆制造厂另有协议。

表 9　软电缆强制导向的最小允许弯曲半径

用　　途	电缆直径或扁电缆的厚度 d/mm		
	$d \leqslant 8$	$8 < d \leqslant 20$	$d > 20$
电缆卷筒	$6d$	$6d$	$8d$
导向滚轮	$6d$	$8d$	$8d$
电缆吊挂系统	$6d$	$6d$	$8d$
其他	$6d$	$6d$	$8d$

两弯曲段之间的直线部分应至少为电缆直径的 20 倍。如果软导管靠近运动部件,则在所有运行情况下应防止其结构和支承装置损伤软导管。

软导管不应用于快速或频繁移动的场合,除非是为此用途专门设计的。

13.4.4　起重机械上器件的互连

如果装在起重机械上的几个开关器件(如位置传感器、按钮)是串联或并联的,建议器件间的连接通过接线端子实现,从而形成中间试验点。这些接线端子应便于接线,充分保护,并在有关图上示出。

13.4.5　插头/插座组合

当提供插头/插座组合时它们应满足下列一项或多项要求(适用时):

例外:下列要求不适用于电柜内通过固定插头/插座组合(无软电缆)端接的元件或器件或通过插头/插座组合接至母线系统的元件。

a)　当根据 f)正确安装时,插头/插座组合的形式应在任何时间,包括连接器插入和拔出期间,防止与带电部分意外接触。防护等级应至少为 IPXXB。PELV 电路除外。

b)　如果用在 TN 或 TT 系统中,保护联结触头(接地触头)应首先接通最后断开(见 6.3,8.2.4)。

c)　在加载期间需要连接或断开的插头/插座组合应有足够的负载分断能力。当插头/插座组合额定电流为 32 A 或更大时,应与开关器件联锁以便只有当开关器件处于断开位置时才能连接和断开。

d)　插头/插座组合额定电流大于 16 A 时,应有保持装置以防意外断开。

e)　插头/插座组合的意外断开可能会引起危险情况时,应有保持装置。

插头/插座组合在安装时应满足下列要求(如适用):

f)　考虑到要求的电气间隙和爬电距离,断开后仍带电的元件防护等级应至少为 IP2X 或 IPXXB。PELV 电路除外。

g)　插头/插座组合的金属外壳应连接保护联结电路。PELV 电路除外。

h)　预定传输动力负载但在负载状态持续期间不断开的插头/插座组合应有保持装置以防意外断开,并应有清晰标记,表明不在负载状况下断开。

i)　如果在同一电气设备上使用多个插头/插座组合,则相关的组合应清楚标识,建议采用机械编码以防相互插错。

j)　控制电路用插头/插座组合应符合 IEC 61984 的要求。例外:见 k)项。

k)　预定家用及类似一般用途的插头/插座组合不应用于控制电路。插头/插座组合中,只有符合 IEC 60309-1 要求,且预定用于该用途的触头,才能用于控制电路。

例外:k)项要求不适用于使用高频信号的控制功能。

13.4.6 为了装运的拆卸

为了装运需要拆开布线时,应在分段处设接线端子或插头/插座组合。在运输和存储中,这些接线端子应适当封装,插头/插座组合应进行防护以免受物理环境的影响。

13.4.7 备用导线

应考虑提供维护和修理用的备用导线。当提供备用导线时,应把它们连接在备用端子上,或用能防止接触带电部分的方法予以隔离。

13.5 管道、接线盒与其他线盒

13.5.1 一般要求

管道应提供适合用途的防护等级(见 IEC 60529)。

可能与导线绝缘层接触的锐棱、焊渣、毛刺、粗糙表面或螺纹,应从管道和接头附件上清除。必要时应采用由阻燃、耐油绝缘材料构成的附加防护以保护导体绝缘。

易积油或水的配线用电缆槽盒系统、接线盒和其他线盒中允许设直径 6 mm 的排泄孔。

为了防止电气导管与油管、气管和水管混淆,建议电气导管用实体隔离,或者做出相应标记。

管道和电缆托盘应采用刚性支承,其位置应离运动部件有足够的距离,并使损伤或磨损的可能性减至最小。在需要人行通道的区域内,管道和电缆托盘的安装应为该通道提供至少为 11.5 中规定的净空。

管道应只用于机械保护(关于保护联结电路的连接要求见 8.2.3)。

局部覆盖的电缆托盘不宜看作管道或电缆槽盒系统(见 13.5.6),所使用的电缆应适合于安装,无论有没有使用开式电缆托盘或电缆支撑装置。

13.5.2 管道填充率

管道填充率的考虑应基于管道的直线性和长度以及导线的柔性。管道的尺寸和布置要使导线和电缆易于装入。

13.5.3 金属硬导管及管接头

金属硬导管及管接头的材料应为镀锌钢或适合该使用条件的耐腐蚀材料。避免使用在接触中可能会产生电化作用的异种金属。

导管应牢固固定在其位置上并将其两端支承住。

管接头应与导管相匹配并适合于该用途。管接头应带螺纹,除非由于结构上的困难妨碍装配。如果使用无螺纹管接头,则导管应牢固地固定在设备上。

导管的折弯不应损坏导管,也不应减小导管的有效内径。

13.5.4 金属软导管和管接头

金属软导管应由金属软管或编织线网铠装组成,它应适用于预定的物理环境。

管接头应与软导管相匹配并适合于该用途。

13.5.5 非金属软导管和管接头

非金属软导管应耐弯折,并应具有与多芯电缆护套类似的物理性能。

这种导管应适用于预定的物理环境。

管接头应与软导管相匹配并适合于该用途。

13.5.6 电缆槽盒系统

电柜外部的电缆槽盒系统应采用刚性支承，并应与起重机械的所有运动部位或污染区段隔开。

盖板的形状应能覆盖满周边；允许加密封垫。盖板应采用合适的方式连到电缆槽盒系统上。对于水平安装的电缆槽盒系统，其盖板不应装在底部，除非为这种安装方式特定设计的。

注：用于电气安装的电缆管道和管道装置的要求见 IEC 61084 系列。

如果电缆槽盒系统是分段敷设的，则各段之间的联结应紧密配合，但不需加密封衬垫。

除接线孔或排水孔外不应有其他开口。电缆槽盒系统不应有敞开不用的敲落孔。

13.5.7 起重机械的隔间和电缆槽盒系统

可以使用起重机械内的隔间或电缆槽盒系统把导线封装起来，只要该隔间或电缆槽盒系统是与冷却液槽或油箱隔离并完全封闭的。敷入封闭隔间或电缆槽盒系统中的导线应安装和布置得使它们不易受到损坏。

13.5.8 接线盒和其他线盒

用于配线的接线盒和其他线盒应易于维护。考虑到起重机械在预定使用条件下的外部影响(见 11.3)，这些线盒应能防止液体与固体颗粒的侵入。在正常使用中，其结构应足以防止机械损坏。

接线盒与其他线盒不应有敞开不用的通孔，其结构应能隔绝粉尘、切屑、油和冷却液之类的物质。

13.5.9 电动机接线盒

电动机的接线盒应只密闭电动机和安装在电动机上的器件(如制动器、温度传感器、堵转开关或测速发电机)的导线接头。

14 电动机及相关设备

14.1 一般要求

电动机应该符合 IEC 60034 系列相关部分的要求。

电动机及相关设备的保护要求见 7.2 中规定的过电流保护，在 7.3 中的过热保护，在 7.6 中的超速保护。

当电动机处于停转时，许多控制器并未断开电动机的电源，因此应注意确保符合 5.3、5.4、5.5、7.5、7.6 和 9.4 的要求。电动机控制设备应按第 11 章的规定设置和安装。

14.2 电动机外壳

建议电动机外壳按 IEC 60034-5 选择。

所有电动机的防护等级应至少为 IP23(见 IEC 60529)。根据用途和物理环境(见 4.4)可能需要提出更严格的要求。与起重机械组装一体的电动机的安装，应对机械损伤具有足够的防护。

14.3 电动机尺寸

只要可行，电动机尺寸应遵照 IEC 60072 系列标准。

14.4 电动机安装与隔间

每台电动机及其相关联轴器、皮带、皮带轮或链条的安装应使得它们有足够的防护，且便于接近进行检查、维护、调整、校准、润滑和更换。电动机的安装布置应使得能拆卸所有的电动机紧固装置，并容易接近接线盒。

电动机的安装区域应有确保适当冷却的措施，使电动机的工作温升保持在绝缘等级的限值内(见 IEC 60034-1)。

电动机隔间应尽可能清洁和干燥，必要时应直接向起重机械外部通风。通风口应使粉尘或水雾的进入量限制在允许的范围内。

不符合电动机隔间要求的其他隔间与电动机隔间之间不应有通孔。如果有导管或管子从另一不符合电动机隔间要求的隔间进入电动机隔间，则导管或管子周围的间隙应密封。

14.5 电动机选择的依据

电动机及其有关设备的特性应根据预定的使用用途和物理环境条件(参见附录 B 和 4.4)进行选择。在这方面，应考虑的要点包括：

——电动机类型；

——工作循环类型(见 IEC 60034-1)；

——预定的起动频率；

——恒速或变速运行(以及随之产生的通风量变化的影响)；

——机械振动；

——电动机控制形式(尤其是当电动机由半导体变流器供电时)；

注：例如，更多关于变速交流驱动对电动机影响的详细信息见 GB/T 12668.2、IEC 60034-17 和 IEC/TR 60034-25。

——起动方法及起动电流对接同一电源的其他用户运行的影响，还要考虑供电部门可能的特殊规定；

——反转矩负载随时间和速度的变化；

——大惯量负载的影响；

——恒转矩或恒功率运行的影响。

14.6 机械制动器的保护器件

机械制动器操动器的过载和过电流保护器件的动作应引发相关起重机械执行机构的同时断电(释放)。

注：相关起重机械执行机构是指那些与相同运动有关的执行机构，如电缆卷筒和大车驱动装置。

14.7 电动机械式制动器

在采用断电制动的电动机械式制动器的场合，运动驱动装置断电应使相应制动器断电。

例外：运行和回转驱动机构的工作制动可采用其他制动控制方式。

15 附件和照明

15.1 附件

如果起重机械及其有关设备备有供附属设备(如手提电动工具、试验设备)使用的电源插座，则应适用于 13.4.5 和下列各条规定：

——电源插座建议符合 IEC 60309-1 的规定。不能实施处宜清楚标明电压和电流的额定值；

——电源插座应包含一根保护联结接线，由 PELV 提供的保护除外；

注：当由于操作原因有必要将一些设备与保护联结电路隔离时，电源插座可以不遵循上述要求。

——接到电源插座的所有未接地导体应按 7.2 和 7.3 的规定，提供合适的过电流保护和(必要时)过载保护，并与其他电路的保护分开；

——如果插座的电源不由起重机隔离器断开，应采用 5.3.8 的要求；

——在额定电流不超过 32 A 和从外壳外部容易触及到或在封闭的电气操作区的电源插座电路中，没有附加保护措施(例如，额定剩余操作电流不超过 30 mA 的 RCD 电路)而仅由自动切断[见 6.3.3a)]来保护间接接触是不够的。

注：参见附录 B 的 11 项。

15.2 起重机械和电气设备的照明

15.2.1 概述

与保护联结电路的连接应符合 8.2.2 的规定。

通一断开关不应内装在灯头座里或悬挂在软电缆上。

应采用合适光源避免光的频闪效应。

15.2.2 电源

照明电路线两导线间标称电压不超过 250 V。建议两导线间电压不超过 50 V。

照明电路应由下述一种电源供电(见 7.2.6)：

——连接在起重机隔离器负载端的专用隔离变压器。次级电路中应设有过流保护。

——连接在起重机隔离器进线端的专用隔离变压器。该电源应仅允许供控制电柜中维修照明电路使用。次级电路中应设有过流保护(见 5.3.8 和 13.1.3)。

——带专用过电流保护的起重机械电路。

——外部供电的照明电路(例如，工厂照明电源)。只允许在控制柜中使用，以及在总额定功率不超过 3 kW 的情况下用作起重机械的工作照明。

例外：如果在正常工作时固定照明装置在操作者的伸臂范围以外，则本条规定不适用。

15.2.3 保护

照明电路应按照 7.2.6 进行保护。

15.2.4 照明配件

可调照明配件应适用于物理环境。

灯头座应：

——符合有关 IEC 出版物；

——采用绝缘材料构成保护性灯头，防止意外触电。

反光罩应采用灯架支承，不应使用灯头座作为支承。

例外：如果在正常工作时固定照明装置在操作者的伸臂范围以外，则本条规定不适用。

16 标记、警示标志和参照代号

16.1 概述

警示标志、标牌、标记和标识牌应经久耐用，以满足使用环境的要求。

16.2 警示标志

16.2.1 电击危险标志

不能清楚表明其中装有会引起电击风险的电气设备的外壳,都应标记IEC 60417-5036(2002-10)中图形符号。

外壳门或盖上的警示标志应清晰可见。

下列情况可省去警示标志[见6.2.2b)]:

——装有起重机电源开关和起重机隔离器的外壳;

——人机接口或控制站;

——自带外壳的单个器件(如位置传感器)。

16.2.2 热表面危险

在风险评价表明电气设备表面有温度过高危险,需设置警示标识时,应使用IEC 60417-5036(2002-10)中的图形符号。

16.3 功能识别

用作人机接口的控制器件、目视指示器和显示器(尤其是涉及安全功能的器件),应在其上或在其附近作出与它们功能有关的清晰耐久的标记。这些标记可由设备的用户与供方之间商定(参见附录B)。建议选用IEC 60417-2002和ISO 7000规定的标准符号。

16.4 设备的标记

设备应作出清晰耐久的标记,使得在设备被安装后标记仍清晰可见。

如果可行(如控制设备组合),标牌应固定在外壳上并给出下列信息:

——供方名称或商标;

——认证标记(如需要);

——产品编号(如可行);

——额定电压、相数和频率(如果是交流)及额定电流;

——设备的额定短路电流;

——主要的文件编号(见IEC 62023);

标牌上标示的额定电流,不应小于正常使用条件下能同时运行的所有电动机和其他设备的运行电流之和。如果在异常的负载或工作循环条件下,热等效电流(参见附录D)应包含在标牌上。

如果只使用一台电机控制器,则这种信息可在起重机械的标牌上提供,并清晰可见。

对于具有多个运动驱动装置的起重机械,标牌可由有关文件代替。

16.5 参照代号

所有外壳、组件、控制器件和元件应清晰标出与技术文件相一致的参照代号。

例外:本条要求不适用于其电气设备仅由一台电动机、电动机控制器、按钮控制站和工作照明组成的起重机械。

17 文件

17.1 概述

为了安装、操作和维护起重机械电气设备所需的资料，应以图、简图、表图、表格和说明书的形式提供。这些资料应采用商定的语言(参见附录B)。

提供的资料可随提供的电气设备的复杂程度而异。对于很简单的设备，有关资料可以包容在一份文件中，只要这份文件能显示电气设备的所有器件并使之能够连接到供电网上即可。

注1：有电气设备项目的技术文件可构成机械电气设备的文件部分。

注2：有些国家要求使用由法律要求所覆盖的特定语言。

17.2 应提供的资料

随电气设备提供的资料应包括：

a) 主要文件(元器件清单或文件清单)。

b) 补充文件包括：

1) 设备、装置、安装以及电源连接方式的清楚全面的说明。

2) 电源要求。

3) 所应用的物理环境(如照明、振动、噪声级、大气污染)方面的资料。

4) 适用的概略图或框图。

5) 电路图。

6) 下述有关资料(根据实际情况)：

——编制的程序，当使用设备需要时；

——操作顺序；

——检查周期；

——功能试验的周期和方法；

——调整、维护和维修指南，尤其是保护器件及电路方面的；

——推荐的备用元器件清单；

——提供的工具清单。

7) 安全防护装置、联锁功能和防止危险的防护装置联锁，特别是对协同工作的各台起重机械的防护装置联锁的详细说明(包括互连接线图)。

8) 安全防护及安全防护需暂停(如安装或维护)时提供的措施的详细说明(见9.2.4)。

9) 保证起重机械安全维护的程序说明(见17.8)。

10) 装卸、运输、存储的信息。

11) 负载电流、峰值起动电流和允许的电压降的信息，如适用。

12) 由于采取的保护措施引起遗留风险的资料，指出是否需要任何特殊培训的信息和任何需要个人保护设备的资料。

17.3 适用于所有文件的要求

除非制造商和用户之间另有协议，否则按下列要求：

——文件应依照GB/T 6988.1制定；

——参照代号依照IEC 61346的相关部分制定；

——说明书/手册应依照IEC 62079制定；

——元器件清单应依照 IEC 62027 中 B 类提供。

注：参见附录 B 的 13 项。

为了便于查阅各种文件，供应方应选用下述方法之一：

——文件集由少量文件(例如，少于 5)组成时，每本文件均应附有本电气设备所有其他设备的文件号作为相互参照之用；

——只对于单层主要文件(见 IEC 62023)，在图上或文件清单中应列出所有文件的文件号和文件名；

——在属于同一层次的元器件清单中，应列出文件结构某些层次(见 IEC 62023)的所有文件的文件号和文件名。

17.4 安装文件

安装文件应给出安装起重机械(包括调试)的准备工作所需的所有资料。在复杂情况下，有关细节需要参阅装配图。

应清楚表明现场安装的电源电缆的推荐位置、类型和截面积。

应给出选择起重机械电气设备电源线用的过电流保护器件的类型、特性、额定电流和整定电流所需的数据(见 7.2.2)。

必要时，应详细说明由用户准备的地基中的管道的尺寸、用途和位置(参见附录 B)。

应详细说明起重机械和由用户提供的有关设备之间的管道，电缆托盘或电缆支承物的尺寸、类型及用途(参见附录 B)。

必要时，图中应表明移动或维修电气设备所需的空间。

注 1：安装图的示例见 GB/T 6988.1。

此外，在需要的场合应提供接线图或接线表。这种图或表应给出所有外部连接的完整信息。如果电气设备预定使用多个电源供电，则接线图或接线表应指出使用每个电源所要求的变更或连接方法。

注 2：接线图/表的示例见 GB/T 6988.1。

17.5 概略图和功能图

必要时应提供概略图以便了解操作原理。概略图象征性地表示电气设备及其功能关系而无需表示出所有互连关系。

注 1：概略图的示例可见 GB/T 6988.1。

功能图可用概略图的一部分，或除了概略图之外还有功能图。

注 2：功能图的示例见 GB/T 6988.1。

17.6 电路图

应提供电路图。这些图应示出起重机械及其有关电气设备上的电路。IEC 60617:2001 中未示出的那些图形符号，都应单独指明，并应在图上和支持文件上说明。起重机械上的和所有文件中的器件和元件的符号和标志应完全一致的。

在适当的场合应提供表明接口连接用的接线端子图。为了简化，这种图可与电路图一起使用。这种图宜包括每个单元具体电路图的参考资料。

在机电图上，开关符号应以电源全部断开的状态(如电、空气、水、润滑剂)示出，起重机械及其电气设备以随时正常起动的状态示出。

导线应按照 13.2 的规定标记。

电路图的表示方法应便于理解电路的功能、便于维护和确定故障位置。有些控制器件和元件的功能特性，若从它们的符号表示法上不能明显表达出来，则应在图上其符号附近说明或加脚注。

17.7 操作说明书

技术文件应包含有一份详述设备的正确安装和使用方法的操作说明书。应特别注意所规定的安全措施。

如果设备操作可以编程,则应提供编程方法、需要的设备、程序检验和附加安全措施(需要时)方面的详细资料。

17.8 维护说明书

技术文件中应包含有一份详述调整、维护与预防性检查以及修理的正确程序的维护说明书。对维修/使用间隔和记录的建议应为该说明书的一部分。如果提供正确运行的检验方法(如软件测试程序),则这些方法的使用应详细说明。

可编程设备(例如,电机驱动装置)的设置说明书应包含对起重机械最终功能的参考说明。应规定与安全相关的功能试验。

17.9 元器件清单

如果提供元器件清单,至少应包括订购备件或替换件所需的信息(如元件、器件、软件、测试设备、技术文件),这些文件是预防性维修或设备保养所需要的,其中包括建议由设备的用户库存的元器件。

元器件清单应列出下列项目:

——文件中所用的参照代号;

——形式代号;

——供方和现有的替代货源;

——适用的主要特性。

18 检验

18.1 概述

本章对起重机械电气设备的检验规定了一般要求。

特定类型起重机械检验范围将在专用产品标准中给出。这些检验应包括 a)、b)、c)、f)和 c)或 d)或两者都有,也可能包括 e):

a) 检验电气设备是否符合技术文件;

b) 若通过自动切断电源进行间接接触的防护,检验用自动切断电源作保护的条件(见 18.2);

c) 绝缘电阻试验(见 18.3);

d) 耐压试验(见 18.4);

e) 剩余电压防护(见 18.5);

f) 功能试验(见 18.6)。

当进行上述试验时,建议遵循以上列出的顺序。

当起重机械电气设备变动时,应采用 18.7 规定的要求。

注:符合 18.2 和 18.3 的试验,采用符合 IEC 61557 系列标准的测量设备。对于本部分要求的其他试验,宜采用符合 IEC 或欧洲标准的测量设备。

应为试验结果提供试验报告。

18.2 用自动切断电源作保护条件的检验

18.2.1 概述

自动切断电源的条件(见6.3.3)应通过试验检验。

对于TN系统,这些试验方法的描述见18.2.2;对于不同电源条件的应用按照18.2.3的规定。

对于TT和IT系统,见GB/T 16895.23。

18.2.2 TN系统检验方法

试验1保护联结电路连续性的检验。试验2用自动切断电源作保护条件的检验。

试验1——保护联结电路连续性的检验

应测量PE端子(见5.2和图4)和各保护联结电路部件的有关点之间的每一个保护联结电路的电阻。根据有关保护联结导体的长度、截面积和材料,测出的电阻应在预期范围内。

注1:对于连续性试验使用较大的电流提高试验结果的准确性,尤其包括低电阻在内,即较大截面积和/或较短的长度。

试验2——故障环路阻抗检验和关联的过电流保护器件的适合性

起重机械的电源连接和引入的外部保护导体至PE端子的连接,应通过观察检验。按照6.3.3和附录A用自动切断电源作保护条件应通过下列两种方法检验:

a) 故障环路阻抗的检验,依据:

——计算;或

——按照A.4测量。

b) 确认按照附录A的要求关联过电流保护器件的设置和特性。

注2:对于用自动切断电源作保护条件,要求电路I_a不大于1 kA的电路可以进行故障环路阻抗测量(在附录A规定的时间内,I_a是引起隔离器件自动动作的电流)。

18.2.3 TN系统检验方法的应用

对起重机械的每个保护联结电路应完成18.2.2的试验1。

当通过测量完成18.2.2的试验2时,试验1总应先于试验2。

注:在环路阻抗试验期间,保护联结电路连续性中断可能对试验者或其他人引起危险情况或导致电气设备损坏。

对不同情况的起重机械所需要的试验用表10的规定。表11可用于确定起重机械情况。

表10 TN系统试验方法的应用

程序	起重机械情况	在现场检验
A	起重机械电气设备在现场安装和连接,若保护联结电路的连续性在现场的后续安装和连接尚未确认	试验1和试验2(见18.2.2)。 例外:若由制造厂预先计算的故障环路阻抗或电阻是可靠的并且: ——设备的安装,允许检验用于计算的导线长度和截面积,和 ——若可以确定现场的电源阻抗小于或等于制造厂用于计算电源阻抗的假定值。 在现场连通保护联结电路的试验1(18.2.2)和通过观察电源的连接和引入的外部保护导体到机械PE端子的连接检验是足够了

表 10(续)

程序	起重机械情况	在现场检验
B	保护联结电路有超过表 11 给定示例的电缆长度则用试验 1 和试验 2,通过测量使机械提供保护联结电路连续性检验(见 18.1)的证明。 情况 B1):为了装运提供完全装配和不拆卸。 情况 B2):为了装运提供的拆卸,这里拆卸、运输和重新装配后(如使用插头/插座连接)要保证保护导体的连续性	试验 2(见 18.2.2)。 例外:可以确定现场电源阻抗小于或等于用于计算的值或试验 2 期间经测量的试验电源阻抗值时,现场不要求试验,但连接检验除外: ——情况 B1)中的电源和引入外部保护导体到起重机械的 PE 端子; ——情况 B2)中的电源和引入外部保护导体到起重机械的 PE 端子,以及为装运拆分所有保护导体的连接
C	有保护联结电路且不超过表 11 给定示例的电缆长度的起重机械,通过试验 1 或试验 2(见 18.2.2),经测量提供保护联结电路连续性检验(18.1)的证明。 情况 C1):为了装运提供完全装配和不拆卸。 情况 C2):为了装运提供的拆卸,这里拆卸、运输和重新装配后(如使用插头/插座连接)要保证保护导体的连续性	不要求现场试验。对于不通过插头/插座连接电源的起重机械,引入外部保护导体到起重机械的 PE 端子的正确连接应通过目测检验。 情况 C2)中,安装文件(见 17.4)要求所有保护导体的连接应目测检验,此处连接指为装运被分拆过

表 11 从每个保护器件至负载间最大电缆长度的示例

1	2	3	4	5	6	7	8
至每个保护器件的电源阻抗 mΩ	截面积 mm^2	保护器件标定额定值或整定值 I_N A	熔丝断开时间 5 s	熔丝断开时间 0.4 s	小型断路器特性 B[3)] $I_a=5\times I_N$ 断开时间 0.1 s	小型断路器特性 C[4)] $I_a=10\times I_N$ 断开时间 0.1 s	可调断路器 $I_a=8\times I_N$ 断开时间 0.1 s
			从每个保护器件到负载间最大电缆长度/m				
500	1.5	16	97	53	76	30	28
500	2.5	20	115	57	94	34	36
500	4.0	25	135	66	114	35	38
400	6.0	32	145	59	133	40	42
300	10	50	125	41	132	33	37
200	16	63	175	73	179	55	61
200	25(线)/ 16(PE)	80	133				38

3) 符合 IEC 60898 系列。

4) 符合 IEC 60898 系列。

表 11（续）

1	2	3	4	5	6	7	8
至每个保护器件的电源阻抗 mΩ	截面积 mm^2	保护器件标定额定值或整定值 I_N A	熔丝断开时间 5 s	熔丝断开时间 0.4 s	小型断路器特性 B[5)] $I_a=5\times I_N$ 断开时间 0.1 s	小型断路器特性 C[6)] $I_a=10\times I_N$ 断开时间 0.1 s	可调断路器 $I_a=8\times I_N$ 断开时间 0.1 s
			从每个保护器件到负载间最大电缆长度/m				
100	35(线)/16(PE)	100	136				73
100	50(线)/25(PE)	125	141				66
100	70(线)/35(PE)	160	138				46
50	95(线)/50(PE)	200	152				98
50	120(线)/70(PE)	250	157				79
表中最大电缆长度值基于下列假设： ——PVC 电缆用铜导体，在短路条件下导体温度为 160 ℃（见表 C.4）； ——16 mm^2 及以下包含线导体的电缆，保护导体与线导体截面积相等； ——16 mm^2 以上的电缆，保护导体的尺寸可以减少如表中所示； ——3 相系统，电源的标称电压为 400 V； ——每个保护器件最大电源阻抗依照第 1 列； ——第 3 列的值与表 7 相关联（见 12.4）。 与这些假设不一致时可能要求完整计算或测量故障环路阻抗。进一步的信息见 IEC 60228 和 IEC/TR 61200-53。							

18.3 绝缘电阻试验

当执行绝缘电阻试验时，在动力电路导线和保护联结电路之间施加 500 V(d.c.)时测得的绝缘电阻应不小于 1 MΩ。该试验可在整套电气装置的单独部件上进行。

例外：对于电气设备的某些部件，例如：母线、集电导线、滑触线系统或滑环组件，可允许较低的最小值，但应不小于 50 KΩ。

如果电气设备包含浪涌保护器件，在试验期间，该器件可能工作，则允许采用下列任何一种措施：

——断开这些设备；

——降低试验电压值，使其低于浪涌保护器件的电压保护水平，但不低于电源电压（相电压）的上限峰值。

5） 符合 IEC 60898 系列。

6） 符合 IEC 60898 系列。

18.4 耐压试验

当执行耐压试验时,应使用符合 IEC 61180-2:1994 要求的试验设备。

试验电压的标称频率应为 50 Hz 或 60 Hz。

最大试验电压具有两倍的电气设备额定电源电压值或 1 000 V,取其中较大者。最大试验电压应施加在动力电路导线和保护联结电路之间近似 1 s 时间。如果未出现击穿放电则满足要求。

不适宜经受试验电压的元件和器件应在试验期间断开。

已按照其产品标准进行过耐压试验的元件和器件在试验期间可以断开。

18.5 剩余电压的防护

适当时,应进行此项试验以确保符合 6.2.4 的要求。

18.6 功能试验

电气设备的各种功能,尤其是有关安全和安全防护措施的功能,都应进行试验。若某一功能不能完全试验,应对其电路进行测试。

18.7 重复试验

如果起重机械及其相关设备的一部分经过了变动和更改,这些部分应重新进行试验和检验(见 18.1)。

尤其应注意重复试验对设备可能有不利影响(如绝缘过电压,器件的断开/重新连接)。

附 录 A
（规范性附录）
在 TN 系统中的间接接触防护
（源自 GB/T 16895.21 和 GB/T 16895.23）

A.1 概述

间接接触的防护应由过电流保护器件提供，在电路或设备中，如果在带电部分和外露可导电部分或保护导体之间发生故障时，过电流保护器件应在足够短的切断时间内，自动切断电路或设备的供电。对于起重机械，切断时间不超过 5 s 视为足够短。

例外：不能保证 5 s 的切断时间时，应提供措施（如辅助保护联结）以防止来自同时可触及的可导电部分之间预期接触电压超过 50 V a.c.或无纹波 120 V d.c.。见 A.3。

通过插座或不通过插座直接向 I 类手持式或便携式设备供电的电路（如在起重机械上辅助设备的插头/插座，见 15.1），表 A.1 规定的最长切断时间视为足够短。

表 A.1 TN 系统最长切断时间

U_0 [a] V	切断时间 s
120	0.8
230	0.4
277	0.4
400	0.2
＞400	0.1

[a] U_0 是对地标称交流电压方均根值。在 IEC 60038 规定的容许偏差范围内的电压，切断时间适用于施加的标称电压。对于两级之间的电压值，使用表中紧接在其后的较高值。

A.2 用过电流保护器件自动切断电源作保护条件

过电流保护器件特性和回路阻抗应为：电气设备任何地方的相线和保护导体或外露可导电部分之间如果发生可忽略阻抗的故障时，将在规定的时间（即≤5 s 或≤表 A.1 中的值）自动切断电源。下列条件满足本要求：

$$Z_S \times I_a \leqslant U_0$$

式中：

Z_S ——包括电源、故障点和电源之间的带电导体到故障点和带电导体到保护导体的故障环阻抗，单位为欧（Ω）；

I_a ——在规定的时间内引起切断保护器件自动动作的电流，单位为安（A）；

U_0 ——对地标称交流电压，单位为伏（V）。

应注意由于故障电流使导体的温度提高，其电阻也随之增加（见 A.4.3）。

注：计算短路电流的资料可以找到，例如在 IEC 60909 系列中或从短路保护器件的供方获得。

A.3 用减小接触电压使之低于 50 V 作保护条件

当不能采取 A.2 的要求及选择辅助联结作为防护危险接触电压的措施时，本保护条件意指接触电压已减小到低于 50 V 以及保护电路的阻抗(Z_{PE})若不超出下式所示时，达到了保护条件。

$$Z_{PE} \leqslant \frac{50}{U_0} \times Z_S$$

式中：

Z_{PE}——装置中设备的任何处和起重机械 PE 端子(见 5.2 和图 3)之间的保护联结电路的阻抗或是同时可触及的外露可导电部分和/或外界可导电部分之间的保护联结电路的阻抗。

本条件证实通过使用 18.2.2 的试验 1 测量电阻 R_{PE} 而获得。若 R_{PE} 的测量值不超出下式所示时，达到了保护条件。

$$R_{PE} \leqslant \frac{50}{I_{a(5s)}}$$

式中：

$I_{a(5s)}$——保护器件的 5s 动作电流，单位为安(A)；

R_{PE}——起重机械 PE 端子(见 5.2 和图 4)和设备的任何处之间的保护联结电路的电阻或是同时可触及的外露可导电部分和/或外界可导电部分之间的保护联结电路的电阻，单位为欧(Ω)。

注 1：辅助保护联结被认为是对防护间接接触的补充。

注 2：辅助保护联结可以包括整个装置、部分装置、设备零件或配置。

A.4 用自动切断电源作保护条件的检验

A.4.1 概述

依据 A.2 用自动切断电源作间接接触防护的措施，措施的有效性检验如下：

——通过目测断路器标称设置和熔断器电流额定值来检验关联的保护器件的特性；

——测量故障环路阻抗。

例外：可获得故障环路阻抗的计算或保护导体电阻的计算以及当装置的配置允许检验导线的长度和截面积时，保护导体连续性检验可以代替测量。

A.4.2 故障环路阻抗的测量

故障环路阻抗的测量应使用符合 IEC 61557-3 规定的测量设备。应考虑测量结果的精确性和在测量设备文件中规定的要遵循的程序。

在预定的装置处，当起重机械连接到其频率与电源的标称频率相同的电源时，应进行测量。

注 1：图 A.1 表明在机械上测量故障环路阻抗的典型配置。在试验期间如果不能连接电动机，在试验中，不使用的两相导体可以断开，例如拆去熔断器。

注 2：故障回路阻抗测量通常只可能是在变频器的进线侧，而不是在变频器与电机之间(见 GB 12668.501)。在图 A.1 中的电机符号“M”可代表符合 IEC 61800 系列的电力驱动系统(PDS)。

故障环路阻抗的测量值应遵照 A.2 的规定。

A.4.3 导体电阻的测量值和故障条件下实际值之间差异的考虑

注：在环境温度下进行测量，由于电流小，故障条件下则需要考虑导体的电阻随温度的提高而增加，以检验故障回路阻抗的测量值符合 A.2 的要求。

由于故障电流导体的电阻随温度的提高而增加,在下式中考虑:

$$Z_{S(m)} \leqslant \frac{2}{3} \times \frac{U_0}{I_a}$$

式中:

$Z_{S(m)}$——Z_S 的测量值,单位为欧(Ω)。

图 A.1 如果故障环路阻抗的测量值大于 $2U_0/3I_a$,按照 GB/T 16895.23—2012 中 C.61.3.6.2 描述的程序进行更准确的评价。

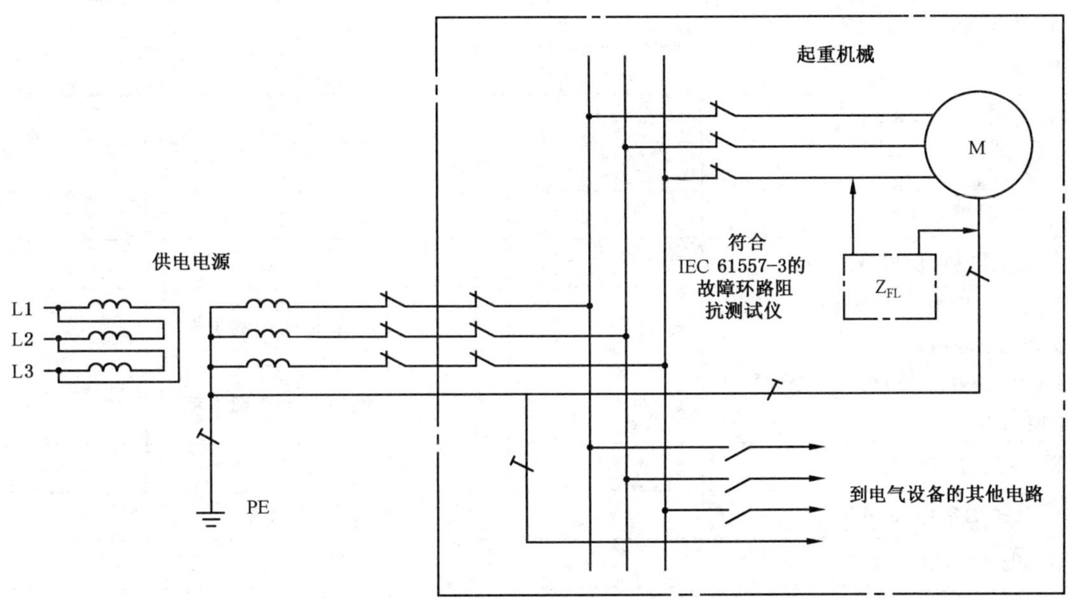

图 A.1 故障环路阻抗测量典型配置

附 录 B
（资料性附录）
起重机械电气设备查询表

建议由设备的预定用户提供下列信息。这些信息有助于用户和供方之间就基本条件和用户的附加要求达成一致，以确保起重机械电气设备的正确设计、使用和利用（见4.1）。

制造厂/供方名称				
最终用户名称				
投标书/订单编号		日期		
起重机械型号		序列号		
1 特殊条件（见第1章）				
a) 起重机械在露天使用吗？	是		否	
b) 起重机械将用来处理或运输易燃、易爆或其他危险材料？	是/否		如果是请详细说明	
c) 起重机械是在可能爆炸或易燃的环境中使用吗？	是/否		如果是请详细说明	
d) 起重机械用于矿上吗？	是/否			
2 电源及有关的条件（见4.3）				
a) 预期的电压波动（如果超过±10%）				
b) 预期的频率波动（如果超过±2%）	持续		短时间	
c) 指明电气设备今后可能的变化，这种变化会对电源方面增加的要求				
d) 电源规定的中断如果比第4章规定的长，若电气设备在这样的条件下必须保持运行				
3 物理环境及运行条件（见4.4）				
a) 电磁环境（见4.4.2）	居住、商业或轻工业环境		工业环境	
规定条件或要求				
b) 环境温度范围				
c) 湿度范围				
d) 海拔				
e) 特殊环境条件（如腐蚀性气体、粉尘、潮湿环境）				
f) 辐射				
g) 振动、冲击				
h) 特殊的安装和工作要求（如阻燃的电缆和导线）				
i) 运输和存储（如温度超出4.5规定的范围）				

4 引入电源				
规定每个电源				
a) 标称电压(V)	AC		DC	
	若为 a.c.,相数		若为 a.c.,频率	
电源到起重机械接入点处的预期短路电流(kA r.m.s.)(见第 2 项)				
b) 电源的接地形式(见 IEC 60364-1)	TN(系统具有直接接地点,保护导体(PE)直接接到此点上);如果规定接地点是中性点(星形中心点)或其他点		TT(系统具有直接接地点,但起重机械的保护导体(PE)不接到系统的接地点上)	
	IT(系统不直接接地)			
c) 电气设备是否连接电源中性线(N)?(见 5.1)	连接		不连接	
d) 起重机电源开关				
是否需切断中性线(N)	需要		不需要	
切断中性线(N)是否需要可移动的连接物?	需要		不需要	
所提供起重机电源开关的形式				
5 电击防护(见第 6 章)				
a) 在设备正常运行时,哪类人员可以接近电柜内部?	熟练(电气)技术人员		受过培训的(电气)人员	
b) 为扣紧门或盖而提供的锁是可取下钥匙的吗(见 6.2.2)?	是		不是	
6 设备的保护(见第 7 章)				
a) 电源线的过电流保护是由用户还是由供方提供?(见 7.2.2)				
过电流保护器件的形式和额定值				
b) 可直接起动的最大三相交流电动机功率(kW)				
c) 电动机过载检测器件的数目是否可以减少?(见 7.3)	是		否	
7 操作				
对于无线控制系统,当缺失有效信号时,自动引发起重机械停止的延迟时间。(见 9.2.7.3)				
8 安装在操作面板和机械上的控制器件(见第 10 章)				
特殊颜色优先(如与现有的机械一致)	起动		停止	
	其他			

9　控制设备				
外壳防护等级(见11.3)或特殊条件:				
10　配线技术				
对于导线使用的标识有专门的方法吗?(见13.2.1)	有		无	
形式				
11　附件和照明(见第15章)				
a)　需要的插座形式是特殊的吗?	是		否	
如果是,哪种形式?				
b)　配备的维修用插座带剩余电流保护器件(RCD)的附加保护吗?	有		无	
c)　当起重机械设置照明时:	最高允许电压(V)		如果照明电路电压不是直接取自电源,则说明优选电压	
12　标记、警示标志和参照代号(见第16章)				
a)　功能标识(见16.3)				
b)　铭文/专用标记	在电气设备上吗?		用何种语言?	
c)　认证标记	有		无	
如果有,是哪种?				
13　技术文件(见第17章)				
a)　技术文件(见17.1)	在何载体上?		用何种语言?	
b)　由用户提供的管道、开式电缆托盘或电缆支架的尺寸、位置和用途(见17.5)				
c)　如果特定机件或控制设备组件在运往安装位置时可能影响运输,则指明对尺寸或重量的特殊限制:	最大尺寸		最大重量	
14　起重机械预定使用(见12.4和附录D)				
每小时工作循环的平均次数是多少?(一个工作循环包括从起重机械吊运某一载荷开始到做好吊运下一个载荷的准备时为止的所有操作。)				
起重机械以此频率操作不出现间歇的预定时间是多长?				
间歇长度?				

附　录　C
（资料性附录）
机械电气设备中导线和电缆的载流量和过电流保护

本附录的目的是在表 7(见第 12 章)的给定条件不同时(见表 7 注)为选择导线尺寸提供附加信息。

C.1　一般工作条件

C.1.1　环境温度

表 7 给出了环境温度 40 ℃时的 PVC 绝缘导线的载流量。对于其他环境温度，表 C.1 给出修正系数。

橡胶绝缘电缆用修正系数由电缆制造厂给出。

表 C.1　修正系数

环境温度/℃	修　正　系　数
30	1.15
35	1.08
40	1.00
45	0.91
50	0.82
55	0.71
60	0.58
注：修正系数来源于 GB 16895.6。 在正常情况下 PVC 导线最高温度为 70 ℃。	

C.1.2　安装方法

在机械上，图 C.1 中所示的电柜与设备各单元之间的导线和电缆的安装方法视作为典型的方法(所用的字母按 IEC 60364-5-52)：

——方法 B1：用导管(见 3.8)和电缆槽盒系统(见 3.6)放置和保护导体或单芯电缆；

——方法 B2：同 B1，但用于多芯电缆；

——方法 C：在自由空间安装的多芯电缆，水平或垂直悬装壁侧，电缆之间无间隙；

——方法 E：在自由空间安装的多芯电缆，水平或垂直装在开式电缆托盘上(见 3.5)。

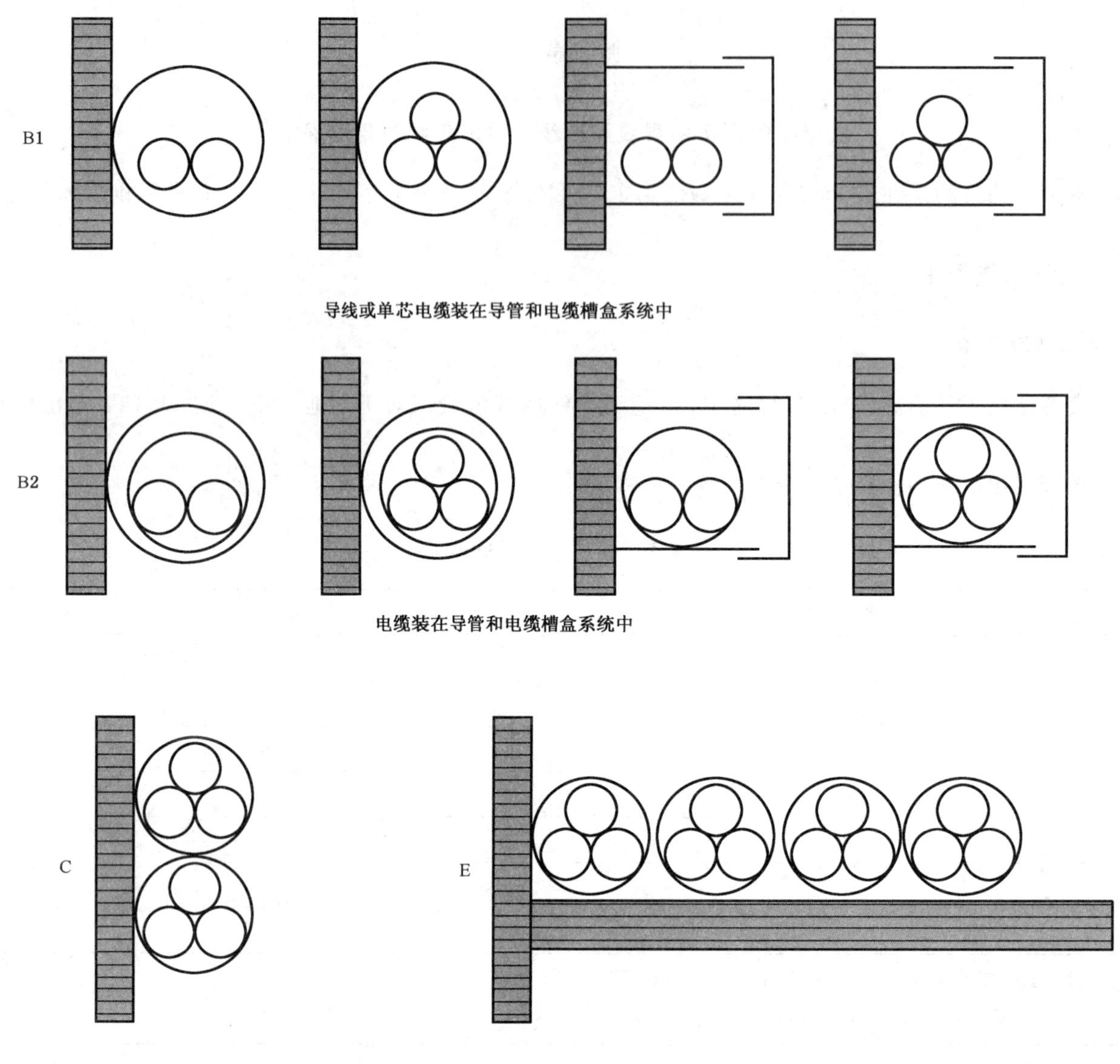

图 C.1 导线和电缆的安装方法

C.1.3 集聚安装

如果安装多条负载电缆/线对，则表 7 中的 I_Z 值或由制造商给出的值应按表 C.2 或表 C.3 的规定减额使用。

注：电路 $I_b<30\%I_Z$ 时不需要减额。

表 C.2 集聚安装用 I_Z 减额系数

安装方法(见图 C.1)(见注 3)	负载导线/电缆数			
	2	4	6	9
B1(导线)、B2(电缆)	0.80	0.65	0.57	0.50
C 单层安装，电缆之间无间隙	0.85	0.75	0.72	0.70

表 C.2（续）

安装方法(见图 C.1)(见注 3)	负载导线/电缆数			
	2	4	6	9
E 单层安装，在一个穿孔托架上，电缆之间无间隙	0.88	0.77	073	0.72
E 同上，但有 2 个～3 个托架垂直放置，各托架之间相距 300 mm(见注 4)	0.86	0.76	0.71	0.66
控制电路线对≤0.5 mm^2 与安装方法无关	0.76	0.57	0.48	0.40

注 1：这些系数适用于：
——电缆，负载相同，电路加平衡负载；
——绝缘导线或电缆电路的分组，允许的最高工作温度相同。
注 2：同一系数适用于：
——2 组或 3 组单芯电缆；
——多芯电缆。
注 3：系数来源于 IEC 60364-5-52:2001。
注 4：穿孔电缆托盘是指其孔占基底面积超过 30%的托架(源于 IEC 60364-5-52:2001)。

表 C.3　10 mm^2 以下(含 10 mm^2)多芯电缆减额系数

负载导线或线对数	导线截面积>1 mm^2(见注 3)	线对(0.25 mm^2～0.75 mm^2)
1	—	1.0
3	1.0	—
5	0.75	0.39
7	0.65	0.34
10	0.55	0.29
24	0.40	0.21

注 1：适用于具有相等负载的导线/线对的多芯电缆。
注 2：对于多芯电缆的集聚安装，见表 C.2 减额系数。
注 3：系数来源于 IEC 60364-5-52:2001。

C.2　导线与过载保护器件间的协调

图 C.2 说明了导线参数和过载保护器件参数间的关系。

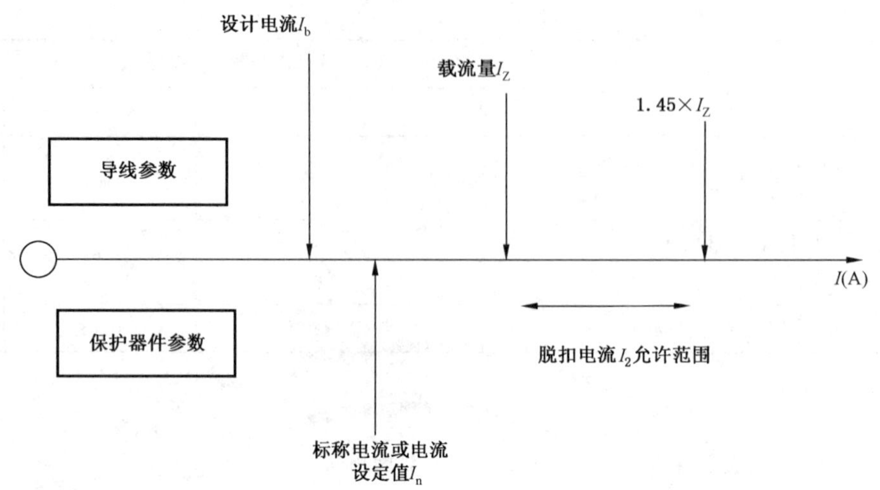

图 C.2 导线和保护器件的参数

电缆的正确保护要求防护电缆过载的保护器件(如过电流保护器件、电动机过载保护器件)满足下列两个条件:

$$I_b \leqslant I_n \leqslant I_Z$$

$$I_2 \leqslant 1.45 \times I_Z$$

式中:

I_b ——设计电路的电流,单位为安(A);

I_Z ——电缆的连续工作有效载流量,单位为安(A),按照表 7 对于特定安装条件;

——温度,I_Z 的减额见表 C.1;

——集聚安装,I_Z 的减额见表 C.2;

——多芯电缆,I_Z 的减额见表 C.3。

I_n ——保护器件的标称电流,单位为安(A)。

注 1:对于可调整的保护器件,标定电流 I_n 是选择的电流整定值。

I_2 ——在规定的时间范围内(如 63 A 的保护器件为 1 h),保证保护器件有效动作的最小电流,单位为安(A)。

保证保护器件有效动作的电流 I_2 在产品标准中给出或由制造厂规定。

注 2:对于电动机电路导线,导线的过载保护可由电动机的过载保护来提供,而短路保护则由短路保护器提供。依照本条用于导线的过载保护,如果使用了兼有过载和短路两种保护的器件时,它既不在所有情况(如过载电流小于 I_2)下保证完全的保护,也不一定有经济的效果。因此,这种器件可能不适合会出现过载电流小于 I_2 的场合。

C.3 导线的过流保护

所有导线都要用接在所有带电导线中的保护器件进行过电流保护(见 7.2),使得在导线达到最高允许温度之前切断电缆中流动的任何短路电流。

注:关于中性导线,见 7.2.3,第二段。

表 C.4　正常和短路条件下导线允许的最高温度

绝　缘　种　类	正常条件下导线最高温度 ℃	短路条件下导线短时极限温度[a] ℃
聚氯乙烯(PVC)	70	160
橡胶	60	200
交联聚乙烯(XLPE)	90	250
乙烯丙烯混合(EPR)	90	250
硅橡胶(SiR)	180	350
注：当导线短时极限温度高于 200 ℃时，镀锡和裸铜导线都不适用。镀银或镀镍的铜导线适用于高于 200 ℃的情况。		
[a] 这些值是基于短路时间不超过 5 s 的假定绝热性能。		

事实上，当保护器件在电流 I 作用下，在绝不超过 t 的时间内使电路切断便能达到 7.2 的要求，此处 $t<5$ s。

时间 t 值(以秒为单位)应按下式计算：

$$t=(k \times S/I)^2$$

式中：

S ——截面积，单位为平方毫米(mm^2)；

I ——用交流方均根值表达的有效短路电流，单位为安(A)；

k ——采用下列材料绝缘的铜导线的系数：

聚氯乙烯	115
橡胶	141
硅橡胶	132
交联聚乙烯	143
乙烯丙烯混合物	143

只要按表 7 选择额定电流 I_n 时，其中 $I_n \leqslant I_Z$，则采用 gG 或 gM 型特性的熔断器(见 IEC 60269-1)和按照 IEC 60898 的 B 型和 C 型特性断路器可确保不超过表 C.4 中温度的限值。

附 录 D
(资料性附录)
断续工作制导线的选取

D.1 概述

依据导线的工作周期和发热时间常数之间的关系选择导线尺寸的特定应用情况,应咨询导线制造商。断续工作制下的导线应按照制造商的说明书来选择。如果得不到这些信息,可以使用本附录中的准则。

D.2 中提供的方法假定了由导通时间和断开时间组成的周期。在导通期间,电流是个常数,在断开期间没有电流。周期时间(导通时间加断开时间)假定为 10 min。

如果周期时间不是 10 min,可以按照 D.3 来计算。

在一些实际应用中,导通期间电流是变化的,且周期时间也有可能变化。反映这些变化的热等效电流可以通过 D.4 计算出来。

D.2 以 10 min 为周期的断续工作制

断续工作制的导线选择宜参照导线制造商的说明书。如果得不到这些信息,可以使用本条款中的准则。

表 D.1 定义了在断续工作制下工作周期是 10 min 时,导线载流量的修正系数 f_{ED}。

修正系数取决于负载周期持续时间与导线发热时间常量的比较。断续应用包括:

——导通时间(T_a)和

——断开时间(T_i)。

表 D.1 以 10 min 为周期的修正系数

截面积 mm²	以 10 min 为周期的 f_{ED} $T_a/(T_a+T_i)$			
	0.6	0.4	0.25	0.15
1.5	1.044	1.120	1.265	1.505
2.5	1.058	1.150	1.315	1.580
4	1.075	1.183	1.369	1.660
6	1.092	1.215	1.421	1.737
10	1.116	1.260	1.493	1.842
16	1.139	1.303	1.561	1.942
25	1.161	1.344	1.626	2.037
35	1.177	1.373	1.673	2.105
50	1.193	1.403	1.719	2.173
70	1.207	1.429	1.760	2.231
95	1.219	1.450	1.793	2.280

表 D.1（续）

截面积 mm^2	以 10 min 为周期的 f_{ED} $T_a/(T_a+T_i)$			
	0.6	0.4	0.25	0.15
120	1.227	1.464	1.816	2.314
150	1.234	1.477	1.836	2.343
185	1.240	1.488	1.854	2.369
240	1.247	1.501	1.874	2.397
300	1.252	1.510	1.888	2.419

D.3 以任意时间为周期的断续工作制

如果工作周期持续时间小于 10 min，可能使用比表 D.1 中更大的修正系数，如果周期持续时间大于 10 min，宜使用更小的修正系数。任意工作周期下的修正系数可使用下列公式计算。

$$f_{ED}=\sqrt{\frac{1-e^{-\left(\frac{T_a+T_i}{T}\right)}}{1-e^{-\left(\frac{T_a}{T}\right)}}}$$

式中：

T——导线发热时间常数，可以从表 D.2 中获得。

表 D.2 导线发热时间常数

截面积 mm^2	1.5	2.5	4	6	10	16	25	35	50	70	95	120	150	185	240	300
T min	2.7	3.1	3.6	4.2	5.2	6.4	7.9	9.4	11.3	13.6	16.1	18.4	21.0	23.7	27.7	31.8

D.4 热等效电流计算

对于周期性断续工作制的应用（如电动机发生频繁起动的场合），建议选择导线时使用热等效电流 I_q。I_q 也用于与过电流保护相协调。I_q 计算公式如下：

$$I_q=\sqrt{\frac{\sum_{k=1}^{N}I_k^2\times t_k}{t_s}}$$

式中：

I_q ——热等效电流，单位为安（A）；

t_s ——周期时间，单位为秒（s）；

I_k ——工作周期段的电流，单位为安（A）；

t_k ——工作周期段的时间，单位为秒（s）。

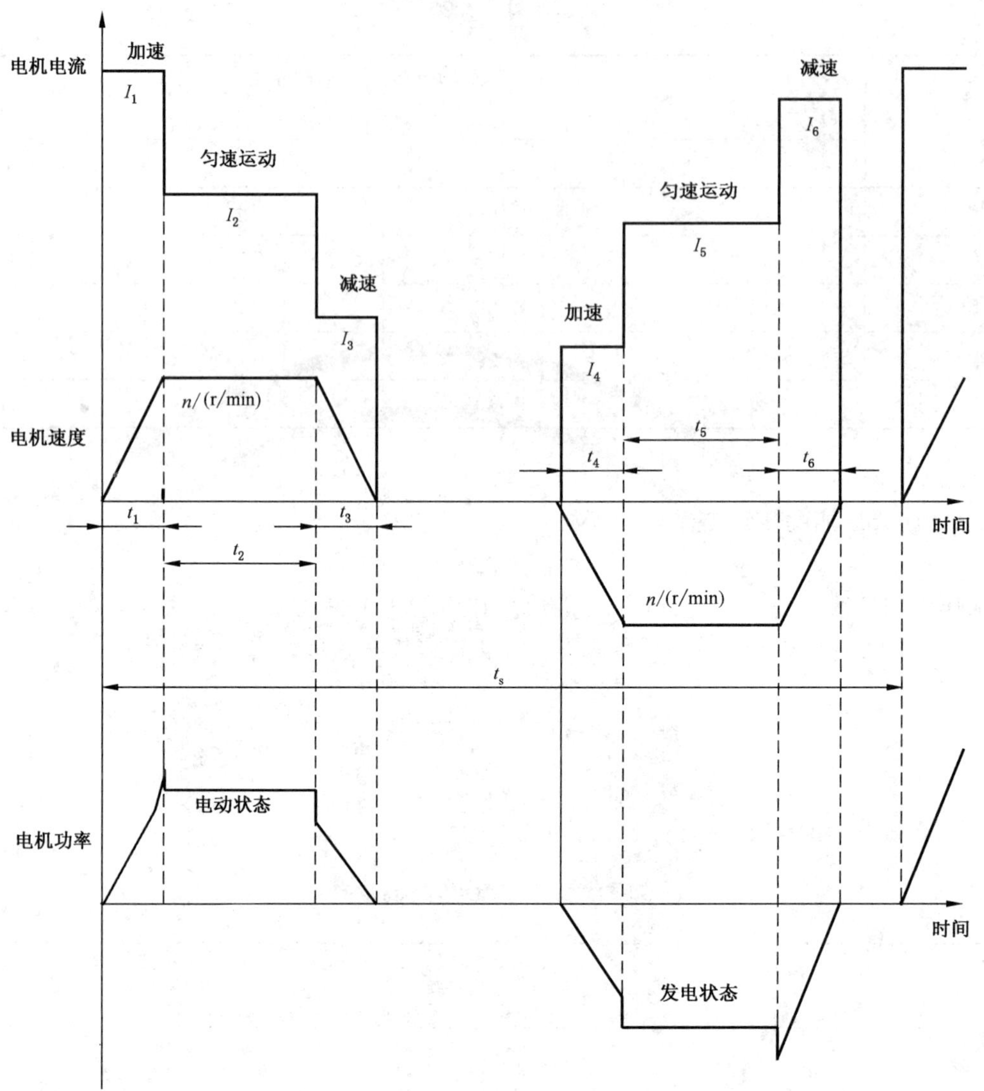

图 D.1　变速交流起升驱动机构工作周期段的电流和时间示例

例如,对于图 D.1 中工作周期的热等效电流可按下列公式计算:

$$I_q=\sqrt{\frac{I_1^2\times t_1+I_2^2\times t_2+I_3^2\times t_3+I_4^2\times t_4+I_5^2\times t_5+I_6^2\times t_6}{t_s}}$$

附 录 E
（资料性附录）
紧急操作功能的解释

注：本附录所包含的这些概念是为了便于读者理解这些术语，虽然本部分仅使用其中的两条。

紧急操作

紧急操作是指用来尽可能快地消除可能已意外发生的危险的一种操作。

紧急操作包括如下单独的或组合的操作：

——紧急停止；

——紧急起动；

——紧急断开；

——紧急接通。

紧急停止

是指用于停止已变得危险的某种过程或运动的一种紧急操作。

紧急起动

是指用于起动某种过程或运动以消除或避免危险情况的一种紧急操作。

紧急断开

是指在有电击或其他电源性危险的场合用于断开一套设施的全部或部分电源的一种紧急操作。

紧急接通

是指用于接通预期用于紧急情况的一套设施的部分电源的一种紧急操作。

附 录 F
（资料性附录）
常用导线截面积的对照表

表 F.1 提供了美国线规(AWG)与平方毫米、平方英寸和圆密耳表示的导线截面积对照。

表 F.1 电缆尺寸对照表

导线尺寸 mm²	线规号 AWG	截面积 mm²	截面积 in²	20 ℃时铜导线的 直流电阻 Ω/km	圆密耳
0.2		0.196	0.000 304	91.62	387
	24	0.205	0.000 317	87.60	404
0.3		0.283	0.000 438	63.46	558
	22	0.324	0.000 504	55.44	640
0.5		0.500	0.000 775	36.70	987
	20	0.519	0.000 802	34.45	1 020
0.75		0.750	0.001 162	24.80	1 480
	18	0.823	0.001 272	20.95	1 620
1.0		1.000	0.001 550	18.20	1 973
	16	1.31	0.002 026	13.19	2 580
1.5		1.500	0.002 325	12.20	2 960
	14	2.08	0.003 228	8.442	4 110
2.5		2.500	0.003 875	7.56	4 934
	12	3.31	0.005 129	5.315	6 530
4		4.000	0.006 200	4.700	7 894
	10	5.26	0.008 152	3.335	10 380
6		6.000	0.009 300	3.110	11 841
	8	8.37	0.012 967	2.093	16 510
10		10.000	0.001 550	1.840	19 735
	6	13.3	0.020 610	1.320	26 240
16		16.000	0.024 800	1.160	31 576
	4	21.1	0.032 780	0.829 5	41 740
25		25.000	0.038 800	0.734 0	49 338
	2	33.6	0.052 100	0.521 1	66 360
35		35.000	0.054 200	0.529 0	69 073
	1	42.4	0.065 700	0.413 9	83 690
50		47.000	0.072 800	0.391 0	92 756

温度非 20 ℃时，电阻可以使用下式计算：

$$R = R_1[1 + 0.003\ 93(t - 20)]$$

式中：

R_1——20 ℃时的电阻；

R ——t ℃时的电阻。

附 录 NA
(资料性附录)
与规范性引用的国际文件有一致性对应关系的我国文件

GB/T 755—2008 旋转电机 定额和性能(IEC 60034-1:2004,IDT)

GB/T 4942.1—2006 旋转电机整体结构的防护等级(IP 代码)-分级(IEC 60034-5:2000,IDT)

GB/T 13002—2008 旋转电机 热保护(IEC 60034-11:2004,IDT)

GB/T 4025—2010 人机界面标志标识的基本和安全规则 指示器和操作器件的编码规则(IEC 60073:2002,IDT)

GB/T 4026—2010 人机界面标志标识的基本和安全规则 设备端子和导体终端的标识(IEC 60445:2006,IDT)

GB/T 4205—2010 人机界面标志标识的基本和安全规则 操作规则(IEC 60447:2004,IDT)

GB/T 4208—2017 外壳防护等级(IP 代码)(IEC 60529:2013,IDT)

GB/T 4728(所有部分) 电气简图用图形符号 [IEC 60617(所有部分)]

GB/T 4772.1—1999 旋转电机尺寸和输出功率等级 第 1 部分:机座号 56～400 和凸缘号 55～1 080(IEC 60072-1:1991,IDT)

GB/T 4772.2—1999 旋转电机尺寸和输出功率等级 第 2 部分:机座号 355～1 000 和凸缘号 1 180～2 360(IEC 60072-2:1990,IDT)

GB/T 5094(所有部分) 工业系统、装置与设备以及工业产品 结构原则与参照代号[IEC 61346(所有部分)]

GB/T 5465.1—2009 电气设备用图形符号 第 1 部分:概述与分类(IEC 60417 DB:2007,MOD)

GB/T 5465.2—2008 电气设备用图形符号 第 2 部分:图形符号(IEC 60417 DB:2007,IDT)

GB/T 7251.1—2013 低压成套开关设备和控制设备 第 1 部分:总则(IEC 61439-1:2011,IDT)

GB/T 7947—2010 人机界面标志标识的基本和安全规则 导体颜色或字母数字标识(IEC 60446:2007,IDT)

GB/T 10963(所有部分) 电气附件 家用及类似场所用过电流保护断路器[IEC 60898(所有部分)]

GB/T 11918.1—2014 工业用插头插座和耦合器 第 1 部分:通用要求[IEC 60309-1:2012,MOD]

GB/T 14048.3—2008 低压开关设备和控制设备 第 3 部分:开关、隔离器、隔离开关以及熔断器组合电器(IEC 60947-3:2005,IDT)

GB/T 14048.4—2010 低压开关设备和控制设备 第 4-1 部分:接触器和电动机起动器 机电式接触器和电动机起动器(含电动机保护器)(IEC 60947-4-1:2009 Ed.3.0,MOD)

GB/T 14048.5—2008 低压开关设备和控制设备 第 5-1 部分:控制电路电器和开关元件 机电式控制电路电器(IEC 60947-5-1:2003,MOD)

GB/T 16273.1—2008 设备用图形符号 第 1 部分:通用符号(ISO 7000:2004,NEQ)

GB/T 16855.2—2015 机械安全 控制系统安全相关部件 第 2 部分:确认

GB/T 16895.1—2008 低压电气装置 第 1 部分:基本原则、一般特性评估和定义(IEC 60364-1:2005 Ed.4.0,IDT)

GB/T 17045—2008 电击防护 装置和设备的通用部分(IEC 61140:2001,IDT)

GB/T 17627.2—1998 低压电气设备的高电压试验技术 第二部分:测量系统和试验设备(eqv IEC 61180-2:1994)

GB/T 18209(所有部分) 机械电气安全 指示、标志和操作[IEC 61310(所有部分)

GB/T 18216.3—2012 交流1 000 V和直流1 500 V以下低压配电系统电气安全 防护措施的试验、测量或监控设备 第3部分:环路阻抗(IEC 61557-3:2007,IDT)

GB/T 18380(所有部分) 电缆和光缆在火焰条件下的燃烧试验[IEC 60332(所有部分)]

GB/T 19045—2003 明细表的编制(IEC 62027:2000,IDT)

GB/T 19212.7—2012 电源电压为1 100V及以下的变压器、电抗器、电源装置和类似产品的安全 第7部分:安全隔离变压器和内装安全隔离变压器的电源装置的特殊要求和试验(IEC 61558-2-6:2009,IDT)

GB/T 19529—2004 技术信息与文件的构成(IEC 62023:2000,IDT)

GB/T 19671—2005 机械安全 双手操纵装置 功能状况及设计原则(ISO 13851:2002,MOD)

GB/T 19678—2005 说明书的编制 构成、内容和表示方法(IEC 62079:2001,IDT)

GB 28526—2012 机械电气安全 安全相关电气、电子和可编程电子控制系统的功能安全(IEC 62061:2005,IDT)

参 考 文 献

[1] GB/T 156—2007 标准电压

[2] GB/T 999—2008 直流电力牵引额定电压

[3] GB/T 2099.1—2008 家用和类似用途插头插座 第1部分:通用要求

[4] GB/T 2900.13—2008 电工术语 可信性与服务质量

[5] GB/T 2900.25—2008 电工术语 旋转电机

[6] GB/T 2900.70—2008 电工术语 电气附件

[7] GB/T 2900.71—2008 电工术语 电气装置

[8] GB/T 2900.73—2008 电工术语 接地与电击保护

[9] GB/T 3956—2008 电缆的导体

[10] GB/T 12668(所有部分) 调速电气传动系统

[11] GB/T 13534—2009 颜色标志的代码

[12] GB/T 13539.1—2015 低压熔断器 第1部分:基本要求

[13] GB/T 14048.10—2016 低压开关设备和控制设备 第5-2部分:控制电路电器和开关元件 接近开关

[14] GB/T 14048.20—2013 低压开关设备和控制设备 第5-8部分:控制电路电器和开关元件 三位使能开关

[15] GB/T 15544.1—2013 三相交流系统短路电流计算 第1部分:电流计算

[16] GB/T 17465.1—2009 家用和类似用途器具耦合器 第1部分:通用要求

[17] GB/T 17799.1—2017 电磁兼容 通用标准 居住、商业和轻工业环境中的抗扰度

[18] GB/T 17799.2—2003 电磁兼容 通用标准 工业环境中的抗扰度试验

[19] GB/T 17799.4—2012 电磁兼容 通用标准 工业环境中的发射

[20] GB/T 18657.1—2002 运动设备及系统 第5部分:传输规约 第1篇:传输帧格式

[21] GB/T 19212.18—2006 电力变压器、电源装置和类似产品的安全 第18部分:开关型电源用变压器的特殊要求

[22] GB/T 19215.1—2003 电气安装用电缆槽管系统 第1部分:通用要求

[23] GB/T 19215.2—2003 电气安装用电缆槽管系统 第2部分:特殊要求 第1节:用于安装在墙上或天花板上的电缆槽管系统

[24] GB/T 19215.3—2012 电气安装用电缆槽管系统 第2部分:特殊要求 第2节:安装在地板下和与地板齐平的电缆槽管系统

[25] GB/T 19436.1—2013 机械电气安全 电敏保护设备 第1部分:一般要求和试验

[26] GB/T 19670—2005 机械安全 防止意外启动

[27] GB/T 21714(所有部分) 雷电防护

[28] IEC 60050-441 International Electrotechnical Vocabulary (IEV)—Chapter 441:Switchgear,controlgear and fuses

[29] IEC 60204-11 Safety of machinery—Electrical equipment of machines—Part 11:Requirements for HV equipment for voltages above 1 000 V a.c.or 1 500 V d.c.and not exceeding 36 kV

[30] IEC 60204-31 Safety of machinery—Electrical equipment of machines—Part 31:Particular safety and EMC requirements for sewing machines,units,and systems

[31] IEC 60287 (all parts) Electric cables—Calculation of the current rating

[32] IEC 60335 (all parts) Household and similar electrical appliances—Safety

[33] IEC 60364 (all parts) Low-voltage electrical installations

[34] IEC 60898 (all parts) Electrical accessories—Circuit-breakers for overcurrent protection for household and similar installations

[35] IEC 61000-5-2 Electromagnetic compatibility (EMC)—Part 5:Installation and mitigation guidelines—Section 2:Earthing and cabling

[36] IEC 61180-2 High-voltage test techniques for low-voltage equipment—Part 2: Test equipment

[37] IEC/TR 61200-53 Electrical installation guide—Part 53: Selection and erection of electrical equipment—Switchgear and controlgear

[38] IEC 61557 (all parts) Electrical safety in low voltage distribution systems up to 1 000 V a.c.and 1 500 V d.c.—Equipment for testing, measuring or monitoring of protective measures

[39] IEC 61984 (all parts) Connectors—Safety requirements and tests

[40] IEC 61000-6-3: 2006 Electromagnetic compatibility (EMC)—Part 6-3: Generic standards—Emission standard for residential, commercial and light-industrial environments

[41] IEC Guide 106 Guide for specifying environmental conditions for equipment performance rating

[42] ISO 14122-1:2001 Safety of machinery—Permanent means of access to machinery—Part 1:Choice of fixed means of access between two levels

[43] ISO 14122-2:2001 Safety of machinery—Permanent means of access to machinery—Part 2:Working platforms and walkways

[44] ISO 14122-3:2001 Safety of machinery—Permanent means of access to machinery—Part 3:Stairs, stepladders and guard-rail

[45] CENELEC HD 516 S2 Guide to use of low-voltage harmonized cables

索　引

本索引按英文对应词的首字母顺序列出了第3章中定义的术语，并指出它们在本部分正文中使用的地方。

ICS 29.020
J 09

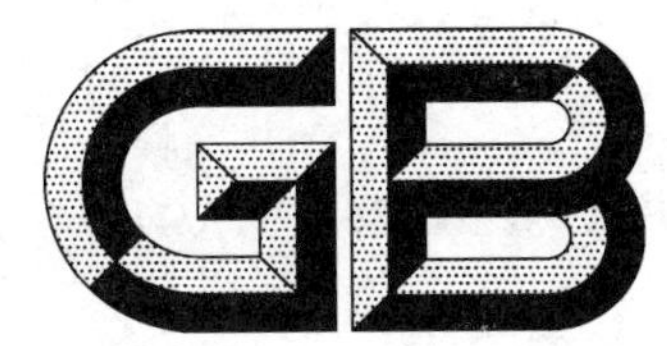

中华人民共和国国家标准

GB/T 5226.33—2017/IEC 60204-33:2009

机械电气安全　机械电气设备
第33部分:半导体设备技术条件

Electrical safety of machinery—Electrical equipment of machines—Part 33:Requirements for semiconductor fabrication equipment

(IEC 60204-33:2009,Safety of machinery—Electrical equipment of machines—Part 33:Requirements for semiconductor fabrication equipment,IDT)

2017-10-14 发布　　2018-05-01 实施

中华人民共和国国家质量监督检验检疫总局
中国国家标准化管理委员会　发布

前　言

GB/T 5226《机械电气安全　机械电气设备》拟分成部分出版，已经发布如下几部分：

——第1部分：通用技术条件；

——第6部分：建设机械技术条件；

——第11部分：电压高于1 000 Va.c.或1 500 Vd.c.但不超过36 kV的高压设备的技术条件；

——第31部分：缝纫机、缝制单元和系统的特殊安全和电磁兼容性方面的要求；

——第32部分：起重机械通用技术条件；

——第33部分：半导体设备技术条件。

本部分为GB/T 5226的第33部分。

本部分按GB/T 1.1—2009给出的规则起草。

本部分使用翻译法等同采用IEC 60204-33:2009《机械安全　机械电气设备　第33部分：半导体设备技术条件》(第1版，英文版)。

与本部分中规范性引用的国际文件有一致性对应关系的我国文件如下：

——GB/T 156—2007　标准电压(IEC 60038:2002，MOD)

——GB/T 4208—2017　外壳防护等级(IP代码)(IEC 60529:2001，IDT)

——GB/T 4728(所有部分)　电气简图用图形符号[IEC 60617(所有部分)]

——GB 4943.1—2011　信息技术设备　安全　第1部分：通用要求(IEC 60950-1:2005，MOD)

——GB/T 5169.16—2008　电工电子产品着火危险试验　第16部分：试验火焰50 W　水平与垂直火焰试验方法(IEC 60695-11-10:2003，IDT)

——GB/T 5465(所有部分)　电气设备用图形符号[IEC 60417(所有部分)]

——GB/T 16855(所有部分)　机械安全　控制系统有关安全部件[ISO 13849(所有部分)]

——GB/T 16855.1—2008　机械安全　控制系统有关安全部件　第1部分：设计通则(ISO 13849-1:2006，IDT)

——GB/T 18209(所有部分)　机械安全　指示、标志和操作[IEC 61310(所有部分)]

——GB/T 19212.1—2016　变压器、电抗器、电源装置及其组合的安全　第1部分：通用要求和试验(IEC 61558-1:2009，MOD)

——GB/T 19671—2005　机械安全　双手操纵装置　功能状况及设计原则(ISO 13851:2002，MOD)

——GB/T 20438(所有部分)　电气/电子/可编程电子安全相关系统的功能安全[IEC 61508(所有部分)]

本部分做了下列编辑性修改：

——标准名称改为《机械电气安全　机械电气设备　第33部分：半导体设备技术条件》。

本部分由中国机械工业联合会提出。

本部分由全国工业机械电气系统标准化技术委员会(SAC/TC 231)归口。

本部分负责起草单位：中微半导体设备(上海)有限公司。

本部分参加起草单位：北京机床研究所、上海微电子装备有限公司、北京北方微电子基地设备工艺研究中心有限责任公司、沈阳拓荆科技有限公司、北京七星华创电子股份有限公司、中晟光电设备(上海)有限公司、理想太阳能(上海)有限公司、盛美半导体设备(上海)有限公司。

本部分主要起草人：李天笑、黄祖广、王海涛、田保峡、郭和平、沈红、孙东曦、潘菊凤、孙岩、刘忠武、张志强、李补忠、薛瑞娟。

机械电气安全　机械电气设备 第33部分:半导体设备技术条件

1　范围

GB/T 5226 的本部分规定了半导体设备相关的制造、测量、组装和测试的电气、电子和可编程电子设备及系统的安全要求。

注 1：本部分中的“电气”一词包括电气、电子和可编程电子设备三方面(如电气设备是指电气设备、电子设备和可编程电子设备)。

注 2：就本部分而言,“人”(Person)一词泛指任何个人包括受用户或其代理指派,使用和管理上述设备的人。

本部分所论及的设备是从机械电气设备的电源引入处开始的(见 5.1)。

注 3：GB/T 16895 系列标准给出了建筑物电气装置的要求。

本部分适用的电气设备或电气设备部件,其标称电压不超过 1 000 Va.c.或 1 500 Vd.c.,额定频率不超过 200 Hz。对于更高的电压或频率,可能需要特殊的要求。

注 4：电气设备内部派生电压超过上述电源电压限值仍属本部分的范围内。

本部分包括针对电气安全隐患的防护措施和针对非电气安全隐患的电气联锁保护电路,但不涵盖由其他标准或法规规定的对人身安全保护的所有要求(如化学品危险、机械危险、辐射危害)。每种类型的机械适应其特定要求以提供足够的安全。

下列半导体制造设备的电气装置应提供附加和特殊技术要求:

——使用、加工或生产易爆材料;

——在易燃易爆环境中使用;

——当生产或使用某种材料时有特殊风险;

——作为起重机械(包括在 IEC 60204-32)。

本部分不包括半导体设备的性能或功能特性规范。本部分不涉及对人类健康可能造成影响的源于半导体设备的排放(如电磁场,噪声)。

本部分没有规定电磁兼容性(EMC)的要求。

2　规范性引用文件

下列文件对于本文件的应用是必不可少的。凡是注日期的引用文件,仅所注日期的版本适用于本文件。凡是不注日期的引用文件,其最新版本(包括所有的修改单)适用于本文件。

GB/T 4025—2010　人机界面标志标识的基本和安全规则　指示器和操作器件的编码规则(IEC 60073:2002,IDT)

GB/T 4026—2010　人机界面标志标识的基本和安全规则　设备端子和导体终端的标识(IEC 60445:2006,IDT)

GB/T 4205—2010　人机界面标志标识的基本和安全规则　操作规则(IEC 60447:2004,IDT)

GB 4793.1—2007　测量、控制和实验室用电气设备的安全要求　第 1 部分:通用要求(IEC 61010-1:2001,IDT)

GB/T 7974—2010　人机界面标志标识的基本和安全规则　导体颜色或字母数字标识(IEC 60446:2007,IDT)

GB/T 12668.501—2013 调速电气传动系统 第5-1部分:安全要求 电气、热和能量(IEC 61800-5-1:2007,IDT)

GB/T 13002—2008 旋转电机 热保护(IEC 60034-11:2004, IDT)

GB/T 16842—2016 外壳对人和设备的防护 检验用试具(IEC 61032:1997,IDT)

GB/T 16895.5—2012 低压电气装置 第4-43部分:安全防护 过电流保护(IEC 60364-4-43:2008,IDT)

GB/T 16895.21—2011 低压电气装置 第4-41部分:安全防护 电击防护(IEC 60364-4-41:2005,IDT)

GB/T 16895.23—2012 低压电气装置 第6部分:检验(IEC 60364-6:2006,IDT)

GB/T 18209.1—2010 机械电气安全 指示、标志和操作 第1部分:关于视觉、听觉和触觉信号的要求(IEC 61310-1:2007,IDT)

GB/T 18216.3—2012 交流1 000 V和直流1 500 V以下低压配电系统电气安全防护措施的试验、测量或监控设备 第3部分:环路阻抗(IEC 61557-3:2007,IDT)

GB/T 19212.7—2012 电源电压为1 100 V及以下的变压器、电抗器、电源装置和类似产品的安全 第7部分:安全隔离变压器和内装安全隔离变压器的电源装置的特殊要求和试验(IEC 61558-2-6:2009,IDT)

GB 28526—2012 机械电气安全 安全相关电气、电子和可编程电子控制系统的功能安全(IEC 62061:2005,IDT)

IEC 60038 IEC标准电压(IEC standard voltages)

IEC 60417 电气设备用图形符号(Graphical symbols for use on equipment)

IEC 60529:1989 外壳防护等级(IP代码)[Degrees of protection provided by enclosures(IP Code)]

IEC 60617 电气简图用图形符号(Graphical symbols for diagrams)

IEC 60950-1:2005 信息技术设备 安全 第1部分:通用要求(Information technology equipment—Safety—Part 1:General requirements)

IEC 60695-11-10:1999 电工电子产品着火危险试验 第16部分:试验火焰50 W 水平与垂直火焰试验方法(Fire hazard testing—Part 11-10:Test flames—50 W horizontal and vertical flame test methods)

IEC 61310(所有部分) 机械安全 指示、标志和操作(Safety of machinery-Indication,marking and actuation)

IEC 61580(所有部分) 电气/电子/可编程电子安全相关系统的功能安全(Functional safety of electrical/electronic/programmable electronic safety related systems)

IEC 61558-1:2005 电力变压器、电源、电抗器和类似产品的安全 第1部分:通用要求和试验(Safety of power transformers,power supplies,reactors and similar products—Part 1:General requirements and tests)

ISO 12100-2:2003 机械安全 基本概念与设计通则 第2部分:技术原则(Safety of machinery—Basic concepts,general principles for design—Part 2:Technical principles)

ISO 13849(所有部分) 机械安全 控制系统有关安全部件(Safety of machinery—Safety-related parts of control systems)

ISO 13849-1:1999 机械安全 控制系统有关安全部件 第1部分:设计通则(Safety of machinery—Safety-related parts of control systems—Part 1:General principles for design)

ISO 13851:2002 机械安全 双手操纵装置 功能状况及设计原则(Safety of machinery—Two-hand control devices—Functional aspects and design principles)

3 术语和定义

下列术语和定义适用于本文件。

3.1

操动器 actuator

将外部手动作用施加在装置上的部件。

注 1：手柄、旋钮、按钮、滚轮、推杆操作件等。

注 2：有某些操作方式只要求起作用而不需外部作用力。

注 3：见 3.40。

3.2

环境温度 ambient temperature

应用电气设备处的空气或其他介质的温度。

[IEV 826-01-04]

3.3

器件耦合器 appliance coupler

使引至器具或其他设备的软线可随意连接或断开的装置，由连接器和器具插座组成。

注 1：器具插座与器具或设备成一整体，器具插座的护罩和基座是由器具或设备的外壳构成的。

注 2：与器具或设备成一整体的器具插座可以是单独的内置式或固定到器具或设备上。

3.4

自动断开 automatic disconnection

在故障情况时，由保护装置自动操作，断开一根或多根线导体。

3.5

遮栏 barrier

从各正常通道方向预防直接接触的部件。

[IEV 826-03-13]

3.6

基本绝缘 basic insulation

提供基本保护的危险带电部分上的绝缘。

[IEV 195-06-06]

3.7

电缆托架 cable tray

一种底部为连续条状略向上折边但无罩的电缆支架。

注：电缆托架可穿孔或不穿孔。

[IEV 826-06-08]

3.8

电缆管道装置 cable trunking system

由底座和可拆卸罩组成的封闭外壳装置，是包容绝缘电线、电缆、软线和其他电气设备的管道。

[IEV 826-06-04]

3.9

联合引发 concurrent

以联合形式起作用，用于描述下述情况，在操作条件下，同时存在两个或多个控制装置起作用(但不一定同步)。

3.10

导线管　conduit

用于布线的管状部件，绝缘导线和电缆穿入其中且可更换。

注：导线管应紧密连接以使绝缘导线和/或电缆只能穿入管内而不允许穿到外侧。

[IEV 826-06-03]

3.11

控制器件　control device

连接在控制电路中用来控制机械工作的器件(如位置传感器、手控开关、接触器、继电器、电磁阀等)。

3.12

控制设备　controlgear

开关电器及其相关控制、测量、保护和调节设备的组合，也包括这些器件及设备与相关内部连接、辅助装置、外壳和支承结构的组合，一般用于消耗电能的设备的控制。

[IEV 441-11-03，修订]

3.13

可控停止　controlled stop

机械运动的停止是在停止的过程中保持机械制动机构的动力。

3.14

Ⅱ类设备　class Ⅱ equipment

该类设备采用：

——基本绝缘作为基本保护措施；

——附加绝缘作为故障保护措施；

——加强型绝缘提供基本保护和故障保护。

[IEC 61140，7.3]

3.15

危险区域　danger zone

装置、系统和设备在高电压情况下，受危险带电部分周围最小电气间隙的限制而没有完善的直接接触防护的区域。

注：进入危险区域被认为如同接触危险带电部分。

[IEC 61140，3.35，修订]

3.16

直接接触　direct contact

人与带电部分接触。

注：对于高电压装置、系统和设备，进入危险区域被认为如同接触危险带电部分。

[IEV 826-12-03]

3.17

(触头元件的)直接断开操作　direct opening action (of a contact element)

开关的操动器规定的运动通过无弹性部件(即不采用弹簧)使触头断开。

[IEC 60947-5-1，K.2.2]

3.18

双重绝缘　double insulation

既有基本绝缘又有附加绝缘构成的绝缘。

3.19

管道　duct

专用于放置和保护电线、电缆及母线的封闭管道。

注：管道类型包括**导线管**(3.10)、**电缆管道装置**(3.8)和地下线槽。

3.20

电子设备　electronic equipment

包含其运行依赖电子器件和元件电路的电气设备部件。

3.21

急停器件　emergency stop device

用手操动来引发急停功能的控制器件。

[ISO 13850,3.2]

3.22

紧急断开　emergency off;EMO

触发该功能,使半导体设备进入安全停止状态,没有产生任何附加危险。

3.23

封闭电气工作区　enclosed electrical operating area

电气设备用的隔间或位置,只限于熟练的或受过训练人员用钥匙或工具打开门或移去遮栏而靠近,电气工作区标有清晰的警告标志。

3.24

外壳　enclosure

为防护某些外来影响和防止任何直接接触而提供的设备防护部件。

注：取自现行 IEV 的定义,在本部分范围内需作下列解释。

a) 外壳为人触及危险件提供保护;

b) 遮栏、孔型通道或用于防止或限制专用测试探头进入的任何其他装置,不论是附着在外壳上的还是由封闭的设备构成的,均可视为外壳的组成部分,除非它们不用钥匙或工具能移去;

c) 外壳可以是:

——安装在机械上或独立于机械的柜体或箱体;

——由机械结构上的封闭空间构成的壁龛。

3.25

等电位联结　equipotential bonding

为了达到等电位,保证多个可导电部分间的电连接。

[IEV 195-1-10]

3.26

外露可导电部分　exposed conductive part

易触及的、正常工作状态不带电,但在故障情况下可能带电的电气设备的可导电部分。

[IEV 826-12-10,修订]

3.27

外部(界)可导电部分　extraneous conductive part

不是电气装置组成部分且易引入电位(通常是地电位)的导电体。

[IEV 826-12-11,修订]

3.28

半导体设备　fabrication equipment

机械,伴有电气设备、仪器、加工模块或器件,用于制造、测量、组装和试验半导体制品,但不包括任何产品(例如,基片,半导体)。

3.29

失效 failure

执行某项规定能力的终结。

注 1：失效后，该功能项有故障。

注 2：“失效”是一个事件，而区别于作为一种状态的“故障”。

注 3：本概念作为定义，不适用于仅有软件组成的功能项目。

注 4：实际上，故障和失效这两个术语经常作同位语用。

[IEV 191-04-01，修订]

3.30

故障 fault

不能执行某规定功能的一种特征状态。它不包括在预防性维护和其他有计划的行动期间，以及因缺乏外部资源条件下不能执行规定功能。

注 1：故障经常作为功能项本身失效的结果，但也许在失效前就已经存在。

注 2：英语用的术语“fault”及其定义与 IEV 191-05-01 给出的等同。在机械领域，这一术语法语用 “defaut”，德语用“Fehler”而不用术语“Panne”“Fehlzustand”。

3.31

功能联结 functional bonding

等电位联结是为电气设备特定的功能所需要的。

3.32

伤害 harm

身体伤害或对健康损害。

[ISO 12100-1，3.5]

3.33

危险 hazard

伤害身体或损害健康的潜在源。

注：“危险”一词可由其起源（例如：机械危险和电气危险），或其潜在伤害的性质（例如，电击危险、切割危险、中毒危险和火灾危险）进行限定。

危险有如下定义：

——危险既可以一直存在于机械的预期使用中（如危险运动部件的运动、焊接过程中的电弧、有害身体的工作姿势、噪声、高温等）。

——危险又可以意外发生（如爆炸、意外启动引起的挤压、泄漏引起的喷射、加减速引起的坠落等）。

[ISO 12100-1，3.6，修订]

3.34

危险电源 hazardous electrical power

功率大于或等于 240 VA 的电源。

3.35

危险带电部分 hazardous-live-part

在某种条件下能造成伤害性电击的带电部分。

注：电压均方根值大于 30 V 或峰值大于 42.4 V 或直流大于 60 V 被认为有伤害性电击可能性。

[IEV 195-06-05]

3.36

危险情况 hazardous situation

人员暴露于至少有一种危险的环境，暴露可能立即或过一段时间造成伤害。

[ISO 12100-1，3.9]

3.37

危险电压 hazardous voltage

均方根值大于 30 V 或峰值大于 42.4 V 或大于直流 60 V 的电压。

3.38

间接接触 indirect contact

人与故障情况下变为带电的外露可导电部分的接触。

[IEV 826-12-04,修订]

3.39

感应电源系统 inductive power supply system

感应电源传输系统是由磁轨转换器和磁轨导体组成,他们能沿着一个或多个提取器和关联的提取转换器移动,并没有任何电流产生或机械接触,其目的是为了传输电能(例如,可移式机械)。

注:磁轨导体和提取器分别类似于变压器的初级和次级线圈。

3.40

(电气)受过训练人员 (electrically) instructed person

一个受电气熟练人员指导和培训,能够觉察风险和避免电气危险的人。

[IEV 826-18-02,修订]

3.41

联锁 interlock

安排数个(种)器件一起工作,为了:防止危险情况发生、防止设备或材料损坏、防止误操作和保证正确运行。

3.42

带电部分 live part

正常工作时带电的导线或导电体,包括中性导体 N,但规定不含 PEN 导体。

注:本术语并不一定意味着有电击危险。

[IEV 826-03-01]

3.43

机械致动机构 machine actuator

一种用于引起机械运动的动力机构。

注:见 3.1。

3.44

机械(机器) machinery (machine)

由若干零、部件组合而成,其中至少有一个零件是可以运动的,并具有适当的机械操作执行机构、控制和动力电路等。它们的组合具有一定应用目的,如物料的加工、处理、搬运或包装等。

"机械"这一术语也包括机器的组合,即将同一应用目的若干台机器安排、控制得如同一台完整机器那样发挥它们的功能。

注:在这用的"组合"这一术语在通常意义上不仅是电气部件的组合。

[ISO 12100-1,3.1,修订]

3.45

维护 maintaince

预期保持半导体设备正常的工作状态。

注:见 3.60。

3.46

标记 marking

用于识别设备、元件和(或)器件的主要符号或铭牌,可能包括某些特征。

3.47

中性导线(符号 N) neutral conductor(symbol N)

连接到系统中性点上并能提供传输电能的导体。

[IEV 826-01-03,修订]

注:中性点只定义在交流系统中。

3.48

阻挡物 obstacle

用于防止无意的直接接触,但不能防止有意直接接触的一种部件。

[IEV 826-03-14]

3.49

操作人员 operator

操作半导体设备并能使其执行预期功能的人员。

注 1:操作人员的职能不包括维护和修理工作。

注 2:操作人员不要求具有专业人员的知识和技能。

3.50

过电流 overcurrent

超过额定值的各种电流。

注:就导线而言额定值指载流容量。

[IEV 826-05-06,修订]

3.51

(电路的)过载 overload (of a circuit)

过载是指无故障情况下电路超过满载值时,电路内时间与电流的关系。

注:过载不宜用作过电流的同义词。

3.52

插头/插座组合 plug/socket combination

适用于导体端子,为连接和断开两个或多个导体的组件和适配组件。

注:插头/插座组合的示例包括:

——符合 IEC 61984 要求的连接器;

——符合 IEC 60309-1 要求的电源插头和插座、电缆耦合器或器具耦合器;

——符合 IEC 60884-1 的电源插头和插座或符合 IEC 60320-1 要求的器具耦合器。

3.53

保护联结 protective bonding

为防止电击的等电位联结。

注:防止电击的措施也能减少灼伤或火灾的风险。

3.54

保护联结电路 protective bonding circuit

为防止因绝缘失效发生电击而连接在一起的保护导线和导体件。

3.55

保护导线(体) protective conductor

防止电击措施中所需用的一种保护联结导线,用于下列部分之间的电气连接:

——外露可导电部分；

——外部可导电部分；

——总接地端子。

注：如自动切断电源之类的保护“措施”。

[IEV 826-04-05,修订]

3.56

联锁保护电路　protective interlock circuit

一种安全电路，其目的是防止特定条件下的危险操作。当相关的安全检测信号触发时，该安全电路开始工作；当危险消除或风险减小时，该电路结束工作。

3.57

易于接近　readily accessible

指不需要使用工具、钥匙、便携式梯子、平台、攀爬或移动阻挡物或遮拦，便可接近目标。

3.58

参照代号　reference designation

用于标识文件中和设备上项目的区别代码。

3.59

加强绝缘　reinforced insulation

危险带电部分的绝缘，具有相当于双重绝缘的电击防护等级。

注：加强型绝缘可能包含若干层，每层不能像基本绝缘或附加绝缘那样单测试。

[IEV 195-06-09]

3.60

维修　repair

使不能正常工作的半导体设备恢复工作(见 3.45)。

3.61

剩余电流保护装置　residual current device;RCD

机械开关装置，设计为：正常情况下接通、传输和断开电流，特定条件下当剩余电流达到给定值时断开触点。

注 1：剩余电流装置可以是各种分立器件的组合，设计用于检测、计算剩余电流及接通和断开电流。

注 2：GFCI(接地故障断路器)是 RCD 的特定类型。

[IEV 442-05-02,修订]

3.62

风险　risk

伤害(即身体伤害或对健康损害)发生的概率与伤害严重程度的组合。

[ISO 12100-1,3.11,修订]

3.63

安全防护装置　safeguard

为保护人们避免危险而提供的防护装置或保护器件。

3.64

安全防护　safeguarding

使用安全防护装置保护人员的措施。这些保护措施使人员远离那些不能合理消除的危险或者通过本质安全设计方法无法充分减小的风险。

注：保护联锁是安全防护的示例。

[ISO 12100-1,3.20]

3.65

安全电路 safety circuit

实现安全功能的电路,目的是要保持半导体设备的安全状态,或避免单一故障情况下增加的风险。

注:安全电路包括保护联锁电路和紧急断开(EMO)电路。

3.66

维修站台 servicing level

操作或维修电气设备时,维护人员通常站立的台面。

3.67

短路电流 short-circuit current

由于电路中的故障或连接错误造成的短路而引起的过电流。

[IEV 441-11-07]

3.68

电气设备短路等级 short-circuit rating of the electrical equipment

设备在规定条件下能承受的由短路故障引起的最大输入电流。

注1:有必要适当协调设备内诸保护装置,使它们在设备内各连接点处,所有过流保护装置的短路等级至少等于预期的故障电流,并由那些装置提供足够的保护。

注2:在电气设备(半导体设备)使用多路输入电源的场合,短路电流等级由各自的电源确定。

3.69

(电气)熟练人员 (electrically) skilled person

有技术知识或充分经验,能够觉察风险和避免电气危险的人员。

[IEV 826-09-01,修订]

3.70

附加绝缘 supplementary insulation

除基本绝缘外,用于故障保护附加的单独绝缘。

[IEV 195-06-08]

3.71

供方 supplier

提供电气设备或与机械有关的辅助装置的一个实体(如制造厂、承包商、安装者、组装者)。

注:用户自己也可作为供方。

3.72

开关电器 switching device

用于接通或断开一个或几个电路电流的电器。

注:开关器件可执行一个或两个这样的动作。

[IEV 441-14-01,修订]

3.73

触摸电压 touch voltage

人同时触及可导电部分之间的电压。

[IEV 195-05-11,修订]

3.74

不可控停止 uncontrolled stop

通过切除机械执行机构的电源来停止机械的运动。

注:本术语并不意味着对其他停止器件做出任何的具体规定,如机械或液压式刹车机构。

3.75

不间断电源　uninterruptible power supply;UPS

当厂务电源断电时能继续提供电力供应的电源。

3.76

用户　user

使用机械及其相关电气设备的实体。

4　基本要求

4.1　一般原则

作为对半导体设备风险评估总体技术要求的一部分,与电气设备危险有关的风险应进行评估。这将充分降低风险,以及对可能遭受危害的人员提供必要的保护措施,使半导体设备的性能保持在令人满意的水平。

危险情况起因有下列几种,但不限于这些:

——电气设备失效或故障,从而导致电击或电火的发生;

——控制电路(或者与其有关的元器件)失效或故障,从而导致机械误动作;

——电源的骚扰或中断,以及动力电路失效或故障造成的机械误动作;

——由于滑动或滚动接触的电路连续性的丧失,所引起的安全功能失效;

——由电气设备外部或内部产生的电干扰(如电磁、静电),从而导致机械误动作;

——由存储的能量(电气或机械的)释放,从而导致例如电击、会引起伤害的非预期动作;

——噪声达到危害人员健康的程度;

——会引起伤害的外表温度。

安全措施是设计阶段的具体措施和用户应用阶段所需要的那些措施的组合。

在设计和研制过程中,应首先识别源于机械及电气设备的危险和风险。在本质安全设计措施不能消除危险或充分降低风险的场合,应提供降低风险的保护措施(例如:安全防护)。在需要进一步降低风险的场合,应提供额外的方法(例如:警示方法),此外,降低风险的工作程序是必要的。

4.2　电气设备的选择

用于安全系统以及操控危险电压或危险电源的电气元器件,应满足以下要求:

——符合现行相关国家标准和 IEC 标准的规定;

——作为替代,符合由国家级标准组织制定的相关标准和/或满足组装和测试要求,切实可行的文件。

4.3　电源

4.3.1　概述

电气设备连接到规定的电源后应正常工作。关于电源规范应包含下列内容(适合时):

——AC 供电电压应当具有规定的正负偏差;

——DC 供电电压应当具有规定的正负偏差。

术语“正确操作”在上下文中不考虑制造产品的质量。

中断厂务电源不应导致危险状况的发生。

4.4 实际环境和运行条件

4.4.1 概述

电气设备应适合由半导体设备制造商规定的实际环境和运行条件,包括下列环境参数:

——环境温度范围;

——装置的海拔限制;

——工作装置的湿度;

——电磁环境。

注1:通用EMC标准IEC 61000-6-1或IEC 61000-6-2和IEC 61000-6-3或IEC 61000-6-4给出了一般EMC发射和抗扰度限值。

注2:IEC/TR 61000-5-2给出了电气和电子系统的接地、布线准则,旨在确保EMC性能。如果有特定的产品标准或产品系列EMC标准存在(例如,IEC 61496-1、IEC 61800-3、IEC 60947-5-2、IEC 61326系列),产品标准应优先于通用标准。

4.4.2 污染

电气设备应有适当保护,以防止其预期使环境中存在的固体和液体的侵入。电气设备应有适当保护,以防止或阻止源于可预见的化学制品暴露而造成防护降级。

4.4.3 离子和非离子辐射

当设备受到辐射时(如微波、紫外线、激光、X射线),应采取附加措施,以避免误动作和加速绝缘的老化。供方与用户可能有必要达成专门协议。

4.4.4 振动、冲击和碰撞

应通过选择合适的设备,将它们远离振源安装或采取附加措施,以防止(由机械及其有关设备产生或实际环境引起的)振动、冲击和碰撞的不良影响。供方与用户可能有必要达成特定的协议。

4.5 运输和存放

电气设备应通过设计或采取适当的预防措施,以保障能经受得住在-25 ℃~$+55$ ℃的温度范围内的运输和存放,并能经受温度高达70 ℃、时间不超过24 h的短期运输和存放,相对湿度为10%~90%。

注:在低温下易损坏的电气设备包括PVC绝缘电缆。

应提供防护源于振动、冲击和碰撞损害的适当措施。

4.6 设备搬运

为搬运重大电气设备,应提供合适的手段,例如,借助机械搬运设备。

4.7 安装

应按照供方说明书安装电气设备。

5 引入电源线端接法和切断开关

5.1 引入电源线端接法

5.1.1 概述

建议把机械电气设备连接到单一电源上。如果需要用其他电源供电给电气设备的某些部分(如不同工作电压的电子设备),这些电源宜尽可能取自组成为机械电气设备一部分的器件(如变压器、换能器等)。对大型复杂机械包括许多以协同方式一起工作的且占用较大空间的半导体设备,可能需要一个以上的引入电源,这要由用户现场电源的配置来定(见5.3.1)。

5.1.2 电源端子

除非电气设备采用线(缆)和插头/插座直接连接电源处[见5.3.2d],否则建议电源线直接连到电源切断开关的电源端子上。

5.1.3 中线

使用中线时应在半导体设备的技术文件(如安装图和电路图)上表示清楚,按16.1要求标记N,并应对中线提供单用绝缘端子。

在电气设备内部,中线和保护接地电路之间不应相连,也不应使用PEN兼用端子。

例外情况:TN-C系统电源到电气设备的连接点处,中线端子和PE端子可以相连。

5.1.4 端子的标识

所有引入电源连接端子都应按下列一种作出清晰的标记:

- "U""V"和"W";
- "L1""L2"和"L3"。

外部保护导线端子的标识见5.2。

5.2 连接外部保护接地系统的端子

电气设备应根据配电系统连接外部保护接地系统或连接外部保护导线,该连接的端子应设置在各引入电源有关相线端子的邻近处。

注:这是为了方便规定外部保护接地系统或与引入电源线相关连的外部保护导线。

端子的尺寸应能够与截面依照表C.1~表C.5的外部保护铜导线连接。在每个引入电源点处,用于连接外部保护接地系统或外部保护导线的端子应加标志或用字母PE来标记,和/或使用IEC 60417中5019(2006-08)图形符号(见IEC 60445)。

5.3 电源切断(隔离)开关

5.3.1 概述

下列情况应装电源切断开关:

——半导体设备的每个引入电源;

注:引入电源可直接连接到机械或通过供电系统供电。机械的供电系统可包含导线、导体排、汇流环、软电缆系统(卷绕式的、花彩般垂挂的)或感应供电电源系统。

——每个UPS的输出,依照5.3.7。

当电源切断开关被打开时(如半导体设备及电气设备工作期间)各电源切断开关应从负载侧切除电力。

当配备两个或两个以上的电源切断开关时,为了防止出现危险情况,应采取联锁保护措施。

当存在两个或两个以上的电源切断开关时,每个开关应有警告标志,例如"警告:电击或燃烧风险。在维护或修理前,断开所有(馈电位置数)电源"。

5.3.2 型式

电源切断开关应是下列型式之一：

a) 隔离开关，使用类别 AC-23B 或 DC-23B；

b) 隔离器，带辅助触点的隔离器，在任何情况下辅助触点都使开关器件在主触点断开之前先切断负载电路；

c) 断路器，为隔离；

d) 下列条件下的插头/插座组合：
   - 插头/插座组合的连接应使连接引入电源的部分至少为 IP2X 或 IPXXB 的防护；
   - 额定电流不超过 16 A 和总额定功率不超过 3 kW；或
   - 额定电流超过 16 A 或总额定功率不超过 3 kW；
   - 当负载状态时，没有足够的分断能力应不能连接或断开插头/插座组合；
   - 使用有分断能力的插头/插座组合的场合，在额定电压时，其分断能力应至少为机械的额定电流值。在超载情况下（如堵转），用于断开插头/插座组合时，定额应至少为堵转电流。此外，电气设备应有机械接通和断开的开关装置。

注：隔离开关和隔离器见 IEC 60947-3，断路器见 IEC 60947-2。

5.3.3 技术要求

当电源切断开关采用 5.3.2 规定的型式（即与开关装置组合使用的隔离开关、隔离器或断路器）之一时，它应满足下述全部要求：

a) 把电气设备从电源上隔离，仅有一个“断开”和“接通”位置，清晰地标记“○”和“|”[IEC 60417 中 5008(2002-10)和 IEC 60417 中 5007(2002-10)符号，见 10.2.2)]；就断路器而言，标记“脱扣”位置也是允许的；

b) 有可见的触头间隙或位置指示器并已满足隔离功能的要求，指示器在所有触头没有确实断开前不能指示断开（隔离）；

c) 有一个外部操作装置（如手柄）；

d) 在断开（隔离）位置上提供（整体的或外部的）能锁住的机构（如挂锁）。锁住时，应防止遥控及在本地使开关闭合；

e) 切断电源电路的所有带电导线。但对于 TN 电源系统，中线可以切断也可以不切断。有些国家采用中线时强制要求切断中线除外。当中线可能被切断的场合，中线应与相线同时切断；

注：TN 电源系统是一点直接接地，PE 同时直接接到该点的系统。见附录 E 和 IEC 60364-1。

f) 有足以切断最大电动机堵转电流及所有其他电动机和负载的正常运行电流总和的分断能力。负载可能随时工作。

5.3.4 操作装置

电源切断开关的操作装置（例如：手柄）应容易接近，建议安装高度应在维修站台以上 0.6 m～1.7 m间。上限值为 2 m。

注：IEC 61310-3 给出了操作方向要求。

5.3.5 电源切断开关安装

电源切断开关的安装应符合下列一项或多项规定：

a) 在其自身电气箱上或设备附近提供断开装置；

b) 在电气箱的顶部附近提供断开装置；

c) 在低于电气箱顶(盖)的任何处提供的断开装置,它的引入端子应加保护,以防止人员或从上面掉落的工具意外触及。可通过检验来证明,即用直径为 3 mm、长度为 15 mm 的探针触及不到带电部分为合格(见 GB/T 16842 的第 13 章)。

例外:额定功耗小于或等于 1 500 W 的机械可以连接到远程安装的电源切断装置,但该电源切断装置是易于接近且距离机械在 6 m 之内。

5.3.6 电源切断装置的门联锁

提供接近电源切断装置带电部分的门应联锁,以便电源切断装置被断开时,门才可以打开,并且门被关上时电源切断装置才可以闭合。

允许有技能并经过培训的人员按规定使用由供方提供的工具或特殊装置解锁,并按照 6.5 规定的措施提供防止意外触及外壳内危险带电部分的保护。

例外:当按照 6.5 规定的措施提供了防止意外触及外壳内危险带电部分的保护时,对于下列负载,无需提供电源切断装置的门联锁:

——额定功率小于 5 kVA;

——照明电路的组成部分;

——线(缆)连接的电气设备。

5.3.7 UPS 断开

可能大于有效值 30 V、峰值 42.4 V、60 VDC 或 240 VA 供电的 UPS 输出应有下述保护:当主断开装置被断开时,每个 UPS 输出应断开;或提供满足 5.3.1～5.3.5 中电源切断装置所有要求的措施,或二者。

UPS 的输出线路和接线端子应贴有“UPS 输出”的标签,或者在 UPS 线路上每一个可能断开的连接点贴标签。

当紧急断开操动器起动时,所有取自 UPS 的电源都应切断。

例外:用于执行数据/报警记录/错误恢复等功能的电脑系统和安全相关装置(包括 EMO 回路)而提供的 UPS 电源输出可不被切断。

5.4 附加切断装置

可能需要半导体设备的一些部件(如电动机)完成工作的场合,当这些部件断电和隔离时需要让电气设备的其他部分保持通电,因此需要为每一个要求单独隔离的部分应提供单独的切断装置。

这种切断装置应该符合以下条件:

——对预期使用适当、方便;

——安装在适当的位置;

——对电气设备的部件或电路进行维修时可以快速识别(如在必要处加永久性标志)。

应提供措施以防止因未经允许、疏忽和/或错误的闭合(例如提供锁定装置)。

电源切断装置从电动机的安装位置是看不到的(如在凹槽或附属设备中)则应从电动机可视范围内及距其 3 m 以内配备切断所有非接地导体的附加切断方式。这些切断方式应满足 5.3.1～5.3.5 的要求。

5.5 对未经允许、疏忽和错误连接的防护

当插头/插座组合在设备维护及修理期间作为电源切断装置时,除了要满足 5.3.2d)的要求外,应置于维修人员的单独监管之下,或提供可以锁定的手段让插头/插座组合保持断开状态。

6 电击防护

6.1 概述

电气设备应具备在下列情况下保护人们免受电击的能力：

——直接接触(见 6.2 和 6.4)；

——间接接触(见 6.3 和 6.4)。

注：一般来说，对技术人员的保护取决于其自身的培训和经验。

有技能和受过训练的人员有适当的技术培训和经验，能意识到他们所面临的危险。这些人员应依照 6.5 防护疏忽和意外危险。

对于这些保护建议的措施见 6.2、6.3、6.4 和 6.5。

6.2 直接接触的防护

6.2.1 概述

电气设备的每个电路或部件，无论是否采用 6.2.2 或 6.2.3 规定的措施，都应采用 6.2.4 的规定。

当电气设备安装在任何人(包括儿童)都能打开的地方，采用 6.2.3 或 6.2.2 中的防护措施，其直接接触的防护等级应采用至少 IP4X 或 IPXXD(见 IEC 60529)。

6.2.2 用外壳作防护

只有在下列的一种条件下才允许开启外壳(即打开门、罩、盖板等)，但不是开启包含危险带电部分的电源切断装置：

a) 应使用钥匙或工具开启外壳。

注：钥匙或工具的使用是为限制有技能或受过训练的人员进入。

按照 6.5 规定的保护措施，应保护有技能或受过训练的人员避免因疏忽触及外壳内部的危险带电部分。

b) 开启外壳之前先切断其内部的危险带电部件。

这项技术要求可由机械和/或电气联锁机构来实现，使得只有在危险电源断开后才能打开门，只有把门关闭后才能连接危险电源。如果使用电气联锁，应满足第 9 章关于保护联锁电路的全部要求。

例外：按规定可能由供方提供专门的器具或工具，允许有技能或受过训练的人员解除联锁，并按照 6.5 规定的保护措施，提供因疏忽触及外壳内部危险带电部分的保护。

任何未被断开的危险带电部分应按照 17.2 的规定加施警告标志，当电源切断装置独立安装在单独的外壳中，其电源端子除外。

c) 只有当所有带电件直接接触的防护等级至少为 IP2X 或 IPXXB 时(见 IEC 60529)，才允许不用钥匙或工具和不切断带电部件去开启外壳。用遮栏提供这种防护条件时，要求使用工具才能拆除遮栏，或拆除遮栏时所有被防护的带电部分能自动断电。

6.2.3 用绝缘物防护带电体

带电体应用绝缘物完全覆盖住，只有用破坏性办法才能去掉绝缘层。在正常工作条件下绝缘物应能经得住机械的、化学的、电气的和热的应力作用。

注：油漆、清漆、喷漆和类似产品，不适于单独用作防护正常工作条件下的电击。

6.2.4 残余电压的防护

电源切断后，任何残余电压高于 60 V 的带电部分，都应在 10 s 之内放电到 60 V 和 20 J 或以下，只要这种放电速率不妨碍半导体设备的正常功能。

如满足下列条件,可以排除"10 s之内电气设备放电到60 V和20 J或以下"的要求:

- 护板没有被移开(要求用工具才能移开护板)就不能接近提供储能的导体;和
- 当放电条件小于60 V和20 J,对接近储能导体而被移开的护板标记所要求的放电时间;和
- 放电时间不超过5 min。

对插头/插座或类似的器件,拔出它们会裸露出导体件(如插针),放电时间不应超过1 s,否则这些导体件应加以防护,直接接触的防护等级至少为IP2X或IPXXB。如果放电时间不小于1 s,最低防护等级又未达到IP2X或IPXXB(例如,有关汇流线、汇流排或汇流环装置涉及的可移式集流器)器件,应采用附加的断开器件或适当的警告措施(例如,符合16.1要求的警告标志)。

注:由UPS提供的电压被认为是电池源不视为残余电压。

6.3 间接接触的防护

6.3.1 概述

间接接触(3.38)防护用来预防带电部分与外露可导电部分之间因绝缘失效时所产生的危险情况。

对电气设备的每个电路或部件,至少应采用6.3.2、6.3.3规定的措施之一。

——防止出现危险触摸电压(见6.3.2);或

——触及触摸电压可能造成危险之前自动切断电源(见6.3.3)。

注1:由触摸电压引起有害的生理效应的风险取决于触摸电压及可能暴露的持续时间。

注2:设备和保护措施的分类见IEC 61140。

6.3.2 出现触摸电压的预防

6.3.2.1 概述

防止出现危险触摸电压有下列措施:

——采用Ⅱ类设备或等效绝缘;

——电气隔离。

6.3.2.2 采用Ⅱ类设备或等效绝缘作防护

这种措施用来预防由于基本绝缘失效而出现在易接近部件上的触摸电压。见GB/T 16895.21。

注:这种保护的示例包括:

——采用Ⅱ类电气装置或器具(见3.14);

——按IEC 61439-1采用具有完整绝缘的成套开关设备和控制设备组合。

6.3.2.3 采用电气隔离作防护

6.3.2.3.1 概述

单一电路的电气隔离,用来防止该电路的带电部分基本绝缘失效时在触及可能带电的外露可导电部分而引起危险的触摸电压。

6.3.2.3.2 隔离电源系统

由电气隔离作保护的电路在其导体和连接到设备的引入电源之间应具有高阻抗,对地高阻抗。阻抗为一兆欧或以上被认为足够高。高阻抗可以通过使用隔离变压器或电源获得,隔离变压器或电源指它们初级导体和次级导体之间没有直接的电气连接。

注1:带次级导体接地的隔离变压器不是隔离电源系统。

注2:自耦变压器不提供电气隔离。

注3:隔离电源系统通常用于降低电子噪声源(非刻意),涉及输出电路导体接地。

6.3.2.3.3 隔离电路要求

隔离电路应满足下列要求：

- 变压器或电源及连接至它们输出的任何部件(装置)应临近隔离电路或在外壳上加施清晰标签以警告操作者和未接地情况的维修人员，和
- 应安装接地故障检测灯、绝缘监测装置或若出现接地故障自动中断电路的装置[如接地故障电流漏电保护器(GFCI)]。

6.3.3 用自动切断电源作防护

这种保护措施是在绝缘故障时保护装置会自动切断一路或多路相线。为防止危险情况，在足够短的时间内切断电源以限制触摸电压的持续时间，保证在该时间内电压没有危险。使用 TN 系统是首选的，因为发生接地故障时其外露可导电部分和外部可导电部分触摸电压较低。依照 IEC 60364 的相关部分，没有提供 PEN 或 PE 导体的配电系统，可以使用 TT 系统。

TN 电源系统的要求见附录 A。依据 18.2.5 保护电路电抗应考虑足够低以满足附录 A 的要求。

注 1：TT 电源系统是一点直接接地，但设备的保护导体(PE)没有直接与电源接地点连接。见附录 E 和 IEC 60364-1。

TT 电源系统的要求见附录 B。

注 2：与 TT 电源系统相比，通常 TN 系统为首选。

注 3：在日本，一般应用 TT 系统。

注 4：这种保护措施需协调以下几方面要求：

——电源接地系统型式；

——保护联结系统中不同元件的阻抗值；

——检测绝缘失效的保护装置的特性。

这种保护措施由外露可导电部分的保护联接(见 8.2.3)和下列任一措施组成：

a) 在 TN 系统中，检测到绝缘故障时，用于自动切断电源的过流保护装置；
b) 在 TT 系统中，检测到带电部分对外露可导电部分或对地的绝缘故障时，引发自动切断电源的残余电流保护装置；
c) 在 IT 系统中，自动切断电源系采用绝缘监测或残余电流保护装置。除了首次接地故障时为切断电源而提供的保护装置外，应设置绝缘监测装置以指示带电部分对外露可导电部分或对地之间的首次故障，该绝缘监测装置应随故障引发持续的声光信号。

   提供按照 a)的自动切断，而不能满足 A.1 规定的切断时间，应提供满足 A.3 要求所必需的辅助联接。

6.4 采用 PELV 的保护

6.4.1 基本要求

采用 PELV(保护特低电压)保护人身免于间接接触和有限区间直接接触的电击防护(见 8.2.5)。

PELV 电路应满足下列全部条件：

a) 标称电压不应超过：
   - 当设备在干燥环境正常使用，带电部分与人体无大面积接触时，不超过 25V a.c.方均根值或 60V d.c.无纹波；
   - 其他情况，6V a.c.方均根值或 15V d.c.无纹波。

注：无纹波一般定义为正弦波的纹波电压其纹波含量不超过 10%方均根值。

b) 电路的一端或该电路电源的一点应连接到保护接地电路上；
c) PELV 电路的带电体应与其他带电回路电气隔离。电气隔离不应低于安全隔离变压器初级和次级电路之间的技术要求(见 IEC 61558-1 和 GB/T 19212.7)；

d) 每个 PELV 电路的导线应与其他电路导线相隔离。这项要求做不到时，按 13.1.3 的隔离规定；
e) PELV 电路用插头/插座应遵守下列规定：
- 插头应不能插入其他电压系统的插座；
- 插座应不接受其他电压系统的插头。

6.4.2 PELV 电源

PELV 电源应为下列的一种：
——符合 IEC 61558-1 和 GB/T 19212.7 要求的安全隔离变压器；
——安全等级等效于安全隔离变压器的电流源(如带等效绝缘绕组的发电机)；
——电化学电源(如电池)或其他独立的较高电压电路电源(如柴油发电机)；
——符合适用标准的电子电源，该标准规定要采取的措施，以保证即使出现内部故障输出子的电压也不超过 6.4.1 的规定值。

6.4.3 设计时考虑降低带电工作的的风险

电气设备的设计应考虑减少其在带电情况下进行校准、修改、修理、试验、调整或维护，还要减少在暴露的危险带电电路附近工作。对于排除故障的适当安全常规(如使用个人防护设备和遮拦)，应在使用说明书中描述，见 17.2。

6.5 防止有技能人员和受训人员接触危险带电部分

6.5.1 概述

应通过设计防止无意接触非 PELV 电路。当进行手动调试时人不应无防范地暴露于电气和机械危险中。应提供充足的通道供维护和修理用。维护和修理人员需要进入通电的电气设备时，带电部分(不含 PELV)应采用阻挡物防护无意识的接触。应在有电气危险的范围，四周、上下及靠近的地方提供阻挡物，有掉落物体或液压配件失效导致电路短路或电弧的地方也应提供阻挡物。

6.5.2 阻挡物

用于防护意外接触的阻挡物应由非导电材料制造或由导电材料制造，但应接地。阻挡物应是足以承受可预见误用的物质结构。

6.5.3 探针孔

当电气测试是必要时，阻挡物应配置探针孔。这些探孔应覆盖测试点并设计得能防护意外接触带电部分。探孔也应该为需要测试探头的地方提供足够的通道，并应以使用信息(见 17.2)做出标识。当阻挡物是导电材料时，探孔的周界应该是绝缘的。

7 电气设备的保护

7.1 概述

本章详述了电气设备的保护措施：
——由于短路而引起的过电流；
——过载或电动机冷却功能损失；
——异常温度；
——失压或欠电压；
——机械或机械部件超速；

——接地故障/残余电流；
——相序错误；
——闪电和开关浪涌引起的过电压。

7.2 过电流保护

7.2.1 概述

机械电路中的电流如会超过元件的额定值或导线的载流能力，则应按下面的叙述配置过电流保护。使用的额定值或整定值在7.2.9中详述。

7.2.2 电源线

除非用户另有要求，否则电气设备供方不负责向电气设备电源线提供过电流保护器件。

电气设备供方应在安装图上说明这种过电流保护器件的必要数据(见7.2.9、17.4)。

7.2.3 中性导体保护

在TN和TT系统中，中性导体不应在切断相应相线之前断开。凡中性导体截面积至少等于或接近相线截面积时，对于中性导体无需提供过流检测或自动切断。对于截面积小于相应相线的中性导体，GB/T 16895.5中431.2.1详述的措施应适用。在IT系统中，中性导体不推荐使用，如需要使用，GB/T 16895.5中431.2.2详述的建议是适当的。

注1：IT系统是不直接接地的配电系统。见附录F。

7.2.4 插座及其有关导线

主要用来给维修设备供电的通用插座，其馈电电路应有过电流保护。

这些插座的每个馈电电路的未接地带电导线上均应设置过电流保护器件(见7.2.9)。

7.2.5 照明电路

供给照明电路的所有未接地导线，应使用单独的过电流保护器件防护短路，与防止其他电路的防护器件分离开(见7.2.9)。

7.2.6 变压器

变压器应按照制造厂说明书和7.2.9设置过电流保护。如果制造厂说明书与7.2.9的要求不同，则更严格的要求适用。

7.2.7 过电流保护装置的位置

过电流保护装置应设在每个导体截面积减少或因其他变化使导体载流能力减少的位置，但满足下列全部条件的场合除外：

——导体的载流能力至少等同于负载；
——导体的载流能力减小处和连接过流保护装置之间的导体长度不超过3 m；
——导体安装方式应减少短路的可能性，例如，通过外壳或管道保护。

7.2.8 过电流保护装置

7.2.8.1 概述

当设备连接到设备制造商规定的引入电源时，过电流保护装置的短路额定值应不小于连接点处的预期故障电流。过流保护装置的短路电流还包括了除电源外的其他附加电流(如来自电动机、功率因数校正电容器),这些电流都应该考虑。两个串联的过流保护装置(OCPDs)的特性应协调以便通过这两个串联装置的能量(I^2t)不超过其耐受值及不损坏负载侧过流保护装置和受其保护的导体。这可以通过试验和/或计算来确定。

注 1:示例见 IEC 60947-2 中附录 A。其他评估技术,可在 SEMI S.22,UL 508A 之类中查找。

注 2:过电流保护装置协调安排的使用可能导致两个过电流保护装置同时动作。

注 3:断路器较熔断器常用。

过电流保护装置包括熔断器和断路器。在保护电路中为减小或限制电流而设计的电子装置也可能有所应用。

7.2.8.2 熔断器的附加要求

配备熔断器时,熔断器应固定在熔断器座上。

7.2.8.3 断路器的附加要求

所有断路器应有 OFF(隔离)位置和 ON(接通)位置,并清楚地标识"O"和"I"[IEC 60417 中 5008(2002-10)符号和 IEC 60417 中 5007(2002-10)符号,见 10.2.2]。

操动方向应依照下列规定:

a) 安装在垂直表面上且垂直布置的断路器,其手柄向上为"ON"位置;

b) 安装在垂直表面上且水平布置的断路器,其手柄向右为"ON"位置;

c) 安装在两个横梁上且水平布置的断路器,其手柄向中间为"ON"位置,或清楚地标识"ON"和"OFF"位置;

d) 安装在水平表面上的断路器,其手柄向右为"ON"位置。

7.2.9 过电流保护器件的额定值和整定值

熔断器的额定电流或其他过电流保护装置(过电流保护)的整定电流按实际情况应选择得尽可能小,但也要足以通过预期的过电流(如电动机起动或变压器合闸期间)。选择这些保护装置时,应考虑到由于过电流引起开关电器损坏(例如开关电器触点的熔焊)的保护。

过电流保护应限制如下:

a) 导体和插头/插座组合应有过电流保护,使电流不超过其额定值;

b) 除电动机外,其他装置或组成的过电流保护整定值不应超过其额定电流值的 125%,或最大额定负载的 125%;

c) 非工艺过程照明电路的过电流保护值不大于 15 A;

d) 工作频率为 50/60 Hz 的变压器过电流保护整定值应依照表 1 或表 2。

表 1 无热保护的变压器过电流保护

变压器初级额定值	变压器次级额定值	初级保护最大值 额定值的百分比	次级保护最大值 额定值的百分比
任意	≥9 A	250	125
任意	<9 A	250	167
≥9 A	任意	125	不要求
>2 A 并<9 A	任意	167	不要求
≤2 A	任意	300	不要求

表 2　带热保护的变压器过电流保护

变压器阻抗	初级保护最大值 额定值的百分比(见注)	次级保护最大值 额定值的百分比(见注)
＜6％	600	125
＞6％ 并＜10％	400	125
注：计算值与过电流保护装置的标准额定值不匹配时允许选择下一标准规格。		

7.3　电动机的过热保护

7.3.1　概述

功耗大于 240 VA 以上的电动机应提供电动机过热保护。

电动机的过热保护可由下列措施来实现：

——过载保护(7.3.2)；

注 1：过载保护器件检测电路负载超过容量时电路中时间-电流间的关系(I^2t)，同时作适当的控制响应。

——超温度保护(7.3.3)；

注 2：温度检测器件可检测温度过高并引发适当的控制响应。

——限流保护。

应防止过热保护复原后任何电动机自行重新起动，以免引起危险情况，损坏机械。

电动机装置应提供适当的冷却以保持电动机温度在其额定值范围内。

7.3.2　过载保护

在提供过载保护的场合，所有通电导线都应接入过载检测，中线除外。对于单相电动机或直流电源，检测器件只允许用在一根未接地通电导线中。

若过载是用切断电路的办法作为保护，则开关电器应断开所有通电导线，但中线除外。

除非动力转换设备为电动机提供适当的过载保护，否则应从动力转换设备外部提供过载保护。

对于特殊工作制要求频繁起动、制动的电动机(如快速移动、锁紧、快速退回、灵敏钻孔等电动机)，由于保护器件与被保护绕组的时间常数相互差异较大，配置过载保护可能是困难的。需要采用为特殊工作制电动机或超温度保护(见 7.3.3)专门设计的保护器件。

对于不会出现过载的电动机(例如：由机械过载保护器件保护或有足够容量的力矩电动机和运动驱动器)不要求过载保护。

7.3.3　超温度保护

在电动机散热条件较差的场合(如尘埃环境)，建议采用带超温度保护的电动机(见 GB/T 13002)。根据电动机的型式，如果在转子失速或缺相条件下超温度保护不总是起作用，则应提供附加保护。

在可能存在超温度场合(如散热不好)，对于不会出现过载的电动机也建议设置超温度保护(如由机械过载保护器件保护或有足够容量的力矩电动机和运动驱动器)。

7.4　电动机的超速保护

如果超速能引起危险情况，则应提供超速保护。超速保护应激发适当的控制响应，并应防止自行重新起动。

超速保护的运行方式应使电动机的机械速度限值或其负载不被超过。

注：这种保护例如由离心式开关或速度极限监视器组成。超速保护的工作方式应不超过监视器的机械速度极限或

其负载。

7.5 异常温度的检测

电阻发热或可能达到或引起异常温度的其他电路(例如:由于短时工作制或冷却介质不良),应提供恰当的检测,以引发适当的控制响应。

凡温度异常可能引起危险情况时,应依照9.4.1提供保护联锁功能。

7.6 对电源中断或电压降落随后复原的保护

如果电压降落或电源中断会引起危险情况、损坏机械或加工件,则应在预定的电压值下提供欠压保护(例如断开机械电源)。

若机械运行允许电压中断或电压降落一短暂时刻,则可配置带延时的欠压保护器件。欠压保护器件的工作,不应妨碍半导体设备的任何停车控制的操作。

如果仅是半导体设备的一部分受电压降落或电源中断的影响,则欠压保护应激发适当的控制响应。

7.7 接地故障/残余电流保护

除6.3中所述接地故障/残余电流用自动切断电源作保护外,本节保护用于降低由于接地故障电流小于过电流保护检测水平而对电气设备造成的危险。

只要满足电气设备正确运行,保护器件的整定值应尽可能小。

7.8 相序保护

电源电压的相序错误会引起危险情况或损坏半导体设备,应提供适当的保护,例如硬件器件或相序标记和适当警告。

7.9 闪电和开关浪涌引起过电压的防护

闪电和开关浪涌引起的过电压效应可用保护器件防护。

应提供的场合:

——闪电过电压抑制器应连接到电源切断开关的引入端子;

——开关浪涌过电压抑制器应连接到所有要求这种保护设备的端子。

7.10 电解电容器

直径大于25.4 mm(1.0 in)或储存容量超过4 J的实用电容器宜:

a) 通过等效方法使其自然通风或爆裂保护。对于最小5.1 mm(0.2 in)电容器的通风宜畅通无阻;

b) 电容器有自身密闭或屏蔽的规定,这样使气体或碎片不会对人有危险;

c) 有绝缘的或防止工具引起短路的端子,不应依赖漆和密封剂提供保护。

例外:这些建议不一定适用于符合IEC产品标准的电容器(例如,符合IEC 61800-5-1调速驱动所包括的电容器)。

8 等电位联结

8.1 概述

本章提出保护联结和功能联结两者的要求。图1说明这些概念。

保护联结是为了保护人员防止来自间接接触的电击,是故障防护的基本措施(见6.3.3和8.2)。

功能联结(见 8.3)的目的是为尽量减小：

——绝缘失效影响机械运行的后果；

——敏感电气设备受电骚扰而影响机械运行的后果。

通常的功能联结可由连接到保护联结电路来实现，对于电气设备的适当功能，而对保护联结电路的电骚扰水平不是足够低的场合，有必要将功能联结电路连接到单独的功能联结导体上(见图 1)。

为提高电气设备抗传导和射频(RF)辐射骚扰的抗扰度，功能联结可能包括：

a) 敏感电路到机壳底板的连接：

——这样的终端子应标记 IEC 60417 中 5020(2002-10)符号；

——底板接地(PE)的连接应使用低射频(RF)阻抗的导体，尽可能短。

b) 敏感电气设备或线路应直接连接到保护接地(PE)或功能接地(FE)(见图 1)，以减少共模骚扰。功能接地(FE)端子应标记 IEC 60417 中 5018(2002-10)符号。

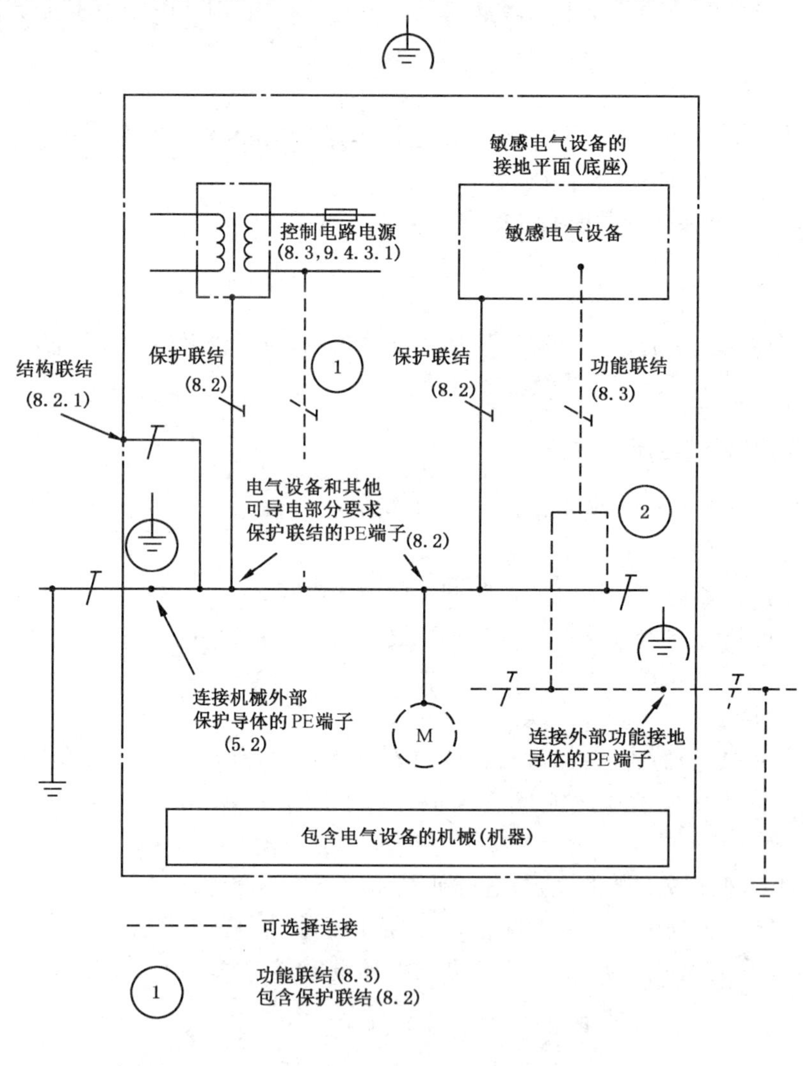

注："功能接地导体"原先叫做"无噪声接地导线"和"FE"端子原先称为"TE"(见 GB/T 4026)。

图 1 电气设备等电位接地示例

8.2 保护联结电路

8.2.1 一般要求

8.2.1.1 概述

保护联结电路由下列部分组成：

——PE 端子(见 5.2)；

——电气设备中的保护导线，包括电路的滑动触点；

——电气设备外露可导电部分和可导电结构件；

——机械结构的外部可导电部分。

8.2.1.2 热和机械应力

保护联结电路的所有设计部件，应有能力承受因接地故障电流流经保护联结电路时带来的高热和机械应力。

注 1：需要特别注意的是在对地有大的漏地电流情况下确保设备保护联结电路的机械完整性。

注 2：对地泄漏电流定义为“在无绝缘故障情况下，从装置的带电部分流入地的电流”(IEV 442-01-24)，这种电流可以有电容性成分，包括特意使用电容产生的电流。

8.2.1.3 载流能力

保护联结电路的所有部分，应有足够的载流能力以承载可能发生在保护联结电路部分内的故障电流。

注：按照 8.2.2 的联结线被认为是符合这个要求。

8.2.1.4 辅助联结导体

可导电构件可能变成故障电流的途径，应有足够低的阻抗，以确保故障清除时间满足附录 A 的要求或提供辅助保护联结导体。阻抗低于 0.1 Ω 被认为是足够低。

连接两个外露可导电部分的辅助保护联结导体的电导，应不小于连接外露可导电部分的较小导体的电导。

连接外露可导电部分至装置外可导电部分的辅助保护联结导体，应不小于相应保护导体截面积的电导。

注 1：摘自 IEC 60364-5-54:2002 中的 544.2。

注 2：见 6.3.3。

8.2.1.5 IT 配电

如果采用 IT 配电系统，结构应是保护联结电路连同绝缘监测部分，并设置绝缘监控。在大型半导体设备中，这可能涉及提供接地故障的监视系统。

注：见 6.3.3c)。

8.2.1.6 不必联结的部分

下列情况，部件的安装不构成危险时，外露可导电部分没有必要连接到保护联结电路：

——不能大面积触摸到或用手握住和尺寸小(约小于 50 mm×50 mm)的部件；

——部件的位置不大可能接触带电部分或绝缘不易失效。

注：免除此项适用于，例如，螺栓、铆钉、铭牌和电缆。

依照 6.3.2.2 的电气设备可导电结构部分不必与保护联结电路连接。依照 6.3.2.2 提供的所有电气设备,形成半导体设备结构的外部可导电部分不必连接到保护联结电路。

8.2.1.7 不应联结的部分

依照6.3.2.3的设备外露可导电部分,不应连接到保护接地联结电路。

8.2.2 保护导线

保护导线应按13.4.2做出标记。

应采用铜导线。

保护导线的截面积应符合表C.1～表C.5的规定。

在使用非铜质导体的场合,其单位长度电阻不应超过允许的铜导体单位长度电阻。

注:在欧洲,对于截面积小于16 mm^2 的非铜质电缆无协调标准。

金属软管或硬管和金属电缆护套不应用作保护导体。然而,这些金属导线管和所有连接电缆金属护套(例如电缆铠甲,铅皮护套)应连接到保护联结电路。

8.2.3 保护联结电路的连续性

8.2.3.1 概述

所有外露可导电部分都应按8.2.1要求连接到保护联结电路上。

例外:见8.2.1.6和8.2.1.7。

无论什么原因(如维修)拆移部件时,不应使余留部件的保护联结电路连续性中断。

8.2.3.2 联结点的完整性

连接和联结点所设计的载流能力,应不受环境因素的影响,例如包括机械、化学或电化学。

注:当使用铝或铝合金的外壳和导体时,应特别考虑电腐蚀的可能。

8.2.3.3 安装在门上的电气设备

电气设备安装在盖、门、或盖板上时,应确保保护联结电路的连续性,并建议采用保护导线(见8.2.2)。否则紧固件、铰链或滑动触点应设计成低电阻(见18.3)。

8.2.3.4 保护导体的连续性

有裸露危险的电缆(如拖曳软电缆)应采取适当措施(如监控)确保电缆保护导体的连续性。若没有适当措施,应对连续性进行监测。

8.2.4 禁止开关器件接入保护联结电路

保护联结电路中不应接有开关或过电流保护器件(如开关、熔断器)。

不应设置保护接地电路中断的措施,下列情况除外:

a) 位于封闭电气设备区内为试验和测量的链接,不使用工具这些链接不能被断开;
b) 对正常运行需要底板浮地是允许的,但只有通过自动方式使底板自动连接到保护接地后才能接近外壳内部。出现单一故障或失效时,这种措施应能继续执行其功能;
c) 当保护联结电路的连续性可借助插头/插座组合断开时,保护联结电路的断开触点应是插入时先接触,拔出时最后断开。这也适用于可移动的或可插拔的插入式单元(见13.4.5)。

8.2.5 保护导体的连接点

所有保护导体应按13.1.1进行端子连接。保护导体连接点不应有其他的作用如缚系或连接用具零件。

每个保护导线接点都应有标记或标签，采用 IEC 60417 中 5019(2002-10)符号：

或用 PE 字母，图形符号优先，或用黄/绿双色组合，或这些的任一组合进行标记。

8.2.6 活动机械

带车载电源的活动机械，电气设备的可导电结构件、保护导线，以及那些机械结构的外部可导电部分，应全部连接到保护联结端子上以防电击。也能从外部引入电源的活动机械，其保护联结端子应为外部保护导线的连接点。

注：当电源为设备的固定、活动或可移动物件内自带的，或无外部引入电源的(例如，当未连接车载电池充电器时)，这种设备不必连接到外部保护导线。

8.2.7 一体式电源线设备触摸电流的限制

用 1500 Ω 电阻器将一体式电源线设备的任一暴露(易接近的)部分和电源保护接地导体之间连接起来，流经该电阻器的最大电流不应超过 3.5 mA。18.3 用于验证这一要求。

例外：如果完全符合适当的 IEC 产品安全标准的设备，该标准明确允许更高漏电流，设备的接触电流超过 3.5 mA 是可以接受的。

8.3 功能联结

防止因绝缘失效而引起的非正常运行，可按 9.4.3.1 要求连接到共用导线。

有关功能联结的建议是为了避免因电磁骚扰而引起的非正常运行，见 4.4.2。

8.4 限制大泄漏电流影响的措施

限制大泄漏电流的影响，可采用有独立绕组的专用电源变压器对大泄漏电流的电气设备供电来实现。半导体设备的外露可导电部分和变压器的二次绕组均应连接到保护联结电路上。

9 控制电路，紧急断开(EMO)和保护联锁电路

9.1 控制电路

9.1.1 控制电路电源

控制电路建议由电源或控制变压器供电。这类变压器应有独立的绕组。

注：这会限制在故障及浪涌情况下的电流，并加强 EMC 滤除。

应使用非危险电压和与控制电路正确动作相一致的功率级来设计安全电路。

9.1.2 取自交流电源的直流电路

由交流电源变直流的电路连接到保护联结电路(见 8.2.1)，建议使用有独立绕组的变压器。

注：配有依照 IEC 61558-2-16 有独立绕组变压器的开关模式单元满足这一要求。

9.1.3 起动功能

起动功能应通过给有关电路通电来实现(见 9.3.2)。

9.1.4 停止功能

有下列 3 种类别的停止功能可供半导体设备全部或部分使用：

——0 类：用即刻切除机械致动机构动力的办法停车(即不可控停止，见 3.74)；

——1 类：给机械致动机构施加动力去完成停车并在停车后切除动力的可控停止(见 3.13)；

——2 类：利用储留动能施加于机械致动机构的可控停止。

9.1.5 工作方式

半导体设备可能有一种或多种工作方式，这取决于设备及其应用的类型。当工作方式选择能引起险情时，应采取合适的措施(如钥匙操作开关、通路编码)来防止这种选择。

注：使用这些措施是为了限制有技能人员或受过训练人员进入并防止误选择。

方式选择本身不应引发半导体设备运转。起动控制应单独操作。

对于每个规定的工作方式，应执行有关安全功能和/或安全防护措施。

应配备选择工作方式指示(如方式选择器位置、指示灯准备、在用户界面屏幕上显示器指示)。

9.1.6 多个控制站

如果半导体设备使用多个控制站，应采取措施保证来自不同控制站的起动命令不会引起危险情况。要求在给定时间只有一个控制站起作用时，应使用依照 9.4 的硬件装置或电路，以确保在给定时间只允许一个控制站起作用。由半导体设备风险评估确定的适当位置应提供指示器，用来显示哪一台操作者控制站正在控制半导体设备。由任何一个控制站发出的停止命令都应有效，半导体设备风险评估另有说明者除外。

注：自动化生产的多点远程主机控制正在考虑中。

9.2 紧急断开(EMO)

9.2.1 概述

半导体设备应该具有紧急断开电路。当它触发时，将使半导体设备进入安全停机状态，不会产生附加危险。

例外 1：对于单相对地输入电压小于 250 V、总负载不超过 2.4 kVA，且只有电气危险的半导体设备，若断电装置距离操作人员正常工作位置 3 m 之内，可不需要“紧急断开”电路。

例外 2：不单独使用但并入整个系统之内的设备，不需要单独的紧急断开电路。设备安装手册中应提供清楚的安装说明，以便安装人员将该设备连接到集成系统的紧急断开电路。

注 1：安全停机状态包含断开危险能量源和移除或封装危险性的生产材料。这些危险能量和材料包括但不限于那些能引起电气、化学、机械和辐射危险的因素。

注 2：EMO 能满足急停功能的要求。

9.2.2 电路断开电源

紧急断开电路的起动应断开电气设备中所有危险电压和大于 240 VA 的电源，但不断开 EMO 功能所需要的电压和电源及 EMO 关机后复位用的电压和电源，该电源装在主电气柜内。

例外：相关安全的装置(如防火系统)和用于执行数据记录的计算机系统不需要被 EMO 电路断开。EMO 启动后，所有依然带危险电压和动力的部件，应做清晰标识并在用户文件中清楚地标识出来，以防无意中接触。

9.2.3 紧急断开电路要求

紧急断开(EMO)电路应该：

a) 不包括使其无效或旁路的控制;

b) EMO 复位后,系统不能产生带电的危险情况;

c) 通过断电控制使半导体设备关机;

d) 依照 9.4.2 设计,其部件的选择应依照 4.2。

9.3 紧急断开之外的操作

9.3.1 概述

为安全操作应提供必要的安全功能和/或保护措施(例如,保护联锁电路,见 9.4.2)。

半导体设备由于任何原因停机后,应采取措施防止误操作或其他意外的运行(例如由于锁定条件、电源故障、电池更换,以及无线控制时信号丢失等引起)。

9.3.2 起动

只有在所有安全相关功能和/或保护措施就位和可操作时,才可能开始运行。但 9.5 中描述的情况例外。

在半导体设备中某些不适合安全功能和(或)保护措施操作的地方,这类操作的手动控制应采用保持-运转控制,适当情况下,或与使能装置一起使用。

应提供适当的联锁保护电路,确保正确的起动顺序,以避免不正确的起动顺序导致不可接受的风险。

9.3.3 停止

停止类别的选择取决于半导体设备的要求。

停止功能应超越相关的启动功能(见 9.3.2)。

停止功能的复位不应引发任何危险情况。

9.3.4 其他控制功能

9.3.4.1 “保持-运转”控制

“保持-运转”控制应要求该控制器件持续激励直至工作完成。

注:保持-运转控制。可用双手控制器件完成。

9.3.4.2 双手控制

可以使用以 ISO 13851 定义的 3 种型式的双手控制,其选择取决于风险评价。它们应具有下列特点:

Ⅰ型:这种型式要求:

——提供需要双手联合引发的两个控制引发器件;

——在危险情况期间持续操作;

——当危险情况依然存在时,释放任一个控制引发器件都应中止半导体设备运转。

Ⅰ型双手控制器件不适合引发危险操作。

Ⅱ型:是Ⅰ型的另一种控制,当要求进行重新起动运转时,需先释放两个控制引发器件。

Ⅲ型:是Ⅱ型的另一种控制,控制引发器件联合引发的要求如下:

——应在一定时限内起动两个控制引发器件不超过 0.5 s;

——如果超过时限,应先释放两个控制引发器件,然后方可起动运转。

9.3.4.3 使能器件

使能控制(见10.9)是一个附加手动激励的控制功能联锁即:

a) 被激励时,允许机械运转由单独的起动控制引发;

b) 去激励时:

  1) 引发停止功能;

  2) 防止半导体设备运转。

使能控制的配置应使其失效的可能性最小,例如在半导体设备运转可能被重新起动前,要求使能控制器件去激励。借助简单装置(例如按压按钮)的使能功能不应有失效的可能。

9.3.5 无线控制

本节叙述使用无线(如无线电、红外线)技术在机械控制系统和操作控制站之间传输指令和信号的控制系统的功能要求。

注:这些应用和系统的完整性也适用于使用串行数据通信技术的控制功能,此处通信链路使用电缆(如同轴电缆、双铰线、光缆)。

无电缆控制,不应用于控制故障或误操作可能影响系统安全的场合。

每个无线操作控制站应携带一个明确的指示,表明半导体设备拟由该操作控制站控制。

9.4 联锁保护

9.4.1 概述

当单一故障导致无法承受的风险时,应提供联锁保护电路或其他合适的办法,来防止失效后果。联锁保护电路的设计应采用无危险的电压和功率等级,与电路的正确动作一致。

9.4.2 联锁保护电路设计

9.4.2.1 概述

联锁保护电路的设计应使其被触发时,半导体设备的相关部分自动转至安全状态。

建议安全相关的控制功能依照GB 28526或ISO 13849-1,且具有适当的安全完整性等级或安全要求规范所确定的安全性能。

注:主要功能为保护电气设备的装置(如断路器,熔断器)不被认为是联锁保护电路的一部分。

9.4.2.2 复位

联锁保护电路的手动或自动复位,不应引发半导体设备可能发生危险情况的运行。

9.4.2.3 触发指示

当联锁保护电路触发时,应在主操作员工作站提供相应指示。

注1:建议该指示能识别触发原因。

注2:在其他位置提供附加指示是很有用的。

例外:若联锁保护触发了紧急断开(EMO)电路,或者使用户界面掉电,此时不强制要求有触发指示。

9.4.2.4 器件考虑事项

联锁保护电路首选机电器件。但是,如果对固态器件的应用进行适用性评估后,符合恰当的标准,也可以选用。适用性评估应考虑可靠性和异常状况,如过电压、欠电压、电源中断、瞬态过电压、斜坡电压、电磁敏感性、静电放电、热循环、湿度、粉尘、振动、颤动或连接网络的接口。

9.4.2.5 软件

保护联锁功能所使用的软件或器件应符合 IEC 61508、GB 28526 或 ISO 13849(所有部分)的规定。

例外:基于联锁保护电路的软件(包括嵌入式软件)不满足上述要求,只有不会导致要求医学照料的人身伤害的危险场合才可以使用。

注 1:ISO 13849-1 和 GB 28526 两者都参考 IEC 61508-3,对于安全相关电路中基于器件的软件如联锁保护电路,作出应用指导。

注 2:IEC/TR 62513 为安全相关应用的通信系统使用给予指导。

9.4.2.6 解除联锁保护

联锁保护电路的设计应使在维护或修理设备时需要解除连锁保护减至最低程度。

当提供能够解除的联锁保护是必要时,应需要有意操作来解除它们。当依照用户说明书解除联锁保护时,组合工程手段和说明书规定的方法应是足够的,以充分保证人身风险降至最小。当联锁保护处于解除模式时,应采取保护措施,以防止来自控制系统意外的命令。

所有联锁保护电路的设计,应在解锁恢复之前,使半导体设备不能返回到正常运转。

保护人员的联锁保护电路不使用工具就不应使其解除。

9.4.2.7 电路设计

联锁保护电路应在非接地侧切换控制器件。

联锁保护电路,应对电路部件释放能量而非提供能量,来消除危险状况。

9.4.2.8 附加的联锁保护电路

为安全使用半导体设备,必要时应提供连接附加联锁保护电路的手段。例如,必要时接口连接至其他设备。

注:感知存在的敏感保护设备的选择、安装和配置可在 IEC/TS 62046 中找到。

9.5 安全功能和(或)保护措施的暂时停止

当需要暂时停止安全功能和(或)保护措施(如设置和维护目的)时,应确保下列保护:

——在受安全功能暂停影响的区域,禁止所有其他可能危及人身的操作(控制)模式;

——其他相关的方法(见 ISO 12100-2:2003 中 4.11.9),可能包括如下列的一种或多种:

  ——通过保持-运转装置或类似控制装置引发操作;

  ——带有紧急停止装置和适当时,使能装置的便携式控制站。使用便携式控制站的场合,运动的引发只能由那台控制站来操作;

  ——限制运动的速度或功率;

  ——限制运动的范围。

10 操作板和安装在机械上的控制器件

10.1 总则

10.1.1 一般器件要求

本章包含对外装或局部露出外壳安装的器件的要求。

这些器件应按 IEC 61310 选择、安装和标识或编码,并尽可能适用。

应使疏忽操作的可能性降到最低，例如采用定位装置、适应性设计、提供附加保护措施。特别考虑操作者输入装置例如触摸屏、键盘和键区的选择、排列、编程和使用。对于危险机械的控制也应特别考虑。见 GB/T 4205。

10.1.2 位置和安装

为了适用，控制器件应：

——操作、修理和维护时易于接近；

——安装应使得由于物料搬运活动引起损坏的可能性减至最小。

手动控制器件的操动器应这样选择和安装：

——操动器不低于维修站台以上 0.6 m，并处于操作者在正常工作位置上易够得着的范围内；

——使操作者进行操作时不会处于危险位置。

脚动控制器件的操动器应这样选择和安装：

——操作者在正常工作位置易触及的范围内。

10.1.3 防护

防护等级（见 IEC 60529）和其他适当措施一起应防止：

——操作者界面的实际环境中可能存在的侵蚀性液体、油、雾或气体的作用；

——杂质（如颗粒物质）的侵入。

此外，操作板上的控制器件直接接触的防护等级至少应采用 IPXXD（见 IEC 60529）。

10.1.4 便携式和悬挂控制站

便携式和悬挂控制站及其控制器件的选择和安装应使得由冲击和振动（如操作控制站下落或受障碍物碰撞）引起机械的意外运转可能性减到最小（见 4.4.5）。

10.2 按钮

10.2.1 颜色

按钮操动器的颜色代码应符合表 3 的要求（见 9.2）。

“起动/接通”操动器颜色应为白、灰、黑或绿色，优先用白色，但不允许用红色。

表 3 按钮操动器的颜色代码及其含义

<table>
<tr><th>颜色</th><th>含义</th><th>说　明</th><th>应 用 示 例</th></tr>
<tr><td>红</td><td>紧急</td><td>危险或紧急情况时操作</td><td>急停
紧急功能起动（见 10.2.1）</td></tr>
<tr><td>黄</td><td>异常</td><td>异常情况时操作</td><td>干预制止异常情况
干预重新起动中断了的自动循环</td></tr>
<tr><td>蓝</td><td>强制性的</td><td>要求强制动作的情况下操作</td><td>复位功能</td></tr>
<tr><td>绿</td><td>正常</td><td>起动正常情况时操作</td><td>见 10.2.1</td></tr>
<tr><td>白</td><td rowspan="3">未赋予
特定含义</td><td rowspan="3">除急停以外的一般功能的起动
（见注）</td><td>起动/接通（优先）
停止/断开</td></tr>
<tr><td>灰</td><td>起动/接通
停止/断开</td></tr>
<tr><td>黑</td><td>起动/接通
停止/断开（优先）</td></tr>
</table>

急停和紧急断开操动器应使用红色。

停止/断开操动器应使用黑、灰或白色，优先用黑色。不允许用绿色。也允许选用红色，但靠近紧急操作器件建议不使用红色。

作为起动/接通与停止/断开交替操作的按钮操动器的优选颜色为白、灰或黑色，不允许用红、黄或绿色。

对于按动它们即引起运转而松开它们则停止运转（如保持-运转）的按钮操动器，其优选颜色为白、灰或黑色，不允许用红、黄或绿色。

复位按钮应为蓝、白、灰或黑色。如果它们还用作停止/断开按钮，最好使用白、灰或黑色，优先选用黑色，但不允许用绿色。

对于不同功能使用相同颜色白、灰或黑（如起动/接通和停止/断开操动器都用白色）的场合，应使用辅助编码方法（如形状、位置、符号）以识别按钮操动器。

10.2.2 标记

除了如 16.3 所述功能识别以外，建议按钮用表 4 给出的符号标记，标记可作在其附近，最好直接标在操动器之上。

表 4 按钮符号

起动或接通	停止或断开	起动或停止和接通或断开交替动作的按钮	按动即运转而松开则停止运转的按钮(即：保持-运转)
IEC 60417 中 5007 (2002-10)	IEC 60417 中 5008 (2002-10)	IEC 60417 中 5010 (2002-10)	IEC 60417 中 5011 (2002-10)

10.3 指示灯

10.3.1 概述

指示灯用于下列目的：

——指示：引起操作者注意或指示操作者应该完成某种任务，红、黄、蓝和绿色通常用于这种方式。闪烁指示灯和显示器见 10.3.3。

——确认：用于确认一种指令、一种状态或情况，或者用于确认一种变化或转换阶段的结束。蓝色和白色通常用于这种方式，某些情况下也可以用绿色。

指示灯的选择及安装方式，应从操作者的正常位置看得到（也见 GB/T 18209.1）。

用于警告灯的指示灯电路应配备检查这些指示灯可操作性的装置。

警示指示灯应清晰可见以便接收和响应。建议功能性指示灯（警告性指示灯除外）设置在从使用位置可以看到。

注：指示灯用于其他目的，例如提供信息或表示一个生产过程的状态，不在本小节考虑之列。

10.3.2 颜色

除非供方和用户间另有协议，否则指示灯玻璃的颜色代码应根据半导体设备的状态符合表 5 的要求。

表 5 指示灯的颜色及其相对于半导体设备状态的含义

颜色	含 义	说 明	操作者的动作
红	紧急	危险情况	立即动作去处理临界情况 (如断开机械电源,发出临界状态报警)
黄	异常	异常情况 紧急临界情况	监视和(或)干预(如重建需要的功能)
蓝	强制性	指示操作者需要动作	强制性动作
绿	正常	正常情况	任选
白	无确定性质	其他情况,可用于红、黄、绿、蓝色的应用有疑问时	监视

10.3.3 闪烁灯和显示器

为了进一步区别或发出信息,尤其是给予附加的强调,闪烁灯和显示器可用于下列目的:

——引起注意;

——要求立即动作;

——指示指令与实际情况有差异;

——指示进程中的变化(转换期间闪烁)。

对于较重点的信息,建议使用较高频率的闪烁灯(见 GB/T 4025 推荐的闪烁速率和脉冲/间歇比)。

用闪烁灯或显示器提供较重点的信息之场合,也应提供音响报警器。

10.4 光标按钮

光标按钮操动器的颜色代码应符合表 3 和表 5 的要求。当难以选定适当的颜色时,应使用白色。急停操动器的红色不应依赖于其灯光的照度。

10.5 旋动控制器件

具有旋动部分的器件(如电位器和选择开关)的安装应防止其静止部分转动。只靠摩擦力是不够的。

10.6 起动器件

用于引发起动功能或移动半导体设备部件(如滑板、主轴、托架)的操动器,其设计和安装应尽量减小意外操作的可能。蘑菇头操动器可用于双手控制(见 ISO 13851)。

10.7 紧急断开装置

紧急断开装置应:

a) 有掌揿型或蘑菇头型的操动器,红色标识;

b) 能够用掌跟部触发;

c) 背景为黄色;

d) 清楚地标识有“紧急断开”或“EMO”,能够从观测位置清晰地读取;

e) 合理放置或加装外罩，以尽量减少意外触发。如果加装外罩，应仍允许用掌根部触发；

f) 能够自锁；

g) 在半导体设备的操作位置、定期维护位置和预期修理位置易于接近；

h) 安装在半导体设备的各操作位置，且距半导体设备定期维修位置 3 m 以内；

i) 有直接断开触点。

10.8 紧急停止装置

在一些应用中，除了 EMO 外，需要对运动物体提供紧急停止功能。此时，紧急停止操动器应不同于 EMO，如用“紧急停止”来区分。

注：对紧急停止功能的要求在 ISO 13850 中给出。

10.9 使能控制器件

当使能控制器件作为系统的部件提供时，且只在一个位置操动时，它应发出使能控制信号以允许运行。在其他任何位置，应停止或防止运行。

使能控制器件的选择和布置，应使其失效的可能性减至最小。

使能控制器件的选择应具有下列特性：

——设计要考虑人类工效学原则；

——对于二位置型式：

 ——位置 1：开关的断开功能(操动器不起作用)；

 ——位置 2：使能功能(操动器起作用)。

——对于三位置型式：

 ——位置 1：开关的断开功能(操动器不起作用)；

 ——位置 2：使能功能(中间位置操动器起作用)；

 ——位置 3：断开功能(超过中间位置操动器起作用)；

 ——当从位置 3 返回位置 2，使能功能不能起作用。

注 1：使能控制的功能已在 9.3.4.3 中说明。

注 2：使用二位置型使能控制器件在某些应用中是不合适的(例如，机器人的手动控制)。

11 控制设备：位置、安装和电柜

11.1 一般要求

所有控制设备的位置和安装应易于：

——防御外界影响和不限制机构的操作；

——半导体设备及有关设备的操作和维修。

注：本条款不考虑设备承受外部灭火系统的激活能力。

11.2 位置和安装

11.2.1 易接近性和维修

11.2.1.1 概述

确定为现场更换的控制设备的所有元件的设置和排列应使得不用移动它们或其配线或拆卸半导体

设备的电气设备或部件就能清楚识别。对于为了正确运行而需要检验或需要易于更换的元件，应在不拆卸半导体设备的其他电气设备或部件情况下就能得以进行(开门或卸罩盖、遮栏或阻挡物除外)。不是控制设备组件或器件部分的端子也应符合这些要求。

所有控制设备的安装都应易于操作和维修。当需要用专用工具调整、维修或拆卸器件时，应提供这些专用工具。为了常规维修或调整而需接近的有关器件，应安设于维修站台以上 0.4 m～2 m 之间。建议端子至少在维修站台以上 0.2 m，且使导线和电缆能容易连接其上。

11.2.1.2 门和旋转面板上的安装

除了人机界面有关的器件和冷却器件外，其他器件都不应该安装在门上或通常可拆卸的外壳孔盖上。

如果在门或旋转面板上安装带危险电压(电源)的元器件，设计者应该为其旋转打开留有足够的空间。随门或旋转面板安装的柔性线缆应该通过在 18.13 中所规定的弯曲试验，或应该提供附加的机械保护以防止电缆在所有弯曲点由于弯曲引起的损坏。

11.2.1.3 插头插座的组合

控制器件通过插入式连接时，它们的组合应该清楚地标有其型号(形状)或标志。在正常操作或维护期间需插拔的插件应具有非互换性，否则可能引起不可接受的风险。

11.2.1.4 测试点的要求

连接试验设备的测试点应该满足下列要求：

——元器件的安装应该有畅通无阻的通道；

——与文件一致的清晰标识(见 17.3)；

——有足够的隔离；

——有足够的测试空间。

11.2.2 物理隔离或组合

建议提供危险电压的端子单独分组，与提供非危险电压的端子分开。

提供危险电压的导体和包含工作电压的接地外壳之间的爬电距离和电气间隙应符合基本绝缘的标准。

11.2.3 热效应

发热元件(如散热片、功率电阻)的安装应使附近所有元件的温度保持在允许限值的范围内。

热效应可以通过温度试验来检验(见 18.9)。

11.3 防护等级

电气控制设备应有足够的能力防止外界固体物和预期使用环境中物质的侵入。

注 1：电击防护的要求见第 6 章。

注 2：防止水浸入的防护等级按 IEC 60529 的规定。防护其他液体需要附加保护措施。

控制设备的外壳的防护等级应不低于 IP22 (见 IEC 60529)。

11.4 电柜

11.4.1 概述

电柜的制造应能承受机械、电气和热应力以及正常工作中可能碰到的湿度和其他环境因素的影响。

11.4.2 紧固件

紧固门和盖的紧固件应为系留式的。

11.4.3 窗口

为观察内部安装的指示器件而提供的窗口，应选择合适的能经受住机械应力和耐化学腐蚀的材料。

11.4.4 门

建议电柜门使用垂直绞链，开角最小 95°，门宽不超过 0.9 m。

11.4.5 开孔

外壳开孔（例如电缆出口）包括通向地面或地基或半导体设备其他部分的通孔，应提供措施以确保这些开口不损害电气设备规定的防护等级。电缆的开孔在现场应容易再开启。机箱上如有安装孔，应确保安装后那些孔不影响所要求的保护。

11.4.6 高表面高温

在正常或异常工作中，电气设备可能达到这样的表面温度，即足以引起火灾风险或对外壳材料产生有害效应，为此：

——应置于能够耐受所产生温度的外壳内，而没有火灾风险和有害效应；和

——安装和位置应与邻近设备有足够的距离以便安全散热（见 11.2.3）；或

——应由可以承受设备所产生热的材料遮护，而没有火灾风险或有害效应。

注：依照 16.2 的警告标签可能是必需的。

11.4.7 熔融或燃烧材料的密封

电气外壳应该防止在故障条件下熔融材料或燃烧绝缘材料的扩散，包括外壳的底部。采用挡板或等效的结构技术可以满足这一要求。

11.4.8 可以完全进入的外壳

允许人员能完全进入的外壳应该提供逃逸装置，例如门内侧的应急插销。对于打算例如重置、调整、维护要求而进入的外壳应至少有宽 0.7 m 和高 2.1 m 的通道。

11.4.9 电气设备通道空间

如果出现下列情况：

——进入期间电气设备可能有电；和

——当外壳打开时，带电部分暴露。

在外壳前面应有 1.0 m 的无障碍物空间。倘若在通道两侧存在这类部件，无障碍物空间应至少为 1.5 m。见图 2。

注 1：这些尺寸源自 ISO 14122 系列标准。

注 2：在一些应用中，可以提供必要的手段，以防止无意将门关闭。

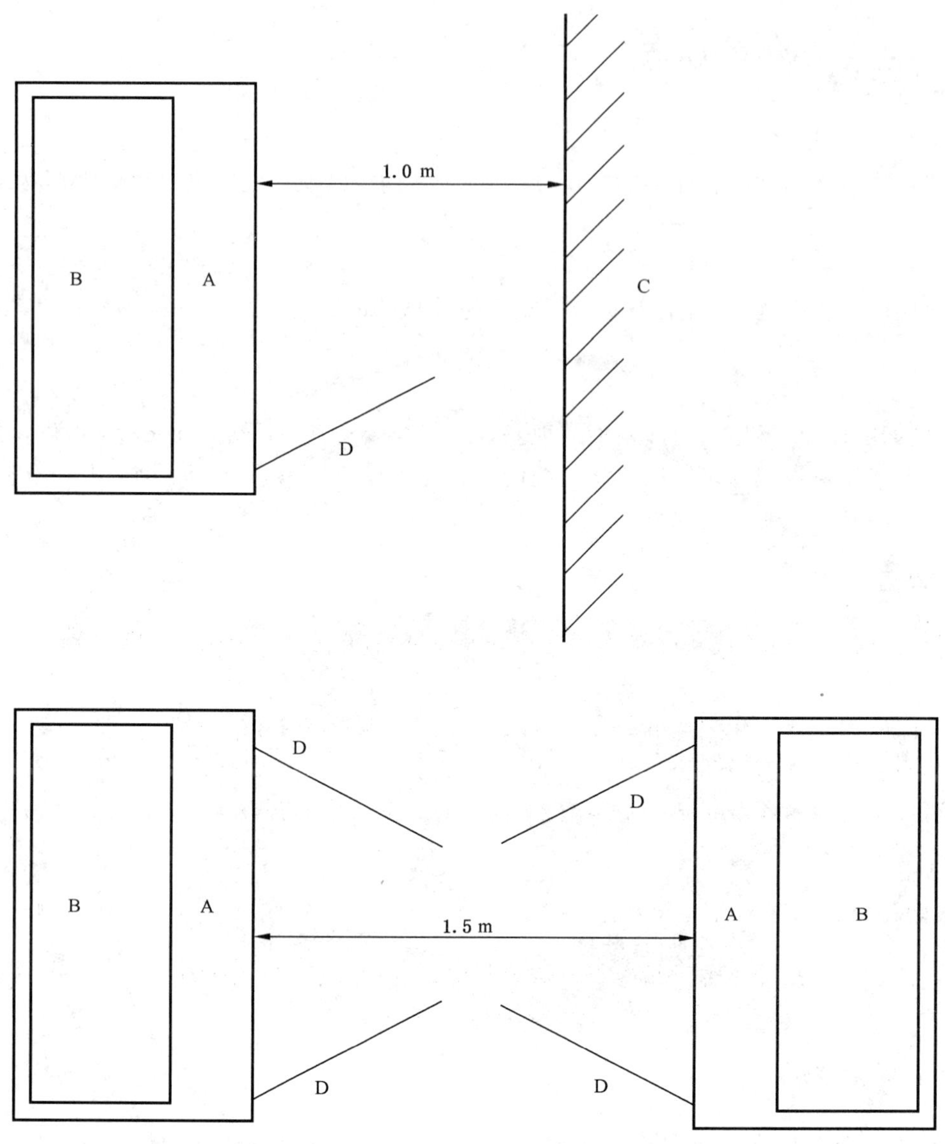

关键指标：

A——电柜；

B——外壳内的电气设备；

C——墙或其他障碍物；

D——外壳的门。

图2 电气外壳前面空间

12 导线和电缆

12.1 一般要求

导线和电缆的选择应适合于工作条件[如电压、电流、电击的防护、电缆的分组)和可能存在的外界影响(如环境温度、可能存在水或腐蚀物质、火灾和机械应力(包括安装期间的应力)]。

注：详细信息见欧洲电工委员会 HD 516 S2“低电压协调电缆使用导则”。

所有导体的制造材料应与其连接装置的材料和额定值兼容,并与使用环境相协调。

线缆的导体应是铜质的。

建议导体的应用依照附录 C。

12.2 绝缘

12.2.1 概述

每个导体的绝缘应适合于应用并考虑下列因素:

a) 电压和电流;

b) 机械强度;

c) 热评级;

d) 最坏情况的环境;

e) 化学品;

f) 辐射;

g) 抗火焰蔓延;

h) 正常使用可能引起的损坏;

i) 可预见的合理误用;

j) 清除故障用保护装置;

k) 布线工艺(见 13 章)。

特别给予注意的是安全相关功能电路的完整性。

天然橡胶和含石棉的材料,不应作为绝缘材料。

12.2.2 火焰蔓延和烟雾排放

对于导线和电缆的绝缘材料(例如 PVC)由于火灾蔓延或有毒或腐蚀性烟雾排放可能造成危险时,应提供附加保护或考虑替代的绝缘材料。

12.2.3 印刷电路板

印刷电路板应用可燃性等级达到 V-1 或更高的阻燃性材料制造(见 IEC 60695-11-10)。

注:IEC 60695-11-10 源自 UL 94。

12.3 载流容量

导线应满足下列要求:

a) 根据它的额定值和供方说明使用;

b) 根据附录 C 确定尺寸,除非已经通过相关 IEC 标准的测试证明是适用的。

12.4 导线和电缆的电压降

建议在正常工作条件下,从电源点到负载的电压降不应超过标称电压的 5%。为了达到该建议要求,可能有必要采用截面积大于附录 C 规定的导线。

12.5 柔性电缆

12.5.1 概述

要承受工作条件的电缆应有适当的防护措施以防止:

——过度弯曲导致的损坏;

——由于机械输送及拖过粗糙表面擦伤电缆；

——由于没有导向装置操纵引起电缆扭折；

——由于导向轮和强迫导向使正在电缆盘上缠绕或重新缠绕的电缆产生应力。

注 1：对这种情况的电缆见相关 GB 标准。

注 2：工作条件不利(如高拉应力、弯曲半径小、弯入另一个平面或频繁重复工作循环的场合)将降低电缆的工作寿命。

注 3：见 17.2,j)3)。

12.5.2 在外壳或管道中的柔性电缆

满足 12.5.1 全部要求的柔性电线、电缆和电源线组件在下列情况可以用于电柜内部布线：

a) 配备连接插头并由电柜内的电源插座供电来把一个或多个组件连接到电柜的主电源；

b) 柔性电线或电缆的单股导体的绝缘可以满足在无外护绝缘套(罩)情况下使用；

c) 柔性电线、电源线组件、插座和耦合器都根据其额定值使用；

d) 电缆类型符合它的安装方法。

12.5.3 电缆的机械性能

机械电缆输送系统的设计应使在机械工作期间导线受的拉应力保持最小。使用铜导线的场合，铜导体截面的拉应力不应超过 15 N/mm^2。使用要求拉应力超过 15 N/mm^2 限值时，应选用有特殊结构特点的电缆，允许的最大拉力强度应与电缆制造厂达成协议。

软电缆导体采用非铜材质时，允许的最大应力应不超过电缆制造厂的规范。

注：下列条件影响导体的拉应力：

——加速力；

——运动速度；

——电缆净重；

——导向方法；

——电缆盘系统的设计。

13 配线技术

13.1 连接和布线

13.1.1 一般要求

13.1.1.1 概述

所有连接，尤其是保护联结电路的连接应牢固，防止意外松脱。

连接方法应适合被端接导线的截面积和性质。

13.1.1.2 多导线连接

只有专门设计的端子，才允许一个端子连接两根或多根导线。但一个保护端子只应连接一根保护导线。

13.1.1.3 焊接连接

只有提供的端子适合焊接工艺要求才允许焊接的连接。导体应固定，以使导体保持在适当位置上而不仅依靠焊料。

13.1.1.4　端子排上的端子

端子排上的端子应清楚标示或标签与电路图相一致的标记。

当错误的电气连接(例如更换元器件引起的)可能是风险源时,除了导线和/或端子应按照13.4标识外,应通过设计措施降低风险。

13.1.1.5　柔性导线管和电缆

柔性导线管和电缆的敷设应使液体能排离该装置。

13.1.1.6　夹持多股绞合导线

当装置或端子处端接多芯绞线却未配备卡住手段时,应提供绞合线和护套的夹持装置。应不允许使用焊接来达到此目的。

13.1.1.7　接线端子排

端子排的安装和接线应使内部和外部配线不跨越端子。

13.1.1.8　布线

导线并入半导体设备成为一体应使它们的载流量不会受到由机械、化学、热或任何其他影响引起的不当损害。

注:必要时导线可降额使用。

13.1.2　导线和电缆敷设

导线和电缆的敷设应使两端子之间无接头或拼结点。可以使用带适合防护意外断开的插头/插座组合进行连接,对本条而言不认为是接头。

为满足连接和拆卸电缆和电缆束的需要,应提供足够的附加长度。

电缆端部应夹牢以防止导线端部的机械应力。

只要可能就应将保护导线靠近有关的负载导线安装,以便减小回路阻抗。

13.1.3　不同电路的导线

不同电路的导线可以并排放置,可以穿在同一管道中(如导线管或电缆管道装置),也可以处于同一多芯电缆中,只要这种安排不削弱各自电路的原有功能。

如果这些电路的工作电压不同,应把它们用适当的遮栏彼此隔开,或者把同一管道内的导线都用承受最高电压导线的绝缘。例如,相对相电压用于不接地系统,相对地电压用于接地系统。

13.1.4　小于50 mm^2 的导体

不能为了达到必要的载流量而将几根小于50 mm^2 的导线并联在同一个端子。

13.1.5　导体的外界温度

在正常工作或故障条件下,导体及其绝缘层都不能置于其外界温度超过其额定温度的环境中。

13.1.6　端子温度

如果元器件端子的温度额定值比连接它的导线的温度额定值低,那么导线线径应被特别限制并加以过电流保护以确保其温度不超过其连接端子的温度额定值。

13.2 多插座组件

满足下列所有准则的多插座组件是可以接受的：

a) 固定的安装；

b) 制造为工业用；

c) 外壳通过 18.11 测试；

d) 外壳是金属的，或 V-0 级塑料(见 IEC 60695-11-10)，或等效品；

e) 每个插座应有通过 18.3 测试的单独保护导线连接。

注：插座之间的保护导线连接不应使用串接(见 IEC 60364-5-54)。

13.3 插头/插座组合件

当提供插头/插座组合时，应满足下列要求：

a) 插头/插座组件应当有保护联结触点，它应是首先接通最后断开的触点；

b) 断开后仍带电的元件应至少达到 IP2X 或 IPXXB 的防护等级，并考虑要求的电气间隙和爬电距离。保护特低电压(PELV)电路除外；

注：这通常是指只有插座用于供电，以防接触到危险电压。

c) 插头/插座组合的金属外壳应连接到保护联结电路。PELV 电路中使用的插头/插座组合无此项要求；

d) 当一个以上的插头/插座组合在同一个电气设备上使用时，相关组合应能够清楚识别。若是合理可预见的错接并可能导致危险情况时，那么应从物理上避免错接。建议使用机械编码来防止误插；

e) 插头/插座组合额定值至少是设计电路的负载(电流)最大额定值的 125%。

13.4 导线的标识

13.4.1 一般要求

每根导线应按照技术文件的要求(见第 17 章)在每个端部做出标记。

建议(如为维修方便)导线标识可用数字、字母数字、颜色(导线整体用单色或用单色、多色条纹)或颜色和数字或字母数字的组合。采用数字时，应是阿拉伯数字，字母应是罗马字(大写或小写)。

13.4.2 保护导线的标识

应依靠形状、位置、标记或颜色使保护导线容易识别。当只采用色标时，应在导线全长上采用黄/绿双色组合。保护导线的色标是绝对专用的。

对于绝缘导线，黄/绿双色组合应这样安排，即在任意 15 mm 长度的导线表面上，一种颜色的长度占 30%～70%，其余部分为另一种颜色。

如果保护导线能容易地从其形状、位置、或结构(如编织导线、裸绞导线)识别，或者绝缘导线一时难以购得，则不必在整个长度上使用颜色代码，而应在端头或易接近位置上清楚地标示 IEC 60417 中 5019(2002-10)图形符号或用黄/绿双色组合标记。

注：这是指例如通过某些附加方法像 IEC 60417 中 5019(2002-10)图形符号标识，此时保护导线可以是绿色。

13.4.3 中线的标识

如果电路包含只用用颜色标识的中线，其颜色应为蓝色。为避免与其他颜色混淆，建议使用不饱和蓝，这里称为“浅蓝”(见 GB/T 7947—2010 的 5.2.2)，如果选择的颜色是中线的唯一标识，可能混淆的场合，不应使用浅蓝色来标记其他导线。

注：这是指例如通过某些附加方法标识，此时中线可以是白色。

如果采用色标，用作中线的裸导线应在每个 15 mm～100 mm 宽度的间隔或单元内，或在易接近的位置上用浅蓝色条纹作标记，或在导线整个长度上作浅蓝色标志。

13.4.4 颜色的标识

当使用颜色代码作导线标识时，建议在导线全长上使用带颜色的绝缘或以固定间隔在导线上和其端部或在易接近的位置用颜色标记。

由于安全原因，在有可能与黄/绿双色组合(见 13.4.2)发生混淆的场合，不应使用绿色或黄色。

可以使用上面列出颜色的组合色标，只要不发生混淆和不使用绿色或黄色，不过黄/绿双色组合标记除外。

白色、灰色或浅蓝色只能用作中性导体的标识。

当使用颜色编码标识导体时，建议使用下列颜色编码：

——黑色：提供危险电压的交流和直流线路。

13.4.5 电柜内配线

13.4.5.1 布线保护

导线和电缆不应受到物理应力，以免造成损害。

电柜内的导线应在适当位置固定。只有用阻燃绝缘材料制作才允许选用非金属管道，其最低可燃性等级为 V-0。

注：可燃性等级及测试见 IEC 60695-11-10。

位于电柜内部携带危险电压的布线应规划好线路并以适当的方式固定好，以避免维护或排除故障期间造成机械损坏。

在合理可预见的单一故障情况下，配线应避免与液体接触，除非配线适合经受接触这些液体。

导线敷设中可能使用导线槽。但这些导线槽不应损害由它们所固定的导线绝缘。

13.4.5.2 进线

建议安装在电柜内部的电气设备的设计和制造允许从电柜前面进线(见 11.2.1)。如果不可行且控制器件从电柜背后连接，应提供检修门或向外旋转的面板。连接安装在门上的器件或连接其他活动部分的接线应依照 12.5 使用柔性导线制作以允许频繁的活动。导线应固定在独立于电气连接的固定部分和活动部分(见 8.2.3 和 11.2.1)。

13.4.5.3 延伸到电柜外的配线

延伸到电柜外的控制配线应使用接线端子或插头/插座组合。

动力电缆和测量电路电缆，可直接连接欲连接的装置的端子。

13.5 电柜外配线

13.5.1 一般要求

引导电缆进入电柜的导入装置或管道，连同专用的管接头、密封垫等一起，应确保达到要求的防护等级(IP 等级)。

13.5.2 连接到电柜外部的插头、插座组合件

连接到电柜外部的插头/插座组合应符合下列条件：

a) 当按照 e)正确安装时，插头/插座组合应选择在任何时间，包括连接器插入或拔出期间防止与

带电部分意外接触。防护等级至少为 IPXXB。PELV 电路除外。

b) 拟在加载期间连接或断开的插头/插座组合应有足够的负载分断能力。如果插头/插座组合的额定电流为 30 A 或更大时，应与开关器件联锁以便只有开关器件处于断开位置时方可插入或拔出。

c) 插头/插座组合的额定电流超过 16 A 时应有保持装置以防止意外断开。

d) 如果插头/插座组合件的意外断开可能导致危险，应有保持装置，并应清楚标识它们不能在负载下断开。

e) 断开后依然带电的元件防护等级至少达到 IP2X 或 IPXXB，或在大于 AC 1 000 V 或 DC 1 500 V 的情况下，防护等级至少达到 IP2XH 或 IPXXBH。PELV 除外。

13.5.3 连接到电柜外部的电缆和导线

连接到电柜外部的电缆和导线应该用管道封闭或选择适于不用管道安装的类型。

13.5.4 管道

管道及其相关配件安装时，应该预先考虑到其安装环境。

13.5.5 悬挂式控制站

当悬挂式控制站须用柔性连接时，应采用柔性导线管或柔性多芯电缆。悬挂挂式控制站的重量应有支撑装置不应借助柔性导线管或柔性多芯电缆来支撑，除非是为此目的专门设计的导线管或电缆。

13.5.6 消除应力

电柜引出的电缆或导线应有足够的防拉措施以保证机械外拉力不会移动端子。按照 18.6 进行拉力试验来检验符合性。

13.5.7 软电缆保护

应保护软电缆由于正常工作条件、单一故障状态、或可预见的误用所引起的绝缘损坏。应考虑下列因素：

a) 机械运动部件；

b) 托架或导线槽；

c) 磨损；

d) 暴露于液体和气体中；

e) 暴露于辐射中；

f) 温度超过规范；

g) 电缆弯曲半径。

13.5.8 电缆与运动部件之间的间隙

如果电缆靠近运动部件，电缆和运动部件之间应保持足够的间隙。

注：建议电缆和运动部件之间最小间隙为 25 mm。

13.5.9 柔性导线管与运动部件之间的间隙

如果柔性导线管靠近运动部件，则其结构和支承装置应满足下列条件：

a) 防止正常操作下软导线管的损坏；

b) 防止单一故障条件下对管内导线绝缘的损伤；

c) 防止导线管与运动部件或引起绝缘损坏的结构接触。

13.5.10 电气设备的互连

在安装时子系统之间的导线连接依照附录C应有导线联结空间。建议子系统之间的连接通过那些构成中间测试点的接线端子或插头/插座组合进行。这些端子或插头/插座组合应便于放置、受到充分保护,并在相关图上表示出来。

13.5.11 运输拆卸

为装运需要断开接线时,应在分段点提供接线端子或插头/插座组合。这些接线端子应适当封闭,插头/插座组合应避免运输和存储期间环境的影响。

13.6 管道、接线盒与其他线盒

13.6.1 一般要求

管道槽满率不应超过其内部截面积的50%。

注:应考虑对导线和电缆的所有其他限制因素。例如,温度限制会减少允许使用的导体数量。

柔性和非柔性的导线管及管接头应适用于预定的使用条件。导线管应牢固固定在其位置上。

管接头应与导线管相匹配并适合应用。

管接头应借助要求的工具装拆。

导线管的弯曲不应使其损坏和减小其有效内径。

接线盒应能防止对绝缘有损坏的物质侵入。

接线盒的尺寸应满足正常工作的散热要求。

部分被遮盖的电缆托架不属于导管或电缆管道系统。所使用的电缆应选择适合在电缆托架安装的类型。

13.6.2 电缆管道装置

电柜外部的电缆管道装置应有刚性支撑,与运动部件隔开并有适当的环境保护。

盖板的形状应正覆盖满周边,应允许加密封垫。盖板应采用适当方法连接到电缆管道装置上。对于水平安装的电缆管道装置,其盖板不应装在底部。除非专门设计成这样安装的。

注:适用于电气安装的电缆干线和管道装置要求见IEC 61084。

电缆管道装置是分段安装时,各段之间的连接处应该紧密配合,但不需要加装密封垫。

除接线或排水需用孔外不应有其他开口并应达到相应IP等级。电缆管道装置不应有敞开的不用的出砂孔。

13.6.3 半导体设备布线隔间和电缆管道装置

为封闭导线,在半导体设备内允许使用隔间和电缆管道装置,提供的隔间和电缆管道装置是完全封闭的且与容纳液体的管道或储液槽完全隔离。

敷设在密闭隔间和电缆管道装置中的导线的固定和排列应不会使其受到损坏。

13.6.4 接线盒及其他线盒

用于配线目的接线盒和其他线盒应便于维修。这些线盒应有防护以防止固体和液体的侵入,考虑电气设备在预期工作情况下的外部影响(见11.3)。

接线盒与其他线盒不应有敞开的不用的出砂孔,也不应有其他开口,其结构应能隔绝液体和固体。

14 电动机及有关设备

14.1 一般要求

本章节适用于额定功率大于240 VA的交流电动机和直流电动机。

电机的传动构件如皮带和皮带轮应该使用防护罩,这样避免维护人员在维护和修理时受到伤害的风险,同时考虑到维护和修理附近设备可能的需要。

若需维护和修理,电动机和其传动构件应易于润滑、维护和更换。如果机械制动动作增加夹住的可能或危险情况,应提供制动释放能的方法。

如果在合理可预见的故障条件下可能存在有害物质导致增加电击、火灾、或损坏电动机的风险,电动机及其终端设备应有保护以防止这些有害物质的侵入。如果不正确的旋转方向可能导致危险时,电动机和/或其负荷应标记旋转方向箭头。

电动机应标明制造商的名称和零件编号以及电压、电流和电源频率的额定值。

例外:若在电动机上可以追溯到制造商名称和零部件编号,电压、电流和电源频率的额定值可以从支撑文件中找到。

14.2 远程安装的电动机

远程安装的电动机(未与半导体设备安装在一起)应有在距电机3 m以内可看到的能断开所有非接地导体的装置。

14.3 电机尺寸

就切实可行而言,电动机尺寸应符合IEC 60072系列标准。

14.4 电机的安装与隔间

每台电动机及其相关联轴器、皮带和皮带轮或链条的安装应使得它们有足够的保护,且便于检查、维护、校准、调整、润滑和更换。电动机的安装应使得所有的电动机压紧装置容易拆卸,并容易接近接线盒。

电动机的安装应确保正常的冷却。

注1:热类定义在IEC 60034-1。

注2:为散热的通风应直接向半导体设备外部排放。

15 附件和照明

15.1 附件

如果半导体设备提供附件(如手提电动工具、试验设备)使用的电源插座,则应满足下列要求:

——不使用钥匙或工具容易接近的插座应使用剩余电流保护装置(RCD)保护人员安全;

——电源插座应清楚标明电压和电流的额定值;

——应确保电源插座保护联结电路连续性,由PELV提供保护的除外;

——连接电源插座的所有非接地导线应按第7章的规定,提供合适的过电流保护。

15.2 半导体设备的局部照明

15.2.1 概述

保护联结电路的连接应符合8.2.2的规定。

局部照明的开关或插座不应安装在有液体或有增加电击风险的其他物质的地方。

15.2.2 电源

局部照明电路两导线间的标称电压不应超过 250 V。建议两导线间电压不超过 50 V。

照明电路应由下述电源之一供电(见 7.2.5):

——连接在电源切断装置负载端的专用的隔离变压器。副边电路中应设有过电流保护;

——连接在电源切断装置进线端的专用的隔离变压器。该电源应仅允许供控制电柜中维修—照明电路使用。副边电路中应设有过电流保护(见 5.3.5 和 13.1.3);

——带专用过电流保护的半导体设备范围内的电路;

——连接在电源切断装置进线端的隔离变压器,这时在原边设有专用的切断开关(见 5.3.5),副边设有过电流保护,而且装在控制电柜内电源切断开关的邻近处(见 13.1.3);

——外部供电的照明电路(例如工厂照明电源)。只允许装在控制电柜中,整个半导体设备工作照明的总功率不超过 3 kW(见 7.2.9)。

例外:操作者在正常工作时触碰不到的固定照明,本条规定不适用。

15.2.3 保护

自身照明电路应按照 7.2.5 进行保护。

15.2.4 照明配件

可调照明配件应适应于实际环境,暴露于液体或其他物质不应增加电击或火灾的风险。

在正常工作期间可调节的照明配件应在人员可操作的范围内,反光罩应使用机械件而不能用灯座来支撑。

16 标记、警告标志和参照代号

16.1 概述

警告标志、铭牌、标记和识别牌应具备足够的耐久性,能够适应复杂的实际环境。

16.2 电击危险警告标志

包含危险电压的外壳,应标记 IEC 60417(2002-10)中 5036(2002-10)图形符号:

警告标志应在外壳门或盖上清晰可见。

注 1:应考虑在电气危险的位置附加标签。

注 2:在半导体制造工业使用的安全标签的附加要求见 SEMI S1。

16.3 功能识别

人机界面控制器件、视觉指示器和显示器(尤其是涉及安全的)在其上或其附近清晰和耐久地标识或标记它们有关的功能。

16.4 设备的铭牌

永久性的铭牌应该置于半导体设备的主要电气箱上,安装后应清晰可见。铭牌应包括下列信息:

a) 制造商的名称和地址;

b) 设备名称、型号和序列号;

c) 供电电压;

d) 相数;

e) 线路数量;

f) 频率;

g) 满负载电流;

h) 最大电动机或负载的额定电流;

i) 连接到各引入电源的电气设备的额定短路电流;

j) 电气设备加装电源过电流保护装置,该装置的额定电流;

k) 电气简图(图号或索引号)或材料清单。

铭牌所示满负载电流应不小于在正常条件下所有电动机和其他电气设备同时运行的全负载电流。

16.5 参照代号

所有电柜、装置、控制器件和元件应清晰标出与技术文件相一致的参照代号。

元件的参照代号应置于邻近该元件的安装表面处,元件可以从第17章所述文件中识别,除非工程文件提供带元件标识的电柜布置图。

17 技术文件

17.1 概述

为了安装、操作和维护机械电气设备所需的资料,应以简图、图、表图、表格和说明书的形式提供。这些资料应使用供方和用户共同商定的语言(见附录B)。提供的资料可随电气设备的复杂程度而异。对于很简单的设备,相关资料可以包容在一个文件中,只要这个文件能显示电气设备的所有器件并能够连接到供电网上。

注1:有电气设备项目的技术文件可构成半导体设备的文件部分。

注2:有些国家要求使用由法律要求所覆盖的特定语言。

17.2 提供的资料

随电气设备提供的资料应包括:

a) 文件清单。

b) 电气设备、安装和固定,以及电源连接包括连接外部保护联结电路的清晰、全面的描述。

c) 在设备连接点处的电源要求,包括容差和暂降允许的短时电压偏离(见4.3)。

d) 环境温度范围。

e) 安装的海拔限制。

f) 运转装置的空气湿度。

g) 实际环境其他方面(如照明、振动、噪声级、大气污染)的资料(在适当的场合)。

h) 概略图或框图(在适当的场合)。

i) 电路图。

j) 下述有关资料(在适当的场合):

1） 编制的程序，当使用设备需要时；
2） 操作顺序；
3） 检查周期；
4） 功能测试的周期和方法；
5） 调整维护和维修指南，尤其是对保护器件及其电路；
6） 建议的备件清单；
7） 提供的工具清单；
8） 使用不间断电源（UPS）时，其功能和接线应在制造商文件中清楚地描述。

k） 联锁保护电路和其他安全防护措施的功能描述，包括对于操作、校准、试验足够详细的说明；
l） 安全防护的说明和有必要暂停安全防护功能时（如调整或维修）所提供措施的说明和在暂停安全防护功能时将风险降低到最小程度的措施（见 9.1.6）；
m） 保证半导体设备安全和安全维护的程序说明，例如关闭电能隔离器件的步骤、方法（也见 17.8）；
n） 搬运、运输和存放的有关资料；
o） 负载电流、峰值起动电流的有关资料（当适用时）；
p） 采用保护措施后遗留风险的信息，指出是否需要作特殊培训及所需的个人防护装备的详细说明；
q） 对人机界面装置上使用的所有符号的说明，若识别要依靠这些符号。

17.3 适用于所有文件的要求

文件系统应提供识别参照代号（参照标号）表，建议文件参照代号系统依照 IEC 61346 系列的相关规定。

17.4 安装文件

17.4.1 概述

安装文件应给出完成安装和系统安全起动所需的全部资料。

17.4.2 供电电缆

建议清楚表明现场安装电源电缆的位置、类型和截面积。

17.4.3 过电流保护装置

应阐明电气设备供电导体的过电流保护装置的选型、特性、额定电流和整定值所需的数据（见 7.2.2）。

17.4.4 管道、电缆托架、电缆支撑

应详细说明由用户准备的管道尺寸、用途和位置。

应详细说明由用户准备的半导体设备内部子系统之间的导道、电缆托架或电缆支撑物的尺寸、类型及用途。

17.4.5 简图

如必要，简图应表明移动、故障排除或维修电气设备所需的空间。

注 1：安装图的示例见 IEC 61082-1。

此外，在需要的场合应提供互连接线图(表明接口连接的简图)或互连接线表，这种图或表应给出所有外部连接的完整信息。

如果电气设备预期使用一个以上电源供电(如使用不同的电压供电)，则互连线图或表应指明使用的每个电源所要求的变更或连接方法。

注 2：互连接线图或表的示例见 IEC 61082-1。

17.5 概略图和功能图

如果需要便于了解操作的原理，应提供概略图。概略图象征性地表示电气设备及其功能关系而无需示出所有互连关系。

注 1：概略图示例见 IEC 61082-1 系列。

功能图可作为概略图的一部分或单独提供。

注 2：功能图示例见 IEC 61082-1。

17.6 电路图

应提供电路图。这些图应示出半导体设备及其关联电气设备的电气电路并引起对联锁保护电路和 EMO 电路的注意。IEC 60617 中没有出现的图形符号，应单独指明，并在图上或支持文件上说明。机械上的和贯穿于所有文件中的器件和元件的符号和标志应完全一致。

如必要应提供表明接口连接的端子图(互连图)。为了简化，这种图可与电路图一起使用。这种图应包括所表明的每个单元所涉及的详细电路图，现场服务、维护和修理预期使用这些图。

注：在机电图上，开关符号通常展示为电源全部断开(如电、气、水、润滑开关)，而机械及其电气设备应显示为随时可以正常起动的状态。

导线应按照 13.4 的规定标识。

电路图的展示应便于了解电路的功能、便于维修和便于故障位置测定。有关控制器件和元件功能特性，若从它们的符号表示法不能明显表达，则应在图上其符号附近说明或加注脚注。

17.7 操作文件

技术文件中应包含详述开动和使用电气设备的适当程序的操作说明书。对提供的安全措施应予特别注意。

17.8 维修文件

17.8.1 概述

技术文件中应包含详述调整、清洁、维护、预防性检查、更换和修理的适当程序的维修说明书。如何安全执行这些程序应予特别注意。对维修间隔和记录的建议应为该说明书的一部分。如果提供正确操作的验证方法(例如软件测试程序)，则这些方法的使用应详细说明。

注：用户不被制造商授权的维修活动应在维修说明书中确定。对于这些维修活动的特定维修说明书本条不作要求。

17.8.2 更换件的标识

用户计划更换的部件(包括计划中的易损件和其它需要定期更换的零件)应在用户说明书中有清晰的信息，以便用户能获取适当的更换件。

18 测试

18.1 概述

18.1.1 试验安排

本部分符合性检验的要求包括以下内容：

a) 电气设备与技术文件一致性的检验；

b) 接地连续性和保护联结电路连续性的试验；

c) 绝缘电阻试验；

d) 输入电流试验；

e) 温度试验；

f) 联锁保护功能试验；

g) EMO 电路功能试验。

本条款要求的其他试验(适当时)。

18.1.2 试验条件

在本条所述试验由具有技术知识的熟练或受过训练人员执行且需所述的试验仪器。所有试验设备应适当校准。

除非本部分有规定外，电气设备应该在制造商运行规范内以最不利的条件通过这些试验。变化的参数可能包括但不限于下列项目：

a) 电源电压；

b) 电源频率；

c) 运行模式(例如，全温度条件，电机在运转)；和

d) 温控器的调整、调节装置、或在可操作区内的类似控制。

在整机上应进行 18.2 和 18.3 所描述的接地电阻连续性试验和漏电流的试验。这些试验不要求单独地对未组装部件或子部件进行。

试验可在完整半导体设备的子部件上独立进行，条件是试验要模拟该子部件装入半导体设备并预期在最不利的条件下运行。

18.2 接地连续性和保护联结回路连续性试验

18.2.1 概述

采用 18.2.3 或 18.2.4 描述的任一程序可以完成。

不是电气设备的组成部分但属于半导体设备一部分的外部可导电部分，被接至保护联结回路对于电气设备连接到外部可导电部分时，在某些情况进行测试是不适合的，其他情况也不是很好。

对于漏电试验和接地连续试验，不连接外部可导电部分尤其重要。

接地连续性试验期间，由于把外部可导电部分连接到保护联结回路，就可能形成附加并联返路径，这样就可能掩盖了保护导体回路和联结的不足，联结需要有效低阻抗故障返回路径。

18.2.2 试验设备

对步骤 1，精度为±1.0%、测量范围为 0.1 Ω 的低量程欧姆表。

对步骤 2，10 A 的低电压电流源，精度为±1%，量程为 10 A 的电流表、精度为±1%，量程为 0.01 V 的电压表。

18.2.3 试验步骤 1

断开电气设备的供电电源。对于固定配线安装的电气设备,保护接地线从保护接地端子处断开。用低量程欧姆表测量保护接地端子与电气设备上连接至保护联结回路的每个可导电部分(手柄、监视器、门等)之间的电阻。当试验完成后,重新连接保护接地线至保护接地端子。

18.2.4 试验步骤 2

断开电气设备的供电电源。对于固定配线的电气设备,保护接地线从保护接地端子处断开。在保护接地端子与位于电气设备框架或盖板上连接至保护联结回路的每个可导电部分(手柄、监视器、门等)之间接入低电压电流源。通入 10 A 电流,测量每个可接触的金属部分与保护接地端子之间的电压降。用电压降除以电流计算出电阻值。当试验完成后,重新连接保护接地线至保护接地端子。

注:某些标准(如 GB 4793.1)规定该试验注入的电流大于 10 A。

18.2.5 可接受的结果

在保护接地端子与连接至保护联结回路的每个导电部分(手柄、监视器、门等)之间的电阻应不大于 0.1 Ω。

18.3 一体式电源线的接触电流试验

18.3.1 应用

仅要求对电气设备的一体式电源线(软线和插头组合件)进行本试验。

例外:对位于半导体制造设备外壳内的一体式电源线不要求进行本试验并且在正常操作包括维护期间不需要断开。

18.3.2 试验设备

精度为±1%的真方均根值电压表。

由一个 1500 Ω 电阻和 0.15 μF 电容并联组成的阻抗网络。

18.3.3 步骤

对于通过插头插座组合(一体式电源线)连接引入电源的设备,确保该设备被隔离(例如,把设备放置在木料上或其他非导电表面上)。将设备连接至额定供电电源、并断开接地线,按制造商规定的有利条件操作设备。连接电源保护接地线与设备可触摸的金属部件之间的阻抗网络。

注:阻抗网络可以是单个部件也可以并入接触电流测量仪内。

测量阻抗网络上的电压降,计算接触电流的公式如下:

$$I_{泄漏}=\frac{V_{测量}}{1\,500\ \Omega}$$

18.3.4 可接受的结果

对于一体化电源线连接的设备,通过测量电压计算出的接触电流最大值不能超过 3.5 mA。

18.4 耐压试验

18.4.1 试验设备

精度为±5 s 计时器,耐压测试仪具有以下功能:输出为交流 1 500 V 或直流 2 121 V 且精度为

±1%，测试电压指示，绝缘击穿声光报警或任何不可接受单位数的自动滤去功能。在交流试验时，试验设备应包括有正弦波电压输出的变压器。变压器的额定容量至少是500 VA，否则变压器配有直接测量实际输出电压值的电压表。

18.4.2 步骤

断开设备的输入电源，在初级回路侧可带电金属部分与不可带电金属部分之间施加1 500 V交流电或2 121 V直流电。浪涌抑制器件以及可能会被损坏的电子器件可以从测试回路中断开，但是这些器件依照产品标准已做过电压试验。试验时，应满足下列条件：

a) 电气设备应在其最高工作温度；

b) 所有开关应在“ON”位置；

c) 经由接触器的电路应通过手动接通触点或旁路接触器端子使电路闭合。

试验电压要逐步增加，从零开始并在最高值时保持1 min。

注：中性导体，如在电路中使用，作为带电体考虑。

18.4.3 可接受的结果

电气设备的绝缘没有击穿。

注：击穿经常随电压的增加，电压出现骤降或非线性的上升。同样，击穿经常出现电流急剧增加，局部放电（电晕）和类似的现象在电压试验期间可忽视。

18.5 电线防拉试验

18.5.1 概述

本试验旨在检验连接设备的一体式电源线，配备的防拉扣能否防止机械应力，例如拉力或扭曲力被传递到端子或内部接线。

可用试验步骤1或步骤2说明符合本试验。

18.5.2 试验设备

±5 s精度的定时器，校准过的压力表，量程为156 N±1.56 N。固定设备的支撑面。

18.5.3 步骤1

将设备固定，以确保其在拉电源线时不移动。以最不利的角度直接在设备电源线上施加一个156 N拉力。如必要，使用滑轮或其他方法来调整作用于线扣上的力的角度。作用力逐步增加并保持1 min。

18.5.4 步骤1可接受的结果

电源线没有被拉伸到可以影响到内部连接的程度。

18.5.5 步骤2

将设备固定，以确保其在拉电源线时不移动。断开电源线的内部连接。用胶带在电源线外部与线扣接触处做标记，以最不利的角度直接在设备电源线上施加一个156 N拉力。如必要，使用滑轮或其他方法来调整作用于卡扣上的力的角度。作用力逐步施加并保持1 min。

18.5.6 步骤2可接受的结果

标记不应移位。

18.6 电输出源短路试验

18.6.1 试验设备

适用于相应电源短路测试的短路连接体。

18.6.2 步骤

空载起动电源,逐个短路每路电源的输出。

例外:按照4.2的要求依适当标准评估和试验过的电源不必进行此试验。

18.6.3 可接受的结果

起动试验后,8 h内不存在危险情况或通过激活保护回路或装置消除短路输出的危险。

18.7 联锁保护电路功能试验

18.7.1 步骤

通过制作或模拟方法激活每个保护联锁电路以验证其安全功能,如适用,设计用于检测潜在的不安全状态。

18.7.2 可接受的结果

应确认下列情况:

a) 保护联锁激活后,会自动把半导体设备或其相关部分置于安全的状态;

b) 保护联锁电路激活后应给操作人员提示;

例外:若保护联锁电路触发紧急断开(EMO)电路,或关掉用户界面的电源,不强制有触发指示。

c) 在保护联锁电路手动复位之前防止重新起动运行设备。

18.8 储能电容器放电试验(见6.2.4)

18.8.1 试验设备

±1 s或更高精度的定时器,精度为测试电容电压±1.0%以上直流电压表。

18.8.2 步骤

测试每个储存危险能量(20 J或以上)的电容器。持续监测电容器端子的电压。断开电气设备的电源。10 s后记录电容两端的电压。

18.8.3 可接受的结果

电气设备电源断开的10 s内,电容器放电到能量少于20 J或电压小于60 V。

注:按以下公式计算能量:

$$J=\frac{1}{2}CV^2$$

式中:

J ——能量,单位为焦(J);

C ——电容,单位为法(F);

V ——电压,单位为伏(V)。

18.9 温度试验

18.9.1 试验设备

±5 s 精度的定时器,全量程分辨率及±0.1 ℃精度的温度计。

18.9.2 步骤

设备应在制造商设计的最大负载下运行 8 h 以上或达到热平衡(以先到为准)。测量和记录环境空间温度。测量和记录不同部件和器件上的温度,与表 6 比较。从 40 ℃或在制造商文件中规定的最大环境温度,取较大值,减去环境温度实测值,把相减的值与各测量点的温度相加,结果与表 6 比较。

18.9.3 可接受的结果

结果不应超过表 6 数据。

表 6 电气设备部件可接受的温度

电气设备部件	温度限值/℃
刀闸开关的触头	55
保险丝及保险丝座	110
绝缘导体	见注 1
现场接线端子	见注 1
标注 60 ℃或 60 ℃/75 ℃电源线的电气设备	60
标注 75 ℃电源线的电气设备	75
母线及连接带或汇流条	125
电容器	见注 2
功率半导体开关	见注 3
印刷线路板	见注 4
电动机及变压器	见注 5

注 1:标注在导体上的温度或制造商指定的额定温度。

注 2:标注在电容器上的温度或制造商指定的额定温度。

注 3:半导体制造商推荐的适用功耗的外壳温度。

注 4:线路板制造商规定的工作温度。

注 5:电动机或变压器制造商规定的额定温度。如果制造商没有提供相应数据,使用适当标准如:GB 4793.1。

18.10 电柜强度试验;30 N 的稳定力试验

18.10.1 概述

本试验是检验由电气柜提供防止与危险带电部分接触的保护功能。

18.10.2 试验设备

测力计。试指(见附录 D)。

18.10.3 步骤

在外壳壁和外罩上施加 30 N±3 N 的稳定力，持续时间 5 s，通过非铰接试指直接施加在完整的电气设备上或内部的部分或分离的子系统上。

18.10.4 可接受的结果

如果非铰接试指穿透材料或穿过开口，铰接试指或非铰接试指均不应与外壳内部危险的带电部分接触。

18.11 电气柜强度试验；250 N 的稳定力试验

18.11.1 概述

本试验检验电气柜面板抗变形的能力。在 IEC 60950-1 范围内的电气设备应满足 IEC 60950-1 中 4.2.4 试验要求。

18.11.2 试验设备

测力计。

18.11.3 步骤

面板要经受 250 N±10 N 的稳定力，持续时间 5 s，借助适当的试具施加在电气设备的外壳上，试具提供超过直径为 30 mm 的圆形表平面接触。

18.11.4 可接受的结果

如果外壳面板发生翘曲，则应不引起短路或降低外壳与内部危险带电部分之间规定的安全净距。

18.12 指型试具试验

18.12.1 概述

满足 GB 4793.1—2007 中 6.2.1 试验要求的电气设备不必进行本试验。

18.12.2 试验设备

IEC 指型试具(见附录 D)。

18.12.3 步骤

用铰接试指对所有外表面每个可能的位置包括底面不施加外力。任何不要求工具而可以打开的外壳面板试指是适用的。

18.12.4 可接受的结果

在正常操作情况下，指型试具接触不到危险带电部分，是可以接受的。

18.13 导线弯曲试验

本试验适用于敷设在从固定面板到旋转面板或门上的带危险电压或功率的布线并且在打开期间被弯曲，这些导线除基本绝缘外没有附加的保护措施。

开启门或旋转面板到全开位置然后关闭，进行500次。此步骤完成后按照18.4进行耐压试验。测试后检查导线表面没有物理损伤并且通过耐压试验，则满足本试验要求。

18.14 绝缘电阻试验

当执行绝缘电阻试验时，在动力回路及保护联结回路间施加500 V DC时测得的绝缘电阻不应小于1 MΩ。绝缘电阻试验可以在整台电气设备上的单独部件上进行。

例外：对于电气设备的某些部件如母线、汇流线及汇流排或滑环装置，允许绝缘电阻最小值低一些，但不能小于50 kΩ。

18.15 EMO功能试验

18.15.1 概述

应进行EMO系统的功能试验，对于每个EMO按钮应分别进行下列试验。

18.15.2 触发

按下EMO按钮，在EMO激活期间，确认所使用的断开电能装置（如接触器、继电器）已打开并有效切断系统的电源。

18.15.3 EMO按钮复位

检验断开后，应复位EMO按钮，并应在EMO激活期间，确认所使用的断开电能装置（如接触器、继电器）不闭合和设备不重新得电。

18.15.4 EMO电路复位

复位控制装置应被激活以证实其使在EMO激活期间，用于断开电能的装置已闭合并重新使设备得电。

18.16 输入电流试验

18.16.1 试验设备

均方根值（r.m.s.）电流表，精度为±3.0%。

18.16.2 步骤

在最大正常负载情况下测量电气设备的输入电流。

18.16.3 可接受的结果

不应超过设备铭牌上规定的额定满负载电流的110%。

18.17 其他安全电路实验

除保护联锁回路及EMO外，对安全回路应执行功能试验，以确保能完成预定的功能。

18.18 电动机温度试验

18.18.1 概述

本试验不适用于下列电动机：

a） 符合4.2的电动机/控制器组合；或

b） 按照4.2和7.3.2，提供了过载保护的电动机；或

c） 按照4.2具有内在的保护（如热保护或阻抗保护）的电动机。

18.18.2 试验设备

±1 min精度的定时器或时钟。

18.18.3 步骤

电动机通电时应处于停止或防止起动状态，电动机保持供电直至：

a） 过载或过温保护时的手动复位，保护功能运行；或

b） 过载及过温保护的自动复位8 h后；或

c） 没有过载及过温保护的8 h。

按照18.4应进行耐压试验。

18.18.4 可接受的结果

没有电压击穿或明显的损坏或过热。

附 录 A
（规范性附录）
在 TN 系统中的基本保护（间接接触的防护）
（来自 GB/T 16895.21—2011 和 GB/T 16895.23—2012）

A.1 切断时间

A.1.1 概述

基本保护（间接接触的防护）应由过电流保护器件提供，在半导体设备中，如果在带电部分和外露可导电部分或外部可导电部分或保护导体之间发生故障时，过电流保护器件应在足够短的切断时间内，自动切断电路或设备的供电。对于半导体设备，切断时间不超过 5 s 视为足够短，不包括手持式设备或便携设备。

例外：不能保证 5 s 的切断时间时，应提供措施（如辅助保护接地）以防止来自同时可触及的可导电部分之间预期触摸电压超出 50 Va.c.或 120 Vd.c.无纹波，见 A.3。

A.1.2 Ⅰ类手持式或便携式设备的电路

通过插座或不通过插座直接向Ⅰ类手持式或便携式设备供电的电路（如在机械上辅助设备用的插头/插座，见 15.1），表 A.1 规定的最长切断时间视为足够短。

表 A.1 TN 系统的最长切断时间

U_0[a] V	切断时间 s
120	0.8
230	0.4
277	0.4
400	0.2
＞400	0.1

注 1：在 IEC 60038 规定的容许偏差范围内的电压，切断时间适用于施加的标称电压。

注 2：对于两级之间的电压值，使用表中紧接在其后的较高值。

[a] U_0 是对地标称交流电压均方根值。

A.2 用过电流保护器件自动切断电源作保护条件

过流保护装置特性和回路阻抗应是这样的：电气设备内任何地方的相线和保护导体或外露可导电部分之间如果发生可忽略阻抗的故障时，将在规定的时间内（即≤5 s 或≤依照表 A.1 的值）自动切断电源。下列条件满足本要求：

$$Z_s \times I_a \leqslant U_0$$

式中：

Z_s——包括电源、故障点和电源之间的带电导体到故障点和带电导体到保护导体的故障环阻抗，单位为欧(Ω)；

I_a——在规定的时间内引起切断保护器件自动动作的电流，单位为安(A)；

U_0——对地标称交流电压，单位为伏(V)。

应注意由于故障电流使导体的温度提高，其电阻也随之增加。

注：计算短路电流的资料可以找到，例如在 IEC 60909 中或从短路保护器件的供方获得。

A.3 用减小触摸电压使之低于 50 V 作保护条件

当不能采取 A.2 的要求及选择辅助接地作为防护危险触摸电压的措施时，本保护条件意指触摸电压已减小到低于 50 V 以及保护电路的阻抗(Z_{PE})若不超出下式所示时，达到了保护条件。

$$Z_{PE} \leqslant \frac{50}{U_0} \times Z_s$$

式中：

Z_{PE}——装置中设备的任何处和机械端子(见 5.2 和图 1)之间的保护接地电路的阻抗或是同时可触及的外露可导电部分和(或)外部可导电部分之间的保护联结电路的阻抗。

本条件证实通过使用 18.2.2 的试验 1 测量电阻 RPE 而获得。若 RPE 的测出值不超出下式所示时，达到了保护条件。

$$R_{PE} \leqslant \frac{50}{I_{a(5\ s)}}$$

式中：

$I_{a(5\ s)}$——保护器件的 5 s 动作电流，单位为安(A)；

R_{PE}——机械上端子(5.2 和图 1)和设备的任何处之间的保护接地电路的电阻或是同时可触及的外露可导电部分和(或)外部可导电部分之间的保护接地电路的电阻。

注 1：辅助保护联结被认为是对防护间接接触的补充。

注 2：辅助保护联结可以包括整个装置、部分装置、设备零件或配置。

A.4 用自动切断电源保护条件的检验

A.4.1 概述

依据 A.2 用自动切断电源作间接接触防护的措施，措施的有效性检验如下：

——通过目测断路器标称设置和熔断器电流额定值来检验关联的保护器件的特性；

——测量故障环路阻抗(Z_s)。

例外：可获得故障环路阻抗的计算或保护导体电阻的计算以及当装置的配置允许检验导线的长度和截面积时，保护导体连续性检验可以代替测量。

A.4.2 故障环路阻抗的测量

故障环路阻抗的测量应使用符合 GB/T 18216.3 的测量设备进行。有关测量结果的信息和在测量设备的文件中规定要遵循的程序应予考虑。

在预定的装置处，当机械连接到其频率与电源的标称频率相同的电源时，应进行测量。

注：图 A.1 表明在机械上测量故障环路阻抗的典型配置。在试验期间如果不能连接电动机，在试验中，不使用的两相导体可以断开，例如拆去熔断器。

故障环路阻抗的测量值应遵照 A.2 的规定。

A.4.3 导体电阻的测量值和故障条件下实际值之间差异的考虑

注:在环境温度下进行测量,由于电流小,故障条件下则需要考虑导体的电阻随温度的提高而增加,以检验故障回路阻抗的测量值符合 A.2 的要求。

由于故障电流导体的电阻随温度的升高而增加,在下式中考虑:

$$Z_s(m) \leqslant \frac{2}{3} \times \frac{U_0}{I_a}$$

式中:

$Z_s(m)$是 Z_s的测量值。

如果故障环路阻抗的测量值大于 $2U_n/3I_a$,按照 GB/T 16895.23—2005 中 C.61.3.6.2 描述的程序可以进行更准确地评价。

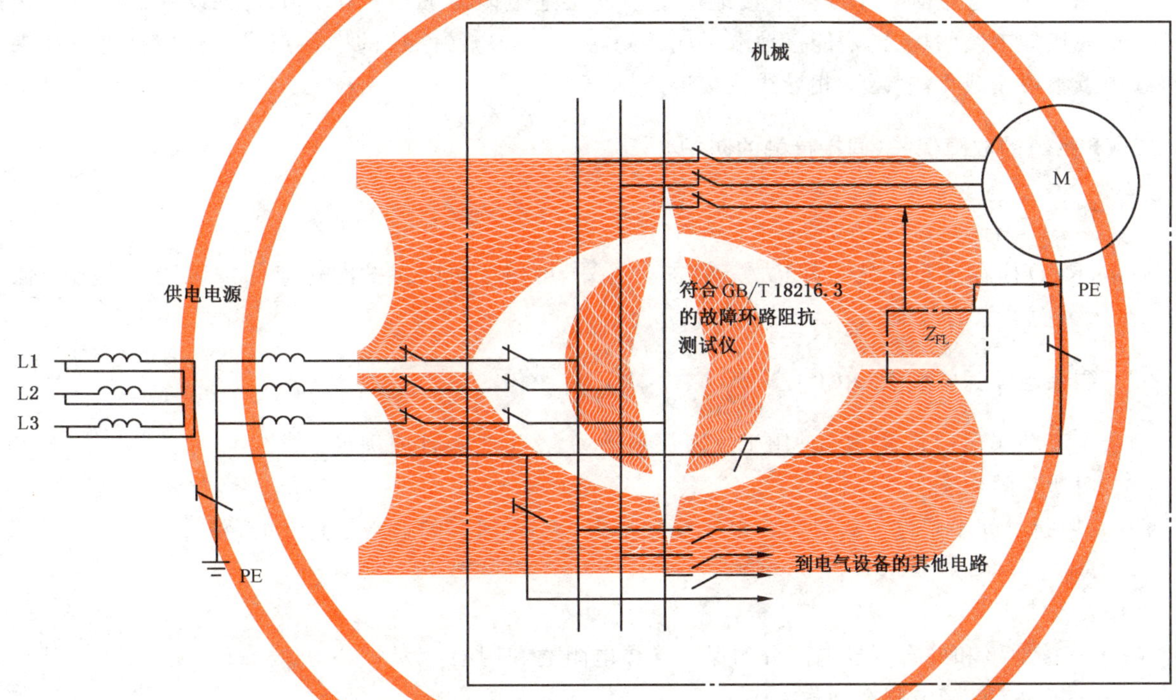

图 A.1 故障环路阻抗测量典型配置

附 录 B
（规范性附录）
在 TT 系统中间接接触的防护
（来自 GB/T 16895.21—2011 和 GB/T 16895.23—2012）

B.1 TT 系统的要求

B.1.1 接地

所有可能被触及的外露可导电部分或外部可导电部分应联结保护导体或者直接接到 PE 端子。必要时，PE 端子应当连接到一个或多个接地极上以便接地电阻足够小。在对于敏感设备的共有连接提供单独功能接地电路的场合，功能接地端子应接到接地极。电源系统的中性点或中点应接地。如果中性点或中点不可用或无法接近，相导线应接地。

B.1.2 TT 系统的故障保护（间接接触的防护）

B.1.2.1 概述

通常，RCD 应在 TT 系统中用于故障保护。另外，可用于故障保护的过流保护装置提供适当低值的 Z_s 是永久而可靠的保证。

B.1.2.2 剩余电流保护装置（RCD）

剩余电流动作保护装置（RCD）用于故障保护的场合，下列条件应满足：

a) 切断时间如表 B.1 规定

例外：切断时间不超过 1 s，对于配电线路和不由表 B.1 覆盖的电路是允许的，和

b) $R_A \times I_{\Delta n} \leqslant 50\ \text{V}$

式中：

R_A——接地极和外露可导电部分的保护导体电阻之和用 Ω 表示；

$I_{\Delta n}$——为 RCD 额定剩余动作电流。

注 1：如果故障阻抗不可忽略，在这种情况下，也可提供故障保护。

注 2：RCD 之间的区别，参见 IEC 60364-5-53 中的 535.3。

注 3：R_A 未知时，可用 Z_s 来替代。

注 4：有关预计的剩余故障电流比 RCD 额定剩余动作电流足够大（典型为 5 $I_{\Delta n}$）按照表 B.1 的切断时间。

注 5：在日本，R_A 允许最大值是校准的（例如 $U_0 > 300$ V 时，$R_A < 10\ \Omega$）。

B.1.2.3 用过电流保护装置作保护

使用过电流保护装置的场合应满足下列条件：

$$Z_s \times I_a \leqslant U_0$$

式中：

Z_s 是故障环路阻抗，单位为 Ω，由下列部分组成：

——电源；

——相导体到故障点；

——外露可导电部分的保护导体；

——接地导体；

——装置的接地极和电源的接地极。

I_a 为在表 B.1 规定时间内引起切断装置自动动作的电流，单位为 A。

例外：配电线路和不在表 B.1 所列的电路，分断时间不超过 1 s 是允许的。

U_0是相对地标称交流或直流电压。

表 B.1 最长切断时间

系统	50 V < U_0 ≤ 120 V s		120 V < U_0 ≤ 230 V s		230 V < U_0 ≤ 400 V s		U_0 > 400 V s	
	交流	直流	交流	直流	交流	直流	交流	直流
TN	0.8	见注	0.4	5	0.2	0.4	0.1	0.1
TT	0.3	见注	0.2	0.4	0.07	0.2	0.04	0.1

注：不是出于电击防护的原因而切断故障回路可能是需要的。

[a] TT 系统中，当采用过电流保护装置切断故障回路，并且将半导体设备范围内的所有外部可导电部分连接到等电位联结时，可采用 TN 系统的最长切断时间。

[b] U_0是指相对地标称交流或直流标称电压。

B.1.3 用剩余电流保护装置自动切断电源作保护的检验

对 TT 系统的间接接触防护是通过使用剩余电流保护装置自动切断电源实现的，应通过以下试验，检查和测量的检验。检查跳闸的额定剩余电流和剩余电流保护装置的切断时间，检验剩余电流保护装置按照有关 IEC 标准已作过的试验，检查剩余电流保护装置和保护联结电路的连接，测量半导体设备保护联结电路至外露可导电部分的故障环路阻抗。接地电阻值应小于 100 Ω。

注：有关剩余电流保护装置的性能和接地故障环路阻抗的测量，见 IEC 60364-6。

附 录 C
（规范性附录）
导体载流能力、电气间隙和爬电距离

C.1 表 C.1～表 C.6 使用信息

导体截面积的选择，应不超过表 C.1～表 C.6 的额定载流量。铜导体的载流量额定工作电压在 0～2 000 V。

实际应用中，导体的载流量受到与其连接装置所标记的温度限制，见 13.1.6。

90 ℃和 105 ℃一栏所提供的载流量，允许导线束运行在比 60 ℃或 75 ℃更热的额定值，因此，当降额时，有更多可用的载流量。从降额表 C.4～表 C.7，反映了导体的应用限制。

装置的导体额定温度通常是 60 ℃或 75 ℃。

表 C.1 AWG 30-4 的导体载流量，环境温度 30 ℃

线规		截面积	无降额 1 根～3 根导体 每根导体的载流量/A，绝缘等级				单根导线的弯曲距离		保护导体线规		保护导体截面积
Metric	AWG	mm²	60 ℃	75 ℃	90 ℃	105 ℃	mm	inches	Metric	AWG	mm²
	30	0.050	—	0.5	0.8	1	6.4	0.25		30	0.050
	28	0.079	—	0.8	1	2	6.4	0.25		28	0.079
	26	0.128	—	1	2	3	6.4	0.25		26	0.126
	24	0.201	2	2	3	4	6.4	0.25		24	0.201
	22	0.324	3	3	5	7	13	0.5		22	0.318
0.50		0.500	5	5	9	11	13	0.5	0.50		0.500
	20	0.519	5	5	9	11	13	0.5		20	0.509
0.75		0.75	6	6	12	16	13	0.5	0.75		0.75
	18	0.823	7	7	14	18	13	0.5		18	0.823
1.00		1.0	8	8	15	19	19	0.75	1.00		1.0
	16	1.31	10	10	18	22	20	0.75		16	1.31
1.50		1.5	11	11	20	24	19	0.75	1.50		1.5
	14	2.08	15	15	25	30	20	0.75		14	2.08
2.50		2.5	17	17	27	32	25	1.0	2.50		2.5
	12	3.31	20	20	30	35	26	1.0		12	3.31
4.00		4.0	24	24	34	39	25	1.0	4.00		4.0
	10	5.26	30	30	40	45	26	1.0		10	5.26
6.00		6.0	32	35	44	49	38	1.5	6.00		6.0
	8	8.37	40	50	55	60	39	1.5		10	5.26
10.00		10.0	45	55	62	68	51	2	6.00		6.0
	6	13.30	55	65	75	85	51	2		10	5.26
16.00		16.0	60	72	82	92	76	3	10.00		10.0
	4	21.15	70	85	95	105	76	3		8	8.37

表 C.2　25 mm² ～600 kcmil 的导体载流量，环境温度 30 ℃

线规		截面积	无降额　1 根～3 根导体 每根导体的载流量/A，绝缘等级				单根导线的弯曲距离		保护导体线规		保护导体截面积
Metric	AWG	mm²	60 ℃	75 ℃	90 ℃	105 ℃	mm	inches	Metric	AWG	mm²
25.00		25.0	80	95	105	115	76	3	10.00	30	10.00
	3	26.67	85	100	110	120	76	3		8	8.37
	2	33.62	95	115	130	145	89	3.5		6	13.30
35.00		35.0	97	117	133	149	115	4.5	16.00		16.00
	1	42.41	110	130	150	170	115	4.5		6	13.30
50.00		50.0	120	144	164	180	140	5.5	16.00		16.00
	1/0	53.49	125	150	170	185	140	5.5		6	13.30
	2/0	67.43	145	175	195	205	152.4	6		6	13.30
70.00		70.0	148	179	199	210	165	6.5	16.00		16.00
	3/0	85.01	165	200	225	240	166	6.5		6	13.30
95.0		95.0	179	214	241	260	178	7	16.00		16.00
	4/0	107.2	195	230	260	285	178	7		4	21.15
120.0		120.0	208	246	280	308	216	8.5	25.00		25.00
	(250)	126.7	215	255	290	320	216	8.5		4	21.15
150.0		150.0	238	282	317	347	254	10.0	25.00		25.00
	(300)	152.0	240	285	320	350	254	10		4	21.15
	(350)	177.4	260	310	350	385	305	12		3	26.67
185.0		185.0	266	317	359	395	305	12	35.00		35.00
	(400)	202.7	280	335	380	420	331	13		3	26.67
240.0		240.0	309	367	416	456	331	13	35.00		35.00
	(500)	253.4	320	380	430	470	356	14		3	26.67
300.0		300.0	352	416	471	516	381	15	35.00		35.00
	(600)	304.0	355	420	475	520	381	15		2	33.62

表 C.3　降额载流量(根据表 C.1 和表 C.2)0.050 mm² ～4.00 mm²

配线槽内的载流导线数，线束或电缆用降额系数。

载流导体数量	表 C.1 和表 C.2 中的降额百分比/%
1～3	100
4～6	80
7～9	70
10～20	50
21～30	45
31～40	40
41 及以上	35

C.2 环境温度校正系数

表 C.1～表 C.3 的环境温度校正系数在表 C.4 中给出。

表 C.4 环境温度校正系数

环境温度℃	60 ℃ 绝缘	75 ℃ 绝缘	90 ℃/105 ℃ 绝缘
21～25	1.08	1.05	1.04
26～30	1.00	1.00	1.00
31～35	0.91	0.94	0.96
36～40	0.82	0.88	0.91
41～45	0.71	0.82	0.87
46～50	0.58	0.75	0.82
51～55	0.41	0.67	0.76
56～60	—	0.58	0.71
61～70	—	0.33	0.58
71～80	—	—	0.41

C.3 非绝缘母线尺寸

非绝缘母线应符合表 C.5 尺寸要求。

表 C.5 非绝缘母线尺寸

注：C.4 中规定了非绝缘母线间的电气间隙和爬电距离。

厚度 mm	厚度 inches	宽度 mm	宽度 inches	面积 mm^2	面积 $inches^2$	载流量 A
1.59	0.063	12.7	0.50	20.0	0.031	31
		19.1	0.75	30.3	0.047	47
		25.4	1.00	40.6	0.063	63
		38.1	1.50	60.6	0.094	94
		50.8	2.00	80.6	0.125	125
		76.2	3.00	121.3	0.188	188
3.18	0.125	12.7	0.50	40.6	0.063	63
		19.1	0.75	60.6	0.094	94
		25.4	1.00	80.6	0.125	125
		38.1	1.50	121.3	0.188	188
		50.8	2.00	161.3	0.250	250
		63.5	2.50	201.9	0.313	313
		76.2	3.00	241.9	0.375	375
		101.6	4.00	322.6	0.500	500

表 C.5（续）

厚度 mm	厚度 inches	宽度 mm	宽度 inches	面积 mm^2	面积 $inches^2$	载流量 A
6.35	0.250	12.7	0.50	80.6	0.125	125
		19.1	0.75	121.3	0.188	188
		25.4	1.00	161.3	0.250	250
		38.1	1.50	241.9	0.375	375
		50.8	2.00	322.6	0.500	500
		63.5	2.50	403.2	0.625	625
		76.2	3.00	483.9	0.750	750
		88.9	3.50	564.5	0.875	875
		101.6	4.00	645.2	1.00	1 000
		127.0	5.00	806.5	1.25	1 250
		152.4	6.00	967.7	1.50	1 500
9.53	0.375	12.7	0.50	121.3	0.188	188
		19.1	0.75	181.3	0.281	281
		25.4	1.00	241.9	0.375	375
		38.1	1.50	363.2	0.563	563
		50.8	2.00	483.9	0.750	750
		63.5	2.50	605.2	0.938	938
		76.2	3.00	725.8	1.125	1 125
		88.9	3.50	847.1	1.313	1 313
		101.6	4.00	967.7	1.500	1 500
12.7	0.500	19.1	0.75	241.9	0.375	375
		25.4	1.00	322.6	0.500	500
		38.1	1.50	483.9	0.750	750
		50.8	2.00	645.2	1.00	1 000
		76.2	3.00	967.7	1.50	1 500
		101.6	4.00	1290.3	2.00	2 000

C.4 电气间隙和爬电距离

适当时，电气间隙和爬电距离应依照表 C.6 或表 C.7。

当需要用直流电压进行试验时，增加规定试验电压的 1.42 倍。

表 C.6 洁净室等级 1 000 或以下的电气间隙和爬电距离

<table>
<tr><th rowspan="3">安装类别</th><th rowspan="3">工作电压
V</th><th colspan="3">基本/附加
mm</th><th colspan="3">双重/加强
mm</th></tr>
<tr><th rowspan="2">电气间隙</th><th rowspan="2">爬电距离</th><th rowspan="2">测试电压
V r.m.s.</th><th rowspan="2">电气间隙</th><th rowspan="2">爬电距离</th><th rowspan="2">测试电压
V r.m.s.</th></tr>
<tr></tr>
<tr><td rowspan="6">1 类</td><td>50</td><td>0.1</td><td>0.18</td><td>230</td><td>0.10</td><td>0.35</td><td>400</td></tr>
<tr><td>100</td><td>0.1</td><td>0.25</td><td>350</td><td>0.12</td><td>0.50</td><td>510</td></tr>
<tr><td>150</td><td>0.1</td><td>0.30</td><td>490</td><td>0.40</td><td>0.60</td><td>740</td></tr>
<tr><td>300</td><td>0.5</td><td>0.70</td><td>820</td><td>1.60</td><td>1.60</td><td>1 400</td></tr>
<tr><td>600</td><td>1.5</td><td>1.70</td><td>1 350</td><td>3.30</td><td>3.40</td><td>2 300</td></tr>
<tr><td>1 000</td><td>3.0</td><td>3.20</td><td>2 200</td><td>6.50</td><td>6.50</td><td>3 700</td></tr>
<tr><td rowspan="6">2 类</td><td>50</td><td>0.1</td><td>0.18</td><td>350</td><td>0.12</td><td>0.35</td><td>510</td></tr>
<tr><td>100</td><td>0.1</td><td>0.25</td><td>490</td><td>0.40</td><td>0.50</td><td>740</td></tr>
<tr><td>150</td><td>0.5</td><td>0.50</td><td>820</td><td>1.60</td><td>1.60</td><td>1 400</td></tr>
<tr><td>300</td><td>1.5</td><td>1.50</td><td>1 350</td><td>3.30</td><td>3.30</td><td>2 300</td></tr>
<tr><td>600</td><td>3.0</td><td>3.00</td><td>2 200</td><td>6.50</td><td>6.50</td><td>3 700</td></tr>
<tr><td>1 000</td><td>5.5</td><td>5.50</td><td>3 250</td><td>11.50</td><td>11.50</td><td>5 550</td></tr>
<tr><td rowspan="6">3 类</td><td>50</td><td>0.1</td><td>0.18</td><td>490</td><td>0.4</td><td>0.4</td><td>740</td></tr>
<tr><td>100</td><td>0.5</td><td>0.50</td><td>820</td><td>1.6</td><td>1.6</td><td>1 400</td></tr>
<tr><td>150</td><td>1.5</td><td>1.50</td><td>1 350</td><td>3.3</td><td>3.3</td><td>2 300</td></tr>
<tr><td>300</td><td>3.0</td><td>3.00</td><td>2 200</td><td>6.5</td><td>6.5</td><td>3 700</td></tr>
<tr><td>600</td><td>5.5</td><td>5.50</td><td>3 250</td><td>11.5</td><td>11.5</td><td>5 550</td></tr>
<tr><td>1 000</td><td>8.0</td><td>8.00</td><td>4 350</td><td>16.0</td><td>16.0</td><td>7 400</td></tr>
<tr><td colspan="8">注 1：按照表 C.8 中规定，在无涂覆的印制线路板上小于 0.7 mm 的爬电距离可以减小。
注 2：洁净室等级 1 000 或更小其污染等级为 1，然而，即使该设备安装于该级别的洁净室在特定的区域，在给定的设备的部分其污染等级可能超过 1。</td></tr>
</table>

表 C.7 印刷线路板(PWB)爬电距离

<table>
<tr><th rowspan="3">设备爬电距离
mm</th><th colspan="4">PWB 爬电距离/mm</th></tr>
<tr><th rowspan="2">基本或附加绝缘</th><th colspan="3">双重或加强绝缘</th></tr>
<tr><th>安装类别 1</th><th>安装类别 2</th><th>安装类别 3</th></tr>
<tr><td>0.18</td><td>0.1</td><td colspan="2" rowspan="3">没有减少</td><td rowspan="6">没有减少</td></tr>
<tr><td>0.25</td><td>0.1</td></tr>
<tr><td>0.30</td><td>0.2</td></tr>
<tr><td>0.35</td><td></td><td>0.10</td><td>0.12</td></tr>
<tr><td>0.50</td><td>0.5</td><td>0.20</td><td>0.40</td></tr>
<tr><td>0.60</td><td>0.5</td><td>0.45</td><td></td></tr>
</table>

表 C.8　洁净室等级 1 000 以上的电气间隙和爬电距离

安装类别	工作电压 VAC	基本或附加绝缘						双重或加强绝缘					
		电气间隙 mm	爬电距离/mm				试验电压 V r.m.s.	电气间隙 mm	爬电距离/mm				试验电压 V r.m.s.
			CTI>600	CTI>400	CTI>100	印刷电路板 CTI>175			CTI>600	CTI>400	CTI>100	印刷电路板 CTI>175	
1 类	50	0.2	0.6	0.85	1.2	0.20	230	0.2	1.2	1.7	2.4	0.4	400
	100	0.2	0.7	1.00	1.4	0.20	350	0.2	1.4	2.0	2.8	0.4	510
	150	0.2	0.8	1.10	1.6	0.35	490	0.4	1.6	2.2	3.2	0.7	740
	300	0.5	1.5	2.10	3.0	1.40	820	1.6	3.0	4.2	6.0	2.8	1 400
	600	1.5	3.0	4.30	6.0	3.00	1 350	3.3	6.0	8.5	12.0	6.0	2 300
	1 000	3.0	5.0	7.00	7.0	5.00	2 200	6.5	10.0	14.0	20.0	10.0	3 700
2 类	50	0.2	0.6	0.85	1.2	0.2	350	0.2	1.2	1.7	2.4	0.4	510
	100	0.2	0.7	1.00	1.4	0.2	490	0.2	1.4	2.0	2.8	0.4	740
	150	0.5	0.8	1.10	1.6	0.5	820	1.6	1.6	2.2	3.2	1.6	1 950
	300	1.5	1.5	2.10	3.0	1.5	1 350	3.3	3.3	4.2	6.0	3.3	3 250
	600	3.0	3.0	4.30	6.0	3.0	2 200	6.5	6.5	8.5	12.0	6.5	5 250
	1 000	5.5	5.5	7.00	10.0	5.5	3 250	11.5	11.5	14.0	24.0	11.5	7 850
3 类	50	0.2	0.6	0.85	1.2	0.2	490	0.4	1.2	1.7	2.4	0.4	740
	100	0.5	0.7	1.00	1.4	0.5	820	1.6	1.6	2.0	2.8	1.6	1 950
	150	1.5	1.5	1.50	1.6	1.5	1 350	3.3	3.3	3.3	3.3	3.3	3 250
	300	3.0	3.0	5.00	3.0	3.0	2 200	6.5	6.5	6.5	6.5	6.5	5 250
	600	5.5	5.5	5.50	6.0	5.5	3 250	11.5	11.5	11.5	12.0	11.5	7 850
	1 000	8.0	8.0	8.00	10.0	8.0	4 350	16.0	16.0	16.0	20.0	16.0	10 450

注： 洁净室等级大于 1 000 其污染等级是 2，然而，即使该设备安装于该级别的洁净室在特定区域或在给定的设备部分其污染等级可能超过 2。

附　录　D
（规范性附录）
标 准 试 指

用于 18.10 和 18.12 试验的标准试指详细列于图 D.1 和图 D.2。

单位为毫米

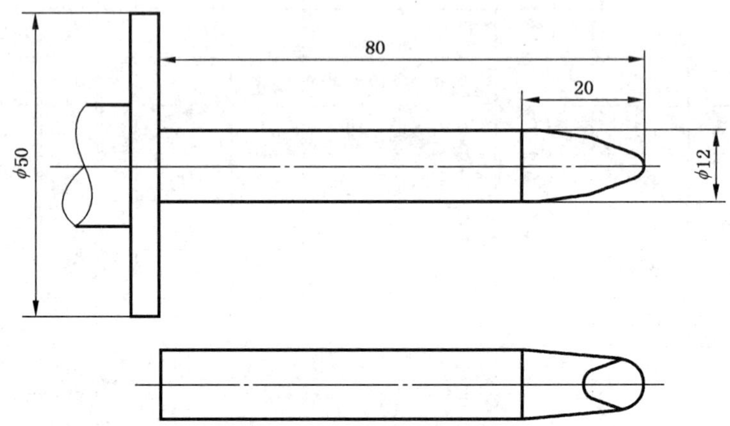

对于指尖的公差和尺寸，见图 D.2。

注 1：引自 GB 4793.1。

注 2：这种试指与 GB/T 16842 中试具 11 相同。

图 D.1　刚性试指

尺寸单位为毫米

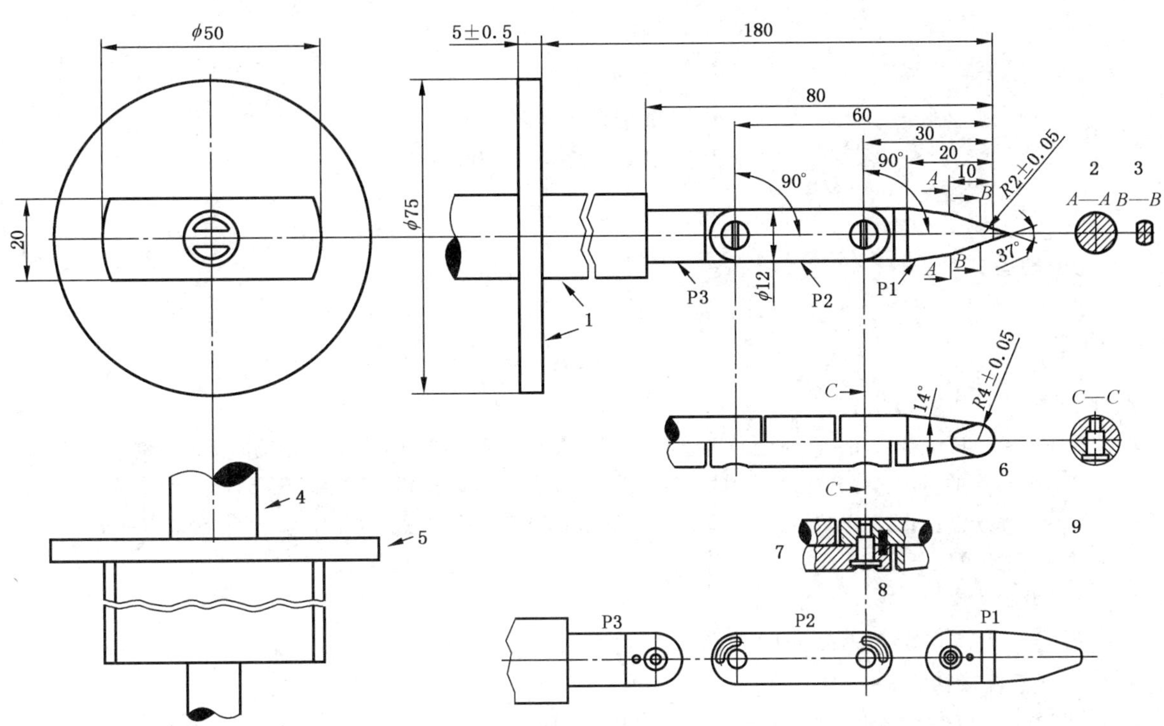

说明：

1——绝缘材料；

2——*AA* 视图；

3——*BB* 侧视图；

4——手柄；

5——挡板；

6——球形；

7——详图(样品)；

8——侧视图；

9——所有锐边倒角。

对没有特别指明的公差：

a) 角度：0～10°；

b) 线性尺寸：≤25 mm$_{-0.05}^{0}$ mm；

>25 mm+0.2 mm。

试指材料：热处理钢材等。

试指的两个铰接处可弯曲一定角度$(90_{0}^{+10})°$，但只在同一方向。

为了限制弯曲角度为 90 °使用针和沟槽的解决方案仅是一种可能的途径。为此，尺寸和公差的这些细节都没有在图中给出。实际设计应确保$(90_{0}^{+10})°$的弯曲角度。

注： 这种试指测试棒尖头与 GB/T 16842 中试具 B 相同。

图 D.2 铰接试指

附　录　E
（资料性附录）
系统接地型式
（引自 IEC 60364-1:2005）

E.1　系统接地型式

E.1.1　概述

本部分考虑下列接地型式。

注 1：图 E.1～图 E.13 为常用三相系统的接地示例。图 E.14～图 E.18 为常用直流系统的接地示例。

注 2：虚线部分指的不是本部分范围包括的系统部分，实线表示由本部分包括的部分。

注 3：对专用系统\电网或变电站和（或）电源和（或）配电系统可能被认为是本部分含义内作为装置的部分。对这种情况，图例可以全部用实线表示。

注 4：所用代码意义如下：

首字母——电源系统与地之间的关系：

T——一点直接接地；

I——所有带电部分与地隔离，或通过一高阻抗接地。

第二个字母——装置外露可导电部分与地之间的关系：

T——直接将裸露导电部件接地；独立于供电系统任何一个接地点；

N——直接将外露可导电部分连接至电源系统的接地点（交流系统中，电源接地点一般为中性点，如中性点不存在时，则一相接地作为中性线）。

随后的字母（如若存在）表示中性线和保护导体的组合安排：

S——通过导体与中性线分开或与接地的相（如交流系统中接地相）导体分开提供保护功能；

C——由单一导体组合了中性线和保护导体两种功能（PEN 导线）。

根据 IEC 60617，图 E.1～图 E.18 的符号解释	
 [符号]	中性线（N）；中间线（M）
 [符号]	保护接地（PE）
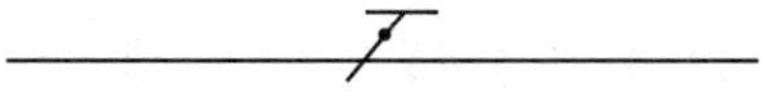 [符号]	保护和中性导体合一（PEN）

E.1.2　TN 系统

E.1.2.1　单电源系统

TN 电源系统在电源侧中性点直接接地，装置的外露可导电部分通过保护导体连接至此接地点。

根据中性线和保护导体的组合安排,考虑有下列 3 种型式的 TN 系统：

——TN-S 系统中,整个系统,中性线和保护导体是分开的(见图 E.1、图 E.2 和图 E.3)。

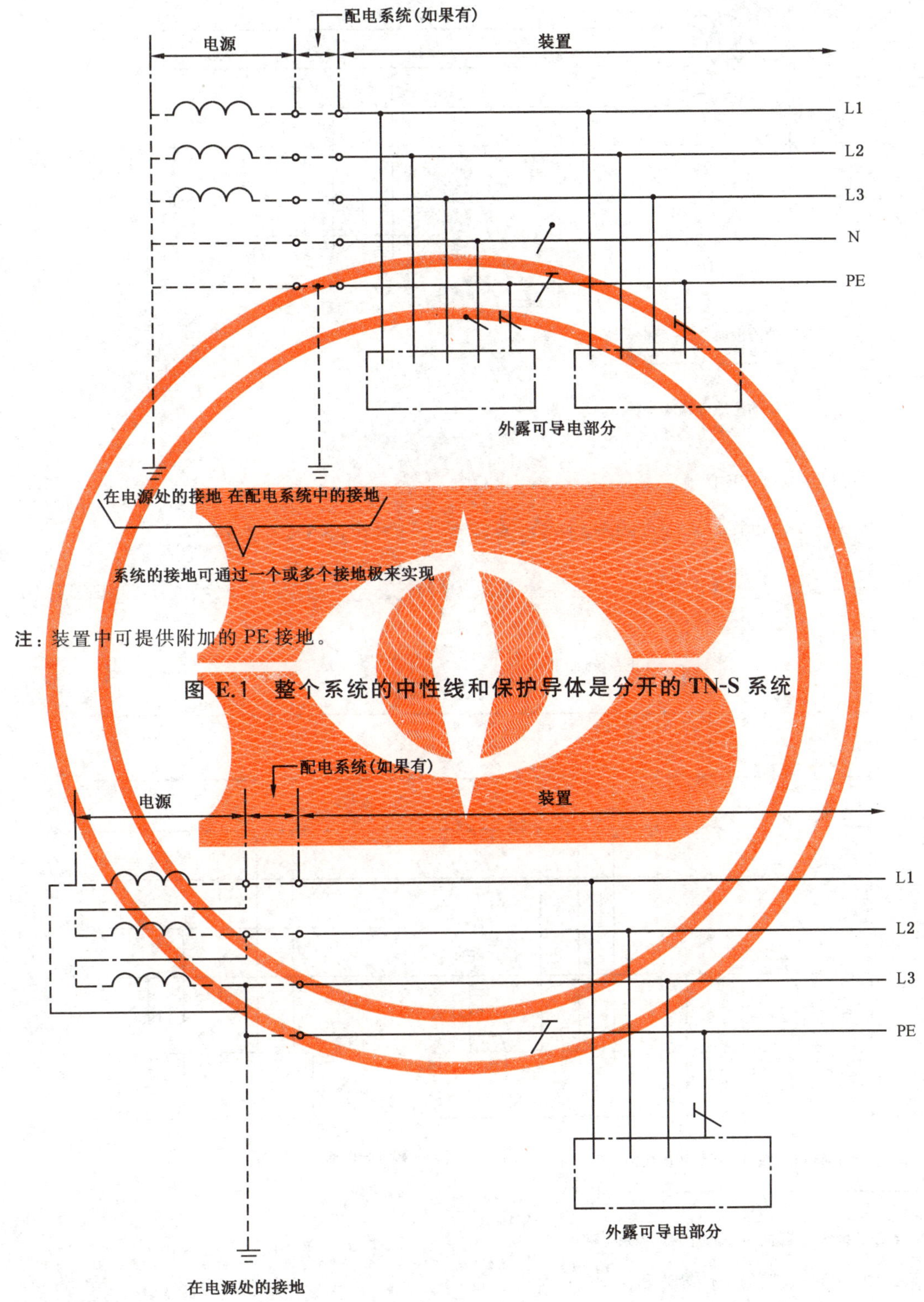

注：装置中可提供附加的 PE 接地。

图 E.1 整个系统的中性线和保护导体是分开的 TN-S 系统

注：配电系统和装置中可提供附加 PE 接地。

图 E.2 整个系统的接地相线和保护导体是分开的 TN-S 系统

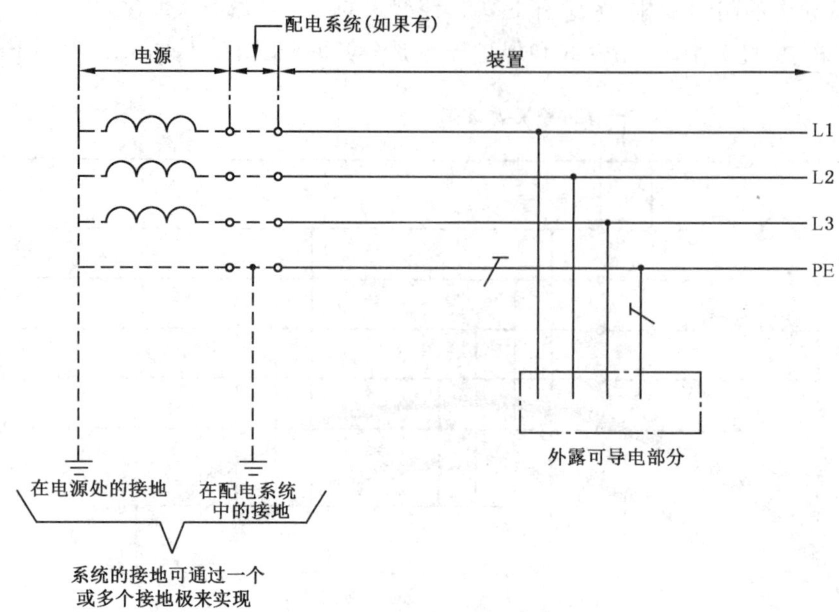

注：装置中可提供附加 PE 接地。

图 E.3　有保护接地，没有配电中性导体的 TN-S 系统

——TN-C-S 系统中一部分线路的中性导体和保护导体是合一的(见图 E.4、图 E.5 和图 E.6)。

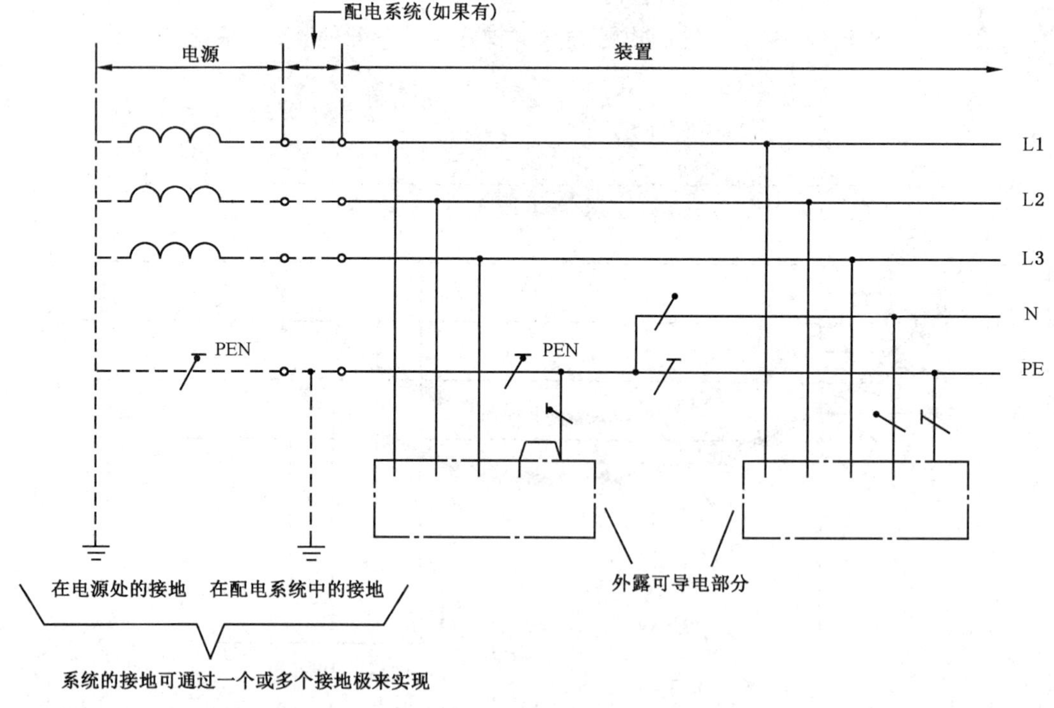

注 1：系统中一部分线路的中性导体和保护导体是合一的。

注 2：装置中可提供 PEN 或 PE 的附加接地点。

图 E.4　三相四线的 TN-C-S 系统中，PEN 在装置中某处 PE 和 N 是分开的

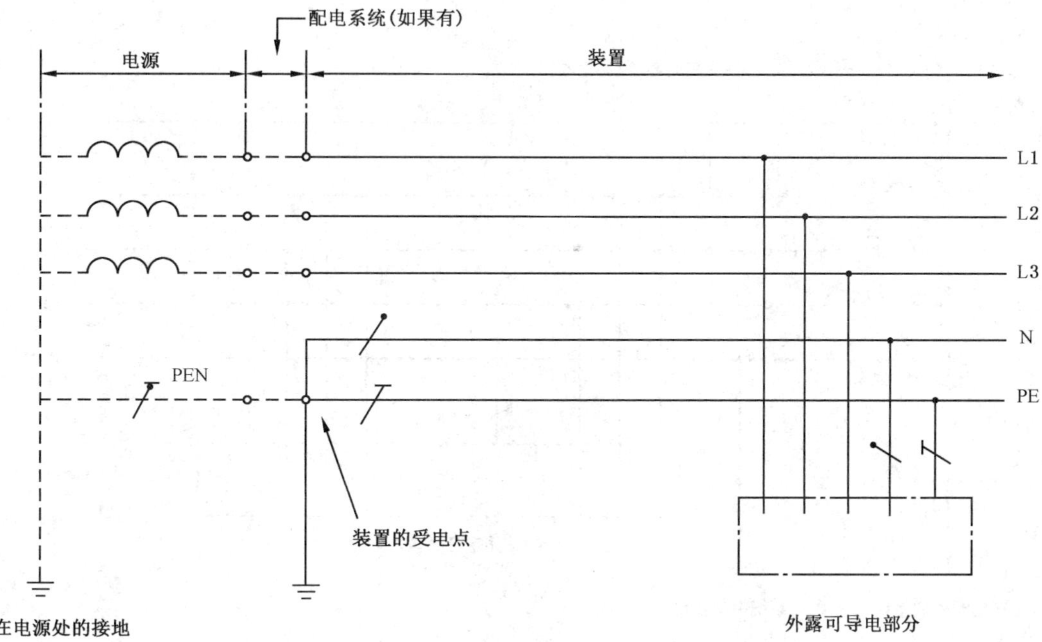

注：配电系统中的 PEN 和装置中的 PE 可提供附加接地点。

图 E.5　三相四线的 TN-C-S 系统中，在进线端 PEN 分开成 PE 和 N

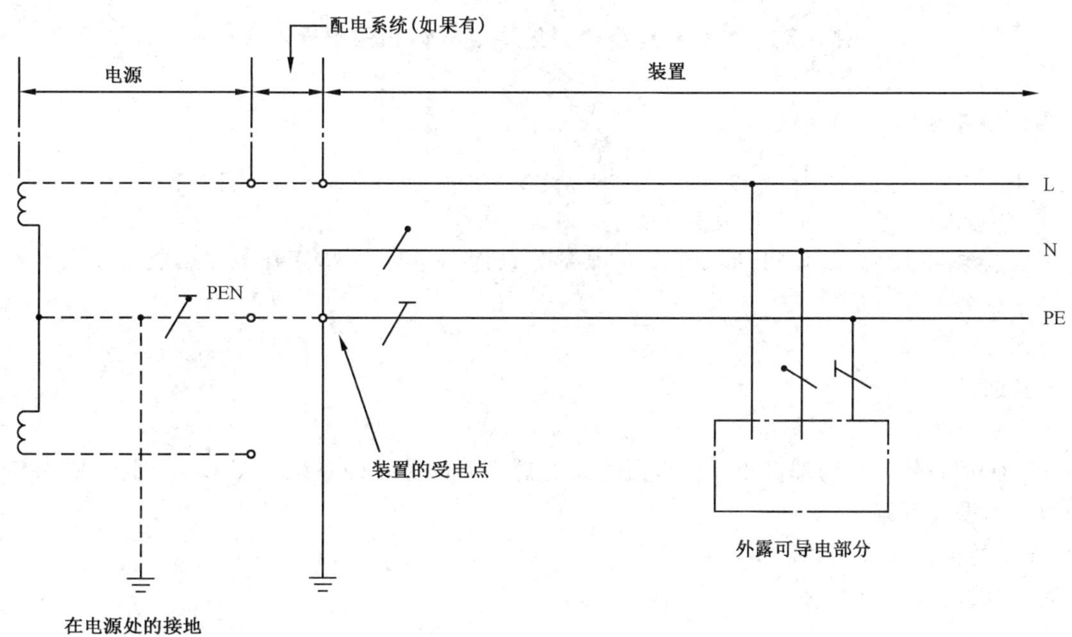

注 1：系统中一部分线路的中性导体和保护导体是合一的。

注 2：配电系统中的 PEN 和装置中的 PE 可提供附加接地。

图 E.6　单相两线的 TN-C-S 系统中，在进线端 PEN 分开成 PE 和 N

——TN-C 系统，整个 TN-C 系统中中性导体和保护导体合二为一(见图 E.7)。

注：图中符号，请参见 E.1.1 的解释。

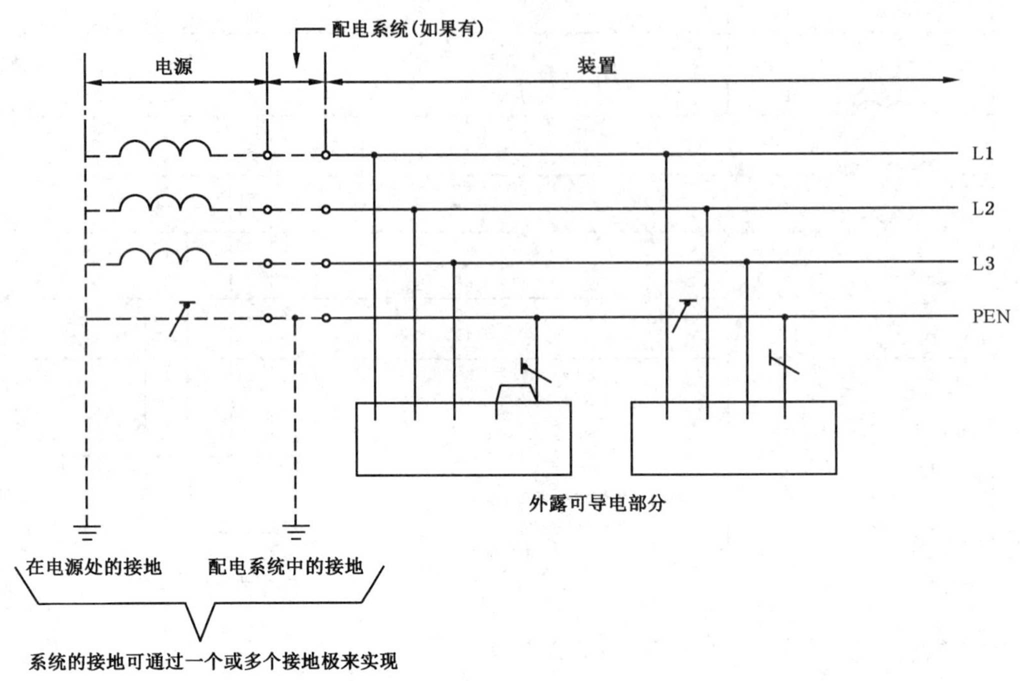

注：装置中可提供 PEN 附加接地。

图 E.7　TN-C 系统整个系统中性导体和保护导体合一

E.1.3　多电源系统

注：以规定 EMC(电磁兼容性)为特定目标的 TN 系统作为多电源系统表示。IT 和 TT 系统不作为多电源系统表示，因为这些系统通常与 EMC 是兼容的。

具有多电源的 TN 系统，当其形成装置的某部分设计不当时，一些工作电流可能流经意想不到的路径。这些电流会引起：

——火灾；

——腐蚀；

——电磁干扰。

图 E.8 所示的是一个局部微小工作电流通过意想不到的路径的系统。图 E.8 下面的要点提供了从 a)～d)的基本设计准则。

PE 导体的标识应依照 GB/T 7947。

任何系统的扩展，应考虑保护措施的适当功能。

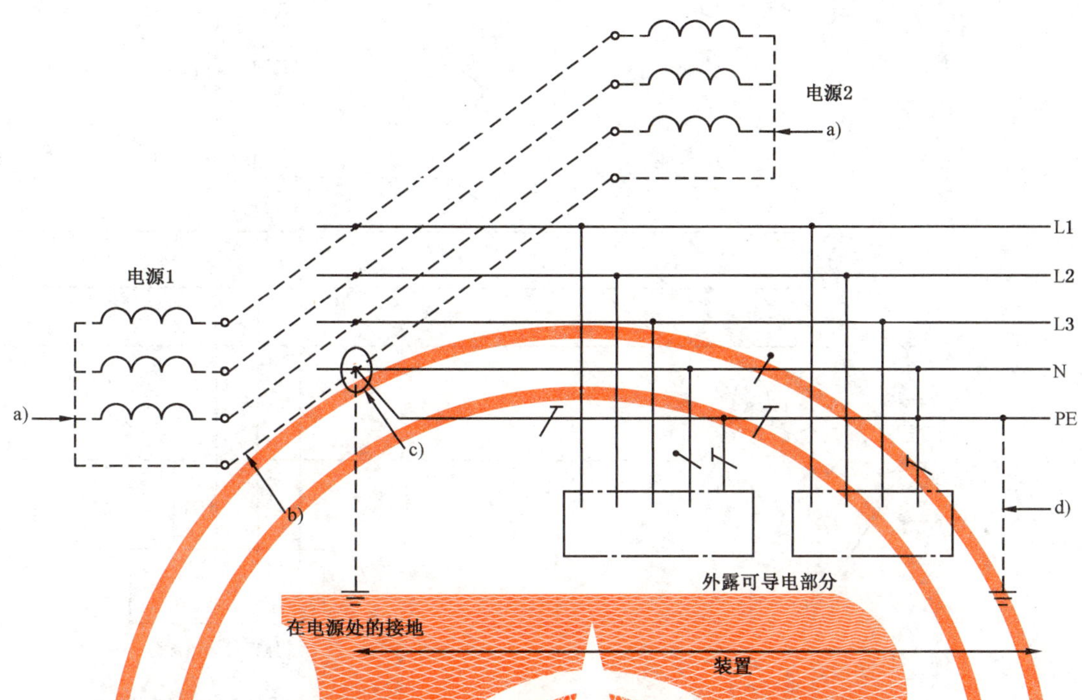

说明：

a) 从变压器中性点或发电机星形中点不直接接地是允许的；

b) 变压器中性点之间或发电机星形中点之间的互连导体应是隔离的。该导体的功能与 PEN 导体类似；但是，它不应连接到用电设备上；

c) 电源互联的中性点和 PE 之间，只应提供一点连接。该连接应置于主开关柜内；

d) 装置中可提供 PE 的附加接地。

图 E.8 在用电设备中保护导体和中性线分开的 TN-C-S 的多电源系统

在电源线间只有两相负载和三相负载的工业设备中，不必提供中性线（见图 E.9）。在此情况下，保护导体需要多点接地。

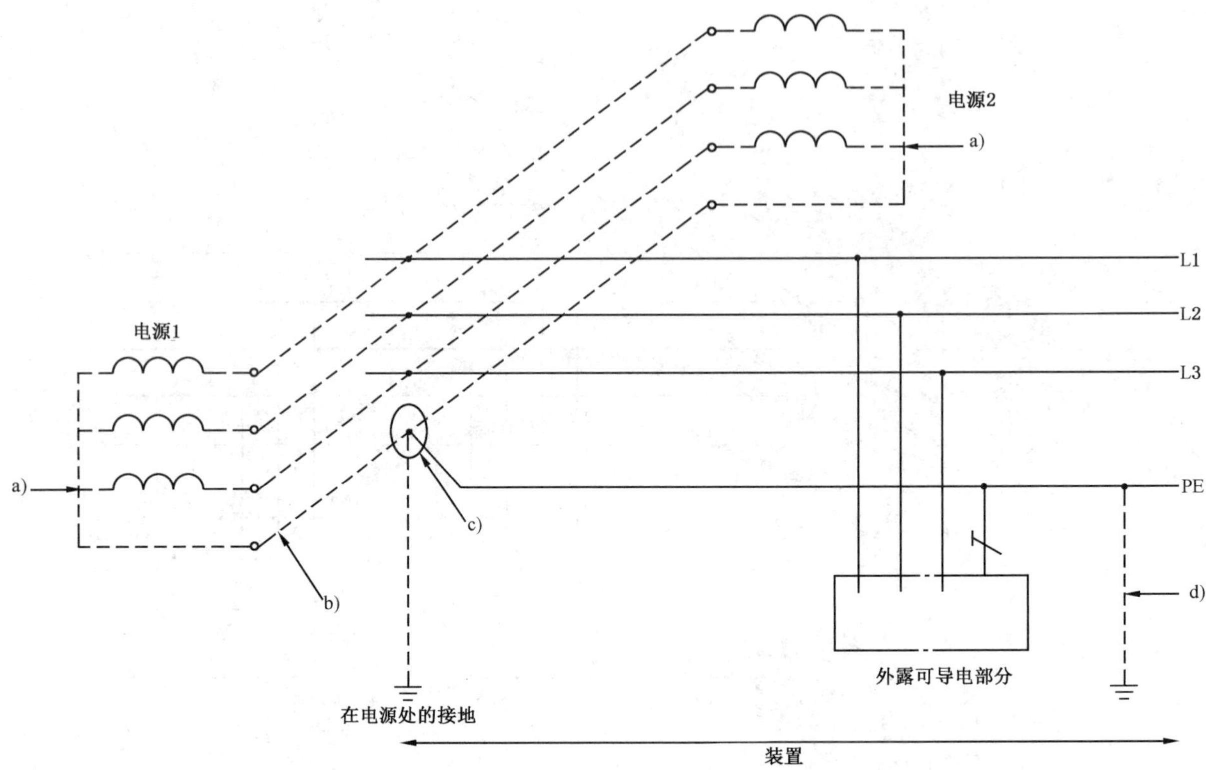

说明：

a) 从变压器中性点或发电机星形中点不直接接地是允许的。

b) 变压器中性点之间或发电机星形中点之间的互连导体应隔离。该导体的功能与 PEN 导体类似；但是，它不应连接到用电装置上。

c) 电源的互连中性点和 PE 之间，只应提供一点连接。该连接应置于主开关柜内。

d) 装置中可提供 PE 的附加接地。

图 E.9 具有两相或三相负载，整个系统只有保护导体而没有中线的 TN 多电源系统

E.2 TT 系统

TT 系统只有一个直接接地点，装置的外露可导电部分直接接地，此接地点(极)在电气上独立于电源系统的接地点(极)。(见图 E.10 和图 E.11)。

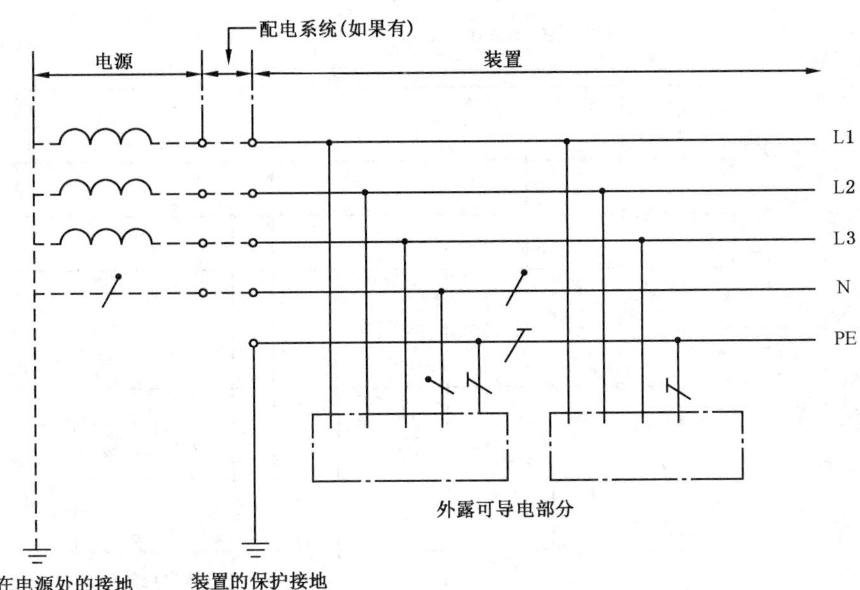

注 1：在瑞典，TT 系统只允许在特定条件下使用。

注 2：装置中可提供 PE 的附加接地。

图 E.10 在整个装置中中性线和保护导体分开的 TT 系统

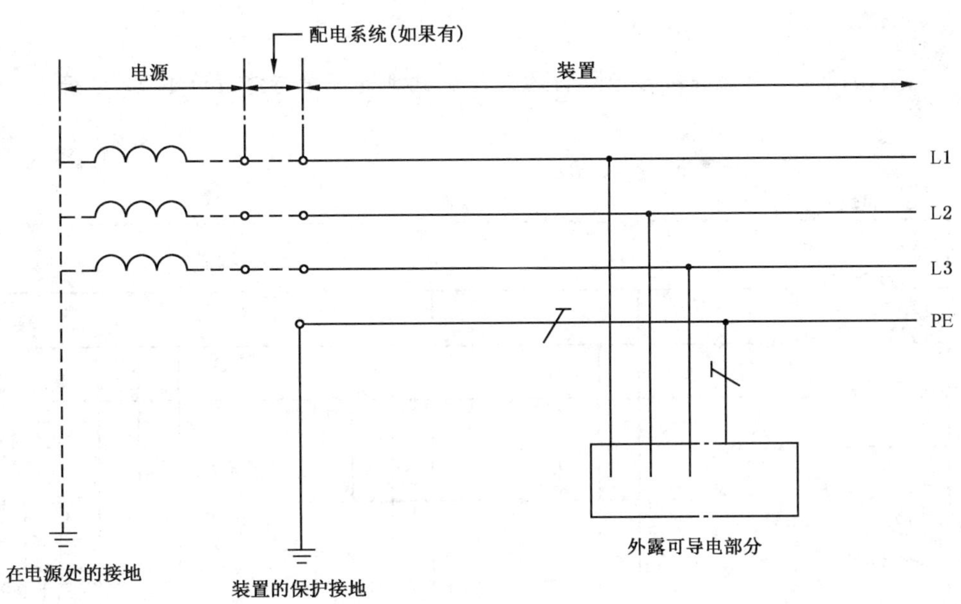

注：装置中可提供 PE 的附加接地。

图 E.11 在整个装置中具有接地保护导体而没有中线的 TT 系统

E.3 IT 系统

IT 电源系统中，所有带电部分对地隔离，或有一点经高阻抗接地。电气装备的外露可导电部分依据 GB/T 16895-21 中 411.6 独立或全部接地或与系统地连接(见 E.12 和 E.13)。

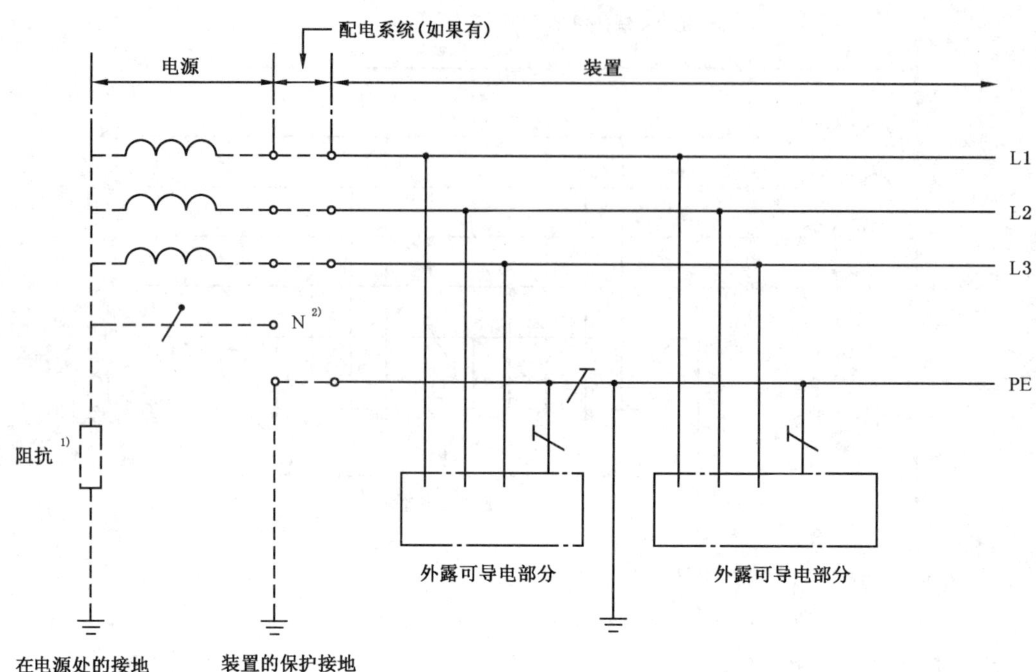

注：装置中可提供 PE 的附加接地。

1) 该系统可经高阻抗接地。例如，该连接可设置在中性点、人工中性点，或相导体。

2) 中性线可选择配置。

图 E.12 所有外露可导电部分通过一个共地的保护导体互连的 IT 系统

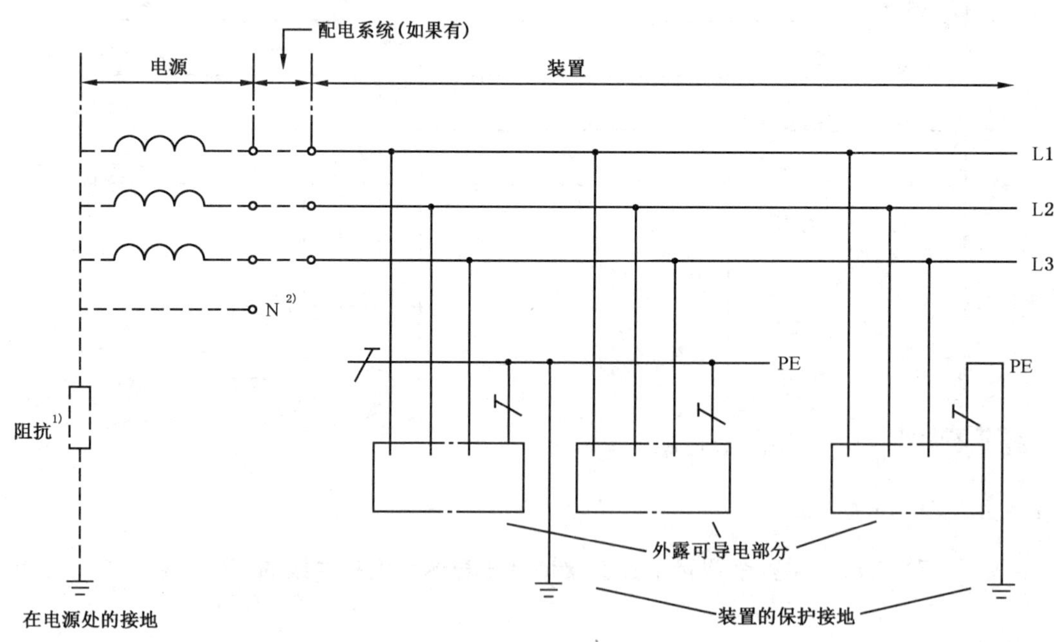

注：装置中可提供 PE 的附加接地。

1) 系统可经高阻抗接地。

2) 中性线可选择配置。

图 E.13 外露可导电部分成组接地或单独接地的 IT 系统

E.4 直流(DC)系统

E.4.1 直流(DC)系统的接地型式

图 E.14～图 E.18 所示为特定电极接地的两线直流系统。正电极或负电极接地取决于工作环境或其他考虑因素,例如,避免对导线和接地排的腐蚀性影响。

E.4.1.1 TN-S 系统

整个装置中的接地线导体,例如型式 a)中的 L-或型式 b)中的中间导体 M 与保护导分开。

型式 a)

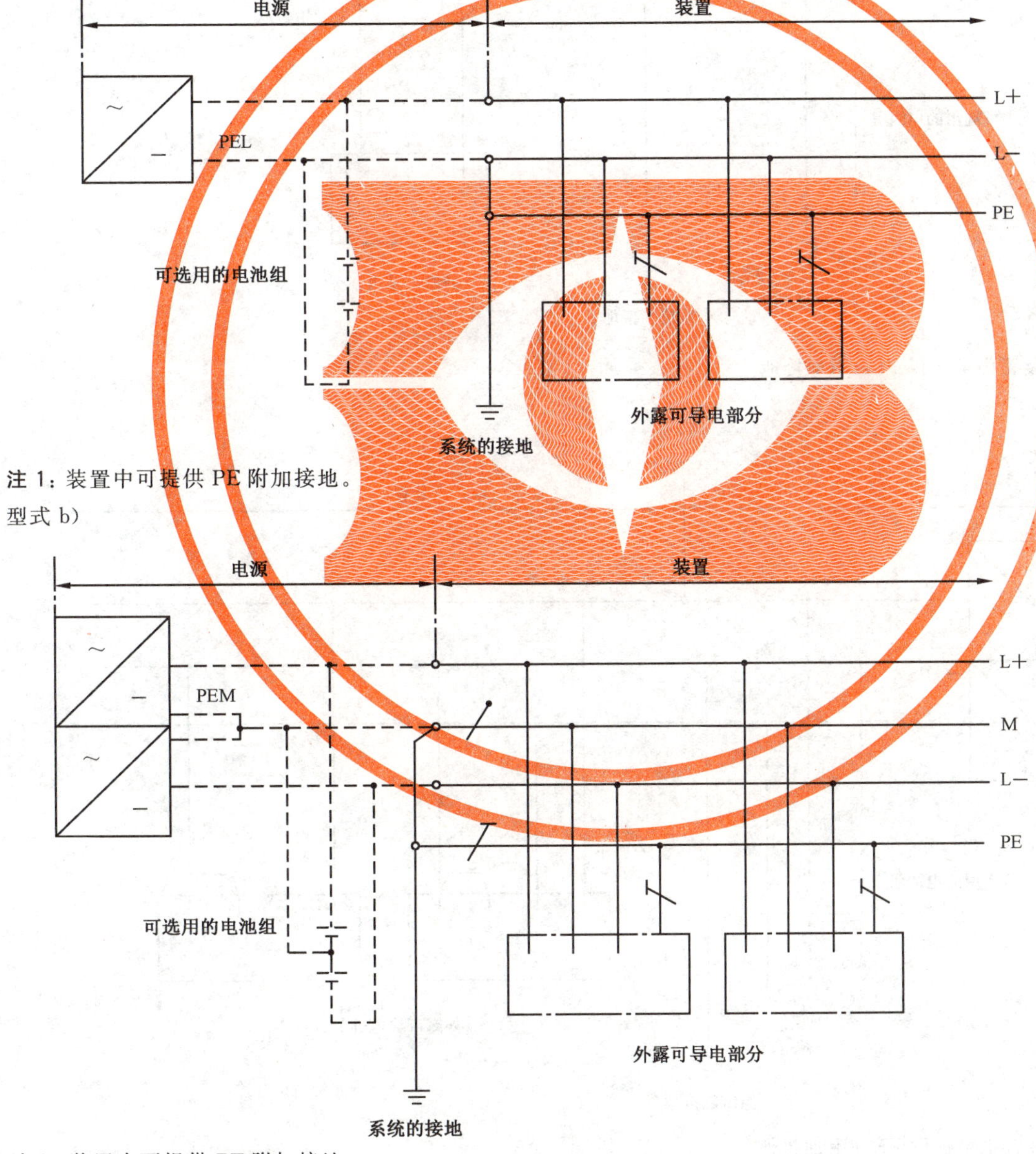

注 1:装置中可提供 PE 附加接地。

型式 b)

注 2:装置中可提供 PE 附加接地。

图 E.14 TN-S 直流系统

E.4.1.2 TN-C 系统

整个装置中，接地的线(相)导体(如 L－)和保护导体的功能，在型式 a)中合一为单一导体 PEL 或接地的中间导体 M 和保护导体的功能在型式 b) 中合一为单一导体 PEM。

型式 a)

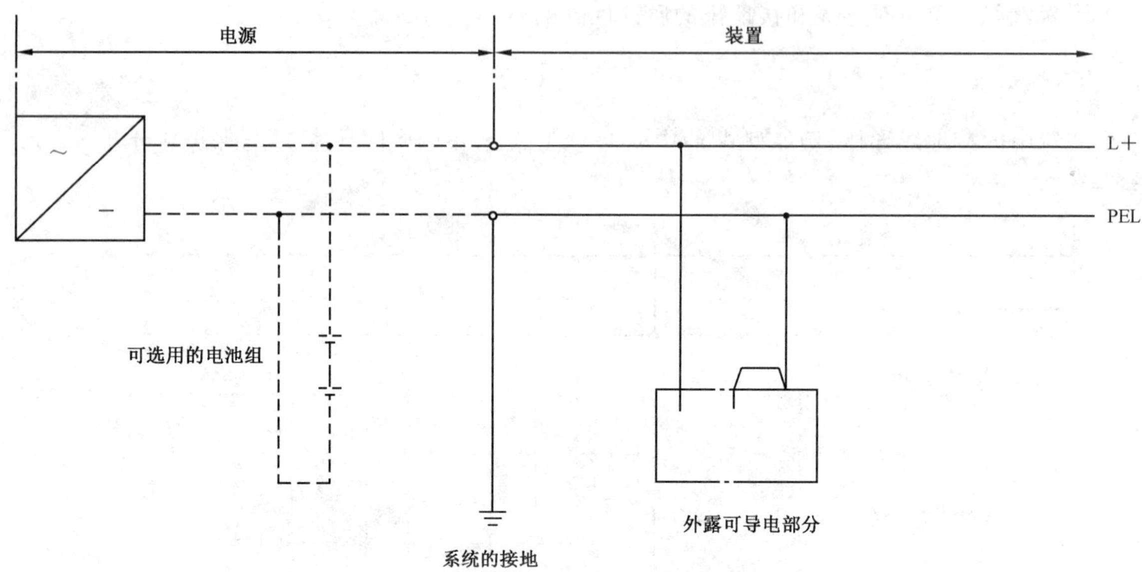

注 1：装置中可提供 PEL 附加接地。

型式 b)

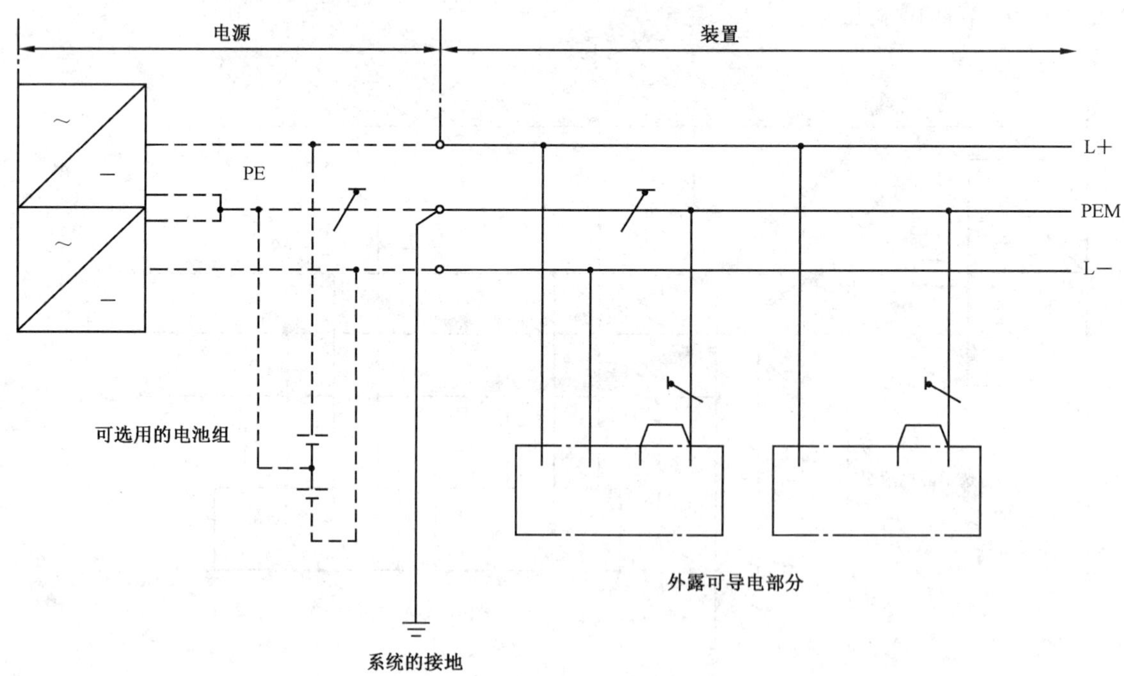

注 2：装置中可提供 PEM 附加接地。

图 E.15 TN-C 直流系统

E.4.1.3 TN-C-S 系统

装置中的一部分,接地的线(相)导体(如 L-)和保护导体的功能,在型式 a)中合一为单一导体 PEL 或接地的中间导体 M 和保护导体的功能在型式 b) 中合一为单一导体 PEM。

型式 a)

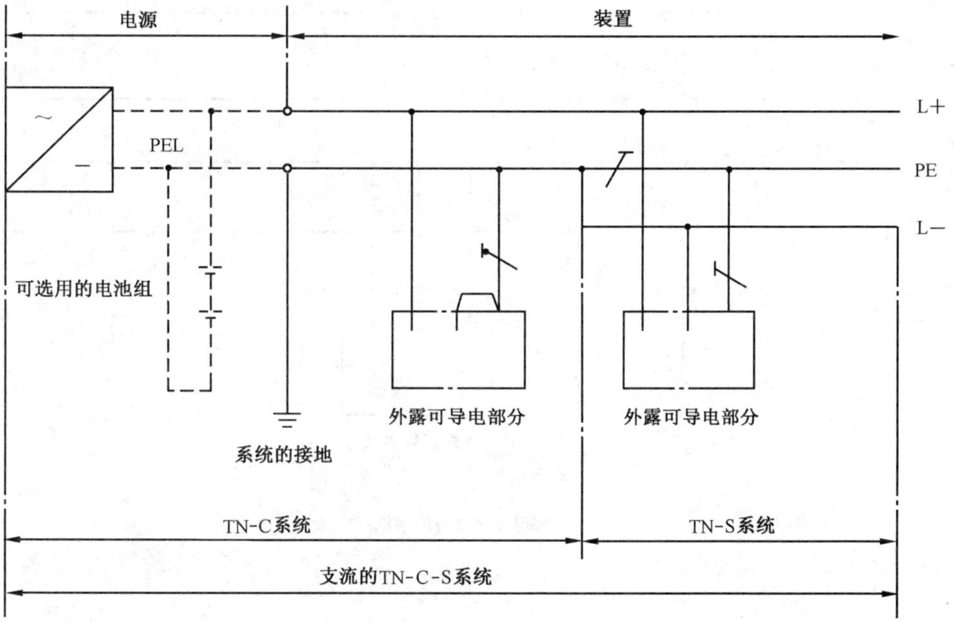

注 1:装置中可提供 PE 附加接地。

型式 b)

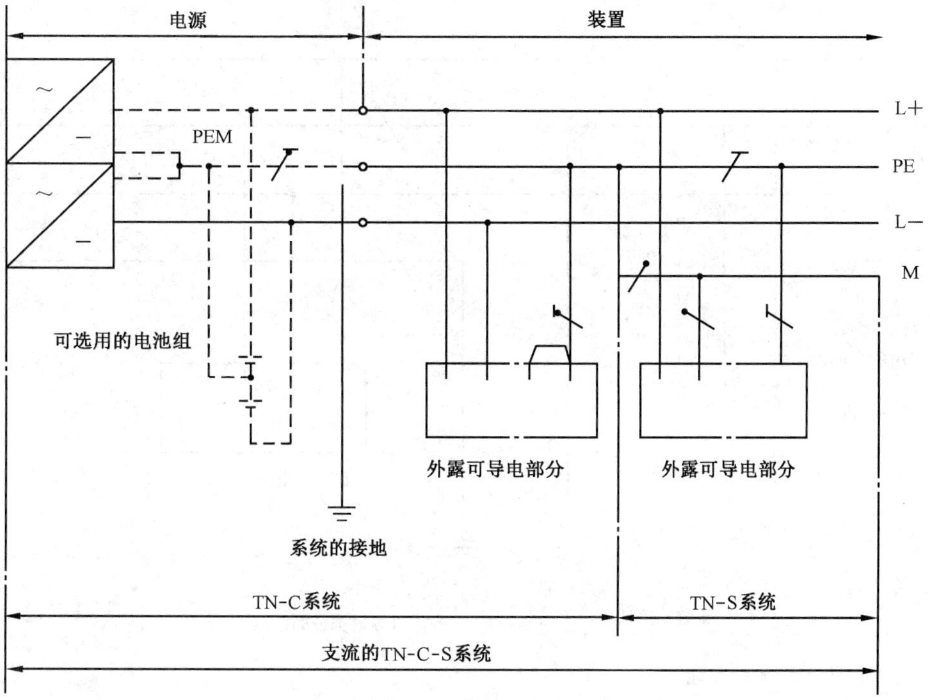

注 2:装置中可提供 PE 附加接地。

图 E.16 TN-C-S 直流系统

E.4.1.4 TT 系统

型式 a)

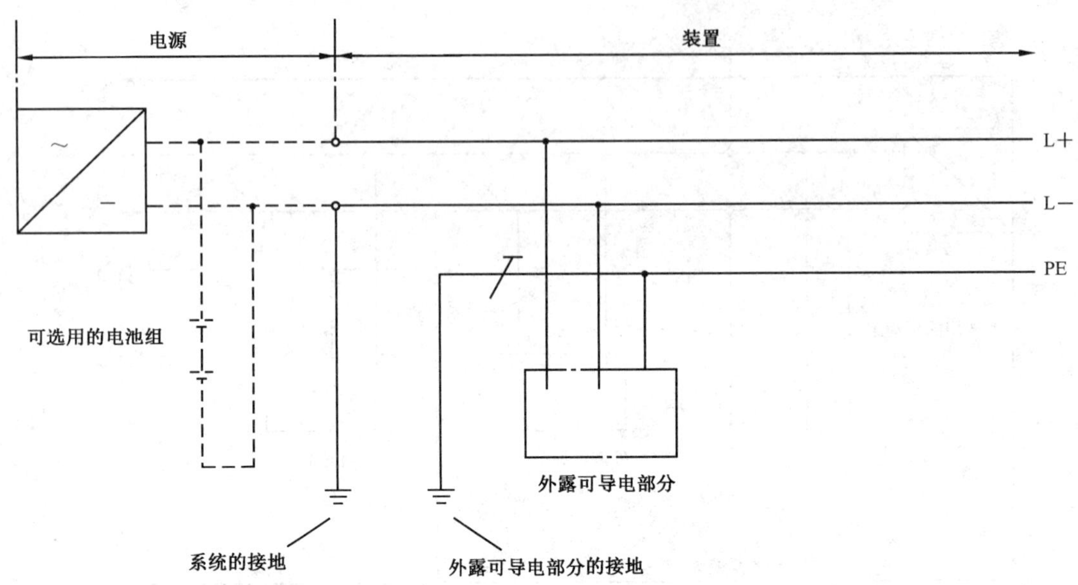

注 1：装置中可提供 PE 附加接地。

型式 b)

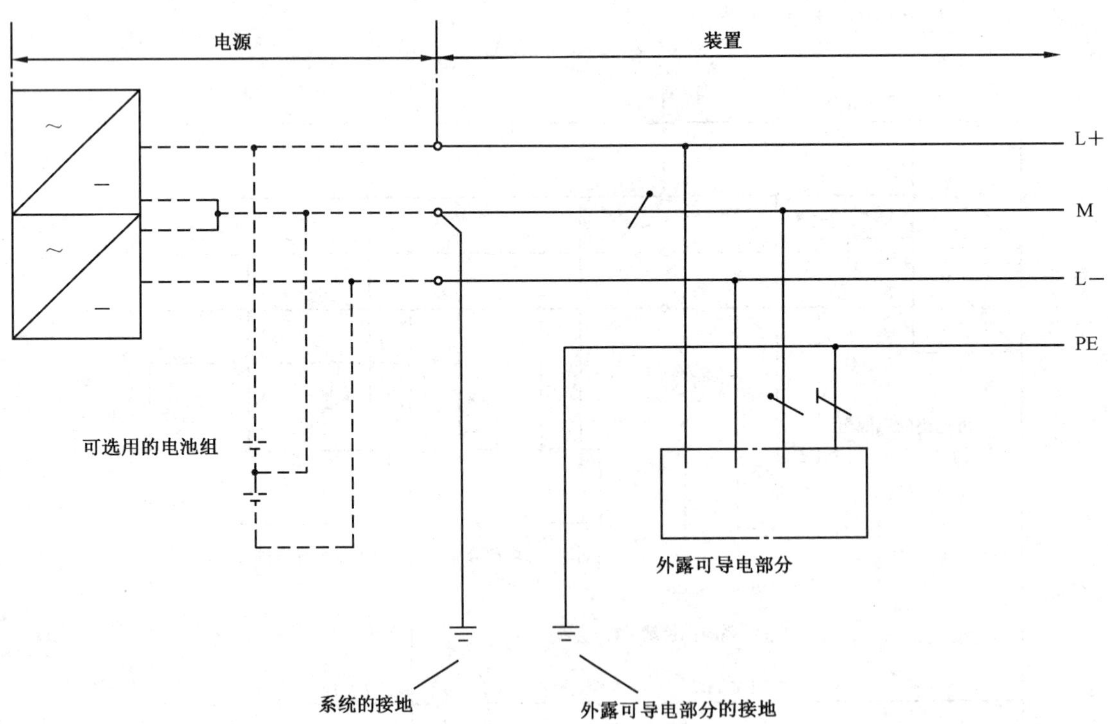

注 2：装置中可提供 PE 附加接地。

图 E.17 TT 直流系统

E.4.1.5 IT 系统

型式 a)

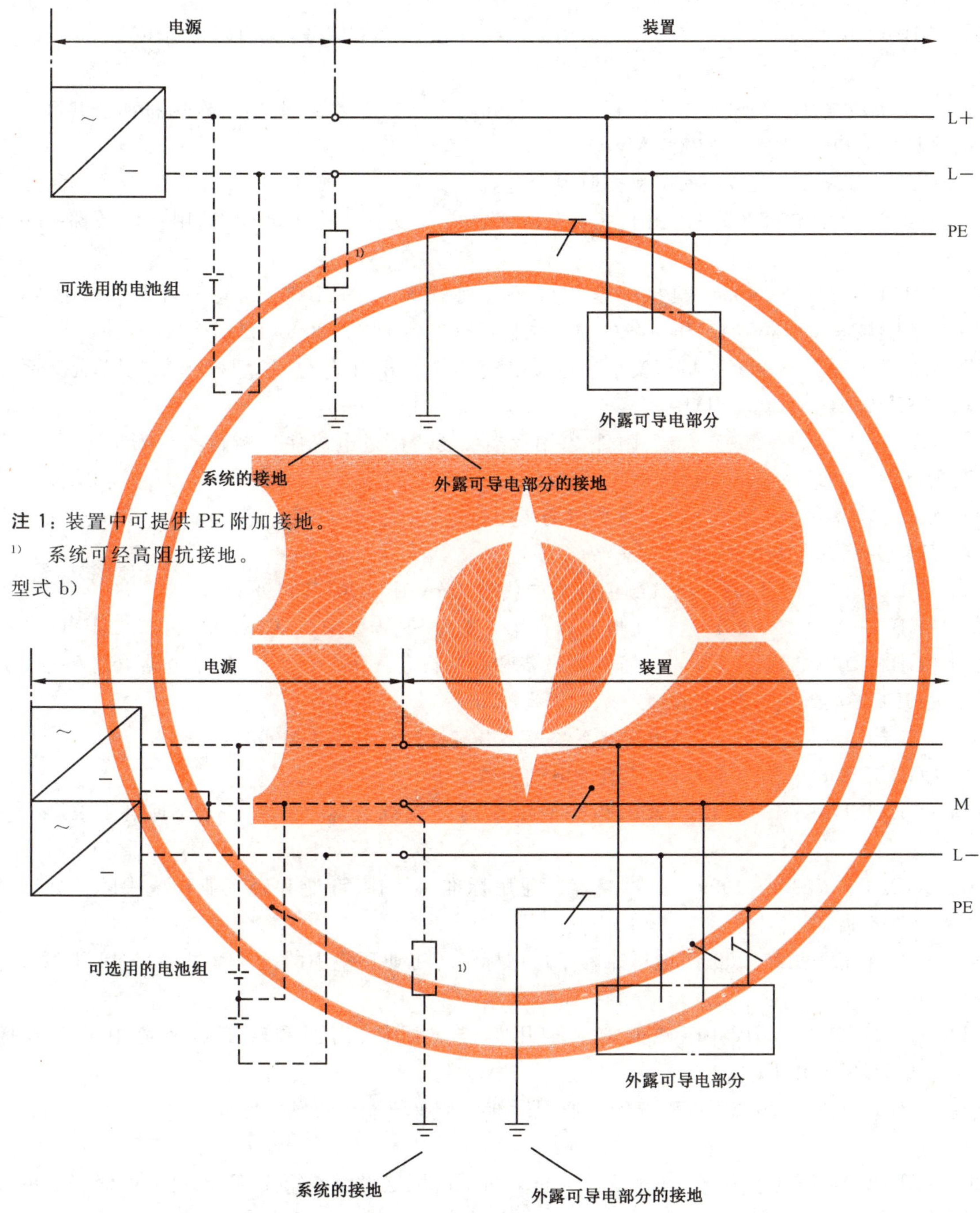

注 1：装置中可提供 PE 附加接地。

1) 系统可经高阻抗接地。

型式 b)

注 2：装置中可提供 PE 附加接地。

1) 系统可经高阻抗接地。

图 E.18 IT 直流系统

参 考 文 献

[1] GB/T 156—2007 标准电压(IEC 60038:2002,MOD)

[2] GB/T 2099.1—2008 家用和类似用途插头插座 第1部分:通用要求(IEC 60884-1:2006,MOD)

[3] GB/T 2893.1—2004 图形符号 安全色和安全标志 第1部分:工作场所和公共区域中安全标志的设计原则(ISO 3864-1:2002,MOD)

[4] GB 4706(所有部分) 家用和类似用途电器的安全

[5] GB/T 5226.1—2008 机械电气安全 机械电气设备 第1部分:通用技术条件(idt IEC 60204-1:2005)

[6] GB/T 5226.3—2005 机械安全 机械电气设备 第11部分:电压高于1 000 Va.c.或1 500 Vd.c.但不超过36 kV的高压设备的技术条件(IEC 60204-11:2000,IDT)

[7] GB/T 5226.4—2005 机械安全 机械电气设备 第31部分:缝纫机械、缝制单元和系统的特殊要求(IEC 60204-31:2001,IDT)

[8] GB/T 10963.1—2005 电气附件-家用及类似场所用过电流保护断路器 第1部分:用于交流的断路器(IEC 60898-1:2002,IDT)

[9] GB/T 10963.2—2003 家用及类似场所用过电流保护断路器 第2部分:用于交流和直流的断路器(IEC 60898-2:2000,IDT)

[10] GB/T 13534—1992 电气颜色标志的代号(eqv IEC 60757:1983)

[11] GB/T 13539.1—2015 低压熔断器 第1部分:基本要求(IEC 60269-1:2009,IDT)

[12] GB/T 14048.10—2008 低压开关设备和控制设备 第5-2部分:控制电路电器和开关元件 接近开关(IEC 60947-5-2:2004,IDT)

[13] GB/T 15544—1995 三相交流系统短路电流计算(eqv IEC 60909:1988)

[14] GB/T 16895(所有部分) 建筑物电气装置

[15] GB/T 17465.1—1998 家用和类似用途的器具耦合器 第一部分:通用要求(eqv IEC 60320-1:1996)

[16] GB/T 17799.1—1999 电磁兼容 通用标准 居住、商业和轻工业环境中的抗扰度试验(idt IEC 61000-6-1:1997)

[17] GB/T 17799.2—2003 电磁兼容 通用标准 工业环境中的抗扰度试验(idt IEC 61000-6-2:1999)

[18] GB 17799.3—2012 电磁兼容 通用标准 居住、商业和轻工业环境中的发射标准(IEC 61000-6-3:2011,IDT)

[19] GB 17799.4—2012 电磁兼容 通用标准 工业环境中的发射标准(IEC 61000-6-4:2011,IDT)

[20] GB/T 17888.1—2008 机械安全 进入机械的固定设施 第1部分:进入两级平面的固定设施的选择(ISO 14122-1:2001,IDT)

[21] GB/T 17888.2—2008 机械安全 进入机械的固定设施 第2部分:工作台和通道(ISO 14122-2:2001,IDT)

[22] GB/T 17888.3—2008 机械安全 进入机械的固定设施 第3部分:楼梯、阶梯和护栏(ISO 14122-3:2001,IDT)

[23] GB/T 18216(所有部分) 交流1 000 V和直流1 500 V以下低压配电系统电气安全 防护检测的试验、测量或监控设备

[24] GB/T 18380(所有部分) 电缆在火焰条件下的燃烧试验

[25] GB/T 19215.1—2003 电气安装用电缆槽管系统 第1部分:通用要求(IEC 61084-1:1991,MOD)

[26] GB/T 19670—2005 机械安全 防止意外启动(ISO 14118:2000,MOD)

[27] IEC 60228:2004 绝缘电缆的导体

[28] IEC 60287(所有部分) 电缆 电流定额的计算

[29] IEC 61000-5-2:1997 电磁兼容 第5部分;安装和调试指南 第2节:接地和电缆敷设

[30] IEC 61000-6-2:2005 电磁兼容 通用标准 工业环境中的抗扰度试验

[31] IEC 61200-53:1994 电气安装导则 第53部分:电气设备的选择和安装

[32] IEC 61496-1:2004 机械安全 电敏防护设备 第1部分:一般要求和试验(GB/T 19436.1—2004,IEC 61496-1:1997,IDT)

[33] IEC 61800-3:2004 调速电气传动系统 第3部分:产品的电磁兼容性标准及其特定的试验方法(GB 12668.3—2003,IEC 61800-3:1996,IDT)

[34] IEC/TS 62046 机械安全 人体检测用防护设备的应用

[35] IEC 61800-5-1:2003 调速电气传动系统 第5-1部分:安全要求 电、热和能

[36] IEC 导则 106:1996 适用于电气设备性能定额而规定环境条件指南

[37] ISO 14119:1998/Amd.1:2007 Ed.1 机械安全 联锁装置联合防护装置 选择和设计原则

[38] CENELEC HD 516 S2 低电压谐波电缆使用指南

[39] SEMI S1 半导体设备安全标签的安全指南

ICS 77.150.10
H 61

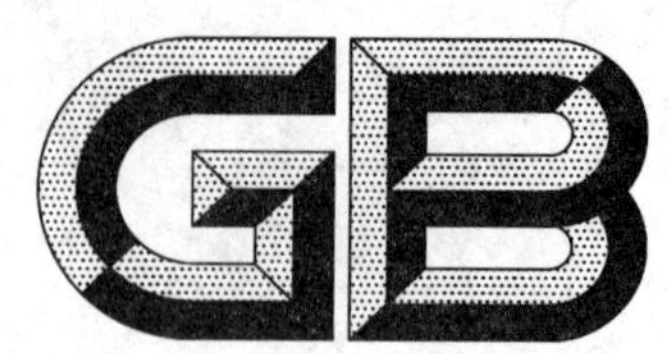

中华人民共和国国家标准

GB/T 5237.1—2017
代替 GB/T 5237.1—2008

铝合金建筑型材　第1部分:基材

Aluminium alloy extruded profiles for architecture—Part 1:Mill finish profiles

2017-10-14 发布　　2018-07-01 实施

中华人民共和国国家质量监督检验检疫总局
中国国家标准化管理委员会　发布

前　言

GB/T 5237《铝合金建筑型材》分为六个部分：

——第1部分：基材；

——第2部分：阳极氧化型材；

——第3部分：电泳涂漆型材；

——第4部分：喷粉型材；

——第5部分：喷漆型材；

——第6部分：隔热型材。

本部分为GB/T 5237的第1部分。

本部分按照GB/T 1.1—2009给出的规则起草。

本部分代替GB 5237.1—2008《铝合金建筑型材　第1部分：基材》。本部分与GB 5237.1—2008相比，除编辑性修改外主要技术变化如下：

——删除了前言中“本部分4.3、4.4.1.1.2是强制性的，表3中公称壁厚为≤1.50 mm的型材壁厚偏差要求和4.5的拉伸性能要求是强制性的，其余内容是推荐性的”的陈述(见2008年版的前言)；

——删除了前言中“设计单位和使用单位使用本部分订购建筑门、窗型材时，应根据其门、窗所在地建筑技术需要和技术规范，正确选择型材壁厚尺寸”的陈述(见2008年版的前言)；

——删除了前言中“本部分未包括的铝及铝合金型材，可执行GB/T 6892—2006《一般工业用铝及铝合金挤压型材》”的陈述(见2008年版的前言)；

——修改了本部分的适用“范围”(见第1章，2008年版的第1章)；

——修改了规范性引用文件的引导语(见第2章，2008年版的第2章)；

——删除了规范性引用文件GB/T 228—2002(见2008年版的第2章和5.2)；

——删除了规范性引用文件YS/T 436(见2008年版的第2章和4.1.2)；

——增加了规范性引用文件GB/T 7999(见第2章和5.1.1)；

——增加了规范性引用文件GB/T 8005.1(见第2章和第3章)；

——增加了规范性引用文件GB/T 8170(见第2章和5.1.3)；

——增加了术语和定义的引导语(见第3章)；

——删除了“基材”的术语和定义(见2008年版的3.1)；

——修改了“装饰面”的定义(见3.1，2008年版的3.2)；

——修改了牌号、状态的规定(见4.1.1，2008年版的4.1.1)；

——修改了尺寸规格要求(见4.1.2，2008年版的4.1.2)；

——将标题“铸锭”修改为“质量保证”(见4.2，2008年版的4.2)；

——删除了6463、6463A合金牌号的化学成分规定(见2008年版的4.3)；

——删除了型材最小公称壁厚的规定(见2008年版的4.4.1.1.2)；

——修改了壁厚偏差的选择要求(见4.4.1.1.2，2008年版的4.4.1.1.3、4.4.1.1.4和4.4.1.1.5)；

——在壁厚允许偏差的规定中，公称壁厚栏的“≤1.5 mm”修改为“1.20 mm～2.00 mm”，“>1.5 mm～3 mm”修改为“>2.00 mm～3.00 mm”(见4.4.1.1.2，2008年版的4.4.1.1.3)；

——修改了非壁厚尺寸允许偏差规定(见4.4.1.2.1，2008年版的4.4.1.2.1)；

——修改了倒角(或过渡圆角)半径尺寸最大允许值(见4.4.1.4.2，见2008年版的4.4.1.4.2)；

——修改了圆角半径允许偏差(见 4.4.1.4.3,2008 年版的 4.4.1.4.3);

——基材长度单位由“m”统一修改为“mm”,并对数值作相应修改(见 4.4.2、4.4.3 和 4.4.4,2008 年版的 4.4.2、4.4.3 和 4.4.4.1);

——修改了公称宽度>25.00 mm～100.00 mm 的基材普通级和高精级的平面间隙规定(见 4.4.2,2008 年版的 4.4.1.6);

——修改了外接圆直径≤38 mm、最小壁厚≤2.40 mm 的基材,任意 300 mm 长度上的普通级和高精级弯曲度规定(见 4.4.3,2008 年版的 4.4.2);

——修改了超高精级扭拧度的规定(见 4.4.4,2008 年版的 4.4.3);

——在“力学性能”要求中增加了 6060T66 和 6063T66 基材的力学性能规定(见 4.5.1,2008 年版的 4.5.1);

——修改化学成分分析方法要求(见 5.1,2008 年版的 5.1);

——修改了拉伸试验方法要求(见 5.3,2008 年版的 5.2);

——修改了检查和验收规定(见 6.1,2008 年版的 6.1);

——修改了取样规定(见 6.4,2008 年版的 6.4);

——修改了检验结果的判定要求(见 6.5,2008 年版的 6.5);

——修改了标志的规定(见 7.1,2008 年版的 7.1);

——修改了质量证明书的内容要求(见 7.4,2008 年版的 7.4);

——修改了订货单(或合同)内容要求(见第 8 章,2008 年版的第 8 章)。

本部分由中国有色金属工业协会提出。

本部分由全国有色金属标准化技术委员会(SAC/TC 243)归口。

本部分起草单位:广东坚美铝型材厂(集团)有限公司、福建省南平铝业股份有限公司、有色金属技术经济研究院、四川三星新材料科技股份有限公司、广东新合铝业新兴有限公司、国家有色金属质量监督检验中心、广东省工业分析检测中心、广东凤铝铝业有限公司、福建省闽发铝业股份有限公司、广东兴发铝业有限公司、广亚铝业有限公司、广东华昌铝厂有限公司。

本部分主要起草人:戴悦星、吴世文、葛立新、王争、冯凯、何耀祖、唐维学、陈慧、黄长远、陈文泗、潘学著、唐性宇。

本部分所代替标准的历次版本发布情况为:

——GB/T 5237—1985(未经表面处理的型材部分)、GB/T 5237—1993(未经表面处理的型材部分);

——GB/T 5237.1—2000、GB 5237.1—2004、GB 5237.1—2008。

铝合金建筑型材　第1部分:基材

1　范围

GB/T 5237 的本部分规定了铝合金建筑型材用基材的术语和定义、要求、试验方法、检验规则、标志、包装、运输、贮存、质量证明书及订货单(或合同)内容。

本部分适用于门、窗、幕墙、护栏等建筑用的、未经表面处理的铝合金热挤压型材(以下简称基材)。

用途相同的热挤压管也可参照执行本部分。

2　规范性引用文件

下列文件对于本文件的应用是必不可少的。凡是注日期的引用文件,仅注日期的版本适用于本文件。凡是不注日期的引用文件,其最新版本(包括所有的修改单)适用于本文件。

GB/T 3190　变形铝及铝合金化学成分

GB/T 3199　铝及铝合金加工产品包装、标志、运输、贮存

GB/T 4340.1　金属材料　维氏硬度试验　第1部分:试验方法

GB/T 7999　铝及铝合金光电直读发射光谱分析方法

GB/T 8005.1　铝及铝合金术语　第1部分:产品及加工处理工艺

GB/T 8170　数值修约规则与极限数值的表示和判定

GB/T 16865　变形铝、镁及其合金加工制品拉伸试验用试样及方法

GB/T 17432　变形铝及铝合金化学成分分析取样方法

GB/T 20975(所有部分)　铝及铝合金化学分析方法

YS/T 67　变形铝及铝合金圆铸锭

YS/T 420　铝合金韦氏硬度试验方法

3　术语和定义

GB/T 8005.1 界定的以及下列术语和定义适用于本文件。

3.1

装饰面　exposed surfaces

经加工、组装成制品并安装在建筑物上的型材,目视可见部位对应的基材表面(包括处于开启或关闭状态)。

3.2

外接圆　circumscribing circle

能够将基材横截面完全包围的最小的圆。如图1所示。

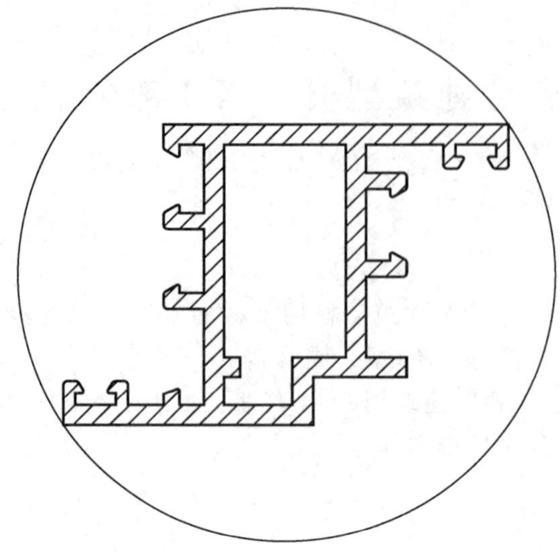

图 1 外接圆示意图

4 要求

4.1 产品分类

4.1.1 牌号、状态

牌号及状态应符合表 1 的规定。订购其他牌号或状态时，应供需双方商定，并在订货单(或合同)中注明。

表 1 牌号及状态

牌号[a]	状态[a]
6060、6063	T5、T6、T66[b]
6005、6063A、6463、6463A	T5、T6
6061	T4、T6

[a] 如果同一建筑制品同时选用 6005、6060、6061、6063 等不同牌号(或同一牌号不同状态)，采用同一工艺进行阳极氧化，将难以获得颜色一致的阳极氧化表面，建议选用牌号和状态时，充分考虑颜色不一致性对建筑结构的影响。

[b] 固溶热处理后人工时效，通过工艺控制使力学性能达到本部分要求的特殊状态。

4.1.2 尺寸规格

横截面尺寸应符合供需双方签订的图样规定。长度应供需双方商定，并在订货单(或合同)中注明。

4.1.3 标记及示例

基材标记按产品名称、本部分编号、牌号、状态、截面代号及长度的顺序表示。标记示例如下：

6063 牌号，T5 状态，截面代号为 421001、定尺长度为 6 000 mm 的基材，标记为：

基材 GB/T 5237.1-6063T5-421001×6 000

4.2 质量保证

基材用的铸锭质量应符合 YS/T 67 的规定。

4.3 化学成分

化学成分应符合 GB/T 3190 的规定。

4.4 尺寸偏差

4.4.1 横截面尺寸

4.4.1.1 壁厚尺寸

4.4.1.1.1 壁厚尺寸分为 A、B、C 三组，如图 2 所示。

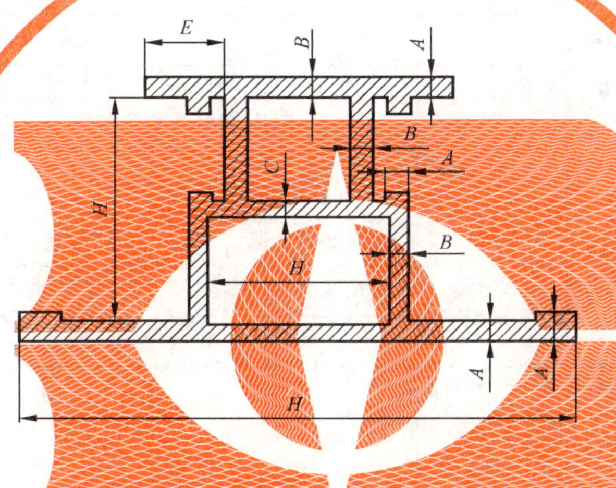

说明：

A ——翅壁壁厚；

B ——封闭空腔周壁壁厚；

C ——两个封闭空腔间的隔断壁厚；

H ——非壁厚尺寸；

E ——对开口部位的 H 尺寸偏差有重要影响的基准尺寸。

图 2 横截面尺寸标示示意图

4.4.1.1.2 壁厚允许偏差分为普通级、高精级和超高精级，如表 2 所示。壁厚允许偏差应按实际装配或搭接要求选择，并在图样中注明。图样中未注明偏差且可以直接测量的壁厚，其允许偏差按普通级执行，但有装配关系的 6060T5、6063T5、6063AT5、6463T5、6463AT5 基材的壁厚允许偏差，应选用表 2 中的高精级或超高精级、或严于超高精级的偏差要求。

表 2 壁厚允许偏差

级别	公称壁厚 mm	对应于下列外接圆直径的基材壁厚尺寸允许偏差[a,b,c,d]，± mm					
		≤100		>100～250		>250～350	
		A	B、C	A	B、C	A	B、C
普通级	1.20～2.00	0.15	0.23	0.20	0.30	0.38	0.45
	>2.00～3.00	0.15	0.25	0.23	0.38	0.54	0.57
	>3.00～6.00	0.18	0.30	0.27	0.45	0.57	0.60
	>6.00～10.00	0.20	0.60	0.30	0.90	0.62	1.20
	>10.00～15.00	0.20	—	0.30	—	0.62	—
	>15.00～20.00	0.23	—	0.35	—	0.65	—
	>20.00～30.00	0.25	—	0.38	—	0.69	—
	>30.00～40.00	0.30	—	0.45	—	0.72	—
高精级	1.20～2.00	0.13	0.20	0.15	0.23	0.20	0.30
	>2.00～3.00	0.13	0.21	0.15	0.25	0.25	0.38
	>3.00～6.00	0.15	0.26	0.18	0.30	0.38	0.45
	>6.00～10.00	0.17	0.51	0.20	0.60	0.41	0.90
	>10.00～15.00	0.17	—	0.20	—	0.41	—
	>15.00～20.00	0.20	—	0.23	—	0.43	—
	>20.00～30.00	0.21	—	0.25	—	0.46	—
	>30.00～40.00	0.26	—	0.30	—	0.48	—
超高精级	1.20～2.00	0.09	0.10	0.10	0.12	0.15	0.25
	>2.00～3.00	0.09	0.13	0.10	0.15	0.15	0.25
	>3.00～6.00	0.10	0.21	0.12	0.25	0.18	0.35
	>6.00～10.00	0.11	0.34	0.13	0.40	0.20	0.70
	>10.00～15.00	0.12	—	0.14	—	0.22	—
	>15.00～20.00	0.13	—	0.15	—	0.23	—
	>20.00～30.00	0.15	—	0.17	—	0.25	—
	>30.00～40.00	0.17	—	0.20	—	0.30	—

[a] 表中无数值处表示允许偏差不要求。

[b] 含封闭空腔的空心基材(如图 3～图 5 所示基材)，或含不完全封闭空腔、但所包围空腔截面积不小于豁口尺寸平方的 2 倍的空心基材(如图 6、图 7 所示基材，$S \geqslant 2H_1^2$)，当空腔某一边的壁厚大于或等于其对边壁厚的 3 倍时，其壁厚允许偏差应供需双方商定；当空腔对边壁厚不相等，且厚边壁厚小于其对边壁厚的 3 倍时，其任一边壁厚的允许偏差均应采用两对边平均壁厚对应的允许偏差值。

[c] 图 6、图 7 所示的基材，当基材所包围的空腔截面积 S 不小于 70 mm^2，且大于等于豁口尺寸 H_1 平方的 2 倍时(如图 6，$S \geqslant 2H_1^2$)，未封闭的空腔周壁壁厚允许偏差采用 B 组壁厚允许偏差。

[d] 含封闭空腔的空心基材(如图 3～图 5 所示基材)，所包围的空腔截面积 S 小于 70 mm^2 时，其空腔周壁壁厚允许偏差采用 A 组壁厚允许偏差。

4.4.1.1.3 壁厚公称尺寸及允许偏差相同的各个面的壁厚差应不大于相应的壁厚公差之半。

4.4.1.2 非壁厚尺寸

4.4.1.2.1 非壁厚尺寸(如图3～图14所示基材的 H、H_1、H_2 等 H 尺寸)允许偏差分为普通级、高精级和超高精级,如表3、表4、表5所示。非壁厚尺寸允许偏差应按实际装配或搭接要求选择,并在图样中注明。图样中未注明允许偏差且可以直接测量的非壁厚尺寸,其允许偏差按普通级执行,但有装配关系的6060T5、6063T5、6063AT5、6463T5、6463AT5基材的非壁厚允许偏差,应选用表4中的高精级,需要超高精级或严于超高精级的偏差要求时,应供需双方商定,并在图样及订货单(或合同)中注明。

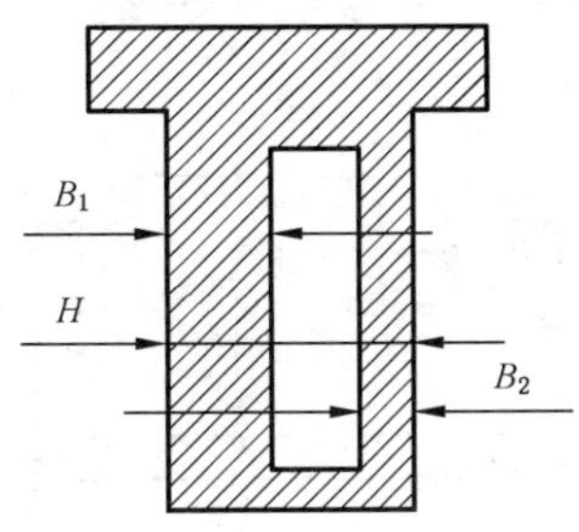

图3 横截面尺寸图示1

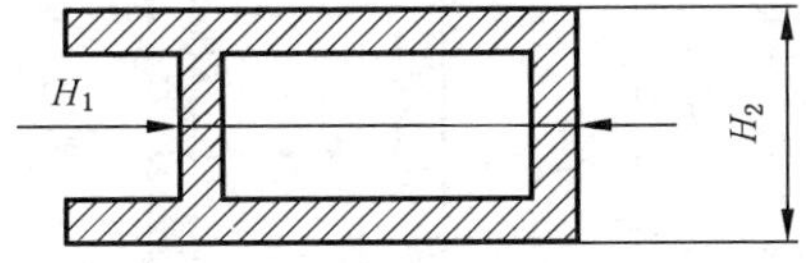

图4 横截面尺寸图示2

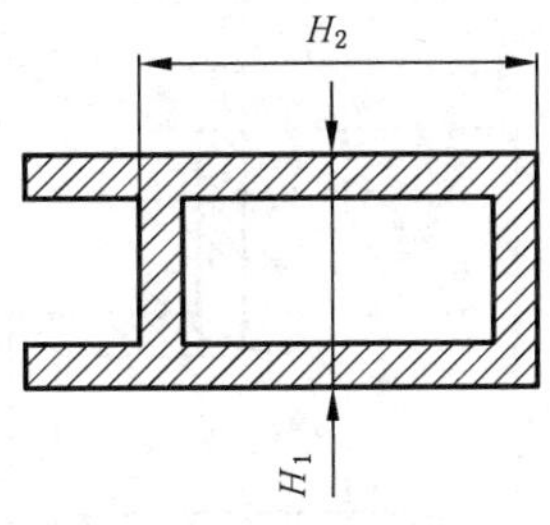

图5 横截面尺寸图示3

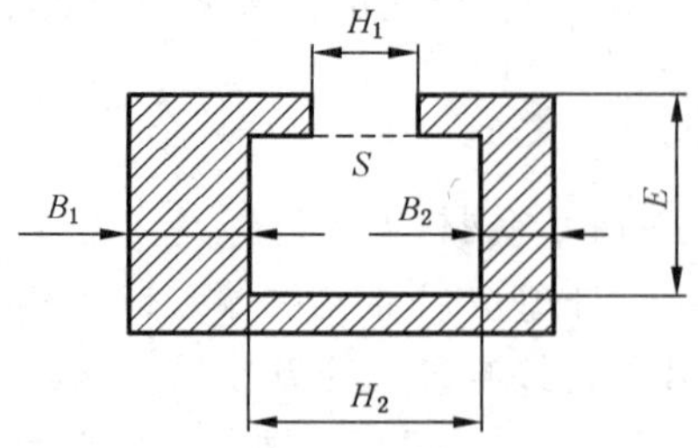

图 6 横截面尺寸图示 4

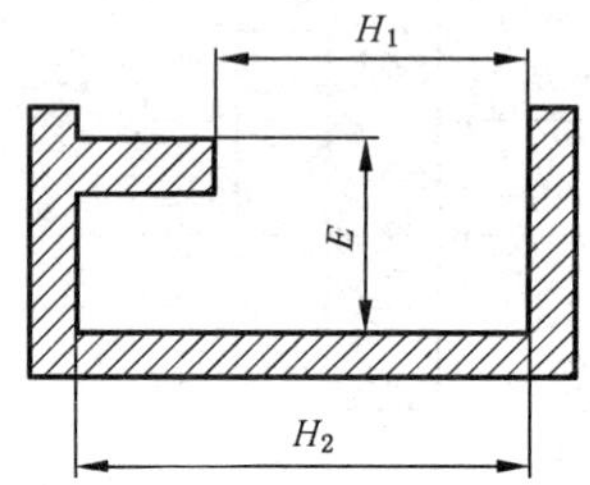

图 7 横截面尺寸图示 5

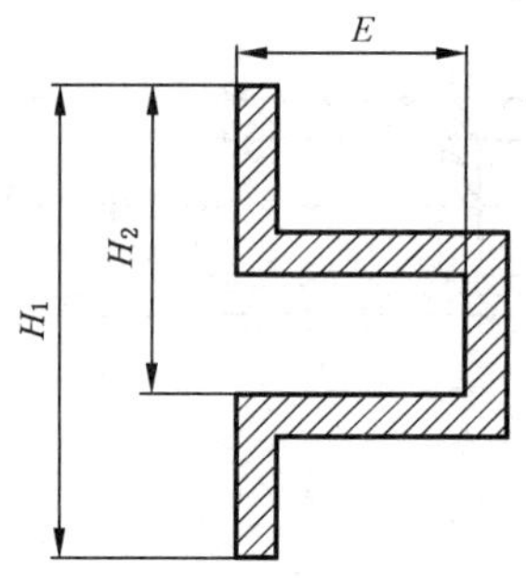

图 8 横截面尺寸图示 6

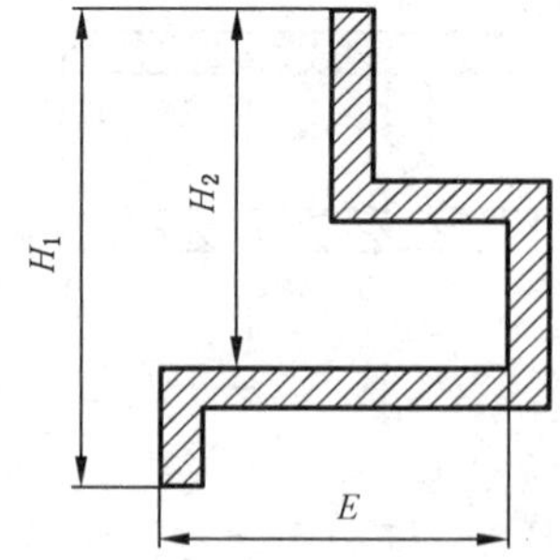

图 9 横截面尺寸图示 7

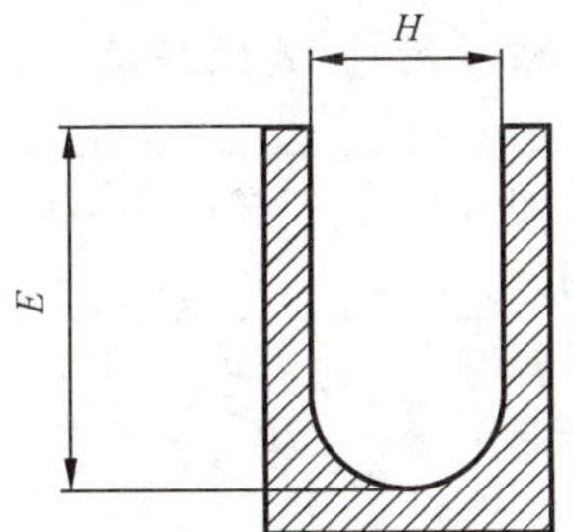

图 10　横截面尺寸图示 8

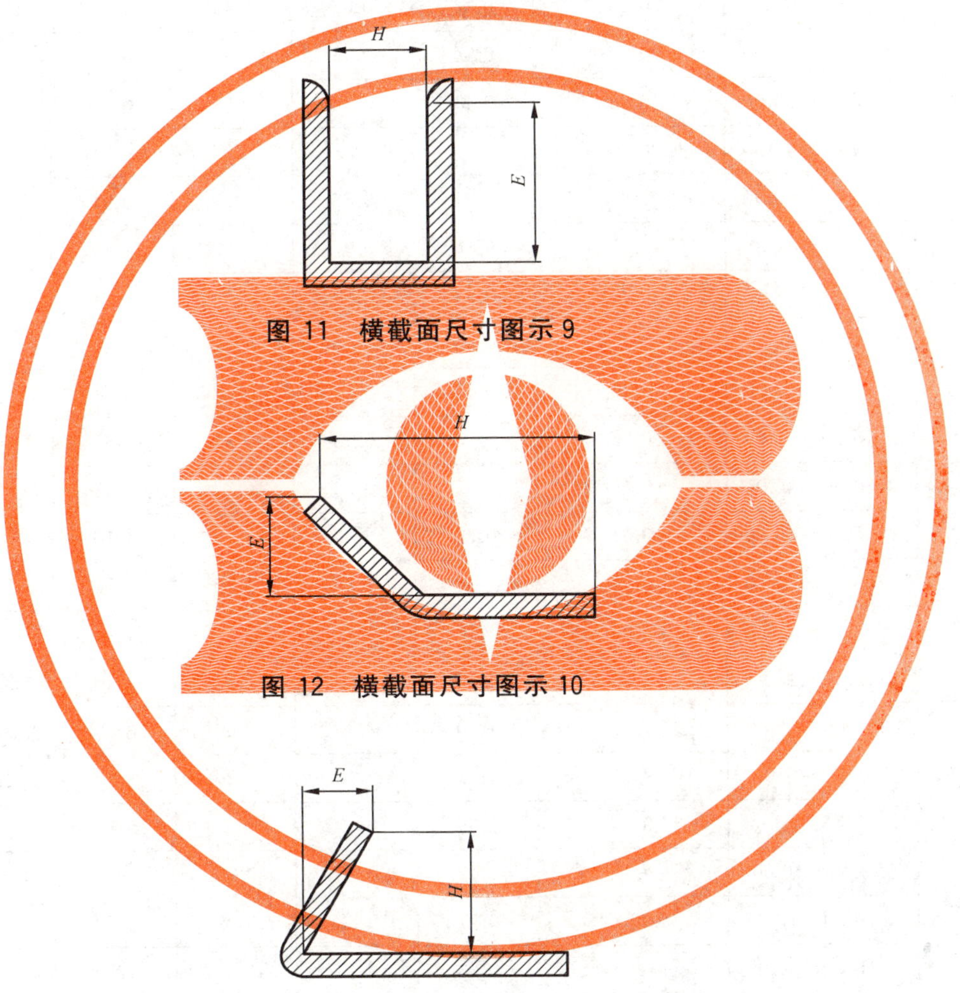

图 11　横截面尺寸图示 9

图 12　横截面尺寸图示 10

图 13　横截面尺寸图示 11

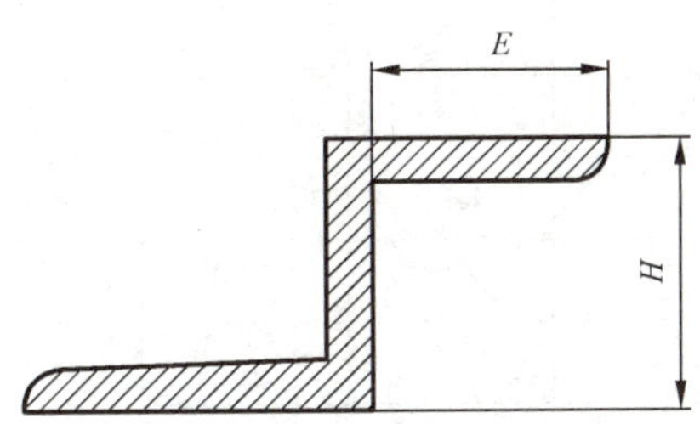

图 14　横截面尺寸图示 12

表 3 非壁厚尺寸 *H* 允许偏差(普通级)

单位为毫米

外接圆直径	*H* 尺寸	实体金属部分不小于75%的*H* 尺寸的允许偏差[a,f,g,h,i],±	实体金属部分小于75%的 *H* 尺寸对应于下列 *E* 尺寸的允许偏差[a,b,c,d,e,f,h,i],±					
			>6~15	>15~30	>30~60	>60~100	>100~150	>150~200
	1栏	2栏	3栏	4栏	5栏	6栏	7栏	8栏
≤100	≤3.00	0.15	0.25	0.30	—	—	—	—
	>3.00~10.00	0.18	0.30	0.36	0.41	—	—	—
	>10.00~15.00	0.20	0.36	0.41	0.46	0.51	—	—
	>15.00~30.00	0.23	0.41	0.46	0.51	0.56	—	—
	>30.00~45.00	0.30	0.53	0.58	0.66	0.76	—	—
	>45.00~60.00	0.36	0.61	0.66	0.79	0.91	—	—
	>60.00~100.00	0.61	0.86	0.97	1.22	1.45	—	—
>100~250	≤3.00	0.23	0.33	0.38	—	—	—	—
	>3.00~10.00	0.27	0.39	0.45	0.51	—	—	—
	>10.00~15.00	0.30	0.47	0.51	0.58	0.61	—	—
	>15.00~30.00	0.35	0.53	0.58	0.64	0.67	—	—
	>30.00~45.00	0.45	0.69	0.73	0.83	0.91	1.00	—
	>45.00~60.00	0.54	0.79	0.83	0.99	1.10	1.20	1.40
	>60.00~90.00	0.92	1.10	1.20	1.50	1.70	2.00	2.30
	>90.00~120.00	0.92	1.10	1.20	1.50	1.70	2.00	2.30
	>120.00~150.00	1.30	1.50	1.60	2.00	2.40	2.80	3.20
	>150.00~200.00	1.70	1.80	2.00	2.60	3.00	3.60	4.10
	>200.00~250.00	2.10	2.10	2.40	3.20	3.70	4.30	4.90
>250~350	≤3.00	0.54	0.64	0.69	—	—	—	—
	>3.00~10.00	0.57	0.67	0.76	0.89	—	—	—
	>10.00~15.00	0.62	0.71	0.82	0.95	1.50	—	—
	>15.00~30.00	0.65	0.78	0.93	1.30	1.70	—	—
	>30.00~45.00	0.72	0.85	1.20	1.90	2.30	3.00	—
	>45.00~60.00	0.92	1.20	1.50	2.20	2.60	3.30	4.60
	>60.00~90.00	1.30	1.60	1.80	2.50	2.90	3.60	4.90
	>90.00~120.00	1.30	1.60	1.80	2.50	2.90	3.60	4.90
	>120.00~150.00	1.70	1.90	2.20	2.90	3.20	3.80	5.20
	>150.00~200.00	2.10	2.30	2.50	3.20	3.50	4.10	5.40
	>200.00~250.00	2.40	2.60	2.90	3.50	3.80	4.40	5.70

表 3（续）

单位为毫米

外接圆直径	H 尺寸	实体金属部分不小于 75%的 H 尺寸的允许偏差[a,f,g,h,i]，±	实体金属部分小于 75%的 H 尺寸对应于下列 E 尺寸的允许偏差[a,b,c,d,e,f,h,i]，±					
			>6～15	>15～30	>30～60	>60～100	>100～150	>150～200
	1 栏	2 栏	3 栏	4 栏	5 栏	6 栏	7 栏	8 栏
>250～350	>250.00～300.00	2.80	3.00	3.20	3.80	4.10	4.70	6.00
	>300.00～350.00	3.20	3.30	3.60	4.10	4.40	5.00	6.20

[a] 当允许偏差不采用对称的正、负允许偏差时，则正、负允许偏差的绝对值之和应为表中对应数值的两倍。

[b] 表中无数值处表示允许偏差不要求。

[c] 图 8～图 14 所示基材，尺寸 H（或 H_1 或 H_2）采用其对应 E 尺寸的允许偏差值（3 栏～8 栏）。

[d] 图 6～图 7 所示基材，尺寸 H_1 采用以尺寸 H_2 作为 H 尺寸，对应 E 尺寸的允许偏差值（3 栏～8 栏）。

[e] 图 3 所示基材，H 尺寸的实体金属部分小于 H 的 75%时，采用对应 3 栏的允许偏差值。

[f] 图 4、图 5 所示基材，尺寸 H_1 采用尺寸 H_2 对应 3 栏的允许偏差值，若此允许偏差值小于 H_1 对应 2 栏的允许偏差值时，则采用 H_1 对应 2 栏的允许偏差值。

[g] 图 3 所示基材，H 尺寸的实体金属部分不小于 H 的 75%时，采用其对应 2 栏的允许偏差值。

[h] 图 8、图 9 所示基材，即使尺寸 H_1、H_2 包含的实体金属部分不小于 75%，也不采用其对应 2 栏的允许偏差，而是采用其对应 E 尺寸的允许偏差（3 栏～8 栏）。

[i] 当 E 等于或小于 6 mm 时，按 2 栏确定其允许偏差。

表 4　非壁厚尺寸 *H* 允许偏差（高精级）

单位为毫米

外接圆直径	H 尺寸	实体金属部分不小于 75%的 H 尺寸的允许偏差[a,f,g,h,i]，±	实体金属部分小于 75%的 H 尺寸对应于下列 E 尺寸的允许偏差[a,b,c,d,e,f,h,i]，±					
			>6～15	>15～30	>30～60	>60～100	>100～150	>150～200
	1 栏	2 栏	3 栏	4 栏	5 栏	6 栏	7 栏	8 栏
≤100	≤3.00	0.13	0.21	0.25	—	—	—	—
	>3.00～10.00	0.15	0.26	0.31	0.35	—	—	—
	>10.00～15.00	0.17	0.31	0.35	0.39	0.43	—	—
	>15.00～30.00	0.21	0.35	0.39	0.43	0.48	—	—
	>30.00～45.00	0.26	0.45	0.49	0.56	0.65	—	—
	>45.00～60.00	0.31	0.52	0.56	0.67	0.77	—	—
	>60.00～100.00	0.52	0.73	0.82	1.04	1.23	—	—
>100～250	≤3.00	0.15	0.25	0.30	—	—	—	—
	>3.00～10.00	0.18	0.30	0.36	0.41	—	—	—
	>10.00～15.00	0.20	0.36	0.41	0.46	0.50	—	—
	>15.00～30.00	0.23	0.41	0.46	0.50	0.56	—	—
	>30.00～45.00	0.30	0.53	0.58	0.66	0.76	0.88	—

表 4（续）

单位为毫米

外接圆直径	H 尺寸	实体金属部分不小于 75%的 H 尺寸的允许偏差[a,f,g,h,i]，±	实体金属部分小于 75%的 H 尺寸对应于下列 E 尺寸的允许偏差[a,b,c,d,e,f,h,i]，±					
			>6～15	>15～30	>30～60	>60～100	>100～150	>150～200
	1 栏	2 栏	3 栏	4 栏	5 栏	6 栏	7 栏	8 栏
>100～250	>45.00～60.00	0.36	0.60	0.66	0.78	0.91	1.05	1.25
	>60.00～90.00	0.60	0.86	0.96	1.20	1.45	1.70	2.03
	>90.00～120.00	0.60	0.86	0.96	1.20	1.45	1.70	2.03
	>120.00～150.00	0.86	1.10	1.25	1.63	1.98	2.39	2.79
	>150.00～200.00	1.10	1.35	1.55	2.08	2.50	3.05	3.55
	>200.00～250.00	1.35	1.63	1.88	2.50	3.05	3.68	4.30
>250～350	≤3.00	0.36	0.46	0.50	—	—	—	—
	>3.00～10.00	0.38	0.48	0.56	0.71	—	—	—
	>10.00～15.00	0.41	0.50	0.60	0.76	1.25	—	—
	>15.00～30.00	0.43	0.56	0.69	1.00	1.50	—	—
	>30.00～45.00	0.48	0.60	0.86	1.50	2.03	2.54	—
	>45.00～60.00	0.60	0.86	1.10	1.78	2.29	2.79	4.30
	>60.00～90.00	0.86	1.10	1.35	2.03	2.54	3.05	4.55
	>90.00～120.00	0.86	1.10	1.35	2.03	2.54	3.05	4.55
	>120.00～150.00	1.10	1.35	1.63	2.29	2.79	3.30	4.83
	>150.00～200.00	1.35	1.63	1.88	2.54	3.05	3.55	5.08
	>200.00～250.00	1.63	1.88	2.13	2.79	3.30	3.80	5.33
	>250.00～300.00	1.88	2.13	2.39	3.05	3.55	4.05	5.59
	>300.00～350.00	2.13	2.39	2.64	3.30	3.80	4.30	5.84

[a] 当允许偏差不采用对称的正、负允许偏差时，则正、负允许偏差的绝对值之和应为表中对应数值的两倍。

[b] 表中无数值处表示允许偏差不要求。

[c] 图 8～图 14 所示基材，尺寸 H(或 H_1 或 H_2)采用其对应 E 尺寸的允许偏差值(3 栏～8 栏)。

[d] 图 6～图 7 所示基材，尺寸 H_1 采用以尺寸 H_2 作为 H 尺寸，对应 E 尺寸的允许偏差值(3 栏～8 栏)。

[e] 图 3 所示基材，H 尺寸的实体金属部分小于 H 的 75%时，采用对应 3 栏的允许偏差值。

[f] 图 4、图 5 所示基材，尺寸 H_1 采用尺寸 H_2 对应 3 栏的允许偏差值，若此允许偏差值小于 H_1 对应 2 栏的允许偏差值时，则采用 H_1 对应 2 栏的允许偏差值。

[g] 图 3 所示基材，H 尺寸的实体金属部分不小于 H 的 75%时，采用其对应 2 栏的允许偏差值。

[h] 图 8、图 9 所示基材，即使尺寸 H_1、H_2 包含的实体金属部分不小于 75%，也不采用其对应 2 栏的允许偏差，而是采用其对应 E 尺寸的允许偏差(3 栏～8 栏)。

[i] 当 E 等于或小于 6 mm 时，按 2 栏确定其允许偏差。

表 5 非壁厚尺寸 *H* 允许偏差(超高精级)

单位为毫米

外接圆直径	*H* 尺寸	实体金属部分不小于 75%的 *H* 尺寸的允许偏差[a,f,g,h,i],±	实体金属部分小于 75%的 *H* 尺寸对应于下列 *E* 尺寸的允许偏差[a,b,c,d,e,f,h,i],±		
			>6～15	>15～60	>60～120
	1 栏	2 栏	3 栏	4 栏	5 栏
≤100	≤3.00	0.10	0.14	0.14	—
	>3.00～10.00	0.11	0.14	0.14	—
	>10.00～15.00	0.13	0.18	0.18	—
	>15.00～30.00	0.15	0.22	0.22	—
	>30.00～45.00	0.18	0.27	0.27	0.41
	>45.00～60.00	0.27	0.36	0.36	0.50
	>60.00～100.00	0.37	0.41	0.41	0.59
>100～350	≤3.00	0.10	0.15	0.15	—
	>3.00～10.00	0.12	0.15	0.15	—
	>10.00～15.00	0.13	0.20	0.20	—
	>15.00～30.00	0.15	0.25	0.25	—
	>30.00～45.00	0.20	0.30	0.30	0.45
	>45.00～60.00	0.24	0.40	0.40	0.55
	>60.00～90.00	0.40	0.45	0.45	0.65
	>90.00～120.00	0.45	0.57	0.60	0.80
	>120.00～150.00	0.57	0.73	0.80	1.00
	>150.00～200.00	0.75	0.89	1.00	1.30
	>200.00～250.00	0.91	1.09	1.20	1.50
	>250.00～300.00	1.25	1.42	1.50	1.80
	>300.00～350.00	1.42	1.58	1.73	2.16

[a] 当允许偏差不采用对称的正、负允许偏差时，则正、负允许偏差的绝对值之和应为表中对应数值的两倍。

[b] 表中无数值处表示允许偏差不要求。

[c] 图 8～图 14 所示基材，尺寸 *H*(或 H_1 或 H_2)采用其对应 *E* 尺寸的允许偏差值(3 栏～5 栏)。

[d] 图 6～图 7 所示基材，尺寸 H_1 采用以尺寸 H_2 作为 *H* 尺寸，对应 *E* 尺寸的允许偏差值(3 栏～5 栏)。

[e] 图 3 所示基材，*H* 尺寸的实体金属部分小于 *H* 的 75%时，采用对应 3 栏的允许偏差值。

[f] 图 4、图 5 所示基材，尺寸 H_1 采用尺寸 H_2 对应 3 栏的允许偏差值，若此允许偏差值小于 H_1 对应 2 栏的允许偏差值时，则采用 H_1 对应 2 栏的允许偏差值。

[g] 图 3 所示基材，*H* 尺寸的实体金属部分不小于 *H* 的 75%时，采用其对应 2 栏的允许偏差值。

[h] 图 8、图 9 所示基材，即使尺寸 H_1、H_2 包含的实体金属部分不小于 75%，也不采用其对应 2 栏的允许偏差，而是采用其对应 *E* 尺寸的允许偏差(3 栏～5 栏)。

[i] 当 *E* 等于或小于 6 mm 时，按 2 栏确定其允许偏差。

4.4.1.2.2 由 2 个以上的分尺寸组成 1 个尺寸时，该尺寸的允许偏差为各分尺寸允许偏差之和。

4.4.1.3 角度

图样上有标注，且能直接测量的角度，其角度允许偏差应符合表 6 的规定，精度等级需在图样或订货单（或合同）中注明，未注明时，6060T5、6063T5、6063AT5、6463T5、6463AT5 基材角度允许偏差按高精级执行，其他基材角度允许偏差按普通级执行。不采用对称的正、负允许偏差时，正、负允许偏差的绝对值之和应为表中对应数值的两倍。

表 6 角度允许偏差

级别	角度允许偏差
普通级	±1.5°
高精级	±1.0°
超高精级	±0.5°

4.4.1.4 倒角（或过渡圆角）半径 r 及圆角半径 R

4.4.1.4.1 倒角（或过渡圆角）半径 r 及圆角半径 R 如图 15 所示。

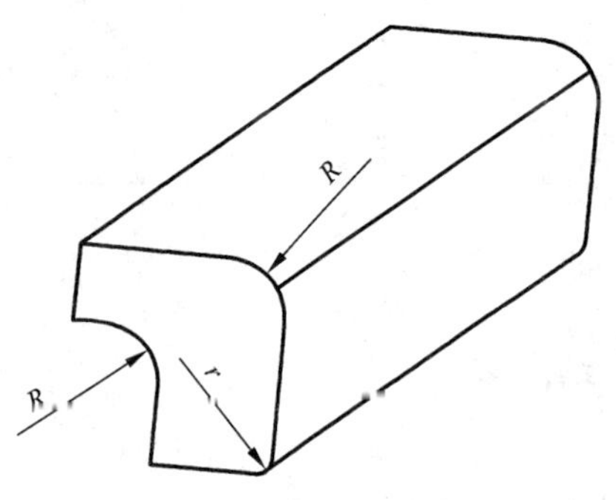

图 15 倒角（或过渡圆角）半径 r 及圆角半径 R 示意图

4.4.1.4.2 图样上标注有倒角（或过渡圆角）半径“r”字样时，倒角（或过渡圆角）半径 r 应符合表 7 的规定。要求倒角（或过渡圆角）半径为其他数值时，应将该数值标注在图样上。

表 7 倒角（或过渡圆角）半径

单位为毫米

夹角边公称壁厚[a]	倒角（或过渡圆角）半径最大允许值
≤3.00	0.5
>3.00～6.00	0.6
>6.00～10.00	0.8
>10.00～20.00	1.0
>20.00～40.00	1.5
[a] 夹角边公称壁厚尺寸不相等时，倒角（或过渡圆角）半径的最大允许值应按其中较大的公称壁厚尺寸来确定。	

4.4.1.4.3 图样上标注有圆角半径 R 值时，圆角半径 R 的允许偏差应符合表 8 的规定。不同于表 8 规定时，应将允许偏差值标注在图样上。不采用对称的正、负允许偏差时，正、负允许偏差的绝对值之和应

为表中对应数值的两倍。

表 8 圆角半径允许偏差

单位为毫米

圆角半径 R	圆角半径的允许偏差
≤1.0	±0.3
>1.0～5.0	±0.5
>5.0	±0.1R

4.4.1.5 曲面间隙

对曲面间隙有要求时，应供需双方商定曲面弧样板。任意 25 mm 弦长上的圆弧曲面间隙不超过 0.13 mm。当横截面圆弧部分的圆心角不大于 90°时，曲面间隙不超过 0.13×弦长/25 mm ，弦长不足 25 mm时，按 25 mm 计算；当横截面圆弧部分的圆心角大于 90°时，基材的曲面间隙不超过：0.13×(90°圆心角对应弦长＋其余数圆心角对应弦长)/25 mm，弦长不足 25 mm 时，按 25 mm 计算。

4.4.2 平面间隙

平面间隙应符合表 9 的规定，精度等级需在图样或订货单(或合同)中注明。未注明时，6060T5、6063T5、6063AT5、6463T5、6463AT5 基材平面间隙按高精级执行，其他基材按普通级执行。

表 9 平面间隙

单位为毫米

公称宽度 W	平面间隙，不大于		
	普通级	高精级	超高精级
≤25.00	0.20	0.15	0.10
>25.00～100.00	0.70%×W	0.50%×W	0.40%×W
>100.00～350.00	0.80%×W	0.60%×W	0.33%×W
任意 25.00 mm 宽度上	0.20	0.15	0.10

4.4.3 弯曲度

弯曲度应符合表 10 的规定。精度等级需在图样或订货单(或合同)中注明，未注明时，6060T5、6063T5、6063AT5、6463T5、6463AT5 基材按高精级执行，其他基材按普通级执行。

表 10 弯曲度

单位为毫米

外接圆直径	最小壁厚	下列长度上的弯曲度，不大于					
		普通级		高精级		超高精级	
		任意 300 mm	全长 L	任意 300 mm	全长 L	任意 300 mm	全长 L
≤38	≤2.40	1.3	0.004×L	1.0	0.003×L	0.3	0.000 6×L
	>2.40	0.5	0.002×L	0.3	0.001×L	0.3	0.000 6×L
>38	—	0.5	0.001 5×L	0.3	0.000 8×L	0.3	0.000 5×L

4.4.4 扭拧度

公称长度小于或等于7 000 mm的基材，扭拧度应符合表11规定。扭拧度精度等级需在图样或订货单(或合同)中注明，未注明精度等级时，6060T5、6063T5、6063AT5、6463T5、6463AT5基材按高精级执行，其他基材按普通级执行。公称长度大于7 000 mm时，基材扭拧度应供需双方商定，并在图样或订货单(或合同)中注明。

表11 扭拧度

精度等级	公称宽度 W mm	下列长度 L 上的扭拧度/mm					
		≤1 000 mm	>1 000 mm～2 000 mm	>2 000 mm～3 000 mm	>3 000 mm～4 000 mm	>4 000 mm～5 000 mm	>5 000 mm～7 000 mm
		不大于					
普通级	≤25.00	1.30	2.00	2.30	3.10	3.30	3.90
	>25.00～50.00	1.80	2.60	3.90	4.20	4.70	5.50
	>50.00～75.00	2.10	3.40	5.20	5.80	6.30	6.80
	>75.00～100.00	2.30	3.50	6.20	6.60	7.00	7.40
	>100.00～125.00	3.00	4.50	7.80	8.20	8.40	8.60
	>125.00～150.00	3.60	5.50	9.80	9.90	10.10	10.30
	>150.00～200.00	4.40	6.60	11.70	11.90	12.10	12.30
	>200.00～350.00	5.50	8.20	15.60	15.80	16.00	16.20
高精级	≤25.00	1.20	1.80	2.10	2.60	2.60	3.00
	>25.00～50.00	1.30	2.00	2.60	3.20	3.70	3.90
	>50.00～75.00	1.60	2.30	3.90	4.10	4.30	4.70
	>75.00～100.00	1.70	2.60	4.00	4.40	4.70	5.20
	>100.00～125.00	2.00	2.90	5.10	5.50	5.70	6.00
	>125.00～150.00	2.40	3.60	6.40	6.70	7.00	7.20
	>150.00～200.00	2.90	4.30	7.60	7.90	8.10	8.30
	>200.00～350.00	3.60	5.40	10.20	10.40	10.70	10.90
超高精级	≤25.00	1.00	1.20	1.50	1.80	2.00	2.00
	>25.00～50.00	1.00	1.20	1.50	1.80	2.00	2.00
	>50.00～75.00	1.00	1.20	1.50	1.80	2.00	2.00
	>75.00～100.00	1.00	1.20	1.50	2.00	2.20	2.50
	>100.00～125.00	1.00	1.50	1.80	2.20	2.50	3.00
	>125.00～150.00	1.20	1.50	1.80	2.20	2.50	3.00
	>150.00～200.00	1.50	1.80	2.20	2.60	3.00	3.50
	>200.00～350.00	1.80	2.50	3.00	3.50	4.00	4.50

4.4.5 长度

4.4.5.1 要求定尺时，应在订货单(或合同)中注明，公称长度小于或等于 6 000 mm 时，允许偏差为$^{+15}_{\ 0}$ mm；长度大于 6 000 mm 时，允许偏差应供需双方商定，并在订货单(或合同)中注明。

4.4.5.2 以倍尺交货的基材，其长度允许偏差为$^{+20}_{\ 0}$ mm，需要加锯口余量时，应在订货单(或合同)中注明。

4.4.6 端头切斜度

端头切斜度不应超过 2°。

4.5 力学性能

室温纵向拉伸试验结果应符合表 12 的规定，硬度参见表 12。

表 12 力学性能

牌号	状态		壁厚 mm	室温纵向拉伸试验结果				硬度		
				抗拉强度 R_m N/mm²	规定非比例延伸强度 $R_{p0.2}$ N/mm²	断后伸长率 % A	 A_{50mm}	试样厚度 mm	维氏硬度 HV	韦氏硬度 HW
				不小于						
6005	T5		≤6.30	260	240	—	8	—	—	—
	T6	实心基材	≤5.00	270	225	—	6	—	—	—
			>5.00～10.00	260	215	—	6	—	—	—
			>10.00～25.00	250	200	8	6	—	—	—
		空心基材	≤5.00	255	215	—	6	—	—	—
			>5.00～15.00	250	200	8	6	—	—	—
6060	T5		≤5.00	160	120	—	6	—	—	—
			>5.00～25.00	140	100	8	6	—	—	—
	T6		≤3.00	190	150	—	6	—	—	—
			>3.00～25.00	170	140	8	6	—	—	—
	T66		≤3.00	215	160	—	6	—	—	—
			>3.00～25.00	195	150	8	6	—	—	—
6061	T4		所有	180	110	16	16	—	—	—
	T6		所有	265	245	8	8	—	—	—
6063	T5		所有	160	110	8	8	0.8	58	8
	T6		所有	205	180	8	8	—	—	—
	T66		≤10.00	245	200	—	6	—	—	—
			>10.00～25.00	225	180	8	6	—	—	—

表 12（续）

牌号	状态	壁厚 mm	室温纵向拉伸试验结果				硬度		
			抗拉强度 R_m N/mm²	规定非比例延伸强度 $R_{p0.2}$ N/mm²	断后伸长率 %		试样厚度 mm	维氏硬度 HV	韦氏硬度 HW
					A	$A_{50\ mm}$			
			不小于						
6063A	T5	≤10.00	200	160	—	5	0.8	65	10
		＞10.00	190	150	5	5	0.8	65	10
	T6	≤10.00	230	190	—	5	—	—	—
		＞10.00	220	180	4	4	—	—	—
6463	T5	≤50.00	150	110	8	6	—	—	—
	T6	≤50.00	195	160	10	8	—	—	—
6463A	T5	≤12.00	150	110	—	6	—	—	—
	T6	≤3.00	205	170	—	6	—	—	—
		＞3.00～12.00	205	170	—	8	—	—	—

4.6 外观质量

4.6.1 基材表面应整洁，不允许有裂纹、起皮、腐蚀和气泡等缺陷存在。

4.6.2 基材表面上允许有轻微的压坑、碰伤、擦伤存在，其允许深度见表 13；模具挤压痕的深度见表 14。装饰面应在图样中注明，未注明时按非装饰面执行。

表 13 基材表面缺陷允许深度

状态	缺陷允许深度 mm	
	装饰面	非装饰面
T5	≤0.03	≤0.07
T4、T6、T66	≤0.06	≤0.10

表 14 模具挤压痕的允许深度

牌号	模具挤压痕深度 mm
6005、6061	≤0.06
6060、6063、6063A、6463、6463A	≤0.03

4.6.3 基材端头允许有因锯切产生的局部变形，其纵向长度不应超过 10 mm。

5 试验方法

5.1 化学成分

5.1.1 化学成分分析方法应符合 GB/T 20975 或 GB/T 7999 的规定，仲裁分析应采用 GB/T 20975 规定的方法。

5.1.2 仅对 GB/T 3190 中相应牌号的"Al"及"其他"栏之外有数值规定的元素进行常规化学分析。当怀疑非常规分析元素的质量分数超出了本标准的限定值时，生产者应对这些元素进行分析。

5.1.3 分析数值的判定采用修约比较法，数值修约规则按 GB/T 8170 的有关规定进行，修约数位应与 GB/T 3190 规定的极限数位一致。

5.2 尺寸偏差

5.2.1 壁厚、非壁厚尺寸、角度、倒角(或过渡圆角)半径及圆角半径

采用相应精度的卡尺、千分尺、R 规等测量工具或专用仪器测量。

5.2.2 曲面间隙

如图 16 所示，将标准弧样板紧贴在基材的曲面上，测量基材曲面与标准弧样板之间的最大间隙值 X，该值(X)即为基材的曲面间隙。

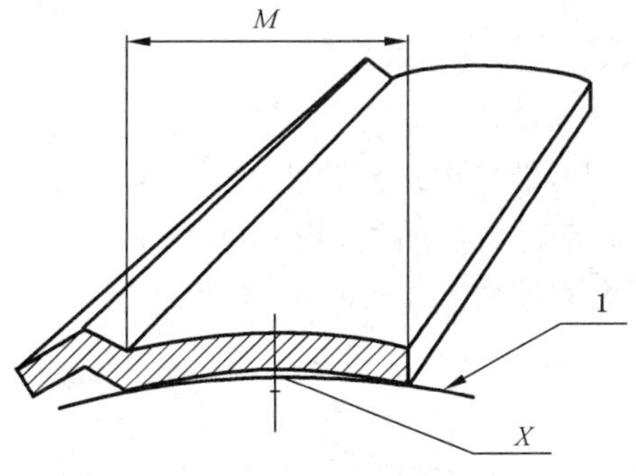

说明：
1 ——标准弧样板；
M——弦长；
X——曲面间隙。

图 16 曲面间隙的测量示意图

5.2.3 平面间隙

测量基材平面间隙时，先将基材放在平台上，当基材借自重达到稳定时，用 25 mm 长的直尺（或刀平尺）沿宽度方向测量基材平面与直尺间的最大间隙值 F_1，如图 17 所示，该值 F_1 即为基材任意25 mm 宽度上的平面间隙；将长度大于基材宽度的直尺(或刀平尺)沿宽度方向靠在基材的凹面上，测量直尺与基材之间的最大间隙值 F，或将基材的凹面置于平台上，沿宽度方向测量基材与平台之间的最大间隙值 F，如图 17 所示，该值 F 即为基材在其整个宽度上的平面间隙。

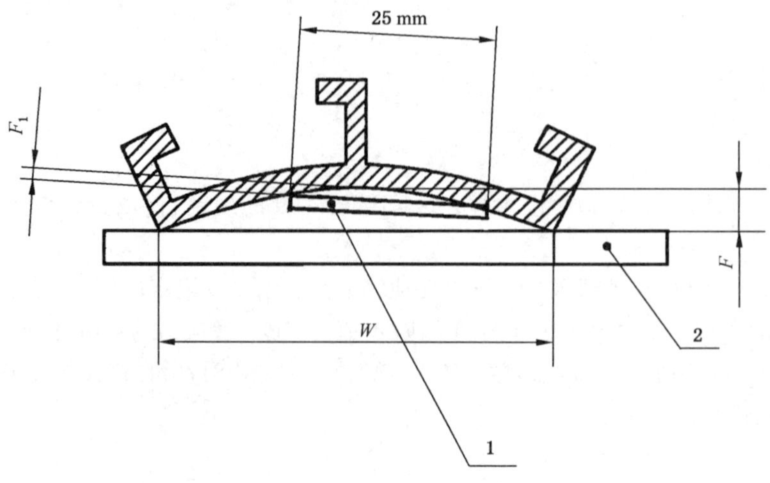

说明：

1 ——直尺或刀平尺；

2 ——平台或直尺或刀平尺；

W ——公称宽度；

F_1 ——25 mm 宽度上的平面间隙；

F ——整个宽度上的平面间隙。

图 17 平面间隙测量示意图

5.2.4 弯曲度

如图 18 所示，将基材放在平台上，借自重达到稳定时，沿基材长度方向测量基材底面与平台间的最大间隙值 h_t，该值 h_t 即为全长 L 上基材的弯曲度；将 300 mm 长的直尺，沿基材长度方向靠在基材的表面上，测量基材与直尺之间的最大间隙值 h_s，该值 h_s 即为任意 300 mm 长度上基材的弯曲度。

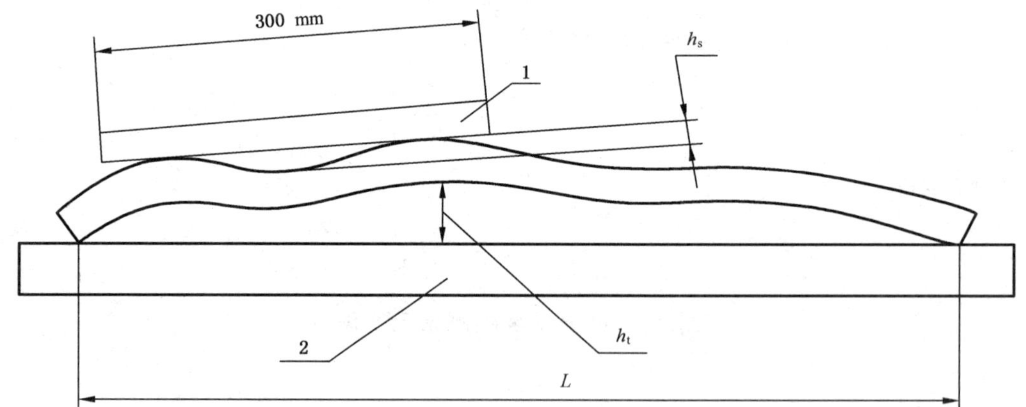

说明：

1 ——直尺；

2 ——平台；

L ——全长；

h_s ——任意 300 mm 长度上的弯曲度；

h_t ——全长 L 上的弯曲度。

图 18 弯曲度的测量示意图

5.2.5 扭拧度

将基材置于平台上，并使其一端紧贴平台。基材借自重达到稳定时，测量基材翘起端的两侧端点与平台间的间隙值 T_1 和 T_2，如图 19 所示，T_2 与 T_1 的差值即为基材的扭拧度。

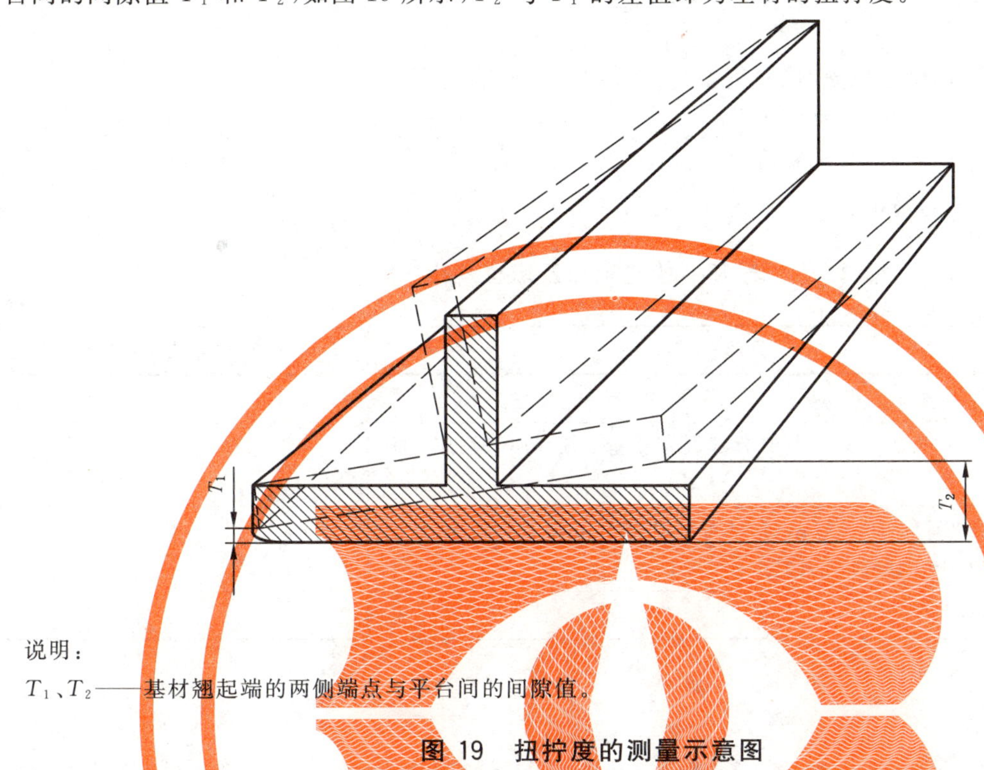

说明：

T_1、T_2——基材翘起端的两侧端点与平台间的间隙值。

图 19 扭拧度的测量示意图

5.2.6 长度、切斜度

采用相应精度的测量工具或专用仪器测量。

5.3 力学性能

室温纵向拉伸试验方法按 GB/T 16865 的规定进行；维氏硬度试验方法按 GB/T 4340.1 的规定进行；韦氏硬度试验方法按 YS/T 420 的规定进行。

5.4 外观质量

在自然散射光下，以正常视力（不使用放大器）检查基材外观。对缺陷深度不能确定时，可采用打磨法测量。

6 检验规则

6.1 检查和验收

6.1.1 产品应由供方进行检验，保证产品质量符合本部分或订货单（或合同）要求，并填写质量证明书。

6.1.2 需方可对收到的产品按本部分的规定进行检验，当检验结果与本部分或订货单（或合同）的规定不符，应以书面形式向供方提出，由供需双方协商解决。属于外观质量及尺寸偏差的异议，应在收到基材之日起十五天内提出，属于其他性能的异议，可在收到基材之日起一个月内提出。如需仲裁，可委托供需双方认可的单位进行，仲裁取样在需方，由供需双方共同进行。

6.2 组批

基材应成批提交验收，每批应由同一牌号、状态、尺寸规格的基材组成，批重不限。

6.3 检验项目

每批基材均应进行化学成分、尺寸偏差、力学性能、外观质量的检查。

6.4 取样

取样应符合表15的规定。

表15 检验项目及取样规定

检验项目	取样规定	要求的章条号	检验的章条号
化学成分	按 GB/T 17432 的规定	4.3	5.1
尺寸偏差	每批取基材根数的1%，不少于10根。批量少于10根时，应逐根检查	4.4	5.2
力学性能	每批(热处理炉)取2根基材，从每根基材上切取1个试样，其他要求按 GB/T 16865 的规定	4.5	5.3
外观质量	逐根检查	4.6	5.4

6.5 检验结果的判定

6.5.1 任一试样的化学成分不合格时，基材能区分熔次时，则判该试样代表的熔次不合格，其他熔次依次检验，合格者交货。不能区分熔次时，则判该批不合格。

6.5.2 任一试样的尺寸偏差不合格时，判该批不合格。但允许逐根检验，合格者交货。

6.5.3 任一试样的力学性能不合格时，应从该批基材中另取双倍数量的试样进行重复试验，重复试验结果全部合格，则判该批基材合格。若重复试验结果仍有试样性能不合格，则判该批基材不合格。经供需双方商定允许供方逐根检验，合格者交货。

6.5.4 任一试样的外观质量不合格时，判该根不合格。

7 标志、包装、运输、贮存和质量证明书

7.1 标志

7.1.1 产品标志

在检验合格的基材上，应有如下内容的标识(或贴含有如下内容的标签)：

a) 供方名称和地址；

b) 产品名称和尺寸规格(或截面代号)；

c) 供方质检部门的检印(或质检人员的签名或印章)；

d) 牌号和状态；

e) 产品批号或生产日期；

f) 本部分编号；

g) 生产许可证编号和QS标识。

7.1.2 包装箱标志

基材包装箱标志应符合 GB/T 3199 的规定。

7.2 包装

基材不涂油，包装应符合 GB/T 3199 的规定。包装方式应在订货单(或合同)中注明。

7.3 运输和贮存

基材的运输和贮存应符合 GB/T 3199 的规定。

7.4 质量证明书

每批基材均应附有产品质量证明书，其上注明：

a) 供方名称；
b) 产品名称；
c) 牌号、状态、尺寸规格(截面代号)；
d) 产品批号或生产日期；
e) 重量或件数；
f) 本部分编号；
g) 各项分析检验结果和供方质检部门检印；
h) 生产许可证的编号及有效期。

8 订货单(或合同)内容

订购本部分所列基材的订货单(或合同)应包括下列内容：

a) 供方名称；
b) 产品名称；
c) 牌号、状态、尺寸规格(或截面代号)；
d) 重量或件数；
e) 需方的特殊要求：
——特殊的尺寸偏差要求；
——其他特殊要求；
f) 本部分编号。

ICS 77.150.10
H 61

中华人民共和国国家标准

GB/T 5237.2—2017
代替 GB/T 5237.2—2008

铝合金建筑型材 第2部分:阳极氧化型材

**Wrought aluminium alloy extruded profiles for architecture—
Part 2:Anodized profiles**

2017-10-14 发布 2018-07-01 实施

中华人民共和国国家质量监督检验检疫总局
中国国家标准化管理委员会 发布

前　言

GB/T 5237《铝合金建筑型材》分为六个部分：

——第1部分：基材；

——第2部分：阳极氧化型材；

——第3部分：电泳涂漆型材；

——第4部分：喷粉型材；

——第5部分：喷漆型材；

——第6部分：隔热型材。

本部分为GB/T 5237的第2部分。

本部分按照GB/T 1.1—2009给出的规则起草。

本部分代替GB 5237.2—2008《铝合金建筑型材　第2部分：阳极氧化型材》。本部分与GB 5237.2—2008相比，除编辑性修改外主要技术变化如下：

——删除了前言中"本部分4.4.1、4.4.2是强制性的，其余条款是推荐性的"的陈述(见2008年版的前言)；

——删除了前言中"本部分参考JIS H 8601—1999《铝及铝合金阳极氧化膜》进行修订的"的陈述(见2008年版的前言)；

——修改了本部分的适用"范围"(见第1章，2008年版的第1章)；

——删除了规范性引用文件GB/T 228—2002(见2008年版的第2章和5.2)；

——删除了规范性引用文件GB/T 1766(见2008年版的第2章和5.4.6.1)；

——删除了规范性引用文件GB/T 8753.2(见2008年版的第2章和5.4.2)；

——删除了规范性引用文件GB/T 14952.3(见2008年版的第2章、5.4.3.3、5.5和6.4)；

——删除了规范性引用文件GB/T 20975(所有部分)(见2008年版的第2章和5.1)；

——增加了规范性引用文件GB/T 3199(见第2章、7.1.2、7.2和7.3)；

——增加了规范性引用文件GB/T 8005.3(见第2章和第3章)；

——增加了规范性引用文件GB/T 8753.1(见第2章和5.4.3)；

——增加了规范性引用文件GB/T 12967.6(见第2章、5.4.2和5.5)；

——将规范性引用文件GB/T 8013.1—2007修改为不带年代号的规范性引用文件(见第2章、4.6.7、5.4.7和6.5，2008年版的第2章、4.4.7、5.4.7和6.4)；

——修改了术语和定义的引导语(见第3章，2008年版的第3章)；

——修改了"装饰面"的定义(见3.1，2008年版的3.1)；

——删除了"局部膜厚"和"平均膜厚"的定义(见2008年版的3.2和3.3)；

——在产品分类中增加了"型材表面纹理类型及特点"(见4.1.2)；

——删除了产品分类中的"典型用途"(见2008年版的4.1.2)；

——在产品分类中增加了"膜层颜色"(见4.1.3)；

——修改了产品分类中的"表面处理方式"内容(见4.1.3，2008年版的4.1.2)；

——修改了产品分类中的标记及示例的规定(见4.1.4，2008年版的4.1.3)；

——增加了"质量保证"的内容(见4.2)；

——膜层性能项目"颜色和色差"修改为"色差"(见4.6.2，5.4.2和第6章，2008年版的4.4.3，5.4.3和第6章)；

——修改了耐磨性的落砂试验要求(见4.6.4,2008年版的4.4.5);

——增加了耐磨性的喷磨试验要求(见4.6.4);

——删除了耐候性中“加速耐候性”的规定及试验方法要求(见2008年版的4.4.6.1和5.4.6.1);

——增加了耐候性中“耐紫外光性”的规定及试验方法要求(见4.6.6.1和5.4.6.1);

——修改了化学成分和力学性能的试验方法要求(见5.1和5.2,2008年版的5.1和5.2);

——修改了色差的检验方法要求(见5.4.2,2008年版的5.4.3);

——修改了封孔质量的试验方法要求(见5.4.3,2008年版5.4.2);

——修改了耐磨性的试验方法要求(见5.4.4,2008年版5.4.5);

——自然耐候性试验方法中的注修改为“许多国家选用佛罗里达大气腐蚀试验站进行自然耐候试验。中国大气腐蚀试验站中,大气条件与佛罗里达比较接近的是海南省琼海大气腐蚀试验站,但海南省琼海大气腐蚀试验站的试验结果与佛罗里达的试验结果会存在差异。”(见5.4.6.2,2008年版5.4.6.2);

——修改了外观质量的检查方法要求(见5.5,2008年版的5.5);

——修改了组批的方法要求(见6.2,2008年版的6.2);

——增加了检验分类(见6.3);

——修改了检验项目的规定(见6.4,2008年版的6.3);

——修改了取样规定(见6.5,2008年版的6.4);

——修改了检验结果的判定要求(见6.6,2008年版的6.5);

——修改了标志的规定(见7.1.1,2008年版的7.4);

——修改了包装的规定(见7.2,2008年版的7.3);

——修改了质量证明书的内容要求(见7.4,2008年版的7.2);

——修改了订货单(或合同)的内容要求(见第8章,2008年版的第8章);

——增加了质量保证的内容要求(见附录A);

——修改了型材在运输和使用过程中的保护措施(见附录B,2008年版的附录B);

——增加了参考文献(见参考文献)。

本部分由中国有色金属工业协会提出。

本部分由全国有色金属标准化技术委员会(SAC/TC 243)归口。

本部分起草单位:广东兴发铝业有限公司、佛山市南海华豪铝型材有限公司、有色金属技术经济研究院、福建省闽发铝业股份有限公司、山东南山铝业股份有限公司、国家有色金属质量监督检验中心、广东省工业分析检测中心、福建省南平铝业股份有限公司、广东凤铝铝业有限公司、广东坚美铝型材厂(集团)有限公司、四川三星新材料科技股份有限公司、广亚铝业有限公司。

本部分主要起草人:夏秀群、葛立新、陈文泗、朱水明、叶细发、李喆、樊志罡、罗顺、冯东升、陈慧、戴悦星、牟泳涛、潘学著。

本部分所代替标准的历次版本发布情况为:

——GB/T 5237—1985、GB/T 5237—1993(阳极氧化、着色型材部分);

——GB/T 5237.2—2000、GB 5237.2—2004、GB 5237.2—2008。

铝合金建筑型材
第2部分:阳极氧化型材

1 范围

GB/T 5237的本部分规定了阳极氧化型材的术语和定义、要求、试验方法、检验规则、标志、包装、运输、贮存与质量证明书及订货单(或合同)内容。

本部分适用于表面经阳极氧化、电解着色或染色的建筑用铝合金热挤压型材(以下简称型材)。

用途和表面处理方式相同的其他铝合金加工材也可参照执行本部分。

2 规范性引用文件

下列文件对于本文件的应用是必不可少的。凡是注日期的引用文件,仅注日期的版本适用于本文件。凡是不注日期的引用文件,其最新版本(包括所有的修改单)适用于本文件。

GB/T 3199 铝及铝合金加工产品 包装、标志、运输、贮存

GB/T 4957 非磁性基体金属上非导电覆盖层 覆盖层厚度测量 涡流法

GB/T 5237.1 铝合金建筑型材 第1部分:基材

GB/T 6461 金属基体上金属和其他无机覆盖层 经腐蚀试验后的试样和试件的评级

GB/T 6462 金属和氧化物覆盖层 厚度测量 显微镜法

GB/T 8005.3 铝及铝合金术语 第3部分:表面处理

GB/T 8013.1 铝及铝合金阳极氧化膜与有机聚合物膜 第1部分:阳极氧化膜

GB/T 8014.1 铝及铝合金阳极氧化 氧化膜厚度的测量方法 第1部分:测量原则

GB/T 8753.1 铝及铝合金阳极氧化 氧化膜封孔质量的评定方法 第1部分:无硝酸预浸的磷铬酸法

GB/T 9276 涂层自然气候曝露试验方法

GB/T 12967.3 铝及铝合金阳极氧化膜检测方法 第3部分:铜加速乙酸盐雾试验(CASS试验)

GB/T 12967.4 铝及铝合金阳极氧化膜检测方法 第4部分:着色阳极氧化膜耐紫外光性能的测定

GB/T 12967.6 铝及铝合金阳极氧化膜检测方法 第6部分:目视观察法检验着色阳极氧化膜色差和外观质量

3 术语和定义

GB/T 8005.3界定的以及下列术语和定义适用于本文件。

3.1

装饰面 exposed surfaces

经加工、组装成制品并安装在建筑物上的型材,目视可见的表面(包括处于开启或关闭状态)。

4 要求

4.1 产品分类

4.1.1 牌号、状态和尺寸规格

牌号、状态和尺寸规格应符合 GB/T 5237.1 的规定。

4.1.2 表面纹理类型及特点

表面纹理类型及特点见表 1。

表 1 型材表面纹理类型及特点

纹理类型	纹理特点
光面	保持与基材基本一样的表面纹理外观
砂面	通过对基材表面采用喷砂、抛丸或碱蚀等方法获得的表面纹理外观
抛光面	使用布轮、羊毛轮和砂纸等磨削基材表面获得的平滑且光亮的表面纹理外观
拉丝面	采用机械摩擦的方法加工基材表面获得的直线、乱纹、螺纹、波纹、旋纹型等表面纹理外观

4.1.3 膜层的膜厚级别、膜层颜色及表面处理方式

膜层的膜厚级别、膜层颜色及表面处理方式见表 2。

表 2 膜层的膜厚级别、膜层颜色及表面处理方式

<table>
<tr><th>膜厚级别[a,b]</th><th>膜层颜色</th><th>表面处理方式[a]</th></tr>
<tr><td rowspan="3">AA10、AA15、AA20、AA25</td><td>银白</td><td>阳极氧化+封孔</td></tr>
<tr><td rowspan="2">古铜色、黑色、金色等</td><td>阳极氧化+电解着色[c]+封孔</td></tr>
<tr><td>阳极氧化+染色[d]+封孔</td></tr>
<tr><td colspan="3">a 膜厚级别、着色和封孔工艺对膜层性能影响很大。
b 通常情况，膜层膜厚越厚，其耐盐雾腐蚀性能越好。
c 电解着色只能满足客户对一定范围内的颜色需求。
d 染色膜层的耐紫外光性能一般比电解着色的差。</td></tr>
</table>

4.1.4 标记及示例

型材标记按产品名称、本部分编号、牌号、状态、截面代号及长度、颜色(或色号)、表面纹理类型、膜厚级别的顺序表示。标记示例如下：

古铜色、砂面、膜厚级别为 AA15、6063 牌号、T5 状态、型材截面代号为 421001，定尺长度为 3 000 mm 的型材，标记为：

阳极氧化型材 GB/T 5237.2-6063T5-421001×3000 古铜色砂面 AA15

4.2 质量保证

4.2.1 工艺

工艺保证参见 A.1。

4.2.2 原材料

基材质量、阳极氧化表面处理用化学药剂和添加剂的质量参见 A.2。

4.3 化学成分

化学成分应符合 GB/T 5237.1 的规定。

4.4 力学性能

力学性能应符合 GB/T 5237.1 的规定。

4.5 尺寸偏差

尺寸偏差(包括膜层在内)应符合 GB/T 5237.1 的规定。

4.6 膜层性能

4.6.1 膜厚

膜层的平均膜厚、局部膜厚应符合表 3 的规定。膜厚级别应在订货单(或合同)中注明,未注明时,按 AA10 供货。

表 3 膜厚要求

膜厚级别	平均膜厚 μm	局部膜厚 μm
AA10	≥10	≥8
AA15	≥15	≥12
AA20	≥20	≥16
AA25	≥25	≥20

4.6.2 色差

颜色应与供需双方商定的色板基本一致,或处在供需双方商定的上、下限色标所限定的颜色范围之内。当采用仪器法测定时,允许色差值应供需双方商定,并在订货单(或合同)中注明。

4.6.3 封孔质量

经封孔质量试验后,质量损失值应不大于 30 mg/dm^2。

4.6.4 耐磨性

耐磨性可采用落砂试验或喷磨试验。采用落砂试验时,磨损每微米膜厚的平均耗砂量不小于 330 g;采用喷磨试验时,磨损每微米膜厚的平均耗时不小于 3.5 s。耐磨性采用的试验方法应供需双方商定,并在订货单(或合同)中注明,未注明时,按落砂试验进行。

4.6.5 耐盐雾腐蚀性

膜层的耐盐雾腐蚀性应符合表 4 的规定。

表 4　耐盐雾腐蚀性

膜厚级别	试验时间 h	保护等级
AA10	16	≥9 级
AA15	24	
AA20	48	
AA25	48	

4.6.6　耐候性

4.6.6.1　耐紫外光性

经耐紫外光性试验后，目视试样表面颜色变化应不大于供需双方商定的变色程度。

4.6.6.2　自然耐候性

需方对自然耐候性有要求时，试验条件和验收标准应供需双方商定，并在订货单(或合同)中注明。

4.6.7　其他

需方对其他性能有要求时，应供需双方参照 GB/T 8013.1 具体商定，并在订货单(或合同)中注明。

4.7　外观质量

型材表面不准许有电灼伤、膜层脱落等影响使用的缺陷，但距型材端头 80 mm 以内允许局部无膜。

5　试验方法

5.1　化学成分

化学成分分析方法按 GB/T 5237.1 的规定进行。试验前应去除试样表面膜层。

5.2　力学性能

力学性能试验方法按 GB/T 5237.1 的规定进行。

5.3　尺寸偏差

尺寸偏差检测方法按 GB/T 5237.1 的规定进行。

5.4　膜层性能

5.4.1　膜厚

按 GB/T 8014.1 中规定的测量原则，采用 GB/T 4957 中的涡流法或 GB/T 6462 中的显微镜法进行测量。仲裁试验按 GB/T 6462 规定的显微镜法进行。

5.4.2 色差

按 GB/T 12967.6 的规定进行。

5.4.3 封孔质量

按 GB/T 8753.1 的规定进行。

5.4.4 耐磨性

按 GB/T 8013.1 的规定进行。

5.4.5 耐盐雾腐蚀性

按 GB/T 12967.3 的规定进行 CASS 试验，至表 4 规定的试验时间后，按 GB/T 6461 的规定评定试验结果，不同缺陷面积比率相对应的保护等级见表 5。

表 5 不同缺陷面积比率相对应的保护等级

试验后缺陷面积比率 %	保护等级	试验后缺陷面积比率 %	保护等级
无	10 级	>0.05～0.07	9.3 级
≤0.02	9.8 级	>0.07～0.10	9 级
>0.02～0.05	9.5 级	>0.10～0.25	8 级

5.4.6 耐候性

5.4.6.1 耐紫外光性

按 GB/T 12967.4 的规定进行，试验时间为 300 h。

5.4.6.2 自然耐候性

按 GB/T 9276 的规定进行。

注：许多国家选用佛罗里达大气腐蚀试验站进行自然耐候试验。中国大气腐蚀试验站中，大气条件与佛罗里达比较接近的是海南省琼海大气腐蚀试验站，但海南省琼海大气腐蚀试验站的试验结果与佛罗里达的试验结果会存在差异。

5.4.7 其他

其他性能的检验按 GB/T 8013.1 或供需双方商定的方法进行。

5.5 外观质量

外观质量按 GB/T 12967.6 的规定进行。

6 检验规则

6.1 检查和验收

6.1.1 型材应由供方进行检验，保证型材质量符合本部分或订货单(或合同)的规定，并填写质量证明书。

6.1.2 需方可对收到的型材按本部分的规定进行检验。检验结果与本部分或订货单(或合同)的规定不符时，应以书面形式向供方提出，由供需双方协商解决。属于外观质量及尺寸偏差的异议，应在收到型材之日起一个月内提出，属于其他性能的异议，应在收到型材之日起六个月内提出。如需仲裁，可委托供需双方认可的单位进行，仲裁取样应在需方，由供需双方共同进行。

6.2 组批

型材应成批提交验收，每批应由同一牌号、状态、尺寸规格(或截面代号)、表面纹理类型、膜厚级别、膜层颜色和相同表面处理方式与工艺的型材组成，批重不限。

6.3 检验分类

产品检验分为出厂检验、定期检验。

6.4 检验项目及工艺保证项目

6.4.1 出厂检验项目、定期检验项目和工艺保证项目应符合表6的规定。

表6 检验项目及工艺保证项目

检验项目		出厂检验项目	定期检验项目	工艺保证项目
化学成分		√	—	—
力学性能		√	—	—
尺寸偏差		√	—	—
膜厚		√	—	—
色差		√	—	—
封孔质量		√	—	—
耐磨性		[a]	√	√
耐盐雾腐蚀性		[a]	√	√
耐候性	耐紫外光性	[a]	√	√
	自然耐候性	[a]	—	√
其他		[a]	—	—
外观质量		√	—	—
注：“√”表示必须检验的项目或工艺保证项目，“—”表示不检验项目或非工艺保证项目。				
[a] 订货单(或合同)注明检验时，该项目列为必须检验项目。未注明时不检验。				

6.4.2 供方每三年至少应进行一次定期检验。

6.5 取样

型材的取样应符合表 7 的规定。

表 7 取样

<table>
<tr><th colspan="2">检验项目</th><th>取样规定</th><th>要求的章条号</th><th>试验方法的章条号</th></tr>
<tr><td colspan="2">化学成分</td><td>按 GB/T 5237.1 的规定</td><td>4.3</td><td>5.1</td></tr>
<tr><td colspan="2">力学性能</td><td>按 GB/T 5237.1 的规定</td><td>4.4</td><td>5.2</td></tr>
<tr><td colspan="2">尺寸偏差</td><td>逐根检查</td><td>4.5</td><td>5.3</td></tr>
<tr><td colspan="2">膜厚</td><td>取样数量按表 8 规定</td><td>4.6.1</td><td>5.4.1</td></tr>
<tr><td colspan="2">色差</td><td>逐根检查</td><td>4.6.2</td><td>5.4.2</td></tr>
<tr><td colspan="2">封孔质量</td><td rowspan="4">在型材封孔完毕 120 h 后，每批抽取 2 根型材/检验项目，从抽取的每根型材上切取 1 个试样</td><td>4.6.3</td><td>5.4.3</td></tr>
<tr><td colspan="2">耐磨性</td><td>4.6.4</td><td>5.4.4</td></tr>
<tr><td colspan="2">耐盐雾腐蚀性</td><td>4.6.5</td><td>5.4.5</td></tr>
<tr><td rowspan="2">耐候性</td><td>耐紫外光性</td><td>4.6.6.1</td><td>5.4.6.1</td></tr>
<tr><td>自然耐候性</td><td>从该批中任取 3 根型材，在选取的每根型材上切取 1 个试样。若需方同意，供方可制作膜厚级别、膜层颜色及表面处理方式和工艺均与该批型材相同的 3 块试板代替型材试样。试样(或试板)膜层有效面尺寸(长×宽)宜为 250 mm×150 mm</td><td>4.6.6.2</td><td>5.4.6.2</td></tr>
<tr><td colspan="2">其他膜层性能</td><td>按 GB/T 8013.1 或供需双方商定的方法取样</td><td>4.6.7</td><td>5.4.7</td></tr>
<tr><td colspan="2">外观质量</td><td>逐根检查</td><td>4.7</td><td>5.5</td></tr>
</table>

表 8 膜厚取样数量及不合格品数上限数量表

单位为根

批量范围	抽取数量	不合格品数上限
1～10	全部	0
11～200	10	1
201～300	15	1
301～500	20	2
501～800	30	3
800 以上	40	4

6.6 检验结果的判定

6.6.1 任一试样的化学成分不合格时，型材能区分熔次时，则判该试样代表的熔次不合格，其他熔次依次检验，合格者交货。不能区分熔次时，则判该批不合格。

6.6.2 任一试样的力学性能不合格时，应从该批型材中另取双倍数量的试样进行重复试验，重复试验结果全部合格，则判该批型材合格。若重复试验结果仍有试样不合格，则判该批型材不合格。经供需双方商定允许供方逐根检验，合格者交货。

6.6.3 任一试样的尺寸偏差不合格时,判该批不合格。但允许供方逐根检验,合格者交货。

6.6.4 膜厚的不合格品数量超出表 8 规定的不合格品数上限时,应另取双倍数量的型材进行重复试验。重复试验的不合格品数量不超过表 8 规定的不合格品数上限的双倍数量时,判该批合格,否则判该批不合格。经供需双方商定允许供方逐根检验,合格者交货。

6.6.5 任一试样的色差不合格时,判该根不合格。

6.6.6 任一试样的封孔质量不合格时,判该批不合格。

6.6.7 任一试样的耐磨性不合格时,判该批不合格。

6.6.8 任一试样的耐盐雾腐蚀性不合格时,判该批不合格。

6.6.9 任一试样的耐候性不合格时,判该批不合格。

6.6.10 任一试样的其他膜层性能不合格时,判该批不合格。

6.6.11 任一试样的外观质量不合格时,判该根不合格。

6.6.12 定期检验结果不合格时,供方应对基材质量、阳极氧化表面处理用化学药剂和添加剂质量、工艺等进行重新评估确认,并进行重新检验,直至合格。

7 标志、包装、运输、贮存与质量证明书

7.1 标志

7.1.1 产品标志

在检验合格的型材上,应有如下内容的标识(或贴含有如下内容的标签):

a) 供方名称和地址;
b) 产品的名称;
c) 供方质检部门的检印(或质检人员的签名或印章);
d) 牌号、状态和尺寸规格(或截面代号);
e) 型材表面纹理类型、膜厚级别、颜色(或色号)及表面处理方式;
f) 产品批号或生产日期;
g) 本部分编号;
h) 生产许可证编号和 QS 标识。

7.1.2 包装箱标志

型材的包装箱标志应符合 GB/T 3199 的规定。

7.2 包装

型材的装饰面应用纸、泡沫塑料等材料加以保护,其他包装应符合 GB/T 3199 的规定。

7.3 运输和贮存

型材的运输和贮存应符合 GB/T 3199 的规定。型材在运输和使用过程中的保护措施参见附录 B。

7.4 质量证明书

每批型材应附有产品质量证明书,其上注明:

a) 供方名称;
b) 产品名称;
c) 牌号、状态、尺寸规格(或截面代号);

d) 型材表面纹理类型、膜厚级别、颜色(或色号)及表面处理方式;
e) 批号或生产日期;
f) 重量或件数;
g) 各项分析检验结果和供方质检部门的检印;
h) 本部分编号;
i) 生产许可证编号。

8 订货单(或合同)内容

订购本部分所列型材的订货单(或合同)应包括下列内容:
a) 供方名称;
b) 产品名称;
c) 牌号、状态和尺寸规格(或截面代号);
d) 尺寸偏差、精度等级;
e) 型材表面纹理类型、膜厚级别、颜色(或色号)及表面处理方式;
f) 重量或件数;
g) 需方的特殊要求:
——耐盐雾腐蚀性测试要求;
——特殊的耐磨性能要求;
——耐紫外光性测试要求;
——自然耐候性测试要求;
——特殊的膜厚要求;
——特殊的色差要求;
——特殊的包装要求;
——其他特殊要求;
h) 本部分编号。

附 录 A
（资料性附录）
质 量 保 证

A.1 工艺保证

A.1.1 阳极氧化膜的生产工艺宜执行 GB/T 23612 的规定。

A.1.2 不同的着色、封孔工艺对阳极氧化膜的性能和环境有着直接影响。推荐使用有镍回收处理装置的单镍盐着色工艺，鼓励采用无镍无氟封孔工艺。

A.1.3 砂面铝型材表面凹凸不平，会对阳极氧化膜的耐腐蚀性能和耐磨性能产生不利影响，应注意相关工艺控制。

A.2 原材料质量保证

A.2.1 基材

基材质量应符合 GB/T 5237.1 的规定。

A.2.2 阳极氧化表面处理用化学药剂和添加剂

A.2.2.1 有害物质限量

阳极氧化表面处理用化学药剂和添加剂中有害物质限量参见表 A.1 的规定。

表 A.1 阳极氧化表面处理用化学药剂和添加剂中有害物质限量

有害物质	质量分数
多溴联苯 PBB	≤0.1%
多溴二苯醚 PBDE	≤0.1%
邻苯二甲酸二辛酯 DEHP	≤0.1%
邻苯二甲酸丁酯苯甲酯 BBP	≤0.1%
邻苯二甲酸二丁酯 DBP	≤0.1%
邻苯二甲酸二异丁酯 DIBP	≤0.1%
可溶性铅 Pb	≤90 mg/kg
可溶性镉 Cd	≤75 mg/kg
可溶性铬 Cr	≤60 mg/kg
可溶性汞 Hg	≤60 mg/kg

A.2.2.2 安全技术说明书

阳极氧化表面处理用化学药剂和添加剂的供应商应提供阳极氧化表面处理用化学药剂和添加剂的安全技术说明书（MSDS）。

A.2.2.3　产品使用和贮存说明书及售后技术服务协议

为保证阳极氧化表面处理用化学药剂和添加剂的正确使用和贮存，供应商应提供“产品使用和贮存说明书”。为保证阳极氧化表面处理用化学药剂和添加剂的质量可靠性，型材厂家与供应商应签订经双方协商后的“售后技术服务协议”。

A.2.2.4　产品标志

在检验合格的产品上，应有如下内容的标识(或贴含有如下内容的标签)：

a)　产品名称及级别；

b)　外观形态；

c)　用途；

d)　净重；

e)　批号；

f)　保质期；

g)　生产单位及联系电话。

A.2.2.5　质量证明书

为保证阳极氧化表面处理用化学药剂和添加剂的质量可靠性，铝型材生产企业应与阳极氧化表面处理用化学药剂和添加剂厂商商定质量证明书内容，质量证明书内容至少包括：

a)　供方名称；

b)　产品名称及级别；

c)　产品标准及要求；

d)　批号或生产日期；

e)　主要组分含量和杂质含量分析结果，主要性能指标试验结果；

f)　有害物质含量分析结果；

g)　分析检验结论；

h)　供方质检部门的检印；

i)　生产许可证编号。

附 录 B
(资料性附录)
型材在运输和使用过程中的保护措施

B.1 为了避免膜层的损坏,铝合金建筑型材运输和安装过程中应避免相互摩擦、滑动、挤压、扭曲变形。

B.2 为防止污水、冷凝物、水泥等接触型材表面而造成腐蚀。铝合金建筑型材在运输、存贮和堆放过程中,应使用适当的盛装物有效地保护,也可以采用某种清漆或易除去的蜡膜、塑料膜进行保护。

B.3 建议将铝合金建筑型材的安装安排在建筑施工的后期进行,并尽可能在交付给工地的建筑型材的包装件上贴上这样的标签:"为了避免型材表面膜层的损坏,在搬运过程中应特别小心。在存放和堆积时,不准许接触水泥,灰浆等污染物,否则会造成膜层的损坏"。

B.4 为更好确保型材表面膜层的外观与性能符合要求,型材表面的保护膜应在规定的时间内妥善剥离,注意不得划伤、乱花型材表面。

B.5 为避免建筑用砂中氯离子等腐蚀物质对铝型材的腐蚀,应注意选用符合 GB/T 14684 的建设用砂。由于海砂中氯离子含量一般比较高,因此在铝合金型材的安装使用中不准许使用海砂。

B.6 表面尘垢沉积,膜层吸收水分,会导致膜层腐蚀,尤其当空气中含有硫化物时,膜层更易腐蚀。所以建筑型材在长期使用时必须按时把膜层表面清理干净,以延长使用寿命。

B.7 膜层定期清理的周期一般为半年。相隔时间可根据使用环境的污染程度而定。清理时注意既要清理表面污垢,又要不损坏膜层。

B.8 膜层清理的方法可根据膜层可能发生被破坏的程度和规模而定。对于小型的工件通常用棉布进行轻轻擦拭,对于大型工件,就要求设法将黏滞的沉积物溶解掉。清理污垢一般采用含有适当润滑剂或中性的皂液的热水来清洗,也可使用纤维刷来除去附着的灰尘。不准许使用砂纸、钢丝刷或其他摩擦物,也不准许用酸或碱进行清理,以免破坏膜层。在清洁处理后要用清水洗净,特别是有裂隙、污垢的地方,还要用软布沾上酒精来擦洗,最后用优质的蜡对膜层作上光处理。

B.9 铝合金建筑型材的运输和使用过程中的其他保护措施应严格执行建筑规范的相关要求。

参 考 文 献

[1] GB/T 14684 建设用砂
[2] GB/T 23612 铝合金建筑型材阳极氧化与阳极氧化电泳涂漆工艺技术规范

ICS 77.150.10
H 61

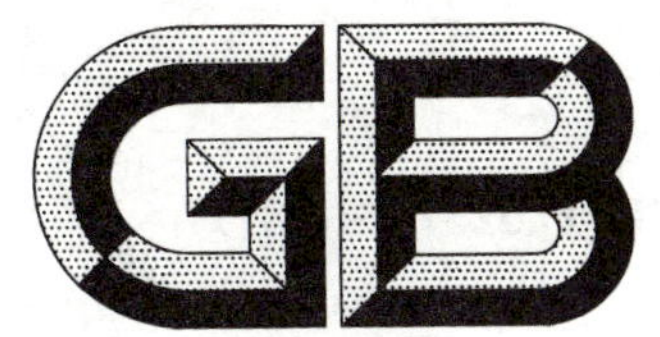

中华人民共和国国家标准

GB/T 5237.3—2017
代替 GB/T 5237.3—2008

铝合金建筑型材 第3部分:电泳涂漆型材

Wrought aluminium alloy extruded profiles for architecture—
Part 3:Electrodeposition coating profiles

2017-10-14 发布 2018-07-01 实施

中华人民共和国国家质量监督检验检疫总局
中国国家标准化管理委员会 发布

前　言

GB/T 5237《铝合金建筑型材》分为6个部分：

——第1部分：基材；

——第2部分：阳极氧化型材；

——第3部分：电泳涂漆型材；

——第4部分：喷粉型材；

——第5部分：喷漆型材；

——第6部分：隔热型材。

本部分为GB/T 5237的第3部分。

本部分按照GB/T 1.1—2009给出的规则起草。

本部分代替GB 5237.3—2008《铝合金建筑型材　第3部分：电泳涂漆型材》。本部分与GB 5237.3—2008相比，除编辑性修改外主要技术变化如下：

——删除了前言中"本部分4.4.4和表2中的复合膜局部膜厚要求是强制性的，其余内容是推荐性的"的陈述(见2008年版的前言)；

——修改了本部分的适用"范围"(见第1章，2008年版的第1章)；

——删除了规范性引用文件GB/T 228—2002(见2008年版的第2章和5.2)；

——删除了规范性引用文件GB/T 8013.1(见2008年版的第2章和5.4.6)；

——删除了规范性引用文件GB/T 9761(见2008年版的第2章和5.5)；

——删除了规范性引用文件GB/T 9789(见2008年版的第2章)；

——删除了规范性引用文件GB/T 14952.3(见2008年版的第2章和5.4.1)；

——删除了规范性引用文件GB/T 20975(见2008年版的第2章和5.1)；

——删除了规范性引用文件JC/T 480(见2008年版的第2章和5.4.9)；

——增加了规范性引用文件GB/T 8005.3(见第2章和第3章)；

——增加了规范性引用文件GB/T 12967.6(见第2章、5.4.2和5.5)；

——增加了规范性引用文件GB/T 14684(见第2章和5.4.9)；

——增加了规范性引用文件JC/T 479(见第2章和5.4.9)；

——修改了术语和定义的引导语(见第3章，2008年版的第3章)；

——修改了"装饰面"的定义(见3.1，2008年版的3.1)；

——删除了"局部膜厚"的定义(见2008年版的3.2)；

——增加了"漆膜类型及漆膜特点"的规定(见4.1.2)；

——在产品分类中，各膜厚级别典型用途的内容修改为膜厚级别的备注说明，并对膜层代号进行了规定(见4.1.3，见2008年版的4.1.2)；

——在产品分类中，增加了"复合膜性能级别及对应型材的适用环境"内容(见4.1.4)；

——增加了"质量保证"的内容(见4.2)；

——在膜厚要求中，增加了内角、凹槽等型材表面膜厚的规定(见4.6.1，见2008年版的4.4.2)；

——修改了S级漆膜硬度的要求(见4.6.3，2008年版的4.4.3)；

——修改了耐沸水性要求(见4.6.5，2008年版的4.4.5)；

——修改了耐磨性要求(见4.6.6，2008年版的4.4.6)；

——修改了耐溶剂性要求(见4.6.10,2008年版的4.4.10);
——修改了耐盐雾腐蚀性要求(见4.6.13,2008年版的4.4.12);
——增加了紫外盐雾联合试验结果的性能要求(见4.6.14);
——在加速耐候性试验结果的规定中,修改了光泽保持率要求(见4.6.15.1,2008年版的4.4.14.1);
——在加速耐候性试验结果的规定中,“变色程度≤1级”修改为“色差值$\Delta E_{ab}^{*}\leqslant 3.0$”(见4.6.15.1,2008年版的4.4.14.1);
——修改了“其他”膜层性能要求(见4.6.16,2008年版的4.4.15);
——修改了化学成分试验方法要求(见5.1,2008年版的5.1);
——修改了力学性能试验方法要求(见5.2,2008年版的5.2);
——修改了耐沸水性试验方法要求(见5.4.5,2008年版的5.4.5);
——修改了耐磨性试验方法要求(见5.4.6,2008年版的5.4.6);
——耐盐酸性试验方法中,将“化学纯盐酸”修改为“分析纯盐酸”(见5.4.7,2008年版的5.4.7);
——耐砂浆性试验方法中,将石灰粉修改为JC/T 479规定的建筑生石灰,将标准砂修改为GB/T 14684规定的建设用砂(见5.4.9,2008年版5.4.9);
——修改了耐溶剂性试验方法要求(见5.4.10,2008年版5.4.10);
——增加了紫外盐雾联合试验方法要求(见5.4.14);
——修改了加速耐候性试验方法要求(见5.4.15.1,2008年版的5.4.14.1);
——自然耐候性试验方法中的注修改为“许多国家选用佛罗里达大气腐蚀试验站进行自然耐候试验。中国大气腐蚀试验站中,大气条件与佛罗里达比较接近的是海南省琼海大气腐蚀试验站,但海南省琼海大气腐蚀试验站的试验结果与佛罗里达的试验结果会存在差异。”(见5.4.15.2,2008年版5.4.14.2);
——修改了外观质量检验方法要求(见5.5,2008年版的5.5);
——修改了检查和验收的规定要求(见6.1,2008年版的6.1);
——修改了组批的方法要求(见6.2,2008年版的6.2);
——修改了检验项目的规定(见6.4,2008年版的6.3);
——修改了取样规定(见6.5,2008年版的6.4);
——修改了检验结果的判定要求(见6.6,2008年版的6.5);
——修改了标志的规定(见7.1.1,2008年版的7.1);
——修改了包装的规定(见7.2,2008年版的7.3);
——修改了运输和贮存的规定(见7.3,2008年版的7.4);
——修改了质量证明书的内容要求(见7.4,2008年版的7.5);
——修改了订货单(或合同)的内容要求(见第8章,2008年版的第8章);
——增加了原材料质量保证的内容(见附录A);
——增加了参考文献的内容(见参考文献)。

本部分由中国有色金属工业协会提出。

本部分由全国有色金属标准化技术委员会(SAC/TC 243)归口。

本部分起草单位:广东坚美铝型材厂(集团)有限公司、广亚铝业有限公司、广东凤铝铝业有限公司、有色金属技术经济研究院、广东华昌铝厂有限公司、国家有色金属质量监督检验中心、广东省工业分析检测中心、四川三星新材料科技股份有限公司、江阴恒兴涂料有限公司、天津开发区艾隆化工科技有限公司、福建省南平铝业股份有限公司、广东兴发铝业有限公司、福建省闽发铝业股份有限公司、山东南山铝业股份有限公司。

本部分主要起草人：戴悦星、潘学著、陈慧、葛立新、唐性宇、樊志罡、刘英坤、王争、林乾隆、史宏伟、谢志军、梁金鹏、黄赐为、李喆。

本部分所代替标准的历次版本发布情况为：

——GB/T 5237.3—2000、GB 5237.3—2004、GB 5237.3—2008。

铝合金建筑型材
第3部分:电泳涂漆型材

1 范围

GB/T 5237的本部分规定了电泳涂漆型材的术语和定义、要求、试验方法、检验规则、包装、标志、运输、贮存、质量证明书及订货单(或合同)内容。

本部分适用于表面经阳极氧化、着色和电泳涂漆(水溶性清漆或色漆)复合处理的建筑用铝合金热挤压型材(以下简称型材)。

用途和表面处理方式相同的其他铝合金加工材也可参照执行本部分。

2 规范性引用文件

下列文件对于本文件的应用是必不可少的。凡是注日期的引用文件,仅注日期的版本适用于本文件。凡是不注日期的引用文件,其最新版本(包括所有的修改单)适用于本文件。

GB/T 629 化学试剂 氢氧化钠

GB/T 1740 漆膜耐湿热测定法

GB/T 1766 色漆和清漆 涂层老化的评级方法

GB/T 1865—2009 色漆和清漆 人工气候老化和人工辐射曝露 滤过的氙弧辐射

GB/T 3199 铝及铝合金加工产品 包装、标志、运输、贮存

GB/T 4957 非磁性基体金属上非导电覆盖层 覆盖层厚度测量 涡流法

GB/T 5237.1 铝合金建筑型材 第1部分:基材

GB/T 5237.2 铝合金建筑型材 第2部分:阳极氧化型材

GB/T 6461 金属基体上金属和其他无机覆盖层 经腐蚀试验后的试样和试件的评级

GB/T 6462 金属和氧化物覆盖层 厚度测量 显微镜法

GB/T 6682 分析实验室用水规格和试验方法

GB/T 6739 色漆和清漆 铅笔法测定漆膜硬度

GB/T 8005.3 铝及铝合金术语 第3部分:表面处理

GB/T 8013.2 铝及铝合金阳极氧化膜与有机聚合物膜 第2部分:阳极氧化复合膜

GB/T 8014.1 铝及铝合金阳极氧化 氧化膜厚度的测量方法 第1部分:测量原则

GB/T 9276 涂层自然气候曝露试验方法

GB/T 9286 色漆和清漆 漆膜的划格试验

GB/T 9754 色漆和清漆 不含金属颜料的色漆漆膜的20°、60°和85°镜面光泽的测定

GB/T 10125 人造气氛腐蚀试验 盐雾试验

GB/T 11186.2 涂膜颜色的测量方法 第二部分:颜色测量

GB/T 11186.3 涂膜颜色的测量方法 第三部分:色差计算

GB/T 12967.6 铝及铝合金阳极氧化膜检测方法 第6部分:目视观察法检验着色阳极氧化膜色差和外观质量

GB/T 14684 建设用砂

GB/T 16585 硫化橡胶人工气候老化(荧光紫外灯)试验方法

JC/T 479　建筑生石灰

3 术语和定义

GB/T 8005.3 界定的以及下列术语和定义适用于本文件。

3.1

装饰面　exposed surfaces

经加工、组装成制品并安装在建筑物上的型材，目视可见的表面(包括处于开启或关闭状态)。

4 要求

4.1 产品分类

4.1.1 牌号、状态和尺寸规格

牌号、状态和尺寸规格应符合 GB/T 5237.1 的规定。

4.1.2 漆膜类型及漆膜特点

漆膜类型及漆膜特点见表 1。

表 1　漆膜类型及漆膜特点

漆膜类型		漆膜特点
按漆膜光泽分类	有光漆膜	漆膜表面光亮，镜面反射率较高
	消光漆膜	漆膜表面光泽柔和，镜面反射率较低
按漆膜颜色分类	透明漆膜	漆膜无色透明，所用的电泳涂料未添加颜料
	有色漆膜	漆膜颜色多样，但因受到所用颜料的性能影响，耐候性、耐蚀性与透明漆膜有一定的区别

4.1.3 膜厚级别

膜厚级别见表 2。

表 2　复合膜膜厚级别

膜厚级别	膜层代号	漆膜类型	备注
A	EA21	有光或消光透明漆膜	复合膜膜厚级别分为 3 类：A、B 和 S，该分类是按膜厚和电泳涂料的颜色种类进行划分，而不是根据性能划分。对于同一厂家同型号电泳涂料采用相同生产工艺所形成的复合膜，漆膜膜厚高的比漆膜膜厚低的耐候性和耐腐蚀性通常会好些
B	EB16		
S	ES21	有光或消光有色漆膜	

4.1.4 复合膜性能级别及对应型材的适用环境

复合膜性能级别按耐盐雾腐蚀性、加速耐候性、紫外盐雾联合试验结果分为Ⅱ级、Ⅲ级、Ⅳ级。性能级别应供需双方商定，并在订货单(或合同)中注明，未注明时，按Ⅱ级供货。复合膜性能级别对应型材的适用环境参见表 3。

表 3 复合膜性能级别对应型材的适用环境

复合膜性能级别	型材的适用环境
Ⅳ级	太阳光辐射强烈，大气腐蚀严重的环境
Ⅲ级	太阳光辐射较强，大气腐蚀严重的环境
Ⅱ级	太阳光辐射强度一般，大气腐蚀轻微的环境

4.1.5 标记及示例

型材标记按产品名称、本部分编号、牌号、状态、截面代号及长度、颜色、复合膜性能级别、膜层代号的顺序表示。标记示例如下：

示例 1：

6063 牌号、T5 状态、截面代号为 421001、定尺长度为 6 000 mm 的古铜色、膜层代号为 EA21、Ⅱ级性能电泳涂漆型材，标记为：

电泳型材 GB/T 5237.3-6063T5-421001×6000 古铜Ⅱ级 EA21

示例 2：

6063 牌号、T5 状态、截面代号为 421001、定尺长度为 6 000 mm 的白色、膜层代号为 ES21、Ⅱ级性能电泳涂漆型材，标记为：

电泳型材 GB/T 5237.3-6063T5-421001×6000 白Ⅱ级 ES21

4.2 质量保证

4.2.1 工艺

工艺保证参见 A.1。

4.2.2 原材料

基材质量、阳极氧化表面处理用化学试剂和添加剂质量、电泳涂料质量参见 A.2。

4.3 化学成分

化学成分应符合 GB/T 5237.1 的规定。

4.4 力学性能

力学性能应符合 GB/T 5237.1 的规定。

4.5 尺寸偏差

尺寸偏差(含复合膜)应符合 GB/T 5237.1 的规定。

4.6 膜层性能

4.6.1 膜厚

装饰面上的膜厚要求应符合表 4 的规定。膜厚级别应在订货单(或合同)中注明，未注明膜厚级别时，对于漆膜类型为透明漆膜的型材按 B 级供货。

表 4　复合膜膜厚要求

膜厚级别	膜厚[a] μm		
	阳极氧化膜局部膜厚	漆膜局部膜厚	复合膜局部膜厚
A	≥9	≥12	≥21
B	≥9	≥7	≥16
S	≥6	≥15	≥21

[a] 由于型材横截面形状的复杂性，致使型材某些表面(如内角、凹槽等)的局部膜厚低于规定值是允许的。

4.6.2　色差

颜色应与供需双方商定的色板基本一致，或处在供需双方商定的上、下限色标所限定的颜色范围之内。若需方要求采用仪器法测定时，允许色差值应供需双方商定。

4.6.3　漆膜硬度

经铅笔划痕试验，漆膜硬度应不小于 3H。

4.6.4　漆膜附着性

漆膜干附着性和湿附着性应达到 0 级。

4.6.5　耐沸水性

经耐沸水浸渍试验后，漆膜表面应无皱纹、裂纹、气泡，并无脱落或变色现象，附着性应达到 0 级。

4.6.6　耐磨性

耐磨性可采用落砂试验或喷磨试验。采用落砂试验时，落砂量应不小于 3 300 g；采用喷磨试验时，喷磨时间应不小于 35 s。耐磨性采用的试验方法应供需双方商定，并在订货单(或合同)中注明，未注明时，按落砂试验进行。

4.6.7　耐盐酸性

经耐盐酸性试验后，复合膜表面应无气泡或其他明显变化。

4.6.8　耐碱性

经耐碱性试验后，保护等级应不小于 9.5 级。

4.6.9　耐砂浆性

经耐砂浆性试验后，复合膜表面应无脱落或其他明显变化。

4.6.10　耐溶剂性

经耐溶剂性试验后，型材表面不露出阳极氧化膜。

4.6.11 耐洗涤剂性

经耐洗涤剂性试验后，复合膜表面应无起泡、脱落或其他明显变化。

4.6.12 耐湿热性

经耐湿热性试验后，复合膜表面的综合破坏等级应达到 1 级。

4.6.13 耐盐雾腐蚀性

铜加速乙酸盐雾(CASS)试验结果和乙酸盐雾(AASS)试验结果应符合表 5 的规定。耐盐雾腐蚀性采用的试验方法应供需双方商定，并在订货单(或合同)中注明，未注明时，按铜加速乙酸盐雾试验进行。当需方有要求时，也可按中性盐雾(NSS)试验进行，中性盐雾试验时间及试验结果应供需双方按 GB/T 8013.2 商定。

表 5 耐盐雾腐蚀性、加速耐候性及紫外盐雾联合试验结果

复合膜性能级别	耐盐雾腐蚀性				加速耐候性		紫外盐雾联合试验结果					
	AASS 试验		CASS 试验		氙灯照射人工加速老化试验		方法 A			方法 B		
							荧光紫外灯辐射试验	CASS 试验	保护等级	荧光紫外灯辐射试验	AASS 试验	保护等级
	试验时间 h	保护等级	试验时间 h	保护等级	试验时间 h	试验结果	试验时间 h	试验时间 h		试验时间 h	试验时间 h	
Ⅳ级	1 500	≥9.5 级	120	≥9.5 级	4 000	粉化等级达到 0 级，光泽保持率[a] ≥75%，色差值 $\Delta E^{*}_{ab} \leqslant 3.0$	240	120	≥9 级	240	1 500	≥9 级
Ⅲ级	1 500	≥9.5 级	120	≥9.5 级	2 000		240	120	≥9 级	240	1 500	≥9 级
Ⅱ级	1 000	≥9.5 级	72	≥9.5 级	1 000		240	72	≥9 级	240	1 000	≥9 级

[a] 光泽保持率为漆膜试验后的光泽值相对于其试验前的光泽值的百分比。

4.6.14 紫外盐雾联合试验结果

紫外盐雾联合试验结果应符合表 5 的规定。紫外盐雾联合试验应供需双方商定采用表 5 中规定的方法 A 或方法 B 进行，并在订货单(或合同)中注明，未注明时，按表 5 中规定的方法 A 进行。

4.6.15 耐候性

4.6.15.1 加速耐候性

复合膜的加速耐候性应符合表 5 的规定。

4.6.15.2 自然耐候性

需方对自然耐候性有要求时，试验条件和验收标准应供需双方商定，并在订货单(或合同)中注明。

4.6.16 其他

需方对其他性能有要求时，应供需双方参照 GB/T 8013.2 具体商定，并在订货单(或合同)中注明。

4.7 外观质量

涂漆前型材的外观质量应符合 GB/T 5237.2 的有关规定。涂漆后的漆膜应均匀、整洁、不准许有皱纹、裂纹、气泡、流痕、夹杂物、发粘和漆膜脱落等影响使用的缺陷。但在型材端头 80 mm 范围内允许局部无膜。

5 试验方法

5.1 化学成分

化学成分分析方法按 GB/T 5237.1 的规定进行。试验前应去除试样表面的复合膜。

5.2 力学性能

力学性能试验方法按 GB/T 5237.1 的规定进行。

5.3 尺寸偏差

尺寸偏差检测方法按 GB/T 5237.1 的规定进行。

5.4 膜层性能

5.4.1 膜厚

5.4.1.1 阳极氧化膜、复合膜局部膜厚

按 GB/T 8014.1 中规定的测量原则，采用 GB/T 4957 中的涡流测厚法或 GB/T 6462 中的显微镜法进行测量。仲裁试验按 GB/T 6462 规定的显微镜法进行。

5.4.1.2 漆膜局部膜厚

按 GB/T 8014.1 中规定的测量原则，采用 GB/T 4957 中的涡流测厚法或 GB/T 6462 中的显微镜法进行测量。仲裁试验按 GB/T 6462 规定的显微镜法进行。采用涡流测厚法时，可按下述任一顺序进行：

a) 测出复合膜局部膜厚，然后减去按 5.4.1.1 测得的阳极氧化膜局部膜厚即为漆膜局部膜厚；
b) 测出复合膜局部膜厚，然后用剥离剂或有关器具除去表面漆膜，再测出阳极氧化膜局部膜厚，两者之差即为漆膜局部膜厚。

5.4.2 色差

5.4.2.1 目视测定法

按 GB/T 12967.6 的规定进行。

5.4.2.2 仪器测定法

按 GB/T 11186.2、GB/T 11186.3 的规定进行。

5.4.3 漆膜硬度

按 GB/T 6739 进行铅笔硬度试验,试验结果按表面漆膜刮破情况评定。

5.4.4 漆膜附着性

5.4.4.1 干附着性

5.4.4.1.1 按 GB/T 9286 的规定划格,划格间距为 1 mm。

5.4.4.1.2 将黏着力大于 10 N/25 mm 的粘胶带[1]覆盖在划格的漆膜上,压紧以排去粘胶带下的空气,以垂直于漆膜表面的角度快速拉起粘胶带,然后按 GB/T 9286 的规定进行评级。

5.4.4.2 湿附着性

将试样按 5.4.4.1.1 的规定划格后,置于 38 ℃±5 ℃、GB/T 6682 规定的三级水中浸泡 24 h,取出并擦干试样,在 5 min 内按 5.4.4.1.2 进行试验并评级。

5.4.5 耐沸水性

采用沸水浸渍试验,在烧杯中注入 GB/T 6682 规定的三级水至约 80 mm 深处,并在烧杯中放入 2～3 粒清洁的碎瓷片。在烧杯底部加热至水沸腾。将试样悬立于沸水中煮 5 h。试样应在水面10 mm以下,但不能接触容器底部。在试验过程中保持水温不低于 95 ℃,并随时向杯中补充煮沸的GB/T 6682规定的三级水,以保持水面高度不小于 80 mm。取出并擦干试样,目视检查沸水浸渍试验后的漆膜表面(试样周边部分除外),并取出试样在 5 min 内按 5.4.4.1 进行附着性试验并评级。

5.4.6 耐磨性

按 GB/T 8013.2 的规定进行。

5.4.7 耐盐酸性

用分析纯盐酸(ρ=1.19 g/mL)和 GB/T 6682 规定的三级水配成盐酸试验溶液(1+9)。在试样的漆膜表面滴上 10 滴盐酸试验溶液,用表面皿盖住,在 18 ℃～27 ℃环境下放置 15 min 后,用自来水洗净、晾干。目视检查试验后的漆膜表面。

5.4.8 耐碱性

5.4.8.1 用酒精轻轻擦掉试样表面的污物,在有效面上用凡士林或石蜡把内径 32 mm、高 30 mm 的玻璃(或合成树脂)环固定,并密封其外周。

5.4.8.2 用 GB/T 629 规定的氢氧化钠和 GB/T 6682 规定的三级水配成浓度为 5 g/L 的氢氧化钠试验溶液。

5.4.8.3 试样保持水平,在 20 ℃±2 ℃的试验温度下,将氢氧化钠试验溶液注入到环高的 1/2 处,用玻璃板或合成树脂板盖住。试验 24 h 后,取走玻璃环,用水轻轻洗净试样,在室内放置 1 h 后,在试样上画一个与环同心,直径为 30 mm 的圆。用 10 倍～15 倍放大镜观察圆圈内腐蚀情况,按 GB/T 6461 的规定评级,不同总缺陷面积比率相对应的保护等级见表 6 中相应的规定。

---

1) Scotch 610 粘胶带或 Permacel 99 粘胶带是适合的市售产品的实例。给出这一信息是为了方便本部分的使用者,并不表示对这些产品的认可。

表 6 不同总缺陷面积比率相对应的保护等级

试验后缺陷面积比率 %	保护等级	试验后缺陷面积比率 %	保护等级
无	10 级	>0.05～0.07	9.3 级
≤0.02	9.8 级	>0.07～0.10	9 级
>0.02～0.05	9.5 级	>0.10～0.25	8 级

5.4.9 耐砂浆性

5.4.9.1 取 JC/T 479 规定的建筑生石灰 75 g 和 GB/T 14684 规定的建设用砂 225 g，再加入大约 100 g GB/T 6682 规定的三级水混合为糊状砂浆。

5.4.9.2 将糊状砂浆置于试样表面，堆成直径为 15 mm、厚度为 6 mm 的圆柱形。在 38 ℃±3 ℃、相对湿度 95%±5%的环境中放置 24 h。

5.4.9.3 用湿布抹掉砂浆，并擦干净表面残渣，晾干。目视检查试验后的漆膜表面。

5.4.10 耐溶剂性

在室温环境下，用至少六层医用纱布包裹 1 kg 的重锤锤头(锤头与试样表面接触面积约为 150 mm^2)，吸饱二甲苯后在试样表面上沿同一直线路径，以每秒钟 1 次往返的速率，来回擦拭 100 次(擦拭一个来回计为 1 次)。试验过程中应保持纱布湿润。试验结束后，目视检查试验后的漆膜表面。

5.4.11 耐洗涤剂性

5.4.11.1 用洗涤剂(组分见表 7)和 GB/T 6682 规定的三级水配置成浓度为 30 g/L 的洗涤剂试验溶液。将试样置于 38 ℃±1 ℃的试验溶液中保持 72 h，取出并擦干试样。

表 7 洗涤剂组分

组分	质量分数 %
无水焦磷酸(四)钠(Tetrasodium Pyrophosphate)	53
无水硫酸钠(Sodium Sulphate Anhydrous)	19
十二烷基苯磺酸钠(Sodium linear alkylarylsulfonate)	20
水合硅酸钠(Sodium Metasilicate Hydrated)	7
无水碳酸钠(Sodium Carbonate Anhydrous)	1
总计	100

5.4.11.2 立即将黏着力大于 10 N/25 mm 的粘胶带覆盖在试验后的漆膜表面上，压紧以排去粘胶带下的空气，以垂直于漆膜表面的角度快速拉起粘胶带，目视检查试验后的漆膜表面。

5.4.12 耐湿热性

按 GB/T 1740 的规定进行。试验温度为 47 ℃±1 ℃，试验时间为 4 000 h。

5.4.13 耐盐雾腐蚀性

按 GB/T 10125 的规定进行盐雾试验，至规定的试验时间后，按 GB/T 6461 的规定评定试验结果，不同总缺陷面积比率相对应的保护等级见表 6。

5.4.14 紫外盐雾联合试验结果

紫外盐雾联合试验采用荧光紫外灯辐射试验然后再进行盐雾腐蚀试验，荧光紫外灯辐射试验方法按表 8 的参数进行设定，其他试验规定按 GB/T 16585 的规定进行，盐雾腐蚀试验按 GB/T 10125 的规定进行，至规定的试验时间后，按 GB/T 6461 的规定评定试验结果，不同总缺陷面积比率相对应的保护等级见表 6。

表 8 荧光紫外灯辐射试验条件

项目	试验条件
光源类型	UVB-313
光照周期	4 h
冷凝周期	4 h
辐照度	30 W/m²
光照周期的黑板温度	60 ℃±3 ℃
冷凝周期的黑板温度	50 ℃±3 ℃

5.4.15 耐候性

5.4.15.1 加速耐候性

按 GB/T 1865—2009 中方法 1 的循环 A 规定进行氙灯加速耐候试验。按 GB/T 9754 测量光泽值，按 GB/T 11186.2、GB/T 11186.3 的规定测量试验前后的色差值，按 GB/T 1766 评定粉化程度。

5.4.15.2 自然耐候性

按 GB/T 9276 的规定进行试验。

注：许多国家选用佛罗里达大气腐蚀试验站进行自然耐候试验。中国大气腐蚀试验站中，大气条件与佛罗里达比较接近的是海南省琼海大气腐蚀试验站，但海南省琼海大气腐蚀试验站的试验结果与佛罗里达的试验结果会存在差异。

5.4.16 其他

其他性能的检验按 GB/T 8013.2 或供需双方商定的方法进行。

5.5 外观质量

外观质量的检验按 GB/T 12967.6 的规定进行。

6 检验规则

6.1 检查和验收

6.1.1 型材应由供方进行检验，保证型材质量符合本部分或订货单(或合同)的规定，并填写质量证明书。

6.1.2 需方可对收到的型材按本部分的规定进行检验，如检验结果与本部分或订货单(或合同)的规定不符，应以书面形式向供方提出，应供需双方协商解决。属于外观质量及尺寸偏差的异议，应在收到型材之日起一个月内提出，属于其他性能的异议，可在收到型材之日起六个月内提出。如需仲裁，可委托供需双方认可的单位进行，仲裁取样应在需方，由供需双方共同进行。

6.2 组批

型材应成批提交验收，每批应由同一牌号、状态、尺寸规格（或截面代号）、颜色、漆膜类型、膜厚级别、复合膜性能级别及相同表面处理工艺的型材组成，批重不限。

6.3 检验分类

产品检验分为出厂检验、定期检验。

6.4 检验项目及工艺保证项目

6.4.1 出厂检验项目、定期检验项目和工艺保证项目应符合表9的规定。

表9 检验项目及工艺保证项目

检验项目		出厂检验项目	定期检验项目	工艺保证项目
化学成分		√	—	—
力学性能		√	—	—
尺寸偏差		√	—	—
膜厚		√	—	—
色差		√	—	—
漆膜硬度		√	—	—
漆膜附着性		√	—	—
耐沸水性		√	—	—
耐磨性		[a]	√	√
耐盐酸性		√	—	—
耐碱性		√	—	—
耐砂浆性		√	—	—
耐溶剂性		[a]	√	√
耐洗涤剂性		[a]	√	√
耐湿热性		[a]	√	√
耐盐雾腐蚀性		[a]	√	√
紫外盐雾联合试验结果		[a]	√	√
耐候性	加速耐候性	[a]	√	√
	自然耐候性	[a]	—	√
其他膜层性能		[a]	—	—
外观质量		√	—	—

注："√"表示必须检验的项目，或工艺保证项目；"—"表示不检验的项目，或非工艺保证项目。

[a] 订货单（或合同）中注明检验时，该项目列为必须检验项目。

6.4.2 供方每三年至少应进行一次定期检验。

6.5 取样

取样应符合表10的规定。

表10 检验项目及取样规定

<table>
<tr><th colspan="2">检验项目</th><th>取样规定</th><th>要求的章条号</th><th>试验方法的章条号</th></tr>
<tr><td colspan="2">化学成分</td><td rowspan="3">按 GB/T 5237.1 的规定</td><td>4.3</td><td>5.1</td></tr>
<tr><td colspan="2">力学性能</td><td>4.4</td><td>5.2</td></tr>
<tr><td colspan="2">尺寸偏差</td><td>4.5</td><td>5.3</td></tr>
<tr><td colspan="2">膜厚</td><td>取样数量按表11规定。在抽取的每根型材上切取1个试样</td><td>4.6.1</td><td>5.4.1</td></tr>
<tr><td colspan="2">色差</td><td>逐根检查</td><td>4.6.2</td><td>5.4.2</td></tr>
<tr><td colspan="2">漆膜硬度</td><td rowspan="4">每批抽取2根型材/检验项目,在膜层固化并放置24 h以后,从每根型材上切取1个试样</td><td>4.6.3</td><td>5.4.3</td></tr>
<tr><td rowspan="2">漆膜附着性</td><td>干附着性</td><td rowspan="2">4.6.4</td><td rowspan="2">5.4.4</td></tr>
<tr><td>湿附着性</td></tr>
<tr><td colspan="2">耐沸水性</td><td>4.6.5</td><td>5.4.5</td></tr>
<tr><td colspan="2">耐磨性</td><td>每批抽取2根型材,在膜层固化并放置24 h以后,从每根型材上切取1个试样</td><td>4.6.6</td><td>5.4.6</td></tr>
<tr><td colspan="2">耐盐酸性</td><td rowspan="3">每批抽取2根型材/检验项目,在膜层固化并放置24 h以后,从每根型材上切取1个试样</td><td>4.6.7</td><td>5.4.7</td></tr>
<tr><td colspan="2">耐碱性</td><td>4.6.8</td><td>5.4.8</td></tr>
<tr><td colspan="2">耐砂浆性</td><td>4.6.9</td><td>5.4.9</td></tr>
<tr><td colspan="2">耐溶剂性</td><td rowspan="6">每批抽取2根型材/检验项目,在膜层固化并放置24 h以后,从每根型材上切取1个试样</td><td>4.6.10</td><td>5.4.10</td></tr>
<tr><td colspan="2">耐洗涤剂性</td><td>4.6.11</td><td>5.4.11</td></tr>
<tr><td colspan="2">耐湿热性</td><td>4.6.12</td><td>5.4.12</td></tr>
<tr><td colspan="2">耐盐雾腐蚀性</td><td>4.6.13</td><td>5.4.13</td></tr>
<tr><td colspan="2">紫外盐雾联合试验结果</td><td>4.6.14</td><td>5.4.14</td></tr>
<tr><td rowspan="2">耐候性</td><td>加速耐候性</td><td>4.6.15.1</td><td>5.4.15.1</td></tr>
<tr><td>自然耐候性</td><td>从该批中任取3根型材,在选取的每根型材上切取个1个试样。若需方同意,供方可制作颜色、漆膜类型、膜厚级别、复合膜性能级别及表面处理工艺均与该批型材相同的3块试板代替型材试样。试样(或试板)膜层有效面尺寸(长×宽)宜为250 mm×150 mm</td><td>4.6.15.2</td><td>5.4.15.2</td></tr>
<tr><td colspan="2">其他膜层性能</td><td>按 GB/T 8013.3 或供需双方商定的方法取样</td><td>4.6.16</td><td>5.4.16</td></tr>
<tr><td colspan="2">外观质量</td><td>逐根检查</td><td>4.7</td><td>5.5</td></tr>
</table>

表 11 膜厚取样数量及不合格品数上限数量表

单位为根

批量范围	随机取样数	不合格品数上限
1～10	全部	0
11～200	10	1
201～300	15	1
301～500	20	2
501～800	30	3
800 以上	40	4

6.6 检验结果的判定

6.6.1 任一试样的化学成分不合格时，型材能区分熔次时，则判该试样代表的熔次不合格，其他熔次依次检验，合格者交货。不能区分熔次时，则判该批不合格。

6.6.2 任一试样的力学性能不合格时，应从该批型材中重新取双倍数量的试样进行重复试验，重复试验结果全部合格，则判该批型材合格。若重复试验结果仍有试样不合格，则判该批型材不合格。经供需双方商定允许供方逐根检验，合格者交货。

6.6.3 任一试样的尺寸偏差不合格时，判该批不合格。但允许供方逐根检验，合格者交货。

6.6.4 膜厚的不合格品数量超出表 11 规定的不合格品数上限时，应另取双倍数量的型材进行重复试验。重复试验的不合格品数量不超过表 11 规定的不合格品数上限的双倍数量时，判该批合格，否则判该批不合格。经供需双方商定允许供方逐根检验，合格者交货。

6.6.5 任一试样的色差不合格时，判该根不合格。

6.6.6 任一试样的漆膜硬度不合格时，判该批不合格。

6.6.7 任一试样的漆膜附着性不合格时，判该批不合格。

6.6.8 任一试样的耐沸水性不合格时，判该批不合格。

6.6.9 任一试样的耐磨性不合格时，判该批不合格。

6.6.10 任一试样的耐盐酸性不合格时，判该批不合格。

6.6.11 任一试样的耐碱性不合格时，判该批不合格。

6.6.12 任一试样的耐砂浆性不合格时，判该批不合格。

6.6.13 任一试样的耐溶剂性不合格时，判该批不合格。

6.6.14 任一试样的耐洗涤剂性不合格时，判该批不合格。

6.6.15 任一试样的耐湿热性不合格时，判该批不合格。

6.6.16 任一试样的耐盐雾腐蚀性不合格时，判该批不合格。

6.6.17 任一试样的紫外盐雾联合试验结果不合格时，判该批不合格。

6.6.18 任一试样的耐候性不合格时，判该批不合格。

6.6.19 任一试样的其他膜层性能不合格时，判该批不合格。

6.6.20 任一试样的外观质量不合格时，判该根不合格。

6.6.21 定期检验结果不合格时，供方应对基材质量、电泳涂料质量、工艺等进行重新评估确认，并进行重新检验，直至合格。

7 标志、包装、运输、贮存和质量证明书

7.1 标志

7.1.1 产品标志

在检验合格的型材上，应有如下内容的标识（或贴含有如下内容的标签）：

a) 供方名称和地址；

b) 产品名称；

c) 供方质检部门的检印（或质检人员的签名或印章）；

d) 牌号、状态、尺寸规格（或截面代号）；

e) 性能级别、膜层代号、颜色；

f) 产品批号或生产日期；

g) 本部分编号；

h) 生产许可证编号和 QS 标识。

7.1.2 包装箱标志

型材的包装箱标志应符合 GB/T 3199 的规定。

7.2 包装

型材的装饰面应用纸、泡沫塑料等加以保护，其他包装应符合 GB/T 3199 的规定。

7.3 运输和贮存

型材的运输和贮存应符合 GB/T 3199 的规定。型材在运输和使用过程中的保护措施参见 GB/T 5237.2。

7.4 质量证明书

每批型材应附有产品质量证明书，其上注明：

a) 供方名称；

b) 产品名称；

c) 牌号、状态、尺寸规格（或截面代号）；

d) 性能级别、膜层代号、颜色；

e) 批号或生产日期；

f) 重量或件数；

g) 各项分析检验结果和供方质检部门的检印；

h) 本部分编号；

i) 生产许可证的编号。

8 订货单（或合同）内容

订购本部分所列型材的订货单（或合同）应包括下列内容：

a) 供方名称；

b) 产品名称；

c） 牌号、状态、尺寸规格(或截面代号)；
d） 尺寸偏差、精度等级；
e） 性能级别、膜层代号、颜色；
f） 重量或件数；
g） 需方特殊的要求：
——膜厚要求；
——耐磨性能的测试要求；
——耐洗涤剂性测试要求；
——耐湿热性测试要求；
——特殊的耐盐雾腐蚀性能要求；
——特殊的紫外盐雾联合试验性能要求；
——耐候性测试要求；
——特殊的其他膜层性能要求；
——其他特殊要求；
h） 本部分编号。

附 录 A
（资料性附录）
质量保证

A.1 工艺保证

阳极氧化电泳涂漆工艺对复合膜性能有很大影响，为保证复合膜质量，阳极氧化电泳涂漆工艺宜按GB/T 23612的规定执行。

A.2 原材料质量保证

A.2.1 基材

基材质量应符合GB/T 5237.1的规定。

A.2.2 阳极氧化表面处理用化学试剂和添加剂

阳极氧化表面处理用化学试剂和添加剂质量应符合GB/T 5237.2的规定。

A.2.3 电泳涂料

A.2.3.1 电泳涂料类型和特点

电泳涂料是形成型材复合膜的主要原材料，其质量对复合膜的性能有重要影响，电泳涂料应符合YS/T 728的规定。YS/T 728中将电泳涂料划分为4个等级，4个等级的电泳涂料均可用于复合膜性能级别为Ⅱ级的型材产品，除一级以外的电泳涂料可用于复合膜性能级别为Ⅲ级的型材产品，四级电泳涂料可用于复合膜性能级别为Ⅳ级的型材产品。通常电泳涂料的性能级别越高，其耐候性越好。电泳涂料的类型和特点见表A.1。

表 A.1 电泳涂料的类型和特点

涂料类型		涂料特点
按涂料状态分类	溶液型涂料	即YS/T 728中的溶剂型涂料，是聚合合成的丙烯酸树脂与氨基树脂为主成分组成的电泳涂料。溶液型涂料固体份通常不大于70%
	乳液型涂料	是将溶液型电泳涂料经乳化处理后生成的电泳涂料。乳液型涂料固体份通常不大于40%

A.2.3.2 电泳涂料的组分、特点与控制要求

电泳涂料的组分、特点与控制要求见表A.2。

表 A.2 电泳涂料的组分、特点与控制要求

主要组分	特点	控制要求
丙烯酸树脂	丙烯酸树脂由多种丙烯酸单体聚合而成,是主要成膜物质,对漆膜的性能起关键性作用	分子量是决定丙烯酸树脂的主要因素之一,制造涂料用聚丙烯酸树脂时,应根据不同涂料从固体含量、物理性能及施工要求等各方面来考虑选择一个最适宜的分子量。通常选用分子量为 20 000～40 000 左右的树脂,如考虑生产高固体分漆时,则分子量可能降至 10 000 以下。从制造涂料的要求来看,分子量分布愈窄愈好,这样的聚合物分子量均匀,性能稳定
氨基树脂	氨基树脂是多官能团的聚合物,在固化过程中起交联作用。氨基树脂品种的选择、丙烯酸树脂与氨基树脂的比例等对交联固化效果影响很大,从而影响漆膜性能	根据涂料特性要求及丙烯酸树脂的特性配置相适应的氨基树脂种类及比例。一般溶液型电泳涂料选用甲醚化/丁醚化比例相对高一些的混合醚化的氨基树脂,而乳液型电泳涂料选用甲醚化/丁醚化比例相对低一些的混合醚化的氨基树脂。氨基树脂占总树脂的比例一般为 17%～45%
有机溶剂	通常是醇类和醚类亲水性有机溶剂。有机溶剂的作用是使水性漆与水相接的界面稳定,有些有机溶剂也参与反应。选择不同种类的有机溶剂,既可能影响的性能,还会影响到型材生产过程中的挥发性有机化合物的总体排放量	溶液型原漆的有机溶剂含量一般为 11%～40%,乳液型原漆的溶剂含量一般为 10%～20%

A.2.3.3 有害物质

有害物质限量可参见 YS/T 728 及表 A.3 的规定。

表 A.3 电泳涂料中有害物质限量

有害物质	质量分数 %
多溴联苯 PBB	≤0.1
多溴二苯醚 PBDE	≤0.1
邻苯二甲酸二辛酯 DEHP	≤0.1
邻苯二甲酸丁酯苯甲酯 BBP	≤0.1
邻苯二甲酸二丁酯 DBP	≤0.1
邻苯二甲酸二异丁酯 DIBP	≤0.1

A.2.3.4 安全技术说明书

电泳涂料供应商提供电泳涂料的安全技术说明书(MSDS)。

A.2.3.5 电泳涂料质量证明书

电泳涂料的质量对复合膜性能(尤其是耐候性和耐腐蚀性)起关键作用,所以型材生产企业应与电泳涂料供应商商定质量证明书内容，质量证明书内容至少包括：

a) 电泳涂料中的有害物质含量；

b) 电泳涂料中的固体分；

c) 电泳涂料的黏度；

d) 电泳涂料的密度；

e) 电泳涂料的挥发性有机化合物含量；

f) 电泳涂料的性能等级；

g) 自然曝晒试验结果(应包括色差值、光泽保持率、粉化程度)。

参 考 文 献

［1］ GB/T 23612 铝合金建筑型材阳极氧化与阳极氧化电泳涂漆工艺技术规范
［2］ YS/T 728 铝合金建筑型材用丙烯酸电泳涂料

ICS 77.150.10
H 61

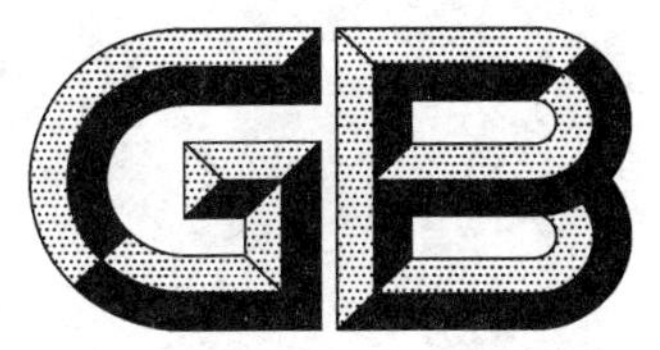

中华人民共和国国家标准

GB/T 5237.4—2017
代替 GB/T 5237.4—2008

铝合金建筑型材 第4部分:喷粉型材

Wrought aluminium alloy extruded profiles for architecture—Part 4: Powder coating profiles

2017-10-14 发布 2018-05-01 实施

中华人民共和国国家质量监督检验检疫总局
中国国家标准化管理委员会 发布

前　言

GB/T 5237《铝合金建筑型材》分为6个部分：

——第1部分：基材；

——第2部分：阳极氧化型材；

——第3部分：电泳涂漆型材；

——第4部分：喷粉型材；

——第5部分：喷漆型材；

——第6部分：隔热型材。

本部分为GB/T 5237的第4部分。

本部分按照GB/T 1.1—2009给出的规则起草。

本部分代替GB 5237.4—2008《铝合金建筑型材　第4部分：粉末喷涂型材》。本部分与GB 5237.4—2008相比，除编辑性修改外主要技术变化如下：

——修改了标准名称(见封面，2008年版的封面)；

——删除了前言中“本部分4.5.3.1、4.5.5是强制性的，其余条款是推荐性的”的陈述(见2008年版的前言)；

——修改了本部分的适用“范围”(见第1章，2008年版的第1章)；

——删除了规范性引用文件GB/T 228—2002(见2008年版的第2章和5.2)；

——删除了规范性引用文件JC/T 480(见2008年版的第2章和5.4.12)；

——删除了规范性引用文件GB/T 16585(见2008年版的第2章)；

——增加了规范性引用文件GB/T 5237.2(见第2章和7.3)；

——增加了规范性引用文件GB/T 8005.3(见第2章和第3章)；

——增加了规范性引用文件GB/T 14684 (见第2章和5.4.12)；

——增加了规范性引用文件JC/T 479(见第2章和5.4.12)；

——增加了规范性引用文件YS/T 680—2016(见第2章和附录A)；

——将规范性引用文件GB/T 1865—1997修改为GB/T 1865—2009(见第2章和5.4.18.1，2008年版的2和5.4.17.1)；

——将规范性引用文件GB/T 8013.3—2007修改为不带年代号的规范性引用文件(见第2章、4.6.19、5.4.10、5.4.13、5.4.19和6.5，2008年版的第2章、3、4.2、4.5.18、5.4.18和6.4)；

——增加了规范性引用文件GB/T 26323(见第2章和5.4.16)；

——修改了术语和定义的引导语(见第3章，2008年版的第3章)；

——修改了“装饰面”的定义(见3.1，2008年版的3.2)；

——删除了“涂层”的定义(见2008年版的3.1)；

——删除了“局部膜厚”的定义(见2008年版的3.3)；

——删除了“最小局部膜厚”的定义(见2008年版的3.4)；

——在产品分类中增加了“膜层类型及膜层特点”的内容(见4.1.2)；

——在产品分类中增加了“膜层外观效果”的内容(见4.1.3)；

——在产品分类增加了“膜层性能级别对应型材的适用环境”的内容(见4.1.4)；

——增加了“质量保证”的内容(见4.2)；

——修改了耐沸水性的规定及试验方法要求(见4.6.6和5.4.6，2008年版的4.5.10和5.4.10)；

——修改了耐冲击性的规定及试验方法要求(见 4.6.7 和 5.4.7,2008 年版的 4.5.6 和 5.4.6);
——修改了抗杯突性的规定及试验方法要求(见 4.6.8 和 5.4.8,2008 年版的 4.5.7 和 5.4.7);
——修改了抗弯曲性的规定及试验方法要求(见 4.6.9 和 5.4.9,2008 年版的 4.5.8 和 5.4.8);
——修改了耐盐雾腐蚀性的规定(见 4.6.15,2008 年版的 4.5.15);
——增加了耐丝状腐蚀性的规定和试验方法要求(见 4.6.16、5.4.16);
——修改了耐湿热性的规定(见 4.6.17,2008 年版的 4.5.16);
——修改了加速耐候性的规定(见 4.6.18.1,2008 年版的 4.5.17.1);
——修改了自然耐候性的规定(见 4.6.18.2,2008 年版的 4.5.17.2);
——修改了化学成分试验方法要求(见 5.1,2008 年版的 5.1);
——修改了力学性能试验方法要求(见 5.2,2008 年版的 5.2);
——修改了耐磨性试验方法要求(见 5.4.10,2008 年版的 5.4.9);
——修改了耐溶剂性试验方法要求(见 5.4.13,2008 年版的 5.4.13);
——耐盐雾腐蚀性试验方法中增加了"划线宽度为 1 mm"的要求(见 5.4.15,2008 年版的 5.4.15);
——修改了组批的方法(见 6.2,2008 年版的 6.2);
——增加了检验分类的规定(见 6.3);
——修改了检验项目的规定(见 6.4,2008 年版的 6.3);
——增加了工艺保证项目(见 6.4);
——修改了取样规定(见 6.5,2008 年版的 6.4);
——修改了检验结果的判定要求(见 6.6,2008 年版的 6.5);
——修改了标志的规定(见 7.1,2008 年版的 7.1);
——修改了质量证明书的内容要求(见 7.4,2008 年版的 7.5);
——修改了订货单(或合同)的内容要求(见第 8 章,2008 年版的第 8 章);
——删除了落砂试验方法的附录(见 2008 年版的附录 A);
——删除了耐溶剂性试验方法的附录(见 2008 年版的附录 B);
——增加了质量保证的资料性附录(见附录 A);
——增加了参考文献的内容(见参考文献)。

本部分由中国有色金属工业协会提出。

本部分由全国有色金属标准化技术委员会(SAC/TC 243)归口。

本部分起草单位:福建省闽发铝业股份有限公司、广亚铝业有限公司、有色金属技术经济研究院、四川三星新材料科技股份有限公司、佛山市南海华豪铝型材有限公司、国家有色金属质量监督检验中心、广东省工业分析检测中心、广东豪美铝业股份有限公司、广东兴发铝业有限公司、广东坚美铝型材厂(集团)有限公司、广东凤铝铝业有限公司、福建省南平铝业股份有限公司、山东华建铝业集团有限公司、关西圣联达粉末涂料有限公司、佛山市顺德区德福生金属粉末有限公司。

本部分主要起草人:朱耀辉、潘学著、黄长远、葛立新、王争、朱水明、郝雪龙、詹浩、项胜前、陈文泗、戴悦星、陈慧、徐晓红、张洪亮、赵仕达、吴庆松。

本部分所代替标准的历次版本发布情况为:

——GB/T 5237.4—2000、GB 5237.4—2004、GB 5237.4—2008。

铝合金建筑型材
第4部分:喷粉型材

1 范围

GB/T 5237的本部分规定了喷粉型材的术语和定义、要求、试验方法、检验规则、标志、包装、运输、贮存、质量证明书与订货单(或合同)内容。

本部分适用于以热固性聚酯、聚氨酯、三氟氯乙烯-乙烯基醚(简称FEVE)粉末和热塑性聚偏二氟乙烯(简称PVDF)粉末等作涂料的建筑用静电喷粉型材(以下简称型材)。

用途和表面处理方式相同的其他铝合金加工材也可参照执行本部分。

2 规范性引用文件

下列文件对于本文件的应用是必不可少的。凡是注日期的引用文件,仅注日期的版本适用于本文件。凡是不注日期的引用文件,其最新版本(包括所有的修改单)适用于本文件。

GB/T 1732 漆膜耐冲击性测定法

GB/T 1740 漆膜耐湿热测定法

GB/T 1865—2009 色漆和清漆 人工气候老化和人工辐射曝露 滤过的氙弧辐射

GB/T 3199 铝及铝合金加工产品包装、标志、运输、贮存

GB/T 4957 非磁性基体金属上非导电覆盖层 覆盖层厚度测量 涡流法

GB/T 5237.1 铝合金建筑型材 第1部分:基材

GB/T 5237.2 铝合金建筑型材 第2部分:阳极氧化型材

GB/T 6682 分析实验室用水规格和试验方法

GB/T 6742 色漆和清漆 弯曲试验(圆柱轴)

GB/T 8005.3 铝及铝合金术语 第3部分:表面处理

GB/T 8013.3 铝及铝合金阳极氧化膜与有机聚合物膜 第3部分:有机聚合物喷涂膜

GB/T 9275 色漆和清漆 巴克霍尔兹压痕试验

GB/T 9276 涂层自然气候曝露试验方法

GB/T 9286 色漆和清漆 漆膜的划格试验

GB/T 9753 色漆和清漆 杯突试验

GB/T 9754 色漆和清漆 不含金属颜料的色漆漆膜的20°、60°和85°镜面光泽的测定

GB/T 9761 色漆和清漆 色漆的目视比色

GB/T 10125 人造气氛腐蚀试验 盐雾试验

GB/T 11186.2 涂膜颜色的测量方法 第二部分:颜色测定

GB/T 11186.3 涂膜颜色的测量方法 第三部分:色差计算

GB/T 14684 建设用砂

GB/T 17671 水泥胶砂强度检验方法(ISO法)

GB/T 26323 色漆和清漆 铝及铝合金表面涂膜的耐丝状腐蚀试验

JC/T 479 建筑生石灰

YS/T 680—2016 铝合金建筑型材用粉末涂料

3 术语和定义

GB/T 8005.3 界定的以及下列术语和定义适用于本文件。

3.1

装饰面 exposed surfaces

经加工、组装成制品并安装在建筑物上的型材，目视可见的表面(包括处于开启或关闭状态)。

4 要求

4.1 产品分类

4.1.1 牌号、状态和尺寸规格

牌号、状态和尺寸规格应符合 GB/T 5237.l 的规定。

4.1.2 膜层类型及膜层特点

膜层类型及膜层特点见表 1。

表 1 膜层类型及特点

膜层类型	膜层代号[a]	膜层特点
聚酯类粉末膜层	GA40	膜层由饱和羧基聚酯为主成分的粉末涂料喷涂固化而成，具有较好的防腐性能及耐候性能
聚氨酯类粉末膜层	GU40	膜层由饱和羟基聚酯为主成分的粉末涂料喷涂固化而成，具有高耐磨性能，且膜层光滑，质感细腻。用于热转印时，油墨渗透性优于聚酯膜层
氟碳类粉末膜层	GF40	膜层由热固性 FEVE 树脂为主成分的粉末涂料喷涂固化而成，或者由热塑性的 PVDF 树脂为主成分的粉末涂料喷涂形成。具有更优良的耐候性能，适用于腐蚀气氛严重、太阳辐射强的环境
其他粉末膜层	GO40	见 YS/T 680—2016

[a] 膜层代号中的第一位英文字母表示喷粉处理；第二位英文字母表示粉末类型，其中 A 表示聚酯类粉末，U 表示聚氨酯类粉末，F 表示氟碳类粉末，O 表示其他粉末；字母后面的阿拉伯数字表示最小局部膜厚限定值。

4.1.3 膜层外观效果

膜层的外观效果见表 2。

表 2 膜层外观效果

膜层外观效果	备注
平面效果	具有低光、平光及高光多种光泽膜层，膜层表面光滑，颜色丰富

表 2（续）

膜层外观效果		备注
纹理效果	砂纹	膜层表面具有立体效果。适用于大多数铝门窗型材，膜层光泽不宜低于 5 个光泽单位。膜层光泽低于 5 时的膜层性能难以保证
	木纹	包括热转印木纹及二次喷涂木纹，具有树木纹理的外观效果。热转印木纹膜层目前主要适用于污染小和紫外线辐射较弱的环境及室内，当应用于室外时要更注重粉末质量、油墨质量及工艺的严格控制。二次喷涂木纹具有立体效果，可应用于户外
	锤纹、皱纹、大理石纹、立体彩雕	膜层表面呈现各种良好的立体或美术效果。但该类膜层的耐候性、耐酸碱性稍差，目前主要用于室内
金属效果		膜层表面突显金属质感或金属闪烁的效果。但颜料的品种、用量选择有一定局限性，加铝颜料的膜层耐碱性稍差

4.1.4 膜层性能级别及对应型材的适用环境

膜层性能级别按加速耐候性的试验结果分为Ⅰ级、Ⅱ级、Ⅲ级。膜层性能级别应供需双方商定，并在订货单（或合同）中注明，未注明时按Ⅰ级供货。膜层性能级别对应型材的适用环境参见表 3。

表 3 膜层性能级别对应型材的适用环境

膜层性能级别	型材适用环境
Ⅲ级	优异的耐候性能，适合于太阳辐射强烈的环境
Ⅱ级	良好的耐候性能，适合于太阳辐射较强的环境
Ⅰ级	一般的耐候性能，适合于太阳辐射强度一般的环境

4.1.5 标记及示例

型材标记按产品名称、本部分编号、牌号、状态、截面代号及长度、颜色（或色号）、膜层性能级别、膜层代号的顺序表示。标记示例如下：

6063 牌号、T5 状态、截面代号为 421001，定尺长度为 6 000 mm，3 003 色，Ⅰ级膜层性能、膜层代号为 GU40 的喷粉型材，标记为：

喷粉型材 GB/T 5237.4-6063T5-421001×6000 色 3003Ⅰ级 GU40

4.2 质量保证

4.2.1 工艺

工艺保证参见 A.1。

4.2.2 原材料

基材质量、预处理试剂和粉末涂料质量参见 A.2。

4.3 化学成分

化学成分应符合 GB/T 5237.1 的规定。

4.4 力学性能

力学性能应符合 GB/T 5237.1 的规定。

4.5 尺寸偏差

型材去掉膜层后，尺寸偏差应符合 GB/T 5237.1 的规定。型材因膜层引起的尺寸变化应不影响其装配和使用。

4.6 膜层性能

4.6.1 膜厚

4.6.1.1 装饰面上的膜层局部厚度应不小于 40 μm，平均膜厚宜控制在 60 μm～120 μm。由于型材横截面形状的复杂性，致使型材某些表面（如内角、凹槽等）的膜层厚度低于规定值是允许的。对膜厚有其他特殊要求时，可由供需双方商定，并在订货单（或合同）中注明。

注：膜厚过厚时会导致膜层柔韧性降低。

4.6.1.2 非装饰面如有膜厚要求，应供需双方商定，并在订货单（或合同）中注明。

4.6.2 光泽

膜层的光泽值及允许偏差应符合表 4 的规定。

表 4 光泽值及允许偏差

单位为光泽单位

光泽值范围	光泽值允许偏差
3～30	±5
31～70	±7
71～100	±10

4.6.3 色差

膜层颜色应与供需双方商定的样板基本一致。当采用仪器法测定时，单色膜层与样板间的色差 $\Delta E_{ab}{}^{*} \leqslant 1.5$，同一批（指交货批）型材之间的色差 $\Delta E_{ab}{}^{*} \leqslant 1.5$。

4.6.4 压痕硬度

经压痕硬度试验，膜层抗压痕性应不小于 80。

4.6.5 附着性

膜层的干附着性、湿附着性和沸水附着性应达到 0 级。

4.6.6 耐沸水性

经高压水浸渍试验后，膜层表面应无脱落、起皱等现象，但允许目视可见的、极分散的非常微小的气泡存在，附着性应达到 0 级。

4.6.7 耐冲击性

4.6.7.1 Ⅰ级膜层性能的试板膜层经冲击试验后，膜层应无开裂或脱落现象。

4.6.7.2 Ⅱ级膜层性能和Ⅲ级膜层性能的试板膜层经冲击试验后允许有轻微开裂现象，但采用黏着力大于10 N/25 mm的粘胶带[1]进一步检验时，膜层表面应无粘落现象。

注：阳极氧化预处理的喷粉膜层不适用做耐冲击性能测试。

4.6.8 抗杯突性

4.6.8.1 Ⅰ级膜层性能的试板膜层经抗杯突试验后，应无开裂或脱落现象；

4.6.8.2 Ⅱ级膜层性能和Ⅲ级膜层性能的试板膜层经抗杯突试验后允许有轻微开裂现象，但采用黏着力大于10 N/25 mm的粘胶带进一步检验时，膜层表面应无粘落现象。

注：阳极氧化预处理的喷粉膜层不适用做抗杯突性能测试。

4.6.9 抗弯曲性

4.6.9.1 Ⅰ级膜层性能的试板膜层经抗弯曲试验，应无开裂或脱落现象；

4.6.9.2 Ⅱ级膜层性能和Ⅲ级膜层性能的试板膜层经抗弯曲试验后允许有轻微开裂现象，但采用黏着力大于10 N/25 mm的粘胶带进一步检验时，膜层表面应无粘落现象。

注：阳极氧化预处理的喷粉膜层不适用做抗弯曲性能测试。

4.6.10 耐磨性

经落砂试验后，磨耗系数应不小于0.8 L/μm。

4.6.11 耐盐酸性

经耐盐酸性试验后，膜层表面应无气泡或其他明显变化。

4.6.12 耐砂浆性

经耐砂浆性试验后，膜层表面应无脱落或其他明显变化。

4.6.13 耐溶剂性

膜层经耐溶剂性试验的结果宜为3级或4级。

4.6.14 耐洗涤剂性

经耐洗涤剂性试验后，膜层表面应无起泡、脱落或其他明显变化。

4.6.15 耐盐雾腐蚀性

经盐雾腐蚀试验后，划线两侧膜下单边渗透腐蚀宽度应不超过4 mm，划线两侧4 mm以外部分的膜层表面应无起泡、脱落或其他明显变化。

4.6.16 耐丝状腐蚀性

需方对耐丝状腐蚀性有要求时，应供需双方商定，并在订货单(或合同)中注明。膜层经耐丝状腐蚀试验后的丝状腐蚀系数 f_S 不宜大于0.3，腐蚀丝长度不宜大于2 mm。

4.6.17 耐湿热性

经耐湿热性试验后，膜层表面的综合破坏等级应达到1级。

---

1) Scotch 610粘胶带或Permacel 99粘胶带是适合的市售产品的实例。给出这一信息是为了方便本部分的使用者，并不表示对这些产品的认可。

4.6.18 耐候性

4.6.18.1 加速耐候性

膜层的加速耐候性能应符合表5中的规定。

表5 加速耐候性

膜层性能级别	加速耐候性		
	试验时间 h	试验结果	
		光泽保持率[a]	色差值
Ⅲ级	4 000	≥75%	ΔE_{ab}^{*} ≤3
Ⅱ级	1 000	≥90%	ΔE_{ab}^{*} 不应大于 YS/T 680—2016 附录D中规定值的50%
Ⅰ级	1 000	≥50%	ΔE_{ab}^{*} 不应大于 YS/T 680—2016 附录D中规定值

[a] 光泽保持率为膜层试验后的光泽值相对于其试验前光泽值的百分比。

4.6.18.2 自然耐候性

需方对自然耐候性有要求时，宜按照表6规定选择相应自然耐候性级别并商定试验条件，并在订货单(或合同)中注明。

表6 自然耐候性试验结果

自然耐候性等级	试验时间[a]	自然耐候试验结果	
		光泽保持率	色差值
Ⅲ级	5年	≥50%	ΔE_{ab}^{*} 不应大于 YS/T 680—2016 附录D中规定值
Ⅱ级	3年	≥50%	ΔE_{ab}^{*} 不应大于 YS/T 680—2016 附录D中规定值
Ⅰ级	1年	≥50%	ΔE_{ab}^{*} 不应大于 YS/T 680—2016 附录D中规定值

[a] 可针对不同的大气腐蚀试验站设定不同的试验时间，但不得少于表中规定时间。

4.6.19 其他

需方对其他性能有要求时，应供需双方参照GB/T 8013.3具体商定，并在订货单(或合同)中注明。

4.7 外观质量

型材装饰面上的膜层应平滑、均匀，允许有轻微的桔皮现象，不准许有皱纹、流痕、鼓泡、裂纹等影响使用的缺陷。

5 试验方法

5.1 化学成分

化学成分分析方法按GB/T 5237.1的规定进行。试验前应去除试样表面的膜层。

5.2 力学性能

力学性能试验方法按 GB/T 5237.1 的规定进行，试验前应去除试样表面的膜层。

5.3 尺寸偏差

尺寸偏差检测方法按 GB/T 5237.1 的规定进行。检测前应去除试样表面的膜层。

5.4 膜层性能

5.4.1 膜厚

膜层厚度检测方法按 GB/T 4957 的规定进行。

5.4.2 光泽

按 GB/T 9754 的规定进行，采用 60°入射角测定。

5.4.3 色差

色差的测定通常采用目视法和仪器法，目视法按 GB/T 9761 的规定进行。仪器法按 GB/T 11186.2、GB/T 11186.3 的规定进行。单色膜层仲裁试验采用仪器法。

5.4.4 压痕硬度

按 GB/T 9275 的规定进行。

5.4.5 附着性

5.4.5.1 干附着性

5.4.5.1.1 按 GB/T 9286 的规定划格，划格间距为 2 mm。

5.4.5.1.2 将黏着力大于 10 N/25 mm 的粘胶带覆盖在划格的膜层上，压紧以排去粘胶带下的空气，以垂直于膜层表面的角度快速拉起粘胶带，按 GB/T 9286 的规定进行评级。

5.4.5.2 湿附着性

将试样按 5.4.5.1.1 的规定划格后，置于 38 ℃±5 ℃，GB/T 6682 规定的三级水中浸泡 24 h，取出并擦干试样，在 5 min 内按 5.4.5.1.2 进行试验并评级。

5.4.5.3 沸水附着性

5.4.5.3.1 将试样按 5.4.5.1.1 的规定划格。

5.4.5.3.2 将 GB/T 6682 规定的三级水注入烧杯至约 80 mm 深处，并在烧杯中放入 2 粒～3 粒清洁的碎瓷片。在烧杯底部加热至水沸腾。

5.4.5.3.3 将试样悬立于沸水中煮 20 min。试样应在水面 10 mm 以下，但不能接触容器底部。在试验过程中保持水温不低于 95 ℃，并随时向杯中补充煮沸的 GB/T 6682 规定的三级水，以保持水面高度不小于 80 mm。

5.4.5.3.4 取出并擦干试样，在 5 min 内按 5.4.5.1.2 进行试验并评级。

5.4.6 耐沸水性

在压力锅中注入 GB/T 6682 规定的三级水至约 80 mm 深处，将约 50 mm 长的试样垂直置于水中，试样应在水面 10 mm 以下，但不能接触容器底部，加热至压力达 0.1 MPa±0.01 MPa，并保持恒压 1 h后，取出并擦干试样，目视检查试验后膜层表面的变化情况，并在取出试样 5 min 内按 5.4.5.1 进行附着性试验并评级。

5.4.7 耐冲击性

5.4.7.1 制备标准试板：选取尺寸为 150 mm×75 mm×1.0 mm、状态为 H24 或 H14 的纯铝板，同该批型材采用同一工艺、在同一生产线上喷涂（膜厚宜保持在 40 μm～80 μm 的范围）、固化，随后放置 24 h。

5.4.7.2 采用直径为 16 mm±0.3 mm 的冲头，参照 GB/T 1732 规定的方法进行冲击试验：将重锤（1 000 g±5 g）置于适当的高度自由落下直接冲击标准试板的膜层表面（正冲），冲出深度为 2.5 mm±0.3 mm 的凹坑，目视观察凹坑及周边的膜层变化情况。

5.4.7.3 对Ⅱ级膜层性能和Ⅲ级膜层性能的标准试板，立即将粘着力大于 10 N/25 mm 的粘胶带覆盖在冲击试验后的膜层表面上，压紧以排去粘胶带下的空气，然后以垂直于膜层表面的角度快速拉起粘胶带，目视检查膜层表面有无粘落现象。

5.4.8 抗杯突性

5.4.8.1 按 GB/T 9753 规定的方法，采用标准试板（见 5.4.7.1）进行试验，压陷深度为 5 mm。目视观察凸起部位及周边的膜层变化情况。

5.4.8.2 对Ⅱ级膜层性能和Ⅲ级膜层性能的标准试板，立即将粘着力大于 10 N/25 mm 的粘胶带覆盖在杯突试验后的膜层表面上，压紧以排去粘胶带下的空气，然后以垂直于膜层表面的角度快速拉起粘胶带，目视检查膜层表面有无粘落现象。

5.4.9 抗弯曲性

5.4.9.1 按 GB/T 6742 规定的方法，采用标准试板（见 5.4.7.1）进行试验，曲率半径为 3 mm。目视观察弯曲部位的膜层变化情况。

5.4.9.2 对Ⅱ级膜层性能和Ⅲ级膜层性能的标准试板，立即将粘着力大于 10 N/25 mm 的粘胶带覆盖在弯曲试验后的膜层表面上，压紧以排去粘胶带下的空气，然后以垂直于膜层表面的角度快速拉起粘胶带，目视检查膜层表面有无粘落现象。

5.4.10 耐磨性

按 GB/T 8013.3 中的落砂试验法的规定进行，磨料应符合 GB/T 17671 规定的标准砂。

5.4.11 耐盐酸性

用分析纯盐酸（ρ=1.19 g/mL）和 GB/T 6682 规定的三级水配成盐酸试验溶液（1+9）。在试样的膜层表面滴上 10 滴盐酸试验溶液，用表面皿盖住，在 18 ℃～27 ℃环境下放置 15 min 后，用自来水洗净、晾干。目视检查试验后的膜层表面。

5.4.12 耐砂浆性

5.4.12.1 取 JC/T 479 规定的建筑生石灰 75 g 和 GB/T 14684 规定的建设用砂 225 g，再加入大约 100 g GB/T 6682规定的三级水混合为糊状砂浆。

5.4.12.2 将糊状砂浆置于试样表面，堆成直径为 15 mm、厚度为 6 mm 的圆柱形。在 38 ℃±3 ℃、相对湿度 95%±5%的环境中放置 24 h。

5.4.12.3 用湿布抹掉砂浆，并擦干净表面残渣，晾干。目视检查试验后的膜层表面。

5.4.13 耐溶剂性

按 GB/T 8013.3 中擦拭法的规定进行。

5.4.14 耐洗涤剂性

5.4.14.1 用洗涤剂(组分见表 7)和 GB/T 6682 规定的三级水配置成浓度为 30 g/L 的洗涤剂试验溶液。将试样置于 38 ℃±1 ℃的试验液中保持 72 h,取出并擦干试样。

表 7 洗涤剂组分

组分	质量分数 %
无水焦磷酸(四)钠(Tetrasodium Pyrophosphate)	53
无水硫酸钠(Sodium Sulphate Anhydyous)	19
十二烷基苯磺酸钠(Sodium linear alkylarylsulfonate)	20
水合硅酸钠(Sodium Metasilicate Hydrated)	7
无水碳酸钠(Sodium Carbonate Anhydrous)	1
总计	100

5.4.14.2 立即将黏着力大于 10 N/25 mm 的粘胶带覆盖在试验后的膜层表面上,压紧以排去粘胶带下的空气,然后以垂直于膜层表面的角度快速拉起粘胶带,目视检查试验后的膜层表面。

5.4.15 耐盐雾腐蚀性

沿对角线的方向在试样上划两条深至基材的交叉线,划线宽度为 1 mm,线段不贯穿试样对角,线段各端点与相应对角成等距离,然后按 GB/T 10125 的规定进行乙酸盐雾试验,Ⅰ级膜层性能、Ⅱ级膜层性能试样的试验时间为 1 000 h,Ⅲ级膜层性能试样的试验时间为 2 000 h。至规定的试验时间后,测量划线两侧膜下单边渗透腐蚀宽度,并目视检查划线两侧各 4 mm 以外部分的膜层表面。

5.4.16 耐丝状腐蚀性

按 GB/T 26323 的规定进行试验,按式(1)计算腐蚀丝频率 E_S,按式(2)计算丝状腐蚀系数 f_S

$$E_S = \frac{n}{l} \qquad \cdots\cdots(1)$$

式中:

E_S ——腐蚀丝频率,单位为条每毫米(条/mm);

n ——腐蚀丝数量,单位为条;

l ——划痕长度,单位为毫米(mm)。

$$f_S = \bar{a} \times E_S \qquad \cdots\cdots(2)$$

式中:

f_S ——丝状腐蚀系数;

$\bar{a}$ ——腐蚀丝的平均长度,单位为毫米每条(mm/条)。

5.4.17 耐湿热性

按 GB/T 1740 的规定进行。试验温度为 47 ℃±1 ℃,Ⅰ级膜层性能、Ⅱ级膜层性能试样的试验时间为 1 000 h,Ⅲ级膜层性能试样的试验时间为 4 000 h。

5.4.18 耐候性

5.4.18.1 加速耐候性

按 GB/T 1865—2009 中方法 1 的循环 A 规定进行氙灯加速耐候试验。按 GB/T 9754 测量光泽值,按 GB/T 11186.2、GB/T 11186.3 的规定测量试验前后色差值。

5.4.18.2 自然耐候性

按 GB/T 9276 的规定进行试验。按 GB/T 9754 测量光泽值,按 GB/T 11186.2、GB/T 11186.3 的规定测量试验前后色差值。

注:许多国家选用佛罗里达大气腐蚀试验站进行自然耐候试验。中国大气腐蚀试验站中,大气条件与佛罗里达比较接近的是海南省琼海大气腐蚀试验站,但海南省琼海大气腐蚀试验站的试验结果与佛罗里达的试验结果会存在差异。

5.4.19 其他

其他性能的检验按 GB/T 8013.3 或供需双方商定的方法进行。

5.5 外观质量

外观质量的检验应在漫射日光(指日出 3 h 后和日落 3 h 前的日光)下,按 GB/T 9761 进行。人工照明时的照度要求在 1 000 lx 以上,光源为 D65 标准光源。背景要求无光泽的黑色、灰色,不得用彩色背景。观察距离为 3 m,观察角度为 90°。

6 检验规则

6.1 检查和验收

6.1.1 型材应由供方进行检验,保证型材质量符合本部分或订货单(或合同)的规定,并填写质量证明书。

6.1.2 需方可对收到的型材按本部分的规定进行检验。检验结果与本部分或订货单(或合同)的规定不符时,应以书面形式向供方提出,由供需双方协商解决。属于外观质量及尺寸偏差的异议,应在收到型材之日起一个月内提出,属于其他性能的异议,应在收到型材之日起六个月内提出。如需仲裁,可委托供需双方认可的单位进行,仲裁取样应在需方,由供需双方共同进行。

6.2 组批

型材应成批提交验收,每批应由同一牌号、状态、尺寸规格、颜色(或色号)、外观效果、膜层性能级别及相同涂料类型与组分质量分数、相同表面处理工艺的型材组成,批重不限。

6.3 检验分类

型材检验分为出厂检验、定期检验。

6.4 检验项目及工艺保证项目

6.4.1 出厂检验项目、定期检验项目和工艺保证项目应符合表 8 的规定。

表 8　检验项目及工艺保证项目

<table>
<tr><th colspan="2">检验项目</th><th>出厂检验项目</th><th>定期检验项目</th><th>工艺保证项目</th></tr>
<tr><td colspan="2">化学成分</td><td>√</td><td>—</td><td>—</td></tr>
<tr><td colspan="2">力学性能</td><td>√</td><td>—</td><td>—</td></tr>
<tr><td colspan="2">尺寸偏差</td><td>√</td><td>—</td><td>—</td></tr>
<tr><td colspan="2">膜厚</td><td>√</td><td>—</td><td>—</td></tr>
<tr><td colspan="2">光泽</td><td>√</td><td>—</td><td>—</td></tr>
<tr><td colspan="2">色差</td><td>√</td><td>—</td><td>—</td></tr>
<tr><td colspan="2">压痕硬度</td><td>√</td><td>—</td><td>—</td></tr>
<tr><td colspan="2">附着性</td><td>√</td><td>—</td><td>—</td></tr>
<tr><td colspan="2">耐沸水性</td><td>√</td><td>—</td><td>—</td></tr>
<tr><td colspan="2">耐冲击性</td><td>√</td><td>—</td><td>—</td></tr>
<tr><td colspan="2">抗杯突性</td><td>a</td><td>√</td><td>√</td></tr>
<tr><td colspan="2">抗弯曲性</td><td>a</td><td>√</td><td>√</td></tr>
<tr><td colspan="2">耐磨性</td><td>a</td><td>√</td><td>√</td></tr>
<tr><td colspan="2">耐盐酸性</td><td>√</td><td>—</td><td>—</td></tr>
<tr><td colspan="2">耐砂浆性</td><td>√</td><td>—</td><td>—</td></tr>
<tr><td colspan="2">耐溶剂性</td><td>a</td><td>√</td><td>√</td></tr>
<tr><td colspan="2">耐洗涤剂性</td><td>a</td><td>√</td><td>√</td></tr>
<tr><td colspan="2">耐盐雾腐蚀性</td><td>a</td><td>√</td><td>√</td></tr>
<tr><td colspan="2">耐丝状腐蚀性</td><td>a</td><td>√</td><td>√</td></tr>
<tr><td colspan="2">耐湿热性</td><td>a</td><td>√</td><td>√</td></tr>
<tr><td rowspan="2">耐候性</td><td>加速耐候性</td><td>a</td><td>√</td><td>√</td></tr>
<tr><td>自然耐候性</td><td>a</td><td>—</td><td>√</td></tr>
<tr><td colspan="2">其他膜层性能</td><td>a</td><td>—</td><td>—</td></tr>
<tr><td colspan="2">外观质量</td><td>√</td><td>—</td><td>—</td></tr>
<tr><td colspan="5">注：“√”表示必须检验项目，或工艺保证项目；“—”表示不检验项目，或非工艺保证项目。</td></tr>
<tr><td colspan="5">a　订货单（或合同）中注明检验时，该项目列为必须检验项目。</td></tr>
</table>

6.4.2　供方每三年至少应进行一次定期检验。

6.5　取样

型材的取样应符合表 9 的规定。

表 9 取样

<table>
<tr><th colspan="2">检验项目</th><th>取样规定</th><th>要求的章条号</th><th>试验方法的章条号</th></tr>
<tr><td colspan="2">化学成分</td><td>按 GB/T 5237.1 的规定</td><td>4.3</td><td>5.1</td></tr>
<tr><td colspan="2">力学性能</td><td>按 GB/T 5237.1 的规定</td><td>4.4</td><td>5.2</td></tr>
<tr><td colspan="2">尺寸偏差</td><td>逐根检查</td><td>4.5</td><td>5.3</td></tr>
<tr><td colspan="2">膜厚</td><td>取样数量按表 10 规定</td><td>4.6.1</td><td>5.4.1</td></tr>
<tr><td colspan="2">光泽</td><td>每批抽取 2 根型材，在膜层固化并放置 24 h 以后，从每根型材上切取 1 个试样</td><td>4.6.2</td><td>5.4.2</td></tr>
<tr><td colspan="2">色差</td><td>逐根检查</td><td>4.6.3</td><td>5.4.3</td></tr>
<tr><td colspan="2">压痕硬度</td><td rowspan="4">每批抽取 2 根型材/检验项目，在膜层固化并放置 24 h 以后，从每根型材上切取 1 个试样</td><td>4.6.4</td><td>5.4.4</td></tr>
<tr><td rowspan="3">附着性</td><td>干附着性</td><td rowspan="3">4.6.5</td><td rowspan="3">5.4.5</td></tr>
<tr><td>湿附着性</td></tr>
<tr><td>沸水附着性</td></tr>
<tr><td colspan="2">耐沸水性</td><td>每批抽取 2 根型材，在膜层固化并放置 24 h 以后，从每根型材上切取 1 个试样</td><td>4.6.6</td><td>5.4.6</td></tr>
<tr><td colspan="2">耐冲击性</td><td>制取 2 个标准试板</td><td>4.6.7</td><td>5.4.7</td></tr>
<tr><td colspan="2">抗杯突性</td><td rowspan="2">每个检验项目制取 2 个标准试板</td><td>4.6.8</td><td>5.4.8</td></tr>
<tr><td colspan="2">抗弯曲性</td><td>4.6.9</td><td>5.4.9</td></tr>
<tr><td colspan="2">耐磨性</td><td>每批抽取 2 根型材，在膜层固化并放置 24 h 以后，从每根型材上切取 1 个试样</td><td>4.6.10</td><td>5.4.10</td></tr>
<tr><td colspan="2">耐盐酸性</td><td rowspan="2">每批抽取 2 根型材/检验项目，在膜层固化并放置 24 h 以后，从每根型材上切取 1 个试样</td><td>4.6.11</td><td>5.4.11</td></tr>
<tr><td colspan="2">耐砂浆性</td><td>4.6.12</td><td>5.4.12</td></tr>
<tr><td colspan="2">耐溶剂性</td><td rowspan="6">每批抽取 2 根型材/检验项目，在膜层固化并放置 24 h 以后，从每根型材上切取 1 个试样</td><td>4.6.13</td><td>5.4.13</td></tr>
<tr><td colspan="2">耐洗涤剂性</td><td>4.6.14</td><td>5.4.14</td></tr>
<tr><td colspan="2">耐盐雾腐蚀性</td><td>4.6.15</td><td>5.4.15</td></tr>
<tr><td colspan="2">耐丝状腐蚀性</td><td>4.6.16</td><td>5.4.16</td></tr>
<tr><td colspan="2">耐湿热性</td><td>4.6.17</td><td>5.4.17</td></tr>
<tr><td rowspan="2">耐候性</td><td>加速耐候性</td><td>4.6.18.1</td><td>5.4.18.1</td></tr>
<tr><td>自然耐候性</td><td>从该批中任取 3 根型材，在选取的每根型材上切取个 1 个试样。若需方同意，供方可制作膜层颜色、外观效果、膜层性能级别、涂料类型与组分质量分数、表面处理工艺均与该批型材相同的 3 块试板代替型材试样。试样(或试板)膜层有效面尺寸(长×宽)宜为 250 mm×150 mm</td><td>4.6.18.2</td><td>5.4.18.2</td></tr>
<tr><td colspan="2">其他膜层性能</td><td>按 GB/T 8013.3 或供需双方商定的方法取样</td><td>4.6.19</td><td>5.4.19</td></tr>
<tr><td colspan="2">外观质量</td><td>逐根检查</td><td>4.7</td><td>5.5</td></tr>
</table>

表 10 膜厚取样数量及不合格品上限数量表

单位为根

批量范围	随机取样数量	不合格品数上限
1～10	全部	0
11～200	10	1
201～300	15	1
301～500	20	2
501～800	30	3
>800	40	4

6.6 检验结果的判定

6.6.1 任一试样的化学成分不合格时，型材能区分熔次时，则判该试样代表的熔次不合格，其他熔次依次检验，合格者交货。不能区分熔次时，则判该批不合格。

6.6.2 任一试样的力学性能不合格时，应从该批型材中另取双倍数量的试样进行重复试验，重复试验结果全部合格，则判该批型材合格。若重复试验结果中仍有试样性能不合格时，则判该批型材不合格。经供需双方商定允许供方逐根检验，合格者交货。

6.6.3 任一试样的尺寸偏差不合格时，判该批不合格。但允许供方逐根检验，合格者交货。

6.6.4 膜厚的不合格品数量超出表 10 规定的不合格品数上限时，应另取双倍数量的型材进行重复试验。重复试验的不合格品数量不超过表 10 规定的不合格品数双倍数量时，判该批合格，否则判该批不合格。经供需双方商定允许供方逐根检验，合格者交货。

6.6.5 任一试样的光泽不合格时，判该批不合格。

6.6.6 任一试样的色差不合格时，判该根不合格。

6.6.7 任一试样的压痕硬度不合格时，判该批不合格。

6.6.8 任一试样的附着性不合格时，判该批不合格。

6.6.9 任一试样的耐沸水性不合格时，判该批不合格。

6.6.10 任一试样的耐冲击性不合格时，判该批不合格。

6.6.11 任一试样的抗杯突性不合格时，判该批不合格。

6.6.12 任一试样的抗弯曲性不合格时，判该批不合格。

6.6.13 任一试样的耐磨性不合格时，判该批不合格。

6.6.14 任一试样的耐盐酸性不合格时，判该批不合格。

6.6.15 任一试样的耐砂浆性不合格时，判该批不合格。

6.6.16 耐溶剂性试验结果仅供参考，不作为膜层质量是否合格的评判依据。

6.6.17 任一试样的耐洗涤剂性不合格时，判该批不合格。

6.6.18 任一试样的耐盐雾腐蚀性不合格时，判该批不合格。

6.6.19 任一试样的耐丝状腐蚀性不合格时，判该批不合格。

6.6.20 任一试样的耐湿热性不合格时，判该批不合格。

6.6.21 任一试样的耐候性不合格时，判该批不合格。

6.6.22 任一试样的其他膜层性能不合格时，判该批不合格。

6.6.23 任一试样的外观质量不合格时，判该根不合格。

6.6.24 定期检验结果不合格时，供方应对基材质量、粉末涂料质量、工艺等进行重新评估确认，并进行重新检验，直至合格。

7 标志、包装、运输、贮存、质量证明书

7.1 标志

7.1.1 产品标志

在检验合格的型材上，应有如下内容的标识(或贴含有如下内容的标签)：

a) 供方名称和地址；

b) 产品名称；

c) 供方质检部门的检印(或质检人员的签名或印章)；

d) 牌号、状态、尺寸规格(或截面代号)；

e) 膜层性能级别、膜层代号、颜色(或色号)；

f) 产品批号或生产日期；

g) 本部分编号；

h) 生产许可证编号和 QS 标识。

7.1.2 包装箱标志

型材的包装箱标志应符合 GB/T 3199 的规定。

7.2 包装

型材的装饰面应用纸、泡沫塑料等材料加以保护，其他包装应符合 GB/T 3199 的规定。

7.3 运输和贮存

型材的运输和贮存应符合 GB/T 3199 的规定，型材在运输和使用过程中的保护措施参见 GB/T 5237.2。

7.4 质量证明书

每批型材应附有产品质量证明书，其上注明：

a) 供方名称；

b) 产品名称；

c) 牌号、状态、尺寸规格(或截面代号)；

d) 膜层性能级别、膜层代号、颜色(或色号)；

e) 批号或生产日期；

f) 重量或件数；

g) 各项分析检验结果和供方质检部门的检印；

h) 本部分编号；

i) 生产许可证的编号。

8 订货单(或合同)内容

订购本部分所列型材的订货单(或合同)应包括下列内容：

a) 供方名称；

b) 产品名称；

c) 牌号、状态、尺寸规格(或截面代号);

d) 尺寸偏差、精度等级;

e) 膜层性能级别、膜层代号、颜色(或色号);

f) 重量或件数;

g) 需方的特殊要求:

——特殊的膜厚要求;

——抗杯突性测试要求;

——抗弯曲性测试要求;

——耐磨性测试要求;

——耐溶剂性测试要求;

——耐洗涤剂性测试要求;

——耐盐雾腐蚀测试要求;

——耐丝状腐蚀性测试要求;

——耐湿热性测试要求;

——加速耐候性测试要求;

——特殊的自然耐候性能要求;

——特殊的其他膜层性能要求;

——其他特殊要求;

h) 本部分编号。

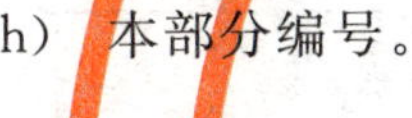

附 录 A
（资料性附录）
质量保证

A.1 工艺保证

喷涂工艺对膜层性能有很大影响，为保证膜层质量，喷涂工艺宜按 YS/T 714 的规定执行。无铬化学预处理膜的质量应符合 YS/T 1189 的规定，其工艺应符合 YS/T 1189 的规定。

A.2 原材料质量保证

A.2.1 基材质量应符合 GB/T 5237.1 的规定。

A.2.2 无铬化学预处理试剂应符合 YS/T 1189 的规定。

A.2.3 粉末涂料种类、组分及特性与要求见表 A.1。粉末涂料的其他要求参见 YS/T 680—2016。

表 A.1 粉末涂料种类、组分及特性与要求

粉末涂料种类	粉末涂料主要组分	粉末涂料特性与要求
聚酯型、聚氨酯型	树脂	聚酯型粉末涂料中的树脂酸值或聚氨酯粉末涂料中的树脂羟值决定固化剂的用量，黏度和反应活性是影响表面流平的主要因素，玻璃化温度影响粉末贮存稳定性。酸值或羟值、黏度、玻璃化温度及颜色反映树脂的物理和化学特征批次稳定性。 合成聚酯的多元醇通常以新戊二醇为主，也可以使用其他不含 β 氢的多元醇，应注意多元醇的纯度。新戊二醇宜以加氢法生产，不准许使用乙二醇、二乙二醇、丙二醇。 提升树脂中间苯二甲酸(或耐候性优于间苯二甲酸的其他二元酸)与对苯二甲酸的质量分数比值，利于提高粉末耐候性。为保证粉末膜层的耐候性，间苯二甲酸(或耐候性优于间苯二甲酸的其他二元酸)在树脂中的质量分数宜大于 15%，但鼓励在提高耐候性的前提下，使用创新的配方和工艺体系。 为了保证膜层的耐候性及其他相关性能，粉末中的树脂与固化剂质量分数总和应不小于 60%。粉末涂料厂商应使用被实际案例证明质量长期稳定的树脂，并要求树脂厂提供自然曝晒耐候试验报告和荧光紫外耐候试验报告。 在保证性能要求和质量的前提下低温固化树脂也可被使用
	固化剂	聚酯型粉末的固化剂包括 HAA 和 TGIC 两种体系。HAA 体系相对环保，粉末涂料贮存稳定性好，但固化成膜时会有小量水分子产生；TGIC 体系的膜层不易产生针孔，但人体接触 TGIC 会出现刺激性反应。 聚氨酯粉末涂料中的固化剂分为外封闭型脂肪族异氟尔酮二异氰酸酯或自封闭型的异氰酸酯。该体系膜层具有良好的耐候性及耐化学品性，应用在木纹转印型材中有良好的油墨浸透性。外封闭型脂肪族异氟尔酮二异氰酸酯在膜层烘烤时会释放封闭剂已内酰胺
	颜料	颜料分有机颜料和无机颜料，有机颜料比无机颜料耐候性差，在户外用粉末涂料的配方中使用有机颜料应先行评估、谨慎使用。 钛白粉应采用包覆金红石型
	填充料	应使用沉淀硫酸钡或天然硫酸钡作填充料，不准许掺入碳酸钙、氧化锌、滑石粉
	助剂	助剂包括流平剂、砂纹剂、抗氧化剂、紫外吸收剂、脱气剂、增光剂、增硬剂、抗划伤剂等，使用的助剂应不影响膜层性能及喷涂生产工艺

表 A.1（续）

粉末涂料种类	粉末涂料主要组分	粉末涂料特性与要求
氟碳型	树脂	氟碳型粉末涂料树脂分为聚偏二氟乙烯(简称 PVDF,理论上其氟含量为 59.3%)和三氟氯乙烯—乙烯基醚（简称 FEVE,理论上其氟含量为 27%～29%),PVDF 型氟碳树脂涂料需要加 30%左右的丙烯酸树脂,膜层烘烤温度高。 氟碳型粉末涂料树脂的耐候性优于聚酯型粉末涂料树脂,但附着性低于聚酯型粉末涂料树脂,膜层生产时对前处理要求高,膜层厚度一般不宜超过 80 μm
	固化剂	FEVE 型氟碳涂料为热固性粉末涂料,固化剂应为外封闭型脂肪族异氰尔酮二异氰酸酯或自封闭型异氰酸酯,外封闭型脂肪族异氰尔酮二异氰酸酯在膜层烘烤时会释放封闭剂已内酰胺;PVDF 型氟碳涂料为热塑性粉末涂料,无需使用固化剂
	颜料	颜料分有机颜料和无机颜料,氟碳粉末涂料不准许使用有机颜料,所以颜色种类有限。 钛白粉应采用包覆金红石型
	填充料	应使用沉淀硫酸钡或天然硫酸钡作填充料,不准许掺入碳酸钙、氧化锌、滑石粉
	助剂	助剂包括流平剂、砂纹剂、抗氧化剂、紫外吸收剂、脱气剂、增光剂、增硬剂、抗划伤剂等,使用的助剂应不影响膜层性能及喷涂生产工艺

A.2.4 应根据需求参照 YS/T 680—2016 选择具有对应 1 年、3 年、5 年、10 年自然耐候质量等级的粉末涂料。

A.2.5 为保证膜层性能,型材厂应根据需方要求的外观效果,参照表 A.2 选择适宜的粉末涂料。

表 A.2 粉末膜层外观效果及粉末涂料控制要求

外观效果		粉末涂料控制要求
平面效果	低光	羧基聚酯对羟值(以 KOH 计)应控制在≤6 mg/g,树脂酸值偏差控制在±2 mg/g; 羟基聚酯对酸值(以 KOH 计)应控制在≤6 mg/g,树脂羟值偏差控制在±3 mg/g; 黏度偏差控制在±10%以内(用锥板黏度仪测得); 树脂玻璃化温度通常为 52 ℃～70 ℃; 树脂数均分子量在 2 000～8 000 之间; 为达到低光效果适宜使用双组分消光树脂
	中光	
	高光	
纹理效果	砂纹	羧基聚酯对羟值(以 KOH 计)应控制在≤6 mg/g,树脂酸值偏差控制在±2 mg/g; 羟基聚酯对酸值(以 KOH 计)应控制在≤6 mg/g,树脂羟值偏差控制在±3 mg/g; 黏度偏差控制在±10%以内(用锥板黏度仪测得); 树脂玻璃化温度通常为 52 ℃～70 ℃; 树脂数均分子量在 2 000～8 000 之间; 应选择黏度高及胶化时间短的树脂,树脂的耐候性和力学性能应与平面粉树脂性能一致
	锤纹、皱纹、大理石纹、立体彩雕等其他纹理	根据不同的表面要求选择树脂胶化时间、树脂黏度、树脂玻璃化温度

表 A.2（续）

<table>
<tr><th colspan="2">外观效果</th><th>粉末涂料控制要求</th></tr>
<tr><td rowspan="2">特殊效果</td><td>木纹
效果</td><td>羧基聚酯对羟值(以 KOH 计)应控制在≤6 mg/g,树脂酸值偏差控制在±2 mg/g；
羟基聚酯对酸值(以 KOH 计)应控制在≤6 mg/g,树脂羟值偏差控制在±3 mg/g；
黏度偏差控制在±10%以内(用锥板黏度仪测得)；
树脂玻璃化温度通常为 52 ℃～70 ℃；
树脂数均分子量在 2 000～8 000 之间；
转印木纹树脂应选用交联密度高的树脂,树脂的耐候性和力学性能宜与平面粉树脂性能一致。
二次喷涂木纹树脂的耐候性和力学性能应与平面粉树脂性能一致</td></tr>
<tr><td>金属
效果</td><td>树脂应与平面粉末所用的树脂相同。
干混法生产的金属粉容易造成金属颗粒和树脂分离,固化后在膜层表面会出现金属颗粒分布不均匀,造成色差。建议采用邦定(Bonding)法生产的金属粉</td></tr>
</table>

A.2.6 粉末涂料有害物质限量可参见 YS/T 680—2016 及表 A.3 的规定。

表 A.3 粉末涂料中有害物质限量

有害物质	质量分数 %
多溴联苯 PBB	≤0.1
多溴二苯醚 PBDE	≤0.1
邻苯二甲酸二辛酯 DEHP	≤0.1
邻苯二甲酸丁酯苯甲酯 BBP	≤0.1
邻苯二甲酸二丁酯 DBP	≤0.1
邻苯二甲酸二异丁酯 DIBP	≤0.1

A.2.7 粉末涂料供应商应提供粉末涂料的安全技术说明书(MSDS)。

A.3 粉末涂料质量证明书

为保证粉末涂料的质量(尤其是耐候性和耐腐蚀性)可靠性,铝型材厂应与粉末涂料厂商商定质保书内容,质保书内容至少包括：

a) 施工工艺,包括固化温度、固化时间；
b) 粉末涂料的密度；
c) 固化剂体系；
d) 粉末涂料中颜料的种类；
e) 粉末涂料耐候等级、乙酸盐雾试验结果、无铬化学预处理(阳极氧化预处理除外)的喷粉试板的耐冲击(反冲)性试验结果；
f) 粉末涂料中树脂的含量、酸值(或羟值)、黏度、胶化时间(表征反应活性)、玻璃化温度、分子量分布、颜色；

g) 粉末涂料的自然曝晒试验结果(按配方组分提供,应包括色差值、光泽值);

h) 树脂厂商名称、树脂批号和型号及自然曝晒场试验结果(应包括色差值、光泽值);

i) 树脂按标准配方制备的黑色、白色标准板及标准板的QUV、高压水浸渍测试报告;

j) 树脂制备黑色、白色标准板的标准配方。

参 考 文 献

［1］ YS/T 714 铝合金建筑型材有机聚合物喷涂工艺技术规范
［2］ YS/T 1189 铝及铝合金无铬化学预处理膜

ICS 77.150.10
H 61

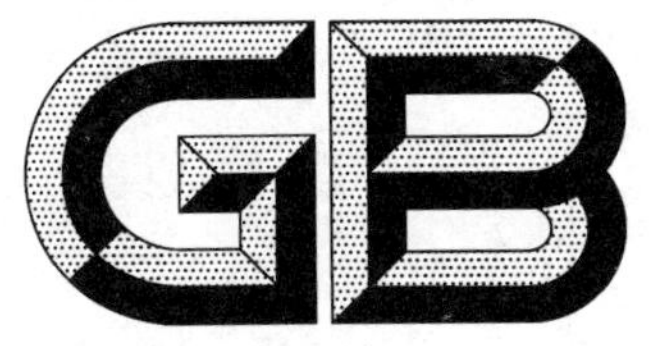

中华人民共和国国家标准

GB/T 5237.5—2017
代替 GB/T 5237.5—2008

铝合金建筑型材 第5部分:喷漆型材

Wrought aluminium alloy extruded profiles for architecture—Part 5: Paint coating profiles

2017-10-14 发布　　2018-07-01 实施

中华人民共和国国家质量监督检验检疫总局
中国国家标准化管理委员会　发布

前　言

GB/T 5237《铝合金建筑型材》分为6个部分：

——第1部分：基材；

——第2部分：阳极氧化型材；

——第3部分：电泳涂漆型材；

——第4部分：喷粉型材；

——第5部分：喷漆型材；

——第6部分：隔热型材。

本部分为GB/T 5237的第5部分。

本部分按照GB/T 1.1—2009给出的规则起草。

本部分代替GB 5237.5—2008《铝合金建筑型材　第5部分：氟碳漆喷涂型材》。本部分与GB 5237.5—2008相比，除编辑性修改外主要技术变化如下：

——修改了标准名称(见封面，2008年版的封面)；

——删除了前言中"本部分4.5.3.1、4.5.5是强制性的，其余条款是推荐性的"的陈述(见2008年版的前言)；

——删除了前言中"本部分参考AAMA 2605—2005《铝挤压材和板材的超高性能有机涂层性能要求和试验方法》进行修订的"的陈述(见2008年版的前言)；

——修改了本部分的适用"范围"(见第1章，2008年版的第1章)；

——修改了规范性引用文件的引导语(见第2章，2008年版的第2章)；

——删除了规范性引用文件GB/T 228—2002(见2008年版的第2章和5.2)；

——删除了规范性引用文件GB 5237.4—2008(见2008年版的第2章和5.4.7)；

——删除了规范性引用文件GB/T 6461(见2008年版的第2章)；

——删除了规范性引用文件GB/T 16585(见2008年版的第2章)；

——删除了规范性引用文件GB/T 20975(见2008年版的第2章和5.1)；

——删除了规范性引用文件JC/T 480(见2008年版的第2章和5.4.10)；

——增加了规范性引用文件GB/T 5237.2(见第2章和7.3)；

——增加了规范性引用文件GB/T 8005.3(见第2章和第3章)；

——增加了规范性引用文件GB/T 14684 (见第2章和5.4.11.1)；

——增加了规范性引用文件GB/T 17671 (见第2章和5.4.8)；

——增加了规范性引用文件JC/T 479(见第2章和5.4.11.1)；

——将规范性引用文件中的GB/T 1865—1997修改为GB/T 1865—2009(见第2章和5.4.16.1，2008年版的第2章和5.4.15.1)；

——将规范性引用文件GB/T 8013.3—2007修改为不带年代号的规范性引用文件(见第2章、4.6.17、5.4.8、5.4.17和6.4，2008年版的第2章、第3章、4.2、4.5.16.1、4.5.16.2和5.4.16)；

——修改了术语和定义的引导语(见第3章，2008年版的第3章)；

——修改了"装饰面"的定义(见3.1，2008年版的3.2)；

——删除了"漆膜""膜厚""局部膜厚""最小局部膜厚"和"平均膜厚"的定义(见2008年版的3.1、3.3、3.4、3.5和3.6)；

——在产品分类中增加了"膜层类型、膜层代号、膜层组成、膜层特点及对应型材的适用环境"的内

容(见 4.1.2);

——修改了产品分类中的标记及示例规定(见 4.1.3,2008 年版的 4.1.2);

——增加了“质量保证”的内容(见 4.2);

——膜层性能项目“颜色和色差”修改为“色差”(见 4.6.3 ,5.4.3 和 6,2008 年版的 4.5.2,5.4.2 和第 6 章);

——增加了耐沸水性的规定及试验方法要求(见 4.6.6 和 5.4.6);

——修改了耐溶剂性的规定及试验要求(见 4.6.12 和 5.4.12,2008 年版的 4.5.11 和 5.4.11);

——将耐湿热性要求修改为“膜层表面的综合破坏等级应达到 1 级”(见 4.6.15,2008 年版的 4.5.14);

——修改了加速耐候性的规定及试验方法要求(见 4.6.16.1 和 5.4.16.1,2008 年版的 4.5.15.1 和 5.4.15.1);

——修改了自然耐候性的规定及试验方法要求(见 4.6.16.2 和 5.4.16.2,2008 年版的 4.5.15.2 和 5.4.15.2);

——修改了化学成分和力学性能的试验方法要求(见 5.1 和 5.2,2008 年版的 5.1 和 5.2);

——修改了膜厚的试验方法要求(见 5.4.1,2008 年版的 5.4.3);

——修改了耐冲击性试验方法中重锤质量的公差要求(见 5.4.7,2008 年版的 5.4.6);

——修改了耐磨性试验方法要求(见 5.4.8,2008 年版的 5.4.7);

——耐盐酸性试验方法中,“化学纯盐酸”修改为“分析纯盐酸”(见 5.4.9,2008 年版的 5.4.8);

——修改了耐硝酸性试验方法中试验温度和湿度的要求(见 5.4.10,2008 年版的 5.4.9);

——耐砂浆性试验方法中,将石灰粉修改为 JC/T 479 规定的建筑生石灰,将标准砂修改为 GB/T 14684中规定的标准砂(见 5.4.11.1,2008 年版的 5.4.10);

——在耐盐雾腐蚀性试验方法中增加“划线宽度为 1 mm” 的要求(见 5.4.14);

——修改了组批方法(见 6.2,2008 年版的 6.2);

——增加检验分类(见 6.3);

——修改了检验项目的规定(见 6.4,2008 年版的 6.3);

——修改了取样规定(见 6.5,2008 年版的 6.4);

——修改了检验结果的判定要求(见 6.6,2008 年版的 6.5);

——修改了标志的规定(见 7.1.1,2008 年版的 7.1);

——修改了质量证明书的内容要求(见 7.4,2008 年版的 7.5);

——修改了订货单(或合同)的内容要求(见第 8 章,2008 年版的第 8 章);

——增加了质量保证的内容(见附录 A);

——增加了参考文献(见参考文献)。

本部分由中国有色金属工业协会提出。

本部分由全国有色金属标准化技术委员会(SAC/TC 243)归口。

本部分负责起草单位:广东兴发铝业有限公司、广东凤铝铝业有限公司、有色金属技术经济研究院、福建省南平铝业股份有限公司、广东坚美铝型材厂(集团)有限公司、国家有色金属质量监督检验中心、广东省工业分析检测中心、广亚铝业有限公司、四川三星新材料科技股份有限公司、福建省闽发铝业股份有限公司、广东新合铝业新兴有限公司。

本部分主要起草人:陈文泗、葛立新、夏秀群、陈慧、冯东升、戴悦星、孙凤仙、詹浩、潘学著、王争、朱耀辉、超晓辉。

本部分所代替标准的历次版本发布情况为:

——GB/T 5237.5—2000、GB 5237.5—2004、GB 5237.5—2008。

铝合金建筑型材
第5部分:喷漆型材

1 范围

GB/T 5237的本部分规定了喷漆型材的术语和定义、要求、试验方法、检验规则、标志、包装、运输、贮存、质量证明书以及订货单(或合同)内容。

本部分适用于有机溶剂型或水性溶剂型聚偏二氟乙烯(PVDF)漆作膜层的建筑用静电喷涂铝合金热挤压型材(以下简称型材)。

用途和表面处理方式相同的其他铝合金加工材也可参照执行本部分。

2 规范性引用文件

下列文件对于本文件的应用是必不可少的。凡是注日期的引用文件,仅注日期的版本适用于本文件。凡是不注日期的引用文件,其最新版本(包括所有的修改单)适用于本文件。

GB/T 1732 漆膜耐冲击测定法

GB/T 1740 漆膜耐湿热测定法

GB/T 1766 色漆和清漆 涂层老化的评级方法

GB/T 1865—2009 色漆和清漆 人工气候老化和人工辐射曝露 滤过的氙弧辐射

GB/T 3199 铝及铝合金加工产品 包装、标志、运输、贮存

GB/T 4957 非磁性基体金属上非导电覆盖层 覆盖层厚度测量 涡流法

GB/T 5237.1 铝合金建筑型材 第1部分:基材

GB/T 5237.2 铝合金建筑型材 第2部分:阳极氧化型材

GB/T 6682 分析实验室用水规格和试验方法

GB/T 6739 色漆和清漆 铅笔法测定漆膜硬度

GB/T 8005.3 铝及铝合金术语 第3部分:表面处理

GB/T 8013.3 铝及铝合金阳极氧化膜与有机聚合物膜 第3部分:有机聚合物喷涂膜

GB/T 9276 涂层自然气候曝露试验方法

GB/T 9286 色漆和清漆 漆膜的划格试验

GB/T 9754 色漆和清漆 不含金属颜料的色漆漆膜的20°、60°和85°镜面光泽的测定

GB/T 9761 色漆和清漆 色漆的目视比色

GB/T 10125 人造气氛腐蚀试验 盐雾试验

GB/T 11186.2 涂膜颜色的测量方法 第二部分:颜色测量

GB/T 11186.3 涂膜颜色的测量方法 第三部分:色差计算

GB/T 14684 建设用砂

GB/T 17671 水泥胶砂强度检验方法(ISO法)

JC/T 479 建筑生石灰

3 术语和定义

GB/T 8005.3界定的以及下列术语和定义适用于本文件。

3.1

装饰面　exposed surfaces

经加工、组装成制品并安装在建筑物上的型材，目视可见的表面（包括处于开启或关闭状态）。

4　要求

4.1　产品分类

4.1.1　牌号、状态和尺寸规格

牌号、状态和尺寸规格应符合 GB/T 5237.1 的规定。

4.1.2　膜层类型、膜层代号、膜层组成、膜层特点及对应型材的适用环境

膜层类型、膜层代号、膜层组成、膜层特点及对应型材的适用环境见表 1。

表 1　膜层类型、膜层代号、膜层组成、膜层特点及对应型材的适用环境

膜层类型	膜层代号[a]	膜层组成	膜层特点及对应型材的适用环境
二涂层	LF2-25	底漆加面漆	二涂层一般为单色或珠光云母闪烁效果膜层，不需要额外的清漆保护。二涂层适用于太阳辐射较强、大气腐蚀较强的环境
三涂层	LF3-34	底漆、面漆加清漆	三涂层一般为金属效果的膜层，该膜层面漆中使用球磨铝粉以获得金属质感效果，其金属质感不同于二涂层的珠光云母膜层，因铝粉易氧化或剥落，膜层表面需要清漆保护，以保证膜层的综合性能。金属铝粉漆一般不做二涂层。三涂层适用于太阳辐射较强、大气腐蚀较强的环境
四涂层	LF4-55	底漆、阻挡漆、面漆加清漆	四涂层一般为性能要求更高的金属效果膜层，该膜层在三涂层的基础上，增加阻隔紫外线的阻挡漆膜层，提高了耐紫外光能力。四涂层适用于太阳辐射极强、大气腐蚀极强的环境
注：底漆、阻挡漆、面漆、清漆的膜层特点、涂料特性及要求见表 A.2。			
[a] 膜层代号中的“LF”表示喷漆处理，“LF”后的第一位阿拉伯数字表示膜层种类，“-”后面的阿拉伯数表示膜层的最小局部膜厚。			

4.1.3　标记及示例

型材标记按产品名称、本部分编号、牌号、状态、截面代号及长度、颜色（或色号）、膜层代号的顺序表示。标记示例如下：

示例 1：

色号为 2345、膜层类型为四涂层、6063 牌号、T5 状态、截面代号为 YST10002、长度为 4 000 mm 的喷漆型材，标记为：

喷漆型材 GB/T 5237.5-6063T5- YST10002×4 000 色 2345LF4-55

示例 2：

颜色为红色、膜层类型为二涂层、6063 牌号、T5 状态、截面代号为 YST10002、长度为 4 000 mm 的喷漆型材，标记为：

喷漆型材 GB/T 5237.5-6063T5- YST10002×4 000 红色 LF2-25

4.2 质量保证

4.2.1 工艺

工艺保证参见 A.1。

4.2.2 原材料

基材质量、预处理试剂和氟碳漆涂料的质量参见 A.2。

4.3 化学成分

化学成分应符合 GB/T 5237.1 的规定。

4.4 力学性能

力学性能应符合 GB/T 5237.1 的规定。

4.5 尺寸偏差

型材去掉膜层后，尺寸偏差应符合 GB/T 5237.1 的规定。型材因膜层引起的尺寸变化应不影响其装配和使用。

4.6 膜层性能

4.6.1 膜厚

4.6.1.1 装饰面上的膜厚应符合表 2 的规定。

表 2 膜厚

膜层类型	平均膜厚 μm	局部膜厚[a] μm
二涂层	≥30	≥25
三涂层	≥40	≥34
四涂层	≥65	≥55

[a] 由于型材横截面形状的复杂性，在型材某些表面（如内角、凹槽等）的局部膜厚允许低于表 2 的规定值，但不准许出现露底现象。

4.6.1.2 非装饰面如有膜厚要求，应供需双方商定，并在订货单（或合同）中注明。

4.6.2 光泽

膜层的光泽值应与订货单（或合同）规定一致，其允许偏差为±5 个光泽单位。

4.6.3 色差

膜层颜色应与供需双方商定的样板基本一致。当采用仪器法测定时，单色膜层与样板间的色差值 $\Delta E_{ab}^{*} \leqslant 1.5$，同一批（指交货批）型材之间的色差值 $\Delta E_{ab}^{*} \leqslant 1.5$。

4.6.4 硬度

经铅笔划痕试验，膜层硬度应不小于1H。

4.6.5 附着性

膜层的干附着性、湿附着性和沸水附着性应达到0级。

4.6.6 耐沸水性

经高压水浸渍试验后，膜层表面应无脱落、起皱、起泡、失光、变色等现象，附着性应达到0级。

4.6.7 耐冲击性

经耐冲击性试验后，膜层允许有微小裂纹，但粘胶带上不准许有粘落的膜层。

4.6.8 耐磨性

经落砂试验后，磨耗系数应不小于1.6 L/μm。

4.6.9 耐盐酸性

经耐盐酸性试验后，膜层表面应无气泡或其他明显变化。

4.6.10 耐硝酸性

经耐硝酸性试验后，单色膜层的色差值$\Delta E^{*}_{ab} \leqslant 5.0$。

4.6.11 耐砂浆性

经耐砂浆性试验后，膜层表面应无脱落或其他明显变化。

4.6.12 耐溶剂性

经耐溶剂性试验后，型材表面不露出基材。

4.6.13 耐洗涤剂性

经耐洗涤剂性试验后，膜层表面应无起泡、脱落或其他明显变化。

4.6.14 耐盐雾腐蚀性

经盐雾腐蚀性试验后，划线两侧膜下单边渗透腐蚀宽度应不超过2.0 mm，划线两侧2.0 mm以外部分的膜层不应有腐蚀现象。

4.6.15 耐湿热性

经耐湿热性试验后，膜层表面的综合破坏等级应达到1级。

4.6.16 耐候性

4.6.16.1 加速耐候性

经加速耐候性试验后，膜层的光泽保持率（膜层试验后的光泽值相对于其试验前的光泽值的百分比）应不小于75%，色差值$\Delta E^{*}_{ab} \leqslant 3.0$，粉化等级达到0级。

4.6.16.2 自然耐候性

需方对自然耐候性有要求时，应供需双方商定，并在订货单（或合同）中注明，其膜层经10年自然耐候性试验（可针对不同的大气腐蚀试验站设定不同的试验时间，但不得少于10年）后，膜层光泽保持率（膜层试验后的光泽值相对于其试验前的光泽值的百分比）应不小于50%；色差值 $\Delta E^{*}_{ab} \leqslant 5.0$；膜厚损失率应不大于10%。

4.6.17 其他

需方对其他性能有要求时，应供需双方参照GB/T 8013.3具体商定，并在订货单（或合同）中注明。

4.7 外观质量

型材装饰面上的膜层应平滑、均匀，不准许有流痕、皱纹、气泡、脱落及其他影响使用的缺陷。

5 试验方法

5.1 化学成分

化学成分分析方法按GB/T 5237.1的规定进行。试验前应去除试样表面的膜层。

5.2 力学性能

力学性能试验方法按GB/T 5237.1的规定进行。试验前应去除试样表面的膜层。

5.3 尺寸偏差

尺寸偏差检测方法按GB/T 5237.1的规定进行。检测前应去除试样表面的膜层。

5.4 膜层性能

5.4.1 膜厚

按GB/T 4957的规定进行，5个局部膜厚的平均值记为待测膜层的平均膜厚。

5.4.2 光泽

按GB/T 9754的规定进行，采用60°入射角测定。

5.4.3 色差

5.4.3.1 目视测定法

按GB/T 9761的规定进行。

5.4.3.2 仪器测定法

仲裁试验采用色差仪，按GB/T 11186.2、GB/T 11186.3的规定进行。

5.4.4 硬度

按GB/T 6739进行铅笔硬度试验，试验结果按表面膜层擦伤情况评定。

5.4.5 附着性

5.4.5.1 干附着性

5.4.5.1.1 按 GB/T 9286 的规定划格,划格间距为 1 mm。

5.4.5.1.2 将黏着力大于 10 N/25 mm 的粘胶带[1]覆盖在划格的膜层上,压紧以排去粘胶带下的空气,以垂直于膜层表面的角度快速拉起粘胶带,按 GB/T 9286 的规定进行评级。

5.4.5.2 湿附着性

将试样按 5.4.5.1.1 的规定划格后,置于 38 ℃±5 ℃、GB/T 6682 规定的三级水中浸泡 24 h,取出并擦干试样,在 5 min 内按 5.4.5.1.2 进行试验并评级。

5.4.5.3 沸水附着性

5.4.5.3.1 将试样按 5.4.5.1.1 的规定划格。

5.4.5.3.2 将 GB/T 6682 规定的三级水注入烧杯至约 80 mm 深处,并在烧杯中放入 2～3 粒清洁的碎瓷片。在烧杯底部加热至水沸腾。

5.4.5.3.3 将试样悬立于沸水中煮 20 min。试样应在水面 10 mm 以下,但不能接触容器底部。在试验过程中保持水温不低于 95 ℃,并随时向杯中补充煮沸的 GB/T 6682 规定的三级水,以保持水面高度不小于 80 mm。

5.4.5.3.4 取出并擦干试样,在 5 min 内按 5.4.5.1.2 进行试验并评级。

5.4.6 耐沸水性

在压力锅中注入 GB/T 6682 规定的三级水至约 80 mm 深处,将约 50 mm 长的试样垂直置于水中,试样应在水面 10 mm 以下,但不能接触容器底部,加热至压力达 0.1 MPa±0.01 MPa,并保持恒压 1 h后,取出并擦干试样,目视检查试验后膜层表面的变化情况,并在取出试样 5 min 内按 5.4.5.1 进行附着性试验并评级。

5.4.7 耐冲击性

5.4.7.1 制备标准试板:选取尺寸为 150 mm×75 mm×1.0 mm、状态为 H24 或 H14 的纯铝板,同该批型材采用同一工艺、在同一生产线上喷涂、固化,随后放置 24 h。

5.4.7.2 采用直径为 16 mm±0.3 mm 的冲头,参照 GB/T 1732 规定的方法进行冲击试验:将重锤(1 000 g±5 g)置于适当的高度自由落下直接冲击标准试板的膜层表面(正冲),冲出深度为 2.5 mm±0.3 mm 的凹坑,立即将黏着力大于 10 N/25 mm 的粘胶带覆盖在冲击试验后的膜层表面上,压紧以排去粘胶带下的空气,然后以垂直于膜层表面的角度快速拉起粘胶带,目视观察凹坑及周边的膜层变化情况。

5.4.8 耐磨性

按 GB/T 8013.3 的规定进行落砂试验,磨料应符合 GB/T 17671 规定的标准砂。

5.4.9 耐盐酸性

用分析纯盐酸(ρ=1.19 g/mL)和 GB/T 6682 规定的三级水配成盐酸试验溶液(1+9)。在试样的

1) Scotch 610 粘胶带或 Permacel 99 粘胶带是适合的市售产品的实例。给出这一信息是为了方便本部分的使用者,并不表示对这些产品的认可。

膜层表面滴上 10 滴盐酸试验溶液，用表面皿盖住，在 18 ℃～27 ℃环境下放置 15 min 后，用自来水洗净、晾干。目视检查试验后的膜层表面。

5.4.10 耐硝酸性

将 100 mL 分析纯硝酸(ρ=1.40 g/mL)注入一个 200 mL 的大口瓶中，将试样膜层面朝下盖在瓶口上，保持 30 min 后取下试样，用自来水冲洗干净并擦干，放置 1 h 后检查试验后的膜层表面。试验在温度为 18 ℃～27 ℃，湿度小于 50%的环境下进行。

5.4.11 耐砂浆性

5.4.11.1 取 JC/T 479 规定的建筑生石灰 75 g 和 GB/T 14684 规定的建设用砂 225 g，再加入大约 100 g，GB/T 6682 规定的三级水，混合为糊状砂浆。

5.4.11.2 将糊状砂浆置于试样表面，堆成直径为 15 mm、厚度为 6 mm 的圆柱形。在 38 ℃±3 ℃、相对湿度为 95%±5%的环境中放置 24 h。

5.4.11.3 用湿布抹掉砂浆，并擦干净表面残渣，晾干。目视检查试验后的膜层表面。

5.4.12 耐溶剂性

在室温环境下，用至少六层医用纱布包裹 1 kg 的重锤锤头(锤头与试样表面接触面积约为 150 mm^2)，吸饱丁酮后在试样表面上沿同一直线路径，以每秒钟 1 次往返的速率，擦拭 100 次(擦拭一个来回计为 1 次)。试验过程中应保持纱布湿润。试验结束后，目视检查试验后的膜层表面。

5.4.13 耐洗涤剂性

5.4.13.1 用洗涤剂(组分见表 3)和 GB/T 6682 规定的三级水配置成浓度为 30 g/L 的洗涤剂试验溶液。将试样置于 38 ℃±1 ℃的试验溶液中保持 72 h，取出并擦干试样。

表 3 洗涤剂组分

组分	质量分数 %
无水焦磷酸(四)钠(Tetrasodium Pyrophosphate)	53
无水硫酸钠(Sodium Sulphate Anhydyous)	19
十二烷基苯磺酸钠(Sodium linear alkylarylsulfonate)	20
水合硅酸钠(Sodium Metasilicate Hydrated)	7
无水碳酸钠(Sodium Carbonate Anhydrous)	1
总计	100

5.4.13.2 立即将黏着力大于 10 N/25 mm 的粘胶带覆盖在试验后的膜层表面上，压紧以排去粘胶带下的空气，以垂直于膜层表面的角度快速拉起粘胶带，目视检查试验后的膜层表面。

5.4.14 耐盐雾腐蚀性

5.4.14.1 沿对角线的方向在试样上，划两条深至金属基材的交叉线，划线宽度为 1 mm，线段不贯穿对角，线段各端点与相应对角成等距离。然后按 GB/T 10125 的规定进行 4 000 h 中性盐雾试验。

5.4.14.2 测量划线两侧膜下单边渗透腐蚀宽度，并检查划线两侧各 2.0 mm 以外部分的膜层表面的腐蚀情况。

5.4.15 耐湿热性

按 GB/T 1740 的规定进行。试验温度为 47 ℃±1 ℃,试验时间为 4 000 h。

5.4.16 耐候性

5.4.16.1 加速耐候性

按 GB/T 1865—2009 中方法 1 的循环 A 规定进行 4 000 h 氙灯加速耐候试验后,按 GB/T 9754 测量光泽值,按 GB/T 11186.2、GB/T 11186.3 的规定测量试验前后的色差值,按 GB/T 1766 评定粉化等级。

5.4.16.2 自然耐候性

按 GB/T 9276 的规定进行 10 年自然耐候试验,按 5.4.16.1 的规定测量光泽值和色差值。按 5.4.1 的规定分别测试试验前膜层平均膜厚和试验后膜层平均膜厚,并按式(1)计算膜厚损失率。

注:许多国家选用佛罗里达大气腐蚀试验站进行自然耐候试验。中国大气腐蚀试验站中,大气条件与佛罗里达比较接近的是海南省琼海大气腐蚀试验站,但海南省琼海大气腐蚀试验站的试验结果与佛罗里达的试验结果会存在差异。

$$\Delta\delta = (\delta_1 - \delta_2)/\delta_1 \times 100 \qquad \cdots\cdots (1)$$

式中:

$\Delta\delta$ ——膜厚损失率,%;

δ_1 ——试验前膜层平均膜厚,单位为微米(μm);

δ_2 ——试验后膜层平均膜厚,单位为微米(μm)。

5.4.17 其他

其他性能检验按 GB/T 8013.3 或供需双方商定的方法进行。

5.5 外观质量

外观质量的检验应在漫射日光(指日出 3 h 后和日落 3 h 前的日光)下,按 GB/T 9761 进行。人工照明时的照度要求在 1 000 lx 以上,光源为 D65 标准光源。背景要求无光泽的黑色、灰色,不得用彩色背景。观察距离为 3 m,观察角度为 90°。

6 检验规则

6.1 检查和验收

6.1.1 型材由供方进行检验,保证型材质量符合本部分或订货单(或合同)的规定,并填写质量证明书。

6.1.2 需方可对收到的型材按本部分的规定进行检验。当检验结果与本部分或订货单(或合同)的规定不符时,应以书面形式向供方提出,由供需双方协商解决。属于外观质量及尺寸偏差的异议,应在收到型材之日起一个月内提出,属于其他性能的异议,可在收到型材之日起六个月内提出。如需仲裁,可委托供需双方认可的单位进行,仲裁取样应在需方,由供需双方共同进行。

6.2 组批

型材应成批提交验收,每批应由同一牌号、状态、尺寸规格(或截面代号)、膜层颜色、膜层类型及相同涂料类型与组分质量分数、相同表面处理工艺的型材组成，批重不限。

6.3 检验分类

产品检验分为出厂检验、定期检验。

6.4 检验项目及工艺保证项目

6.4.1 出厂检验项目、定期检验项目和工艺保证项目应符合表4的规定。

表4 检验项目及工艺保证项目

检验项目		出厂检验项目	定期检验项目	工艺保证项目
化学成分		√	—	—
力学性能		√	—	—
尺寸偏差		√	—	—
膜厚		√	—	—
光泽		√	—	—
色差		√	—	—
硬度		√	—	—
附着性		√	—	—
耐沸水性		√	—	—
耐冲击性		√	—	—
耐磨性		[a]	√	√
耐盐酸性		√	—	—
耐硝酸性		[a]	√	√
耐砂浆性		√	—	—
耐溶剂性		[a]	√	√
耐洗涤剂性		[a]	√	√
耐盐雾腐蚀性		[a]	√	√
耐湿热性		[a]	√	√
耐候性	加速耐候性	[a]	√	√
	自然耐候性	[a]	—	√
其他膜层性能		[a]	—	—
外观质量		√	—	—
注：“√”表示必须检验的项目，或工艺保证项目；“—”表示不检验项目，或非工艺保证项目。				
[a] 订货单(或合同)注明检验时，该项目列为必须检验项目。未注明时不检验。				

6.4.2 供方每三年至少应进行一次定期检验。

6.5 取样

型材取样应符合表5的规定。

表5 取样

<table>
<tr><th colspan="2">检验项目</th><th>取样规定</th><th>要求的章条号</th><th>试验方法的章条号</th></tr>
<tr><td colspan="2">化学成分</td><td rowspan="2">按GB/T 5237.1的规定</td><td>4.3</td><td>5.1</td></tr>
<tr><td colspan="2">力学性能</td><td>4.4</td><td>5.2</td></tr>
<tr><td colspan="2">尺寸偏差</td><td>逐根检查</td><td>4.5</td><td>5.3</td></tr>
<tr><td colspan="2">膜厚</td><td>按表6取样</td><td>4.6.1</td><td>5.4.1</td></tr>
<tr><td colspan="2">光泽</td><td>每批取2根型材，在膜层固化并放置24 h以后，从每根型材上切取1个试样</td><td>4.6.2</td><td>5.4.2</td></tr>
<tr><td colspan="2">色差</td><td>逐根检查</td><td>4.6.3</td><td>5.4.3</td></tr>
<tr><td colspan="2">硬度</td><td rowspan="5">每批取2根型材/检验项目，在膜层固化并放置24 h以后，从每根型材上切取1个试样</td><td>4.6.4</td><td>5.4.4</td></tr>
<tr><td rowspan="3">附着性</td><td>干附着性</td><td rowspan="3">4.6.5</td><td rowspan="3">5.4.5</td></tr>
<tr><td>湿附着性</td></tr>
<tr><td>沸水附着性</td></tr>
<tr><td colspan="2">耐沸水性</td><td>4.6.6</td><td>5.4.6</td></tr>
<tr><td colspan="2">耐冲击性</td><td>制取2个标准试板</td><td>4.6.7</td><td>5.4.7</td></tr>
<tr><td colspan="2">耐磨性</td><td>每批取2根型材/检验项目，在膜层固化并放置24 h以后，从每根型材上切取1个试样</td><td>4.6.8</td><td>5.4.8</td></tr>
<tr><td colspan="2">耐盐酸性</td><td>每批取2根型材/检验项目，在膜层固化并放置24 h以后，从每根型材上切取1个试样</td><td>4.6.9</td><td>5.4.9</td></tr>
<tr><td colspan="2">耐硝酸性</td><td>每批取2根型材/检验项目，在膜层固化并放置24 h以后，从每根型材上切取1个试样</td><td>4.6.10</td><td>5.4.10</td></tr>
<tr><td colspan="2">耐砂浆性</td><td>每批取2根型材/检验项目，在膜层固化并放置24 h以后，从每根型材上切取1个试样</td><td>4.6.11</td><td>5.4.11</td></tr>
<tr><td colspan="2">耐溶剂性</td><td rowspan="5">每批取2根型材/检验项目，在膜层固化并放置24 h以后，从每根型材上切取1个试样</td><td>4.6.12</td><td>5.4.12</td></tr>
<tr><td colspan="2">耐洗涤剂性</td><td>4.6.13</td><td>5.4.13</td></tr>
<tr><td colspan="2">耐盐雾腐蚀性</td><td>4.6.14</td><td>5.4.14</td></tr>
<tr><td colspan="2">耐湿热性</td><td>4.6.15</td><td>5.4.15</td></tr>
<tr><td rowspan="2">耐候性</td><td>加速耐候性</td><td>4.6.16.1</td><td>5.4.16.1</td></tr>
<tr><td>自然耐候性</td><td>从该批中任取3根型材，在选取的每根型材上切取个1个试样。若需方同意，供方可制作膜层颜色、膜层类型、涂料类型与组分质量分数、表面处理工艺均与该批型材相同的3块试板代替型材试样。试样(或试板)膜层有效面尺寸(长×宽)宜为250 mm×150mm</td><td>4.6.16.2</td><td>5.4.16.2</td></tr>
<tr><td colspan="2">其他膜层性能</td><td>按GB/T 8013.3或供需双方商定的方法取样</td><td>4.6.17</td><td>5.4.17</td></tr>
<tr><td colspan="2">外观质量</td><td>逐根检查</td><td>4.7</td><td>5.5</td></tr>
</table>

表6 膜厚取样数量及不合格品数上限数量表

单位为根

批量范围	随机取样数	不合格品数上限
1～10	全部	0
11～200	10	1
201～300	15	1
301～500	20	2
501～800	30	3
800以上	40	4

6.6 检验结果的判定

6.6.1 任一试样的化学成分不合格时，型材能区分熔次时，则判该试样代表的熔次不合格，其他熔次依次检验，合格者交货。不能区分熔次时，则判该批不合格。

6.6.2 任一试样的力学性能不合格时，应从该批型材中另取双倍数量的试样进行重复试验，重复试验结果全部合格，则判该批型材合格。若重复试验结果仍有试样不合格，则判该批型材不合格。经供需双方商定允许供方逐根检验，合格者交货。

6.6.3 任一试样的尺寸偏差不合格时，判该批不合格。但允许供方逐根检验，合格者交货。

6.6.4 膜厚的不合格品数量超过表6规定的不合格品数上限时，应另取双倍数量的型材进行重复试验。重复试验的不合格品数量不超过表6规定的不合格品数上限的双倍数量时，判该批合格，否则判该批不合格。经供需双方商定允许供方逐根检验，合格者交货。

6.6.5 任一试样的光泽不合格时，判该批不合格。

6.6.6 任一试样的色差不合格时，判该根不合格。

6.6.7 任一试样的硬度不合格时，判该批不合格。

6.6.8 任一试样的附着性不合格时，判该批不合格。

6.6.9 任一试样的耐沸水性不合格时，判该批不合格。

6.6.10 任一试样的耐冲击性不合格时，判该批不合格。

6.6.11 任一试样的耐磨性不合格时，判该批不合格。

6.6.12 任一试样的耐盐酸性不合格时，判该批不合格。

6.6.13 任一试样的耐硝酸性不合格时，判该批不合格。

6.6.14 任一试样的耐砂浆性不合格时，判该批不合格。

6.6.15 任一试样的耐溶剂性不合格时，判该批不合格。

6.6.16 任一试样的耐洗涤剂性不合格时，判该批不合格。

6.6.17 任一试样的耐盐雾腐蚀性不合格时，判该批不合格。

6.6.18 任一试样的耐湿热性不合格时，判该批不合格。

6.6.19 任一试样的耐候性不合格时，判该批不合格。

6.6.20 任一试样的其他膜层性能不合格时，判该批不合格。

6.6.21 任一试样的外观质量不合格时，判该根不合格。

6.6.22 定期检验结果不合格时，供方应对基材质量、氟碳漆涂料质量、工艺等进行重新评估确认，并进行重新检验，直至合格。

7 标志、包装、运输、贮存与质量证明书

7.1 标志

7.1.1 产品标志

在检验合格的型材上，应有如下内容的标识(或贴含有如下内容的标签)：

a) 供方名称和地址；

b) 产品名称；

c) 供方质检部门的检印(或质检人员的签名或印章)；

d) 牌号、状态和尺寸规格(或截面代号)；

e) 膜层代号和颜色(或色号)；

f) 产品批号或生产日期；

g) 本部分编号；

h) 生产许可证编号和 QS 标识。

7.1.2 包装箱标志

型材的包装箱标志应符合 GB/T 3199 的规定。

7.2 包装

型材的装饰面应用纸、泡沫塑料等材料加以保护，其他包装应符合 GB/T 3199 的规定。

7.3 运输和贮存

型材的运输和贮存应符合 GB/T 3199 的规定。型材在运输和使用过程中的保护措施参见 GB/T 5237.2。

7.4 质量证明书

每批型材应附有产品质量证明书，其上注明：

a) 供方名称；

b) 产品名称；

c) 牌号、状态和尺寸规格(或截面代号)；

d) 膜层代号和颜色(或色号)；

e) 批号或生产日期；

f) 重量或件数；

g) 各项分析检验结果和供方质检部门的检印；

h) 本部分编号；

i) 生产许可证编号。

8 订货单(或合同)内容

订购本部分所列型材的订货单(或合同)应包括下列内容：

a) 供方名称；

b) 产品名称；

c) 牌号、状态和尺寸规格(或截面代号);
d) 尺寸偏差、精度等级;
e) 膜层光泽值、膜层代号和颜色(或色号);
f) 重量或件数;
g) 需方的特殊要求:
——耐磨性测试要求;
——耐盐酸性测试要求;
——耐硝酸性测试要求;
——耐砂浆性测试要求;
——耐溶剂性测试要求;
——耐洗涤剂性测试要求;
——耐盐雾腐蚀性测试要求;
——耐湿热性测试要求;
——加速耐候性测试要求;
——自然耐候性测试要求;
——膜厚的特殊要求;
——包装的特殊要求;
——其他特殊要求。
h) 本部分编号。

附　录　A
（资料性附录）
质量保证

A.1　工艺保证

喷涂工艺对膜层性能有很大影响，为保证膜层质量，喷涂工艺宜按 YS/T 714 的规定执行。无铬化学预处理膜的质量应符合 YS/T 1189 的规定，其工艺应符合 YS/T 1189 的规定。

A.2　原材料质量保证

A.2.1　基材

基材质量应符合 GB/T 5237.1 的规定。

A.2.2　无铬化学预处理试剂

无铬化学预处理试剂应符合 YS/T 1189 的规定。

A.2.3　氟碳漆涂料

A.2.3.1　氟碳漆涂料类型、主要组分及特性与要求

氟碳漆涂料的类型、主要组分及特性与要求见表 A.1。

表 A.1　氟碳漆涂料类型、主要组分及特性与要求

<table>
<tr><th>涂料类型</th><th colspan="2">主要组分</th><th>特性及要求</th></tr>
<tr><td rowspan="6">有机溶剂型和水性溶剂型</td><td rowspan="3">树脂</td><td>聚偏二氟乙烯树脂（简称 PVDF 树脂）</td><td>氟碳漆涂料是以 PVDF 树脂为主要成膜物质的涂料。PVDF 树脂是以偏二氟乙烯（VDF）单体聚合得到的树脂，聚偏二氟乙烯（PVDF）树脂中氟含量为 59.3%，因为分子结构中 C-F 键的化学键能比较高，所以 PVDF 树脂具有优异的耐候性和化学稳定性。
FEVE 树脂是另外一种热固型氟碳树脂，其氟含量为 27%～29%，热固化温度为 160 ℃，不属于本标准的树脂选择范围</td></tr>
<tr><td>丙烯酸树脂</td><td>丙烯酸树脂有助于改善膜层所需的光泽、硬度、附着性等</td></tr>
<tr><td>环氧树脂</td><td>环氧树脂有助于改善膜层的附着性</td></tr>
<tr><td colspan="2">颜料</td><td>应采用无机矿物质、球磨铝粉、珠光云母等作为颜料。有机颜料的耐候性能差，不宜使用有机颜料</td></tr>
<tr><td rowspan="2">溶剂</td><td>有机溶剂</td><td rowspan="2">有机溶剂型氟碳漆在生产涂装时需要应用一定量的有机溶剂；而水性溶剂型氟碳漆以水作为主要溶剂，有机溶剂含量较少，因此大大改善喷涂生产环境</td></tr>
<tr><td>水</td></tr>
</table>

A.2.3.2　氟碳漆涂料用途、膜层特点与涂料特性及控制要求

氟碳漆涂料用途、膜层特点与涂料特性及控制要求见表 A.2。

表 A.2 涂料用途、膜层特点、涂料特性及控制要求

涂料用途	膜层特点	涂料特性及要求
底漆	底漆主要用于增强氟碳漆膜层与铝基材之间的附着性，因此要求底漆与铝基材及面漆漆膜均有良好的附着性。底漆膜层厚度一般控制为 5 μm～8 μm	底漆的树脂一般由 PVDF 树脂、丙烯酸树脂、环氧树脂等组成，其中，PVDF 树脂约占总树脂质量分数的 30%，丙烯酸树脂占总树脂 68%～70%，环氧树脂占总树脂 1%～2%。底漆通常有白色底漆和灰色底漆等
阻挡漆	阻挡漆的主要作用是减少底漆中环氧树脂的粉化，进一步提高膜层的附着性。阻挡漆层厚度一般不小于 25 μm	阻挡漆一般采用白色面漆，其成分结构等同于面漆
面漆	氟碳漆膜层的装饰效果和耐候性主要由面漆决定。面漆能确保面漆与底漆或面漆与阻挡漆、面漆与清漆之间的附着性。面漆层厚度一般不小于 25 μm	面漆通常有单色面漆和金属色面漆，金属色面漆一般含有铝粉或珠光粉，铝粉更为常用。铝粉宜选用氮气雾化制作的球磨铝粉。通过对铝粉或珠光粉作相应的表面包覆处理(一般采用二氧化硅包覆或树脂包覆处理)可提高膜层的耐酸、耐碱性能。水性氟碳漆使用的铝粉还需要考虑防水处理。在总树脂组分中，PVDF 树脂约占 70%，丙烯酸树脂约占 30%，该比例膜层综合性能最佳
清漆	清漆对面漆提供保护作用，可提高膜层的耐候性和抗污染能力。清漆层厚度一般为 10 μm～13 μm	清漆也叫罩光清漆。清漆中 PVDF 树脂约占总树脂质量分数的 70%，丙烯酸约占总树脂 30%

A.2.3.3 有害物质限量

氟碳漆涂料(特殊鲜艳颜色除外)中有害物质限量可参见表 A.3 的规定。

表 A.3 氟碳漆涂料中有害物质限量

有害物质	质量分数
多溴联苯 PBB	≤0.1%
多溴二苯醚 PBDE	≤0.1%
邻苯二甲酸二辛酯 DEHP	≤0.1%
邻苯二甲酸丁酯苯甲酯 BBP	≤0.1%
邻苯二甲酸二丁酯 DBP	≤0.1%
邻苯二甲酸二异丁酯 DIBP	≤0.1%
可溶性铅 Pb	≤90 mg/kg
可溶性镉 Cd	≤75 mg/kg
可溶性铬 Cr	≤60 mg/kg
可溶性汞 Hg	≤60 mg/kg

A.2.3.4 氟碳漆涂料安全技术说明书

氟碳漆涂料供应商提供氟碳漆涂料的安全技术说明书(MSDS)。

A.2.3.5 氟碳漆涂料质量证明书

为保证氟碳漆涂料的质量(尤其是耐候性和耐腐蚀性)可靠性,铝型材生产企业应与氟碳漆涂料厂商商定质量证明书内容,质量证明书内容至少包括:

a) 涂料的密度;
b) 涂料的细度;
c) 涂料的黏度;
d) 涂料的固体分;
e) 颜料种类;
f) 树脂中 PVDF 树脂的质量分数;
g) 涂料的挥发性有机化合物含量;
h) 涂料中性盐雾试验结果、耐冲击性试验结果;
i) 树脂厂商名称、树脂批号和型号;
j) 树脂按标准配方制备的单色膜层和金属色膜层的自然暴晒试验结果(应包括色差值、光泽保持率、粉化程度)。

参 考 文 献

[1] YS/T 714 铝合金建筑型材有机聚合物喷涂工艺技术规范
[2] YS/T 1189 铝及铝合金无铬化学预处理膜

ICS 77.150.10
H 61

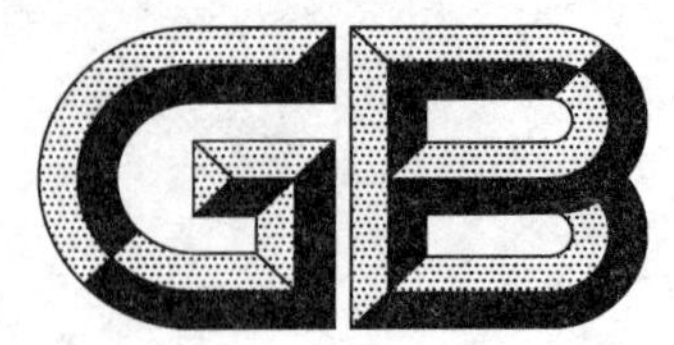

中华人民共和国国家标准

GB/T 5237.6—2017
代替 GB/T 5237.6—2012

铝合金建筑型材
第 6 部分：隔热型材

**Wrought aluminium alloy extruded profiles for architecture—
Part 6：Thermal barrier profiles**

2017-10-14 发布 2018-07-01 实施

中华人民共和国国家质量监督检验检疫总局
中国国家标准化管理委员会 发布

前　言

GB/T 5237《铝合金建筑型材》分为六个部分：

——第1部分：基材；

——第2部分：型材；

——第3部分：电泳涂漆型材；

——第4部分：喷粉型材；

——第5部分：喷漆型材；

——第6部分：隔热型材。

本部分为GB/T 5237的第6部分。

本部分按照GB/T 1.1—2009给出的规则起草。

本部分代替GB 5237.6—2012《铝合金建筑型材　第6部分：隔热型材》。本部分与GB 5237.6—2012相比，除编辑性修改外主要技术变化如下：

——删除了前言中“本部分的第4.5.1.2、第4.5.2.2是强制性的，其余条款是推荐性的”陈述（见2012年版的前言）；

——增加了规范性引用文件GB/T 2411（见第2章和6.5）；

——删除了规范性引用文件GB/T 6682（见2012年版的第2章和A.3.1）；

——删除了规范性引用文件YS/T 436（见2012年版的第2章和4.1.3）；

——增加了规范性引用文件GB/T 34482（见第2章和5.4）；

——在产品分类中增加了铝合金型材表面处理类别、膜层外观效果、膜层代号、膜层性能级别及推荐的适用环境的规定（见4.1.2）；

——修改了隔热型材复合方式分类的内容（见4.1.3，2012年版的4.1.2）；

——在产品分类中增加了隔热型材剪切失效类型的分类（见4.1.4）；

——在产品分类中增加了隔热型材的传热系数级别及推荐的适用环境、聚酰胺型材高度、浇注型材槽口型号的内容（见4.1.5）；

——修改了隔热型材截面图样的规定（见4.1.6，2012年版的4.1.3）；

——修改了标记及示例的规定（见4.1.7，2012年版的4.1.4）；

——增加了质量保证的内容（见4.2）；

——修改了铝合金型材的要求（见4.3，2012年版的4.2）；

——修改了隔热材料的要求（见4.4，2012年版的4.3）；

——修改了隔热型材尺寸偏差的规定（见4.5，2012年版的4.4）；

——增加了隔热型材传热系数要求（见4.6）；

——在穿条型材的纵向抗剪特征值要求中，增加了“O类隔热型材除外”的规定（见4.7.1.1，2012年版的4.5.1）；

——修改了穿条型材低温性能试验温度的规定（见4.7.1.1、4.7.1.3、5.5.1.1、5.5.1.3、5.5.1.4和5.5.1.6，2012年版的4.5.1）；

——修改了穿条型材弹性系数要求（见4.7.1.4，2012年版的4.5.1.3）；

——将抗扭性能修改为抗弯性能，并修改了相应的性能要求（见4.7.1.6和4.7.2.4，2012年版的4.5.1.3、4.5.2.1）；

——增加了穿条型材热循环疲劳性能要求（见4.7.1.7）；

——修改了浇注型材高温横向抗拉特征值规定(见4.7.2.2,2012年版4.5.2.1);
——修改了隔热材料性能的试验方法要求(见5.2,2012年版的5.2);
——修改了隔热型材尺寸偏差的检测方法要求(见5.3,2012年版的5.3);
——增加了隔热型材传热系数的试验方法(见5.4);
——修改了隔热型材复合性能的试验方法要求(见5.5,2012年版的5.4);
——修改了外观质量的检验方法要求(见5.6,2012年版的5.5);
——修改了组批方法(见6.2,2012年版的6.2);
——增加了检验分类的规定(见6.3);
——修改了检验项目的规定(见6.4,2012年版的6.3);
——修改了取样规定(见6.5,2012年版的6.4);
——修改了检验结果的判定要求(见6.6,2012年版的6.5);
——修改了标志的规定(见7.1,2012年版的7.1);
——修改了包装的规定(见7.2,2012年版的7.2);
——修改了运输、贮存的规定(见7.3,2012年版的7.2)
——修改了质量证明书的内容要求(见7.4,2012年版的7.3);
——修改了订货单(或合同)的内容要求(见8,2012年版的8);
——删除了附录A(见2012年版的附录A);
——增加了质量保证的资料性附录(见附录A);
——在隔热型材槽口设计的内容中,增加了6个典型槽口及尺寸(FF、GG、HH、II、JJ、KK)(见C.2.1,2012年版的C.2);
——增加了单槽口和多槽口的选择内容(见C.2.2和C.2.3);
——增加了参考文献(见参考文献)。

本部分由中国有色金属工业协会提出。

本部分由全国有色金属标准化技术委员会(SAC/TC 243)归口。

本部分起草单位:福建省南平铝业股份有限公司、有色金属技术经济研究院、广东省工业分析检测中心、泰诺风保泰节能科技(深圳)有限公司、广东坚美铝型材厂(集团)有限公司、广东兴发铝业有限公司、四川广汉三星铝业有限公司、广东豪美铝业股份有限公司、广东凤铝铝业有限公司、国家有色金属质量监督检验中心、福建省闽发铝业股份有限公司、亚松聚氨酯(上海)有限公司、广亚铝业有限公司、山东华建铝业集团有限公司。

本部分主要起草人:李翔、葛立新、冯东升、詹浩、黄日勇、戴悦星、夏秀群、王争、周春荣、陈慧、颜广炅、朱耀辉、何振程、谢国安、郭峰。

本部分所代替标准的历次版本发布情况为:

——GB 5237.6—2004、GB 5237.6—2012。

铝合金建筑型材
第6部分:隔热型材

1 范围

GB/T 5237 的本部分规定了隔热型材(亦称断热型材)的要求、试验方法、检验规则、标志、包装、运输、贮存、质量证明书以及订货单(或合同)内容。

本部分适用于穿条式隔热铝合金建筑型材(以下简称穿条型材)或浇注式隔热铝合金建筑型材(以下简称浇注型材)。

其他行业用的隔热铝合金型材也可参照执行本部分。

2 规范性引用文件

下列文件对于本文件的应用是必不可少的。凡是注日期的引用文件,仅注日期的版本适用于本文件。凡是不注日期的引用文件,其最新版本(包括所有的修改单)适用于本文件。

GB/T 2411 塑料和硬橡胶 使用硬度计测定压痕硬度(邵氏硬度)

GB/T 3199 铝及铝合金加工产品 包装、标志、运输、贮存

GB/T 5237.1 铝合金建筑型材 第1部分:基材

GB/T 5237.2 铝合金建筑型材 第2部分:阳极氧化型材

GB/T 5237.3 铝合金建筑型材 第3部分:电泳涂漆型材

GB/T 5237.4 铝合金建筑型材 第4部分:喷粉型材

GB/T 5237.5 铝合金建筑型材 第5部分:喷漆型材

GB/T 23615.1 铝合金建筑型材用隔热材料 第1部分:聚酰胺型材

GB/T 23615.2 铝合金建筑型材用隔热材料 第2部分:聚氨酯隔热胶

GB/T 28289 铝合金隔热型材复合性能试验方法

GB/T 34482 建筑用铝合金隔热型材传热系数测定方法

YS/T 437 铝型材截面几何参数算法及计算机程序要求

3 术语和定义

下列术语和定义适用于本文件。

3.1

隔热材料 thermal barrier material

用于连接铝合金型材的低热导率的非金属材料。

3.2

穿条式 insertion methodology

通过开齿、穿条、滚压,将聚酰胺型材穿入铝合金型材穿条槽口内,并使之被铝合金型材咬合[如图1a)]的复合方式。

3.3

浇注式　poured and debridged methodology

把液态隔热材料注入铝合金型材浇注槽内并固化，切除铝合金型材浇注槽内的连接桥使之断开金属连接，通过隔热材料将铝合金型材断开的两部分结合在一起[如图 1b)]的复合方式。

3.4

隔热型材　thermal barrier profile

以隔热材料连接铝合金型材而制成的具有隔热功能的复合型材。

3.5

特征值　characteristic value

服从对数正态分布，按 95%的保证概率、75%置信度确定并计算的性能值。

4　要求

4.1　产品分类

4.1.1　铝合金型材牌号、状态和尺寸规格

铝合金型材的牌号、状态和尺寸规格应符合 GB/T 5237.1 的规定。

4.1.2　铝合金型材表面处理类别、膜层外观效果、膜层代号、膜层性能级别及推荐的适用环境

铝合金型材表面处理类别、膜层外观效果、膜层代号、膜层性能级别及推荐的适用环境见表 1。

表 1　铝合金型材表面处理类别、膜层外观效果、膜层代号、膜层性能级别及推荐的适用环境

<table>
<tr><th>铝合金型材表面处理类别</th><th colspan="2">膜层外观效果</th><th>膜层代号</th><th>膜层性能级别[a]</th><th>推荐的适用环境</th></tr>
<tr><td>阳极氧化</td><td colspan="2">光面、砂面、抛光面、拉丝面</td><td>AA10、AA15、AA20、AA25</td><td>—</td><td>阳极氧化膜适用于强紫外光辐射的环境。污染较重或潮湿的环境宜选用 AA20 或 AA25 的阳极氧化膜。海洋环境慎用</td></tr>
<tr><td rowspan="2">电泳涂漆</td><td colspan="2">有光或消光透明漆膜</td><td>EA21、EB16</td><td rowspan="2">Ⅳ、Ⅲ、Ⅱ</td><td rowspan="2">复合膜适用于大多数环境，热带海洋性环境宜选用Ⅲ级或Ⅳ级复合膜</td></tr>
<tr><td colspan="2">有光或消光有色漆膜</td><td>ES21</td></tr>
<tr><td rowspan="2">喷粉</td><td colspan="2">平面效果</td><td rowspan="2">GA40、GU40、GF40、GO40</td><td rowspan="2">Ⅲ、Ⅱ、Ⅰ</td><td rowspan="2">粉末喷涂膜适用于大多数环境，潮湿的热带海洋环境宜选用Ⅱ级或Ⅲ级喷涂膜</td></tr>
<tr><td>纹理效果</td><td>砂纹、木纹、大理石纹、立体彩雕、金属效果</td></tr>
<tr><td rowspan="2">喷漆</td><td colspan="2">单色或珠光云母闪烁效果</td><td>LF2-25</td><td rowspan="2">—</td><td rowspan="2">氟碳漆膜适用于绝大多数太阳辐射较强、大气腐蚀较强的环境，特别是靠近海岸的热带海洋环境</td></tr>
<tr><td colspan="2">金属效果</td><td>LF3-34、LF4-55</td></tr>
<tr><td colspan="6">[a] 电泳涂漆膜层性能级别符合 GB/T 5237.3 的规定；喷粉膜层性能级别符合 GB/T 5237.4 的规定。</td></tr>
</table>

4.1.3　隔热型材复合方式

隔热型材复合方式分为穿条式[如图 1a)]和浇注式[如图 1b)]两类，对应的隔热型材特性见表 2。

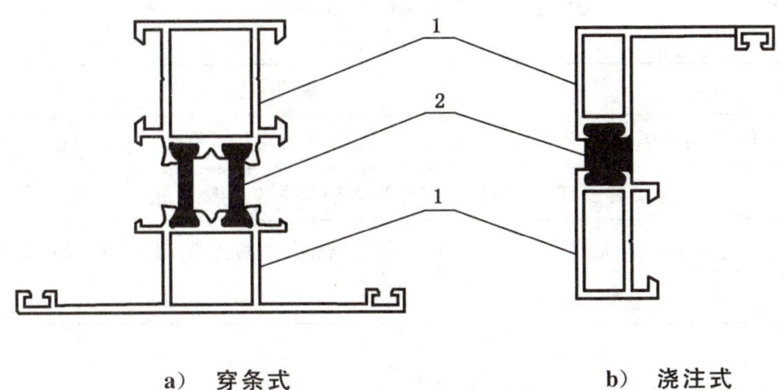

a） 穿条式　　b） 浇注式

说明：

1——铝合金型材；

2——隔热材料。

图 1　隔热型材的复合方式示意图

表 2　隔热型材的复合方式及其特性

复合方式[a]	隔热型材特性[b,c]
穿条式	穿条型材所使用的聚酰胺型材线膨胀系数与铝合金型材的线膨胀系数接近，不会因为热胀冷缩而在复合部位产生较大应力、滑移错位、脱落等现象。穿条型材具有良好的耐高温性能，可选择的截面类型多，对隔热型材生产加工环境没有特殊要求，但开齿、滚压等工序的生产工艺控制不当时，会对产品性能造成严重影响(如聚酰胺型材与铝合金型材在使用中分离)。 可通过采用非Ⅰ型复杂形状聚酰胺型材，降低穿条型材的传热系数，提升穿条型材的隔热效果。但采用非Ⅰ型复杂形状聚酰胺型材的穿条型材，横向抗拉性能不及采用Ⅰ型聚酰胺型材的穿条型材，其在使用前若未进行力学可靠性校核或模拟荷载试验考核，可能导致使用中的意外开裂。 采用单支聚酰胺型材的穿条型材，复合性能可能达不到本部分的要求。对于结构件用穿条型材，宜采用双支聚酰胺型材
浇注式	浇注型材所使用的隔热胶的线膨胀系数与铝合金型材的线膨胀系数虽不一致，但其有效粘结膜层表面时，足以确保浇注型材复合部位不产生滑移错位、脱落等现象。浇注型材具有良好的抗冲击性能与延展性，但若浇注工序生产环境控制不当，会对产品性能造成严重影响(如低温断裂)。 采用Ⅰ级隔热胶的浇注型材，在 70 ℃以上使用时，复合性能衰减，导致承载能力下降。 当铝合金型材的表面处理方式导致隔热胶无法有效粘结膜层表面时，不适宜采用浇注式复合方式制作隔热型材

[a] 同时存在穿条和浇注复合方式的隔热型材，其性能须同时满足穿条型材和浇注型材的性能要求。

[b] 隔热型材用于某些结构件时，可能承受重力荷载、风荷载、地震作用、温度作用等各种荷载和作用产生的效应，需方宜根据隔热型材使用环境和设计要求，以最不利的效应组合作为荷载组合，对该荷载组合下的隔热型材，可能承受的弯曲变形量、抗弯强度、纵向抗剪强度、横向抗拉强度等受力指标进行计算或分析，从而选择适宜的隔热型材。

[c] 隔热型材等效惯性矩计算方法见 YS/T 437。

4.1.4　隔热型材剪切失效类型

隔热型材按剪切失效类型分为 A、B、O 三类，见表 3。

表 3 隔热型材剪切失效类型

剪切失效类型	说明
A	复合部位剪切失效后不影响横向抗拉性能的隔热型材，一般为穿条型材。见图 2a)
B	复合部位剪切失效将引起横向抗拉失效的隔热型材，一般为浇注型材。见图 2b)
O	因特殊要求(如为解决门扇的热拱现象)而有意设计的无纵向抗剪性能或纵向抗剪性能较低的穿条型材。见图 2c)

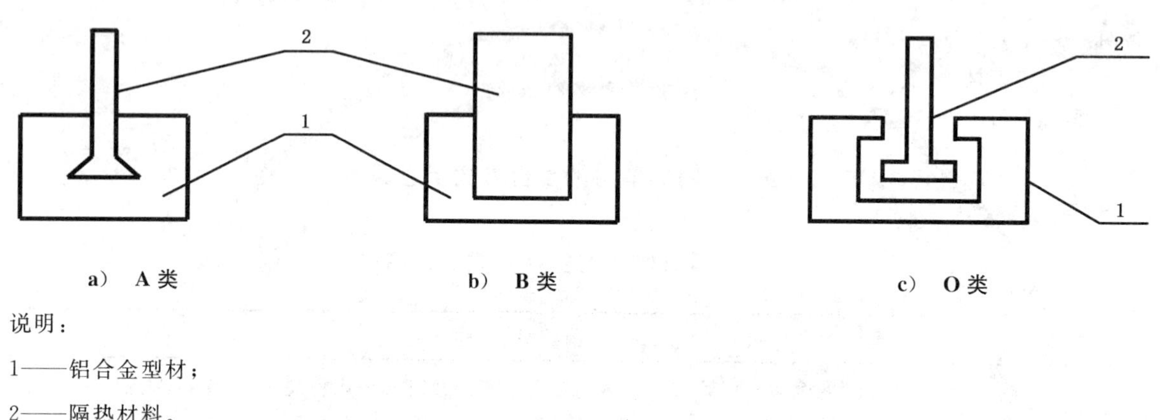

a) A类　　b) B类　　c) O类

说明：

1——铝合金型材；

2——隔热材料。

图 2 隔热型材的剪切失效类型

4.1.5 隔热型材的传热系数级别及推荐的适用环境、聚酰胺型材高度、浇注型材槽口型号

隔热型材的传热系数按隔热效果分为Ⅰ级、Ⅱ级、Ⅲ级和Ⅳ级，推荐的各级别适用环境、聚酰胺型材高度、浇注型材槽口型号见表 4。

表 4 传热系数级别及推荐的适用环境、聚酰胺型材高度、浇注型材槽口型号

传热系数级别	推荐的适用环境	推荐的聚酰胺型材高度 mm	推荐的浇注型材槽口型号[a]
Ⅰ	温和地区或对产品隔热性能要求不高的环境(如昆明)	≤12	AA
Ⅱ	夏热冬暖地区(如广州、厦门)	>12～14.8	BB
Ⅲ	夏热冬冷地区(如上海、重庆)	>14.8～24	CC
Ⅳ	严寒和寒冷地区(如哈尔滨、北京)	>24	CC 以上
[a] 浇注型材槽口型号参见表 C.1。			

4.1.6 隔热型材截面图样

隔热型材横截面图样应供需双方商定。槽口的形状和尺寸对隔热型材质量至关重要，其设计参见附录 C。

4.1.7 标记及示例

隔热型材标记按产品名称或隔热型材复合方式类别、本部分编号、铝合金型材牌号和状态、铝合金型材膜层代号与性能级别(内、外侧的铝合金型材膜层代号与性能级别不相同时,按内侧/外侧分别标识)、隔热型材剪切失效类型、隔热型材传热系数(合同中注明时标示)和截面代号及定尺长度、隔热材料高度、材质代号及性能等级的顺序表示。

示例 1:

铝合金型材牌号为 6063、状态为 T5,内侧铝合金型材膜层代号为 EA21、膜层性能级别为Ⅲ级,外侧铝合金型材膜层代号为 GA40、膜层性能级别为Ⅲ级,隔热型材剪切失效类型为 A、传热系数为Ⅰ级、截面代号为 561001、定尺长度为 6 000 mm,隔热材料的高度为 14.8 mm、材质代号为 PA66GF25 的隔热型材标记为:

穿条型材　GB/T 5237.6-6063T5EA21Ⅲ/GA40Ⅲ- A(Ⅰ)561001×6000-14.8PA66GF25

示例 2:

铝合金型材牌号为 6063、状态为 T5,内、外侧铝合金型材膜层代号均为 AA20,隔热型材剪切失效类型为 B、传热系数Ⅱ级、截面代号为 561001、定尺长度为 6 000 mm,隔热材料的高度为 9.53 mm、隔热胶的代号为 PU、性能等级为Ⅰ级的隔热型材标记为:

浇注型材　GB/T 5237.6-6063T5AA20- B(Ⅱ)561001×6000-9.53PUⅠ

4.2 质量保证

4.2.1 工艺保证

工艺保证参见 A.1 的规定。

4.2.2 铝合金型材

铝合金型材质量保证应符合 GB/T 5237.1～GB/T 5237.5 中相应规定。

4.2.3 隔热材料

隔热材料质量保证参见 A.2.2 的规定。

4.3 铝合金型材

铝合金型材的化学成分、力学性能应符合 GB/T 5237.1 的规定。铝合金型材膜层性能应符合 GB/T 5237.2～GB/T 5237.5 的相应规定。

4.4 隔热材料

穿条型材中的聚酰胺型材应符合 GB/T 23615.1 的规定。浇注型材中的聚氨酯隔热胶应符合 GB/T 23615.2 的规定。

4.5 隔热型材尺寸偏差

隔热型材尺寸(除隔热材料壁厚及空腔尺寸外)偏差应符合 GB/T 5237.1 规定,隔热材料视同金属实体。

4.6 隔热型材传热系数

需方对隔热型材的传热系数有要求时,应按表 5 商定传热系数级别,并在订货单(或合同)中注明。

表 5 传热系数要求

传热系数级别	传热系数 W/(m² · K)
Ⅰ	>4.0
Ⅱ	>3.2～4.0
Ⅲ	2.5～3.2
Ⅳ	<2.5

4.7 隔热型材复合性能

4.7.1 穿条型材

4.7.1.1 纵向抗剪特征值

纵向抗剪特征值应符合表 6 规定(O 类隔热型材除外)。

表 6 纵向抗剪特征值

性能项目	试验温度 ℃	纵向剪切试验结果[a] N/mm
室温纵向抗剪特征值	23±2	≥24
低温纵向抗剪特征值	−30±2	
高温纵向抗剪特征值	80±2	

[a] 经供需双方商定,允许采用相似隔热型材进行纵向剪切试验,推断纵向抗剪特征值(参见附录 B),但相似隔热型材的纵向剪切试验结果应符合表中规定。

4.7.1.2 室温横向抗拉特征值

室温横向抗拉特征值应符合表 7 规定。

表 7 室温横向抗拉特征值

性能项目	试验温度 ℃	横向拉伸试验结果[a] N/mm
室温横向抗拉特征值	23±2	≥24

[a] 经供需双方商定,允许采用相似隔热型材进行横向拉伸试验,推断室温横向抗拉特征值(参见附录 B),但相似隔热型材的横向拉伸试验结果应符合表中规定。

4.7.1.3 高温持久荷载性能

高温持久荷载性能应符合表 8 规定。

表 8 高温持久荷载性能

高温持久荷载拉伸试验结果[a]		
隔热型材变形量平均值 mm	横向抗拉特征值 N/mm	
	低温(−30 ℃±2 ℃)	高温(80 ℃±2 ℃)
≤0.6	≥24	
[a] 经供需双方商定,允许采用相似隔热型材进行高温持久荷载拉伸试验,推断高温持久荷载性能(参见附录 B),但相似隔热型材的高温持久荷载拉伸试验结果应符合表中规定。		

4.7.1.4 弹性系数

需方对弹性系数有要求时,应供需双方商定,并在订货单(或合同)中注明,供方应提供实测结果。

4.7.1.5 蠕变系数

需方对蠕变系数(A_2)有要求时,应供需双方商定,并在订货单(或合同)中注明。

4.7.1.6 抗弯性能

需方对抗弯性能有要求时,应供需双方商定,并在订货单(或合同)中注明,供方应提供实测结果。

注:穿条型材的抗弯性能随着聚酰胺型材高度的增加而下降。

4.7.1.7 热循环疲劳性能

需方对热循环疲劳性能有要求时,应供需双方商定,并在订货单(或合同)中注明。

4.7.2 浇注型材

4.7.2.1 纵向抗剪特征值

纵向抗剪特征值应符合表 9 规定。

表 9 纵向抗剪特征值

性能项目	试验温度 ℃	纵向剪切试验结果[a] N/mm
室温纵向抗剪特征值	23±2	≥24
低温纵向抗剪特征值	−30±2	
高温纵向抗剪特征值	70±2	
[a] 经供需双方商定,允许采用相似隔热型材进行纵向剪切试验,推断纵向抗剪特征值(参见附录 B),但相似隔热型材的纵向剪切试验结果应符合表中规定。		

4.7.2.2 横向抗拉特征值

横向抗拉特征值应符合表 10 规定。

表 10 横向抗拉特征值

性能项目	试验温度 ℃	横向拉伸试验结果[a] N/mm
室温横向抗拉特征值	23±2	≥24
低温横向抗拉特征值	−30±2	
高温横向抗拉特征值	70±2	

[a] 经供需双方商定，允许采用相似隔热型材进行横向拉伸试验，推断室温横向抗拉特征值(参见附录 B)，但相似隔热型材的横向拉伸试验结果应符合表中规定。

4.7.2.3 热循环变形性能

热循环变形性能应符合表 11 规定。

表 11 热循环变形性能

热循环试验结果[a,b]	
隔热材料变形量平均值 mm	室温(23 ℃±2 ℃)纵向抗剪特征值 N/mm
≤0.6	≥24

[a] 经供需双方商定，允许采用相似隔热型材进行热循环试验，推断热循环变形性能(参见附录 B)，但相似隔热型材的热循环试验结果应符合表中规定。

[b] Ⅰ级原胶浇注的隔热型材进行 60 次热循环；Ⅱ级原胶浇注的隔热型材进行 90 次热循环。

4.7.2.4 抗弯性能

需方对浇注型材的抗弯性能有要求时，应供需双方商定，并在订货单(或合同)中注明，供方应提供实测结果。

注：浇注型材的抗弯性能随着聚氨酯隔热胶高度的增加而下降。

4.8 外观质量

4.8.1 铝合金型材表面质量应符合 GB/T 5237.1～GB/T 5237.5 中相应规定。

4.8.2 穿条型材复合部位的铝合金型材膜层允许有轻微裂纹，但不允许铝基材有裂纹。

4.8.3 浇注型材的隔热材料表面应光滑、色泽均匀，金属连接桥切口处应规则、平整。

5 试验方法

5.1 铝合金型材

5.1.1 化学成分

化学成分分析方法按 GB/T 5237.1 的规定进行。试验前应去除试样的表面处理膜层。

5.1.2 力学性能

力学性能试验方法按 GB/T 5237.1 的规定进行。力学性能试验前,喷粉型材和喷漆型材应去除膜层后进行。

5.1.3 膜层性能

膜层性能试验方法按 GB/T 5237.2～GB/T 5237.5 的规定进行。

5.2 隔热材料性能

聚酰胺型材的性能试验方法按 GB/T 23615.1 的规定进行。聚氨酯隔热胶的性能试验方法按 GB/T 23615.2 的规定进行。

5.3 隔热型材尺寸偏差

尺寸偏差检测方法按 GB/T 5237.1 的规定进行。测量时,阳极氧化型材和电泳涂漆型材的尺寸应包含膜层厚度,喷粉型材和喷漆型材的尺寸应去除膜层后测量。

5.4 隔热型材传热系数

传热系数试验方法按 GB/T 34482 的规定进行。

5.5 隔热型材复合性能

5.5.1 穿条型材

5.5.1.1 纵向抗剪特征值

纵向剪切试验方法按 GB/T 28289 的规定进行。低温纵向剪切试验温度为－30 ℃±2 ℃。

5.5.1.2 室温横向抗拉特征值

室温横向拉伸试验方法按 GB/T 28289 的规定进行。

5.5.1.3 高温持久荷载性能

高温持久荷载横向拉伸试验方法按 GB/T 28289 的规定进行。高温持久荷载横向拉伸试验的低温横向拉伸试验温度为－30 ℃±2 ℃。

5.5.1.4 弹性系数

弹性系数的试验方法按 GB/T 28289 的规定进行。低温弹性系数试验温度为－30 ℃±2 ℃。

5.5.1.5 蠕变系数

蠕变系数 A_2 的试验方法按 GB/T 28289 的规定进行。

5.5.1.6 抗弯性能

抗弯性能(俗称抗扭性能)的试验方法按 GB/T 28289 的规定进行。低温抗弯性能试验温度为－30 ℃±2 ℃。

5.5.1.7 热循环疲劳性能

穿条型材的热循环疲劳性能试验按 GB/T 28289 或供需双方商定的方法进行。

5.5.2 浇注型材

5.5.2.1 纵向抗剪特征值

纵向剪切试验方法按 GB/T 28289 的规定进行。

5.5.2.2 横向抗拉特征值

横向拉伸试验方法按 GB/T 28289 的规定进行。

5.5.2.3 热循环变形性能

热循环试验方法按 GB/T 28289 的规定进行。

5.5.2.4 抗弯性能

抗弯性能(俗称抗扭性能)的试验方法按 GB/T 28289 的规定进行。

5.6 外观质量

铝合金型材外观质量检验按 GB/T 5237.1～GB/T 5237.5 的规定进行。复合部位的外观质量在自然散射光条件下,以正常视力目视检查。

6 检验规则

6.1 检查和验收

6.1.1 隔热型材应由供方进行检验,保证产品质量符合本部分及订货单(或合同)的规定,并填写质量证明书。

6.1.2 需方可对收到的隔热型材按本部分的规定进行检验。检验结果与本部分或订货单(或合同)的规定不符时,应以书面形式向供方提出,由供需双方协商解决。属于外观质量及尺寸偏差的异议,应在收到产品之日起一个月内提出,属于其他性能的异议,应在收到产品之日起六个月内提出。如需仲裁,可委托供需双方认可的单位进行,仲裁取样应在需方,由供需双方共同进行。

6.2 组批

隔热型材应成批提交验收,每批应由同一牌号、状态、表面处理方式(同侧型材的成膜材料种类与组分、表面处理工艺、膜层代号及膜层性能级别相同)的铝合金型材,与同种类隔热材料(聚酰胺型材成分和尺寸规格相同,原胶成分相同)通过同一种复合工艺制作成的、具有相同剪切失效类型和横截面规格的隔热型材组成,批重不限。

6.3 检验分类

产品检验分为出厂检验和定期检验两类。

6.4 检验项目及工艺保证项目

6.4.1 出厂检验项目、定期检验项目和工艺保证项目应符合表 12 的规定。

表 12 检验项目及工艺保证项目

检验项目				出厂检验项目	定期检验项目	工艺保证项目
铝合金型材化学成分				√	—	—
铝合金型材力学性能				√	—	—
铝合金型材膜层性能				按 GB/T 5237.2～GB/T 5237.5 的规定		
隔热材料性能	聚酰胺型材	高温横向抗拉特征值		√	—	—
		玻璃纤维含量		√	—	—
		灰分		√	—	—
		显微组织		[a]	√	√
		DSC 熔融峰温		[a]	√	√
		铝合金型材复合适应性试验——水中浸泡试验		[a]	√	√
		其他		—	—	√
	聚氨酯隔热胶	原胶含水率		√	—	—
		原胶黏度		[a]	√	√
		低温悬臂梁缺口冲击强度		[a]	√	√
		负荷变形温度		[a]	√	√
		邵氏硬度		[a]	√	√
		其他		—	—	√
隔热型材尺寸偏差				√	—	—
隔热型材传热系数				[a]	√	√
隔热型材复合性能	穿条型材	纵向抗剪特征值	室温	[a]	√	√
			低温	[a]	√	√
			高温	√	—	—
		室温横向抗拉特征值		[a]	√	√
		高温持久荷载性能		[a]	√	√
		弹性系数		[a]	√	√
		蠕变系数		[a]	√	√
		抗弯性能		[a]	√	√
		热循环疲劳性能		[a]	—	—
	浇注型材	纵向抗剪特征值	室温	[a]	√	√
			低温	[a]	√	√
			高温	√	—	—
		横向抗拉特征值	室温	[a]	√	√
			低温	[a]	√	√
			高温	[a]	√	√
		热循环变形性能		[a]	√	√
		抗弯性能		[a]	√	√
外观质量				√	—	—
注："√"表示必需检验项目或工艺保证项目，"—"表示不检验项目或非工艺保证项目。						
[a] 订货单(或合同)中注明检验时，该项目列为必需检验项目。						

6.4.2 供方每三年至少应进行一次定期检验。

6.5 取样

隔热型材(包括隔热材料)取样应符合表 13 的规定。

表 13 取样规定

<table>
<tr><th colspan="3">检验项目</th><th>取样规定</th><th>要求的章条号</th><th>试验方法的章条号</th></tr>
<tr><td colspan="3">铝合金型材化学成分</td><td>按 GB/T 5237.1 的规定</td><td>4.3</td><td>5.1.1</td></tr>
<tr><td colspan="3">铝合金型材力学性能</td><td>按 GB/T 5237.1 的规定</td><td>4.3</td><td>5.1.2</td></tr>
<tr><td colspan="3">铝合金型材膜层性能</td><td>按 GB/T 5237.2～GB/T 5237.5 的规定</td><td>4.3</td><td>5.1.3</td></tr>
<tr><td rowspan="11">隔热材料性能</td><td rowspan="6">聚酰胺型材</td><td>高温横向抗拉特征值</td><td>每批任取 2 根聚酰胺型材,在抽取的每根于一端切取 3 个试样,另一端切取 2 个试样,试样长 35 mm±1 mm</td><td rowspan="11">4.4</td><td rowspan="11">5.2</td></tr>
<tr><td>玻璃纤维含量</td><td rowspan="3">每批任取 1 根聚酰胺型材或隔热型材,对抽取的隔热型材应去除铝合金部分。在其上任意部位切取 3 个试样,试样长 35 mm±1 mm</td></tr>
<tr><td>灰分</td></tr>
<tr><td>显微组织</td></tr>
<tr><td>DSC 熔融峰温</td><td>每批任取 1 根聚酰胺型材或隔热型材,对抽取的隔热型材应去除铝合金部分。在其上任意部位切取 1 个试样,试样长度不小于 30 mm</td></tr>
<tr><td>铝合金型材复合适应性——水中浸泡试验</td><td>每批抽取 2 根隔热型材,在抽取的每根隔热型材两端各切取 7 个试样,中部切取 6 个试样,并做标识(共 40 个)。将试样均分 4 份(每份至少包括 3 个中部试样),试样长 100 mm±2 mm,试样最短允许缩至 18 mm(仲裁时,试样长 100 mm±2 mm)</td></tr>
<tr><td rowspan="5">聚氨酯隔热胶</td><td>原胶含水率</td><td rowspan="2">在原胶桶中取样,按 GB/T 23615.2 的规定</td></tr>
<tr><td>原胶黏度</td></tr>
<tr><td>低温悬臂梁缺口冲击强度</td><td rowspan="2">在隔热胶样板上取样,按 GB/T 23615.2 的规定</td></tr>
<tr><td>负荷变形温度</td></tr>
<tr><td>邵氏硬度</td><td>每批从隔热胶样板或隔热型材上取 1 个试样,对抽取的隔热型材应去除铝合金部分。试样应符合 GB/T 2411 的规定</td></tr>
<tr><td colspan="3">隔热型材尺寸偏差</td><td>按 GB/T 5237.1 中基材的规定</td><td>4.5</td><td>5.3</td></tr>
<tr><td colspan="3">隔热型材传热系数</td><td>供需双方协商,并在订货单(或合同)中注明</td><td>4.6</td><td>5.4</td></tr>
<tr><td rowspan="2">隔热型材复合性能</td><td rowspan="2">穿条型材</td><td>纵向抗剪特征值</td><td>每批抽取 2 根隔热型材,在抽取的每根隔热型材中部和两端各切取 5 个试样,并做标识(共 30 个)。将试样均分三份(每份至少包括 3 个中部试样),分别用于低温、室温、高温试验。试样长 100 mm±2 mm</td><td>4.7.1.1</td><td>5.5.1.1</td></tr>
<tr><td>室温横向抗拉特征值[a]</td><td>每批抽取 2 根隔热型材,在抽取的每根隔热型材中部切取 1 个试样,于两端分别切取 2 个试样。试样长 100 mm±2 mm,试样最短允许缩至 18 mm(仲裁时,试样长为 100 mm±2 mm)</td><td>4.7.1.2</td><td>5.5.1.2</td></tr>
</table>

表 13（续）

<table>
<tr><th colspan="3">检验项目</th><th>取样规定</th><th>要求的章条号</th><th>试验方法的章条号</th></tr>
<tr><td rowspan="9">隔热型材复合性能</td><td rowspan="5">穿条型材</td><td>高温持久荷载性能[a]</td><td>每批抽取 2 根隔热型材，在抽取的每根隔热型材中部切取 2 个试样，于两端分别切取 4 个试样（共 20 个），将试样均分两份（每份至少包括 2 个中部试样），分别用于高温持久荷载后的低温、高温横向拉伸试验。试样长 100 mm±2 mm，试样最短允许缩至 18 mm（仲裁时，试样长为 100 mm±2 mm）</td><td>4.7.1.3</td><td>5.5.1.3</td></tr>
<tr><td>弹性系数</td><td>每批抽取 2 根隔热型材，在抽取的每根隔热型材中部和两端各切取 5 个试样，并做标识（共 30 个）。将试样均分三份（每份至少包括 3 个中部试样），分别用于低温、室温、高温试验。试样长 100 mm±2 mm</td><td>4.7.1.4</td><td>5.5.1.4</td></tr>
<tr><td>蠕变系数</td><td>每批抽取 2 根隔热型材，在抽取的每根隔热型材中部和两端各切取 5 个试样，并做标识（共 30 个）。将试样均分三份（每份至少包括 3 个中部试样），分别用于试验前的室温、高温纵向剪切试验以及高温持久荷载纵向剪切试验后的室温试验，试样长 100 mm±2 mm</td><td>4.7.1.5</td><td>5.5.1.5</td></tr>
<tr><td>抗弯性能</td><td>每批抽取 2 根隔热型材，在抽取的每根隔热型材中部和两端各切取 5 个试样，并做标识（共 30 个）。将试样均分三份（每份至少包括 3 个中部试样），分别用于低温、室温、高温试验。试样长 100 mm±2 mm</td><td>4.7.1.6</td><td>5.5.1.6</td></tr>
<tr><td>热循环疲劳性能</td><td>按 GB/T 28289 的规定或供需双方商定</td><td>4.7.1.7</td><td>5.5.1.7</td></tr>
<tr><td rowspan="4">浇注型材</td><td>纵向抗剪特征值</td><td>每批抽取 2 根隔热型材，在抽取的每根隔热型材中部和两端各切取 5 个试样，并做标识（共 30 个）。将试样均分三份（每份至少包括 3 个中部试样），分别用于低温、室温、高温试验。试样长 100 mm±2 mm</td><td>4.7.2.1</td><td>5.5.2.1</td></tr>
<tr><td>横向抗拉特征值</td><td>每批抽取 2 根隔热型材，在抽取的每根隔热型材中部和两端各切取 5 个试样，并做标识（共 30 个）。将试样均分三份（每份至少包括 3 个中部试样），分别用于低温、室温、高温试验。试样长 100 mm±2 mm，试样最短允许缩至 18mm（仲裁时，试样长为 100 mm±2 mm）</td><td>4.7.2.2</td><td>5.5.2.2</td></tr>
<tr><td>热循环变形性能</td><td>每批抽取 2 根隔热型材，在抽取的每根隔热型材中部切取 1 个试样，于两端分别切取 2 个试样，并做标识（共 10 个），试样长 305 mm±2 mm</td><td>4.7.2.3</td><td>5.5.2.3</td></tr>
<tr><td>抗弯性能</td><td>每批抽取 2 根隔热型材，在抽取的每根隔热型材中部和两端各切取 5 个试样，并做标识（共 30 个）。将试样均分三份（每份至少包括 3 个中部试样），分别用于低温、室温、高温试验。试样长 100 mm±2 mm</td><td>4.7.2.4</td><td>5.5.2.4</td></tr>
<tr><td colspan="3">外观质量</td><td>逐根检查</td><td>4.8</td><td>5.6</td></tr>
<tr><td colspan="6">[a] 可采用室温纵向剪切试验失效的试样。</td></tr>
</table>

6.6 检验结果的判定

6.6.1 任一试样的铝合金型材化学成分不合格时，铝合金型材能区分熔次时，则判该试样代表的熔次不合格，其他熔次依次检验，合格者交货。不能区分熔次时，则判该批不合格。

6.6.2 任一试样的铝合金型材力学性能不合格时，应从该批隔热型材中另取双倍数量的试样进行重复试验。重复试验结果全部合格，则判该批隔热型材合格。若重复试验结果中仍有试样不合格，则判该批隔热型材不合格。经供需双方商定允许供方逐根检验，合格者交货。

6.6.3 铝合金型材膜层性能检验结果的判定按 GB/T 5237.2～GB/T 5237.5 的规定进行。

6.6.4 任一组试样的聚酰胺型材高温横向抗拉特征值不合格时，应从该批聚酰胺型材中另取双倍数量的试样进行重复试验。重复试验结果全部合格，则判该批隔热型材合格。重复试验结果中若有任一组试样不合格，则判该批隔热型材不合格。

6.6.5 任一试样的聚酰胺型材玻璃纤维含量不合格时，应从该批聚酰胺型材或隔热型材中另取双倍数量的试样进行重复试验。重复试验结果全部合格，则判该批隔热型材合格。若重复试验结果中仍有试样不合格，则判该批隔热型材不合格。

6.6.6 任一试样的聚酰胺型材灰分不合格时，判该批隔热型材不合格。

6.6.7 任一试样的聚酰胺型材显微组织不合格时，判该批隔热型材不合格。

6.6.8 任一试样的聚酰胺型材 DSC 熔融峰温不合格时，应从该批聚酰胺型材或隔热型材中另取双倍数量的试样进行重复试验。重复试验结果全部合格，则判该批隔热型材合格。若重复试验结果中仍有试样不合格，则判该批隔热型材不合格。

6.6.9 任一组试样的铝合金型材复合适应性不合格时，判该批隔热型材不合格。

6.6.10 任一试样的原胶含水率不合格时，应从该批原胶中另取双倍数量的试样进行重复试验。重复试验结果全部合格，则判该批隔热型材合格。若重复试验结果中仍有试样不合格，则判该批隔热型材不合格。

6.6.11 任一试样的原胶黏度不合格时，应从该批原胶中另取双倍数量的试样进行重复试验。重复试验结果全部合格，则判该批隔热型材合格。若重复试验结果中仍有试样不合格，则判该批隔热型材不合格。

6.6.12 任一组试样的隔热胶低温悬臂梁缺口冲击强度不合格时，应从该批隔热胶样板中另取双倍数量的试样进行重复试验。重复试验结果全部合格，则判该批隔热型材合格。重复试验结果中若有任一组试样不合格，则判该批隔热型材不合格。

6.6.13 任一试样的隔热胶负荷变形温度不合格时，应从该批隔热胶样板中另取双倍数量的试样进行重复试验。重复试验结果全部合格，则判该批隔热型材合格。若重复试验结果中仍有试样不合格，则判该批隔热型材不合格。

6.6.14 任一组试样的隔热胶邵氏硬度不合格时，应从该批隔热胶样板或隔热型材中另取双倍数量的试样进行重复试验。重复试验结果全部合格，则判该批隔热型材合格。重复试验结果中若有任一组试样性能不合格，则判该批隔热型材不合格。

6.6.15 任一试样的隔热型材尺寸偏差不合格时，判该批隔热型材不合格。经供需双方商定允许供方逐根检验，合格者交货。

6.6.16 任一组试样的隔热型材传热系数不合格时，判该批隔热型材不合格。

6.6.17 任一组试样的纵向抗剪特征值不合格时，应从该批隔热型材中另取双倍数量的试样进行重复试验。重复试验结果全部合格，则判该批隔热型材合格。重复试验结果中若有任一组试样不合格，则判该批隔热型材不合格。

6.6.18 任一组试样的横向抗拉特征值不合格时，应从该批隔热型材中另取双倍数量的试样进行重复试验。重复试验结果全部合格，则判该批隔热型材合格。重复试验结果中若有任一组试样不合格，则判该批隔热型材不合格。

6.6.19 任一组试样高温持久荷载性能不合格时，判该批隔热型材不合格。

6.6.20 任一组试样的弹性系数不合格时，应从该批隔热型材中另取双倍数量的试样进行重复试验。重复试验结果全部合格，则判该批隔热型材合格。重复试验结果中若有任一组试样不合格，则判该批隔热型材不合格。

6.6.21 任一组试样的蠕变系数不合格时，判该批隔热型材不合格。

6.6.22 任一组试样热循环变形性能不合格时，判该批隔热型材不合格。

6.6.23 任一组试样的抗弯性能不合格时，应从该批隔热型材中另取双倍数量的试样进行重复试验。重复试验结果全部合格，则判该批隔热型材合格。重复试验结果中若有任一组试样不合格，则判该批隔热型材不合格。

6.6.24 任一组试样热循环疲劳性能不合格时，判该批隔热型材不合格。

6.6.25 任一试样的外观质量不合格时，判该根不合格。

7 标志、包装、运输、贮存及质量证明书

7.1 标志

7.1.1 产品标志

7.1.1.1 需方对在检验合格的隔热型材上应有如下内容的标签(或合格证)：

a) 供方名称和地址；

b) 产品名称和尺寸规格(或隔热型材截面代号)；

c) 供方质检部门的检印(或质检人员的签名或印章)；

d) 牌号和状态；

e) 隔热材料代号、原胶级别；

f) 铝合金型材的颜色(或色号)、外观效果、膜层代号及膜层性能级别；

g) 产品批号或生产日期；

h) 本部分编号；

i) 生产许可证编号。

7.1.1.2 穿条型材用聚酰胺型材的标志应符合 GB/T 23615.1 的规定，聚酰胺型材宜打上隔热型材生产厂的标志。浇注型材用聚氨酯隔热胶的标志应符合 GB/T 23615.2 的规定。

7.1.2 包装箱标志

隔热型材的包装箱标志应符合 GB/T 3199 的规定。

7.2 包装

隔热型材的装饰面应用纸、泡沫塑料等材料加以保护，其他包装应符合 GB/T 3199 的规定。

7.3 运输、贮存

隔热型材的运输和贮存应符合 GB/T 3199 的规定。型材在运输和使用过程中的保护措施参见 GB/T 5237.2。

7.4 质量证明书

每批隔热型材应附有质量证明书，其上注明：

a) 供方名称和地址；
b) 产品名称；
c) 牌号、状态、尺寸规格(或隔热型材截面代号)；
d) 隔热材料代号、原胶级别；
e) 铝合金型材的颜色(或色号)、外观效果、膜层代号及膜层性能级别；
f) 产品批号或生产日期；
g) 重量或件数；
h) 本部分编号；
i) 各项分析检验结果和供方质检部门检印；
j) 生产许可证的编号；

8 订货单(或合同)内容

订购本部分所列隔热型材的订货单(或合同)应包括下列内容：

a) 供方名称；
b) 产品名称；
c) 产品类别；
d) 牌号、状态、尺寸规格(或隔热型材截面代号)；
e) 尺寸偏差、精度等级；
f) 隔热材料代号、原胶级别；
g) 铝合金型材的颜色(或色号)、外观效果、膜层代号及膜层性能级别；
h) 重量或件数；
i) 需方的特殊要求：
 ——对传热系数级别和取样方法、弹性系数、抗弯性能、蠕变系数的要求；
 ——其他特殊要求；
j) 本部分编号。

附 录 A
(资料性附录)
质 量 保 证

A.1 工艺保证

A.1.1 隔热型材复合工艺对复合性能有很大影响,为保证隔热型材质量,其生产工艺宜按照 YS/T 844 的规定进行。

A.1.2 隔热型材生产厂应要求隔热材料的供方提供隔热材料全项检测报告,并按表 12 的规定对隔热材料进行检验,以保证使用质量合格的隔热材料。

A.1.3 隔热型材预期在低于−30 ℃环境下使用时,应注意考查隔热材料的低温性能,低温性能试验结果应符合本部分的规定。

A.1.4 浇注型材生产厂选择隔热胶时,应注意考查隔热胶是否适用其被浇注的铝合金型材的表面处理方式,未知是否适用时,应按 GB/T 23615.2 规定的方法进行铝合金型材表面处理的适应性检验,应确保检验中得到的纵向抗剪特征值符合表 9 规定。

A.1.5 浇注型材生产时应保证现场环境温度和型材温度,温度偏低会导致聚氨酯隔热材料熟化不完全,造成隔热材料脆裂。

A.1.6 单支聚酰胺型材复合的穿条型材应采用带空腔结构的聚酰胺型材,铝合金型材槽口设计应与聚酰胺型材的端头配合良好,且开齿时,齿峰宽度宜控制在 0.15 mm 以内,以保证穿条型材符合本部分的规定。

A.2 原材料质量保证

A.2.1 铝合金型材

铝合金型材质量应符合 GB/T 5237.1～GB/T 5237.5 中相应规定。

A.2.2 隔热材料

A.2.2.1 隔热材料性能

隔热材料是隔热型材的主要原材料,其性能对隔热型材的质量有重要影响,隔热材料应符合 GB/T 23615.1 或 GB/T 23615.2 的规定。

A.2.2.2 隔热材料的组分及特点

隔热材料的组分及特点见表 A.1。

表 A.1 隔热材料的组分及特点

主要组分		特点	控制要求
聚酰胺型材	聚酰胺 66	聚酰胺型材中聚酰胺 66 是主要原材料,决定聚酰胺型材的 DSC 熔融峰温、横向抗拉特征值、纵向抗拉特征值等各项性能,长期稳定性好	聚酰胺 66 应采用新料,不准许使用回收料;不准许使用聚酰胺 6、PVC、ABS 等材料
	玻璃纤维	玻璃纤维是聚酰胺型材的增强剂,影响聚酰胺型材的横向抗拉特征值、纵向抗拉特征值、线膨胀系数等各项性能	玻璃纤维应使用无碱玻璃纤维,不准许使用有碱玻璃纤维
	添加剂	聚酰胺型材中含有颜料、热稳定剂、增韧剂和挤压助剂等添加剂,主要是提高聚酰胺型材的冲击、热老化性、水老化等性能	使用的添加剂应有利于聚酰胺型材的各项性能,不准许使用水溶性添加剂及碳酸钙、滑石粉等添加剂
聚氨酯隔热胶	异氰酸酯组合料(I 胶)	I 胶是聚氨酯分子链的硬端组成部分,直接影响聚氨酯的强度与硬度	异氰酸酯应使用二苯基甲烷二异氰酸酯(MDI),不准许使用甲苯二异氰酸酯(TDI)
	多元醇组合料(P 胶)	P 胶是聚氨酯分子链的软端组成部分,直接影响聚氨酯的韧性与抗冲击性能	多元醇应使用聚醚型多元醇,不准许使用聚酯型多元醇
	添加剂	聚氨酯隔热胶中含有催化剂、抗老化剂和颜料等添加剂,一般混合于 P 胶中,其作用是控制 I 胶和 P 胶的化学反应速度,增强隔热胶的耐候性和装饰性	催化剂应使用环保型胺类催化剂和金属催化剂,不准许使用含有重金属的催化剂;颜料宜使用有机色浆,不宜使用无机色粉

A.2.2.3 隔热材料的关键指标和控制要求

隔热材料的关键指标和控制要求见表 A.2。

表 A.2 隔热材料的关键指标和控制要求

隔热材料	关键指标	控制要求
聚酰胺型材	高温横向抗拉特征值	横向抗拉强度是聚酰胺型材最重要的力学指标,如果使用聚酰胺 66 回收料或 PVC、ABS 等不良材料,将直接影响横向抗拉强度,特别是高温环境下影响更明显。如 I14.8 的聚酰胺型材高温横向抗拉特征值宜不小于 60 MPa,可基本排除使用上述不良材料。聚酰胺型材随宽度增加,其高温横向抗拉特征值会稍有下降。当高温横向抗拉特征值小于 60 MPa 时,存在添加回收料的可能,需进一步验证
	玻璃纤维含量与形貌	玻璃纤维含量应控制在 22.5%~27.5%,聚酰胺型材煅烧后的燃烧残余应为透明、细长的玻璃纤维,其长径比宜为 40 左右。燃烧残余不允许有夹杂、短碎等缺陷,否则会严重影响聚酰胺型材的各项性能
	显微组织	在聚酰胺型材的内部组织上,玻璃纤维的内部排列应为三维网状结构,且在聚酰胺型材的三个方向上都比较均匀的排列,也不允许有气泡、夹杂物等缺陷,否则会严重影响聚酰胺型材的各项性能
	DSC 熔融峰温	聚酰胺型材的熔点选择使用 DSC 熔融峰温来表述,通常是鉴别是否使用聚酰胺 66 新料的一种便捷方法,回收料添加量较少时或经过少次加工的回收料难以鉴别。宜选择 DSC 熔融峰温不小于 258 ℃的聚酰胺型材,可基本排除使用聚酰胺 6、PVC 和 ABS 等不良材料

表 A.2（续）

隔热材料	关键指标	控制要求
聚氨酯隔热胶	原胶含水率	原胶含水率对聚氨酯隔热胶的性能有重大影响，尤其是 P 胶，含水率宜控制在 0.05%以下，否则隔热胶中易产生气泡，降低隔热胶强度和粘接强度，直接影响浇注型材的抗拉强度和抗剪切强度
	原胶黏度	原胶黏度可反映原胶生产的工艺稳定性，波动范围小的其相对分子质量较为稳定。原胶进厂验收时应注意控制每批原胶的黏度波动范围，P 胶宜控制在 700 mPa·s±100 mPa·s
	负荷变形温度	负荷变形温度反映聚氨酯隔热胶的耐高温性能，宜选用负荷变形温度不小于 70 ℃的Ⅰ级隔热胶和负荷变形温度不小于 85 ℃的Ⅱ级隔热胶。由于Ⅱ级隔热胶使用了更多含有刚性链段结构的多元醇，提高了隔热胶的刚性和负荷变形温度，也可以此鉴别隔热胶的等级
	低温悬臂梁缺口冲击强度	隔热胶在低温下容易变脆，易出现断裂的现象。低温悬臂梁缺口冲击试验可反映材料的低温脆性性能，是隔热胶的重要性能参数，宜选用低温悬臂梁缺口冲击强度不小于 65 J/m 的隔热胶

A.2.2.4　有害物质

有害物质限量可参见表 A.3 的规定。

表 A.3　隔热材料中有害物质限量

有害物质	质量分数
多溴联苯(PBB)	≤0.1%
多溴二苯醚(PBDE)	≤0.1%
邻苯二甲酸二辛酯(DEHP)	≤0.1%
邻苯二甲酸丁酯苯甲酯(BBP)	≤0.1%
邻苯二甲酸二丁酯(DBP)	≤0.1%
邻苯二甲酸二异丁酯(DIBP)	≤0.1%
可溶性铅(Pb)	≤90 mg/kg
可溶性镉(Cd)	≤75 mg/kg
可溶性铬(Cr)	≤60 mg/kg
可溶性汞(Hg)	≤60 mg/kg

A.2.2.5　安全技术说明书

隔热胶供应商应提供隔热胶的安全技术说明书(MSDS)。

A.2.2.6　隔热材料质量证明书

A.2.2.6.1　聚酰胺型材

聚酰胺型材的质量对穿条型材性能起关键作用，所以穿条型材生产企业应与聚酰胺型材供应商商定质量证明书内容，质量证明书内容至少包括：

a) 聚酰胺型材中的有害物质含量；
b) 聚酰胺型材的主要成分和组织；
c) 聚酰胺型材的密度；
d) 聚酰胺型材的 DSC 熔融峰温；
e) 聚酰胺型材的室温纵向抗拉特征值和弹性模量；
f) 聚酰胺型材的高温和低温横向抗拉特征值；
g) 聚酰胺型材的热老化试验结果；
h) 质保年限。

A.2.2.6.2 聚氨酯隔热胶

聚氨酯隔热胶的质量对浇注型材性能起关键作用，所以浇注型材生产企业应与聚氨酯隔热胶供应商商定质量证明书内容，质量证明书内容至少包括：

a) 隔热胶性能等级；
b) 隔热胶中的有害物质含量；
c) 原胶的含水率和黏度；
d) 隔热胶手动凝固时间；
e) 隔热胶的密度；
f) 隔热胶的负荷变形温度；
g) 隔热胶悬臂梁缺口冲击强度以及高温和低温抗拉强度；
h) 质保年限。

附 录 B
（资料性附录）
隔热型材性能的推断

隔热型材性能（抗剪特征值、抗拉特征值、剪切弹性系数特性值以及蠕变系数），允许用满足下列要求的相似隔热型材性能推断。

——隔热材料的材质及力学性能应相近，并符合 GB/T 23615.1、GB/T 23615.2 相应的规定；

——铝合金型材的合金牌号、状态、力学性能符合 GB/T 5237.1 规定，并且表面处理方式相同；

——复合工艺相同；

——隔热型材连接界面处的几何特征相同；

——连接处铝合金型材的壁厚 t_m 及隔热材料厚度 t_b（如图 B.1 所示）相同。

——隔热材料的有效高度 h（如图 B.1 所示）应相同。

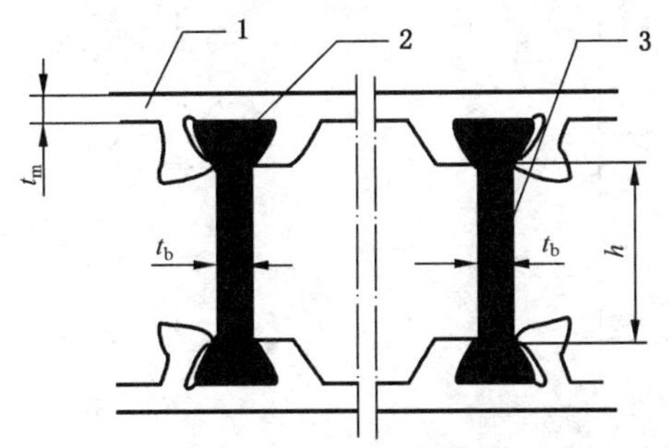

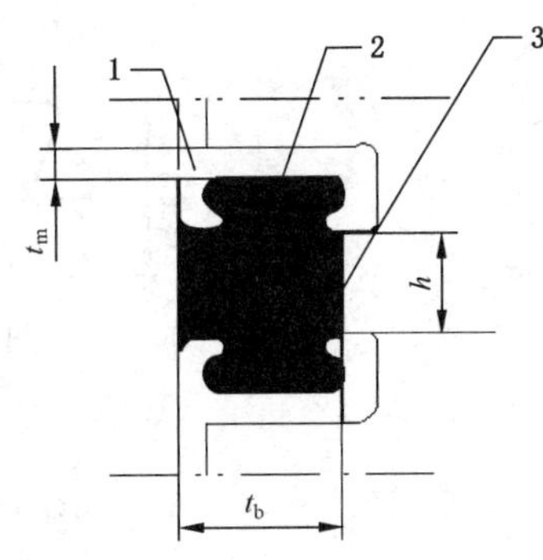

说明：

1——铝合金型材；

2——连接表面；

3——隔热材料。

图 B.1 铝合金型材与隔热材料连接示意图

附 录 C
（资料性附录）
隔热型材槽口设计

C.1 穿条型材

穿条型材槽口的设计应考虑槽口与聚酰胺型材端头的配合关系、穿条型材复合工艺等因素的影响。穿条型材槽口设计参见图 C.1。

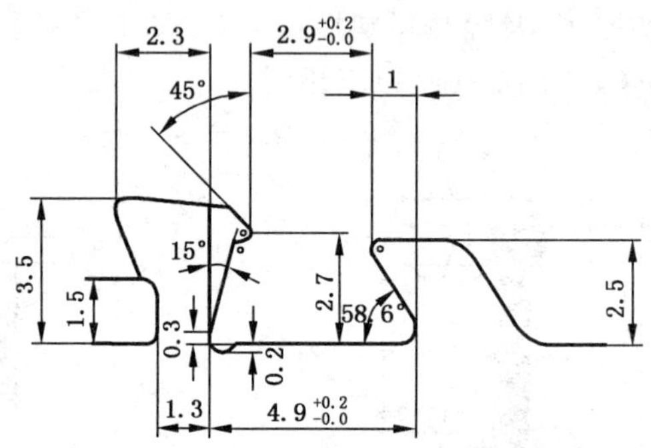

图 C.1 穿条型材槽口示意图

C.2 浇注型材

C.2.1 典型槽口及尺寸

浇注型材槽口的设计应考虑浇注型材的受力种类（抗拉、抗剪切、抗弯等）、隔热效果、使用环境的温度变化范围等因素的影响。浇注型材典型槽口示意图见图 C.2，典型尺寸见表 C.1。

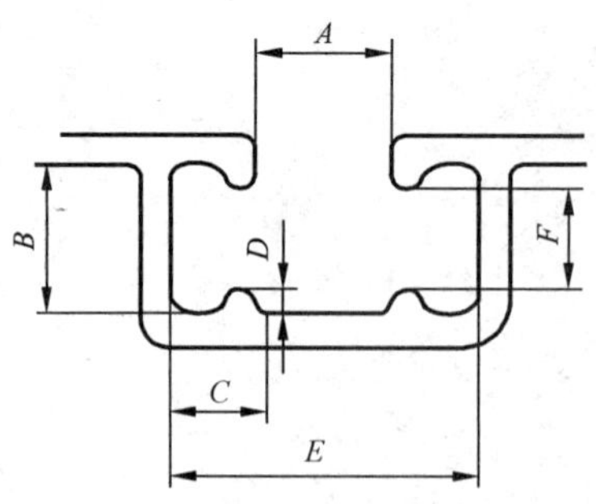

图 C.2 浇注型材槽口示意图

表 C.1 浇注型材槽口典型尺寸

槽口型号	A mm	B mm	C mm	D mm	E mm	F mm	面积 mm^2	体积 mm^3/m
AA	5.18	6.86	2.79	1.02	10.77	4.83	71.0	71 000.0
BB	6.35	7.14	4.06	1.14	14.48	4.85	100.7	100 700.0
CC	6.35	7.92	4.78	1.27	15.90	5.38	123.3	123 300.0
DD	7.92	8.89	5.49	1.57	18.90	5.74	165.9	165 900.0
EE	9.53	9.53	5.74	1.57	21.01	6.38	199.4	199 400.0
FF	11.10	11.10	6.68	1.85	24.49	7.39	279.35	279 350.0
GG	11.54	11.54	6.93	1.91	25.40	7.67	299.35	299 350.0
HH	12.70	9.53	5.74	1.57	24.18	6.35	240.00	240 000.0
II	12.70	12.70	7.65	2.11	28.00	8.48	364.51	364 510.0
JJ	19.05	19.05	11.48	3.18	41.99	12.70	820.64	820 640.0
KK	25.40	25.40	15.29	4.24	56.00	16.94	1 458.71	1 458 710.0

C.2.2 单槽口的选择

单槽口浇注型材槽口的选择及典型应用见表 C.2。

表 C.2 单槽口浇注型材槽口的选择及典型应用

槽口型号	浇注型材宽度 mm	浇注型材壁厚 mm	典型应用
AA	45～50	1.4	窗的框、扇、梃
BB	55～65	1.4～2.0	
CC	80～90	2.0～2.5	落地平开窗(2.5 m～3.0 m)的框、梃
DD	—	2.5～3.0	幕墙的框、梃等
EE	—	3.0～3.5	
FF、GG、HH、II、JJ 和 KK	—	>3.5	幕墙的隔热杆件

C.2.3 多槽口的选择

并列多槽口设计与单槽口设计相比可提高浇注型材的隔热性能，如双槽口设计比单槽口设计的隔热性能约提升 20%～30%，满足相同隔热性能的双槽口设计的成本比单槽口设计低，但是多槽口设计的浇注型材抗弯强度会有所降低。

参 考 文 献

[1] YS/T 844 铝合金建筑用隔热型材生产工艺技术规范

ICS 77.160
H 16

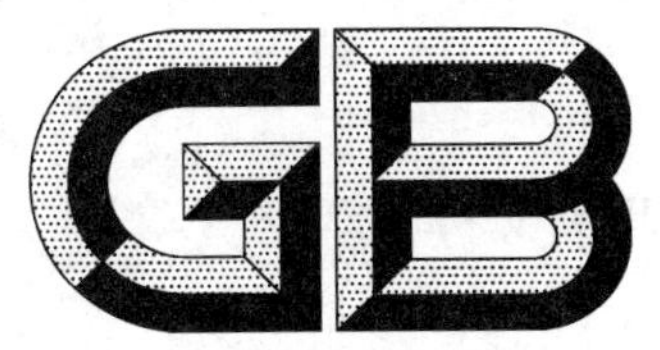

中华人民共和国国家标准

GB/T 5242—2017
代替 GB/T 5242—2006

硬质合金制品检验规则与试验方法

Inspection rules and test methods of cemented carbide products

2017-10-14 发布　　2018-05-01 实施

中华人民共和国国家质量监督检验检疫总局
中国国家标准化管理委员会　发布

前　言

本标准按照GB/T 1.1—2009给出的规则起草。

本标准代替GB/T 5242—2006《硬质合金制品检验规则与试验方法》。

本标准与GB/T 5242—2006相比，主要变化如下：

——增加了部分规范性引用文件；

——检验项目进行了调整：增加了钴磁、化学成分、热扩散率、弹性模量、坠落检验（或敲打检验）等检验项目，删除了断面组织检验项目；

——删除了第3章“术语和定义”；

——删除了4.1.2的“检验分类”与4.4“检验结果判定”内容；

——删除了第5章“验收”内容；

——增加了规范性附录A。

本标准由中国有色金属工业协会提出。

本标准由全国有色金属标准化技术委员会（SAC/TC 243）归口。

本标准主要起草单位：自贡硬质合金有限责任公司、崇义章源钨业股份有限公司、深圳市注成科技股份有限公司、厦门金鹭特种合金有限公司。

本标准主要起草人：曹万里、罗晓军、菅豫梅、李思远、许显平、赵国明、张守全、孙晓昱。

本标准所代替标准的历次版本发布情况为：

——GB/T 5242—1985、GB/T 5242—2006。

硬质合金制品检验规则与试验方法

1 范围

本标准规定了硬质合金制品检验的检验项目、组批规则、取样规则和试验方法。

本标准适用于烧结态硬质合金制品化学成分、物理与力学性能、组织结构、形位尺寸、外观质量的检验与试验。

2 规范性引用文件

下列文件对于本文件的应用是必不可少的。凡是注日期的引用文件，仅注日期的版本适用于本文件。凡是不注日期的引用文件，其最新版本(包括所有的修改单)适用于本文件。

GB/T 1817 硬质合金常温冲击韧性试验方法

GB/T 3488(所有部分) 硬质合金 显微组织的金相测定

GB/T 3489 硬质合金 孔隙度和非化合碳的金相测定

GB/T 3848 硬质合金矫顽(磁)力测定方法

GB/T 3849(所有部分) 硬质合金 洛氏硬度试验(A 标尺)

GB/T 3850 致密烧结金属材料与硬质合金 密度测定方法

GB/T 3851 硬质合金横向断裂强度测定方法

GB/T 4324.25 钨化学分析方法 第 25 部分:氧量的测定 脉冲加热惰气熔融-红外吸收法

GB/T 5124(所有部分) 硬质合金化学分析方法

GB/T 5166 烧结金属材料和硬质合金弹性模量测定

GB/T 7997 硬质合金 维氏硬度试验方法

GB/T 11108 硬质合金热扩散率的测定方法

GB/T 20255(所有部分) 硬质合金化学分析方法

GB/T 23369 硬质合金磁饱和(MS)测定的标准试验方法

GB/T 26050 硬质合金 X 射线荧光测定金属元素含量 熔融法

3 检验规则

3.1 检验项目

3.1.1 化学成分

化学成分检验项目有金属主含量、总碳量、氧含量等。

3.1.2 物理与力学性能

物理与力学性能检验项目主要有密度、洛氏硬度(或维氏硬度)、横向断裂强度(抗弯强度)，需要时，可进行矫顽(磁)力、钴磁(或磁饱和)、切削性能、钻探性能、冲击韧性、热扩散率、弹性模量、坠落检验(或敲打检验)等项目的检验。

3.1.3 金相组织结构

金相组织结构检验项目主要有合金孔隙度、非化合碳、显微组织等项目。

3.1.4 尺寸

尺寸的检验包括几何尺寸及其公差、位置公差和形位公差等项目。

3.1.5 外观质量

外观质量主要检验产品表面是否存在分层、裂纹、未压好、起皮、鼓泡、弯曲、掉边、掉角、毛刺、粘料、痕迹、麻点、塞孔、脏化、氧化、渗碳、脱碳、欠烧、过烧等表面缺陷。

3.2 组批规则

硬质合金制品应成批提交检验，具体的组批规则应符合相应的硬质合金产品标准的规定。

3.3 取样规则及试验方法

每批硬质合金制品检验应按表1规定进行取样与试验。

表1 硬质合金制品取样规则及试验方法

序号	检验项目	取样规则	试验方法
1	化学成分	每批制品中任取1份送检	GB/T 4324.25、GB/T 5124、GB/T 20255、GB/T 26050
2	密度	每批制品中任取不少于2件	GB/T 3850
3	洛氏硬度 （或维氏硬度）	每批制品中任取不少于2件	GB/T 3849 （或 GB/T 7997）
4	横向断裂强度 （抗弯强度）	每批制品中制取试样不少于5件	GB/T 3851
5	矫顽（磁）力	每批制品中任取不少于2件	GB/T 3848
6	钴磁 （或磁饱和）	每批制品中任取不少于2件	GB/T 23369
7	切削性能	每批制品中任取不少于2件	供需双方协商确定
8	钻探性能	每批制品中任取不少于3件	供需双方协商确定
9	冲击韧性	每批制品中制取试样不少于5件	GB/T 1817
10	热扩散率	每批制品中制取试样不少于3件	GB/T 11108
11	弹性模量	每批制品中制取试样不少于3件	GB/T 5166
12	坠落检验 （或敲打检验）	每批制品中，长度不小于150 mm的棒材制品应逐件进行坠落检验或敲打检验，直径不小于2 mm的，进行坠落检验；直径小于2 mm的，进行敲打检验	附录A
13	金相组织	每批制品中任取不少于2件	GB/T 3489、GB/T 3488
14	尺寸	应符合相应的硬质合金产品标准规定	用相应精度的量具
15	外观质量	应符合相应的硬质合金产品标准规定	目视检测，必要时放大检验

注1：为便于分析检验，化学成分可取同批混合料进行检验。

注2：单重大于300 g的大制品，可制取随炉烧结的大小适宜的标准样块，取标准样块进行物理与力学性能及金相组织的检验。

附　录　A
（规范性附录）
棒材制品的坠落检验（或敲打检验）试验方法

A.1　坠落检验试验方法

A.1.1　对直径不小于 2 mm、长度大于 150 mm 的棒材，应逐根进行坠落检验。
A.1.2　单手握紧棒材中部，使棒材与地面平行，按表 A.1 规定的高度，松开手指，让棒材自由平行坠在落水磨石地面，落地后应及时捡起并放好已检验产品，避免产品相互碰撞造成掉边掉角损坏。

表 A.1　棒材坠落检验高度表

棒材公称直径 D/mm	坠落检验高度/mm	
	首次检验	重复试验
$2.0 \leqslant D < 6.0$	600～900	700～1 000
$6.0 \leqslant D < 23$	500～800	600～900
$23 \leqslant D$	400～550	500～600

A.1.3　水磨石地面应平整、光滑，不应摆放任何杂物。

A.2　敲打检验试验方法

A.2.1　对直径小于 2 mm、长度大于 150 mm 的棒材，采用逐根平行敲打方式检测。
A.2.2　单手握住棒材一端，让棒材与钢块（或铸铁块）的上平面平行，使棒材的另一端距钢块约 20 cm，呈 45°角于钢块上平面进行敲打，轻敲两次，然后将棒材径向旋转约 180°，单手握住棒材另一端，重复上述敲打动作。
A.2.3　钢块（或铸铁块）表面应平整、光滑，平面度不大于 10 μm。

ICS 21.060.10
J 13

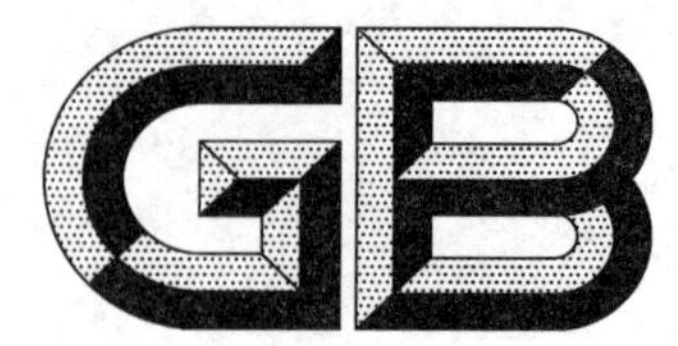

中华人民共和国国家标准

GB/T 5267.2—2017
代替 GB/T 5267.2—2002

紧固件　非电解锌片涂层

Fasteners—Non-electrolytically applied zinc flake coatings

(ISO 10683:2014,MOD)

2017-12-29 发布　　2018-04-01 实施

中华人民共和国国家质量监督检验检疫总局
中国国家标准化管理委员会　发布

前　言

GB/T 5267《紧固件表面处理》包括以下部分：

——GB/T 5267.1　紧固件　电镀层；

——GB/T 5267.2　紧固件　非电解锌片涂层；

——GB/T 5267.3　紧固件　热浸镀锌层；

——GB/T 5267.4　紧固件表面处理　耐腐蚀不锈钢钝化处理。

本部分为 GB/T 5276 的第 2 部分。

本部分按照 GB/T 1.1—2009 给出的规则起草。

本部分代替 GB/T 5267.2—2002《紧固件　非电解锌片涂层》，与 GB/T 5267.2—2002 相比，主要技术变化如下：

——增加锌片涂层(见 4.1、4.2 和 A.1.2)；

——引用 GB/T 3099.3 规定的涂层术语和定义(见第 2 章)；

——增加"根据锌片涂层类型，固化温度可高达 350 ℃。固化温度不应高于紧固件回火温度。"(见 4.3)；

——增加避免内部氢脆的技术要求(见 4.4)；

——规定中性盐雾试验应在涂覆 24 h 后，在分拣、包装和/或装配前，对紧固件单独进行(见 5.2 和 5.3)；

——增加涂层性能项目和试验方法，如厚度和质量测定，扭矩-拉力关系，六价铬测定(见 5.3、7.3、7.7、7.8 和 A.2)；

——增加相关散装运输、自动化过程、储存和运输(见 5.4 和 A.4)；

——修改了适应性试验要求(见第 8 章，2002 年版的第 8 章)；

——修改了涂层标记和贴加标签的要求(见第 9 章，2002 年版的第 9 章)；

——增加附录 A 涂覆紧固件的设计和安装和附录 C 涂覆紧固件中性盐雾试验箱的耐腐蚀性控制(见附录 A 和附录 C)；

——涂层厚度和 ISO 米制螺纹的螺纹间隙的详细技术要求移至新的附录 B(见附录 B，2002 年版的附录 A)。

本部分使用重新起草法修改采用 ISO 10683:2014《紧固件　非电解锌片涂层》(英文版)。

本部分与 ISO 10683:2014 的技术性差异及其原因如下：

——在规范性引用文件中，用我国标准代替国际标准(第 2 章)，增加引用 GB/T 90.3(4.3)、GB/T 5782(B.6.1)、GB/T 5783(B.6.2)和 GB/T 1237(5.1)，以符合我国紧固件标准；

——固化温度可高达 320 ℃改为 350 ℃(4.3)，以符合目前国内主要产品的固化温度要求；

——涂层厚度和结合力是衡量涂层性能的重要因素，每批产品的强制性试验增加对涂层厚度和/或涂层质量和附着力/结合力的试验(8.2)。

本部分由中国机械工业联合会提出。

本部分由全国紧固件标准化技术委员会(SAC/TC 85)归口。

本部分负责起草单位：中机生产力促进中心。

本部分参加起草单位：宁波市鄞州计氏金属表面处理厂、上海申光高强度螺栓有限公司、宁波九龙紧固件制造有限公司、浙江迪特高强度螺栓有限公司、浙江国检检测技术股份有限公司、浙江新东方汽车零部件有限公司、机械工业通用零部件产品质量监督检测中心。

本部分由全国紧固件标准化技术委员会负责解释。

本部分所代替标准的历次版本发布情况为：

——GB/T 5267.2—2002。

紧固件 非电解锌片涂层

1 范围

GB/T 5267 的本部分规定了钢制紧固件的非电解锌片涂层的技术要求。本部分适用于以下涂层：

——有或没有六价铬；

——有或没有表面涂层；

——有或没有润滑(集成润滑和/或附加润滑)。

注：某些化学元素受一些国家的法规限制或禁止使用，当涉及有关国家或地区时应当注意。

本部分适用于 ISO 米制螺纹螺栓、螺钉、双头螺柱和螺母，非 ISO 米制螺纹紧固件，无螺纹紧固件，如垫圈、销、卡箍等。

注：符合本部分的涂层，特别是用于高强度紧固件(≥1 000 MPa)的涂层应避免内部氢脆风险(见 4.4)。

带涂层的紧固件设计和安装信息参见附录 A。

本部分未对紧固件可焊性或涂覆性能进行规定，不适用于机械镀锌。

2 规范性引用文件

下列文件对于本文件的应用是必不可少的。凡是注日期的引用文件，仅注日期的版本适用于本文件。凡是不注日期的引用文件，其最新版本(包括所有的修改单)适用于本文件。

GB/T 90.1 紧固件 验收检查(GB/T 90.1—2002,idt ISO 3269:2000)

GB/T 90.3 紧固件 质量保证体系(GB/T 90.3—2010,ISO 16426:2002,IDT)

GB/T 1237 紧固件标记方法(GB/T 1237—2000,eqv ISO 8991:1986)

GB/T 3099.3 紧固件术语 表面处理(GB/T 3099.3—2017, ISO 1891-2:2014,MOD)

GB/T 3934 普通螺纹量规 技术条件(GB/T 3934—2003, ISO 1502:1996,MOD)

GB/T 5782 六角头螺栓(GB/T 5782—2016,ISO 4014:2011,MOD)

GB/T 5783 六角头螺栓 全螺纹(GB/T 5783—2016,ISO 4017:2011,MOD)

GB/T 6462 金属和氧化物覆盖层 厚度测量 显微镜法(GB/T 6462—2005,ISO 1463:2003,IDT)

GB/T 9789 金属和其他无机覆盖层 通常凝露条件下的二氧化硫腐蚀试验(GB/T 9789—2008,ISO 6988:1985,IDT)

GB/T 10125 人造气氛腐蚀试验 盐雾试验(GB/T 10125—2012,ISO 9227:2006,IDT)

GB/T 16823.3 紧固件 扭矩-夹紧力试验(GB/T 16823.3—2010, ISO 16047:2005, IDT)

ISO 3613:2010 金属和非金属涂层 锌、镉、铝-锌合金和锌-铝合金的铬酸盐转化膜 试验方法(Metallic and other inorganic coatings—Chromate conversion coatings on zinc, cadmium, aluminium-zinc alloys and zinc-aluminium alloys—Test methods)

3 术语和定义

GB/T 3099.3 界定的术语和定义适用于本文件。

4 涂层的通用特性

4.1 锌片涂层

非电解锌片涂层是将钢制紧固件表面涂上锌片，在适当的介质中，通常加入片状铝。在热固化作用下，使锌片与锌片、锌片与基体之间产生粘接，形成导电性良好、能起阴极防护作用的无机表面涂层。涂层可能含有或不含有六价铬。

应采取措施避免涂层过厚或不足。

应采取措施避免轻的或平的紧固件粘合在一起(如：垫圈、卡箍、紧固件组合件、法兰面螺母)。

附加表面涂层可以提高耐腐蚀性和/或实现特定功能(例如：扭矩-拉力性能、耐化学性、外观、颜色、电气绝缘/导电，参见 A.2)。

4.2 锌片涂层组成

图 1 给出四种基本锌片涂层类型。

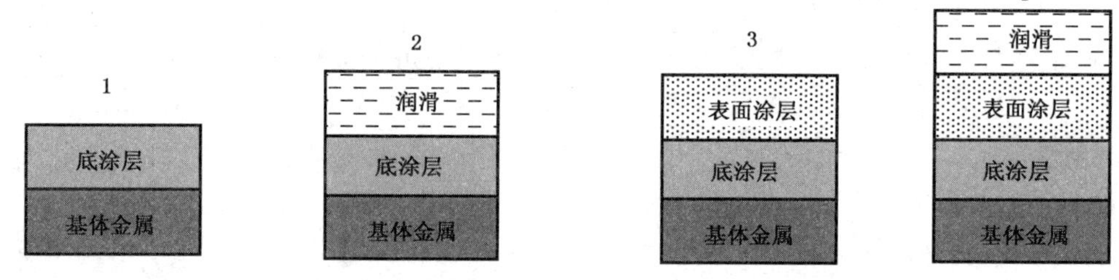

说明：

1——仅有底涂层；

2——底涂层＋润滑；

3——底涂层＋表面涂层；

4——底涂层＋表面涂层＋润滑。

图 1　基本锌片涂层类型

底涂层和表面涂层可用集成润滑，各种组合参见 A.1.2。

4.3 机械物理性能和固化

涂层工艺不应对紧固件机械和物理性能产生有害的影响。

根据锌片涂层类型，固化温度可高达 350 ℃。固化温度不应高于紧固件回火温度。

警告：固化过程(尤其是温度更高和/或持续时间更长)可能影响热处理后滚压螺纹紧固件的疲劳极限。其他可能因素参见 A.1.3。

4.4 避免内部氢脆

锌片涂层工艺在沉积过程中不产生氢。

采用碱/溶剂清洗后进行机械清洗的预处理工艺不产生氢，从而消除所有内部氢脆风险(IHE)。

当由于功能特性不适用于机械清洗时(例如：紧固件组合件、内螺纹紧固件、涂油紧固件)，可能会采用化学清洗(酸洗)，采用带有适当缓蚀剂的酸和最短的清洗周期以使内部氢脆风险最小化。硬度高于 385 HV 或者性能等级 12.9 级或以上的紧固件不应选择酸洗，清洗和涂覆之间的时间间隔应尽可能短。

磷化过程可以替代机械清洗(预处理过程中可能产生氢，而在固化过程中允许向外扩散)。磷化和涂覆之间的时间间隔应尽可能短。

不应进行电解清洗。

注：锌片涂层对氢具有高渗透性，在预处理过程中吸收的氢在固化过程中可向外扩散。

4.5 涂层类型和涂覆工艺

当选择涂层类型和相关涂覆工艺时，应考虑紧固件的类型和几何形状，参见 A.2。

5 耐腐蚀和试验

5.1 一般要求

二氧化硫试验测得的耐腐蚀性与特定服役环境下的耐腐蚀特性无直接对应关系，但二氧化硫试验用于评估涂层的耐腐蚀性。

5.2 中性盐雾试验

符合 GB/T 10125 规定的中性盐雾试验(NSS)用于评估涂层体系的耐腐蚀性。对于有涂层的紧固件，中性盐雾试验箱参照附录 C 控制。

中性盐雾试验应在涂覆 24 h 后，在分拣、包装和/或装配前，对紧固件单独进行。

按表 1 规定的试验时间进行中性盐雾试验后，在基体金属上不应有肉眼可见的金属腐蚀(红锈)。

表 1 中性盐雾试验标准周期

中性盐雾试验时间(无红锈)/h	涂层参考厚度[a]/μm
240	4
480	5
600	6
720	8
960	10

[a] 参考厚度包括底涂层和表面涂层(如果有)。耐腐蚀性应是接收的依据，参考厚度仅供参考。

注：附录 B 给出耐腐蚀涂层厚度的选择指南。

5.3 二氧化硫试验(Kesternich 试验)

该试验仅用于户外建筑用紧固件。

符合 GB/T 9789 的凝露条件下二氧化硫试验用于评估涂层的耐腐蚀性，对于户外建筑紧固件，应用 2 L 二氧化硫进行试验。

二氧化硫试验应在涂覆 24 h 后，在分拣、包装和/或装配前，对紧固件单独进行。

最短试验周期应在订货时由供需协议，如 2、3、5、8、10、12、15 周期等。

5.4 散装搬运，进料和/或分拣、储存和运输的自动处理

散装搬运、进料和/或分拣的自动化处理过程、储存以及运输，可能会引起涂层防腐能力显著降低，这取决于涂层体系和紧固件的类型及几何形状。尤其可能发生在自我修复性较小的和/或表面涂层对撞击损伤和/或擦伤敏感的无铬(六价)涂层体系里。

必要时应签订供需协议，确定降低中性盐雾试验的最小周期和/或增加涂层系统厚度等。

6 尺寸要求和测试

6.1 一般要求

涂覆前，紧固件尺寸应在规定尺寸范围内。对ISO米制螺纹的特殊要求见6.2.2，B.4和B.5。

6.2 ISO米制螺纹的螺栓、螺钉、螺柱和螺母

6.2.1 涂层厚度

当考虑预期达到的耐腐蚀性所需的涂层厚度时，应考虑涂层厚度分布的不均匀性，参见B.3。

涂层厚度对可测量性有显著影响，应考虑螺纹公差和螺纹间隙。外螺纹涂层不应超出零线（基本尺寸），内螺纹也不应低于零线，参见B.4。

注：对标准螺栓、螺钉、螺柱和螺母不用特别加工以容纳锌片涂层，参见B.4和B.5。

6.2.2 可测量性和可装配性

涂覆后，ISO米制螺纹应按符合GB/T 3934规定的外螺纹公差位置h和内螺纹公差位置H的通规进行测量。

当用环规测量涂覆后的外螺纹时，允许的最大扭矩为$0.001d^3$（N·m）。其中，d是螺纹公称直径（mm），见表2。

表2 测量涂覆后ISO米制螺纹的最大扭矩

螺纹公称直径 d mm	最大扭矩 N·m
4	0.06
5	0.13
6	0.22
8	0.51
10	1.0
12	1.7
14	2.7
16	4.1
18	5.8
20	8.0
22	11
24	14
27	20
30	27
33	36
36	47
39	59
注：对其他直径，扭矩应根据$0.001d^3$（N·m）计算，并圆整至2位数。	

其他接收程序可由供需协议：

——对外螺纹，使用相配的螺母或原配紧固件；

——对内螺纹，使用相配的芯棒或原配紧固件。

6.3 其他紧固件

对非米制螺纹涂覆紧固件和无螺纹涂覆紧固件没有规定尺寸要求。更多信息参见 A.3。

7 机械、物理性能和试验

7.1 外观

锌片涂层的颜色初始为银灰色。其他颜色可通过使用表面涂层获得。除非另有协议，颜色变化不应拒收，见第 10 章 h)。

涂层不应有可能对紧固件耐腐蚀性造成不良影响的气泡和未涂覆区域。涂层局部过厚不得影响功能特性(见第 6 章和 A.2)。

7.2 耐腐蚀性与温度的关系

高温会影响涂覆紧固件的耐腐蚀性。本试验用于过程控制，而不是为了检查涂覆紧固件与相配零件的状况。

涂覆紧固件加热至 150 ℃(紧固件温度)，保温 3 h 后，耐腐蚀性仍应符合第 5 章的规定。

其他技术要求可在订货时规定。

7.3 厚度或涂层质量测定试验方法

涂层厚度或涂层质量应采用以下试验方法之一确定：

——磁性法(测定测量区域内局部总厚度)；

——X 射线法(仅能测定测量区域内底涂层局部厚度)；

——称重法(用化学或机械方法去除涂层，测定紧固件平均涂层总质量，即单位面积平均涂覆量)；

——金相显微镜法(按 GB/T 6462 规定的方法，测定紧固件任一部位的局部涂层总厚度)。

如有争议，应使用 GB/T 6462 规定的金相显微镜法，按图 2 规定的部位进行厚度测量。

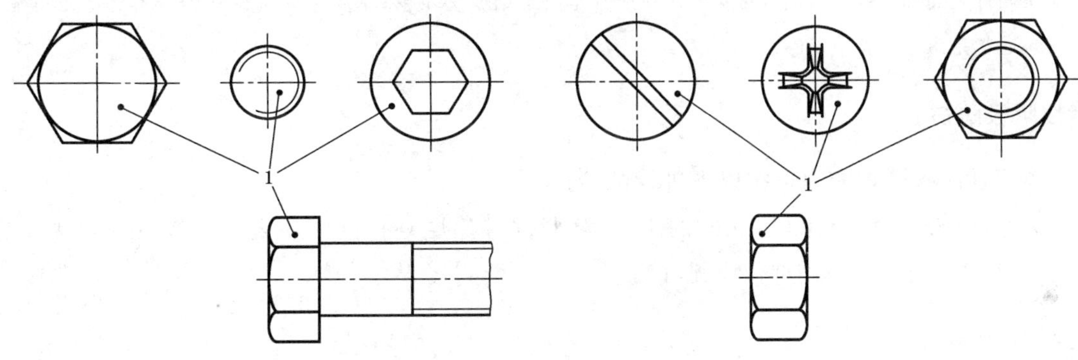

a) 螺纹紧固件厚度测量部位

图 2 紧固件厚度测量部位

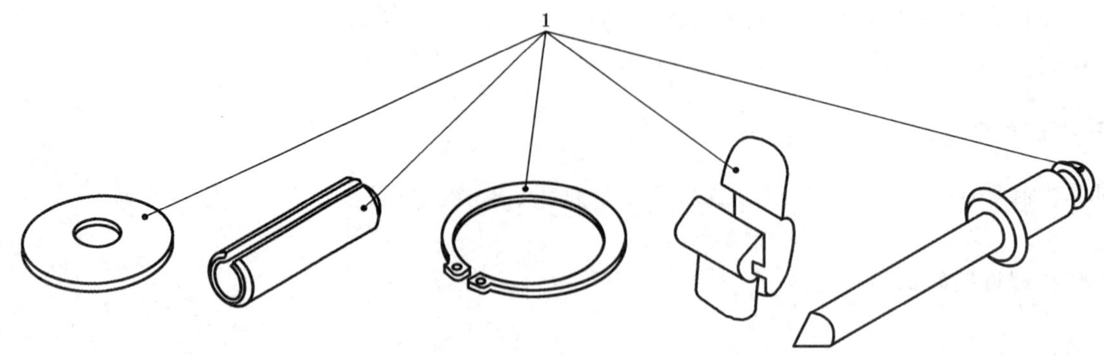

b） 无螺纹紧固件厚度测量部位

说明：

1——局部厚度测量部位。

图 2（续）

7.4 延展性

锌片涂层一般没有良好的延展性，如：涂覆后变形可能会影响耐腐蚀性。延展性应与紧固件装配过程中发生的弹性变形相匹配，如：在安装过程中拧紧螺纹紧固件，压平锥形垫圈，卡箍弯曲。

锌片涂层的变形能力不应影响紧固件的性能，如：有规定时，耐腐蚀性、扭矩-拉力关系。因此，对特定应用的适应性试验应由供需协议确定。

注：延展性不足会产生影响耐腐蚀性的涂层裂纹/剥落。

7.5 附着力/结合力

本试验可在应用过程中每一阶段进行。

将 25 mm 宽、附着力为（7±1）N 的胶带，用手压紧在涂覆零件表面，随后再垂直于表面急速拉开。锌层不应从基体上脱落，但允许有少量的涂覆材料粘贴在胶带上。

注：在紧固件表面和胶带上有肉眼可见的涂料通常是由于结合力不够；基层金属可见和胶带上有肉眼可见的涂覆材料通常是由于附着力不够。

7.6 牺牲阴极防护

涂层的牺牲阴极防护能力可按以下进行试验：

用公称宽度（刃口宽度）为 0.5 mm 的工具，将紧固件涂层划伤到基体金属。按第 5 章规定进行中性盐雾试验，72 h 试验后，划伤部位应无红锈。

7.7 扭矩-拉力关系

有要求时，含集成润滑和/或附加润滑涂层的螺栓和螺母可规定扭矩-拉力关系。

试验方法应按 GB/T 16823.3 或其他相关技术规范由供需协议。

扭矩-拉力关系的要求应由供需协议，信息参见 A.2。

储存条件不应影响涂层紧固件的扭矩-拉力性能（参见 A.4）。

7.8 六价铬的测定

按 ISO 3613:2010 的 5.5 规定进行六价铬的测定。

8 适应性试验

8.1 一般要求

第 5 章～第 7 章中规定的涂层的一般特性或由用户另行规定。

8.2 每批产品的强制性试验

对每批紧固件应进行以下试验(见 GB/T 90.1):

——螺纹测量(见 6.2.2)。

——外观(见 7.1)。

——涂层厚度和/或涂层质量(见 7.3)。

——附着力/结合力(见 7.5)。

8.3 过程控制试验

以下试验不必对每批紧固件进行,但有关时,应在过程控制中应用(见 GB/T 90.3):

——耐腐蚀性:中性盐雾试验(见 5.2),或仅当明确要求时采用二氧化硫试验(见 5.3)。对夹持装置中紧固件接触点不应作为耐腐蚀性的评价。

——耐温性能(见 7.2)。

——涂层厚度和涂层质量(见 7.3)。

——附着力/结合力(见 7.5)。

8.4 用户指定进行的试验

以下试验当用户特别要求时进行,见 GB/T 90.1。过程试验结果(见 8.3)可以用来向用户提供试验结果:

——耐腐蚀性:中性盐雾试验(见 5.2),或仅当明确要求时采用二氧化硫试验(见 5.3)。对夹持装置中紧固件接触点不应作为耐腐蚀性的评价。耐腐蚀性评价可以指定典型区域。

——涂层厚度或涂层质量(见 7.3)。

——扭矩-拉力关系(见 7.7 和表 3)。

——延展性(见 7.4)。

——阴极防护(见 7.6)。

——六价铬(见 7.8)。

9 标记

9.1 锌片涂层体系的标记

应按 GB/T 1237 的规定增加非电解锌片涂层的标记。锌片涂层体系应按表 3 标记。使用斜线(/)分隔涂层标记中的数据字段,叉(×)表明一个项目自愿省略。

表3　订单中锌片涂层系统的标记

锌片涂层系统				中性盐雾试验(红锈)	扭矩-拉力要求(如果有)
底涂层	六价铬	有机或无机表面涂层	附加润滑剂(如果有)		
无集成润滑＝flZn 或 有集成润滑＝flZnL	无规定:可由供货商选择含或不含六价铬交付 或 含六价铬:＝yc 或 不含六价铬＝nc	表面涂层中有集成润滑＝TL 或 表面涂层中无集成润滑＝Tn	L	如:480 h	C[a]

[a] μ 或 K 值的范围在订货时规定,参见 A.2.1。

标记示例:

示例 1:非电解锌片涂层紧固件(flZn),要求最短 240 h 中性盐雾试验的标记:

[紧固件标记]－flZn/×/×/×/240 h/×

示例 2:非电解锌片涂层紧固件(flZnL),集成润滑、不含六价铬(nc),无表面涂层,要求最短 480 h 中性盐雾试验,无特殊扭矩-拉力要求的标记:

[紧固件标记]－flZn/nc/×/×/480 h/×

示例 3:非电解锌片涂层紧固件(flZn),含六价铬(yc)、有表面涂层且集成润滑(TL)、要求最短 720 h 中性盐雾试验,摩擦系数 μ 在[0.10～0.20]范围内(C)的标记:

[紧固件标记]－flZn/yc/TL/×/720 h/C

示例 4:非电解锌片涂层紧固件(flZn),不含六价铬(nc)、无集成润滑、有表面涂层但无集成润滑(Tn)、有附加润滑(L)、要求最短 960 h 中性盐雾试验、摩擦系数 $\mu=0.17\pm0.03$(C)的标记:

[紧固件标记]－flZn/nc/Tn/L/960 h/C

9.2　锌片涂层体系标签标记

标签中至少给出以下信息,用斜线(/)隔开:

——flZn 表示锌片涂层(底涂层)符合本部分;

——yc 表示带六价铬涂层或 nc 表示不带六价铬涂层;

——用小时数表示最小耐腐蚀性周期(中性盐雾试验)。

标签标记示例:

示例 1:六角头螺栓　GB/T 5782-M12×80-10.9-flZn/nc/720 h

示例 2:六角螺母　GB/T 6170-M12-10-flZn/yc/480 h

示例 3:平垫圈　GB/T 97.1-12-300HV- flZn/nc/240 h

10　订货要求

按本部分订购非电解锌片涂层紧固件时,应提供下列信息:

a)　引用本部分的涂层标记(见第 9 章);

b)　涂覆工艺可能会影响紧固件材料性能,如:回火温度、硬度或其他性能;

c)　扭矩-拉力要求(如果有),包括技术要求和相应试验方法(如:GB/T 16823.3);

d)　其他要求(如:耐化学性、粘合适应性、导电性/绝缘性);

e) 需要进行的试验(见第 8 章);
f) 抽样;
g) 颜色,如果不同于银灰色;
h) 需要进行的精饰外观。

附　录　A
（资料性附录）
涂覆紧固件的设计和安装

A.1　设计

A.1.1　一般要求

选择涂层之前，应考虑连接副（不仅仅是紧固件）所有的功能和使用条件，见 A.2.2。购买者应咨询供应商以在给定的应用中合理选择。

A.1.2　锌片涂层类型

图 A.1 给出典型的锌片涂层类型。

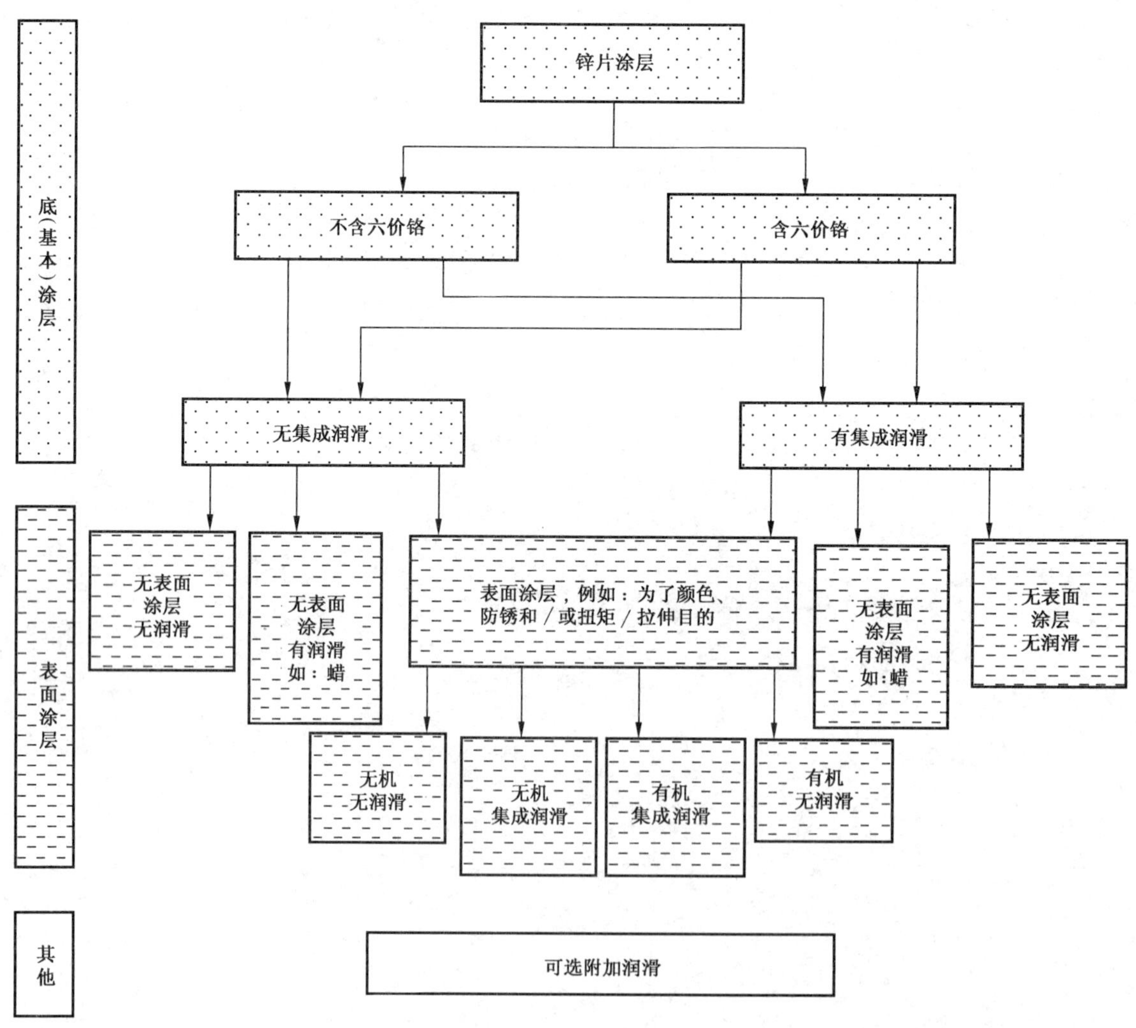

图 A.1　典型锌片涂层

涂层选择是否含六价铬应考虑国家法律法规。

为达到扭矩/拉伸性能可选择集成润滑。

为提高耐腐蚀性和达到其他性能要求(如:扭矩/拉伸性能、耐化学性、力学阻力、外观、颜色、热阻抗、电气绝缘/导电、抗紫外线),可选择附加表面涂层。

表面涂层种类的选择应基于期望得到的附加性能:

——有机表面涂层:电气绝缘、高耐化学性或颜色选择等;

——无机表面涂层:抗冲击/耐磨性或热阻抗等。

为调整扭矩-拉力关系可选择附加润滑。

A.1.3 涂覆工艺

可使用浸旋或喷涂工艺大批量或机架涂覆锌片涂层系统。

锌片涂层通常为大批量处理。当小批量需涂覆时,为达到涂覆紧固件要求的性能和功能,合适的涂装线和/或处理可能是必要的。对于大规格或大质量的紧固件或当降低螺纹损伤风险时,考虑用挂装涂覆代替大批量处理工艺。

固化过程(特别是在更高温度和/或更长周期条件下)可能会影响紧固件性能/功能:

——当固化温度超过回火温度时,硬度降低会影响表面硬化或碳氮共渗紧固件(如:自挤螺钉或自钻自攻螺钉)性能,或弹性形变和塑性变形(如卡箍);

——对冷加工紧固件或热处理后滚压螺纹紧固件,可能会降低残余应力。

A.2 功能特性

A.2.1 可装配性和可安装性

连接副零件间的间隙(如孔隙)、紧固件功能部件的尺寸公差、定位(如挡圈)、插入部位(如十字槽和内扳拧)和安装不应受到影响。

螺纹紧固件涂覆后尺寸要求见6.2和附录B。

应考虑涂层体系对拧紧过程的适应性,特别是高速拧紧时,应考虑过热、粘着/滑移等风险。

应考虑涂覆紧固件与夹紧零件的适应性,如螺纹孔,铝、镁、不锈钢夹紧零件,电镀涂层零件,热浸镀锌零件,塑料,木头。

为达到ISO米制螺纹紧固件规定的夹紧力和稳定的扭矩/夹紧力关系,啮合螺纹紧固件的一方(至少)应润滑。锌片涂层系统提供润滑方案(见A.1.2)。扭矩/夹紧力关系可按GB/T 16823.3确定,并以摩擦系数μ(或K系数)表示。

A.2.2 涂层紧固件连接副的其他性能

A.2.2.1 耐化学性

锌片涂层底涂层之上的有机表面涂层比无机表面涂层更耐酸性和碱性化学物质。

A.2.2.2 导电性

带无机表面涂层的锌片涂层底涂层的导电性通常适用于电镀和抗静电。锌片涂层不适用于电接地。

A.2.2.3 电化学腐蚀

为了降低接触腐蚀的风险,应考虑连接副的所有零件(涂覆紧固件和夹持零件)。应避免无涂层夹持零件的直接金属接触,尤其是不锈钢、镁、铜或铜合金。由于绝缘效果,有机表面涂层改善抗电化学腐蚀。

列于 A.2.2 中的项目并不详细。当选择涂层时，应考虑所有特殊服役条件。

A.2.2.4 清洁度

对于清洁度要求，应检查锌片涂层的适用性(如灰尘、颗粒大小、颗粒类型、颗粒数量)。

A.3 关于紧固件和涂层工艺的特定问题

A.3.1 通则

当选择涂层和相关涂覆工艺时，应考虑紧固件类型。A.3.2～A.3.9 列出了每种类型紧固件的主要问题。当规定特性要求 100%分拣时，订货时供需应达成协议。应对以下潜在问题采取适当措施。

A.3.2 ISO 米制螺纹紧固件

ISO 米制螺纹紧固件潜在问题如下：

——螺纹损伤(零件越重越敏感)；

——扳拧部位/凹槽中填充物；

——螺纹中颗粒残留；

——螺距 P<1 mm 的紧固件进行涂覆时，供需应达成特别协议；

——外来污染物。

A.3.3 垫圈和紧固件组合件

垫圈和紧固件组合件的潜在问题如下：

——颗粒残留(如使用喷丸清洗时)；

——垫圈自由转动；

——外来污染物。

A.3.4 带粘合剂或涂覆不均匀的紧固件

应评估锌片涂层的适应性和功能特性。

A.3.5 螺母

螺母的潜在问题如下：

——螺纹内颗粒残留；

——螺距 P<1 mm 的紧固件进行涂覆时，供需应达成特别协议；

——外来污染物。

A.3.6 有效力矩型螺母

对全金属有效力矩型螺母，与基于硅酸盐表面涂层结合的锌片涂层在拧紧过程中会引起涂层划痕、污垢甚或擦伤。在这种情况下，应使用替代表面涂层或附加润滑。

对于非金属嵌件有效力矩型螺母，应考虑固化温度的影响。

A.3.7 有凹槽、内扳拧紧固件

可采取措施避免颗粒残留(如使用喷丸清理为预处理时)和凹槽或内扳拧处涂层过厚。

A.3.8 自挤螺钉

选择锌片涂层时,应考虑对螺纹成型性能的要求。

注:包括滚压螺纹和切削螺纹螺钉、自攻螺钉、自钻自攻螺钉、纤维板钉、塑料螺钉和类似紧固件。

A.3.9 卡箍和挡圈

在涂覆过程中,应避免卡箍和挡圈的塑性变形和缠结。

可采取措施避免滞留区域涂层过厚。

A.4 涂覆紧固件的储存

在储存期间和安装前,应避免直接接触水或其他液体、(水蒸气)凝结,避免暴露于灰尘中等,这些情况可能会影响扭矩-拉力关系和/或耐腐蚀性。

附　录　B
（资料性附录）
ISO 米制螺纹涂层厚度和螺纹间隙

B.1　通则

对 ISO 米制螺纹紧固件的尺寸要求和测试规定见 6.2。

锌片涂层工艺通常达不到紧固件整个表面的涂层厚度均匀分布。因为涂层厚度对量规拧入性有显著影响，有必要考虑螺纹公差和螺纹间隙。

当紧固件涂覆以耐腐蚀为目的时，至少应考虑以下内容：

——紧固件类型和规格；

——螺纹公差等级；

——涂覆工艺可达到的涂层厚度的典型分布（见 B.3）；

——可预留的螺纹间隙（见 B.4）。

B.6 给出了如何考虑这些内容的示例。

B.2　涂层厚度和螺纹基本中径的几何关系

当涂层厚度 t 是为了实现一个规定的耐腐蚀性时（见第 5 章），外螺纹的基本中径 d_2 将增加 $4t$，见图 B.1 和表 B.1。

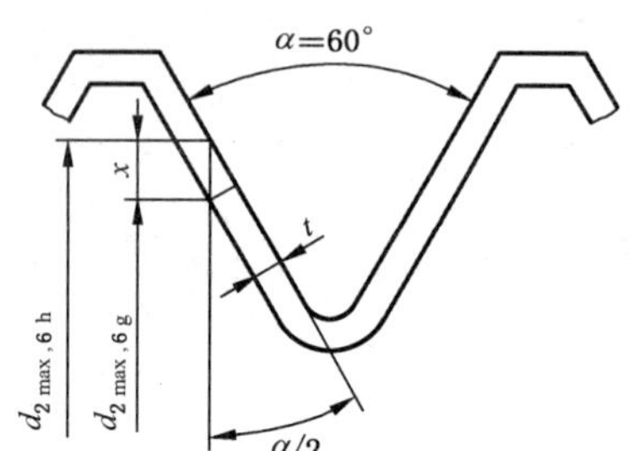

$$\frac{t}{x}=\sin30°=0.5$$

$$\Rightarrow x=2t \tag{1}$$

$$d_{2\max,6\,g}+2x=d_{2\max,6\,h} \tag{2}$$

将式(1)代入式(2)

$$d_{2\max,6\,g}+4t=d_{2\max,6\,h}$$

$$\Rightarrow t=\frac{d_{2\max,6\,h}-d_{2\max,6\,g}}{4} \tag{3}$$

图 B.1　涂层厚度和螺纹基本中径的几何关系

表 B.1　涂层厚度和螺纹基本中径的几何关系　　单位为微米

涂层厚度 t	螺纹基本中径增加值 $4t$ [a]
3	12
4	16
5	20
6	24
8	32

表 B.1（续） 单位为微米

涂层厚度 t	螺纹基本中径增加值 $4t$[a]
10	40
12	48
[a] 对应涂层厚度 t 所需的螺纹的基本中径基本偏差(间隙)增加值。	

B.3 涂层厚度的变化

紧固件锌片涂层通常采用浸入-旋转工艺，这导致涂层厚度不均匀。

浸入-旋转涂覆工艺会产生局部厚度显著变化，超出涂层厚度 1/3 t～1/2 t。这个涂层厚度变量通常不会影响螺纹配合。应谨慎考虑涂层厚度对螺纹的基本中径的影响，以满足螺纹配合和量规拧入性。螺纹牙底涂层过厚(见图 B.2)通常不影响螺纹配合和量规拧入性，锌片涂层工艺通常不会导致螺纹牙顶涂层过厚。

注：大规格、长尺寸或质量大的紧固件通常用挂装涂覆。

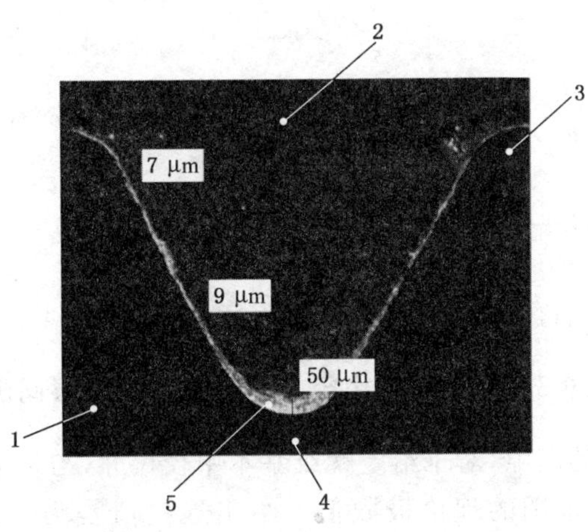

说明：

1——螺栓；

2——树脂；

3——螺纹牙顶；

4——螺纹牙根；

5——涂层。

图 B.2 涂层厚度典型变化示例

B.4 可容纳涂层厚度间隙

制造紧固件应提供足够的螺纹基本中径间隙以容纳涂层厚度。

用于符合 ISO 米制螺纹的涂层厚度，取决于表 B.2 中给出的螺纹基本中径的基本偏差。该基本偏差取决于螺纹和以下公差带位置(见图 B.3)：

——外螺纹 g、f、e；

——内螺纹 G。

单位为毫米

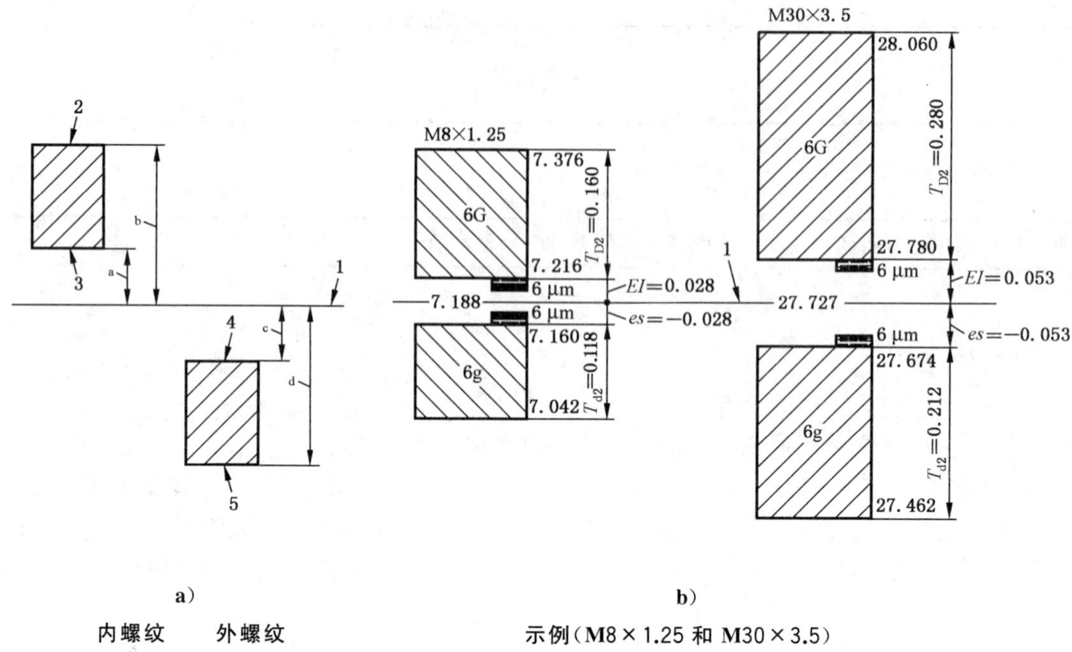

a）

内螺纹　　外螺纹

b）

示例（M8×1.25 和 M30×3.5）

说明：

1——零线；

2——涂覆前内螺纹最大基本中径；

3——涂覆前内螺纹最小基本中径；

4——涂覆前外螺纹最大基本中径；

5——涂覆前外螺纹最小基本中径。

[a,c] 基本偏差对应的最小间隙。

[b,d] 基本偏差加公差等级值的绝对值对应的最大间隙。

图 B.3　螺纹基本中径公差带位置和涂层间隙

表 B.2 给出螺纹基本中径的间隙，对于给定螺纹基本中径尺寸，与未涂覆紧固件螺纹公差等级值有关。最小和最大间隙是可涂覆范围的理论极限值。给出这些值是为了检查涂层厚度是否在给定范围内。

表 B.2　ISO 米制螺纹间隙的理论极限值

螺距 P mm	螺纹公称直径[a] d		内螺纹	外螺纹			
			公差位置 G	公差位置 g	公差位置 f	公差位置 e	
	粗牙 mm	细牙 mm	最小间隙[b] μm	最小间隙[b] μm	最小间隙[b] μm	最小间隙[b] μm	最大间隙[c] μm
0.25	1 和 1.2	—	+18	−18	—	—	—
0.3	1.4	—	+18	−18	—	—	—
0.35	1.5 和 1.8	—	+19	−19	−34	—	—
0.4	2	—	+19	−19	−34	—	—
0.45	2.2 和 2.5	—	+20	−20	−35	—	—
0.5	3	—	+20	−20	−36	−50	−125

表 B.2（续）

螺距 P mm	螺纹公称直径[a] d		内螺纹	外螺纹			
			公差位置 G	公差位置 g	公差位置 f	公差位置 e	
	粗牙 mm	细牙 mm	最小间隙[b] μm	最小间隙[b] μm	最小间隙[b] μm	最小间隙[b] μm	最大间隙[c] μm
0.6	3.5	—	+21	−21	−36	−53	−138
0.7	4	—	+22	−22	−38	−56	−146
0.75	4.5	—	+22	−22	−38	−56	−146
0.8	5	—	+24	−24	−38	−60	−155
1	6 和 7	8 和 10	+26	−26	−40	−60	−172
1.25	8	10 和 12	+28	−28	−42	−63	−181
1.5	10	12～22	+32	−32	−45	−67	−199
1.75	12	—	+34	−34	−48	−71	−221
2	14 和 16	20～33	+38	−38	−52	−71	−231
2.5	18、20 和 22	—	+42	−42	−58	−80	−250
3	24 和 27	36～48	+48	−48	−63	−85	−285
3.5	30 和 33	—	+53	−53	−70	−90	−302
4	36 和 39	52～64	+60	−60	−75	−95	−319
4.5	42 和 45	—	+63	−63	−80	−100	−336
5	48 和 52	—	+71	−71	−85	−106	−356
5.5	56 和 60	—	+75	−75	−90	−112	−377
6	64	—	+80	−80	−95	−118	−398

[a] 螺纹公称直径作为信息给出，螺距是决定性特性。

[b] 最小间隙对应于基本偏差。

[c] 最大间隙对应于基本偏差加公差等级值。

根据表 B.1，为得到最大涂层厚度，间隙应除以 4。

B.5 耐腐蚀性和间隙的兼容性

耐腐蚀性和间隙的兼容性见图 B.4。

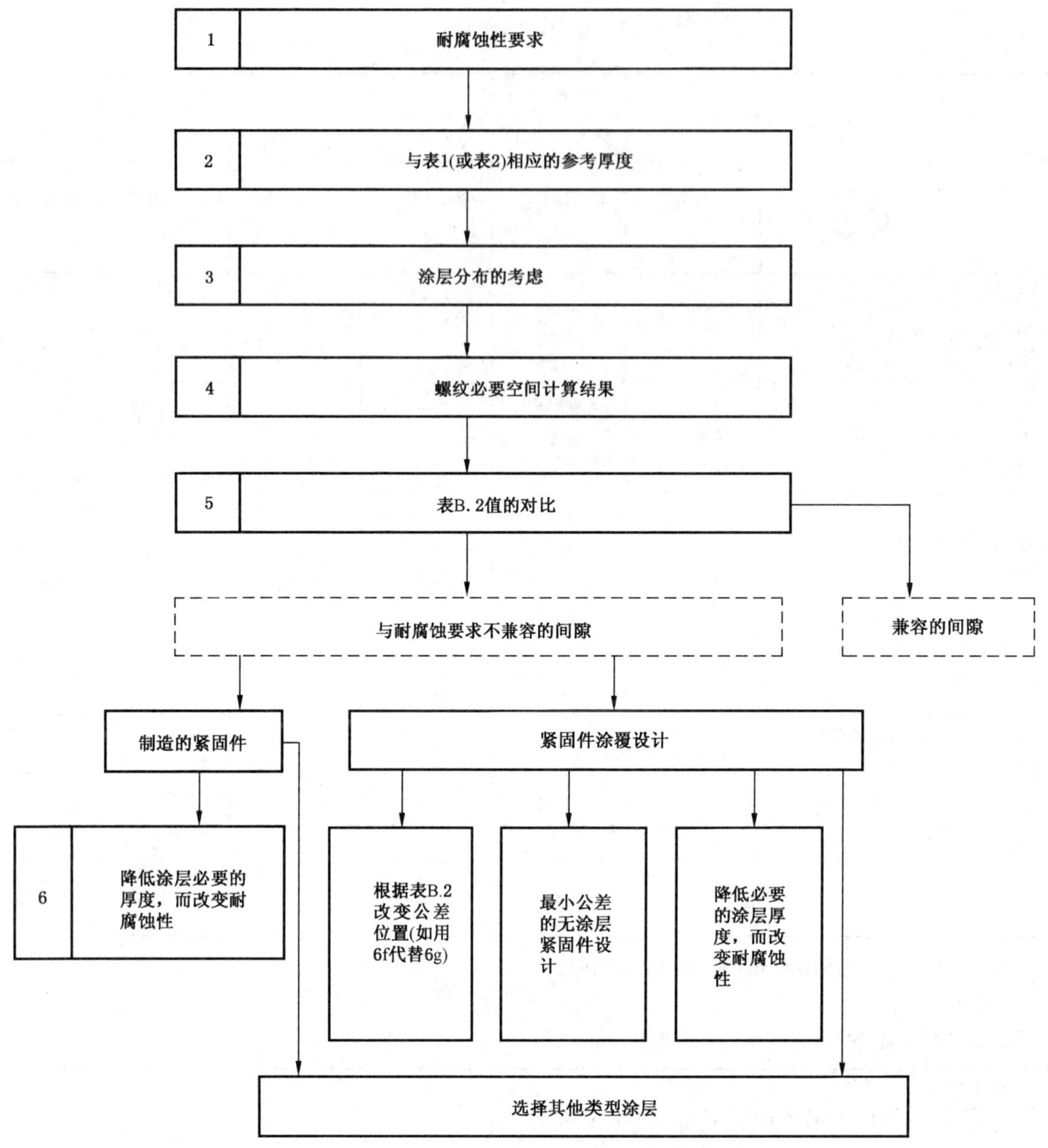

图 B.4 耐腐蚀性和间隙的兼容性检查

B.6 应用示例

B.6.1 6 g 的螺栓示例一

紧固件	符合 GB/T 5782 的螺栓 M12,螺距 1.75 mm
耐腐蚀性要求	480 h
查表 1	参考涂层厚度:5 μm
可能的分布(见 B.3)	基本中径上的最大厚度 5 μm+2.5 μm,圆整至 8 μm
查表 B.1(8 μm×4)	32 μm
查表 B.2(6 g)	最小间隙:34 μm

结论:当计算值(32 μm)小于或等于表 B.2 规定的最小间隙(34 μm)时,对于涂覆前 6 g 的螺纹,涂层厚度符合要求。

B.6.2　6 g 的螺栓示例二

紧固件	符合 GB/T 5783 的螺栓 M6,螺距 1 mm
耐腐蚀性要求	600 h
查表 1	参考涂层厚度:6 μm
可能的分布(见 B.3)	基本中径上的最大厚度 6 μm+3 μm
查表 B.1(9 μm×4)	36 μm
查表 B.2(6 g)	最小间隙:26 μm

结论:计算值(36 μm)超过表 B.2 规定的最小间隙(36 μm),涂层厚度不符合要求。

B.6.3　与 B.6.2 中相同的螺栓,螺纹改为 6 f

紧固件	符合 GB/T 5783 的螺栓 M6,螺距 1 mm
耐腐蚀性要求	600 h
查表 1	参考涂层厚度:6 μm
可能的分布(见 B.3)	基本中径上的最大厚度 6 μm+3 μm
查表 B.1(9 μm×4)	36 μm
查表 B.2(6 g)	最小间隙:40 μm

结论:计算值(36 μm)小于表 B.2 规定的最小间隙(40 μm),对于涂覆前为 6f 螺纹,涂层厚度符合要求。

附　录　C
（资料性附录）
涂覆紧固件中性盐雾试验箱的耐腐蚀性控制

C.1　目的

本附录的目的是检查锌底漆层（热浸镀锌除外）紧固件用中性盐雾试验箱的耐腐蚀性，该试验符合 GB/T 10125 的规定。

规定了两种类型试验以满足：

——确定符合要求试验箱的耐腐蚀性等级和条件，通过控制试验箱整个有效容积的耐腐蚀性，测试独立样本。

——在两次控制之间，监控试验箱耐腐蚀性。

注：耐腐蚀性等级控制可用于新型中性盐雾试验箱鉴定和验收。

C.2　频率

至少每年确定一次耐腐蚀性等级，再者，进行主要维护和修理的设备在使用前也要确定耐腐蚀性等级。

耐腐蚀性监控应至少每月一次。

C.3　操作条件

C.3.1　参数

除校准方法外，应检查 GB/T 10125 规定的所有参数。

C.3.2　参比试样

参比试样应为钢制，通过高速连续热浸镀锌涂覆至少一面。

锌的厚度应为 11 μm ± 1 μm。为了在储存中更好地保护锌板，可加润滑油。

参比试样应附有合格证书，包含以下内容：

——供货商身份证明；

——产品身份证明：线圈和熔化的号码；

——基底金属的化学成分和机械性能；

——锌沉淀物的厚度；

——保护油的说明。

C.3.3　盐溶液的制备

C.3.3.1　准备

在无水 NaCl 的形式，总共不应含有超过 0.2%（质量分数）的杂质。应含有低于 10 mg/kg 的 Ni 和低于 10 mg/kg 的 Cu。不应使用海水，以避免 NaI。

用在（25±2）℃温度下，导电率小于或等于 20 μS/cm 的水，溶解 NaCl 获得浓度为（50±5）g/L 的

NaCl 溶液。

在(25±2) ℃温度下测量盐溶液密度应为 1.029 kg/dm^3～1.036 kg/dm^3。

C.3.3.2 测量 pH 值

在(25±2) ℃温度下,用配置在高碱度玻璃电极上的 pH 计(±0.1 pH 单位或更小)测量 pH 值。这个电极不应接触烧杯底。在计数前,应轻轻搅动盐溶液 1 min。

在最大稳定时间 6 h 之后,盐溶液的 pH 值应在 6.3～7.4 之间。如不符合,盐溶液不可用。要确定杂质的原因,并消除相应来源。

C.3.3.3 过滤

盐溶液应清澈(用肉眼观察)。如有必要,在引入水槽前先过滤。

C.3.4 试板的准备

试板应在完成脱脂过程 24 h 内使用。按以下步骤脱脂:

a) 丙酮预脱脂,用软布。

b) 超声脱脂,清洗液由以下成分组成:

——$NaHCO_3$(15±2) g/L;

——Na_2CO_3(10±2) g/L;

——Na_3PO_4(20±2) g/L;

——$Na_2B_4O_7$,$10H_2O$ (10±2) g/L;

——用去离子水调整到 1 L。

超声条件:

——温度:(45±2) ℃;

——周期:(7±1) min。

储存在不透明的容器中,储存条件 0 ℃～40 ℃,这种脱脂液使用寿命约 36 个月。这种溶液应储存在密封容器中。1 L 这种溶液最多够 5 个试板用。

c) 应在关闭超声前用钳子将试板取出。应在脱钙或去离子水中清洗,之后用干净的溶剂(乙醇或丙酮)清洗,然后在空气中干燥。

C.3.5 保护

建议处理脱脂板时戴着手套。试板的边缘和背部应用 100 × 38 型的棕色胶带保护,如图 C.3 所示。

C.3.6 参比试样和盐雾收集器的位置

支撑物应用惰性材料。应使试板在一条直线上,与垂直方向呈(20±5)°的角度。每个板的中心应位于平均试样暴露高度,面对喷雾装置腐蚀的一面。试板的数量和相对位置根据试验方法和试验箱设计变化,见图 C.1～图 C.3:

——年度控制至少用 3 个试板。试板应放置在喷嘴到最远箱壁之间 1/4,1/2 和 3/4 处;

——每个月的监控至少用 1 个试板。试板应设置在喷雾到最远箱壁之间一半处。

电极应根据图 C.1～图 C.3 放置。

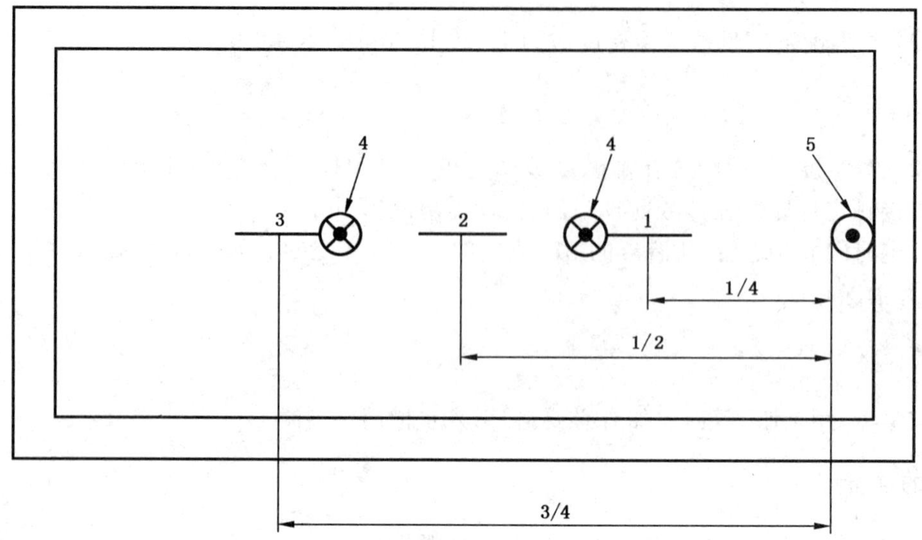

说明：
1,2,3——试板；
4 ——电极；
5 ——喷嘴。

图 C.1 离心喷雾试验箱

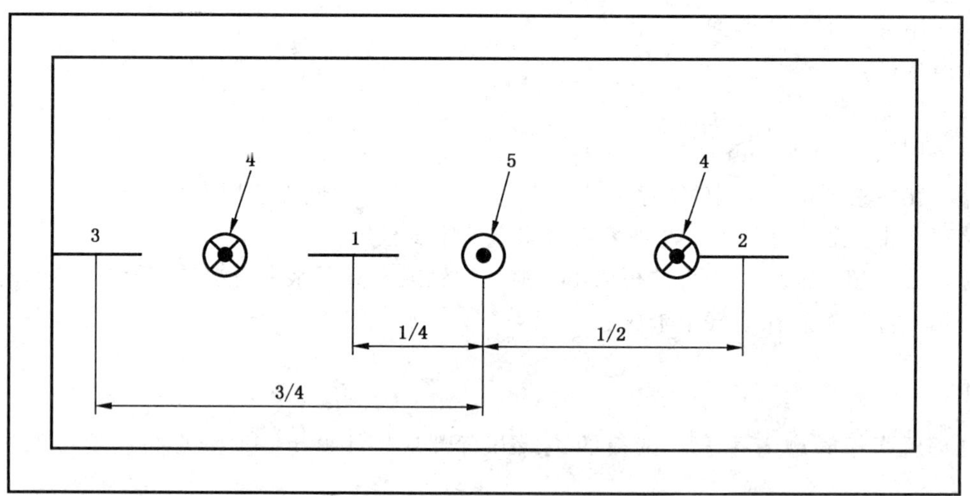

说明：
1,2,3——试板；
4 ——电极；
5 ——喷嘴。

图 C.2 中心喷雾试验箱

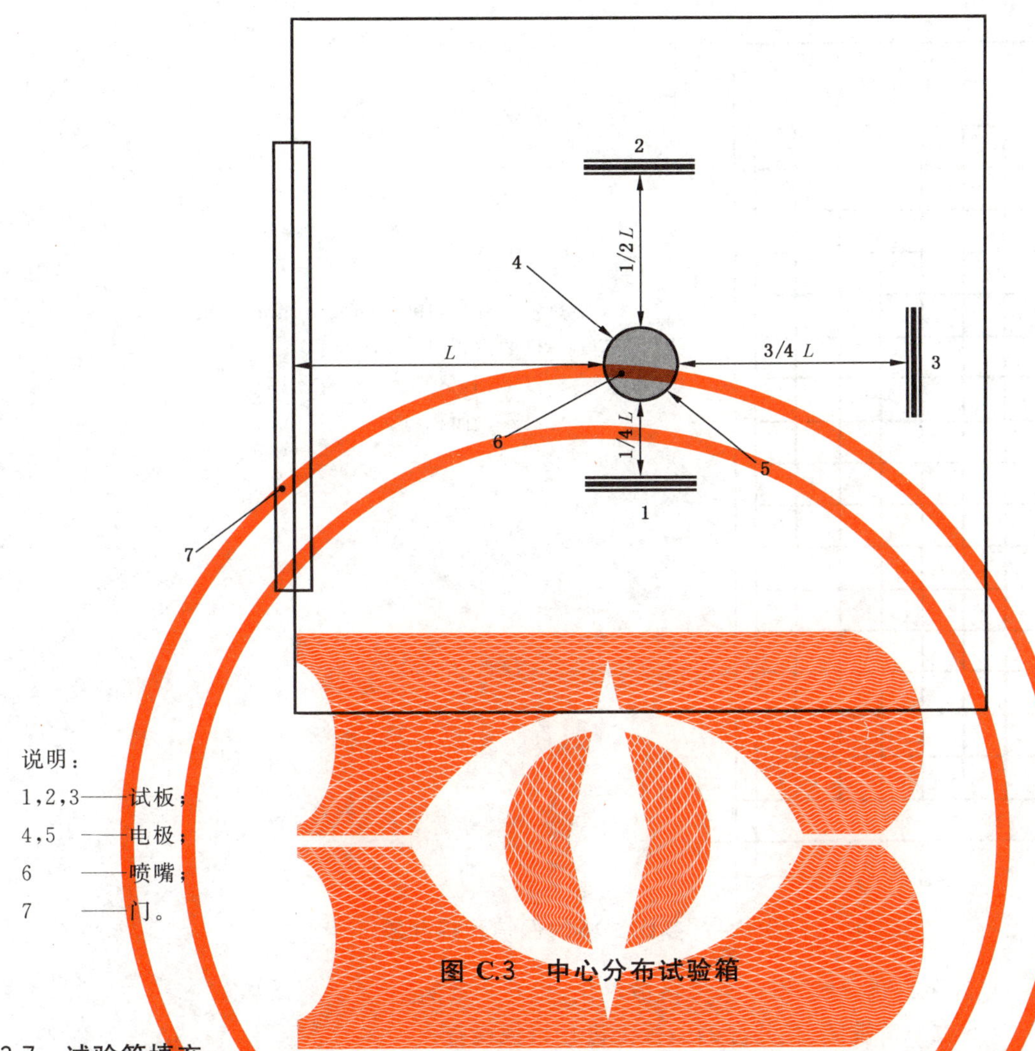

说明：

1,2,3——试板；

4,5 ——电极；

6 ——喷嘴；

7 ——门。

图 C.3 中心分布试验箱

C.3.7 试验箱填充

在年度控制时，试验箱应仅包含参比试样。

每月监控可在试验箱正常操作期间进行。其他暴露的试样不应妨碍参比试样。

C.3.8 腐蚀表面的测定

图 C.4 所示控制罩应在透明处再现。这个控制罩应设置在参比试样上。

单位为毫米

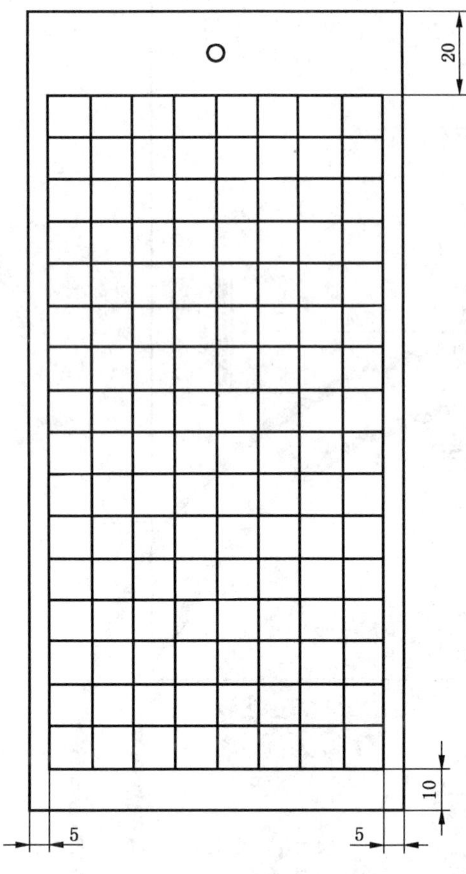

热浸镀锌板:190 mm×90 mm
一格的面积:1 cm^2
%侵蚀:n(格)×0.78
总暴露表面积:128 cm^2

图 C.4　参比试样的保护和控制罩

只要显示一点红色氧化,就表示一个方格被氧化,见 C.5 示例。

应每(24±1) h 在未清洗的,还是湿的面板上进行目视检查。

最后一次检查应在 72 h 之后进行。建议在星期五开始进行该试验。

在 72 h 检查中,如果一个试板出现红色氧化,有必要在下周一重复该试验并每 24 h 检查一次。

年度控制中,在 72 h 周期后,每天打开试验箱不超过 30 min。

每月监控时,每次打开试验箱不超过 60 min。打开时间不扣除。

C.3.9　结论

RRT(红色锈蚀时间)为超过 5%的生锈水平的时间(即最少 6 个小方格出现红色氧化物)。

试验箱腐蚀性水平根据表 C.1 用 A～D 等级评估。

表 C.1　评定试验箱腐蚀性水平的分级方法

<table>
<tr><th>红色锈蚀时间(RRT)
h</th><th>等级</th><th>符合性</th></tr>
<tr><td>RRT≤72</td><td>A</td><td>不合格</td></tr>
<tr><td>72<RRT≤96</td><td>B</td><td rowspan="2">合格</td></tr>
<tr><td>96<RRT≤120</td><td>C</td></tr>
<tr><td>RRT>120</td><td>D</td><td>不合格</td></tr>
<tr><td colspan="3">注:当 B 或 C 级时,试验箱合格。</td></tr>
</table>

C.4 腐蚀性图片示例

根据试验期间参比试样在试验箱内的方向，将罩的顶部精确放在参比试样顶部。腐蚀性图片示例见图 C.5。

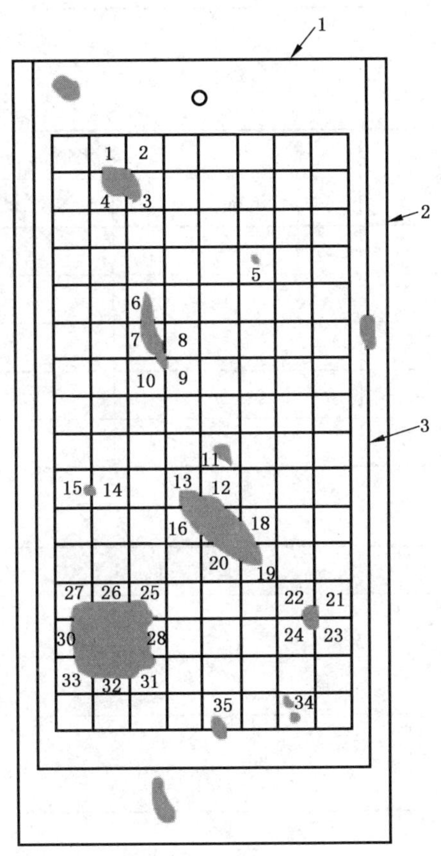

说明：

1——罩和试板的顶部；

2——参比试样；

3——控制罩；

35 个小方格显示红色锈蚀，氧化百分比为 27.3%(35×0.78)。

图 C.5 腐蚀性图片示例

C.5 试验箱腐蚀性水平年度控制和月度监控报告格式

<table>
<tr><td>试验类型：月度监控 □</td><td>年度控制 □</td></tr>
<tr><td>试验开始时间：</td><td>试验箱标识号：</td></tr>
<tr><td colspan="2">参比试样批号：</td></tr>
</table>

凝析油检查

收集体积数 mL/h[a]		
收集 1	收集 2	收集 3
[a] 整个试验期间平均测量值(包括打开时间)。水平收集面积 80 cm^2;根据 GB/T 10125,(1.5±0.5) mL/h。		

注:收集数与试板数一致。

腐蚀性水平测定

红色锈蚀时间(RRT) h	等级	红色氧化情况:控制罩测量百分比%		
		试板 1	试板 2	试板 3
RRT≤72	A			
72<RRT≤96	B			
96<RRT≤120	C			
RRT>120	D			
结果(等级)				

试验箱腐蚀性结论

所有参数一致 □		不一致 □
意见		
操作人员	签名	日期

ICS 21.120.20
J 19

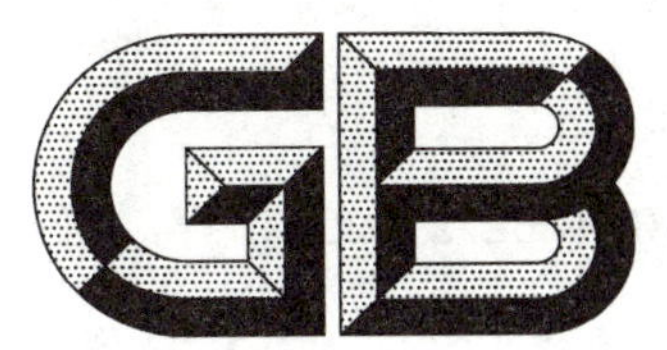

中华人民共和国国家标准

GB/T 5272—2017
代替 GB/T 5272—2002

梅花形弹性联轴器

Coupling with elastic spider

2017-05-12 发布　　2017-12-01 实施

中华人民共和国国家质量监督检验检疫总局
中国国家标准化管理委员会　发布

前　言

本标准按照 GB/T 1.1—2009 给出的规则起草。

本标准代替 GB/T 5272—2002《梅花形弹性联轴器》。本标准与 GB/T 5272—2002 相比，除编辑性修改外，主要技术变化如下：

——增加了联轴器的最大转矩；

——修改了联轴器型号的表示方法；

——删除了 LMD 型和 LMZ-Ⅱ型结构型式；

——修改了部分 LML 型联轴器的结构型式；

——修改了部分 LMS 型联轴器的尺寸；

——增加了 LMP 型结构型式；

——修改了弹性体的物理力学性能；

——增加了联轴器选用说明(见附录 B)。

本标准由全国机器轴与附件标准化技术委员会(SAC/TC 109)提出并归口。

本标准起草单位：太原重工股份有限公司、中机生产力促进中心、冀州市联轴器厂、浙江西普力密封科技有限公司、山西大新传动技术有限公司。

本标准主要起草人：刘润林、明翠新、刘靖生、奚为民、张新辉、朱悦。

本标准所代替标准的历次版本发布情况为：

——GB/T 5272—1985、GB/T 5272—2002。

梅花形弹性联轴器

1 范围

本标准规定了标准 LM 型、LMS 型、LML 型和 LMP 型梅花形弹性联轴器(以下简称联轴器)的型式、基本参数、主要尺寸、标记方法、技术要求和检验规则。

本标准适用于工作环境温度为－35 ℃～＋80 ℃,传递公称转矩为 28 N·m～14 000 N·m,并具有补偿两轴线相对位移和减振、缓冲性能联结两同轴线的传动轴系。

2 规范性引用文件

下列文件对于本文件的应用是必不可少的。凡是注日期的引用文件,仅注日期的版本适用于本文件。凡是不注日期的引用文件,其最新版本(包括所有的修改单)适用于本文件。

GB/T 528 硫化橡胶或热塑性橡胶 拉伸应力应变性能的测定

GB/T 529 硫化橡胶或热塑性橡胶撕裂强度的测定(裤形、直角形和新月形试样)

GB/T 531.1 硫化橡胶或热塑性橡胶 压入硬度试验方法 第 1 部分:邵氏硬度计法(邵尔硬度)

GB/T 699 优质碳素结构钢

GB/T 1348 球墨铸铁件

GB/T 1681 硫化橡胶回弹性的测定

GB/T 1682 硫化橡胶 低温脆性的测定 单试样法

GB/T 1689 硫化橡胶 耐磨性能的测定(用阿克隆磨耗试验机)

GB/T 1690 硫化橡胶或热塑性橡胶 耐液体试验方法

GB/T 3852 联轴器轴孔和联结型式与尺寸

GB/T 7759.1 硫化橡胶或热塑性橡胶 压缩永久变形的测定 第 1 部分:在常温及高温条件下

GB/T 11352 一般工程用铸造碳钢件

3 型式、基本参数和主要尺寸

3.1 LM 型—基本型联轴器的型式、基本参数和主要尺寸见图 1 和表 1。

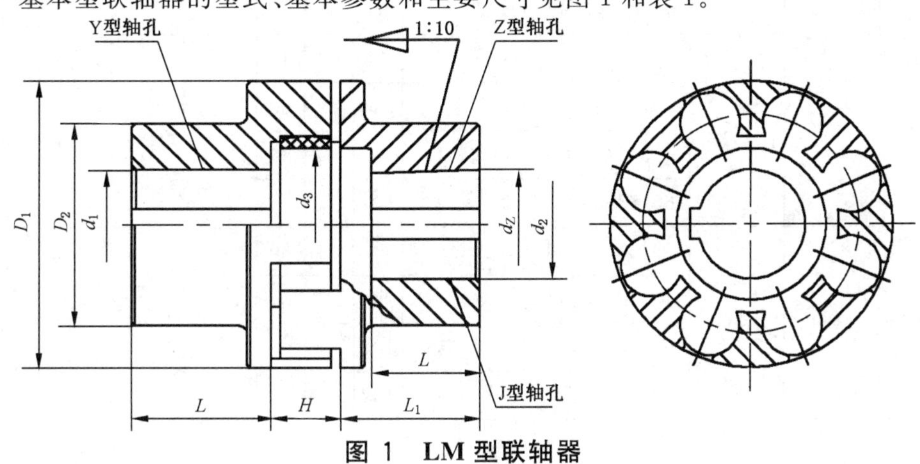

图 1 LM 型联轴器

表 1 LM 型联轴器基本参数和主要尺寸

型号	公称转矩 T_n N·m	最大转矩 T_{max} N·m	许用转速 [n] r/min	轴孔直径 d_1、d_2、d_Z mm	轴孔长度 Y 型 L mm	轴孔长度 J、Z 型 L_1 mm	轴孔长度 J、Z 型 L mm	D_1 mm	D_2 mm	H mm	转动惯量 kg·m²	质量 kg
LM50	28	50	15 000	10,11	22	—	—	50	42	16	0.000 2	1.00
				12,14	27	—	—					
				16,18,19	30	—	—					
				20,22,24	38	—	—					
LM70	112	200	11 000	12,14	27	—	—	70	55	23	0.001 1	2.50
				16,18,19	30	—	—					
				20,22,24	38	—	—					
				25,28	44	—	—					
				30,32,35,38	60	—	—					
LM85	160	288	9 000	16,18,19	30	—	—	85	60	24	0.002 2	3.42
				20,22,24	38	—	—					
				25,28	44	—	—					
				30,32,35,38	60	—	—					
LM105	355	640	7 250	18,19	30	—	—	105	65	27	0.005 1	5.15
				20,22,24	38	—	—					
				25,28	44	—	—					
				30,32,35,38	60	—	—					
				40,42	84	—	—					
LM125	450	810	6 000	20,22,24	38	52	38	125	85	33	0.014	10.1
				25,28	44	62	44					
				30,32,35,38*	60	82	60					
				40,42,45,48,50,55	84	—	—					
LM145	710	1 280	5 250	25,28	44	62	44	145	95	39	0.025	13.1
				30,32,35,38	60	82	60					
				40,42,45*,48*,50*,55*	84	112	84					
				60,63,65	107	—	—					
LM170	1 250	2 250	4 500	30,32,35,38	60	82	60	170	120	41	0.055	21.2
				40,42,45,48,50,55	84	112	84					
				60,63,65,70,75	107	—	—					
				80,85	132	—	—					

表 1（续）

型号	公称转矩 T_n N·m	最大转矩 T_{max} N·m	许用转速 $[n]$ r/min	轴孔直径 d_1、d_2、d_Z mm	轴孔长度 mm			D_1 mm	D_2 mm	H mm	转动惯量 kg·m²	质量 kg
					Y 型 L	J、Z 型 L_1	L					
LM200	2 000	3 600	3 750	35,38	60	82	60	200	135	48	0.119	33.0
				40,42,45,48,50,55	84	112	84					
				60,63,65,70*,75*	107	142	107					
				80,85,90,95	132	—	—					
LM230	3 150	5 670	3 250	40,42,45,48,50,55	84	112	84	230	150	50	0.217	45.5
				60,63,65,70,75	107	142	107					
				80,85,90,95	132	—	—					
LM260	5 000	9 000	3 000	45,48,50,55	84	112	84	260	180	60	0.458	75.2
				60,63,65,70,75	107	142	107					
				80,85,90*,95*	132	172	132					
				100,110,120,125	167	—	—					
LM300	7 100	12 780	2 500	60,63,65,70,75	107	142	107	300	200	67	0.804	99.2
				80,85,90,95	132	172	132					
				100,110,120,125	167	—	—					
				130,140	202	—	—					
LM360	12 500	22 500	2 150	60,63,65,70,75	107	142	107	360	225	73	1.73	148.1
				80,85,90,95	132	172	132					
				100,110,120*,125*	167	212	167					
				130,140,150	202	—	—					
LM400	14 000	25 200	1 900	80,85,90,95	132	172	132	400	250	73	2.84	197.5
				100,110,120,125	167	212	167					
				130,140,150	202	—	—					
				160	242	—	—					

注 1：* 无 J、Z 型轴孔型式。

注 2：转动惯量和质量是按 Y 型最大轴孔长度、最小轴孔直径计算的数值。

3.2 LMS 型—法兰型联轴器的型式、基本参数和主要尺寸见图 2 和表 2。

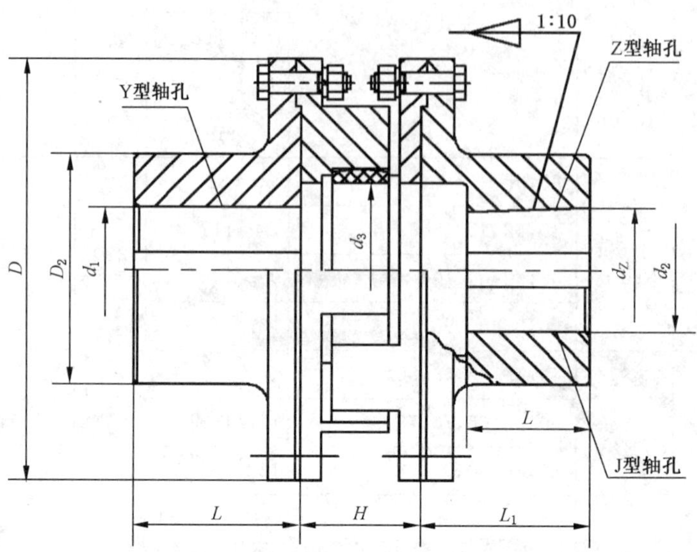

图 2 LMS 型联轴器

表 2 LMS 型联轴器基本参数和主要尺寸

型号	公称转矩 T_n N·m	最大转矩 T_{max} N·m	许用转速 [n] r/min	轴孔直径 d_1、d_2、d_Z mm	轴孔长度 Y 型 L mm	轴孔长度 J、Z 型 L_1 mm	轴孔长度 J、Z 型 L mm	D mm	D_2 mm	H mm	转动惯量 kg·m²	质量 kg
LMS 105	355	640	5 260	18,19	30	—	—	145	65	44	0.018	8.72
				20,22,24	38	—	—					
				25,28	44	—	—					
				30,32,35,38	60	—	—					
				40,42	84	—	—					
LMS 125	450	810	4 490	20,22,24	38	52	38	170	85	51	0.043	14.9
				25,28	44	62	44					
				30,32,35,38*	60	82	60					
				40,42,45,48,50,55	84	—	—					
LMS 145	710	1 280	3 910	25,28	44	62	44	195	95	59	0.078	20.4
				30,32,35,38	60	82	60					
				40,42,45*,48*,50*,55*	84	112	84					
				60,63,65	107	—	—					

表 2（续）

<table>
<tr><th rowspan="3">型号</th><th rowspan="3">公称转矩 T_n N·m</th><th rowspan="3">最大转矩 T_{max} N·m</th><th rowspan="3">许用转速 [n] r/min</th><th rowspan="3">轴孔直径 d_1、d_2、d_Z mm</th><th colspan="3">轴孔长度</th><th rowspan="3">D mm</th><th rowspan="3">D_2 mm</th><th rowspan="3">H mm</th><th rowspan="3">转动惯量 kg·m²</th><th rowspan="3">质量 kg</th></tr>
<tr><th>Y型</th><th colspan="2">J、Z型</th></tr>
<tr><th>L</th><th>L_1</th><th>L</th></tr>
<tr><td rowspan="4">LMS 170</td><td rowspan="4">1 250</td><td rowspan="4">2 250</td><td rowspan="4">3 470</td><td>30,32,35,38</td><td>60</td><td>82</td><td>60</td><td rowspan="4">220</td><td rowspan="4">120</td><td rowspan="4">63</td><td rowspan="4">0.151</td><td rowspan="4">31.1</td></tr>
<tr><td>40,42,45,48,50,55</td><td>84</td><td>112</td><td>84</td></tr>
<tr><td>60,63,65,70,75</td><td>107</td><td>—</td><td>—</td></tr>
<tr><td>80,85</td><td>132</td><td>—</td><td>—</td></tr>
<tr><td rowspan="4">LMS 200</td><td rowspan="4">2 000</td><td rowspan="4">3 600</td><td rowspan="4">2 930</td><td>35,38</td><td>60</td><td>82</td><td>60</td><td rowspan="4">260</td><td rowspan="4">135</td><td rowspan="4">74</td><td rowspan="4">0.319</td><td rowspan="4">47.2</td></tr>
<tr><td>40,42,45,48,50,55</td><td>84</td><td>112</td><td>84</td></tr>
<tr><td>60,63,65,70*,75*</td><td>107</td><td>142</td><td>107</td></tr>
<tr><td>80,85,90,95</td><td>132</td><td>—</td><td>—</td></tr>
<tr><td rowspan="3">LMS 230</td><td rowspan="3">3 150</td><td rowspan="3">5 670</td><td rowspan="3">2 630</td><td>40,42,45,48,50,55</td><td>84</td><td>112</td><td>84</td><td rowspan="3">290</td><td rowspan="3">150</td><td rowspan="3">82</td><td rowspan="3">0.54</td><td rowspan="3">64.0</td></tr>
<tr><td>60,63,65,70,75</td><td>107</td><td>142</td><td>107</td></tr>
<tr><td>80,85,90,95</td><td>132</td><td>—</td><td>—</td></tr>
<tr><td rowspan="4">LMS 260</td><td rowspan="4">5 000</td><td rowspan="4">9 000</td><td rowspan="4">2 280</td><td>45,48,50,55</td><td>84</td><td>112</td><td>84</td><td rowspan="4">335</td><td rowspan="4">180</td><td rowspan="4">100</td><td rowspan="4">1.18</td><td rowspan="4">105.4</td></tr>
<tr><td>60,63,65,70,75</td><td>107</td><td>142</td><td>107</td></tr>
<tr><td>80,85,90*,95*</td><td>132</td><td>172</td><td>132</td></tr>
<tr><td>100,110,120,125</td><td>167</td><td>—</td><td>—</td></tr>
<tr><td rowspan="4">LMS 300</td><td rowspan="4">7 100</td><td rowspan="4">12 780</td><td rowspan="4">1 980</td><td>60,63,65,70,75</td><td>107</td><td>142</td><td>107</td><td rowspan="4">385</td><td rowspan="4">200</td><td rowspan="4">117</td><td rowspan="4">2.24</td><td rowspan="4">151.0</td></tr>
<tr><td>80,85,90 95</td><td>132</td><td>172</td><td>132</td></tr>
<tr><td>100,110,120,125</td><td>167</td><td>—</td><td>—</td></tr>
<tr><td>130,140</td><td>202</td><td>—</td><td>—</td></tr>
<tr><td rowspan="4">LMS 360</td><td rowspan="4">12 500</td><td rowspan="4">22 500</td><td rowspan="4">1 660</td><td>60,63,65,70,75</td><td>107</td><td>142</td><td>107</td><td rowspan="4">460</td><td rowspan="4">225</td><td rowspan="4">129</td><td rowspan="4">4.94</td><td rowspan="4">233.5</td></tr>
<tr><td>80,85,90,95</td><td>132</td><td>172</td><td>132</td></tr>
<tr><td>100,110,120*,125*</td><td>167</td><td>212</td><td>167</td></tr>
<tr><td>130,140,150</td><td>202</td><td>—</td><td>—</td></tr>
<tr><td rowspan="4">LMS 400</td><td rowspan="4">14 000</td><td rowspan="4">25 200</td><td rowspan="4">1 250</td><td>80,85,90,95</td><td>132</td><td>172</td><td>132</td><td rowspan="4">500</td><td rowspan="4">250</td><td rowspan="4">129</td><td rowspan="4">7.33</td><td rowspan="4">293.3</td></tr>
<tr><td>100,110,120,125</td><td>167</td><td>212</td><td>167</td></tr>
<tr><td>130,140,150</td><td>202</td><td>—</td><td>—</td></tr>
<tr><td>160</td><td>242</td><td>—</td><td>—</td></tr>
<tr><td colspan="13">注 1：* 无 J、Z 型轴孔型式。
注 2：转动惯量和质量是按 Y 型最大轴孔长度、最小轴孔直径计算的数值。</td></tr>
</table>

3.3 LML 型—带制动轮型联轴器的型式、基本参数和主要尺寸见图 3 和表 3。

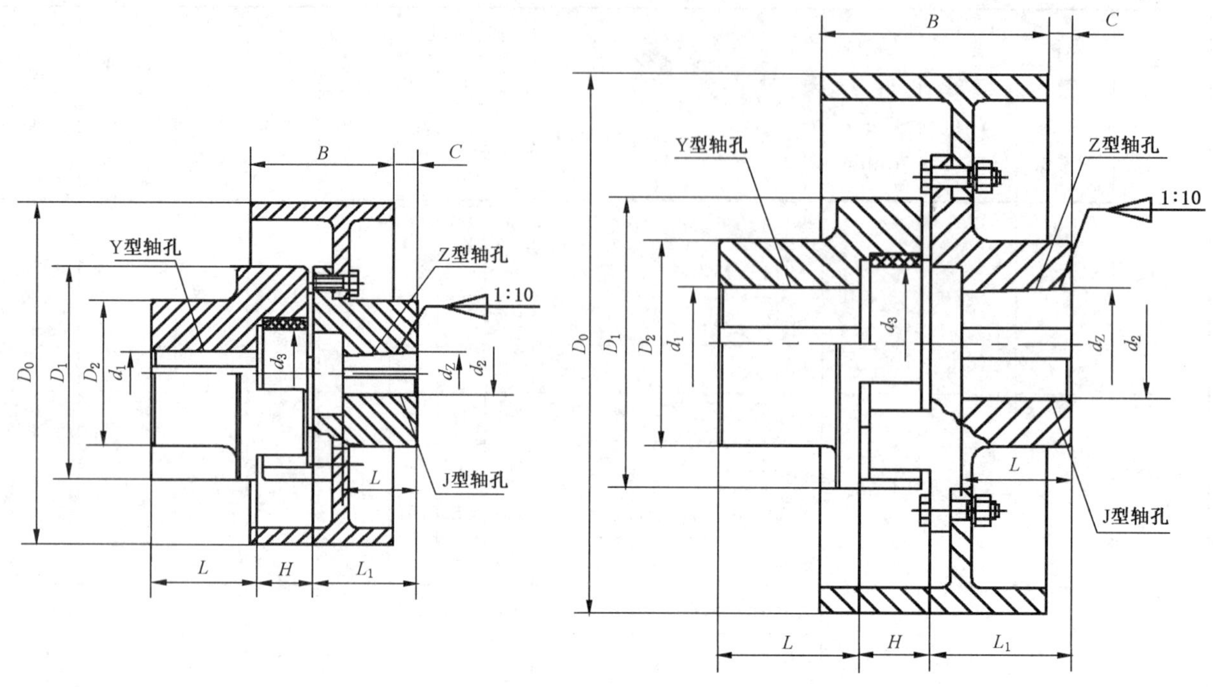

a) LML105-160～LML145-200 型　　b) LML145-250～LML400-710 型

图 3 LML 型联轴器

表 3 LML 型联轴器基本参数和主要尺寸

型号	公称转矩 T_n N·m	最大转矩 T_{max} N·m	许用转速 [n] r/min	轴孔直径 d_1、d_2、d_Z mm	轴孔长度 Y 型 L mm	轴孔长度 J、Z 型 L_1 mm	轴孔长度 J、Z 型 L mm	D_0 mm	B mm	C** mm	D_2 mm	H mm	转动惯量 kg·m²	质量 kg
LML 105 -160	355	640	4 750	20,22,24	—	—	—	160	70	7.5	65	20	0.025	8.7
				25,28	—	—	—			17.5				
				30,32,35,38	60	—	—			37.5				
				40,42	84	—	—			67.5				
LML 105 -200	355	640	3 800	20,22,24	—	—	—	200	85	4.5	65	20	0.048	10.8
				25,28	—	—	—			14.5				
				30,32,35,38	60	—	—			34.5				
				40,42	84	—	—			64.5				
LML 125 -200	450	810	3 800	25,28	—	62	44	200	85	14	85	25	0.07	15.6
				30,32,35,38*	60	82	60			34				
				40,42,45,48,50,55	84	—	—			64				

表 3（续）

型号	公称转矩 T_n N·m	最大转矩 T_{max} N·m	许用转速 [n] r/min	轴孔直径 d_1、d_2、d_Z mm	轴孔长度 Y 型 L mm	轴孔长度 J、Z 型 L_1 mm	轴孔长度 J、Z 型 L mm	D_0 mm	B mm	C^{**} mm	D_2 mm	H mm	转动惯量 kg·m²	质量 kg
LML 145 -200	710	1 280	3 800	30,32,35,38	60	82	60	200	85	33	95	30	0.084	18.6
				40,42,45*,48*,50*,55*	84	112	84			63				
				60,63,65	107	—	—			93				
LML 145 -250	710	1 280	3 000	30,32,35,38	60	82	60	250	105	24	95	30	0.172	24.5
				40,42,45*,48*,50*,55*	84	112	84			54				
				60,63,65	107	—	—			84				
LML 170 -250	1 250	2 250	3 000	40,42,45,48,50,55	84	112	84	250	105	53	120	30	0.227	32.3
				60,63,65,70,75	107	—	—			83				
				80,85	132	—	—			113				
LML 170 -315	1 250	2 250	2 400	40,42,45,48,50,55	84	112	84	315	135	41	120	30	0.444	39.7
				60,63,65,70,75	107	—	—			71				
				80,85	132	—	—			101				
LML 200 -315	2 000	3 600	2 400	40,42,45,48,50,55	84	112	84	315	135	40	135	35	0.578	51.8
				60,63,65,70*,75*	107	142	107			70				
				80,85,90,95	132	—	—			100				
LML 200 -400	2 000	3 600	1 900	40,42,45,48,50,55	84	112	84	400	170	28	135	35	1.244	69.2
				60,63,65,70*,75*	107	142	107			58				
				80,85,90,95	132	—	—			88				
LML 230 -400	3 150	5 670	1 900	40,42,45,48,50,55	—	112	84	400	170	26.5	150	35	1.460	81.1
				60,63,65,70,75	107	142	107			56.5				
				80,85,90,95	132	—	—			86.5				
LML 230 -500	3 150	5 670	1 500	40,42,45,48,50,55	—	112	84	500	210	5	150	35	3.072	109.2
				60,63,65,70,75	107	142	107			35				
				80,85,90,95	132	—	—			65				
LML 260 -500	5 000	9 000	1 500	60,63,65,70,75	107	142	107	500	210	35	180	45	3.898	138.6
				80,85,90*,95*	132	172	132			65				
				100,110,120,125	167	—	—			105				
LML 300 -630	7 100	11 160	1 200	80,85,90,95	132	172	132	630	265	43	200	50	9.719	217.4
				100,110,120,125	167	—	—			83				
				130,140	202	—	—			123				

表 3（续）

型号	公称转矩 T_n N·m	最大转矩 T_{max} N·m	许用转速 $[n]$ r/min	轴孔直径 d_1、d_2、d_Z mm	轴孔长度 Y型 L mm	轴孔长度 J、Z型 L_1 mm	轴孔长度 J、Z型 L mm	D_0 mm	B mm	C** mm	D_2 mm	H mm	转动惯量 kg·m²	质量 kg
LML 360 -630	12 500	20 200	1 200	80,85,90,95	132	172	132	630	265	41	225	55	11.95	267.7
				100,110,120*,125*	167	212	167			81				
				130,140,150	202	—	—			121				
LML 360 -710	12 500	20 200	1 100	80,85,90,95	—	172	132	710	300	26	225	55	18.03	318.0
				100,110,120*,125*	167	212	167			66				
				130,140,150	202	—	—			106				
LML 400 -710	14 000	22 580	1 100	80,85,90,95	—	172	132	710	300	26	250	55	20.65	364.1
				100,110,120,125	167	212	167			66				
				130,140,150	202	—	—			106				
				160	242	—	—			156				

注 1：* 无 J、Z 型轴孔型式。

注 2：** C 为 Y 型最大轴孔长度及 J、Z 型轴孔长度的数值。

注 3：转动惯量和质量是按 Y 型最大轴孔长度、最小轴孔直径计算的数值。

注 4：尺寸 D_1 见表 1。

3.4 LMP 型—带制动盘型联轴器的型式、基本参数和主要尺寸见图 4 和表 4。

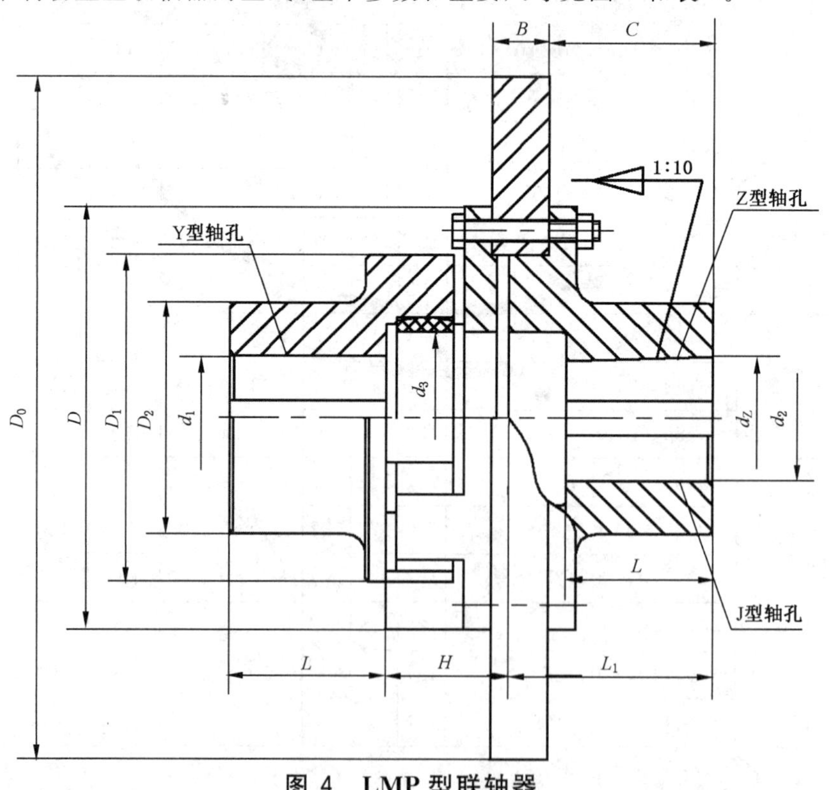

图 4 LMP 型联轴器

表 4　LMP 型联轴器基本参数和主要尺寸

<table>
<tr><th rowspan="4">型号</th><th rowspan="4">公称转矩
T_n
N·m</th><th rowspan="4">最大转矩
T_{max}
N·m</th><th rowspan="4">许用转速
[n]
r/min</th><th rowspan="4">轴孔直径
d_1、d_2、d_Z
mm</th><th colspan="3">轴孔长度</th><th rowspan="4">D_0
mm</th><th rowspan="4">D
mm</th><th rowspan="4">C**
mm</th><th rowspan="4">D_2
mm</th><th rowspan="4">H
mm</th><th rowspan="4">转动惯量
kg·m²</th><th rowspan="4">质量
kg</th></tr>
<tr><th>Y 型</th><th colspan="2">J、Z 型</th></tr>
<tr><th>L</th><th>L_1</th><th>L</th></tr>
<tr><th colspan="3">mm</th></tr>
<tr><td rowspan="3">LMP145</td><td rowspan="3">710</td><td rowspan="3">1 230</td><td rowspan="3">2 100
1 900
1 700</td><td>30,32,35,38</td><td>60</td><td>82</td><td>60</td><td rowspan="3">355
400
450</td><td rowspan="3">195</td><td>24</td><td rowspan="3">95</td><td rowspan="3">30</td><td rowspan="3">0.17</td><td rowspan="3">24.5</td></tr>
<tr><td>40,42,45*,48*,50*,55*</td><td>84</td><td>112</td><td>84</td><td>54</td></tr>
<tr><td>60,63,65</td><td>107</td><td>—</td><td>—</td><td>84</td></tr>
<tr><td rowspan="3">LMP170</td><td rowspan="3">1 250</td><td rowspan="3">2 040</td><td rowspan="3">1 900
1 700
1 500</td><td>40,42,45,48,50,55</td><td>84</td><td>112</td><td>84</td><td rowspan="3">400
450
500</td><td rowspan="3">220</td><td>53</td><td rowspan="3">120</td><td rowspan="3">30</td><td rowspan="3">0.22</td><td rowspan="3">32.3</td></tr>
<tr><td>60,63,65,70,75</td><td>107</td><td>—</td><td>—</td><td>83</td></tr>
<tr><td>80,85</td><td>132</td><td>—</td><td>—</td><td>113</td></tr>
<tr><td rowspan="3">LMP200</td><td rowspan="3">2 000</td><td rowspan="3">3 180</td><td rowspan="3">1 700
1 500
1 360</td><td>40,42,45,48,50,55</td><td>84</td><td>112</td><td>84</td><td rowspan="3">450
500
560</td><td rowspan="3">260</td><td>28</td><td rowspan="3">135</td><td rowspan="3">35</td><td rowspan="3">1.24</td><td rowspan="3">69.2</td></tr>
<tr><td>60,63,65,70*,75*</td><td>107</td><td>142</td><td>107</td><td>58</td></tr>
<tr><td>80,85,90,95</td><td>132</td><td>—</td><td>—</td><td>88</td></tr>
<tr><td rowspan="3">LMP230</td><td rowspan="3">3 150</td><td rowspan="3">5 160</td><td rowspan="3">1 500
1 360
1 200</td><td>40,42,45,48,50,55</td><td>84</td><td>112</td><td>84</td><td rowspan="3">500
560
630</td><td rowspan="3">290</td><td>26.5</td><td rowspan="3">150</td><td rowspan="3">35</td><td rowspan="3">1.46</td><td rowspan="3">81.1</td></tr>
<tr><td>60,63,65,70,75</td><td>107</td><td>142</td><td>107</td><td>56.5</td></tr>
<tr><td>80,85,90,95</td><td>132</td><td>—</td><td>—</td><td>86.5</td></tr>
<tr><td rowspan="3">LMP260</td><td rowspan="3">5 000</td><td rowspan="3">8 400</td><td rowspan="3">1 200
1 100</td><td>60,63,65,70,75</td><td>107</td><td>142</td><td>107</td><td rowspan="3">630
710</td><td rowspan="3">335</td><td>35</td><td rowspan="3">180</td><td rowspan="3">45</td><td rowspan="3">3.89</td><td rowspan="3">138</td></tr>
<tr><td>80,85,90*,95*</td><td>132</td><td>172</td><td>132</td><td>65</td></tr>
<tr><td>100,110,120,125</td><td>167</td><td>—</td><td>—</td><td>105</td></tr>
<tr><td rowspan="3">LMP300</td><td rowspan="3">7 100</td><td rowspan="3">11 160</td><td rowspan="3">1 100
950</td><td>80,85,90,95</td><td>132</td><td>172</td><td>132</td><td rowspan="3">710
800</td><td rowspan="3">385</td><td>43</td><td rowspan="3">200</td><td rowspan="3">50</td><td rowspan="3">9.71</td><td rowspan="3">217</td></tr>
<tr><td>100,110,120,125</td><td>167</td><td>—</td><td>—</td><td>83</td></tr>
<tr><td>130,140</td><td>202</td><td>—</td><td>—</td><td>123</td></tr>
<tr><td rowspan="3">LMP360</td><td rowspan="3">12 500</td><td rowspan="3">20 200</td><td rowspan="3">950
850
760</td><td>80,85,90,95</td><td>132</td><td>172</td><td>132</td><td rowspan="3">800
900
1 000</td><td rowspan="3">460</td><td>41</td><td rowspan="3">225</td><td rowspan="3">55</td><td rowspan="3">11.9</td><td rowspan="3">267</td></tr>
<tr><td>100,110,120*,125*</td><td>167</td><td>212</td><td>167</td><td>81</td></tr>
<tr><td>130,140,150</td><td>202</td><td>—</td><td>—</td><td>121</td></tr>
<tr><td rowspan="4">LMP400</td><td rowspan="4">14 000</td><td rowspan="4">22 580</td><td rowspan="4">950
850
760</td><td>80,85,90,95</td><td>132</td><td>172</td><td>132</td><td rowspan="4">800
900
1 000</td><td rowspan="4">500</td><td>26</td><td rowspan="4">250</td><td rowspan="4">55</td><td rowspan="4">20.6</td><td rowspan="4">364</td></tr>
<tr><td>100,110,120,125</td><td>167</td><td>212</td><td>167</td><td>66</td></tr>
<tr><td>130,140,150</td><td>202</td><td>—</td><td>—</td><td>106</td></tr>
<tr><td>160</td><td>242</td><td>—</td><td>—</td><td>156</td></tr>
<tr><td colspan="15">注 1：* 无 J、Z 型轴孔型式。
注 2：** C 为 Y 型最大轴孔长度及 J、Z 型轴孔长度的数值。
注 3：转动惯量和质量是按 Y 型最大轴孔长度、最小轴孔直径计算的数值，未包括制动盘。制动盘相关数据见表 5。
注 4：尺寸 D_1 见表 1。</td></tr>
</table>

表 5 制动盘基本参数和主要尺寸

型号	制动盘直径 D_0/mm	制动盘厚度 B/mm	转动惯量 kg·m²	质量 kg
LMP145	355	30	0.36	19.4
	400	30	0.58	25.7
	450	30	0.94	33.6
LMP170	400	30	0.57	24.3
	450	30	0.93	32.1
	500	30	1.43	40.9
LMP200	450	30	0.91	30.0
	500	30	1.41	38.8
	560	30	2.24	50.6
LMP230	500	30	1.38	36.5
	560	30	2.21	48.2
	630	30	3.58	63.6
LMP260	630	30	3.54	60.9
	710	30	5.77	80.7
LMP300	710	30	5.69	76.6
	800	30	9.28	101.7
LMP360	800	30	9.08	94.4
	900	30	14.8	125.8
	1 000	30	22.7	161
LMP400	800	30	8.88	88.8
	900	30	14.6	120.2
	1 000	30	22.5	155.4

3.5 联轴器许用补偿量

联轴器的许用角向补偿量 $\Delta\alpha$、许用径向补偿量 ΔY 和许用轴向补偿量 ΔX 不得大于表 6 的规定。

表 6　联轴器许用补偿量

<table>
<tr><th colspan="4">联轴器型号</th><th>Δα/(°)</th><th>ΔY/mm</th><th>ΔX/mm</th></tr>
<tr><td>LM50</td><td>—</td><td>—</td><td>—</td><td rowspan="4">2</td><td>0.5</td><td>1.2</td></tr>
<tr><td>LM70</td><td>—</td><td>—</td><td>—</td><td rowspan="3">0.8</td><td>1.5</td></tr>
<tr><td>LM85</td><td>—</td><td>—</td><td>—</td><td>2.0</td></tr>
<tr><td>LM105</td><td>LMS105</td><td>LML105</td><td>—</td><td>2.5</td></tr>
<tr><td>LM125</td><td>LMS125</td><td>LML125</td><td>—</td><td rowspan="4">1.5</td><td rowspan="3">1.0</td><td rowspan="2">3.0</td></tr>
<tr><td>LM145</td><td>LMS145</td><td>LML145</td><td>LMP145</td></tr>
<tr><td>LM170</td><td>LMS170</td><td>LML170</td><td>LMP170</td><td>3.5</td></tr>
<tr><td>LM200</td><td>LMS200</td><td>LML200</td><td>LMP200</td><td rowspan="3">1.5</td><td>4.0</td></tr>
<tr><td>LM230</td><td>LMS230</td><td>LML230</td><td>LMP230</td><td rowspan="5">1.0</td><td>4.5</td></tr>
<tr><td>LM260</td><td>LMS260</td><td>LML260</td><td>LMP260</td><td rowspan="4">5.0</td></tr>
<tr><td>LM300</td><td>LMS300</td><td>LML300</td><td>LMP300</td><td rowspan="3">1.8</td></tr>
<tr><td>LM360</td><td>LMS360</td><td>LML360</td><td>LMP360</td></tr>
<tr><td>LM400</td><td>LMS400</td><td>LML400</td><td>LMP400</td></tr>
</table>

4　标记方法

4.1　型号表示方法

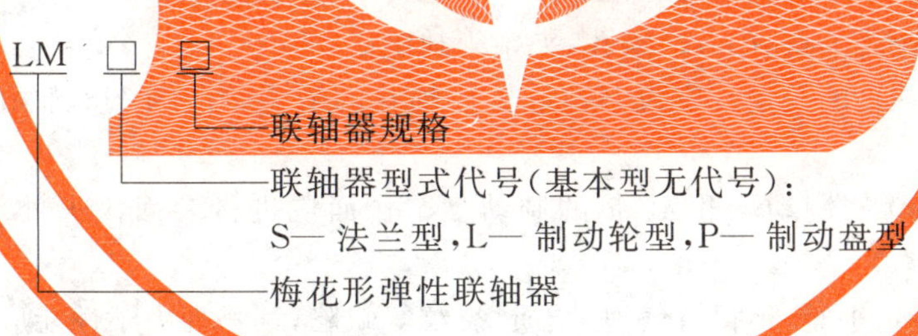

4.2　标记示例

联轴器的标记方法按 GB/T 3852 的规定。

示例 1：LM145 联轴器

主动端：Y 型轴孔，A 型键槽，d_1=45 mm，L=112 mm；

从动端：Y 型轴孔，A 型键槽，d_2=45 mm，L=112 mm：

LM145 联轴器 45×112　　GB/T 5272—2017

示例 2：LMS125 联轴器

主动端：Y 型轴孔，A 型键槽，d_1=25 mm，L=44 mm；

从动端：Z 型轴孔，C 型键槽，d_Z=30 mm，L=60 mm：

LMS125 联轴器 $\frac{25\times44}{\text{ZC}30\times82}$　　GB/T 5272—2017

示例 3：LML125-200 联轴器

半联轴器端：Y 型轴孔，A 型键槽，d_1=38 mm，L=82 mm；

带制动轮端：J 型轴孔，A 型键槽，d_2=35 mm，L=60 mm：

LML125-200 联轴器 $\frac{38\times 82}{J35\times 60}$ GB/T 5272—2017

示例 4：LMP145 联轴器

半联轴器端：Y 型轴孔，A 型键槽，$d_1=45$ mm，$L=112$ mm；

带制动盘端：J 型轴孔，A 型键槽，$d_2=40$ mm，$L=84$ mm；

制动盘直径：$D_0=355$ mm：

LMP145-355 联轴器 $\frac{45\times 112}{J40\times 84}$ GB/T 5272—2017

5 技术要求

5.1 联轴器主要零件的材料见表 7 的规定。

表 7 主要零件材料

零件名称	材料	备注
半联轴器	ZG270-500、QT400	GB/T 11352、GB/T 1348
弹性体	聚氨酯	性能见表 8
法兰联结件	ZG270-500	GB/T 11352
法兰半联轴器	ZG270-500	GB/T 11352
制动轮	ZG310-570	GB/T 11352
制动盘	45、QT500	GB/T 699、GB/T 1348

5.2 铸钢件应符合 GB/T 11352 的规定，正火处理硬度 197 HBW～229 HBW。

5.3 联轴器金属零件表面不得有裂纹、缩孔、夹杂等缺陷。

5.4 半联轴器圆柱形轴孔的公差带应为 H7，圆锥形轴孔的公差带应为 H8，轴孔表面粗糙度 Ra 值不应大于 3.2 μm。

5.5 材料为 ZG270-500 的制动轮和 45 钢的制动盘工作面应进行表面淬火处理，硬度为 40 HRC～50 HRC，有效硬化层深度 2 mm～3 mm。

5.6 弹性体表面应光滑、平整，不得有气泡、杂质、裂纹等缺陷，其物理力学性能应符合表 8 的规定。

表 8 弹性体力学性能

名称	单位	数值	测试方法
硬度	Shore A	94±2	GB/T 531.1
拉伸强度	MPa	>48	GB/T 528
扯断伸长率	%	>420	GB/T 528
撕裂强度	kN/m	>95	GB/T 529
回弹性	%	>18	GB/T 1681
脆性温度	℃	<−40	GB/T 1682
压缩永久变形率(70 ℃、22 h)	%	<33	GB/T 7759.1
磨耗量	cm^3	<0.05	GB/T 1689
耐油 Δm(ASTM No.3 OIL 70 ℃×7 d)	%	<2	GB/T 1690

5.7 弹性体型式和尺寸参见附录A。

5.8 联轴器的选用说明参见附录B。

6 检验规则

6.1 出厂检验

6.1.1 每套联轴器出厂前应按第3章和图样的要求进行检验。

6.1.2 每套联轴器均应经制造厂产品质量检验部门检验合格,并附有产品质量合格证方可出厂。

6.2 型式检验

6.2.1 检验要求

系列首制产品或当产品结构、材料、工艺有较大改变、合同规定时,应进行型式检验。

6.2.2 检验项目

检验项目按6.1.1的规定。

6.2.3 抽样与组批规则

联轴器首批量少于10套时,抽检1套;10套～50套时,抽检2套;50套以上时,抽检3套;首次抽检不合格时,加倍抽检;再不合格时,全数检验。

附 录 A
（资料性附录）
弹性体型式和尺寸

弹性体型式和尺寸见图 A.1 和表 A.1。

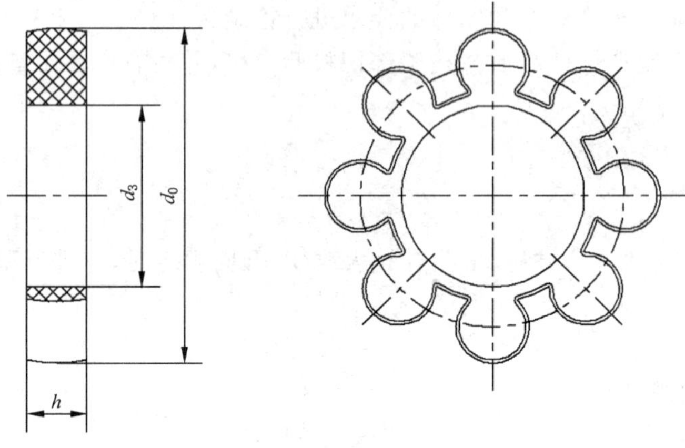

图 A.1

表 A.1 弹性体主要尺寸

型号	d_0/mm	d_3/mm	h/mm	质量/kg
T50	48	19	12	0.014
T70	68	28	18	0.048
T85	82	34	18	0.064
T105	100	42	20	0.110
T125	122	52	25	0.188
T145	140	64	30	0.282
T170	166	90	30	0.380
T200	196	100	35	0.594
T230	225	115	35	0.911
T260	255	140	45	1.412
T300	295	170	50	1.757
T360	356	215	55	2.917
T400	391	250	55	3.145

附 录 B
（资料性附录）
联轴器选用说明

B.1 联轴器应根据工况条件、计算转矩、工作转速和轴孔直径等综合因素进行选用。

B.2 联轴器计算转矩 T_c 一般由式(B.1)求出，并应满足：

$$T_c = T \cdot K_t = 9\,550 \cdot P_w / n \cdot K_t \leqslant T_n \qquad \cdots\cdots(B.1)$$

式中：

T_c ——计算转距，单位为牛米(N·m)；

T ——理论转矩，单位为牛米(N·m)；

K_t ——温度系数，见表 B.1；

P_w ——驱动功率，单位为千瓦(kW)；

n ——工作转速，单位为转每分(r/min)；

T_n ——公称转矩，单位为牛米(N·m)。

B.3 联轴器因瞬时过载所承受的最大转矩不得大于联轴器的最大转矩 T_{max}：

a) 主动端冲击转矩，见式(B.2)：

$$T_{Amax} = T_{AS} \cdot K_{AJ} \cdot K_t \cdot K_S \cdot K_Z \leqslant T_{max} \qquad \cdots\cdots(B.2)$$

b) 从动端冲击转矩，见式(B.3)：

$$T_{Lmax} = T_{LS} \cdot K_{LJ} \cdot K_t \cdot K_S \cdot K_Z \leqslant T_{max} \qquad \cdots\cdots(B.3)$$

式中：

T_{AS} ——主动端冲击转距，单位为牛米(N·m)；

T_{LS} ——从动端冲击转距，单位为牛米(N·m)；

K_{AJ} ——主动端质量系数，$K_{AJ} = J_L/(J_A + J_L)$；

K_{LJ} ——从动端质量系数，$K_{LJ} = J_A/(J_A + J_L)$；

其中：J_A ——主动端转动惯量总和；

J_L ——从动端转动惯量总和；

K_t ——温度系数，见表 B.1；

K_S ——冲击系数，见表 B.2；

K_Z ——起动系数，见表 B.3。

表 B.1 温度系数 K_t

温度范围 ℃	$-30 \leqslant t \leqslant +30$	$+30 < t \leqslant +40$	$+40 < t \leqslant +60$	$+60 < t \leqslant +80$
K_t	1.0	1.2	1.4	1.8

表 B.2 冲击系数 K_S

冲击类别	轻	中	重
K_S	1.5	1.8	2.0

表 B.3 起动系数 K_Z

起动次数 1/h	＜120	≥120～240	＞240
K_Z	1.0	1.3	按要求

ICS 21.060.10
J 13

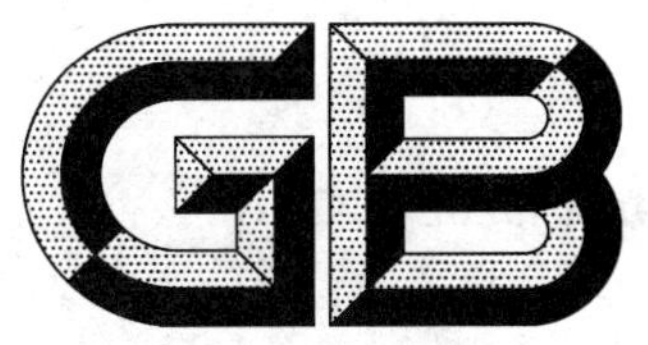

中华人民共和国国家标准

GB/T 5282—2017
代替 GB/T 5282—1985

开槽盘头自攻螺钉

Slotted pan head tapping screws

（ISO 1481:2011,MOD）

2017-07-12 发布　　2018-02-01 实施

中华人民共和国国家质量监督检验检疫总局
中国国家标准化管理委员会　发布

前　言

本标准是“自攻螺钉”系列国家标准之一。该系列包括：

——GB/T 845　十字槽盘头自攻螺钉；

——GB/T 846　十字槽沉头自攻螺钉；

——GB/T 847　十字槽半沉头自攻螺钉；

——GB/T 2670.1　内六角花形盘头自攻螺钉；

——GB/T 2670.2　内六角花形沉头自攻螺钉；

——GB/T 2670.3　内六角花形半沉头自攻螺钉；

——GB/T 5282　开槽盘头自攻螺钉；

——GB/T 5283　开槽沉头自攻螺钉；

——GB/T 5284　开槽半沉头自攻螺钉；

——GB/T 5285　六角头自攻螺钉；

——GB/T 9456　十字槽凹穴六角头自攻螺钉；

——GB/T 13806.2　精密机械用紧固件　十字槽自攻螺钉　刮削端；

——GB/T 16824.1　六角凸缘自攻螺钉；

——GB/T 16824.2　六角法兰面自攻螺钉。

本标准按照 GB/T 1.1—2009 给出的规则起草。

本标准代替 GB/T 5282—1985《开槽盘头自攻螺钉》，本标准与 GB/T 5282—1985 相比，主要技术变化如下：

——增加 R 型(见图 1 和表 1)；

——增加通用技术条件按 GB/T 16938(见第 2 章、表 2)；

——对钢螺钉，增加不经处理及非电解锌片涂层技术要求按 GB/T 5267.2(见表 2)；

——增加不锈钢螺钉产品及技术要求(见表 2)；

——增加“如需其他技术要求或表面处理，应由供需协议”(见表 2)。

本标准使用重新起草法修改采用 ISO 1481:2011《开槽盘头自攻螺钉》。

与 ISO 1481:2011 的技术性差异及其原因如下：

——在规范性引用文件中，用我国标准代替国际标准(见第 2 章)，增加引用 GB/T 90.2(见表 2)和 GB/T 1237(见 5.1)，以符合我国紧固件基础标准。

——增加包装技术要求 (见表 2)，以符合我国紧固件基础标准。

——修改标记示例为简化标记示例(见 5.2)，以符合 GB/T 1237 的规定。

本标准由中国机械工业联合会提出。

本标准由全国紧固件标准化技术委员会(SAC/TC 85)归口。

本标准负责起草单位：中机生产力促进中心。

本标准参加起草单位：机械工业通用零部件产品质量监督检测中心。

本标准由全国紧固件标准化技术委员会负责解释。

本标准所代替标准的历次版本发布情况为：

——GB/T 5282—1976、GB/T 5282—1985。

开槽盘头自攻螺钉

1 范围

本标准规定了开槽盘头自攻螺钉的型式尺寸、技术条件和标记。

本标准适用于螺纹规格为 ST 2.2～ST 9.5、产品等级为 A 级的开槽盘头自攻螺钉。

2 规范性引用文件

下列文件对于本文件的应用是必不可少的。凡是注日期的引用文件，仅注日期的版本适用于本文件。凡是不注日期的引用文件，其最新版本(包括所有的修改单)适用于本文件。

GB/T 90.1 紧固件 验收检查(GB/T 90.1—2002,idt ISO 3269:2000)

GB/T 90.2 紧固件 包装与标志

GB/T 1237 紧固件标记方法(GB/T 1237—2000,eqv ISO 8991:1986)

GB/T 3098.5 紧固件机械性能 自攻螺钉(GB/T 3098.5—2016,ISO 2702:2011,MOD)

GB/T 3098.21 紧固件机械性能 不锈钢自攻螺钉(GB/T 3098.21—2014,ISO 3506-4:2009,MOD)

GB/T 3103.1 紧固件公差 螺栓、螺钉、螺柱和螺母(GB/T 3103.1—2002,idt ISO 4759-1:2000)

GB/T 5267.1 紧固件 电镀层(GB/T 5267.1—2002,ISO 4042:1999,IDT)

GB/T 5267.2 紧固件 非电解锌片涂层(GB/T 5267.2—2002,ISO 10683:2000,IDT)

GB/T 5267.4 紧固件表面处理 耐腐蚀不锈钢钝化处理(GB/T 5267.4—2009,ISO 16048:2003,IDT)

GB/T 5276 紧固件 螺栓、螺钉、螺柱及螺母 尺寸代号和标注(GB/T 5276—2015,ISO 225:2010,MOD)

GB/T 5280 自攻螺钉用螺纹(GB/T 5280—2002,idt ISO 1478:1999)

GB/T 16938 紧固件 螺栓、螺钉、螺柱和螺母 通用技术条件(GB/T 16938—2008,ISO 8992:2005,IDT)

3 型式尺寸

自攻螺钉的型式尺寸见图 1 和表 1。

尺寸代号和标注应符合 GB/T 5276。

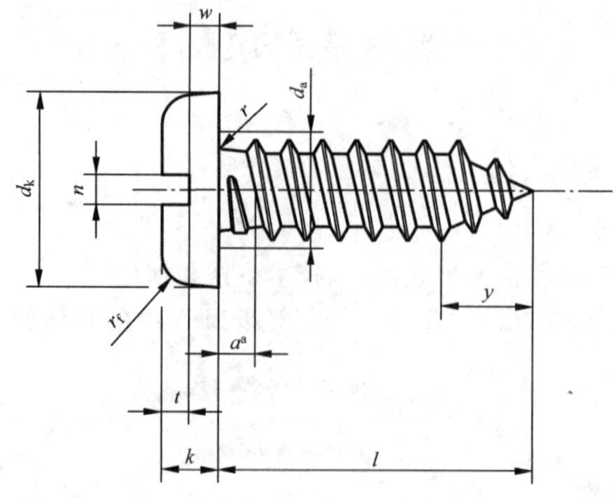

a） C 型

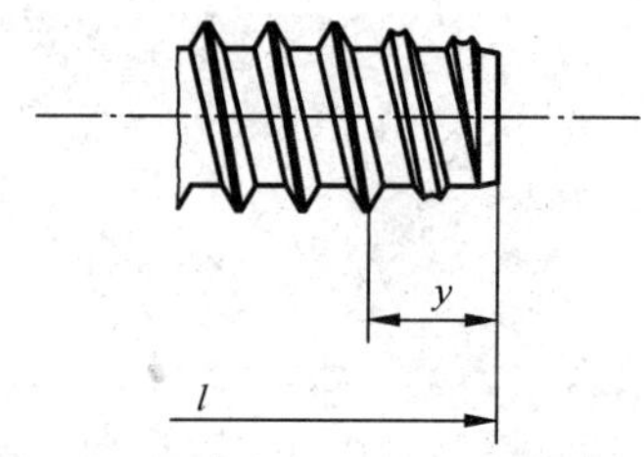

b） F 型

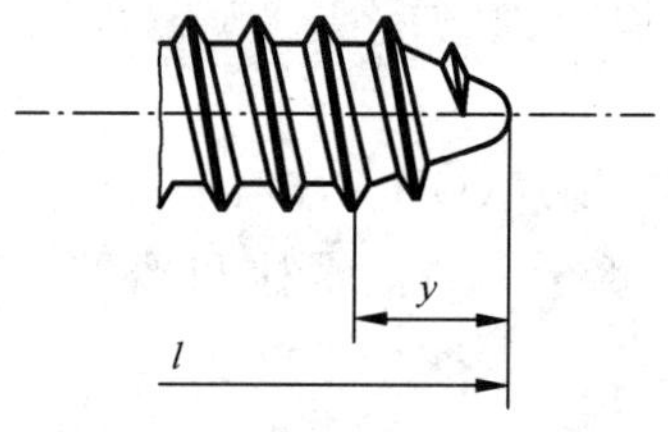

c） R 型

[a] 尺寸 a 应在第一扣完整螺纹的小径处测量。

图 1

表 1　尺寸

单位为毫米

螺纹规格		ST 2.2	ST 2.9	ST 3.5	ST 4.2	ST 4.8	ST 5.5	ST 6.3	ST 8	ST 9.5
P[a]		0.8	1.1	1.3	1.4	1.6	1.8	1.8	2.1	2.1
a	max	0.8	1.1	1.3	1.4	1.6	1.8	1.8	2.1	2.1
d_a	max	2.8	3.5	4.1	4.9	5.5	6.3	7.1	9.2	10.7
d_k	max	4.0	5.6	7.0	8.0	9.5	11.0	12.0	16.0	20.0
	min	3.7	5.3	6.6	7.6	9.1	10.6	11.6	15.6	19.5
k	max	1.3	1.8	2.1	2.4	3.0	3.2	3.6	4.8	6.0
	min	1.1	1.6	1.9	2.2	2.7	2.9	3.3	4.5	5.7
n	公称	0.5	0.8	1.0	1.2	1.2	1.6	1.6	2.0	2.5
	max	0.70	1.00	1.20	1.51	1.51	1.91	1.91	2.31	2.81
	min	0.56	0.86	1.06	1.26	1.26	1.66	1.66	2.06	2.56
r	min	0.10	0.10	0.10	0.20	0.20	0.25	0.25	0.40	0.40
r_f	参考	0.6	0.8	1.0	1.2	1.5	1.6	1.8	2.4	3.0
t	min	0.5	0.7	0.8	1.0	1.2	1.3	1.4	1.9	2.4
w	min	0.5	0.7	0.8	0.9	1.2	1.3	1.4	1.9	2.4
y 参考	C 型	2.0	2.6	3.2	3.7	4.3	5.0	6.0	7.5	8.0
	F 型	1.6	2.1	2.5	2.8	3.2	3.6	3.6	4.2	4.2
	R 型	—	—	2.7	3.2	3.6	4.3	5.0	6.3	—

l[b] 公称	C 型和 R 型 min	C 型和 R 型 max	F 型 min	F 型 max	ST 2.2	ST 2.9	ST 3.5	ST 4.2	ST 4.8	ST 5.5	ST 6.3	ST 8	ST 9.5
4.5	3.7	5.3	3.7	4.5		—	—	—	—	—	—	—	—
6.5	5.7	7.3	5.7	6.5				—	—	—	—	—	—
9.5	8.7	10.3	8.7	9.5						—	—	—	—
13	12.2	13.8	12.2	13.0								—	—
16	15.2	16.8	15.2	16.0									
19	18.2	19.8	18.2	19.0									
22	21.2	22.8	20.7	22.0									
25	24.2	25.8	23.7	25.0									
32	30.7	33.3	30.7	32.0									
38	36.7	39.3	36.7	38.0									
45	43.7	46.3	43.5	45.0									
50	48.7	51.3	48.5	50.0									

注：阶梯实线间为优选长度范围。

[a] P——螺距。

[b] 不能制造带“—”标记的长度规格。

4 技术条件和引用标准

技术条件和引用标准见表 2。

表 2 技术条件和引用标准

<table>
<tr><td colspan="2">材　　料</td><td>钢</td><td>不锈钢</td></tr>
<tr><td colspan="2">通用技术条件</td><td colspan="2">GB/T 16938</td></tr>
<tr><td colspan="2">螺　　纹</td><td colspan="2">GB/T 5280</td></tr>
<tr><td rowspan="2">机械性能</td><td>等　　级</td><td>—</td><td>A2-20H,A4-20H,A5-20H</td></tr>
<tr><td>标　　准</td><td>GB/T 3098.5</td><td>GB/T 3098.21</td></tr>
<tr><td rowspan="2">公　　差</td><td>产品等级</td><td colspan="2">A</td></tr>
<tr><td>标　　准</td><td colspan="2">GB/T 3103.1</td></tr>
<tr><td colspan="2" rowspan="2">表面处理</td><td>不经处理；
电镀技术要求按 GB/T 5267.1；
非电解锌片涂层技术要求按 GB/T 5267.2</td><td>简单处理；
钝化处理技术要求按 GB/T 5267.4</td></tr>
<tr><td colspan="2">如需其他技术要求或表面处理,应由供需协议</td></tr>
<tr><td colspan="2">验收及包装</td><td colspan="2">GB/T 90.1、GB/T 90.2</td></tr>
</table>

5 标记

5.1 标记方法

标记方法按 GB/T 1237 规定。

5.2 标记示例

螺纹规格为 ST 3.5、公称长度 $l=16$ mm、钢制、表面不经处理、末端 C 型、产品等级 A 级的开槽盘头自攻螺钉的标记：

自攻螺钉　GB/T 5282　ST 3.5×16

ICS 21.060.10
J 13

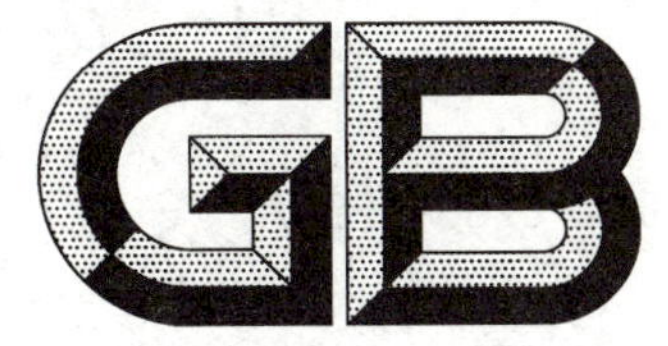

中华人民共和国国家标准

GB/T 5283—2017
代替 GB/T 5283—1985

开槽沉头自攻螺钉

Slotted countersunk (flat) head tapping screws

(ISO 1482:2011,MOD)

2017-07-12 发布　　2018-02-01 实施

中华人民共和国国家质量监督检验检疫总局
中国国家标准化管理委员会　发布

前　言

本标准是“自攻螺钉”系列国家标准之一。该系列包括：

——GB/T 845　十字槽盘头自攻螺钉；

——GB/T 846　十字槽沉头自攻螺钉；

——GB/T 847　十字槽半沉头自攻螺钉；

——GB/T 2670.1　内六角花形盘头自攻螺钉；

——GB/T 2670.2　内六角花形沉头自攻螺钉；

——GB/T 2670.3　内六角花形半沉头自攻螺钉；

——GB/T 5282　开槽盘头自攻螺钉；

——GB/T 5283　开槽沉头自攻螺钉；

——GB/T 5284　开槽半沉头自攻螺钉；

——GB/T 5285　六角头自攻螺钉；

——GB/T 9456　十字槽凹穴六角头自攻螺钉；

——GB/T 13806.2　精密机械用紧固件　十字槽自攻螺钉　刮削端；

——GB/T 16824.1　六角凸缘自攻螺钉；

——GB/T 16824.2　六角法兰面自攻螺钉。

本标准按照 GB/T 1.1—2009 给出的规则起草。

本标准代替 GB/T 5283—1985《开槽沉头自攻螺钉》，与 GB/T 5283—1985 相比，主要技术变化如下：

——增加 R 型(见图 1 和表 1)；

——增加通用技术条件按 GB/T 16938(见第 2 章、表 2)；

——对钢螺钉，增加不经处理及非电解锌片涂层技术要求按 GB/T 5267.2(见表 2)；

——增加不锈钢螺钉产品及技术要求(见表 2)；

——增加“如需其他技术要求或表面处理，应由供需协议”(见表 2)。

本标准使用重新起草法修改采用 ISO 1482:2011《开槽沉头自攻螺钉》。

与 ISO 1482:2011 的技术性差异及其原因如下：

——在规范性引用文件中，用我国标准代替国际标准(见第 2 章)，增加引用 GB/T 90.2(见表 2)和 GB/T 1237(见 5.1)，以符合我国紧固件基础标准。

——增加包装技术要求 (见表 2)，以符合我国紧固件基础标准。

——修改标记示例为简化标记示例(见 5.2)，以符合 GB/T 1237 的规定。

本标准由中国机械工业联合会提出。

本标准由全国紧固件标准化技术委员会(SAC/TC 85)归口。

本标准负责起草单位：中机生产力促进中心。

本标准参加起草单位：机械工业通用零部件产品质量监督检测中心。

本标准由全国紧固件标准化技术委员会负责解释。

本标准所代替标准的历次版本发布情况为：

——GB/T 5283—1976、GB/T 5283—1985。

开槽沉头自攻螺钉

1 范围

本标准规定了开槽沉头自攻螺钉的型式尺寸、技术条件和标记。

本标准适用于螺纹规格为 ST 2.2～ST 9.5、产品等级为 A 级的开槽沉头自攻螺钉。

2 规范性引用文件

下列文件对于本文件的应用是必不可少的。凡是注日期的引用文件，仅注日期的版本适用于本文件。凡是不注日期的引用文件，其最新版本(包括所有的修改单)适用于本文件。

GB/T 90.1 紧固件 验收检查(GB/T 90.1—2002,idt ISO 3269:2000)

GB/T 90.2 紧固件 包装与标志

GB/T 1237 紧固件标记方法(GB/T 1237—2000,eqv ISO 8991:1986)

GB/T 3098.5 紧固件机械性能 自攻螺钉(GB/T 3098.5—2016,ISO 2702:2011,MOD)

GB/T 3098.21 紧固件机械性能 不锈钢自攻螺钉(GB/T 3098.21—2014,ISO 3506-4:2009,MOD)

GB/T 3103.1 紧固件公差 螺栓、螺钉、螺柱和螺母(GB/T 3103.1—2002,idt ISO 4759-1:2000)

GB/T 5267.1 紧固件 电镀层(GB/T 5267.1—2002,ISO 4042:1999,IDT)

GB/T 5267.2 紧固件 非电解锌片涂层(GB/T 5267.2—2002,ISO 10683:2000,IDT)

GB/T 5267.4 紧固件表面处理 耐腐蚀不锈钢钝化处理(GB/T 5267.4—2009,ISO 16048:2003,IDT)

GB/T 5276 紧固件 螺栓、螺钉、螺柱及螺母 尺寸代号和标注(GB/T 5276—2015,ISO 225:2010,MOD)

GB/T 5279 沉头螺钉 头部形状和测量(GB/T 5279—1985,idt ISO 7721:1983)

GB/T 5280 自攻螺钉用螺纹(GB/T 5280—2002,idt ISO 1478:1999)

GB/T 16938 紧固件 螺栓、螺钉、螺柱和螺母 通用技术条件(GB/T 16938—2008,ISO 8992:2005,IDT)

3 型式尺寸

自攻螺钉的型式尺寸见图 1 和表 1。

尺寸代号和标注应符合 GB/T 5276。

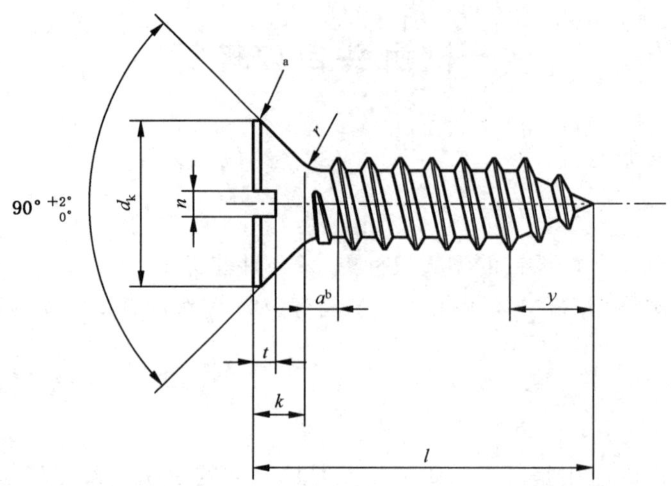

a） C型

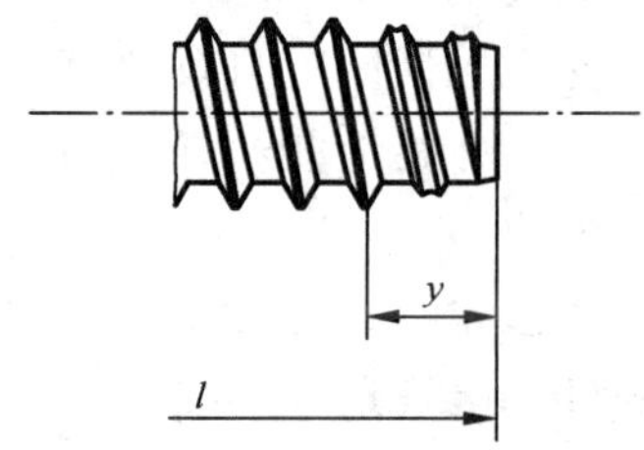

b） F型

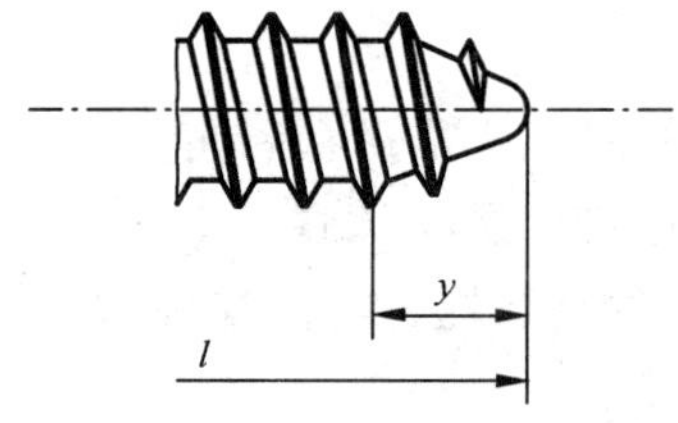

c） R型

[a] 棱边可以是圆的或直的，由制造者任选。

[b] 尺寸 a 应在第一扣完整螺纹的小径处测量。

图 1

表 1　尺寸

单位为毫米

螺纹规格					ST 2.2	ST 2.9	ST 3.5	ST 4.2	ST 4.8	ST 5.5	ST 6.3	ST 8	ST 9.5
P[a]					0.8	1.1	1.3	1.4	1.6	1.8	1.8	2.1	2.1
a				max	0.8	1.1	1.3	1.4	1.6	1.8	1.8	2.1	2.1
d_k	理论值[b] max				4.4	6.3	8.2	9.4	10.4	11.5	12.6	17.3	20.0
	实际值			max	3.8	5.5	7.3	8.4	9.3	10.3	11.3	15.8	18.3
				min	3.5	5.2	6.9	8.0	8.9	9.9	10.9	15.4	17.8
k				max	1.10	1.70	2.35	2.60	2.80	3.00	3.15	4.65	5.25
n				公称	0.5	0.8	1.0	1.2	1.2	1.6	1.6	2.0	2.5
				max	0.70	1.00	1.20	1.51	1.51	1.91	1.91	2.31	2.81
				min	0.56	0.86	1.06	1.26	1.26	1.66	1.66	2.06	2.56
r				max	0.8	1.2	1.4	1.6	2.0	2.2	2.4	3.2	4.0
t				max	0.60	0.85	1.20	1.30	1.40	1.50	1.60	2.30	2.60
				min	0.40	0.60	0.90	1.00	1.10	1.10	1.20	1.80	2.00
y 参考				C 型	2.0	2.6	3.2	3.7	4.3	5.0	6.0	7.5	8.0
				F 型	1.6	2.1	2.5	2.8	3.2	3.6	3.6	4.2	4.2
				R 型	—	—	2.7	3.2	3.6	4.3	5.0	6.3	—
l[c]													
公称	C 型和 R 型		F 型										
	min	max	min	max									
4.5	3.7	5.3	3.7	4.5		—	—	—	—	—	—	—	—
6.5	5.7	7.3	5.7	6.5			—	—	—	—	—	—	—
9.5	8.7	10.3	8.7	9.5						—	—	—	—
13	12.2	13.8	12.2	13.0								—	—
16	15.2	16.8	15.2	16.0									—
19	18.2	19.8	18.2	19.0									
22	21.2	22.8	20.7	22.0									
25	24.2	25.8	23.7	25.0									
32	30.7	33.3	30.7	32.0									
38	36.7	39.3	36.7	38.0									
45	43.7	46.3	43.5	45.0									
50	48.7	51.3	48.5	50.0									

注：阶梯实线间为优选长度范围。

[a] P——螺距。

[b] 符合 GB/T 5279 要求。

[c] 不能制造带“—”标记的长度规格。

4 技术条件和引用标准

技术条件和引用标准见表2。

表2 技术条件和引用标准

<table>
<tr><td colspan="2">材　　料</td><td>钢</td><td>不锈钢</td></tr>
<tr><td colspan="2">通用技术条件</td><td colspan="2">GB/T 16938</td></tr>
<tr><td colspan="2">螺　　纹</td><td colspan="2">GB/T 5280</td></tr>
<tr><td rowspan="2">机械性能</td><td>等　　级</td><td>—</td><td>A2-20H,A4-20H,A5-20H</td></tr>
<tr><td>标　　准</td><td>GB/T 3098.5</td><td>GB/T 3098.21</td></tr>
<tr><td rowspan="2">公　　差</td><td>产品等级</td><td colspan="2">A</td></tr>
<tr><td>标　　准</td><td colspan="2">GB/T 3103.1</td></tr>
<tr><td colspan="2" rowspan="2">表面处理</td><td>不经处理;
电镀技术要求按 GB/T 5267.1;
非电解锌片涂层技术要求按 GB/T 5267.2</td><td>简单处理;
钝化处理技术要求按 GB/T 5267.4</td></tr>
<tr><td colspan="2">如需其他技术要求或表面处理,应由供需协议</td></tr>
<tr><td colspan="2">验收及包装</td><td colspan="2">GB/T 90.1、GB/T 90.2</td></tr>
</table>

5 标记

5.1 标记方法

标记方法按 GB/T 1237 规定。

5.2 标记示例

螺纹规格为 ST 3.5、公称长度 $l=16$ mm、钢制、表面不经处理、末端 C 型、产品等级 A 级的开槽沉头自攻螺钉的标记:

自攻螺钉　GB/T 5283　ST 3.5×16

ICS 21.060.10
J 13

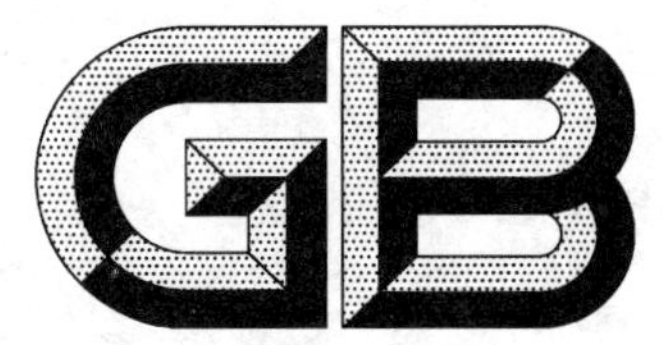

中华人民共和国国家标准

GB/T 5284—2017
代替 GB/T 5284—1985

开槽半沉头自攻螺钉

Slotted raised countersunk (oval) head tapping screws

(ISO 1483:2011,MOD)

2017-07-12 发布　　2018-02-01 实施

中华人民共和国国家质量监督检验检疫总局
中国国家标准化管理委员会　发布

前　言

本标准是“自攻螺钉”系列国家标准之一。该系列包括：

——GB/T 845　十字槽盘头自攻螺钉；

——GB/T 846　十字槽沉头自攻螺钉；

——GB/T 847　十字槽半沉头自攻螺钉；

——GB/T 2670.1　内六角花形盘头自攻螺钉；

——GB/T 2670.2　内六角花形沉头自攻螺钉；

——GB/T 2670.3　内六角花形半沉头自攻螺钉；

——GB/T 5282　开槽盘头自攻螺钉；

——GB/T 5283　开槽沉头自攻螺钉；

——GB/T 5284　开槽半沉头自攻螺钉；

——GB/T 5285　六角头自攻螺钉；

——GB/T 9456　十字槽凹穴六角头自攻螺钉；

——GB/T 13806.2　精密机械用紧固件　十字槽自攻螺钉　刮削端；

——GB/T 16824.1　六角凸缘自攻螺钉；

——GB/T 16824.2　六角法兰面自攻螺钉。

本标准按照 GB/T 1.1—2009 给出的规则起草。

本标准代替 GB/T 5284—1985《开槽半沉头自攻螺钉》，与 GB/T 5284—1985 相比，主要技术变化如下：

——增加 R 型(见图 1 和表 1)；

——增加通用技术条件按 GB/T 16938(见第 2 章、表 2)；

——对钢螺钉，增加不经处理及非电解锌片涂层技术要求按 GB/T 5267.2(见表 2)；

——增加不锈钢螺钉产品及技术要求(见表 2)；

——增加“如需其他技术要求或表面处理，应由供需协议”(见表 2)。

本标准使用重新起草法修改采用 ISO 1483:2011《开槽半沉头自攻螺钉》。

与 ISO 1483:2011 的技术性差异及其原因如下：

——在规范性引用文件中，用我国标准代替国际标准(见第 2 章)，增加引用 GB/T 90.2(见表 2)和 GB/T 1237(见 5.1)，以符合我国紧固件基础标准；

——增加包装技术要求(见表 2)，以符合我国紧固件基础标准；

——修改标记示例为简化标记示例(见 5.2)，以符合 GB/T 1237 的规定。

本标准由中国机械工业联合会提出。

本标准由全国紧固件标准化技术委员会(SAC/TC 85)归口。

本标准负责起草单位：中机生产力促进中心。

本标准参加起草单位：机械工业通用零部件产品质量监督检测中心。

本标准由全国紧固件标准化技术委员会负责解释。

本标准所代替标准的历次版本发布情况为：

——GB/T 5284—1976、GB/T 5284—1985。

开槽半沉头自攻螺钉

1 范围

本标准规定了开槽半沉头自攻螺钉的型式尺寸、技术条件和标记。

本标准适用于螺纹规格为 ST 2.2～ST 9.5、产品等级为 A 级的开槽半沉头自攻螺钉。

2 规范性引用文件

下列文件对于本文件的应用是必不可少的。凡是注日期的引用文件，仅注日期的版本适用于本文件。凡是不注日期的引用文件，其最新版本(包括所有的修改单)适用于本文件。

GB/T 90.1 紧固件 验收检查(GB/T 90.1—2002，idt ISO 3269:2000)

GB/T 90.2 紧固件 包装与标志

GB/T 1237 紧固件标记方法(GB/T 1237—2000，eqv ISO 8991:1986)

GB/T 3098.5 紧固件机械性能 自攻螺钉(GB/T 3098.5—2016，ISO 2702:2011，MOD)

GB/T 3098.21 紧固件机械性能 不锈钢自攻螺钉(GB/T 3098.21—2014，ISO 3506-4:2009，MOD)

GB/T 3103.1 紧固件公差 螺栓、螺钉、螺柱和螺母(GB/T 3103.1—2002，idt ISO 4759-1:2000)

GB/T 5267.1 紧固件 电镀层(GB/T 5267.1—2002，ISO 4042:1999，IDT)

GB/T 5267.2 紧固件 非电解锌片涂层(GB/T 5267.2—2002，ISO 10683:2000，IDT)

GB/T 5267.4 紧固件表面处理 耐腐蚀不锈钢钝化处理(GB/T 5267.4—2009，ISO 16048:2003，IDT)

GB/T 5276 紧固件 螺栓、螺钉、螺柱及螺母 尺寸代号和标注(GB/T 5276—2015，ISO 225:2010，MOD)

GB/T 5279 沉头螺钉 头部形状和测量(GB/T 5279—1985，idt ISO 7721:1983)

GB/T 5280 自攻螺钉用螺纹(GB/T 5280—2002，idt ISO 1478:1999)

GB/T 16938 紧固件 螺栓、螺钉、螺柱和螺母 通用技术条件(GB/T 16938—2008，ISO 8992:2005，IDT)

3 型式尺寸

自攻螺钉的型式尺寸见图 1 和表 1。

尺寸代号和标注应符合 GB/T 5276。

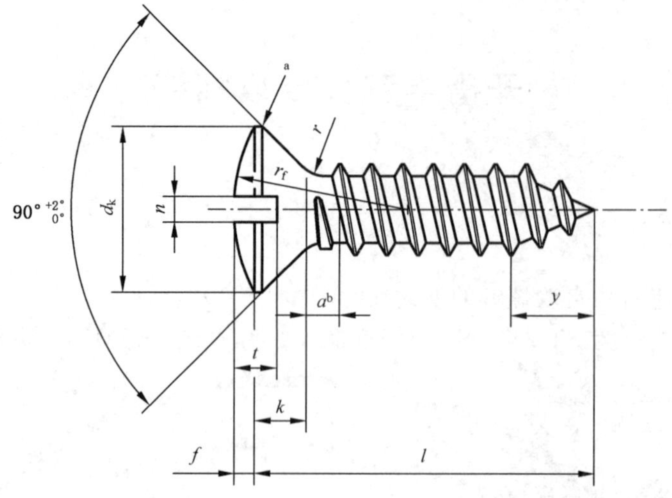

a） C型

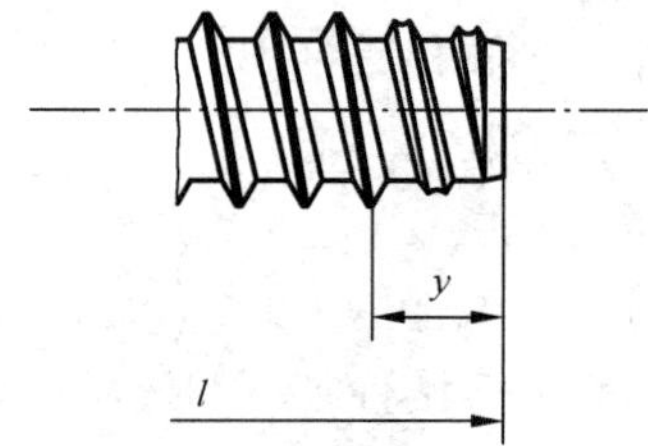

b） F型

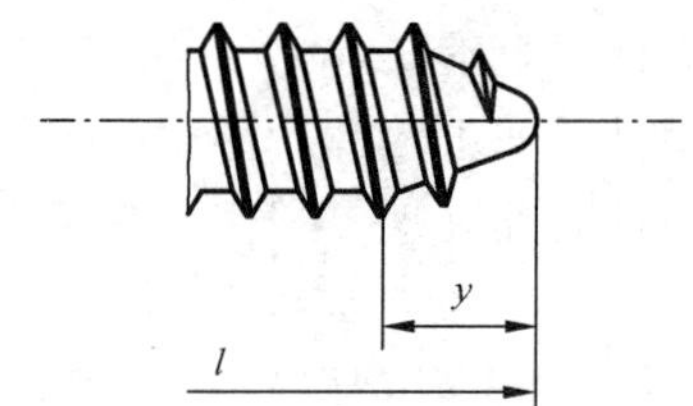

c） R型

[a] 棱边可以是圆的或直的，由制造者任选。

[b] 尺寸 a 应在第一扣完整螺纹的小径处测量。

图 1

表 1 尺寸

单位为毫米

螺纹规格			ST 2.2	ST 2.9	ST 3.5	ST 4.2	ST 4.8	ST 5.5	ST 6.3	ST 8	ST 9.5
P[a]			0.8	1.1	1.3	1.4	1.6	1.8	1.8	2.1	2.1
a	max		0.8	1.1	1.3	1.4	1.6	1.8	1.8	2.1	2.1
d_k	理论值[b] max		4.4	6.3	8.2	9.4	10.4	11.5	12.6	17.3	20.0
	实际值	max	3.8	5.5	7.3	8.4	9.3	10.3	11.3	15.8	18.3
		min	3.5	5.2	6.9	8.0	8.9	9.9	10.9	15.4	17.8
f	≈		0.5	0.7	0.8	1.0	1.2	1.3	1.4	2.0	2.3
k	max		1.10	1.70	2.35	2.60	2.80	3.00	3.15	4.65	5.25

表 1（续）

单位为毫米

螺纹规格		ST 2.2	ST 2.9	ST 3.5	ST 4.2	ST 4.8	ST 5.5	ST 6.3	ST 8	ST 9.5
n	公称	0.5	0.8	1.0	1.2	1.2	1.6	1.6	2.0	2.5
	max	0.70	1.00	1.20	1.51	1.51	1.91	1.91	2.31	2.81
	min	0.56	0.86	1.06	1.26	1.26	1.66	1.66	2.06	2.56
r	max	0.8	1.2	1.4	1.6	2.0	2.2	2.4	3.2	4.0
r_f	≈	4.0	6.0	8.5	9.5	9.5	11.0	12.0	16.5	19.5
t	max	1.00	1.45	1.70	1.90	2.40	2.60	2.80	3.70	4.40
	min	0.8	1.2	1.4	1.6	2.0	2.2	2.4	3.2	3.8
y 参考	C 型	2.0	2.6	3.2	3.7	4.3	5.0	6.0	7.5	8.0
	F 型	1.6	2.1	2.5	2.8	3.2	3.6	3.6	4.2	4.2
	R 型	—	—	2.7	3.2	3.6	4.3	5.0	6.3	—

l[c]					ST 2.2	ST 2.9	ST 3.5	ST 4.2	ST 4.8	ST 5.5	ST 6.3	ST 8	ST 9.5
公称	C 型和 R 型		F 型										
	min	max	min	max									
4.5	3.7	5.3	3.7	4.5		—	—	—	—	—	—	—	—
6.5	5.7	7.3	5.7	6.5				—	—	—	—	—	—
9.5	8.7	10.3	8.7	9.5						—	—	—	—
13	12.2	13.8	12.2	13.0								—	—
16	15.2	16.8	15.2	16.0									—
19	18.2	19.8	18.2	19.0									
22	21.2	22.8	20.7	22.0									
25	24.2	25.8	23.7	25.0									
32	30.7	33.3	30.7	32.0									
38	36.7	39.3	36.7	38.0									
45	43.7	46.3	43.5	45.0									
50	48.7	51.3	48.5	50.0									

注：阶梯实线间为优选长度范围。

[a] P——螺距。

[b] 符合 GB/T 5279 要求。

[c] 不能制造带“—”标记的长度规格。

4 技术条件和引用标准

技术条件和引用标准见表 2。

表 2　技术条件和引用标准

<table>
<tr><td colspan="2">材　　料</td><td>钢</td><td>不锈钢</td></tr>
<tr><td colspan="2">通用技术条件</td><td colspan="2">GB/T 16938</td></tr>
<tr><td colspan="2">螺　　纹</td><td colspan="2">GB/T 5280</td></tr>
<tr><td rowspan="2">机械性能</td><td>等　　级</td><td>—</td><td>A2-20H，A4-20H，A5-20H</td></tr>
<tr><td>标　　准</td><td>GB/T 3098.5</td><td>GB/T 3098.21</td></tr>
<tr><td rowspan="2">公　　差</td><td>产品等级</td><td colspan="2">A</td></tr>
<tr><td>标　　准</td><td colspan="2">GB/T 3103.1</td></tr>
<tr><td colspan="2" rowspan="2">表面处理</td><td>不经处理；
电镀技术要求按 GB/T 5267.1；
非电解锌片涂层技术要求按 GB/T 5267.2</td><td>简单处理；
钝化处理技术要求按 GB/T 5267.4</td></tr>
<tr><td colspan="2">如需其他技术要求或表面处理，应由供需协议</td></tr>
<tr><td colspan="2">验收及包装</td><td colspan="2">GB/T 90.1、GB/T 90.2</td></tr>
</table>

5　标记

5.1　标记方法

标记方法按 GB/T 1237 规定。

5.2　标记示例

螺纹规格为 ST 3.5、公称长度 l=16 mm、钢制、表面不经处理、末端 C 型、产品等级 A 级的开槽半沉头自攻螺钉的标记：

自攻螺钉　GB/T 5284　ST 3.5×16

ICS 21.060.10
J 13

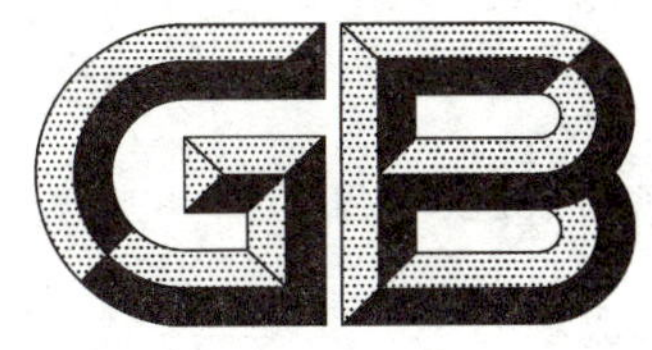

中华人民共和国国家标准

GB/T 5285—2017
代替 GB/T 5285—1985

六角头自攻螺钉

Hexagon head tapping screws

(ISO 1479:2011, MOD)

2017-07-12 发布　　2018-02-01 实施

中华人民共和国国家质量监督检验检疫总局
中国国家标准化管理委员会　发布

前　　言

本标准是“自攻螺钉”系列国家标准之一。该系列包括：

——GB/T 845　十字槽盘头自攻螺钉；

——GB/T 846　十字槽沉头自攻螺钉；

——GB/T 847　十字槽半沉头自攻螺钉；

——GB/T 2670.1　内六角花形盘头自攻螺钉；

——GB/T 2670.2　内六角花形沉头自攻螺钉；

——GB/T 2670.3　内六角花形半沉头自攻螺钉；

——GB/T 5282　开槽盘头自攻螺钉；

——GB/T 5283　开槽沉头自攻螺钉；

——GB/T 5284　开槽半沉头自攻螺钉；

——GB/T 5285　六角头自攻螺钉；

——GB/T 9456　十字槽凹穴六角头自攻螺钉；

——GB/T 13806.2　精密机械用紧固件　十字槽自攻螺钉　刮削端；

——GB/T 16824.1　六角凸缘自攻螺钉；

——GB/T 16824.2　六角法兰面自攻螺钉。

本标准按照 GB/T 1.1—2009 给出的规则起草。

本标准代替 GB/T 5285—1985《六角头自攻螺钉》，与 GB/T 5285—1985 相比，主要技术变化如下：

——增加 R 型(见图 1 和表 1)；

——增加通用技术条件按 GB/T 16938(见表 2)；

——对钢螺钉，增加不经处理及非电解锌片涂层技术要求按 GB/T 5267.2(见表 2)；

——增加不锈钢螺钉产品及技术要求(见表 2)；

——增加“如需其他技术要求或表面处理，应由供需协议”(见表 2)。

本标准使用重新起草法修改采用 ISO 1479:2011《六角头自攻螺钉》。

与 ISO 1479:2011 的技术性差异及其原因如下：

——在规范性引用文件中，用我国标准代替国际标准(见第 2 章)，增加引用 GB/T 90.2(见表 2)和 GB/T 1237(见 5.1)，以符合我国紧固件基础标准。

——增加包装技术要求 (见表 2) ，以符合我国紧固件基础标准。

——修改标记示例为简化标记示例(见 5.2)，以符合 GB/T 1237 的规定。

本标准由中国机械工业联合会提出。

本标准由全国紧固件标准化技术委员会(SAC/TC 85)归口。

本标准负责起草单位：中机生产力促进中心。

本标准参加起草单位：机械工业通用零部件产品质量监督检测中心。

本标准由全国紧固件标准化技术委员会负责解释。

本标准所代替标准的历次版本发布情况为：

——GB/T 5285—1976、GB/T 5285—1985。

六角头自攻螺钉

1 范围

本标准规定了六角头自攻螺钉的型式尺寸、技术条件和标记。

本标准适用于螺纹规格为 ST 2.2～ST 9.5、产品等级为 A 级的六角头自攻螺钉。

2 规范性引用文件

下列文件对于本文件的应用是必不可少的。凡是注日期的引用文件，仅注日期的版本适用于本文件。凡是不注日期的引用文件，其最新版本(包括所有的修改单)适用于本文件。

GB/T 90.1　紧固件　验收检查(GB/T 90.1—2002，idt ISO 3269：2000)

GB/T 90.2　紧固件　包装与标志

GB/T 1237　紧固件标记方法(GB/T 1237—2000，eqv ISO 8991：1986)

GB/T 3098.5　紧固件机械性能 自攻螺钉(GB/T 3098.5—2016，ISO 2702：2011，MOD)

GB/T 3098.21　紧固件机械性能　不锈钢自攻螺钉(GB/T 3098.21—2014，ISO 3506-4：2009，MOD)

GB/T 3103.1　紧固件公差　螺栓、螺钉、螺柱和螺母(GB/T 3103.1—2002，idt ISO 4759-1：2000)

GB/T 5267.1　紧固件　电镀层(GB/T 5267.1—2002，ISO 4042：1999，IDT)

GB/T 5267.2　紧固件　非电解锌片涂层(GB/T 5267.2—2002，ISO 10683：2000，IDT)

GB/T 5267.4　紧固件表面处理　耐腐蚀不锈钢钝化处理(GB/T 5267.4—2009，ISO 16048：2003，IDT)

GB/T 5276　紧固件　螺栓、螺钉、螺柱及螺母 尺寸代号和标注(GB/T 5276—2015，ISO 225：2010，MOD)

GB/T 5280　自攻螺钉用螺纹(GB/T 5280—2002，idt ISO 1478：1999)

GB/T 16938　紧固件　螺栓、螺钉、螺柱和螺母 通用技术条件(GB/T 16938—2008，ISO 8992：2005，IDT)

3 型式尺寸

自攻螺钉的型式尺寸见图 1 和表 1。

尺寸代号和标注应符合 GB/T 5276。

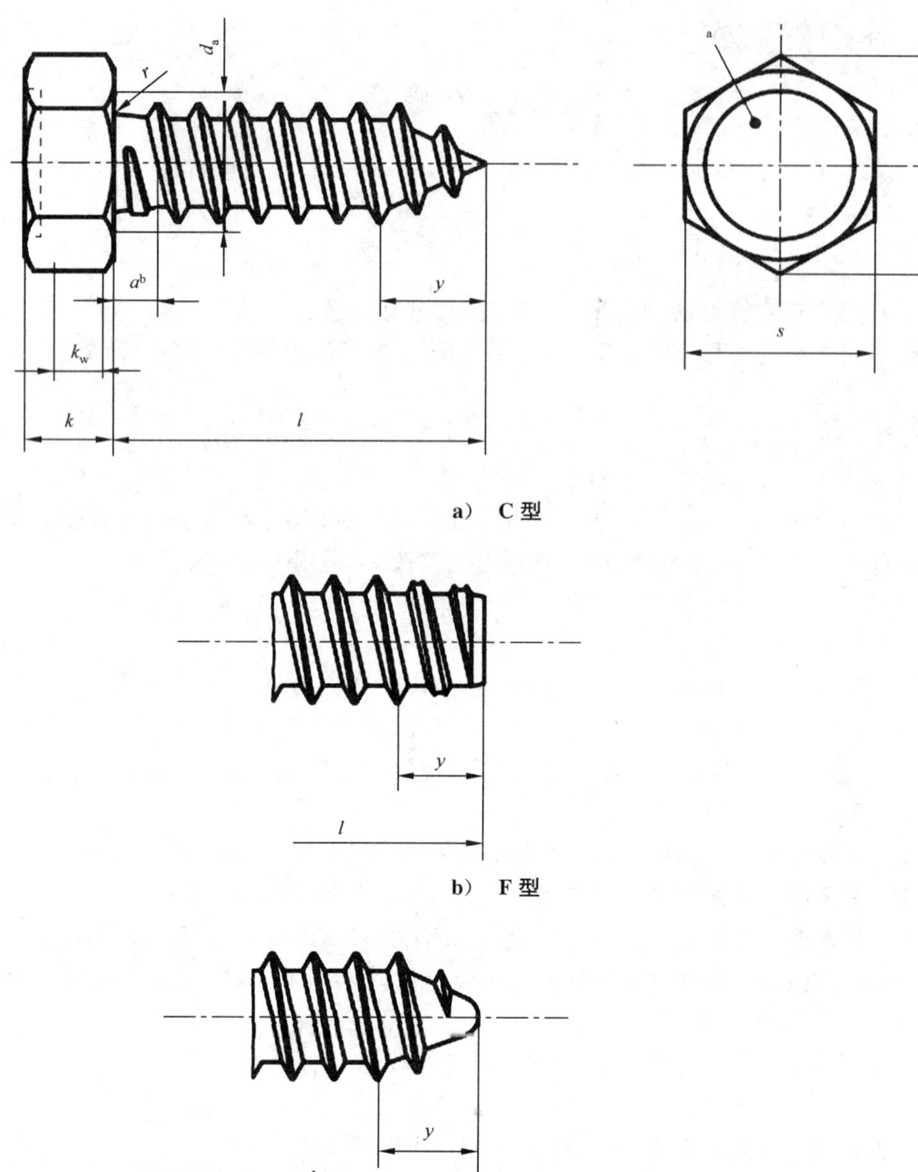

a）C 型

b）F 型

c）R 型

[a] 凹穴型式由制造者选择。

[b] 尺寸 a 应在第一扣完整螺纹的小径处测量。

图 1

表 1　尺寸

单位为毫米

螺纹规格					ST 2.2	ST 2.9	ST 3.5	ST 4.2	ST 4.8	ST 5.5	ST 6.3	ST 8	ST 9.5
P[a]					0.8	1.1	1.3	1.4	1.6	1.8	1.8	2.1	2.1
a		max			0.8	1.1	1.3	1.4	1.6	1.8	1.8	2.1	2.1
d_a		max			2.8	3.5	4.1	4.9	5.5	6.3	7.1	9.2	10.7
s		max			3.20	5.00	5.50	7.00	8.00	8.00	10.00	13.00	16.00
		min			3.02	4.82	5.32	6.78	7.78	7.78	9.78	12.73	15.73
e		min			3.38	5.40	5.96	7.59	8.71	8.71	10.95	14.26	17.62
k		max			1.6	2.3	2.6	3.0	3.8	4.1	4.7	6.0	7.5
		min			1.3	2.0	2.3	2.6	3.3	3.6	4.1	5.2	6.5
k_w		min			0.9	1.4	1.6	1.8	2.3	2.5	2.9	3.6	4.5
r		min			0.10	0.10	0.10	0.20	0.20	0.25	0.25	0.40	0.40
y 参考		C 型			2.0	2.6	3.2	3.7	4.3	5.0	6.0	7.5	8.0
		F 型			1.6	2.1	2.5	2.8	3.2	3.6	3.6	4.2	4.2
		R 型			—	—	2.7	3.2	3.6	4.3	5.0	6.3	—
l[b]													
公称	C 型和 R 型		F 型										
	min	max	min	max									
4.5	3.7	5.3	3.7	4.5		—	—	—	—	—	—	—	—
6.5	5.7	7.3	5.7	6.5				—	—	—	—	—	—
9.5	8.7	10.3	8.7	9.5						—	—	—	—
13	12.2	13.8	12.2	13.0									—
16	15.2	16.8	15.2	16.0									
19	18.2	19.8	18.2	19.0									
22	21.2	22.8	20.7	22.0									
25	24.2	25.8	23.7	25.0									
32	30.7	33.3	30.7	32.0									
38	36.7	39.3	36.7	38.0									
45	43.7	46.3	43.5	45.0									
50	48.7	51.3	48.5	50.0									

注：阶梯实线间为优选长度范围。

[a] P——螺距。

[b] 不能制造带“—”标记的长度规格。

4 技术条件和引用标准

技术条件和引用标准见表2。

表2 技术条件和引用标准

<table>
<tr><td colspan="2">材料</td><td>钢</td><td>不锈钢</td></tr>
<tr><td colspan="2">通用技术条件</td><td colspan="2">GB/T 16938</td></tr>
<tr><td colspan="2">螺纹</td><td colspan="2">GB/T 5280</td></tr>
<tr><td rowspan="2">机械性能</td><td>等级</td><td>—</td><td>A2-20H,A4-20H,A5-20H</td></tr>
<tr><td>标准</td><td>GB/T 3098.5</td><td>GB/T 3098.21</td></tr>
<tr><td rowspan="2">公差</td><td>产品等级</td><td colspan="2">A</td></tr>
<tr><td>标准</td><td colspan="2">GB/T 3103.1</td></tr>
<tr><td colspan="2" rowspan="2">表面处理</td><td>不经处理;
电镀技术要求按GB/T 5267.1;
非电解锌片涂层技术要求按GB/T 5267.2</td><td>简单处理;
钝化处理技术要求按GB/T 5267.4</td></tr>
<tr><td colspan="2">如需其他技术要求或表面处理,应由供需协议</td></tr>
<tr><td colspan="2">验收及包装</td><td colspan="2">GB/T 90.1、GB/T 90.2</td></tr>
</table>

5 标记

5.1 标记方法

标记方法按GB/T 1237规定。

5.2 标记示例

螺纹规格为ST 3.5、公称长度l=16 mm、钢制、表面不经处理、末端C型、产品等级A级的六角头自攻螺钉的标记:

自攻螺钉 GB/T 5285 ST 3.5×16

ICS 77.140.75
H 48

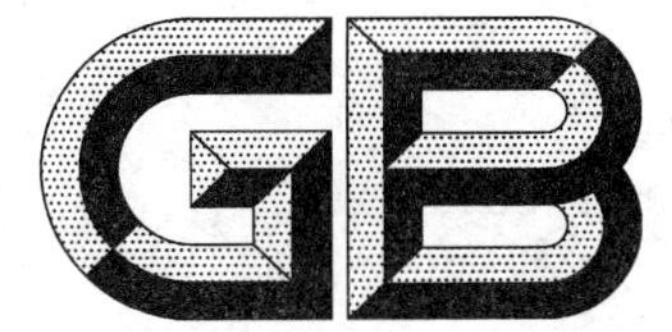

中华人民共和国国家标准

GB/T 5310—2017
代替 GB/T 5310—2008

高压锅炉用无缝钢管

Seamless steel tubes and pipes for high pressure boiler

2017-12-29 发布　　2018-09-01 实施

中华人民共和国国家质量监督检验检疫总局
中国国家标准化管理委员会　发布

前　　言

本标准按照 GB/T 1.1—2009 给出的规则起草。

本标准代替 GB/T 5310—2008《高压锅炉用无缝钢管》，与 GB/T 5310—2008 相比主要技术变化如下：

——增加了钢牌号 07Cr25Ni21；

——修改了不锈钢的冶炼方法；

——增加了总延伸系数要求；

——修改了 15CrMoG 钢管的热处理制度；

——修改了硬度要求；

——增加了表面硬度要求；

——修改了压扁试验和弯曲试验要求；

——修改了晶粒度要求；

——修改了显微组织要求；

——修改了脱碳层深度要求；

——修改了表面质量要求；

——修改了 10Cr9MoW2VNbBN 和 07Cr25Ni21NbN 的高温规定塑性延伸强度；

——修改了 10Cr9MoW2VNbBN、07Cr25Ni21NbN 和 08Cr18Ni11NbFG 的持久强度推荐数据。

本标准由中国钢铁工业协会提出。

本标准由全国钢标准化技术委员会(SAC/TC 183)归口。

本标准起草单位：攀钢集团成都钢钒有限公司、衡阳华菱钢管有限公司、江苏武进不锈股份有限公司、无锡腾跃特种钢管有限公司、永兴特种不锈钢股份有限公司、冶金工业信息标准研究院、上海发电设备成套设计研究院、西安热工研究院有限公司、苏州热工研究院有限公司、山西太钢不锈钢钢管有限公司、内蒙古北方重工业集团有限公司。

本标准主要起草人：李奇、成海涛、陈绍林、宋建新、王志标、王建勇、董莉、吾之英、刘树涛、赵彦芬、康喜唐、郭元蓉、周仲成、黄平佳、赵斌。

本标准所代替标准的历次版本发布情况为：

——GB 5310—1985、GB 5310—1995、GB/T 5310—2008。

高压锅炉用无缝钢管

1 范围

本标准规定了高压锅炉用无缝钢管的分类、代号、尺寸、外形、重量、技术要求、试样、试验方法、检验规则、包装、标志和质量证明书。

本标准适用于制造高压及其以上压力的蒸汽锅炉、管道用无缝钢管。

2 规范性引用文件

下列文件对于本文件的应用是必不可少的。凡是注日期的引用文件，仅注日期的版本适用于本文本。凡是不注日期的引用文件，其最新版本(包括所有的修改单)适用于本文件。

GB/T 222 钢的成品化学成分允许偏差

GB/T 223.5 钢铁 酸溶硅和全硅含量的测定 还原型硅钼酸盐分光光度法

GB/T 223.9 钢铁及合金 铝含量的测定 铬天青S分光光度法

GB/T 223.11 钢铁及合金 铬含量的测定 可视滴定或电位滴定法

GB/T 223.14 钢铁及合金化学分析方法 钽试剂萃取光度法测定钒含量

GB/T 223.16 钢铁及合金化学分析方法 变色酸光度法测定钛量

GB/T 223.18 钢铁及合金化学分析方法 硫代硫酸钠分离-碘量法测定铜量

GB/T 223.23 钢铁及合金 镍含量的测定 丁二酮肟分光光度法

GB/T 223.25 钢铁及合金化学分析方法 丁二酮肟重量法测定镍量

GB/T 223.26 钢铁及合金 钼含量的测定 硫氰酸盐分光光度法

GB/T 223.29 钢铁及合金 铅含量的测定 载体沉淀-二甲酚橙分光光度法

GB/T 223.30 钢铁及合金化学分析方法 对-溴苦杏仁酸沉淀分离-偶氮胂Ⅲ分光光度法测定锆量

GB/T 223.31 钢铁及合金 砷含量的测定 蒸馏分离-钼蓝分光光度法

GB/T 223.36 钢铁及合金化学分析方法 蒸馏分离-中和滴定法测定氮量

GB/T 223.38 钢铁及合金化学分析方法 离子交换分离-重量法测定铌量

GB/T 223.40 钢铁及合金 铌含量的测定 氯磺酚S分光光度法

GB/T 223.43 钢铁及合金 钨含量的测定 重量法和分光光度法

GB/T 223.47 钢铁及合金化学分析方法 载体沉淀-钼蓝光度法测定锑量

GB/T 223.50 钢铁及合金化学分析方法 苯基荧光酮-溴化十六烷基三甲基胺直接光度法测定锡量

GB/T 223.58 钢铁及合金化学分析方法 亚砷酸钠-亚硝酸钠滴定法测定锰量

GB/T 223.59 钢铁及合金 磷含量的测定 铋磷钼蓝分光光度法和锑磷钼蓝分光光度法

GB/T 223.67 钢铁及合金 硫含量的测定 次甲基蓝分光光度法

GB/T 223.69 钢铁及合金 碳含量的测定 管式炉内燃烧后气体容量法

GB/T 223.78 钢铁及合金化学分析方法 姜黄素直接光度法测定硼含量

GB/T 223.80 钢铁及合金 铋和砷含量的测定 氢化物发生-原子荧光光谱法

GB/T 224 钢的脱碳层深度测定法

GB/T 226 钢的低倍组织及缺陷酸蚀检验法

GB/T 228.1 金属材料 拉伸试验 第1部分:室温试验方法
GB/T 228.2 金属材料 拉伸试验 第2部分:高温试验方法
GB/T 229 金属材料 夏比摆锤冲击试验方法
GB/T 230.1 金属材料 洛氏硬度试验 第1部分:试验方法(A、B、C、D、E、F、G、H、K、N、T标尺)
GB/T 231.1 金属材料 布氏硬度试验 第1部分:试验方法
GB/T 232 金属材料 弯曲试验方法
GB/T 241 金属管 液压试验方法
GB/T 242 金属管 扩口试验方法
GB/T 246 金属管 压扁试验方法
GB/T 1979 结构钢低倍组织缺陷评级图
GB/T 2102 钢管的验收、包装、标志和质量证明书
GB/T 2975 钢及钢产品 力学性能试验取样位置及试样制备
GB/T 4336 碳素钢和中低合金钢 多元素含量的测定 火花放电原子发射光谱法(常规法)
GB/T 4340.1 金属材料 维氏硬度试验 第1部分:试验方法
GB/T 5777—2008 无缝钢管超声波探伤检验方法
GB/T 6394—2017 金属平均晶粒度测定方法
GB/T 7735—2016 无缝和焊接(埋弧焊除外)钢管缺欠的自动涡流检测
GB/T 10561—2005 钢中非金属夹杂物含量的测定 标准评级图显微检验法
GB/T 11170 不锈钢 多元素含量的测定 火花放电原子发射光谱法(常规法)
GB/T 12606—2016 无缝和焊接(埋弧焊除外)铁磁性钢管纵向和/或横向缺欠的全圆周自动漏磁检测
GB/T 13298 金属显微组织检验方法
GB/T 15822(所有部分) 无损检测 磁粉检测
GB/T 17395 无缝钢管尺寸、外形、重量及允许偏差
GB/T 20066 钢和铁 化学成分测定用试样的取样和制样方法
GB/T 20123 钢铁 总碳硫含量的测定 高频感应炉燃烧后红外吸收法(常规方法)
GB/T 20124 钢铁 氮含量的测定 惰性气体熔融热导法(常规方法)
GB/T 31925—2015 厚壁无缝钢管超声波检验方法
NB/T 47013.5 承压设备无损检测 第5部分:渗透检测
YB/T 4149 连铸圆管坯
YB/T 5137 高压用热轧和锻制无缝钢管圆管坯

3 分类和代号

3.1 本标准的无缝钢管按产品制造方式分为两类,其类别和代号如下:

a) 热轧(挤压、扩)钢管,代号为 $W\text{-}H$;

b) 冷拔(轧)钢管,代号为 $W\text{-}C$。

3.2 下列代号适用于本文件。

D 外径(如无特殊说明,包括公称外径和/或计算外径,单位为毫米)

S 壁厚(如无特殊说明,包括公称壁厚和/或平均壁厚,单位为毫米)

S_{min} 最小壁厚

d 公称内径

D_c 计算外径(按公称内径与公称壁厚之和计算出来的外径值,单位为毫米)

S_c 平均壁厚(按最小壁厚及其允许偏差计算的壁厚最大值与最小值的平均值,单位为毫米)

4 订货内容

按本标准订购钢管的合同或订单应包括但不限于下列内容：

a） 产品名称；

b） 标准编号；

c） 钢的牌号；

d） 订购的数量(总重量或总长度)；

e） 尺寸规格；

f） 特殊要求。

5 尺寸、外形、重量及允许偏差

5.1 外径和壁厚

5.1.1 除非合同中另有规定，钢管按公称外径和公称壁厚交货。根据需方要求，经供需双方协商，钢管可按公称外径和最小壁厚、公称内径和公称壁厚或其他尺寸规格方式交货。

5.1.2 钢管的公称外径和壁厚应符合 GB/T 17395 的规定。根据需方要求，经供需双方协商，可供应 GB/T 17395 规定以外尺寸的钢管。当钢管按公称内径和公称壁厚交货时，其尺寸规格由供需双方协商确定。

5.1.3 钢管按公称外径和公称壁厚交货时，公称外径和公称壁厚的允许偏差应符合表 1 的规定。

5.1.4 钢管按公称外径和最小壁厚交货时，公称外径的允许偏差应符合表 1 的规定，壁厚的允许偏差应符合表 2 的规定。

5.1.5 钢管按公称内径和公称壁厚交货时，其公称内径的允许偏差为 $\pm 1\%d$，公称壁厚的允许偏差应符合表 1 的规定。

5.1.6 当需方未在合同中注明钢管尺寸允许偏差级别时，钢管外径和壁厚的允许偏差应符合普通级的规定。根据需方要求，经供需双方协商，并在合同中注明，可供应表 1 和表 2 规定以外尺寸允许偏差的钢管，或其他内径允许偏差的钢管。

表 1 钢管公称外径和公称壁厚允许偏差 单位为毫米

分类代号	制造方式	钢管尺寸			允许偏差	
					普通级	高级
W-H	热轧(挤压)钢管	公称外径(D)	<57		±0.40	±0.30
			57～325	$S \leqslant 35$	$\pm 0.75\%D$	$\pm 0.5\%D$
				$S > 35$	$\pm 1\%D$	$\pm 0.75\%D$
			>325～600		允许上偏差：$+1\%D$ 或+5，取较小者 允许下偏差：−2	—
			>600		允许上偏差：$+1\%D$ 或+7，取较小者 允许下偏差：−2	—
		公称壁厚(S)	≤4.0		±0.45	±0.35
			>4.0～20		$^{+12.5\%S}_{-10\%S}$	$\pm 10\%S$
			>20	$D < 219$	$\pm 10\%S$	$\pm 7.5\%S$
				$D \geqslant 219$	$^{+12.5\%S}_{-10\%S}$	$\pm 10\%S$

表 1（续） 单位为毫米

分类代号	制造方式	钢管尺寸		允许偏差	
				普通级	高级
W-H	热扩钢管	公称外径（D）	全部	±1%D	±0.75%D
		公称壁厚（S）	全部	+20%S −10%S	+15%S −10%S
W-C	冷拔（轧）钢管	公称外径（D）	≤25.4	±0.15	—
			>25.4～40	±0.20	—
			>40～50	±0.25	—
			>50～60	±0.30	—
			>60	±0.5%D	—
		公称壁厚（S）	≤3.0	±0.3	±0.2
			>3.0	±10%S	±7.5%S

表 2 钢管最小壁厚的允许偏差 单位为毫米

分类代号	制造方式	壁厚范围	允许偏差	
			普通级	高级
W-H	热轧（挤压）钢管	S_{min}≤4.0	$^{+0.9}_{0}$	$^{+0.7}_{0}$
		S_{min}>4.0	$^{+25\%S_{min}}_{0}$	$^{+22\%S_{min}}_{0}$
W-C	冷拔（轧）钢管	S_{min}≤3.0	$^{+0.6}_{0}$	$^{+0.4}_{0}$
		S_{min}>3.0	$^{+20\%S_{min}}_{0}$	$^{+15\%S_{min}}_{0}$

5.2 长度

5.2.1 通常长度

5.2.1.1 钢管的通常长度为 4 000 mm～12 000 mm。

5.2.1.2 经供需双方协商，并在合同中注明，可交付长度大于 12 000 mm 或短于 4 000 mm 但不短于 3 000 mm 的钢管；长度短于 4 000 mm 但不短于 3 000 mm 的钢管，其数量应不超过该批钢管交货总数量的 5%。

5.2.2 定尺长度和倍尺长度

根据需方要求，经供需双方协商，并在合同中注明，钢管可按定尺长度或倍尺长度交货。钢管的定尺长度允许偏差为$^{+15}_{0}$ mm。每个倍尺长度应按下述规定留出切口余量：

a） D≤159 mm 时，切口余量为 5 mm～10 mm；

b) $D>159$ mm 时，切口余量为 10 mm～15 mm。

5.3 弯曲度

5.3.1 钢管的每米弯曲度应符合如下规定：

a) $S\leqslant15$ mm 时，不大于 1.5 mm/m；

b) 15 mm$<S\leqslant30$ mm 时，不大于 2.0 mm/m；

c) $S>30$ mm 时，不大于 3.0 mm/m。

5.3.2 $D\geqslant127$ mm 的钢管，其全长弯曲度应不大于钢管长度的 0.10%。

5.3.3 根据需方要求，经供需双方协商，并在合同中注明，钢管的每米弯曲度和全长弯曲度可采用其他规定。

5.4 不圆度和壁厚不均

根据需方要求，经供需双方协商，并在合同中注明，钢管的不圆度和壁厚不均应分别不超过外径和壁厚公差的 80%。

5.5 端头外形

钢管两端端面应与钢管轴线垂直，切口毛刺应予清除。

5.6 重量

5.6.1 交货重量

5.6.1.1 钢管按公称外径和公称壁厚或公称内径和公称壁厚交货时，钢管按实际重量交货，亦可按理论重量交货。

5.6.1.2 钢管按公称外径和最小壁厚交货时，钢管按实际重量交货；供需双方协商，并在合同中注明，钢管亦可按理论重量交货。

5.6.2 理论重量的计算

钢管理论重量的计算按 GB/T 17395 的规定(钢的密度按 7.85 kg/dm^3)，不锈(耐热)钢钢管的理论重量为按 GB/T 17395 规定计算理论重量的 1.015 倍。

按最小壁厚交货钢管，应采用平均壁厚计算理论重量；按公称内径交货钢管，应采用计算外径计算理论重量。

5.6.3 重量允许偏差

根据需方要求，经供需双方协商，并在合同中注明，交货钢管实际重量与理论重量的偏差应符合如下规定：

a) 单根钢管：±10%；

b) 每批最小为 10 t 的钢管：±7.5%。

6 技术要求

6.1 钢的牌号和化学成分

6.1.1 钢的牌号和化学成分(熔炼成分)应符合表 3 的规定。

6.1.2 钢中残余元素的含量应符合表 4 的规定。

6.1.3 成品钢管的化学成分允许偏差应符合表5的规定。成品化学成分的相关术语、定义和判定方法应符合GB/T 222的规定。

6.2 制造方法

6.2.1 钢的冶炼方法

6.2.1.1 优质碳素结构钢和合金结构钢应采用电弧炉加炉外精炼并经真空精炼处理，或氧气转炉加炉外精炼并经真空精炼处理，或电渣重熔法冶炼。

6.2.1.2 不锈(耐热)钢应采用电弧炉加炉外精炼，或转炉加炉外精炼，或电渣重熔法冶炼。

6.2.1.3 经供需双方协商，并在合同中注明，可采用其他较高要求的冶炼方法。需方指定某一种冶炼方法时，应在合同中注明。

6.2.2 管坯的制造方法及要求

6.2.2.1 管坯可采用连铸、模铸或热轧(锻)方法制造。

6.2.2.2 连铸管坯应符合YB/T 4149的规定，其中低倍组织缺陷中心裂纹、中间裂纹、皮下裂纹和皮下气泡的级别应分别不大于1级，也可采用经相关各方认可的其他更高质量要求；热轧(锻)管坯应符合YB/T 5137的规定；模铸管坯(钢锭)可参照热轧(锻)管坯的规定执行。

6.2.3 钢管的制造方法

6.2.3.1 牌号为08Cr18Ni11NbFG的钢管应采用冷拔(轧)无缝方法制造，其他钢管应采用热轧(挤压、扩)或冷拔(轧)无缝方法制造。

6.2.3.2 热扩钢管应是坯料钢管经整体加热后扩制变形而成的更大口径的钢管。

6.2.3.3 采用连铸或模铸钢坯直接轧制的钢管，其加工变形总延伸系数应不小于3。采用电渣锭直接轧制的钢管，其加工变形总延伸系数应不小于2。

表 3 钢的牌号和化学成分

钢类	序号	牌号	化学成分(质量分数)[a]/%														
			C	Si	Mn	Cr	Mo	V	Ti	B	Ni	Al_{tot}	Cu	Nb	N	W	P	S
																	不大于	
优质碳素结构钢	1	20G	0.17～0.23	0.17～0.37	0.35～0.65	—	—	—	—	—	—	[b]	—	—	—	—	0.025	0.015
	2	20MnG	0.17～0.23	0.17～0.37	0.70～1.00	—	—	—	—	—	—	—	—	—	—	—	0.025	0.015
	3	25MnG	0.22～0.27	0.17～0.37	0.70～1.00	—	—	—	—	—	—	—	—	—	—	—	0.025	0.015
合金结构钢	4	15MoG	0.12～0.20	0.17～0.37	0.40～0.80	—	0.25～0.35	—	—	—	—	—	—	—	—	—	0.025	0.015
	5	20MoG	0.15～0.25	0.17～0.37	0.40～0.80	—	0.44～0.65	—	—	—	—	—	—	—		—	0.025	0.015
	6	12CrMoG	0.08～0.15	0.17～0.37	0.40～0.70	0.40～0.70	0.40～0.55	—	—	—	—	—	—	—	—	—	0.025	0.015
	7	15CrMoG	0.12～0.18	0.17～0.37	0.40～0.70	0.80～1.10	0.40～0.55	—	—	—	—	—	—	—	—	—	0.025	0.015
	8	12Cr2MoG	0.08～0.15	≤0.50	0.40～0.60	2.00～2.50	0.90～1.13	—	—	—	—	—	—	—	—	—	0.025	0.015
	9	12Cr1MoVG	0.08～0.15	0.17～0.37	0.40～0.70	0.90～1.20	0.25～0.35	0.15～0.30	—	—	—	—	—	—	—	—	0.025	0.010
	10	12Cr2MoWVTiB	0.08～0.15	0.45～0.75	0.45～0.65	1.60～2.10	0.50～0.65	0.28～0.42	0.08～0.18	0.002 0～0.008 0	—	—	—	—	—	0.30～0.55	0.025	0.015
	11	07Cr2MoW2VNbB	0.04～0.10	≤0.50	0.10～0.60	1.90～2.60	0.05～0.30	0.20～0.30	—	0.000 5～0.006 0	—	≤0.030	—	0.02～0.08	≤0.030	1.45～1.75	0.025	0.010
	12	12Cr3MoVSiTiB	0.09～0.15	0.60～0.90	0.50～0.80	2.50～3.00	1.00～1.20	0.25～0.35	0.22～0.38	0.005 0～0.011 0	—	—	—	—	—	—	0.025	0.015
	13	15Ni1MnMoNbCu	0.10～0.17	0.25～0.50	0.80～1.20	—	0.25～0.50	—	—	—	1.00～1.30	≤0.050	0.50～0.80	0.015～0.045	≤0.020	—	0.025	0.015
	14	10Cr9Mo1VNbN	0.08～0.12	0.20～0.50	0.30～0.60	8.00～9.50	0.85～1.05	0.18～0.25	—	—	≤0.40	≤0.020	—	0.06～0.10	0.030～0.070	—	0.020	0.010

表 3（续）

钢类	序号	牌号	C	Si	Mn	Cr	Mo	V	Ti	B	Ni	Al_{tot}	Cu	Nb	N	W	P	S
			化学成分(质量分数)[a]/%															
																	不大于	
合金结构钢	15	10Cr9MoW2VNbBN	0.07～0.13	≤0.50	0.30～0.60	8.50～9.50	0.30～0.60	0.15～0.25	—	0.001 0～0.006 0	≤0.40	≤0.020	—	0.04～0.09	0.030～0.070	1.50～2.00	0.020	0.010
	16	10Cr11MoW2VNbCu1BN	0.07～0.14	≤0.50	≤0.70	10.00～11.50	0.25～0.60	0.15～0.30	—	0.000 5～0.005 0	≤0.50	≤0.020	0.30～1.70	0.04～0.10	0.040～0.100	1.50～2.50	0.020	0.010
	17	11Cr9Mo1W1VNbBN	0.09～0.13	0.10～0.50	0.30～0.60	8.50～9.50	0.90～1.10	0.18～0.25	—	0.000 3～0.006 0	≤0.40	≤0.020	—	0.06～0.10	0.040～0.090	0.90～1.10	0.020	0.010
不锈(耐热)钢	18	07Cr19Ni10	0.04～0.10	≤0.75	≤2.00	18.00～20.00	—	—	—	—	8.00～11.00	—	—	—	—	—	0.030	0.015
	19	10Cr18Ni9NbCu3BN	0.07～0.13	≤0.30	≤1.00	17.00～19.00	—	—	—	0.001 0～0.010 0	7.50～10.50	0.003～0.030	2.50～3.50	0.30～0.60	0.050～0.120	—	0.030	0.010
	20	07Cr25Ni21	0.04～0.10	≤0.75	≤2.00	24.00～26.00	—	—	—	—	19.00～22.00	—	—	—	—	—	0.030	0.015
	21	07Cr25Ni21NbN	0.04～0.10	≤0.75	≤2.00	24.00～26.00	—	—	—		19.00～22.00	—	—	0.20～0.60	0.150～0.350	—	0.030	0.015
	22	07Cr19Ni11Ti	0.04～0.10	≤0.75	≤2.00	17.00～20.00	—	—	4C～0.60		9.00～13.00	—	—	—	—	—	0.030	0.015
	23	07Cr18Ni11Nb	0.04～0.10	≤0.75	≤2.00	17.00～19.00	—	—	—	—	9.00～13.00	—	—	8C～1.10	—	—	0.030	0.015
	24	08Cr18Ni11NbFG	0.06～0.10	≤0.75	≤2.00	17.00～19.00	—	—	—	—	10.00～12.00	—	—	8C～1.10	—	—	0.030	0.015

注 1：Al_{tot}指全铝含量。

注 2：牌号 08Cr18Ni11NbFG 中的“FG”表示细晶粒。

[a] 除非冶炼需要，未经需方同意，不应在钢中有意添加本表中未提及的元素。制造厂应采取所有恰当的措施，以防止废钢和生产过程中所使用的其他材料把会削弱钢材力学性能及适用性的元素带入钢中。

[b] 20G 钢中 Al_{tot}不大于 0.015%，不作交货要求，但应填入质量证明书中。

表 4 钢中残余元素含量

钢类	残余元素(质量分数)/%						
	Cu	Cr	Ni	Mo	V[a]	Ti	Zr
	不大于						
优质碳素结构钢	0.20	0.25	0.25	0.15	0.08	—	—
合金结构钢	0.20	0.30	0.30	—	0.08	0.01[b]	0.01[b]
不锈(耐热)钢	0.25	—	—	—	—	—	—

[a] 15Ni1MnMoNbCu 的残余 V 含量应不超过 0.02%。

[b] 只适用于 10Cr9Mo1VNbN、10Cr9MoW2VNbBN、10Cr11MoW2VNbCu1BN 和 11Cr9Mo1W1VNbBN。

表 5 成品化学成分允许偏差

元素	规定的熔炼化学成分上限值	允许偏差/%	
		上偏差	下偏差
C	≤0.27	0.01	0.01
Si	≤0.37	0.02	0.02
	>0.37~1.00	0.04	0.04
Mn	≤1.00	0.03	0.03
	>1.00~2.00	0.04	0.04
P	≤0.030	0.005	—
S	≤0.015	0.005	—
Cr	≤1.00	0.05	0.05
	>1.00~10.00	0.10	0.10
	>10.00~15.00	0.15	0.15
	>15.00~26.00	0.20	0.20
Mo	≤0.35	0.03	0.03
	>0.35~1.20	0.04	0.04
V	≤0.10	0.01	—
	>0.10~0.42	0.03	0.03
Ti	≤0.01	0	—
	>0.01~0.38	0.01	0.01
	>0.38~0.60	0.05	0.05
Ni	≤1.00	0.03	0.03
	>1.00~1.30	0.05	0.05
	>1.30~10.00	0.10	0.10
	>10.00~22.00	0.15	0.15

表 5（续）

元素	规定的熔炼化学成分上限值	允许偏差/%	
		上偏差	下偏差
Nb	≤0.10	0.005	0.005
	>0.10～1.10	0.05	0.05
W	≤1.00	0.04	0.04
	>1.00～2.50	0.08	0.08
Cu	≤1.00	0.03	0.03
	>1.00～3.50	0.10	0.10
Al	≤0.050	0.005	0.005
B	≤0.005 0	0.000 5	0.000 1
	>0.005 0～0.011 0	0.001 0	0.000 3
N	≤0.100	0.005	0.005
	>0.100～0.350	0.010	0.010
Zr	≤0.01	0	—

6.3 交货状态

钢管应以热处理状态交货。钢管的热处理制度应符合表 6 的规定。

表 6 钢管的热处理制度

序号	牌号	热处理制度
1	20G[a]	正火：正火温度 880 ℃～940 ℃
2	20MnG[a]	正火：正火温度 880 ℃～940 ℃
3	25MnG[a]	正火：正火温度 880 ℃～940 ℃
4	15MoG[b]	正火：正火温度 890 ℃～950 ℃
5	20MoG[b]	正火：正火温度 890 ℃～950 ℃
6	12CrMoG[b]	正火加回火：正火温度 900 ℃～960 ℃，回火温度 670 ℃～730 ℃
7	15CrMoG[b]	S≤30 mm 的钢管正火加回火：正火温度 900 ℃～960 ℃；回火温度 680 ℃～730 ℃。S>30 mm 的钢管淬火加回火或正火加回火：淬火温度不低于 900 ℃，回火温度 680 ℃～750 ℃；正火温度 900 ℃～960 ℃，回火温度 680 ℃～730 ℃，但正火后应进行快速冷却
8	12Cr2MoG[b]	S≤30 mm 的钢管正火加回火：正火温度 900 ℃～960 ℃；回火温度 700 ℃～750 ℃。S>30 mm 的钢管淬火加回火或正火加回火：淬火温度不低于 900 ℃，回火温度 700 ℃～750 ℃；正火温度 900 ℃～960 ℃，回火温度 700 ℃～750 ℃，但正火后应进行快速冷却

表 6（续）

序号	牌号	热处理制度
9	12Cr1MoVG[b]	S≤30 mm 的钢管正火加回火：正火温度 980 ℃～1 020 ℃，回火温度 720 ℃～760 ℃。S>30 mm 的钢管淬火加回火或正火加回火：淬火温度 950 ℃～990 ℃，回火温度 720 ℃～760 ℃；正火温度 980 ℃～1 020 ℃，回火温度 720 ℃～760 ℃，但正火后应进行快速冷却
10	12Cr2MoWVTiB	正火加回火：正火温度 1 020 ℃～1 060 ℃；回火温度 760 ℃～790 ℃
11	07Cr2MoW2VNbB	正火加回火：正火温度 1 040 ℃～1 080 ℃；回火温度 750 ℃～780 ℃
12	12Cr3MoVSiTiB	正火加回火：正火温度 1 040 ℃～1 090 ℃；回火温度 720 ℃～770 ℃
13	15Ni1MnMoNbCu	S≤30 mm 的钢管正火加回火：正火温度 880 ℃～980 ℃；回火温度 610 ℃～680 ℃。S>30 mm 的钢管淬火加回火或正火加回火：淬火温度不低于 900 ℃，回火温度 610 ℃～680 ℃；正火温度 880 ℃～980 ℃，回火温度 610 ℃～680 ℃，但正火后应进行快速冷却
14	10Cr9Mo1VNbN	正火加回火：正火温度 1 040 ℃～1 080 ℃；回火温度 750 ℃～780 ℃。S>70 mm 的钢管可淬火加回火，淬火温度不低于 1 040 ℃，回火温度 750 ℃～780 ℃
15	10Cr9MoW2VNbBN	正火加回火：正火温度 1 040 ℃～1 080 ℃；回火温度 760 ℃～790 ℃。S>70 mm 的钢管可淬火加回火，淬火温度不低于 1 040 ℃，回火温度 760 ℃～790 ℃
16	10Cr11MoW2VNbCu1BN	正火加回火：正火温度 1 040 ℃～1 080 ℃；回火温度 760 ℃～790 ℃。S>70 mm 的钢管可淬火加回火，淬火温度不低于 1 040 ℃，回火温度 760 ℃～790 ℃
17	11Cr9Mo1W1VNbBN	正火加回火：正火温度 1 040 ℃～1 080 ℃；回火温度 750 ℃～780 ℃。S>70 mm 的钢管可淬火加回火，淬火温度不低于 1 040 ℃，回火温度 750 ℃～780 ℃
18	07Cr19Ni10	固溶处理：固溶温度不低于 1 040 ℃，急冷
19	10Cr18Ni9NbCu3BN	固溶处理：固溶温度不低于 1 100 ℃，急冷
20	07Cr25Ni21	固溶处理：固溶温度不低于 1 040 ℃，急冷
21	07Cr25Ni21NbN[c]	固溶处理：固溶温度不低于 1 100 ℃，急冷
22	07Cr19Ni11Ti[c]	固溶处理：热轧（挤压、扩）钢管固溶温度不低于 1 050 ℃，冷拔（轧）钢管固溶温度不低于 1 100 ℃，急冷
23	07Cr18Ni11Nb[c]	固溶处理：热轧（挤压、扩）钢管固溶温度不低于 1 050 ℃，冷拔（轧）钢管固溶温度不低于 1 100 ℃，急冷
24	08Cr18Ni11NbFG	冷加工之前软化热处理：软化热处理温度应至少比固溶处理温度高 50 ℃；最终冷加工之后固溶处理：固溶温度不低于 1 180 ℃，急冷

[a] 热轧（挤压、扩）钢管终轧温度在相变临界温度 A_{r3} 至表中规定温度上限的范围内，且钢管是经过空冷时，则应认为钢管是经过正火的。

[b] D≥457 mm 的热扩钢管，当钢管终轧温度在相变临界温度 A_{r3} 至表中规定温度上限的范围内，且钢管是经过空冷时，则应认为钢管是经过正火的；其余钢管在需方同意的情况下，并在合同中注明，可采用符合前述规定的在线正火。

[c] 根据需方要求，牌号为 07Cr25Ni21NbN、07Cr19Ni11Ti 和 07Cr18Ni11Nb 的钢管在固溶处理后可接着进行低于初始固溶处理温度的稳定化热处理，稳定化热处理的温度由供需双方协商。

6.4 力学性能

6.4.1 交货状态钢管的室温力学性能应符合表 7 的规定。

6.4.2 $D \geqslant 76$ mm 且 $S \geqslant 14$ mm 的钢管应做冲击试验。表 7 中的冲击吸收能量为全尺寸试样夏比 V 型缺口冲击吸收能量要求值。当采用小尺寸冲击试样时，小尺寸试样的最小夏比 V 型缺口冲击吸收能量要求值应为全尺寸试样冲击吸收能量要求值乘以表 8 中的递减系数。

6.4.3 钢管硬度试验应符合以下规定：

a) $S \geqslant 5.0$ mm 的钢管，做布氏硬度试验或洛氏硬度试验；

b) $S < 5.0$ mm 的钢管，做洛氏硬度试验；

c) 根据需方要求，经供需双方协商，并在合同中注明，钢管可做维氏硬度试验代替布氏硬度试验或洛氏硬度试验。当合同规定了钢管维氏硬度试验时，其值应符合表 7 的规定。

6.4.4 根据需方要求，经供需双方协商，并在合同中注明，可在钢管外表面做硬度试验，其值应符合表 7 的规定。

6.4.5 根据需方要求，经供需双方协商，并在合同中注明试验温度，供方可做钢管的高温力学性能试验。当合同规定了钢管高温规定塑性延伸强度（$R_{p0.2}$）时，其值应符合附录 A 的规定。

6.4.6 成品钢管的 100 000 h 持久强度推荐数据参见附录 B。

表 7 钢管的力学性能

序号	牌号	拉伸性能				冲击吸收能量（KV_2）/J		硬度		
		抗拉强度 R_m/MPa	下屈服强度或规定塑性延伸强度 R_{eL} 或 $R_{p0.2}$/MPa	断后伸长率 A/%		纵向	横向	HBW	HV	HRC 或 HRB
				纵向	横向					
			不小于							
1	20G	410～550	245	24	22	40	27	120～160	120～160	—
2	20MnG	415～560	240	22	20	40	27	125～170	125～170	—
3	25MnG	485～640	275	20	18	40	27	130～180	130～180	—
4	15MoG	450～600	270	22	20	40	27	125～180	125～180	—
5	20MoG	415～665	220	22	20	40	27	125～180	125～180	—
6	12CrMoG	410～560	205	21	19	40	27	125～170	125～170	—
7	15CrMoG	440～640	295	21	19	40	27	125～170	125～170	—
8	12Cr2MoG	450～600	280	22	20	40	27	125～180	125～180	—
9	12Cr1MoVG	470～640	255	21	19	40	27	135～195	135～195	—
10	12Cr2MoWVTiB	540～735	345	18	—	40	—	160～220	160～230	85 HRB～97 HRB
11	07Cr2MoW2VNbB	≥510	400	22	18	40	27	150～220	150～230	80 HRB～97 HRB
12	12Cr3MoVSiTiB	610～805	440	16	—	40	—	180～250	180～265	≤25 HRC

表 7（续）

序号	牌 号	拉伸性能				冲击吸收能量(KV_2)/J		硬度		
		抗拉强度 R_m/MPa	下屈服强度或规定塑性延伸强度 R_{eL} 或 $R_{p0.2}$/MPa	断后伸长率 A/%		纵向	横向	HBW	HV	HRC 或 HRB
				纵向	横向					
			不	小		于				
13	15Ni1MnMoNbCu	620～780	440	19	17	40	27	185～255	185～270	≤25 HRC
14	10Cr9Mo1VNbN	≥585	415	20	16	40	27	185～250	185～265	≤25 HRC
15	10Cr9MoW2VNbBN	≥620	440	20	16	40	27	185～250	185～265	≤25 HRC
16	10Cr11MoW2VNbCu1BN	≥620	400	20	16	40	27	185～250	185～265	≤25 HRC
17	11Cr9Mo1W1VNbBN	≥620	440	20	16	40	27	185～250	185～265	≤25 HRC
18	07Cr19Ni10	≥515	205	35	—	—	—	140～192	150～200	75 HRB～90 HRB
19	10Cr18Ni9NbCu3BN	≥590	235	35	—	—	—	150～219	160～230	80 HRB～95 HRB
20	07Cr25Ni21	≥515	205	35	—	—	—	140～192	150～200	75 HRB～90 HRB
21	07Cr25Ni21NbN	≥655	295	30	—	—	—	175～256	—	85 HRB～100 HRB
22	07Cr19Ni11Ti	≥515	205	35	—	—	—	140～192	150～200	75 HRB～90 HRB
23	07Cr18Ni11Nb	≥520	205	35	—	—	—	140～192	150～200	75 HRB～90 HRB
24	08Cr18Ni11NbFG	≥550	205	35	—	—	—	140～192	150～200	75 HRB～90 HRB

表 8　小尺寸试样冲击吸收能量递减系数

试样规格	试样尺寸(高度×宽度)/mm	递减系数
标准试样	10×10	1
小试样	10×7.5	0.75
小试样	10×5	0.5

6.5　液压

6.5.1　钢管应逐根进行液压试验。液压试验压力按式(1)计算，最大试验压力为 20 MPa。在试验压力下，稳压时间应不少于 10 s，钢管不应出现渗漏现象。

$$P = 2SR/D \qquad (1)$$

式中：

P ——试验压力，单位为兆帕(MPa)，当 $P<7$ MPa 时，修约到最接近的 0.5 MPa，当 $P \geqslant 7$ MPa 时，修约到最接近的 1 MPa；

S ——钢管壁厚，单位为毫米(mm)；

D ——钢管外径，单位为毫米(mm)；

R ——允许应力，优质碳素结构钢和合金结构钢为表 7 规定屈服强度的 80%，不锈(耐热)钢为表 7 规定屈服强度的 70%，单位为兆帕(MPa)。

6.5.2 供方可用涡流检测或漏磁检测代替液压试验。涡流检测时，对比样管人工缺陷不锈(耐热)钢钢管应符合 GB/T 7735—2016 中验收等级 E4H 或 E4 级的规定，其他钢管应符合 GB/T 7735—2016 中验收等级 E2H 或 E2 级的规定；漏磁检测时，对比样管外表面纵向人工缺陷应符合 GB/T 12606—2016 中验收等级 F2 的规定。

6.6 工艺性能

6.6.1 压扁

6.6.1.1 $D>22$ mm 的钢管应做压扁试验。

6.6.1.2 压扁试验按以下两步进行：

a) 第一步是延性试验，将试样压至两平板间距离为 H。H 按式(2)计算。

$$H = \frac{(1+\alpha)S}{\alpha + S/D} \qquad (2)$$

式中：

H ——两平板间的距离，单位为毫米(mm)；

S ——钢管壁厚，单位为毫米(mm)；

D ——钢管外径，单位为毫米(mm)；

α ——单位长度变形系数，优质碳素结构钢和合金结构钢为 0.08，不锈(耐热)钢为 0.09；当 $S/D>0.1$ 时，优质碳素结构钢的 α 可减小 0.01。

试样压至两平板间距离为 H 时，试样上不应存在裂缝或裂口。

b) 第二步是完整性试验(闭合压扁)。压扁继续进行，直到试样破裂或试样相对两壁相碰。在整个压扁试验期间，试样不应出现目视可见的分层、白点、夹杂。

6.6.1.3 下述情况不应作为压扁试验合格与否的判定依据：

a) 试样表面缺陷引起的裂缝或裂口；

b) 当 $S/D>0.1$ 时，试样 6 点钟(底部)和 12 点钟(顶部)位置处内表面的裂缝或裂口。

6.6.1.4 对 6.6.1.3b)有争议时，可将钢管外壁车削使 S/D 减小至 0.1 后进行压扁试验，试验方法、两平板间距离 H(按车削后实际外径和壁厚计算)与判定要求应符合 6.6.1.2 的规定。

6.6.2 弯曲

6.6.2.1 $D>400$ mm 或 $S>40$ mm 的钢管可用弯曲试验代替压扁试验。一组弯曲试验应包括一个正向弯曲(靠近钢管外表面的试样表面受拉变形)和一个反向弯曲(靠近钢管内表面的试样表面受拉变形)。

6.6.2.2 弯曲试验的弯芯直径为 25 mm，试样应在室温下弯曲 180°。

6.6.2.3 弯曲试验后，试样弯曲受拉表面及侧面不应出现目视可见的裂缝或裂口。

6.6.3 扩口

根据需方要求，并在合同中注明，$D \leqslant 76$ mm 且 $S \leqslant 8$ mm 的钢管可做扩口试验。扩口试验在室温下进行，顶芯锥度为60°。扩口后试样的外径扩口率应符合表9的规定，扩口后试样不应出现裂缝或裂口。

表9 钢管外径扩口率

钢类	钢管外径扩口率/%		
	内径[a]/外径		
	≤0.6	>0.6～0.8	>0.8
优质碳素结构钢	10	12	17
合金结构钢	8	10	15
不锈(耐热)钢	12	15	20

[a] 内径为试样计算内径。

6.7 低倍

采用钢锭直接轧制的钢管应做低倍检验。钢管低倍检验横截面酸浸试片上不应有目视可见的白点、夹杂、皮下气泡、翻皮和分层。

6.8 非金属夹杂物

用钢锭和连铸圆管坯直接轧制的钢管应做非金属夹杂物检验。钢管的非金属夹杂物按GB/T 10561—2005中的A法评级，其A、B、C、D各类夹杂物的细系级别和粗系级别应分别不大于2.5级，DS类夹杂物应不大于2.5级；A、B、C、D各类夹杂物的细系级别总数与粗系级别总数应各不大于6.5级。

根据需方要求，经供需双方协商，并在合同中注明，成品钢管的非金属夹杂物可要求更严级别。

6.9 晶粒度

成品钢管的实际晶粒度应符合表10的规定。

表10 成品钢管的晶粒度

序号	钢类(钢的牌号)	晶粒度级别	两个试片上晶粒度最大级别与最小级别差
1	优质碳素结构钢和本表序号2所列牌号以外的合金结构钢	4～10级[a]	不超过3级
2	10Cr9Mo1VNbN、10Cr9MoW2VNbBN、10Cr11MoW2VNbCu1BN和11Cr9Mo1W1VNbBN	≥4级[a]	不超过3级
3	07Cr25Ni21、07Cr19Ni10、07Cr19Ni11Ti、07Cr18Ni11Nb	4～7级	不超过3级
4	07Cr25Ni21NbN	2～7级	不超过3级
5	10Cr18Ni9NbCu3BN、08Cr18Ni11NbFG	7～10级	不超过3级

注：晶粒度最大与最小级别差算法举例：最小为6级，最大为8级，其差为3级；最小为6级，最大为9级，其差为4级。

[a] 当显微组织为全贝氏体或马氏体时，可检验原奥氏体晶粒度，其级别应不小于2级。

6.10 显微组织

优质碳素结构钢和合金结构钢成品钢管的显微组织应符合如下规定：

a) 优质碳素结构钢应为铁素体加珠光体；

b) 15MoG、20MoG、12CrMoG 和 15CrMoG 应为铁素体加珠光体，允许存在粒状贝氏体或全贝氏体，不准许存在相变临界温度 A_{C1}～A_{C3}之间的不完全相变产物(如黄块状组织)；

c) 12Cr2MoG 和 12Cr1MoVG 应为铁素体加粒状贝氏体或铁素体加珠光体或铁素体加粒状贝氏体加珠光体或全贝氏体，可存在索氏体，不应存在相变临界温度 A_{C1}～A_{C3}之间的不完全相变产物(如黄块状组织)；15Ni1MnMoNbCu 应为贝氏体加铁素体，可为全贝氏体；

d) 12Cr2MoWVTiB、12Cr3MoVSiTiB 和 07Cr2MoW2VNbB 应为回火贝氏体，可存在索氏体或回火马氏体，不应存在自由铁素体；

e) 10Cr9Mo1VNbN、10Cr9MoW2VNbBN、10Cr11MoW2VNbCu1BN 和 11Cr9Mo1W1VNbBN 应为回火马氏体或保持马氏体位相的回火索氏体；对外径大于 150 mm 或壁厚大于 20 mm 的 10Cr9MoW2VNbBN，用金相显微镜(推荐放大倍数 100 倍)检查 10 个大小为 0.71 mm×0.71 mm 的正方形视场，取 10 个视场的平均值，δ-铁素体含量应不超过 5%，最严重视场应不超过 10%。

6.11 脱碳层

$D \leqslant 76$ mm 的冷拔(轧)优质碳素结构钢和合金结构钢成品钢管应检验全脱碳层，其外表面全脱碳层深度应不大于 0.2 mm，内表面全脱碳层深度应不大于 0.3 mm，两者之和应不大于 0.4 mm。

6.12 晶间腐蚀

根据需方要求，经供需双方协商，并在合同中注明，不锈(耐热)钢钢管可做晶间腐蚀试验，晶间腐蚀试验方法和判定要求由供需双方协商确定。

6.13 表面质量

6.13.1 钢管的内外表面不应有裂纹、折叠、结疤、轧折和离层。这些缺陷应完全清除，缺陷清除深度应不超过壁厚的 10%，缺陷清除处的实际壁厚应不小于壁厚所允许的最小值。

6.13.2 钢管内外表面直道(含非尖锐芯棒擦伤)允许的深度应符合如下规定：

a) 冷拔(轧)钢管：不大于壁厚的 4%，且最大为 0.2 mm；

b) 热轧(挤压、扩)钢管：不大于壁厚的 5%，且最大为 0.4 mm。

6.13.3 不超过壁厚允许负偏差的其他局部缺欠允许存在。

6.13.4 钢管内外表面的氧化铁皮应清除，但不妨碍检查的氧化薄层允许存在。

6.13.5 对外径不小于 219 mm 且壁厚不小于 25 mm 的钢管，表面缺陷修磨处或对表面质量有疑问时，制造厂应选择采用液体渗透检测或磁粉检测。液体渗透检测或磁粉检测应符合如下规定：

a) 液体渗透检测应符合 NB/T 47013.5 的规定。凡呈现下述显示的缺陷都应标明位置，并按 6.13.1 的规定进行清除：

——线性缺陷显示；

——尺寸超过 3 mm 的非线性缺陷显示；

——3 个或 3 个以上排列成行，且边缘间距小于 3 mm 的缺陷显示；

——在 100 cm^2 的矩形面积上，累计有 5 个或 5 个以上密集缺陷显示，该矩形长边不大于 20 cm，且取自缺陷显示评定最不利的部位。

b) 磁粉检测应符合 GB/T 15822 的规定。磁粉检测显示的缺陷都应标明位置，并按 6.13.1 条的规定进行清除。磁粉检测由制造厂选择采用缺陷修磨处的局部检测或全长检测，局部检测或全长检测的标准试片应分别符合如下规定：

——表面缺陷修磨处的局部检测采用 A-30/100（相对槽深为$\frac{30}{100}\pm 8\ \mu m$）；

——全长检测采用 A-60/100（相对槽深为$\frac{60}{100}\pm 8\ \mu m$）。

6.14 无损检测

6.14.1 对于壁厚外径比小于等于 0.2 或大于等于 0.3 的钢管，应按 GB/T 5777—2008 的规定逐根全长进行超声检测。超声检测对比样管纵向刻槽深度等级为 L2。当钢管壁厚外径比大于或等于 0.3 时，除非合同中另有规定，钢管内壁人工缺陷深度按 GB/T 5777—2008 附录 C 中 C.1 的规定执行。

6.14.2 当钢管壁厚与外径之比大于 0.2 且小于 0.3 时，钢管应按 GB/T 31925—2015 的规定逐根全长进行超声检测。超声检测对比样管纵向刻槽深度等级为 U2。

6.14.3 当钢管按最小壁厚交货时，对比样管刻槽深度按平均壁厚计算。

6.14.4 根据需方要求，经供需双方协商，并在合同中注明，可增做其他无损检测。

7 试样

7.1 拉伸试验试样

7.1.1 $D<219$ mm 的钢管，拉伸试验应沿钢管纵向取样。

7.1.2 $D\geqslant 219$ mm 的钢管，当钢管尺寸允许时，拉伸试验应沿钢管横向截取直径为 10 mm 的圆形横截面试样；当钢管尺寸不足以截取 10 mm 试样时，则应采用直径为 8 mm 或 5 mm 中可能的较大尺寸横向圆形横截面试样；当钢管尺寸不足以截取 5 mm 圆形横截面试样时，拉伸试验应沿钢管纵向取样。横向圆形横截面试样应取自未经压扁的样坯。

7.2 冲击试验试样

7.2.1 $D<219$ mm 的钢管，冲击试验沿钢管纵向或横向取样；如合同中无特殊规定，仲裁试样应沿钢管纵向截取。

7.2.2 $D\geqslant 219$ mm 的钢管，冲击试验应沿钢管横向取样。

7.2.3 无论沿钢管纵向截取还是沿钢管横向截取，冲击试样均应为标准尺寸、宽度 7.5 mm 或宽度 5 mm 中可能的较大尺寸试样。

7.3 弯曲试验试样

7.3.1 试样制备

弯曲试验的试样应沿钢管的一端横向截取，试样的制备应符合 GB/T 232 的规定。试样截取时，正向弯曲试样应尽量靠近外表面，反向弯曲试样应尽量靠近内表面。试样弯曲受拉变形表面不应有明显伤痕和其他缺陷。

7.3.2 试样尺寸

试样加工后的截面尺寸为 12.5 mm×12.5 mm 或 25 mm×12.5 mm（宽度×厚度）；截面上的四个角应加工成圆角，圆角半径不大于 1.6 mm；试样长度不大于 150 mm。

8 检验和试验方法

8.1 钢管的化学成分分析取样按 GB/T 20066 的规则进行。化学成分的仪器分析按 GB/T 4336、GB/T 11170、GB/T 20123、GB/T 20124 的规定进行，湿法分析按 GB/T 223.5、GB/T 223.9、GB/T 223.11、GB/T 223.14、GB/T 223.16、GB/T 223.18、GB/T 223.23、GB/T 223.25、GB/T 223.26、GB/T 223.29、GB/T 223.30、GB/T 223.31、GB/T 223.36、GB/T 223.38、GB/T 223.40、GB/T 223.43、GB/T 223.47、GB/T 223.50、GB/T 223.58、GB/T 223.59、GB/T 223.67、GB/T 223.69、GB/T 223.78、GB/T 223.80 的规定进行，但仲裁时应按湿法分析的规定进行。

8.2 当要求进行外表面硬度试验时，外表面的硬度试验应符合如下规定：

a) 牌号为 12Cr1MoVG 且外径不小 406 mm 且壁厚不小于 70 mm 的钢管，应逐根进行；

b) 牌号为 10Cr9Mo1VNbN、10Cr9MoW2VNbBN 且壁厚不小于 25 mm 的钢管，应逐根进行；

c) 其余牌号、规格的钢管，每批应选取 2 根钢管进行（当一批钢管只有 1 根时可选取 1 根）。

8.3 钢管的尺寸和外形应采用符合精度要求的量具逐根测量。

8.4 钢管的内外表面应在充分照明条件下逐根目视检查，直道深度应采用符合精度要求的量具测量。

8.5 钢管其他检验项目的取样方法和试验方法应符合表 11 的规定。

表 11 钢管检验项目的取样数量、取样方法和试验方法

序号	检验项目	取样数量	取样方法	试验方法
1	化学成分	每炉取 1 个试样	GB/T 20066	见 8.1
2	室温拉伸	每批在两根钢管上各取 1 个试样	GB/T 2975、7.1	GB/T 228.1
3	冲击	每批在两根钢管上各取一组 3 个试样	GB/T 2975、7.2	GB/T 229
4	硬度	每批在两根钢管上各取 1 个试样	GB/T 2975	GB/T 230.1、 GB/T 231.1、 GB/T 4340.1
5	外表面的硬度	见 8.2	见 6.4.4 和 8.2	供需双方协商
6	高温拉伸	每批在两根钢管上各取 1 个试样	GB/T 2975	GB/T 228.2
7	液压	逐根	—	GB/T 241
8	涡流检测	逐根	—	GB/T 7735—2016
9	漏磁检测	逐根	—	GB/T 12606—2016
10	压扁	每批在两根钢管上各取 1 个试样	GB/T 246	GB/T 246
11	弯曲	每批在两根钢管上各取一组 2 个试样	GB/T 232、7.3	GB/T 232
12	扩口	每批在两根钢管上各取 1 个试样	GB/T 242	GB/T 242
13	低倍	每炉在两根钢管上各取 1 个试样	GB/T 226	GB/T 226、GB/T 1979
14	非金属夹杂物	每炉在两根钢管上各取 1 个试样	GB/T 10561	GB/T 10561—2005
15	晶粒度	每批在两根钢管上各取 1 个试样	GB/T 6394	GB/T 6394—2017
16	显微组织	每批在两根钢管上各取 1 个试样	GB/T 13298、6.10	GB/T 13298、6.10
17	脱碳层	每批在两根钢管上各取 1 个试样	GB/T 224	GB/T 224
18	晶间腐蚀	每批在两根钢管上各取 1 组试样	供需双方协商	供需双方协商

表 11（续）

序号	检验项目	取样数量	取样方法	试验方法
19	渗透检测	见 6.13.5	—	NB/T 47013.5
20	磁粉检测	见 6.13.5	—	GB/T 15822
21	超声检测	逐根	—	GB/T 5777—2008、GB/T 31925—2015

9 检验规则

9.1 检查和验收

钢管的检查和验收由供方质量技术监督部门进行。

9.2 组批规则

钢管的化学成分、低倍检验和非金属夹杂物检验可按熔炼炉检查和验收，钢管其余检验项目应按批检查和验收。每批应由同一牌号、同一炉号、同一规格和同一热处理制度（炉次）的钢管组成。每批钢管的数量应不超过如下规定：

a） $D \leqslant 76$ mm 且 $S \leqslant 3.0$ mm：400 根；

b） $D > 351$ mm：50 根；

c） 其他尺寸：200 根。

9.3 取样数量

每批钢管各项检验的取样数量应符合表 11 的规定。

9.4 复验与判定规则

钢管的复验与判定规则应符合 GB/T 2102 的规定。

10 包装、标志和质量证明书

钢管的包装、标志和质量证明书应符合 GB/T 2102 的规定。

附 录 A
（规范性附录）
高温规定塑性延伸强度

表 A.1 列出了钢管的高温规定塑性延伸强度($R_{p0.2}$)，其要求仅当合同有规定时才适用。

表 A.1 高温规定塑性延伸强度

序号	牌号	高温规定塑性延伸强度 $R_{p0.2}$/MPa 不小于 温度/℃										
		100	150	200	250	300	350	400	450	500	550	600
1	20G	—	—	215	196	177	157	137	98	49	—	—
2	20MnG	219	214	208	197	183	175	168	156	151	—	—
3	25MnG	252	245	237	226	210	201	192	179	172	—	—
4	15MoG	—	—	225	205	180	170	160	155	150	—	—
5	20MoG	207	202	199	187	182	177	169	160	150	—	—
6	12CrMoG	193	187	181	175	170	165	159	150	140	—	—
7	15CrMoG	—	—	269	256	242	228	216	205	198	—	—
8	12Cr2MoG	192	188	186	185	185	185	185	181	173	159	—
9	12Cr1MoVG	—	—	—	—	230	225	219	211	201	187	—
10	12Cr2MoWVTiB	—	—	—	—	360	357	352	343	328	305	274
11	07Cr2MoW2VNbB	379	371	363	361	359	352	345	338	330	299	266
12	12Cr3MoVSiTiB	—	—	—	—	403	397	390	379	364	342	—
13	15Ni1MnMoNbCu	422	412	402	392	382	373	343	304	—	—	—
14	10Cr9Mo1VNbN	384	378	377	377	376	371	358	337	306	260	198
15	10Cr9MoW2VNbBN	419	411	406	402	397	389	377	359	333	297	251
16	10Cr11MoW2VNbCu1BN[a]	618	603	586	574	562	550	533	511	478	434	374
17	11Cr9Mo1W1VNbBN	413	396	384	377	373	368	362	348	326	295	256
18	07Cr19Ni10	170	154	144	135	129	123	119	114	110	105	99
19	10Cr18Ni9NbCu3BN	203	189	179	170	164	159	155	150	146	142	138
20	07Cr25Ni21	181	167	157	149	144	139	135	132	128	—	—
21	07Cr25Ni21NbN	245	224	209	200	193	189	184	180	175	—	—
22	07Cr19Ni11Ti	184	171	160	150	142	136	132	128	126	123	120
23	07Cr18Ni11Nb	189	177	166	158	150	145	141	139	137	131	114
24	08Cr18Ni11NbFG	185	174	166	159	153	148	144	141	138	135	131

[a] 表中所列牌号 10Cr11MoW2VNbCu1BN 的数据为材料在该温度下的抗拉强度(R_m)。

附　录　B
（资料性附录）
100 000 h 持久强度推荐数据

表 B.1 列出了钢管的 100 000 h 持久强度推荐数据。

表 B.1　100 000 h 持久强度推荐数据

序号	牌号	100 000 h 持久强度推荐数据/MPa 温度/℃																														
		400	410	420	430	440	450	460	470	480	490	500	510	520	530	540	550	560	570	580	590	600	610	620	630	640	650	660	670	680	690	700
1	20G	128	116	104	93	83	74	65	58	51	45	39	—	—	—	—	—	—	—	—	—	—	—	—	—	—	—	—	—	—	—	—
2	20MnG	—	—	—	110	100	87	75	64	55	46	39	31	—	—	—	—	—	—	—	—	—	—	—	—	—	—	—	—	—	—	—
3	25MnG	—	—	—	120	103	88	75	64	55	46	39	31	—	—	—	—	—	—	—	—	—	—	—	—	—	—	—	—	—	—	—
4	15MoG	—	—	—	—	—	245	209	174	143	117	93	74	59	47	38	31	—	—	—	—	—	—	—	—	—	—	—	—	—	—	—
5	20MoG	—	—	—	—	—	—	—	—	145	124	105	85	71	59	50	40	—	—	—	—	—	—	—	—	—	—	—	—	—	—	—
6	12CrMoG	—	—	—	—	—	—	—	—	144	130	113	95	83	71	—	—	—	—	—	—	—	—	—	—	—	—	—	—	—	—	—
7	15CrMoG	—	—	—	—	—	—	—	—	—	168	145	124	106	91	75	61	—	—	—	—	—	—	—	—	—	—	—	—	—	—	—
8	12Cr2MoG	—	—	—	—	—	172	165	154	143	133	122	112	101	91	81	72	64	56	49	42	36	31	25	22	18	—	—	—	—	—	—
9	12Cr1MoVG	—	—	—	—	—	—	—	—	—	—	184	169	153	138	124	110	98	85	75	64	55	—	—	—	—	—	—	—	—	—	—
10	12Cr2MoWVTiB	—	—	—	—	—	—	—	—	—	—	—	—	—	—	176	162	147	132	118	105	92	80	69	59	50	—	—	—	—	—	—
11	07Cr2MoW2VNbB	—	—	—	—	—	—	—	—	—	—	—	184	171	158	145	134	122	111	101	90	80	69	58	43	28	14	—	—	—	—	—
12	12Cr3MoVSiTiB	—	—	—	—	—	—	—	—	—	—	—	—	—	—	148	135	122	110	98	88	78	69	61	54	47	—	—	—	—	—	—
13	15Ni1MnMoNbCu	373	349	325	300	273	245	210	175	139	104	69	—	—	—	—	—	—	—	—	—	—	—	—	—	—	—	—	—	—	—	—
14	10Cr9Mo1VNbN	—	—	—	—	—	—	—	—	—	—	—	—	—	—	166	153	140	128	116	103	93	83	73	63	53	44	—	—	—	—	—
15	10Cr9MoW2VNbBN	—	—	—	—	—	—	—	—	—	—	—	—	—	—	—	—	170	156	143	129	116	103	91	79	68	57	—	—	—	—	—

表 B.1（续）

序号	牌号	100 000 h 持久强度推荐数据/MPa																									
		温度/℃																									
		500	510	520	530	540	550	560	570	580	590	600	610	620	630	640	650	660	670	680	690	700	710	720	730	740	750
16	10Cr11MoW2VNbCu1BN	—	—	—	—	—	—	157	143	128	114	101	89	76	66	55	47	—	—	—	—	—	—	—	—	—	—
17	11Cr9Mo1W1VNbBN	—	—	—	187	181	170	160	148	135	122	106	89	71	—	—	—	—	—	—	—	—	—	—	—	—	—
18	07Cr19Ni10	—	—	—	—	—	—	—	—	—	—	96	88	81	74	68	63	57	52	47	44	40	37	34	31	28	26
19	10Cr18Ni9NbCu3BN	—	—	—	—	—	—	—	—	—	—	—	—	137	131	124	117	107	97	87	79	71	64	57	50	45	39
20	07Cr25Ni21		167	160	150	139	127	115	103	92	83	73	65	58	52	46	41	37	34	30	27	24	22	20	18	16	15
21	07Cr25Ni21NbN	—	—	—	—	—	—	—	—	—	—	177	160	144	129	116	103	94	85	76	69	62	56	51	46	42	37
22	07Cr19Ni11Ti	—	—	—	—	—	—	123	118	108	98	89	80	72	66	61	55	50	46	41	38	35	32	29	26	24	22
23	07Cr18Ni11Nb	—	—	—	—	—	—	—	—	—	—	132	121	110	100	91	82	74	66	60	54	48	43	38	34	31	28
24	08Cr18Ni11NbFG	—	—	—	—	—	—	—	—	—	—	161	148	132	122	111	99	90	81	73	66	59	53	48	43	37	33

ICS 77.160
H 16

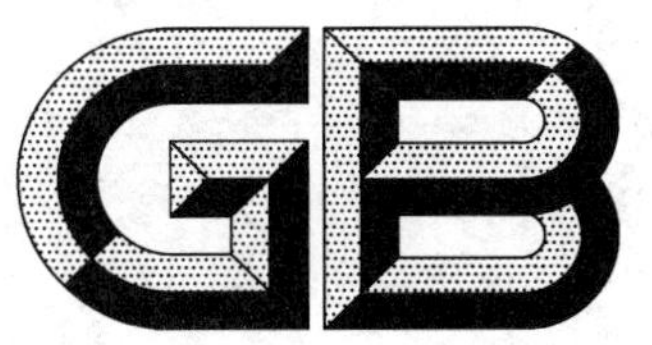

中华人民共和国国家标准

GB/T 5318—2017
代替 GB/T 5318—1985

烧结金属材料(不包括硬质合金)无切口冲击试样

Sintered metal materials(excluding hardmetals) without notch impact test piece

(ISO 5754:1978,Sintered metal materials,excluding hardmetals—Unnotched impact test piece,MOD)

2017-09-29 发布 2018-04-01 实施

中华人民共和国国家质量监督检验检疫总局
中国国家标准化管理委员会 发布

前　言

本标准按照 GB/T 1.1—2009 给出的规则起草。

本标准代替 GB/T 5318—1985《烧结金属材料(不包括硬质合金)无切口冲击试样》。

本标准与 GB/T 5318—1985 相比,主要变化如下:

——增加了第 3 章　规范性引用文件;

——更新了规范性引用文件的版本;

——做了编辑性修改。

本标准使用重新起草法修改采用 ISO 5754:1978《烧结金属材料(不包括硬质合金)无切口冲击试样》。

本标准与 ISO 5754:1978 的技术性差异及其原因如下:

——关于规范性引用文件,本标准做了具有技术性差异的调整,以适应我国的技术条件,调整的情况集中反映在第 3 章"规范性引用文件"中,具体调整如下:

- 删除了 ISO 83;
- 用修改采用国际标准的 GB/T 229—2007 代替了 ISO 148-1。

本标准由中国有色金属工业协会提出。

本标准由全国有色金属标准化技术委员会(SAC/TC 243)归口。

本标准起草单位:钢铁研究总院、深圳市注成科技股份有限公司、西部宝德科技股份有限公司。

本标准主要起草人:李红云、赵国明、张旭。

本标准所代替标准的历次版本发布情况为:

——GB/T 5318—1985。

烧结金属材料(不包括硬质合金)无切口冲击试样

1 范围

本标准规定了烧结金属材料(不包括硬质合金)无切口冲击试样的尺寸。试样可直接由压制烧结制成,也可由烧结制品经机械加工制成。

本标准适用于烧结金属材料(不包括硬质合金)冲击试验用无切口冲击试样。

2 应用领域

本标准适用于除硬质合金以外的所有烧结金属和合金材料。但对于某些孔隙度低或延展性大的烧结材料,建议采用带切口的试样更合适,在这种情况下,试验得出的结果分散性小。(此种情况下,参见GB/T 229—2007)。

注:对于烧结金属多孔材料的冲击试验,其结果未必是很精确的,并且不建议与致密金属试验所得的结果相比较。

3 规范性引用文件

下列文件对于本文件的应用是必不可少的。凡是注日期的引用文件,仅注日期的版本适用于本文件。凡是不注日期的引用文件,其最新版本(包括所有的修改单)适用于本文件。

GB/T 229—2007 金属材料 夏比摆锤冲击试验方法(ISO 148-1:2006,MOD)

4 试样尺寸

4.1 试样尺寸见图1和表1。

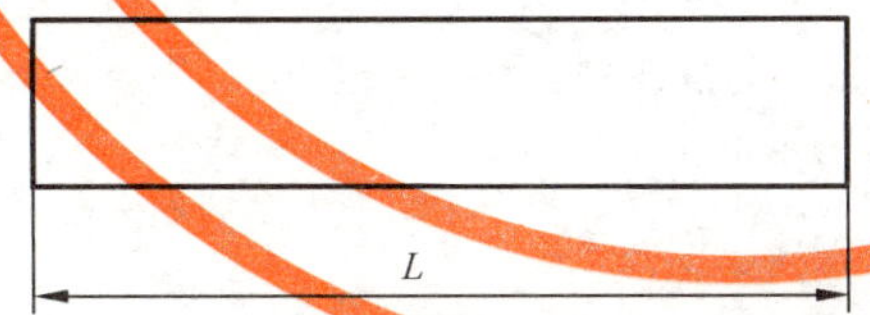

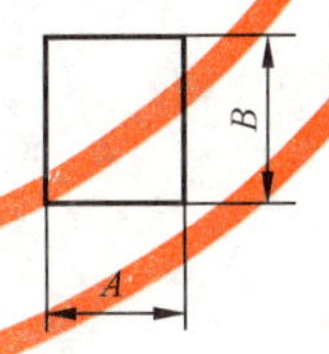

图1 试样尺寸图

表1 试样尺寸

单位为毫米

L	A	B
55±1	10±0.2	10±0.2

4.2 为辨认压制方向,试样应标以记号。冲击试样在夏比冲击试验机上依据GB/T 229—2007进行试验。冲击方向应与压制方向垂直(除另有规定外)。

ICS 65.060.80
B 96

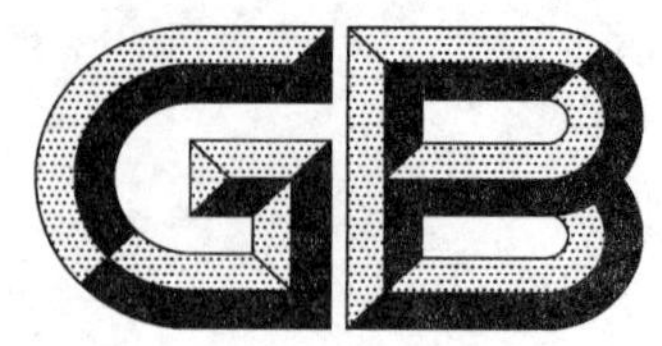

中华人民共和国国家标准

GB/T 5392—2017
代替 GB/T 5392—2004

林业机械　便携手持式油锯

Forestry machinery—Portable hand-held chain-saws

2017-05-12 发布　　　　2017-12-01 实施

中华人民共和国国家质量监督检验检疫总局
中国国家标准化管理委员会　发布

前　言

本标准按照GB/T 1.1—2009给出的规则起草。

本标准代替GB/T 5392—2004《林业机械　油锯　技术条件》，与GB/T 5392—2004相比，除编辑性修改外主要技术变化如下：

——将标准的名称由“林业机械　油锯　技术条件”修改为“林业机械　便携手持式油锯”；
——修改了标准的“规范性引用文件”的内容(见第2章，2004年版第2章)；
——修改了术语和定义的内容(见第3章，2004年版第3章)；
——修改了型号编制方法(见第4章，2004年版4.2)；
——增加了“标定功率和标定燃油消耗率”的要求(见6.2)，修改了标定功率和标定燃油消耗率的试验方法(见6.2，2004年版5.3.2)；
——将油锯的基本参数修改为油锯的主要性能指标并修改了其内容，同时删除了有关“整机净质量”的内容(见6.3.2，2004年版4.1)；
——修改了设备、仪器及测量精度的要求(见第5章，2004年版5.5)；
——修改了正常使用环境的要求(见6.1.1，2004年版5.2)；
——修改了锯切效率的要求及试验方法(见6.3.2，2004年版5.3.1)；
——修改了锯切燃油消耗率的要求及试验方法(见6.3.2，2004年版5.3.2、5.5)；
——修改了起动性能的要求和试验方法(见6.3.3，2004年版5.3.3和LY/T 1199—2003的7.2)；
——修改了怠速翻转性能要求和试验方法，将怠速翻转时各位置的停留时间由“3 s”修改为“5 s”(见6.3.5，2004年版5.3.5、5.5)；
——增加了加减速性能要求和试验方法(见6.3.6)；
——增加了最高空载稳定转速的性能要求和试验方法(见6.3.7)；
——增加了外特性的要求(见6.3.8.1)，修改了外特性的试验方法(见6.3.8.2，2004年版5.5)；
——增加了排放性能的要求及试验方法(见6.3.9)；
——修改了整机密封性要求和试验方法(见6.3.10，2004年版5.3.7、5.5)；
——修改了空气滤清器的要求和试验(见6.4.1.1，2004年版5.4.4.1)，增加了空气滤清器的试验方法(见6.4.1.2)；
——修改了手拉起动器的要求和试验方法(见6.4.2，2004年版5.4.4.2)；
——增加了“充电式电启动器”的性能要求和试验方法(见6.4.3)；
——修改了锯链的要求并增加了试验方法的内容(见6.4.4，2004年版5.4.4.3)；
——修改了导板的要求并增加了试验方法的内容(见6.4.5，2004年版5.4.4.4)；
——修改了“润滑油箱”的性能要求和试验方法(见6.4.7，2004年版7.14)；
——增加了“排气消声器”的性能要求和试验方法(见6.4.8)；
——增加了“机油泵”的性能要求和试验方法(见6.4.9)；
——修改了“操作者耳旁噪声”限值要求(见6.5.1的表5，2004年版表4)；
——修改了“手把振动”限值要求(见6.5.2，2004年版7.9)；
——修改了油锯的其他安全要求，将“操作者耳旁噪声”和“手把振动”外的其他安全要求修改为“林用油锯的其他安全要求应符合GB 19726.1的规定。修枝油锯的其他安全要求应符合GB 19726.2的规定”(见6.5.3，2004年版7.1～7.7、7.10～7.13、7.15～7.18)；
——修改了可靠性的要求(见6.6.1，2004年版第6章)，增加了可靠性的试验方法(见6.6.2)；

——修改了耐久性的要求和试验方法(见 6.7,2004 年版 5.4.3、5.5);

——增加了外观质量的要求和试验方法(见 6.8);

——修改了检验规则的内容(见第 7 章,2004 年版第 8 章);

——增加了使用说明书的内容(见 8.2);

——修改了运输和贮存的要求(见 8.4,2004 年版 9.6);

——删除了试验报告的内容(2004 年版 5.5);

——修改了油锯技术参数的内容(见附录 A,2004 年版附录 A);

——删除了试验用的相关表格(2004 年版 5.5)。

本标准由国家林业局提出。

本标准由全国林业机械标准化技术委员会(SAC/TC 61)归口。

本标准负责起草单位:浙江三锋实业股份有限公司。

本标准参加起草单位:浙江中坚科技股份有限公司、永康市普天园林机械有限公司、浙江派尼尔机电有限公司、浙江中马园林机器股份有限公司、山东华盛中天机械集团股份有限公司、浙江萨帕斯工具制造有限公司、浙江鹰鸿园林机械有限公司、浙江白马实业有限公司、安德烈斯蒂尔动力工具(青岛)有限公司、富世华(常州)机械制造有限公司、江门意玛克户外动力设备有限公司。

本标准主要起草人:杨锋、杨海岳、唐恩常、朱道庆、赖佑政、张茂磊、叶方政、陈增辉、杨传武、柳洪涛、全成镇、李大政。

本标准于 1985 年 9 月首次发布,1995 年 1 月第一次修订,2004 年 6 月第二次修订,本次为第三次修订。

林业机械 便携手持式油锯

1 范围

本标准规定了林业机械便携手持式油锯(以下简称“油锯”)的术语和定义、型号编制方法、技术要求、试验方法、检验规则、标志、使用说明书、包装、运输和贮存。

本标准适用于林用油锯和修枝油锯,以汽油机为动力的高枝锯可参照使用。

2 规范性引用文件

下列文件对于本文件的应用是必不可少的。凡是注日期的引用文件,仅注日期的版本适用于本文件。凡是不注日期的引用文件,其最新版本(包括所有的修改单)适用于本文件。

GB/T 191 包装储运图示标志

GB/T 2828.4 计数抽样检验程序 第4部分:声称质量水平的评定程序

GB 2893 安全色

GB 2894 安全标志及其使用导则

GB/T 4269.5 便携式林业机械 操作者控制符号和其他标记

GB/T 5390 林业及园林机械 以内燃机为动力的便携式手持操作机械噪声测定规范 工程法(2级精度)

GB/T 5394 油锯 林区生产试验方法

GB/T 5395 林业及园林机械 以内燃机为动力的便携式手持操作机械振动测定规范 手把振动

GB/T 9969 工业产品使用说明书 总则

GB 17930 车用汽油

GB/T 18516 油锯 锯切试验方法 工程法

GB/T 18960—2012 林业机械 便携式油锯 词汇

GB 19724 林业机械 便携式油锯和割灌机 易引起火险的排放系统

GB 19726.1 林业机械 便携式油锯安全要求和试验 第1部分:林用油锯

GB 19726.2 林业机械 便携式油锯安全要求和试验 第2部分:修枝油锯

GB/T 21404 内燃机 发动机功率的确定和测量方法 一般方法

GB 26133—2010 非道路移动机械用小型点燃式发动机排气污染物排放限值与测量方法(中国第一、二阶段)

JB/T 5135.2 通用小型汽油机 第2部分:台架性能试验方法

JB/T 5135.3 通用小型汽油机 第3部分:可靠性、耐久性试验与评定方法

JB/T 5137 通用小型汽油机排气消声器 技术条件

JB/T 9755.5 内燃机 空气滤清器 第5部分:性能试验方法

JB/T 11652 通用小型汽油机 回弹式绳索起动装置技术条件

LY/T 1187 林业机械 链锯 锯链

LY/T 1188 林业机械 链锯 导板

LY/T 1593—2001 便携式油锯 发动机性能和燃油消耗

LY/T 2726 林业机械 便携式油锯 机油泵

3 术语和定义

GB/T 18960—2012 界定的以及下列术语和定义适用于本文件。

3.1

主机净质量　main engine weight

未安装导板和锯链、未加注燃油和锯链润滑油时的油锯总质量,单位为千克(kg)。

3.2

主机比质量　rate of main engine weight and rating power

主机净质量与标定功率的比值,单位为千克每千瓦(kg/kW)。

3.3

锯切效率　cutting rate

单位时间内油锯锯切木材的切口截面积,单位为平方厘米每秒(cm^2/s)。

3.4

标定功率　rated power

由制造商给定的、油锯在标定转速点时发动机所能输出的最大有效功率,单位为千瓦(kW)。

3.5

标定燃油消耗率　rated specific fuel consumption

油锯发动机标定功率工况点对应的燃油消耗率,单位为克每千瓦小时[g/(kW·h)]。

3.6

离合器接合转速　clutch engaging speed

离合器开始接合、锯链跟随驱动链轮开始移动时的最低曲轴转速,单位为转每分(r/min)。

3.7

怠速　idling speed

油门扳机完全释放(节气门开度最小)状态下油锯发动机的空载稳定转速,单位为转每分(r/min)。

3.8

快怠速　fast idling speed

油门扳机被锁定在某一固定位置时油锯发动机的空载稳定转速,单位为转每分(r/min)。

3.9

最高空载稳定转速　highest no-load steady speed

油锯的主机在发动机节气门全开状态时的空载稳定转速,单位为转每分(r/min)。

4 型号编制方法

油锯的产品型号由油锯代号、手把型式代号、主参数代号及机型系列代号与改进序列号四部分组成,以其标称排量值为主参数。型号编制方法如下:

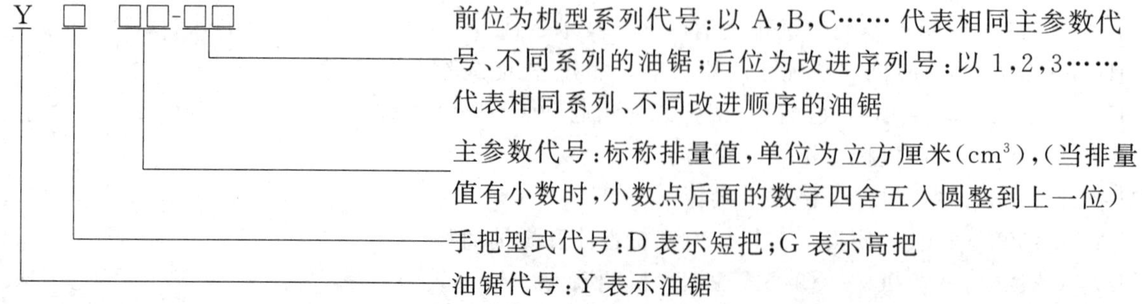

示例 1：经第一次改进、排量为 37.2 cm^3 的机型 A 系列短把油锯，其型号表示为：YD37-A1。

示例 2：经第二次改进、排量为 93.8 cm^3 的机型 B 系列高把油锯，其型号表示为：YG94-B2。

5 设备、仪器及测量精度要求

5.1 试验时测量精度应符合 GB/T 21404 及 GB/T 18516 的规定。

5.2 设备、仪器的精度应符合以下要求：

a) 测功机扭矩精度：±1%；

b) 测功机转速表精度：±0.5%；

c) 测功机燃油消耗仪精度：±1%；

d) 温度计(≤600 K)精度：±2 K；

e) 温度计(>600 K)精度：±1%；

f) 转速计精度：±1%；

g) 计时器精度：0.1 s；

h) 气压表精度：±0.5%；

i) 湿度测量装置精度：±2%；

j) 称重设备精度：±10 g；

k) 钢卷尺或钢板尺精度：±0.5 mm；

l) 量杯精度：±1%；

m) 天平精度：±0.1 g；

n) 密度计精度：±1%。

6 技术要求及试验方法

6.1 一般要求

6.1.1 油锯应能在环境温度－25 ℃～40 ℃、相对湿度小于 80%、海拔 E<1 000 m 的条件下正常工作；当海拔 E≥1 000 m 时，允许对发动机进行调整。

6.1.2 标准环境状况应符合 GB/T 21404 的规定。

6.2 发动机标定功率及标定燃油消耗率

6.2.1 标定功率

6.2.1.1 要求

油锯的发动机在标准环境状态下测试的标定功率应符合表 1 的要求。在非标准环境中测试时，允许对油锯发动机进行调整，并按下述规定对测试结果进行修正。

当海拔 E<1 000 m 时，修正方法应按照 LY/T 1593—2001 的规定，当海拔 1 000 m≤E<2 000 m 时，修正方法应按照 GB/T 21404 的规定，否则应在试验报告中详细说明试验时的现场环境状况。修正后的标定功率应符合表 1 的要求。

表 1 发动机标定功率

发动机排量 V cm^3	标定功率 kW
$V \geqslant 90$	$\geqslant 4.4+(V-90)\times 6\%$
$70 \leqslant V < 90$	$\geqslant 3.2+(V-70)\times 6\%$
$50 \leqslant V < 70$	$\geqslant 2.0+(V-50)\times 6\%$
$35 \leqslant V < 50$	$\geqslant 1.05+(V-35)\times 6\%$
$V < 35$	$\geqslant V \times 3\%$
注：V 为主参数代号，在标定功率计算公式中为圆整后的标称排量数值。	

6.2.1.2 检验

标定功率的检验按 LY/T 1593—2001 或 GB/T 21404 的规定进行。

6.2.2 标定燃油消耗率

6.2.2.1 要求

油锯的发动机在标准环境状态下测试的燃油消耗率应符合表 2 的要求。在非标准环境中测试时，允许对发动机进行调整，并按下述规定对测试结果进行修正。

当海拔 $E < 1\ 000$ m 时，修正方法应按照 LY/T 1593—2001 的规定，当海拔 $1\ 000\ \text{m} \leqslant E < 2\ 000$ m 时，修正方法应按照 GB/T 21404 的规定，否则应在试验报告中详细说明试验时的现场环境状况。修正后的标定燃油消耗率应符合表 2 的要求。

表 2 发动机标定燃油消耗率

发动机排量 V cm^3	标定燃油消耗率 g/(kW · h)
$V \geqslant 70$	$\leqslant 500$
$50 \leqslant V < 70$	$\leqslant 540$
$35 \leqslant V < 50$	$\leqslant 580$
$V < 35$	$\leqslant 640$
注：V 为主参数代号，在标定燃油消耗量计算公式中为圆整后的标称排量数值。	

6.2.2.2 检验

标定燃油消耗率的检验按 LY/T 1593—2001 或 GB/T 21404 的规定进行。

6.3 整机性能

6.3.1 通则

除主机净质量和整机密封性的检验外，其他各项性能指标/技术要求在测试检验前应按照使用说明书规定对待试样机进行磨合、调整和预备试验。

6.3.2 主要性能指标

6.3.2.1 要求

油锯的主要性能指标应符合表3的要求。

表3 油锯的主要性能指标

发动机排量 V cm^3	手把 型式	主机净质量 kg	主机比质量 kg/kW	锯切效率 cm^2/s	锯切燃油消耗率 g/m^2
$V \geqslant 90$	高把	<12	≤3	≥1.2×V	≤55
	短把	<11	≤2.5		
$70 \leqslant V < 90$	高把	<10.5	≤3	≥1.1×V	≤60
	短把	<9	≤2.5		
$50 \leqslant V < 70$	高把	<9	≤2.8	≥1.0×V	≤65
	短把	<6	≤4		
$35 \leqslant V < 50$	短把	<5	≤4	≥0.9×V	≤70
$V < 35$	短把	<4	≤5	≥0.7×V	≤75
注：V 为主参数代号，在锯切效率计算公式中为圆整后的标称排量数值。					

6.3.2.2 检验

6.3.2.2.1 主机净质量

将称重设备水平放置在工作台上，将经检验合格、配置齐全的三台相同型号的油锯（未安装锯链和导板、未加注燃油和锯链润滑油）分别放在称重设备上测量质量，计算此三台机器的质量测量值的算术平均值作为该机型油锯的主机净质量。

6.3.2.2.2 主机比质量

将6.3.2.2.1测量所得的主机净质量除以标定功率，计算得出主机比质量。

6.3.2.2.3 锯切效率

锯切效率的检验按GB/T 18516的规定进行。

6.3.2.2.4 锯切燃油消耗率

锯切燃油消耗率的检验按GB/T 18516的规定进行。

6.3.3 起动性能

6.3.3.1 要求

油锯起动性能应符合表4的要求。

表 4 起动性能

序号	起动状态	环境温度 ℃	常规手拉起动时间 s	储能式起动次数 次	充电式电启动时间 s
1	常温起动	−5～35	≤30	≤3	≤6
2	低温起动	−25±2	≤30	≤5	≤15
3	高温起动	40±2	≤30	≤5	≤30
4	热机起动	40±2	≤30	≤5	≤30
注1：为实现快捷省力地起动，允许通过在油锯上设置易起动结构/装置或油门扳机锁定机构/装置，使油锯在快怠速状态起动，或采用油路排气装置、气缸减压装置、数字点火器以及电控化油器等装置改善起动。 注2：储能式起动方式是指先通过起动拉绳或其他形式将油锯起动所需的能量储存起来，然后在需要起动时再释放储存的能量，完成油锯起动的方式。					

6.3.3.2 检验

6.3.3.2.1 通则

起动性能检验在配置齐全、检验合格的油锯上进行。测试前将受试样机置于测试环境中不少于4 h。起动测试过程中不允许调整发动机。

常规手拉起动方式和充电式电启动方式的常温、低温及高温起动测试只允许进行一次，热机起动测试在0 min～15 min时间内应不少于3次。

6.3.3.2.2 常温起动

按照使用说明书要求在常温环境中起动油锯，并用秒表测量从开始实施起动到首次起动成功所用的时间。具有储能起动功能的油锯，观察其是否能在3次储能状态下起动成功。

6.3.3.2.3 低温起动

按照使用说明书要求在低温环境中起动油锯，并用秒表测量从开始实施起动到首次起动成功所用的时间。具有储能起动功能的油锯，观察其是否能在5次储能状态下起动成功。

6.3.3.2.4 高温起动

按照使用说明书要求在高温环境中起动油锯，并用秒表测量从开始实施起动到首次起动成功所用的时间。

具有储能起动功能的油锯，观察其是否能在5次储能状态下起动成功。

6.3.3.2.5 热机起动

热机起动测试紧接高温起动测试之后、在同一高温环境中连续进行。将油锯以不低于90%标定功率的负荷连续工作消耗一箱燃油后，立即加满燃油，再按照使用说明书要求起动油锯，并用秒表测量在0 min～15 min时间内的任意时刻，油锯从开始实施起动到首次起动成功所用的时间。

具有储能起动功能的油锯，观察其是否能在5次储能状态下起动成功。

6.3.4 怠速性能

6.3.4.1 要求

油锯的怠速由制造商确定，但不应高于标定转速的40%。

怠速波动率应不大于实际怠速值的±10%。

6.3.4.2 检验

油锯在油门扳机完全释放的状态下，以制造商规定的怠速稳定运行3 min后，测量并记录怠速值，计算怠速波动率。

6.3.5 怠速翻转性能

6.3.5.1 要求

在怠速工况下稳定运行3 min后直接进行全方位翻转时，5 s内油锯在各方位均不应发生熄火现象。

6.3.5.2 检验

在油门扳机完全释放的状态下，以制造商规定的怠速稳定运行3 min后，短把油锯按GB/T 18960—2012中附录A六个工位各停留一次，时间5 s；高把油锯由直立位置做向前、后、左、右倾斜45°各一次，且在上述各个位置停留时间5 s。在此过程中观察油锯是否熄火。

6.3.6 加减速性能

6.3.6.1 要求

油锯的加减速性能(包括加速稳定性和减速稳定性)应符合下述要求：

a) 加速稳定性：油锯在怠速下稳定运行30 s后，突加油门至节气门全开时不应出现供油或供气不足引起的转速响应迟缓、在3 s内达不到最高空载稳定转速或熄火等异常现象。

b) 减速稳定性：油锯在最高空载稳定转速下稳定运行30 s后，突减油门至扳机完全释放状态时不应出现供油/供气不足或过量引起的转速响应过快、在6 s内怠速达不到稳定要求或熄火等异常现象。

6.3.6.2 检验

6.3.6.2.1 加速稳定性检验：在油门扳机完全释放的状态下，油锯以制造商规定的怠速稳定运行30 s后，突加油门至节气门全开，观察油锯是否有供油或供气不足引起的转速响应迟缓、在规定时间内达不到最高空载稳定转速或熄火等异常现象。

6.3.6.2.2 减速稳定性检验：在油门全开状态下，油锯以制造商规定的最高空载稳定转速稳定运行30 s后，突减油门至扳机完全释放状态，观察油锯是否有供油/供气不足或过量引起的转速响应过快、在规定时间内怠速达不到稳定要求或熄火等异常现象。

6.3.7 最高空载稳定转速性能

6.3.7.1 要求

油锯的最高空载稳定转速由制造商确定。最高空载稳定转速的波动率应不大于实际最高空载稳定转速值的±5%。

6.3.7.2 检验

将油锯以制造商规定的最高空载稳定转速稳定运行 1 min 后，测量并记录最高空载稳定转速值，计算最高空载稳定转速波动率。

6.3.8 外特性

6.3.8.1 要求

油锯的发动机外特性主要包括在节气门全开、满负荷运行工况下的标定功率和标定燃油消耗率应符合表 1 和表 2 的规定。在常用工作转速区域内，其功率、扭矩、燃油消耗量、燃油消耗率等性能参数随转速的变化规律应与 LY/T 1593—2001 中图 1 所示的外特性曲线趋势相一致。

注：常用工作转速区域指从最大扭矩对应转速的 90% 到标定功率对应转速的 110%。

6.3.8.2 检验

外特性的检验按 LY/T 1593—2001 的规定进行。未明事项按照 JB/T 5135.2 的规定进行。

6.3.9 排放性能

6.3.9.1 要求

油锯发动机的排气污染物排放值应符合 GB 26133—2010 的要求。

6.3.9.2 检验

油锯发动机的排气污染物排放值的检测按 GB 26133—2010 的规定进行。

6.3.10 整机密封性

6.3.10.1 要求

6.3.10.1.1 油锯在静置状态下，不应有燃油和锯链润滑油的渗漏现象。

6.3.10.1.2 油锯在进行各项试验的过程中和/或完成试验后，其各个部位（润滑油出油口部位除外）不应出现漏气、漏油或渗油现象。

6.3.10.2 检验

6.3.10.2.1 在 −5 ℃～40 ℃ 环境温度下，将 50% 的水和 50% 的乙二醇混合溶液分别注满机油箱和燃油箱，将油锯放置在表面铺有洁净无脏污的多层木夹板上或干净的水泥地面上，静置 7 天，观察油锯各个部位是否有渗漏油现象。

6.3.10.2.2 油锯在进行各项运行试验的过程中和/或完成试验后，观察油锯各个部位（润滑油出油口部位除外）是否有漏气、漏油或渗油现象。

6.4 主要零部件性能

6.4.1 空气滤清器

6.4.1.1 要求

空气滤清器应确保可通过的颗粒物直径不大于 5 μm，进气阻力不大于 200 Pa。

在符合 6.1.1 规定的环境中连续正常使用 3 h 后，空气滤清器不清理时通气效率下降对油锯锯切效率的劣化影响率应不超过10%。

6.4.1.2 检验

空气滤清器的可通过的颗粒物直径以及进气阻力的检验按JB/T 9755.5的规定进行。

锯切效率及其变化率的测试按GB/T 5394和GB/T 18516的规定进行。测试过程中，应分别测试油锯在锯切开始时和连续正常锯切3 h后(在此过程中不清理空气滤清器)的锯切效率并计算其劣化影响率。

6.4.2 手拉起动器

6.4.2.1 要求

手拉起动器包括常规手拉起动器和储能手拉起动器。凡是配置储能手拉起动器的油锯，同时也应配置常规手拉起动器。

手拉起动器可靠性工作次数：对于耐久期不大于125 h的发动机，应保证操作者连续拉动5 000次后，起动器仍能正常工作；对于耐久期大于125 h的发动机，应保证操作者连续拉动10 000次后，起动器仍能正常工作。

除可靠性工作次数要求外，其余应符合JB/T 11652的规定。

6.4.2.2 检验

目视检查手拉起动器配置。

手拉起动器的可靠性测试应安装在油锯上进行。以正常手拉起动时拉绳的速度和出绳的长度连续拉动6.4.2.1中规定次数后，检查起动功能是否正常，起动器零部件是否出现影响正常使用的损坏现象。

测试时应接通油锯的点火开关(或点火电路)，确保油锯每次起动时都可能起动成功，并且在下一次起动前熄火。

手拉起动器的其他检验按JB/T 11652的规定进行。

6.4.3 充电式电启动器

6.4.3.1 要求

充电式电启动器在一次充满电后，应能连续使用不少于30次。

充电式电启动器循环充放电次数应不小于500次，且充放电次数达到500次后，充电效率下降率应不大于20%。

凡是配置充电式电启动器的油锯，同时也应配置手拉起动器，且手拉起动器应符合6.4.2.1的要求。

6.4.3.2 检验

通过实际操作检验充电式电启动器。

按6.4.2.2的规定检验手拉起动器。

6.4.4 锯链

6.4.4.1 要求

制造商根据油锯排量大小和性能水平配置或推荐锯链型号和规格，配置或推荐的锯链应符合LY/T 1187的规定。

6.4.4.2 检验

锯链检验按 LY/T 1187 的规定进行。

6.4.5 导板

6.4.5.1 要求

制造商根据油锯排量大小和性能水平配置或推荐导板型号和规格，配置或推荐的导板应符合 LY/T 1188的规定。

6.4.5.2 检验

导板检验按 LY/T 1188 的规定进行。

6.4.6 燃油箱

6.4.6.1 要求

燃油箱容积应满足油锯以 90%～100%标定功率工况工作时，发动机连续工作时间应不小于 15 min。

6.4.6.2 检验

燃油箱容积检验在台架上进行，将燃油箱装满燃油后，使节气门固定在全开位置，让发动机以 90%～100%标定功率工况工作，测定发动机连续工作时间。

6.4.7 润滑油箱

6.4.7.1 要求

润滑油箱容积应满足当油锯以 90%～100%标定功率工况工作时，在燃油箱内的燃油用尽后，润滑油箱内仍然剩有润滑油，且机油泵仍然可以连续正常泵出润滑油。

6.4.7.2 检验

润滑油箱容积检验在台架上进行。如果油锯安装的是可调式机油泵，试验前应将机油泵的出油量调至最大油量输出状态。将油锯发动机装满燃油和润滑油后，使节气门固定在全开位置，让发动机以 90%～100%标定功率工况工作，检查发动机燃油用尽后润滑油箱内是否仍然剩有润滑油，机油泵是否仍然可以连续正常泵出润滑油。

6.4.8 排气消声器

6.4.8.1 要求

排气消声器由制造商根据油锯排量大小配置，其排气消声器应符合 JB/T 5137 的规定。

排气消声器上应安装火星抑制器，其防火安全性能应符合 GB 19724 的规定。

6.4.8.2 检验

排气消声器检验按 JB/T 5137 和 GB 19724 的规定进行。

6.4.9 机油泵

6.4.9.1 要求

当在环境温度 −25 ℃～40 ℃、使用的机油牌号为 SAE 5W/30 的条件下，驱动转速在 5 000 r/min～15 000 r/min 时，安装在油锯上的机油泵应能按需要连续泵油、正常工作。

机油泵的各项性能指标应符合 LY/T 2726 的规定。

6.4.9.2 检验

机油泵的检验按 LY/T 2726 的规定进行。

6.5 安全

6.5.1 操作者耳旁噪声

6.5.1.1 要求

油锯的操作者耳旁噪声(A 计权)最大值应不超过表 5 的规定。

表 5 操作者耳旁噪声(A 计权)

发动机排量 V cm^3	A 计权声压级 dB		
	怠速	高速空转	全负荷
$V \geqslant 70$	85	—	105
$35 \leqslant V < 70$	85	105	103
$V < 35$	85	102	100

6.5.1.2 检验

油锯操作者耳旁噪声的测定按 GB/T 5390 的规定进行。

6.5.2 手把振动

6.5.2.1 要求

油锯手把振动值最大值应符合表 6 的规定。

表 6 手把振动

发动机排量 V cm^3	手把振动 m/s^2
$V \geqslant 70$	≤13
$50 \leqslant V < 70$	≤12
$35 \leqslant V < 50$	≤11
$V < 35$	≤10

6.5.2.2 检验

油锯手把振动的测定按 GB/T 5395 的规定进行。

6.5.3 其他安全

6.5.3.1 要求

林用油锯的其他安全要求应符合 GB 19726.1 的规定。

修枝油锯的其他安全要求应符合 GB 19726.2 的规定。

6.5.3.2 检验

林用油锯的其他安全要求的检验按 GB 19726.1 的规定进行。

修枝油锯的其他安全要求的检验按 GB 19726.2 的规定进行。

6.6 可靠性

6.6.1 要求

可靠性试验后的油锯应满足下列要求：

a） 首次故障前工作时间、平均无故障间隔工作时间及锯切总时间应不少于表 7 的规定；

b） 锯切面积应满足表 8 的规定；

c） 锯切效率下降率和锯切燃油消耗率上升率应不大于表 3 规定的 5%。

表 7　可靠性分级暨考核时间

单位为小时

可靠性级别	锯切总时间	首次故障前工作时间	平均无故障间隔工作时间
Ⅰ	20	15	10
Ⅱ	50	25	15
Ⅲ	125	50	30
注：锯切总时间为实际锯木时间，不包括怠速运行及维护保养时间。			

表 8　可靠性试验锯切面积

发动机排量 V cm^3	手把 型式	锯切面积 m^2		
		Ⅰ	Ⅱ	Ⅲ
$V \geqslant 90$	高把	≥120	≥280	≥680
	短把	≥140	≥330	≥780
$70 \leqslant V < 90$	高把	≥100	≥240	≥560
	短把	≥120	≥280	≥680
$50 \leqslant V < 70$	短把	≥80	≥200	≥450
$35 \leqslant V < 50$	短把	≥50	≥120	≥280
$25 \leqslant V < 35$	短把	≥30	≥70	≥170

6.6.2 检验

6.6.2.1 油锯的可靠性检验通过锯木试验进行。试验方法按 GB/T 18516 的规定进行，规定中未明确事项按照 JB/T 5135.3 的规定。

6.6.2.2 可靠性试验应采用性能测试合格的油锯。

6.6.2.3 可靠性试验按下列流程进行：

a) 主机磨合(时间 5 h 以上)；
b) 拆机清洗；
c) 主要零部件的关键和重要特性检测和记录(根据需要)；
d) 装机调整；
e) 性能试验；
f) 可靠性试验；
g) 保养调整；
h) 性能试验；
i) 拆机清洗；
j) 主要零部件的关键和重要特性磨损情况检测和记录；
k) 装机(根据需要)。

6.6.2.4 试验结束后计算试验样机首次故障前工作时间、平均无故障间隔工作时间及锯切总时间。

6.6.2.5 试验结束后计算试验样机的锯切效率下降率、锯切燃油消耗率上升率及锯切面积总和。

6.6.2.6 试验过程中应详细记录油锯在锯切运行和停机维护保养期间所出现的各种情况、主要零件的损坏情况及更换过的非主要零部件的名称和数量，并统计故障停机次数和停机时间。

6.7 耐久性

6.7.1 要求

耐久性试验后的油锯应满足下列要求：

a) 发动机标定功率下降不超过 0 小时测定值的 8%；
b) 发动机标定燃油消耗率上升不超过 0 小时测定值的 8%；
c) 发动机排气污染物排放值应符合 GB 26133—2010 的规定；
d) 发动机主要零部件(包括：气缸、活塞、活塞环、曲轴箱、曲轴连杆总成、磁飞轮、点火器、化油器、离合器、机油泵以及消声器等)未出现损坏或失效现象。

注 1：零部件损坏是指主要零部件及其附件因破损或极度磨损导致其原有功能出现部分或全部丧失现象而无法使用的状态。

注 2：零部件失效是指主要零部件及其附件完全丧失原有功能且不能通过调整、紧固等方法使其恢复的状态。

表 9 耐久性分级及考核时间

单位为小时

耐久性级别	耐久性试验总时间
Ⅰ	50
Ⅱ	125
Ⅲ	300

6.7.2 检验

6.7.2.1 制造商可根据其产品质量和客户需要自主选择采用表 9 中规定的级别做耐久性试验，但试验时间不应少于所选类别规定的时间。

6.7.2.2　耐久性试验用的油锯应为经可靠性试验合格的产品。

6.7.2.3　油锯的耐久性测试通过台架试验进行。台架试验按照下述规定进行，规定中未明确事项按照JB/T 5135.3 的规定。

6.7.2.4　油锯发动机的耐久性试验按下列流程进行：

a)　性能试验；
b)　耐久性试验；
c)　保养调整；
d)　性能试验；
e)　拆机清洗；
f)　主要零部件的关键和重要特性磨损情况检测和记录(根据需要)；
g)　装机(根据需要)。

6.7.2.5　试验时采用符合下列规定的燃油和润滑油：

a)　燃油：采用符合 GB 17930 的 93＃或以上标号的汽油与 FC 级或以上的二冲程汽油机专用机油(代号：L-ERC)的混合油。混合油按汽油和机油的容积混合比配制。符合 GB 26133—2010 中 5.3.2 的排放限值要求的油锯，其燃油混合比推荐按 40∶1，其中磨合期允许按 30∶1。
b)　润滑油：润滑导板锯链用机油(加注在机油箱中)推荐夏季用 SAE10W-30，其他季节用 SAE10W-20。

耐久性试验循环工况应按照表 10 给定的循环工况 1 或表 11 给定的循环工况 2 进行。制造商可根据其产品质量和市场需要自主选择循环工况做耐久性试验。

表 10　耐久性试验循环工况 1(简易试验法)

序号	工况	油门开度 (占油门全开比例)	负荷率 (占全负荷比例)	运行时间 s	循环周期 时间占比
1	怠速	最小 (油门扳机完全释放)	空载 (负载为 0)	9	15%
2	全负荷	100%	100%	51	85%

表 11　耐久性试验循环工况 2(工程试验法)

序号	工况	油门开度 (占油门全开比例)	负荷率 (占全负荷比例)	运行时间 s	循环周期 时间占比
1	怠速	最小 (油门扳机完全释放)	空载 (负载为 0)	20	20/120
2	油门突加	最小→100%	0%	5	5/120
3	最高空载稳定转速	100%	0%	5	5/120
4	负荷线性增加	100%	0→100%	15	15/120
5	全负荷	100%	100%	50	50/120
6	负荷线性减小	100%	100%→0	15	15/120
7	最高空载稳定转速	100%	0%	5	5/120
8	油门突减	100%→最小	0%	5	5/120

6.7.2.6 耐久性试验过程中,每隔 2 h 应测定并记录一次转速、功率、燃油消耗量、缸盖(或火花塞座面)温度及环境温度、湿度、大气压力。允许按照制造商提供的使用说明书要求或根据选择的试验工况进行维护保养。采用表 10 给定的循环工况 1 时,每运行 600 个循环后保养一次;采用表 11 给定的循环工况 2 时,每运行 400 个循环后保养一次。

6.7.2.7 可靠性试验的时间可作为耐久性试验的一部分计入耐久性试验的总和时间中。

6.7.2.8 耐久性试验开始前和结束后,通过台架测试检验并记录油锯整机主要性能指标,并对其发动机主要零部件的关键和重要特性进行检测和记录。根据检测结果编制整机耐久性试验报告和主要零部件试验前后磨损情况检测报告。

6.7.2.9 耐久性试验过程中应详细记录油锯在运行和停机保养期间所出现的各种情况及主要零件损坏情况,并统计故障停机次数、更换过的非主要零部件的名称及数量。

6.7.2.10 耐久性试验开始前(0 h)及试验结束后分别测定发动机标定功率,计算标定功率下降率。

6.7.2.11 耐久性试验开始前(0 h)及试验结束后分别测定发动机标定燃油消耗率,计算标定燃油消耗率上升率。

6.7.2.12 耐久性试验结束后,按 GB 26133—2010 的规定测定发动机排气污染物实际排放值。

6.8 外观质量

6.8.1 要求

6.8.1.1 油锯外观应干净整洁,表面应无划伤、缺损、变形和机械损伤等缺陷。

6.8.1.2 塑料件表面应光亮洁净、色泽均匀一致,其中外包塑料件的单体色差应不大于 3 个色差单位,不同塑料件之间的最大色差应不大于 5 个色差单位,且不应有气孔、飞边、夹杂、收缩、流痕、浮纤、烧蚀和变形等缺陷。

6.8.1.3 铸件表面应光洁平整并采取防锈蚀处理措施,不应有气孔、砂眼、毛刺、夹杂、疏松、龟裂和欠铸等缺陷,且铸件的浇口、飞边和溢流口等应清理干净。

6.8.1.4 铸件表面应采取防锈蚀处理措施,不应有气孔、夹杂、疏松和欠铸等缺陷,且铸件的浇口、飞边和溢流口等应清理干净。

6.8.1.5 外包件结合处或搭接处的合缝间隙应均匀一致,错位量应小于 0.3 mm,且不应发生明显的干涉现象。

6.8.1.6 产品标贴应粘贴端正、平整牢固,无起翘、起泡和皱折等现象。

6.8.2 检验

目测及测量检验外包件结合处或搭接处的合缝间隙和错位量。

通过色差仪检测外包塑料件的色差值。

目测检查油锯其他部位外观质量。

7 检验规则

7.1 检验分类

油锯的检验分为出厂检验、型式检验和第三方检验。

7.2 出厂检验

7.2.1 油锯应出厂检验合格后方可出厂,产品合格证应标明产品执行的标准。

7.2.2 下列项目应列为出厂必检项目,其他项目由生产厂家自定:

a) 起动性能(6.3.3);
b) 怠速性能(6.3.4);
c) 加减速性能(6.3.6);
d) 最高空载稳定转速性能(6.3.7);
e) 整机密封性(6.3.10);
f) 锯链制动器性能(6.5.3);
g) 标定功率(6.2.1);
h) 标定燃油消耗率(6.2.2);
i) 排放性能(6.3.9);
j) 外观质量(6.8)。

7.2.3 出厂检验按如下规定进行:

a) 排放性能在出厂检验时抽检,产品由制造商在生产过程中均匀抽取,但抽样比例应不少于每小时两台,若所有抽样产品排放性能检验均合格,则判定该对应时段内产品排放性能合格;
b) 低温、高温及热机起动性能和锯链制动器性能在出厂检验时抽检,批量≤5 000 台,随机抽取2 台;批量>5 000 台,随机抽取 3 台,各抽样产品非常温起动性能和锯链制动器性能检验均合格,判定该批产品非常温起动性能和锯链制动器性能合格;
c) 整机密封性在出厂检验时抽检,批量≤5 000 台随机抽取 2 台;批量>5 000 台随机抽取 5 台,各抽样产品密封性检验均合格,判定该批产品整机密封性合格;
d) 除排放性能、非常温起动性能、锯链制动器性能及整机密封性外,其他出厂检验项目应逐台检验;
e) 以上检验项目均合格,出厂检验方为合格;若有一项不合格,则判定出厂检验不合格。

7.3 型式检验

7.3.1 油锯出现下列之一情况时,应进行型式检验:

a) 新产品投产或老产品转厂生产的试制、定型鉴定;
b) 产品的结构、材料、工艺有较大改变,可能影响产品性能时;
c) 产品停产一年以上恢复再生产时;
d) 产品生产正常,上次型式检验已满三年或已满 20 万台;
e) 国家质量监督机构提出进行型式检验的要求时。

7.3.2 型式检验项目包括本标准中技术要求的全部内容。各项要求均合格,型式检验方为合格。检验数量应不少于三台。

7.4 第三方检验

7.4.1 检验项目

检验项目由委托方和检验机构协商确定。

7.4.2 不合格分类

被检验项目若不符合本标准的规定均称为不合格,按其对产品质量特性影响的重要程度分为 A 类不合格、B 类不合格和 C 类不合格,不合格项目分类见表 12。

表 12 不合格项目分类表

类别	项目名称	对应条款
A	标定功率	6.2.1
	标定燃油消耗率	6.2.2
	起动性能	6.3.3
	排放性能	6.3.9
	其他安全	6.5.3
B	主要性能指标	6.3.2
	怠速性能	6.3.4
	怠速翻转性能	6.3.5
	加减速性能	6.3.6
	最高空载稳定转速性能	6.3.7
	外特性	6.3.8
	整机密封性	6.3.10
	空气滤清器	6.4.1
	手拉起动器	6.4.2
	充电式电启动器	6.4.3
	锯链	6.4.4
	导板	6.4.5
	燃油箱	6.4.6
	润滑油箱	6.4.7
	排气消声器	6.4.8
	机油泵	6.4.9
	操作者耳旁噪声	6.5.1
	手把振动	6.5.2
	可靠性	6.6
	耐久性	6.7
	外观质量	6.8
C	标志	8.1
	使用说明书	8.2
	包装	8.3

7.4.3 抽样方案

采取总体随机抽样的方法进行抽样。抽样方案和评定程序按照 GB/T 2828.4 的规定执行，声明质量水平(DQL)、极限质量比(LQR)水平应符合表 13 的要求。

表 13 不合格分类的 DQL 和 LQR

不合格分类	声明质量水平 (DQL)	极限质量比 (LQR)
B	2.5	水平 O
C	10.0	水平 I

7.4.4 判定准则

7.4.4.1 每台样机每个检验项目定义为 1 个项次,同一检验项目有多项检查内容的,各项检查内容均符合标准要求视为该项次合格。发现有 A 类不合格项,即认为产品不合格。

7.4.4.2 若在样本中发现的不合格品数小于或等于不合格品限定数 L,即抽检合格时,可认定为通过核查。结论为"不否定该核查总体的声称质量水平"或"对该核查总体的抽检合格"。第三方对判定抽查合格的该核查总体不负确认总体合格的责任。

7.4.4.3 若在样本中发现的不合格品数大于不合格品限定数 L,即抽检不合格,可认定为该核查总体不合格。

8 标志、使用说明书、包装、运输和贮存

8.1 标志

8.1.1 要求

8.1.1.1 油锯应设铭牌,用中文标明下列内容:

a) 产品型号、名称、注册商标;

b) 主要技术参数:排量、标定功率;

c) 生产日期、产品编号;

d) 制造商名称。

8.1.1.2 油锯还应标有以下标志:

a) 分别符合 GB 19726.1 和 GB 19726.2 中规定的林用油锯和修枝油锯上的标志和警告;

b) 锯链安装方向、刹车制动方向、减压阀(若配置)减压的标志;

c) 通过排放型式核准的发动机标签。标签的材质、结构形式、表示内容等应符合 GB 26133—2010 的规定;

d) 通过第三方安规认证的证书标志(若有)。

8.1.1.3 油锯上的标志应位于易于观察和阅读的位置,并能抵抗各种可能发生的不利因素对其的损坏,如环境温度及湿度、汽油、机油、擦碰、露天存放、紫外线照射等。

8.1.1.4 油锯所有控制部件应尽可能按 GB/T 4269.5 的要求用相关符号表示。与安全因素有关的说明符号的形状和颜色应符合 GB 2893 及 GB 2894 的规定。

8.1.2 检验

林用油锯和修枝油锯上的与安全有关的标志和警告的检验分别按 GB 19726.1 和 GB 19726.2 的规定进行。

与控制部件相关的符号的检验按 GB/T 4269.5 的规定进行。

说明符号的形状和颜色的检验按 GB 2893 及 GB 2894 的规定进行。

目视检查铭牌、标志及发动机标签。

8.2 使用说明书

8.2.1 要求

8.2.1.1 林用油锯和修枝油锯的使用说明书应分别符合 GB 19726.1 和 GB 19726.2 的规定。

8.2.1.2 每台油锯都应配备随机使用说明书。说明书中应提供机器的操作和调试说明,同时提供在其调整、使用、清理或维护机器过程中的安全保护措施说明。

8.2.1.3 使用说明书应详细注明油锯的技术参数,技术参数应符合附录 A 的规定。

8.2.1.4 使用说明书应对操作者正确使用和维护保养油锯的方法和基本要求提出具体明确说明,安全包括操作者穿戴个人防护装备以及初次操作前需进行培训的必要性说明。按 GB/T 9969 要求编写使用说明书,同时考虑到使用者可能无操作经验这一情况而应广泛使用照片和图表。在使用说明书封面应着重说明通读本使用说明书的重要性。使用说明书各条款中使用的术语应符合 GB/T 18960—2012 的规定。

8.2.1.5 使用说明书应详细说明下列维护保养提示:

a) 制造商应提供需定期维护保养的零部件清单,包括空气滤清器、火花塞、燃油滤清器、机油滤清器等;
b) 制造商应提供需定时维护保养的零部件的维护时间、保养方法以及强制性替换规则;
c) 制造商应说明如何处理替换下来的零部件。

8.2.2 检验

目视检查使用说明书的内容及其描述。

8.3 包装

8.3.1 要求

8.3.1.1 包装前,应放尽油锯油箱内的燃油和润滑油,对油锯进行油封并采取必要的防尘措施。

8.3.1.2 油锯包装应牢固、可靠、防雨、防潮。

8.3.1.3 包装箱包装储运图示标志应符合 GB/T 191 的规定。

8.3.1.4 包装箱应标明下列内容:

a) 制造商名称、地址;
b) 产品型号、数量;
c) 出厂日期;
d) 包装箱外形尺寸、净重和毛重;
e) 运输、贮存要求的标志。

8.3.1.5 包装箱内应包含下列物件:

a) 产品合格证;
b) 包装箱清单;
c) 油锯配置用附件,以及维修专用工具;
d) 使用说明书;
e) 三包凭证。

8.3.2 检验

目视检查包装。

8.4 运输和贮存

8.4.1 产品运输时应避免日晒、雨淋，不应与有毒、有害或影响产品质量的物品混装混运。

8.4.2 产品搬运时应轻拿轻放，不应扔摔、撞击和挤压。

8.4.3 产品应贮存在阴凉、通风、干燥的成品库中，且应离地、离墙存放，不应与有毒、有害、易腐蚀物品一同贮存。

8.4.4 产品包装前应采取必要的防锈措施。在正常运输和贮存条件下，制造商应保证产品在6个月内不发生锈蚀、老化等现象。

附　录　A
（规范性附录）
油锯技术参数

A.1　质量

质量包括：

a）主机净质量：未安装导板和锯链、未加注燃油和锯链润滑油时的油锯总质量，单位为千克（kg）；

b）整机净质量：安装制造商推荐的导板和锯链、未加注燃油和锯链润滑油时的油锯总质量，单位为千克（kg）；

c）整机最大质量：安装制造商推荐的导板和锯链、加注满燃油和锯链润滑油时的油锯总质量，单位为千克（kg）。

A.2　容积

容积包括：

a）燃油箱容积，单位为立方厘米（cm^3）；

b）润滑油箱容积，单位为立方厘米（cm^3）。

A.3　锯切长度

锯切长度包括：

a）锯切长度：安装制造商推荐的导板和锯链、带有固定式插木齿的油锯，从插木齿的根部到导板最前端所能锯切的最大距离，单位为厘米（cm）；

b）最大锯切长度：安装制造商允许的最长导板和锯链、带有可拆卸插木齿或不装插木齿的油锯，从机身最外沿到导板最前端所能锯切的最大距离，单位为厘米（cm）。

A.4　导板

导板技术参数包括：

a）导板有效长度，单位为毫米（英寸）[mm(in)]；

b）导板槽宽度，单位为毫米（英寸）[mm(in)]。

A.5　锯链

锯链技术参数包括：

a）节距，单位为毫米（英寸）[mm(in)]；

b）传动链片厚度，单位为毫米（英寸）[mm(in)]。

A.6　驱动链轮

驱动链轮技术参数包括：

a） 齿数；

b） 节距，单位为毫米(英寸)[mm(in)]。

A.7 外形尺寸

外形尺寸包括：

a） 长，单位为毫米(mm)；

注：长为沿导板平面方向，机器(不包括导板和锯链)机身两侧最外沿最大距离。

b） 宽，单位为毫米(mm)；

c） 高，单位为毫米(mm)。

A.8 发动机

发动机技术参数包括：

a） 缸径×行程，mm×mm；

b） 标定功率，单位为千瓦(kW)；

c） 转速：

  1） 标定转速，单位为转每分(r/min)；

  2） 最高空载稳定转速，单位为转每分(r/min)；

  3） 怠速，单位为转每分(r/min)；

  4） 离合器结合转速，单位为转每分(r/min)。

d） 化油器型式与型号；

e） 磁电机型式与型号；

f） 火花塞厂家与型号；

g） 燃油牌号；

h） 润滑油牌号；

i） 燃油混合比(容积比)。

A.9 燃油消耗

燃油消耗技术参数包括：

a） 发动机标定功率时的燃油消耗量，单位为千克每小时(kg/h)；

b） 发动机标定功率时的燃油消耗率，单位为克每千瓦小时[g/(kW·h)]。

A.10 锯切性能

锯切性能包括：

a） 锯切效率，单位为平方厘米每秒(cm^2/s)；

b） 锯切燃油消耗率，单位为克每平方厘米(g/cm^2)。

A.11 操作者耳旁噪声

操作者耳旁噪声，按 GB/T 5390 的规定测定，单位为分贝(dB)。

A.12 锯链润滑

包括以下两个技术参数：

a) 最大出油率：将机油泵油量调节轴调至最大出油档位，当驱动转速在 8 500 r/min 时，测量机油泵出油口在 1 min 内连续泵出的机油量，单位为立方厘米每分(cm^3/min)；

b) 最小出油率：将机油泵油量调节轴调至最小出油档位，当驱动转速在 5 000 r/min 时，测量机油泵出油口在 1 min 内连续泵出的机油量，单位为立方厘米每分(cm^3/min)。

A.13 手把振动

每个手把的振动值，按 GB/T 5395 的规定测定，单位为米每平方秒(m/s^2)。

参 考 文 献

[1] ISO 6533 油锯 前护手器 尺寸和空隙 (Forestry machinery—Portable chain-saw front hand-guard—Dimensions and clearances)

[2] ISO 6534 林业机械 便携式油锯护手器 机械强度(Forestry machinery—Portable chain-saw hand guards—Mechanical strength)

[3] ISO 6535 林业机械 便携式油锯 锯链制动器性能(Portable chain-saws—Chain brake performance)

[4] ISO 7293 便携式油锯 发动机性能和燃油消耗(Forestry machinery—Portable chain-saws—Engine performance and fuel consumption)

[5] ISO 7914 林业机械 便携式油锯 手把最小空隙和尺寸(Forestry machinery—Portable chain-saws—Minimum handle clearance and sizes)

[6] ISO 7915 林业机械 油锯 手把强度的测定(Forestry machinery—Portable chain-saws—Determination of handle strength)

[7] ISO 8334 林业机械 便携式油锯 平衡的测定(Forestry machinery—Portable chain-saws—Determination of balance and maximum holding moment)

[8] ISO 9518 林业机械 便携式油锯 反弹试验(Forestry machinery—Portable chain-saws—Kickback test)

[9] ISO 10726 便携式链锯 止链销 尺寸和机械强度(Portable chain-saws—Chain catcher—Dimensions and mechanical strength)

[10] ISO 12100:2010 机械安全 设计通则 风险评估和降低风险 (Safety of machinery—General principles for design—Risk assessment and risk reduction)

[11] ISO 13772 林业机械 便携式油锯 被动式锯链制动器性能要求及测试方法(Forestry machinery—Portable chain-saws—Non-manually actuated chain brake performance)

[12] ISO 13849-2 机械安全 控制系统有关安全部件 第2部分:确认(Safety of machinery—Safety-related parts of control systems—Part 2: Validation)

[13] ISO 22867 林业机械 以内燃机为动力的便携手持式机械振动测定规范 手把振动(Forestry and gardening machinery—Vibration test code for portable hand-held machines with internal combustion engine—Vibration at the handles)

[14] ISO 22868 林业及园林机械 以内燃机为动力的便携式手持操作机械噪声测定规范 工程法(2级精度)[Forestry and gardening machinery—Noise test code for portable hand-held machines with internal combustion engine—Engineering method (Grade 2 accuracy)]

ICS 65.100.10
G 25

中华人民共和国国家标准

GB/T 5452—2017
代替 GB/T 5452—2001

56%磷化铝片剂

56% Aluminium phosphide tablets

2017-12-29 发布　　　　2018-07-01 实施

中华人民共和国国家质量监督检验检疫总局
中国国家标准化管理委员会　发布

前　言

本标准按照 GB/T 1.1—2009 给出的规则起草。

本标准代替 GB/T 5452—2001《56%磷化铝片剂》，与 GB/T 5452—2001 相比，主要技术变化如下：

——磷化铝质量分数指标由≥56.0%改为($56.0^{+2.5}_{-2.5}$)%；

——将磷化铝质量分数测定中样品称样量由 0.14 g～0.16 g 改为 0.18 g～0.20 g。

本标准由中国石油和化学工业联合会提出。

本标准由全国农药标准化技术委员会(SAC/TC 133)归口。

本标准负责起草单位：沈阳丰收农药有限公司。

本标准参加起草单位：龙口市化工厂、济宁高新技术开发区永丰化工厂。

本标准主要起草人：汪洋、姜盛杰、刘宪军、郃玉婧、张凯峰、赵金业、侯宇凯。

本标准所代替标准的历次版本发布情况为：

——GB/T 5452—1985、GB/T 5452—2001。

56%磷化铝片剂

1 范围

本标准规定了56%磷化铝片剂的要求、试验方法以及标志、标签、包装、贮运、安全和保证期。

本标准适用于由磷化铝原药和氨基甲酸铵及其他填料所压制成的56%磷化铝片剂。

注：磷化铝的其他名称、结构和基本物化参数参见附录A。

2 规范性引用文件

下列文件对于本文件的应用是必不可少的。凡是注日期的引用文件，仅注日期的版本适用于本文件。凡是不注日期的引用文件，其最新版本(包括所有的修改单)适用于本文件。

GB/T 601 化学试剂 标准滴定溶液的制备

GB/T 603 化学试剂 试验方法中所用制剂及制品的制备

GB/T 1604 商品农药验收规则

GB/T 1605—2001 商品农药采样方法

GB 3796 农药包装通则

GB/T 6682—2008 分析实验室用水规格和试验方法

GB/T 8170—2008 数值修约规则与极限数值的表示和判定

3 要求

3.1 外观

固体圆片。

3.2 技术指标

56%磷化铝片剂还应符合表1要求。

表1 56%磷化铝片剂控制项目指标

项目		指标			
磷化铝的质量分数/%		$56.0^{+2.5}_{-2.5}$			
平均每片质量/g		$3.2^{+0.1}_{-0.1}$	$3.0^{+0.1}_{-0.1}$	$2.5^{+0.1}_{-0.1}$	$0.6^{+0.1}_{-0.1}$
立面强度/N	≥	70			50
粉末和碎片[a]/%	≤	1.5			
[a] 不超过片剂质量1/4者，视为碎片。					

4 试验方法

警示——使用本标准的人员应有实验室工作的实践经验。本标准并未指出所有的安全问题。使用者有责任采取适当的安全和健康措施,并保证符合国家有关法规的规定。

4.1 一般规定

本标准所用试剂和水在没有注明其他要求时,均指分析纯试剂和 GB/T 6682—2008 中规定的三级水。检验结果的判定按 GB/T 8170—2008 中的 4.3.3 修约值比较法进行。

4.2 抽样

按 GB/T 1605—2001 中“固体制剂采样”方法进行。用随机数表法确定抽样的包装件,最终抽样量应不少于 600 g。

4.3 鉴别试验

称取少量试样于烧杯中,加适量水,再缓慢加入过量的 40%硫酸,用硝酸银试纸接触产生的气体,滤纸变黑。加热微沸至无气泡,冷却至室温,加 8 g/L 氢氧化钠溶液调至 pH 值约 12 过滤,滤液用 40%硫酸溶液调至有大量白色沉淀产生,再加入茜素-S,溶液变成玫瑰红色。

4.4 磷化铝质量分数的测定

4.4.1 方法提要

试样磷化铝与酸生成磷化氢气体,用过量的高锰酸钾溶液氧化吸收,再加入过量的草酸溶液,用高锰酸钾溶液回滴草酸。反应方程式如下:

$$AlP + 3H^+ \rightarrow H_3P\uparrow + Al^{3+}$$

$$5H_3P + 8MnO_4^- + 9H^+ \rightarrow 5PO_4^{3-} + 8Mn^{2+} + 12H_2O$$

$$2MnO_4^- + 5C_2O_4^{2-} + 16H^+ \rightarrow 2Mn^{2+} + 10CO_2\uparrow + 8H_2O$$

4.4.2 试剂和溶液

高锰酸钾标准滴定溶液:$c(1/5\ KMnO_4)=0.5$ mol/L,按 GB/T 601 配制;

草酸标准溶液:$c(1/2H_2C_2O_4)=0.5$ mol/L,按 GB/T 601 配制;

硫酸溶液:$w(H_2SO_4)=40\%$,按 GB/T 603 配制。

4.4.3 仪器

电动振荡机:频率 100 次/min。

4.4.4 测定步骤

将抽取的试样全部倒出,轻轻混匀,用四分法快速选取试样约 100 g,装入塑料袋中,将样品砸碎至粒径不超过 3 mm,转入 250 mL 磨口瓶中,混匀。选取约 10 g 试样置于研钵中迅速研细,装入磨口瓶中。用称量瓶迅速称量试样 0.18 g~0.20 g(精确至 0.000 1 g),置于预先准确加入 50 mL 高锰酸钾标准滴定溶液的 500 mL 具有磨口塞的锥形瓶中,加入硫酸溶液 25 mL,立即严密盖好,放于振荡机上,振荡 25 min 将瓶取下,准确滴加 30 mL 草酸标准溶液至紫色消失,立即用高锰酸钾标准滴定溶液滴定过量的草酸,近终点时加热至 70 ℃,继续滴定至微红色即为终点。

残渣和空白测定：在相同条件下，迅速称量研细的磷化铝 0.18 g～0.20 g（精确至 0.000 1 g），置于 200 mL 烧杯中，将烧杯放入通风橱中并先加入 5 mL 水，再缓慢加入硫酸溶液 25 mL，搅拌至无气泡发生后，加热微沸 2 min～3 min 取出冷却，全部移入预先准确加入 50 mL 高锰酸钾标准滴定溶液的 500 mL 具有磨口塞的锥形瓶中，其他操作同试样测定，准确加入草酸标准溶液 60 mL。

4.4.5 计算

将试样中磷化铝的质量分数 w_1 按式(1)计算：

$$w_1=\left(\frac{c_1 \cdot V_1-c_2 \cdot V_2}{m_1}-\frac{c_1 \cdot V_3-c_2 \cdot V_4}{m_2}\right)\times M\times 100 \qquad (1)$$

式中：

w_1——磷化铝质量分数，以%表示；

c_1——高锰酸钾标准滴定溶液的实际浓度，单位为摩尔每升(mol/L)；

c_2——草酸标准溶液的实际浓度，单位为摩尔每升(mol/L)；

V_1——测定试样时加入和滴定消耗高锰酸钾标准滴定溶液的总体积，单位为毫升(mL)；

V_2——测定试样时加入草酸标准溶液的体积，单位为毫升(mL)；

V_3——滴定残渣和空白时加入和滴定消耗高锰酸钾标准滴定溶液的总体积，单位为毫升(mL)；

V_4——滴定残渣和空白时加入草酸标准溶液的体积，单位为毫升(mL)；

m_1——试样的质量，单位为克(g)；

m_2——测定残渣和空白时试样的质量，单位为克(g)；

M——与 1.00 mL 高锰酸钾标准滴定溶液[$c(1/5\ KMnO_4)=1.000$ mol/L]相当的以克表示的磷化铝的质量，数值为 0.007 244。

4.4.6 允许差

两次平行测定结果之差应不大于 0.8%，取其算术平均值作为测定结果。

4.5 平均每片质量的测定

4.5.1 仪器

工业天平，感量 0.01 g。

4.5.2 测定方法

任取试样 10 片，称量(精确至 0.01 g)。

4.5.3 计算

试样平均每片质量 m_1 按式(2)计算：

$$m_1=\frac{m}{10} \qquad (2)$$

式中：

m_1——平均每片质量，单位为克(g)；

m——10 片试样总质量，单位为克(g)；

10——试样片数。

4.6 立面强度的测定

4.6.1 仪器

强度测定仪:精度 0.1 N。

4.6.2 测定步骤

任取试样 10 片,室温下用强度测定仪分别测试每片磷化铝片剂立面承受的压力值。

4.6.3 计算

试样的立面强度 F 按式(3)计算:

$$F=\frac{F_1}{10} \qquad \cdots\cdots(3)$$

式中:

F ——立面强度,单位为牛(N);

F_1 ——10 片试样所承受的压力之和,单位为牛(N);

10 ——试样片数。

4.7 粉末和碎片测定

4.7.1 仪器

工业天平。

4.7.2 测定步骤

打开抽取试样的包装罐,收集全部粉末和碎片,称量(精确至 0.01 g)。

4.7.3 计算

以质量分数表示的试样中粉末和碎片 w_2 按式(4)计算:

$$w_2=\frac{m_2}{m_1}\times 100 \qquad \cdots\cdots(4)$$

式中:

w_2——粉末和碎片质量分数,以%表示;

m_2——每个包装罐内磷化铝的试样质量,单位为克(g);

m_1——粉末和碎片质量,单位为克(g)。

4.8 产品的检验与验收

产品的检验与验收应符合 GB/T 1604 的规定,极限数值处理采用修约值比较法。

5 标志、标签、包装、贮运、安全和保证期

5.1 标志、标签、包装

56%磷化铝片剂是一级Ⅰ类危险品,其标志、标签、包装和贮存应符合 GB 3796 的规定。箱和瓶上

应注明“毒”和“遇湿易燃物品”标记。

56%磷化铝片剂装入完全密封的马口铁瓶、铝瓶。每瓶净含量符合 GB 3796 规定。100 g 以下也可采用完全密封的硬质塑料瓶。外包装采用防潮纸箱、钙塑箱等，中间采用减震材料做衬垫，每箱净含量不超过 20 kg。每个包装单位与平均每片质量用清晰醒目字体标示。根据用户要求或订货协议，可以采用其他形式的包装，但需符合 GB 3796 的规定。

5.2 贮运

包装件应贮存在通风、干燥的库房中，远离火种和热源。

贮运时，严防潮湿和日晒，保证通风良好，远离火源，并不得与食物、种子和饲料混放，避免与皮肤接触，防止由口鼻吸入。

5.3 安全

磷化铝是高毒杀虫剂，吸潮或遇水自行分解，释放出的磷化氢气体对人剧毒，空气中磷化氢气体含量达 0.14 mg/L 时，使人呼吸困难，以至死亡。磷化氢气体爆炸极限量为 26.1 mg/L～27.1 mg/L。

磷化氢对人体主要损害神经系统、心脏及肝脏。急性中毒症状：轻度中毒的病人有头痛、乏力、恶心、失眠、口渴、鼻咽发干、胸闷、咳嗽和低热等。中度中毒的病人出现轻度意识障碍，呼吸困难，心肌损伤。重度中毒则出现肺水肿，心肌、肝脏及肾脏损伤。

施药人员要经过严格培训，施药过程要戴防毒面具，穿防护服，戴防护手套。开筒与检验时应在通风橱内与人隔离进行。工作现场禁止吸烟、进食和饮水。

如发生中毒应迅速脱离现场至空气新鲜处，保持呼吸通畅，呼吸困难时给予输氧并迅速送医院治疗。

发生火灾时，应使用干粉灭火剂、二氧化碳灭火剂，禁止使用含水的灭火剂。

5.4 保证期

在规定的贮运条件下，56%磷化铝片剂的保证期，从生产日期算起为 2 年。

附 录 A
（资料性附录）
磷化铝的其他名称、结构和基本物化参数

本产品有效成分磷化铝的其他名称、结构和基本物化参数如下：

ISO 通用名称：Aluminium Phosphide

CIPAC 数字代号：227

化学名称：磷化铝

结构式：AlP

实验式：AlP

相对分子质量：57.96

生物活性：杀虫

熔点：大于 1 000 ℃

蒸气压：1 000 ℃以下很小，1 100 ℃升华

稳定性：干燥时稳定，易吸潮分解，释放的磷化氢气体具有坏大蒜味或电石气味；遇酸剧烈反应，当触及王水时，发生爆炸和着火；在潮湿空气中可自燃

ICS 91.120.10
Q 25

中华人民共和国国家标准

GB/T 5480—2017
代替 GB/T 5480—2008

矿物棉及其制品试验方法

Test methods for mineral wool and its products

2017-12-29 发布 2018-11-01 实施

中华人民共和国国家质量监督检验检疫总局
中国国家标准化管理委员会 发布

前言

本标准按照GB/T 1.1—2009给出的规则起草。

本标准代替GB/T 5480—2008《矿物棉及其制品试验方法》。与GB/T 5480—2008相比，主要的技术变化如下：

——直角偏离度单位由百分数变为mm/m(见6.3.2,2008年版的6.3.2)；

——平整度不再采用垫块法而改为采用试验平台法(见6.2.2,2008年版的6.2.2)；

——修改了板状制品的厚度测量方法，改为统一采用针形厚度计测量，去除了测厚仪(见7.1.2，2008年版的7.1.3)；

——修改了制品厚度测量点的位置，增加了测量毡制品厚度前进行抖动处理的要求(见7.2.2,2008年版的7.2.2)；

——修改了管状制品外径的测试方法，改为使用直径围尺，由此修改了内径和体积密度的计算方法(见7.3和7.5.2,2008年版的7.3和7.5.2)；

——增加了管壳偏心度及其计算方法(见7.3.5)；

——删除了纤维平均直径试验方法中的气流仪法(2008年版的8.2)；

——增加了渣球的干法分离方法(见9.4.4)；

——增加了ICP-AES法进行酸度系数测定，并规定此法为仲裁法(见10.4)；

——油含量试验中给出方法检出限0.01%(见12.1)，样品改为置于滤筒中萃取(见12.3.2,2008年版的12.3.3)；

——吸水性试验试样尺寸修改为200 mm×200 mm(见13.4，原标准13.4)，部分浸入试验试样浸水深度改为10 mm(见13.6.1.2,2008年版的13.7.1.2)；

——增加了有机物含量试验方法(见第14章)；

——增加了热荷重收缩温度试验方法(见第15章)。

本标准由中国建筑材料联合会提出。

本标准由全国绝热材料标准化技术委员会(SAC/TC 191)归口。

本标准负责起草单位：南京玻璃纤维研究设计院有限公司、北京金隅节能保温科技有限公司、国家玻璃纤维产品质量监督检验中心。

本标准主要起草人：张游、王佳庆、崔军、陈建明、唐健、王玲、奚彬、张剑红、丁晴、侯鹏、崔程琳、朱立平、屈会力、潘阳、魏善芝。

本标准所代替标准的历次版本发布情况为：

——GB/T 5480—2008；

——GB/T 5480.1—2004、GB/T 5480.2—2004、GB/T 5480.3—2004、GB/T 5480.4—2004、GB/T 5480.5—2004、GB/T 5480.6—2004、GB/T 5480.7—2004、GB/T 5480.8—2003、GB/T 16401—1996；

——GB/T 5480.1—1985、GB/T 5480.2—1985、GB/T 5480.3—1985、GB/T 5480.4—1985、GB/T 5480.5—1985、GB/T 5480.6—1985、GB/T 5480.7—1987。

矿物棉及其制品试验方法

1 范围

本标准规定了矿物棉及其制品的垂直度、平整度、尺寸、体积密度、纤维平均直径、渣球含量、酸度系数、吸湿性、油含量、吸水性、有机物含量、热荷重收缩温度等试验方法的相关术语和定义、试验条件、试样的选取、试验方法以及试验记录。

本标准适用于玻璃棉、岩棉、矿渣棉、硅酸铝棉及其制品各项性能的测定。其他绝热材料也可参照使用本标准。吸湿性试验仅适用于无覆面产品。

2 规范性引用文件

下列文件对于本文件的应用是必不可少的。凡是注日期的引用文件，仅注日期的版本适用于本文件。凡是不注日期的引用文件，其最新版本(包括所有的修改单)适用于本文件。

GB/T 1549—2008 纤维玻璃化学分析方法

GB/T 4132 绝热材料及相关术语

3 术语和定义

GB/T 4132 界定的以及下列术语和定义适用于本文件。

3.1

基材 basic material

矿物棉制品不包括贴面部分的基体材料。

3.2

酸度系数 coefficient of acidity

矿物棉及其制品化学组成中二氧化硅、三氧化二铝质量分数之和与氧化钙、氧化镁质量分数之和的比值。

3.3

直角偏离度 corner squareness

试样压制面两相邻边的垂直程度。

3.4

端面垂直度 edge squareness

试样端面与压制面的垂直程度。

3.5

平整度 face trueness

矿棉板压制面翘曲程度。

3.6

矿物棉板 mineral wool board (slab)

由施加了粘结剂的矿物棉制成的具有一定刚度的板状制品。

3.7

矿物棉毡　mineral wool mat (blanket)

由矿物棉制成的低体积密度卷材或可折叠的柔性毡状制品。

3.8

矿物棉制品　mineral wool products

由矿物棉制成具有一定形状的有贴面和无贴面毡、板、管壳、带、绳等制品。

3.9

渣球　shot

矿物棉中未被制成纤维的粒状、块状及棒状物。

3.10

管壳偏心度　pipe section eccentricity

表征管壳横截面内外圆的偏心程度，用厚度的极差相对于标称厚度的百分率表示。

3.11

吸湿性　the moisture absorption

材料在潮湿空气中吸收空气中水气的性能。

3.12

油含量　oil content

在规定条件下测得的矿物棉及其制品中油(主要是防尘油)的质量与其干质量的比值。

3.13

有机物含量　organic matter content

在规定的条件下，从干燥产品中除去的有机物质量相对于原质量之比值，以百分数表示。

3.14

热荷重收缩温度　heat shrinkage temperature under load

在规定的升温条件下，试样承受恒定载荷，厚度收缩率为10.0%时所对应的温度。

4　试验条件

4.1　试验环境

对试验室环境条件有特殊要求的试验项目，应在相应的试验方法中注明。未注明试验室环境条件的均可于试验室内的自然环境下进行。推荐采用环境条件为室温16 ℃～28 ℃，相对湿度30%～80%。含水率、油含量和有机物含量试验项目的试验环境应为：温度(23±5)℃，相对湿度：(50±10)%。

4.2　样品的状态调节

4.2.1　吸湿性、吸水性、不燃性和导热系数等试验项目在试验前应对试样进行干燥预处理。

4.2.2　含水率、油含量和有机物含量试验项目在试验时应记录试验室环境的温度和湿度。

4.2.3　其他试验均可于样品抵达试验室后立即开始进行，样品无需在试验前进行状态调节。

5　试样的选取

5.1　各试验项目所需试样按其规定尺寸从大到小依次取整块产品或从中随机全厚度切取。

5.2　试样规定尺寸较小的试验项目在切取试样时，可从其他试验项目取样剩余的部分上进行切取，试样切取应随机分布在所有的区域上，不可随意集中在同一范围内。

5.3　除非试验项目对产品的特定性能不产生影响，否则不应用试验后的试样进行其他项目的试验。

6 垂直度和平整度试验方法

6.1 量具和器材

6.1.1 直角尺：边长大于 500 mm，直角偏差±0.1°。

6.1.2 深度游标卡尺：分度值不大于 0.1 mm。

6.1.3 钢直尺：分度值不大于 1 mm。

6.1.4 塞尺：测量范围 0.02 mm～4.00 mm，精度 0.01 mm。

6.1.5 钢卷尺：分度值不大于 1 mm。

6.1.6 试验平台。

6.2 试验步骤

6.2.1 垂直度的测定

6.2.1.1 端面垂直度

把被测的整块试样和直角尺放于硬质平台上，直角尺紧贴试样的上(或下)边缘直立在平台上，用深度游标卡尺或塞尺测量 d 值(见图 1)。厚度 h 的测量按 7.2 的规定。

共测四个端面垂直度，结果以 d/h 表示，取其中最大值作为单件产品的端面垂直度。

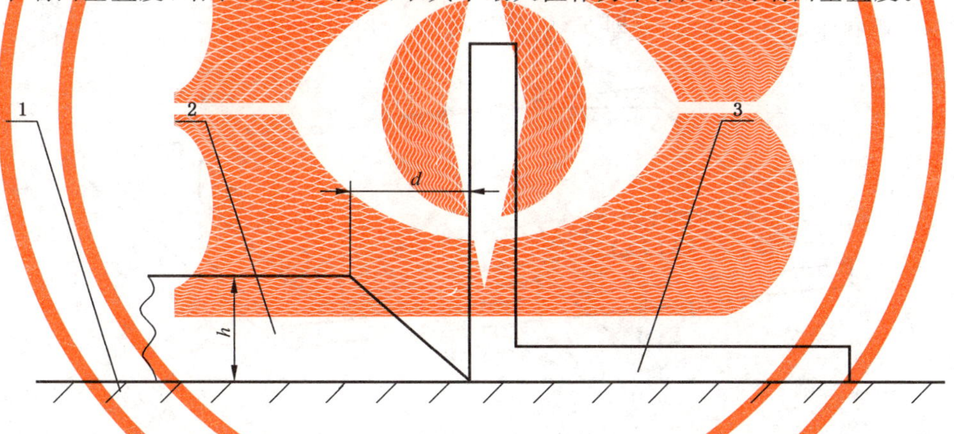

说明：

1——测量平台；

2——试样；

3——直角尺。

图 1 端面垂直度的测定

6.2.1.2 直角偏离度

将试样放于测量平台上，用直角尺的一边贴紧试样压制面的任一边，直角尺的角应与试样的角对准。用深度游标卡尺或塞尺测量 A 值(见图 2)，读数精确到 0.1 mm。用钢卷尺测量 B 值，读数精确到 1 mm。

重复上述步骤，测量其他边的 A 值和 B 值，取其中 A/B 最大值作为单件产品的直角偏离度。

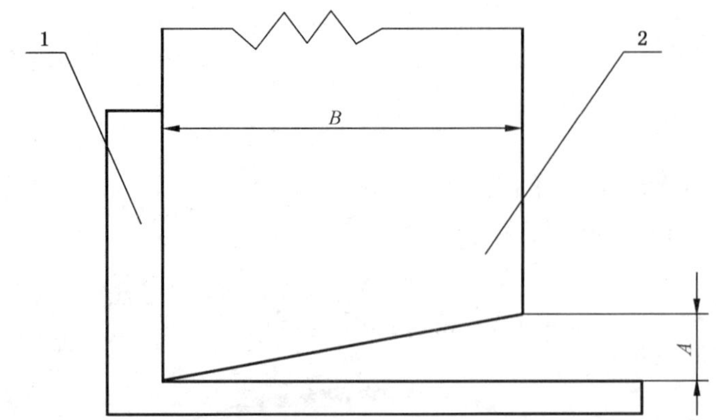

说明：

1——直角尺；

2——试样。

图 2 直角偏离度的测定

6.2.2 平整度的测定

将试样放于测量平台上，使其凹面朝下，如图 3 所示。在长度方向和宽度方向用钢直尺或卷尺测量从试样下边缘到测量平台的最大距离，即 S_{max}，精确到 0.5 mm。

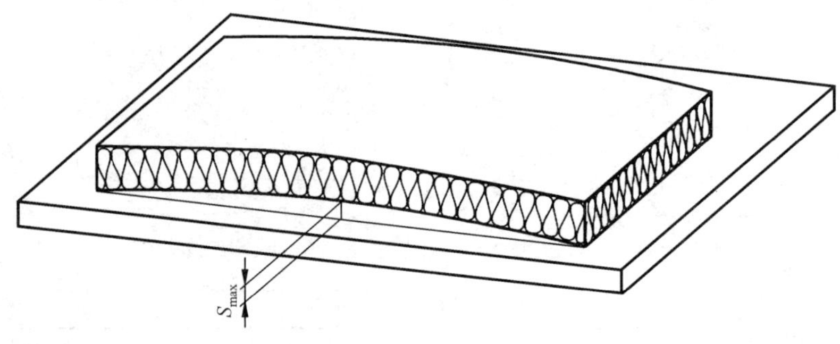

a） 长度方向的平整度偏差测定

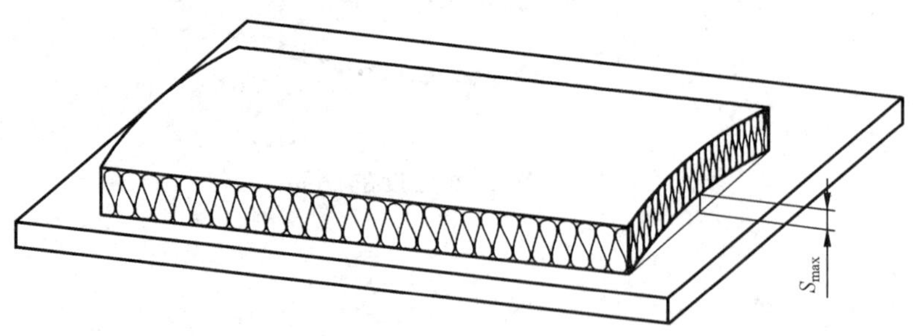

b） 宽度方向的平整度偏差测定

图 3 平整度偏差的测定

6.3 计算及试验结果

6.3.1 端面垂直度

按式(1)计算：

$$m=\frac{d}{h}\times 100 \qquad \cdots\cdots(1)$$

式中：

m ——端面垂直度，%；

d ——试样顶端与直角尺边的距离，单位为毫米(mm)；

h ——试样厚度，单位为毫米(mm)。

试验结果为4个结果中的最大值。

6.3.2 直角偏离度

按式(2)计算：

$$q=\frac{A}{B} \qquad \cdots\cdots(2)$$

式中：

q ——直角偏离度，单位为毫米每米(mm/m)；

A——试样末端与直角尺边的距离，单位为毫米(mm)；

B——试样测点到直角尺另一边的距离，单位为米(m)。

试验结果为4个结果中的最大值。

6.3.3 平整度

S_{max}，单位为毫米。

7 尺寸和体积密度试验方法

7.1 仪器及工具

7.1.1 天平：量程满足试样称量要求，分度值不大于被称质量的0.5%。

7.1.2 针形厚度计：分度值为1 mm，压板压强(50±1.5)Pa，压板尺寸为200 mm×200 mm，如图4所示。

单位为毫米

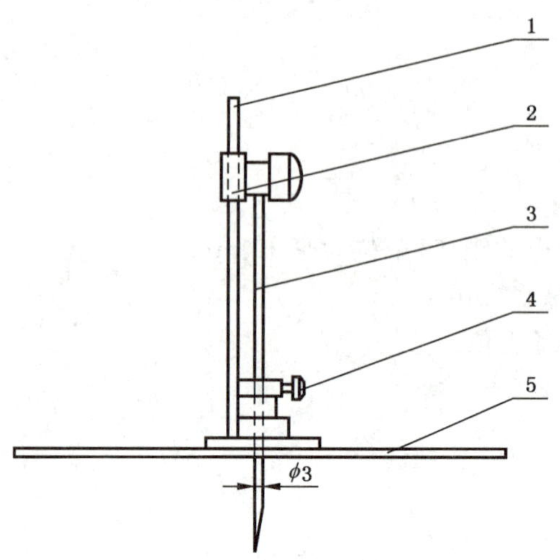

说明：

1——标尺；

2——滑标；

3——测针；

4——止动螺丝；

5——压板。

图4　针形厚度计

7.1.3　金属尺：分度值不大于1 mm。

7.1.4　精密直径围尺：分度值不大于0.1 mm。

7.1.5　游标卡尺：测量范围不小于0 mm～150 mm，分度值不大于0.02 mm。

7.1.6　体积密度测量桶：外筒内径150 mm。内筒外径149 mm，质量(8.8±0.1)kg。内外筒高度均为150 mm。

7.2　毡状、板状制品尺寸的测量

7.2.1　长度和宽度

把试样小心地平放在平面上，用精度为1 mm的量具测量长度L，测量位置在距试样两边约100 mm处，测量时要求与对应的边平行及与相邻的边垂直。每块试样测2次，以2次测量结果的算术平均值作为该试样的长度，结果精确到1 mm。对表面有贴面的制品，应按制品基材的长度进行测量。

试样宽度b测量3次。测量位置在距试样两边约100 mm及中间处，测量时要求与对应的边平行及与相邻的边垂直。以3次测量结果的算术平均值作为该试样的宽度，结果精确到1 mm。

长度，宽度测量位置如图5虚线所示。

单位为毫米

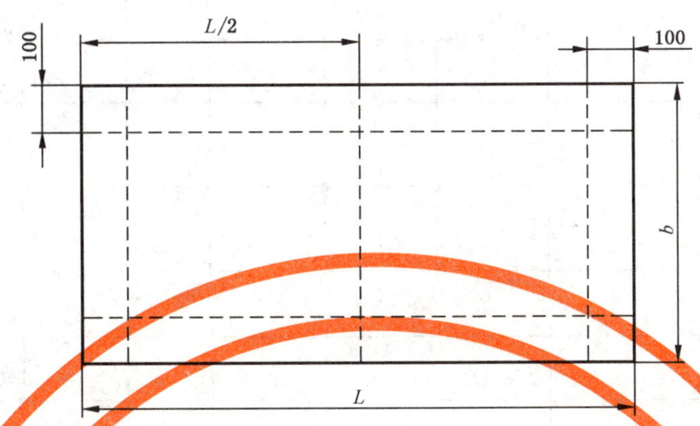

图5　长度与宽度测量位置

7.2.2　厚度

在厚度测量之前，如果试样为毡状制品，可按照以下步骤a)～d)进行处理。卷毡制品应该完全展开，沿长度方向切成1 m～1.5 m长的试样。卷毡两端应至少废弃长0.5 m的部分。

a)　用双手抓住试样沿长度方向的一边，另一边高出地面约450 mm；

d)　松开双手，使得试样掉落在地面上；

c)　抓住试样沿长度方向的另外一边，重复步骤a)和b)，直至包装内的所有试样和从卷毡上切下的所有试样的处理完毕；

d)　至少等待5 min，使得所有试样在测试前都达到了平衡状态。

厚度测量在经过长度和宽度测量的试样上进行。厚度测量位置按图6规定。将针形厚度计的压板轻轻平放在试样上，小心地将针插入试样。当测针与玻璃板接触1 min后读数。在操作过程中应避免加外力于针形厚度计的压板上。对于厚度测量需包括贴面层的试样，应将贴面向下放置。但若是金属网贴面，则应将金属网除去后再测。

如果试样的长度不大于600 mm，厚度测量应在两个位置进行；如果试样的长度大于600 mm且不大于1 500 mm，厚度测量应在4个位置进行；如果试样的长度大于1 500 mm，每超过500 mm，厚度测量应增加一个位置；

厚度测量点的位置如图6所示，以各测量值的算术平均值作为该试样的厚度，结果精确到1 mm。

单位为毫米

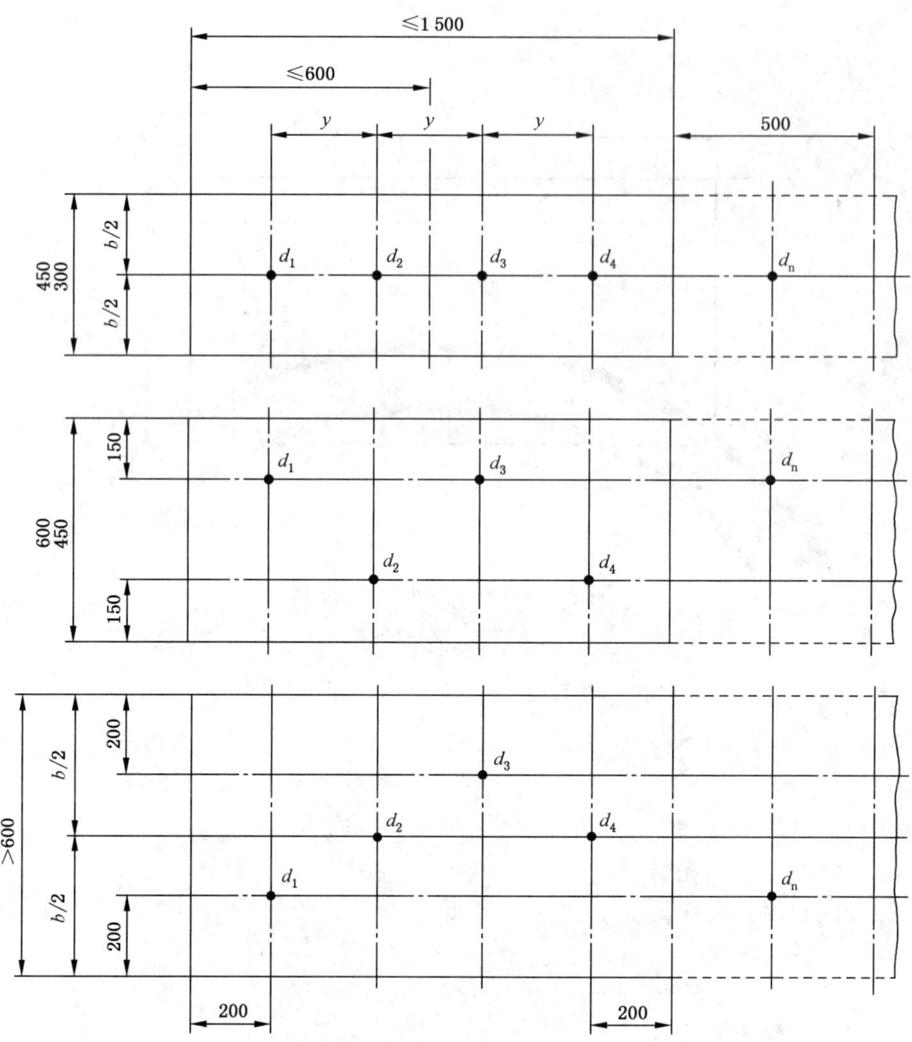

图 6 制品厚度测量点位置

7.3 管状制品尺寸的测量

7.3.1 长度

用分度值为 1 mm 的金属尺，在试样外侧沿母线方向测量管壳的长度，每旋转 90°测量一次，取 4 次测量的算术平均值为最终结果。

7.3.2 外径

在管壳的两端部和中部用分度值为 0.1 mm 的精密直径围尺测量外径 d_1，取 3 次测量的算术平均值为最终结果。

7.3.3 厚度

用游标卡尺测量管的厚度 h，管的两端每旋转 90°各测量一次，取 8 次测量的算术平均值。

7.3.4 内径

按 7.3.2 和 7.3.3 测量外径和厚度，按式(3)计算管的内径。

$$d_2 = d_1 - 2h \quad \cdots\cdots(3)$$

式中：

h ——管壳厚度的算术平均值，单位为毫米(mm)；

d_1——管壳外径的算术平均值，单位为毫米(mm)；

d_2——管壳内径，单位为毫米(mm)。

7.3.5 管壳偏心度

用游标卡尺在管壳的端面测量管壳的厚度，每个端面测 4 点，位置均布，各端面的管壳偏心度按式(4)计算。

$$C = \frac{h_1 - h_2}{h_0} \times 100 \quad \cdots\cdots(4)$$

式中：

C ——管壳的偏心度，%；

h_1——管壳的最大厚度，单位为毫米(mm)；

h_2——管壳的最小厚度，单位为毫米(mm)；

h_0——管壳的标称厚度，单位为毫米(mm)。

整管的管壳偏心度为两个端面管壳偏心度的算术平均值。

7.4 试样质量的测量

称出试样的质量。对于有贴面的制品，应分别称出试样的总质量以及扣除贴面后的质量。

7.5 制品体积密度的计算及试验结果

7.5.1 毡状、毯状、板状制品

对于毡状和毯状制品，若实测厚度大于标称厚度，体积密度应按标称厚度计算，否则应按实测厚度计算；对于板状制品，体积密度按实测厚度计算。毡状、毯状和板状制品的体积密度按式(5)计算。

$$\rho_1 = \frac{m_1 \times 10^9}{L \cdot b \cdot h} \quad \cdots\cdots(5)$$

式中：

ρ_1 ——试样的体积密度，单位为千克每立方米(kg/m^3)；

m_1——试样的质量，单位为千克(kg)；

L ——试样的长度，单位为毫米(mm)；

b ——试样的宽度，单位为毫米(mm)；

h ——试样的厚度或标称厚度，单位为毫米(mm)。

7.5.2 管壳制品

管壳制品的体积密度按式(6)计算。

$$\rho_3 = \frac{m_3 \times 10^9}{\pi(d_1 - h)hL} \quad \cdots\cdots(6)$$

式中：

ρ_3 ——管壳的体积密度，单位为千克每立方米(kg/m^3)；

m_3——管壳的质量，单位为千克(kg)；

d_1 ——管壳的外径，单位为毫米(mm)；

L ——管壳的长度，单位为毫米(mm)；

h ——管壳的厚度，单位为毫米(mm)。

7.6 原棉和粒状棉体积密度试验方法

7.6.1 试验步骤

称取 100 g 试样，均匀放入测量筒的外筒内。将内筒放入外筒中，底部轻轻与棉贴实，不要冲击，也不要用手施压。5 min 后，在测量筒周边等距离的三点，用游标卡尺测量内外筒的高度差，精确至 0.1 mm。以三点测量的算术平均值作为试样的厚度。

7.6.2 计算及试验结果

试样的体积密度按式(7)计算。

$$\rho = \frac{5.66 \times 10^3}{h} \qquad \cdots\cdots (7)$$

式中：

ρ ——原棉或粒状棉的体积密度，单位为千克每立方米(kg/m^3)；

5.66×10^3 ——试样质量除以测量筒底面积所得的常数，单位为克每平方米(g/m^2)；

h ——试样厚度，单位为毫米(mm)。

8 纤维平均直径试验方法

8.1 仪器及材料

8.1.1 显微镜：放大倍数不小于 200 倍。

8.1.2 载玻片。

8.1.3 浸液：由等容积的甘油和蒸馏水配制。

8.2 试样制备

按 9.4.1 和 9.4.2 进行取样、灼烧和压榨处理得到碎纤维后，缩分出 1 mm^3～2 mm^3 的碎纤维，放在载玻片上。加入适量的浸液，用针将碎纤维均匀地分散在载玻片上。

8.3 试验步骤

将制备好的载玻片放在显微镜载物台上，按显微镜使用规程，进行纤维直径测量。从载玻片一端开始逐一地测量至少 100 根纤维，重叠或不清楚的不测，并避免对同一根纤维重复测量。

8.4 计算及试验结果

纤维平均直径按式(8)计算。

$$\overline{X} = \frac{\sum_{i=1}^{n} X_i}{n} \qquad \cdots\cdots (8)$$

式中：

$\overline{X}$ ——纤维平均直径；

X_i ——单根纤维的直径值；

n ——纤维测量根数。

9 渣球含量试验方法

9.1 原理

利用渣球和纤维在水介质中运动时受到的重力和阻力的差异，使渣球和纤维得到分离，并通过烘干、筛分、称量测得矿物棉中渣球的含量。

9.2 仪器及设备

9.2.1 分离装置：包括 0 L/h～180 L/h 玻璃转子流量计、内径为 80 mm 总高度为 380 mm 的分离筒、塑料水槽、纤维收集器和渣球收集器等。见图 7。

单位为毫米

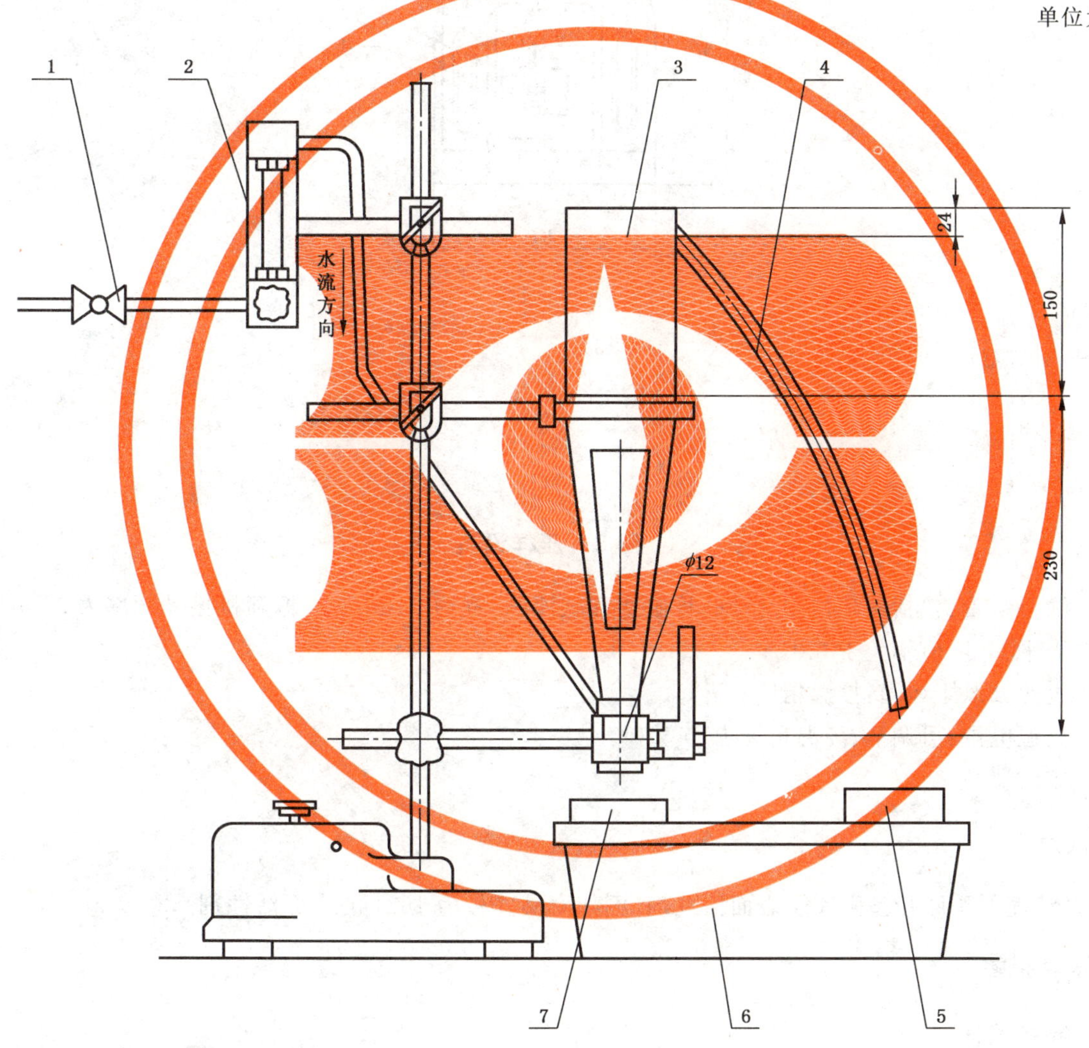

说明：
1——水源开关；
2——玻璃转子流量计；
3——分离筒；
4——溢流口；
5——纤维收集器；
6——水槽；
7——渣球收集器。

图 7 分离装置

9.2.2 取样器:内径为 14 mm 的圆筒形切取试样的工具。

9.2.3 压样设备:由试样筒、压样筒和压榨器组成。见图 8。试样筒内径为 27 mm,有效高度为 53.5 mm。压样筒外径为 26 mm,有效高度分两种,岩棉、矿渣棉和硅酸铝棉试验为 38.2 mm,而玻璃棉试验为 36.2 mm。

单位为毫米

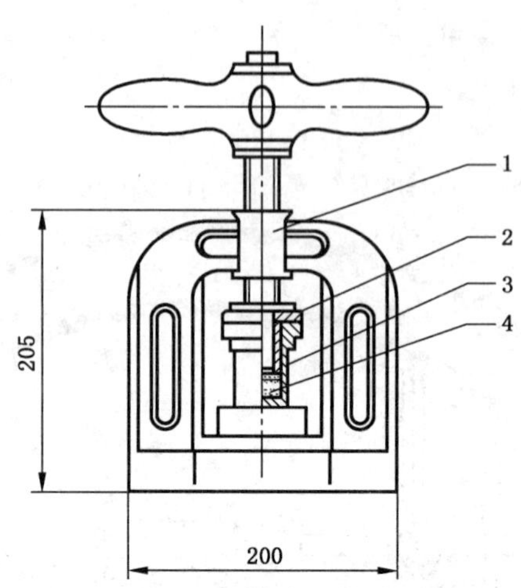

说明:

1——压榨器;

2——压样筒;

3——试样筒;

4——试样。

图 8 压样设备

9.2.4 筛分装置:包括振筛机、标准筛、橡胶塞和软漆刷(宽约 25 mm)。振筛机振动频率为 23.5 Hz。

9.2.5 天平:分度值不大于 0.01 g。

9.2.6 电热鼓风干燥箱:控温精度±5 ℃。

9.2.7 高温电炉:可调节、控温精度±10 ℃。

9.2.8 定时器。

9.3 试剂

1%浓度的季胺盐型阳离子表面活性剂(例如商品牌号为 1631 的表面活性剂)。

9.4 试验步骤

9.4.1 制备试样

按第 5 章的规定制取试样。对于玻璃棉及其制品,取试样(7.5±0.5)g,在(500±20)℃灼烧30 min 以上;对于矿渣棉、岩棉及其制品,取试样(10.5±0.5)g,在(550±20)℃下灼烧 30 min 以上;对于硅酸铝棉及其制品,取试样(10.5±0.5)g,在(700±20)℃下灼烧 30 min 以上。灼烧后放入干燥皿中冷却至室温,称量并精确到 0.01 g。试样数量按产品标准的规定,产品标准无规定时,试样数量为 3 个。

9.4.2 压制试样

把称量好的试样放入相应的试样筒内,套上压样筒,放于压榨器上进行手动螺旋加压。

9.4.3 分离过程(湿法)

9.4.3.1 润湿试样;将压制好的试样取出,放于250 mL量杯内,加入表面活性剂溶液20 mL,并充分搅拌,使纤维在溶液中得到润湿和分散。

9.4.3.2 将试样全部移入分离筒中。

9.4.3.3 打开水源开关,使转子流量计的流量示值为60 L/h,保持此流量直至纤维在水中得到分散和悬浮。

9.4.3.4 加大水流量至120 L/h～180 L/h,继续分离10 min左右。

9.4.3.5 待分离筒内水澄清后,打开分离筒下端的排渣阀,借助水流把渣球完全排入筛孔孔径不大于拟测试粒径的标准筛内。

9.4.3.6 检查纤维收集器内的纤维中是否含有渣球,若有渣球应将其放入分离器内再进行分离。

9.4.3.7 干燥,将盛有渣球的筛子放入电热鼓风干燥箱内,在105 ℃～110 ℃温度下烘干至少20 min。

9.4.3.8 筛分,将干燥的渣球移入产品标准规定的筛孔的标准筛内,加入3只直径为(20±1)mm的陶瓷球,盖装后启动振筛机筛分15 min。

9.4.4 分离过程(干法)

将压制好的试样取出,直接放入试样筛中,利用机械振动或手动捻磨的方式(如使用橡胶塞不断摩擦筛网中样品,同时利用软漆刷来回刷动),直至纤维全部通过筛网,剩余部分即为渣球。

9.4.5 称量

将筛分后的渣球转移到天平上称量。

9.5 计算及试验结果

渣球含量 S_h 按式(9)计算:

$$S_h = \frac{m}{m_0} \times 100 \qquad \cdots\cdots(9)$$

式中:

S_h ——渣球含量,%;

m ——渣球质量,单位为克(g);

m_0 ——试样质量,单位为克(g)。

试验结果为所有结果的算术平均值。同时报出所用筛孔的孔径。

10 酸度系数试验方法

10.1 试样制备

10.1.1 按第5章的规定选取试样,随机抽取50 g,混合缩分至5 g～10 g,在玛瑙研钵中研磨至可全部通过80 μm孔径筛,贮于称量瓶中,于105 ℃～110 ℃电热鼓风干燥箱中干燥2 h以上,取出,置于干燥器中,备用。

10.1.2 对含有粘结剂的样品,将随机抽取的50 g试样在(550±20)℃的马弗炉中灼烧不少于30 min,取出,冷却后在玛瑙研钵中研磨至可全部通过80 μm孔径筛,贮于称量瓶中,于105 ℃～110 ℃电热鼓风干燥箱中干燥2 h以上,取出,置于干燥器中,备用。

10.2 二氧化硅的测定

按 GB/T 1549—2008 第 6 章的规定进行。

10.3 三氧化二铝、氧化钙和氧化镁的测定(方法一)

三氧化二铝按 GB/T 1549—2008 第 12 章的规定进行,氧化钙 GB/T 1549—2008 第 13 章的规定进行,氧化镁按 GB/T 1549—2008 第 14 章的规定进行。

10.4 三氧化二铝、氧化钙和氧化镁的测定—电感耦合等离子发射光谱法(方法二,仲裁法)

10.4.1 方法提要

试样经高氯酸和氢氟酸分解,在盐酸酸性溶液中,使用电感耦合等离子体发射光谱仪测定三氧化二铝、氧化钙和氧化镁的含量。

10.4.2 试剂及仪器

10.4.2.1 高氯酸:70%。

10.4.2.2 氢氟酸:40%。

10.4.2.3 盐酸:1+1。

10.4.2.4 硝酸:ρ=1.42 g/mL。

10.4.2.5 三氧化二铝、氧化钙和氧化镁混合标准溶液。

称取(0.539 5±0.000 1)g 金属铝(99.99%)于四氟乙烯烧杯中,加入 50 mL 盐酸加热使其溶解,冷却,移入 1 L 容量瓶(Ⅰ)中;称取(1.784 8±0.000 1)g 预先经 105 ℃～110 ℃干燥 2 h 的碳酸钙(基准试剂)于 300 mL 烧杯中,盖表面皿,加约 40 mL 水,滴加盐酸,使其溶解后再过量 25 mL,加热煮沸以驱尽二氧化碳,冷却移入 1 L 容量瓶(Ⅰ)中;氧化镁溶液:称取(0.500 0±0.000 1)g 预先经 950 ℃灼烧 2 h 的氧化镁(基准试剂)加水润湿,加入 25 mL 盐酸,加热使其溶解,冷却移入 1L 容量瓶(Ⅰ)中。定容,此溶液每毫升含 1 mg Al_2O_3、1 mg CaO 和 0.5 mg MgO。

10.4.2.6 三氧化二铝、氧化钙和氧化镁稀混合标准溶液。

取 50.00 mL 三氧化二铝、氧化钙和氧化镁混合标准溶液至 500 mL 容量瓶中,加入 40 mL 盐酸(1+1),定容,转移至塑料瓶中,该溶液每毫升含 0.1 mg Al_2O_3、0.1 mg CaO、0.05 mg MgO。

10.4.2.7 三氧化二铝、氧化钙和氧化镁混合工作系列曲线的绘制。

分别移取 0.00 mL、10.00 mL、15.00 mL、20.00 mL、25.00 mL、30.00 mL、35.00 mL、40.00 mL、45.00 mL、50.00 mL 三氧化二铝、氧化钙和氧化镁稀混合标准溶液于一组 100 mL 容量瓶中,分别加入 10.0 mL、9.0 mL、8.5 mL、8.0 mL、7.5 mL、7.0 mL、6.5 mL、6.0 mL、5.5 mL、5.0 mL 盐酸,定容,移入塑料瓶中。该工作系列曲线每毫升含 0.00 μg、10.00 μg、15.00 μg、20.00 μg、25.00 μg、30.00 μg、35.00 μg、40.00 μg、45.00 μg、50.00 μg 的 Al_2O_3 和 CaO,0.00 μg、5.00 μg、7.50 μg、10.00 μg、12.50 μg、15.00 μg、17.50 μg、20.00 μg、22.50 μg、25.00 μg 的 MgO。

10.4.2.8 电感耦合等离子体发射光谱仪:全谱直读电感耦合等离子体发射光谱仪。

10.4.3 测试步骤

称取 0.1 g 试料,精确至 0.1 mg 于铂金坩埚中,加水润湿,边摇动坩埚,边滴加 2 mL 硝酸;加入 2 mL 高氯酸 5 mL 氢氟酸后置电炉上挥发至干。取下,加入 10 mL 盐酸 10 mL 水,置电炉上低温加热至完全溶解,冷却,移入 100 mL 容量瓶中,定容。视元素含量取 20.00 mL 或 10.00 mL～100 mL,定容。随同试料做空白试验。

仪器预热稳定后,用表1推荐的波长,先测定混合工作曲线系列溶液的光强度,绘制工作曲线,再测定空白和试液的光强度。

表1 ICP法测定各元素的推荐波长

元素	Al	Ca	Mg
波长1	396.152	317.933	285.213
波长2	309.271	315.887	279.553

10.4.4 三氧化二铝、氧化钙和氧化镁的结果计算

三氧化二铝(Al_2O_3)、氧化钙(CaO)和氧化镁(MgO)的含量按式(10)计算:

$$w(X)=\frac{c\times V\times V_1}{m\times V_2\times 10^6}\times 100=\frac{cV}{m\times 10^4} \quad\cdots\cdots(10)$$

式中:

$w(X)$—— 样品中三氧化二铝(Al_2O_3)、氧化钙(CaO)或氧化镁(MgO)的含量,%;

c ——减去空白试验后的试液中三氧化二铝、氧化钙或氧化镁的浓度,单位为微克每毫升(μg/mL);

V ——试液的体积,单位为毫升(mL);

V_1 ——分取试液的体积,单位为毫升(mL);

V_2 ——试液总体积,单位为毫升(mL);

m ——试料的质量,单位为克(g)。

10.5 计算及试验结果

酸度系数(M_k)按式(11)计算:

$$M_k=\frac{w_{SiO_2}+w_{Al_2O_3}}{w_{CaO}+w_{MgO}} \quad\cdots\cdots(11)$$

式中:

M_k ——酸度系数的数值;

w_{Sio_2} ——样品中二氧化硅质量分数的数值,%;

$w_{Al_2O_3}$——样品中三氧化二铝质量分数的数值,%;

w_{Cao} ——样品中氧化钙质量分数的数值,%;

w_{Mgo} ——样品中氧化镁质量分数的数值,%。

11 吸湿性试验方法

11.1 仪器设备

11.1.1 天平:分度值不大于被称质量的0.1%。

11.1.2 电热鼓风干燥箱。

11.1.3 调温调湿箱:温度波动不大于±2 ℃,相对湿度波动不大于±3%,箱内置样区域无凝露。

11.1.4 干燥器。

11.1.5 金属尺:分度值为1 mm。

11.1.6 针形厚度计:分度值为1 mm,压板压强(50±1.5)Pa,如图4所示。

11.1.7 样品袋:由聚乙烯薄膜制成,其尺寸足以容纳被密封的试样。

11.1.8 样品盒：由不吸水、无腐蚀的材料制成，带有可密封的盖子。样品盒尺寸约为 150 mm×150 mm×50 mm，用于盛放松散状的试样。

11.2 试样

按第 5 章的规定选取试样。板状试样的尺寸应便于称量及在调温调湿箱内放置，并不小于 1 50 mm×150 mm，厚度为原厚。管状试样的长度不小于 150 mm，圆弧部分的大小应适合测试，厚度为原厚。松散状纤维的试样按标称体积密度放入 11.1.8 所规定的样品盒内。试样表面应清洁、无机械损伤。

试样数量 3 个，或按产品标准的规定。

11.3 试验步骤

11.3.1 方法 A(适用于毡、板和管壳等矿物棉制品)

用金属尺和针形厚度计测出制品的尺寸，如需要，体积可按标称厚度而不是实测厚度计算，但必须在报告中说明。将试样表面清洁干净，防止实验过程中产生质量损失。将试样放入温度为(105±5)℃的电热鼓风干燥箱内烘干至恒重(连续两次称量之差不大于试样末次质量的 0.2%)。当试样中含有在此温度下易挥发或易变化的组分时，可在较低的温度下烘干至恒重。记下试样的质量及烘干温度。将试样再次放入电热鼓风干燥箱内，在温度不低于 60 ℃的环境中使其达到均匀温度，然后将试样放置在调温调湿箱内。在温度为(50±2)℃、相对湿度为(95±3)%，并具有空气循环流动的调温调湿箱内保持(96±4)h。取出后立即放入预称量的样品袋中，密封袋口，冷至室温后称量。扣除袋重后记下试样吸湿后的质量。

11.3.2 方法 B(适用于松散状的矿物棉产品)

将干燥至恒重的松散装填的矿物棉产品放入已恒重的样品盒内，配至标称体积密度，称量。记下样品吸湿前的质量。开启盖子，使试样恢复到不低于 60 ℃的均匀温度，放入调温调湿箱，样品盒呈水平放置。在温度为(50±2)℃、相对湿度为(95±3)%，并具有空气循环流动的调温调湿箱内保持(96±4)h。将样品盒加盖密封后取出，冷至室温后称量。扣除盒重后记下试样吸湿后的质量。

11.4 计算及试验结果

质量吸湿率按式(12)计算：

$$W_1=\frac{m_2-m_1}{m_1}\times 100 \qquad \cdots\cdots(12)$$

式中：

W_1——质量吸湿率，%；

m_1——干燥试样的质量，单位为千克(kg)；

m_2——吸湿后试样的质量，单位为千克(kg)。

体积吸湿率按式(13)计算：

$$W_2=\frac{V_2}{V_1}\times 100=\frac{(m_2-m_1)\times 100}{1\,000\times V_1}=\frac{W_1\cdot\rho}{1\,000} \qquad \cdots\cdots(13)$$

式中：

W_2 ——体积吸湿率，%；

V_1 ——试样的体积，单位为立方米(m^3)；

V_2 ——试样中水分所占的体积，单位为立方米(m^3)；

ρ ——试样的容重，单位为千克每立方米(kg/m^3)；

1 000——水的体积密度，单位为千克每立方米（kg/m^3）。

试验结果为所有试样的算术平均值。在报告体积吸湿率时，也应报出试样的质量吸湿率和体积密度。

12 油含量试验方法

12.1 原理

用特定的溶剂萃取出矿物棉及其制品中的油，萃取液经过分馏、干燥，分离出油，通过测定油的质量求得矿物棉及其制品的油含量，检出限为0.01%，小于检出限为未检出。

12.2 仪器

12.2.1 萃取装置：250 mL圆底烧瓶、索氏萃取器、蛇形冷凝管，见图9。

12.2.2 电热恒温水浴：温度范围37 ℃～100 ℃，控温精度±2 ℃。

12.2.3 电热鼓风干燥箱：控温精度±5 ℃。

12.2.4 天平：分度值不大于0.1 mg。

12.2.5 干燥器。

12.2.6 滤筒：ϕ27 mm×100 mm。

12.2.7 蒸馏装置。

12.3 试验步骤

12.3.1 从样品上随机抽取试样，混匀，放入(105±5)℃电热鼓风干燥箱中烘干至恒重，移入干燥器中冷却至室温。

12.3.2 将滤筒放入(105±5)℃电热鼓风干燥箱中烘干至恒重，移入干燥器中冷却至室温。称量滤筒质量，将干燥试样塞入滤筒，试样距滤筒口20 mm～30 mm，试样量不少于5 g，称取滤筒和试样的质量，精确至0.1 mg。

12.3.3 将装入试样的滤筒置于回流萃取器内，在萃取烧瓶中注入250 mL的正己烷。按图9安装萃取装置，将圆底烧瓶放入恒温水浴中，接通冷却水，调整恒温水浴温度，使萃取液在回流虹吸管中回流6次/h～10次/h，连续萃取4 h。冷却，取下圆底烧瓶，将萃取液倾泻过滤至500 mL圆底烧瓶中，用少量正己烷洗涤萃取试样的圆底烧瓶内壁2次～3次，洗液并入500 mL圆底烧瓶。

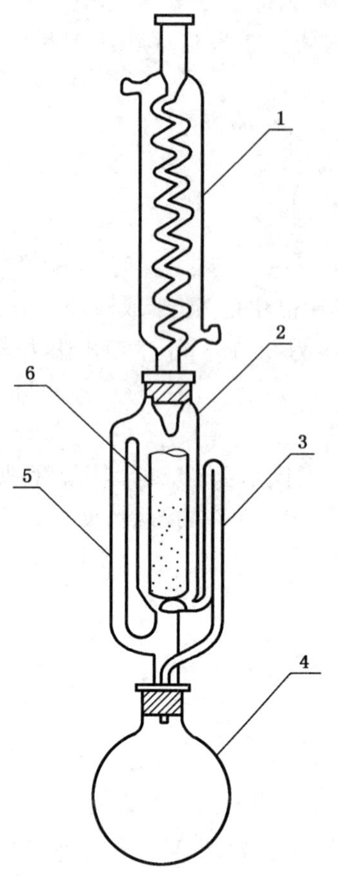

说明：

1——蛇形冷凝管；

2——回流萃取器；

3——回流虹吸管；

4——圆底烧瓶；

5——蒸气升管；

6——滤筒。

图9　萃取装置示意图

12.3.4　将500 mL圆底烧瓶按图10连接至蒸馏装置上，接通冷却水，在(85±5)℃蒸馏，至圆底烧瓶中约5 mL液体时，停止蒸馏，冷却，将液体转移至经(105±5)℃恒重的称量瓶中，用少量正己烷洗涤圆底烧瓶2次～3次，洗液并入称量瓶中。

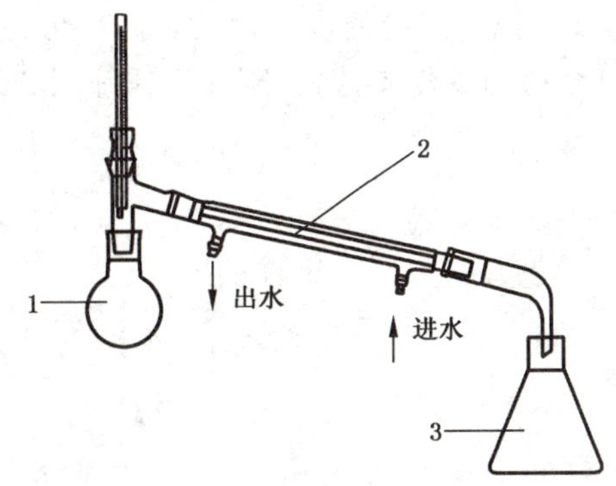

说明：
1——蒸馏烧瓶；
2——冷凝管；
3——接受瓶。

图 10　蒸馏装置

12.3.5　将称量瓶置于(105±5)℃的电热鼓风干燥箱中干燥不小于 1 h，取出，置于干燥器中冷却至室温，称量。

12.4　计算及试验结果

油含量按式(14)计算：

$$C=\frac{m_2-m_1}{m_3-m_4}\times 100 \qquad (14)$$

式中：

C ——油含量，%；

m_1 ——称量瓶的质量，单位为克(g)；

m_2 ——称量瓶和油的质量，单位为克(g)；

m_3 ——滤筒和试样的质量，单位为克(g)；

m_4 ——滤筒的质量，单位为克(g)。

试验结果为所有结果的算术平均值。

13　吸水性试验方法

13.1　原理

将规定尺寸的试样置于水中规定的位置，浸泡一定时间后，测量其吸水前后试样质量的变化，计算出试样中水分所占的体积比 ω，以此来表示制品的体积吸水率。对全浸试验，可算出其单位体积的吸水量 ω_V，对半浸试验，可算出其单位面积的吸水量 ω_S。对毛细管渗透试验，则是以测量试样的毛细管渗透高度来表示制品的吸水性。

13.2　仪器及工具

13.2.1　天平：分度值不大于 0.1 g。

13.2.2　钢直尺：测量范围为 0 mm～300 mm，分度值为 1 mm。

13.2.3　针形厚度计：分度值为 1 mm，压板压强(50±1.5)Pa，如图 4 所示。

13.2.4　电热鼓风干燥箱：控温精度±5 ℃。

13.2.5　水箱：具有足够的容积，可将试样全部浸入水中，其顶面与水面的距离不小于 25 mm，试样间及试样与水箱壁不应接触。水箱具有可控制流量的慢速进、出水口,可使水面控制在特定的位置,水位波动范围不大于±0.5 mm。并配有合适的试样支撑物、刚性不锈筛网和压块。

13.2.6 试验用水:自来水。

13.3 试验条件

试验条件按第4章的规定。

13.4 试样

板状制品试样为方形,尺寸为200 mm×200 mm,对于无法裁取200 mm×200 mm试样的产品,可裁取以样品短边长度为边长的方形试样,试样厚度为样品的原厚。管状制品取高度为50 mm的圆环形试样。试样应在样品中部切取,其边缘距样品边缘至少100 mm,表面应清洁平整,无裂纹。应按产品标准中的要求制备足够数量的试样,若产品标准中没有试样数量的要求,则至少制备4块试样。

13.5 全浸试验方法

13.5.1 试验步骤

13.5.1.1 测量试样的尺寸。对方形试样,长度和宽度采用钢直尺测量。在试样的正、反面,各测两次,读数精确到1 mm。硬质制品采用钢直尺测量厚度,测量点位于样品四个侧面的中部,读数精确到0.5 mm。软质制品厚度的测量采用针形厚度计,每块试样测四点,位置均布,读数精确到0.5 mm。对圆环形试样,内径、外径在试样的端面测量,每个端面测量两次,厚度沿圆周方向测量4点,4点均匀分布在圆周上。内径、外径和厚度用钢直尺测量,内径和外径的读数精确到1 mm,厚度精确到0.5 mm。计算试样体积时取所量尺寸的平均值。

13.5.1.2 将试样放入电热鼓风干燥箱内,在(105±5)℃的温度下干燥至恒重。当试样含有在此温度下易挥发或易变化组分时,可在(60±5)℃或低于挥发温度5 ℃~10 ℃的条件下干燥至恒重。称取试样的质量 m_1。

13.5.1.3 慢慢地将试样压入水中,使试样上表面或上端面距水面25 mm。加上压块使之固定,如图11所示。试样间及试样与水箱壁面无接触。保持上述状态2 h。慢慢地取出试样,将试样放在沥干架上,如图12所示,让其沥干10 min,立即称取试样的质量 m_2。

单位为毫米

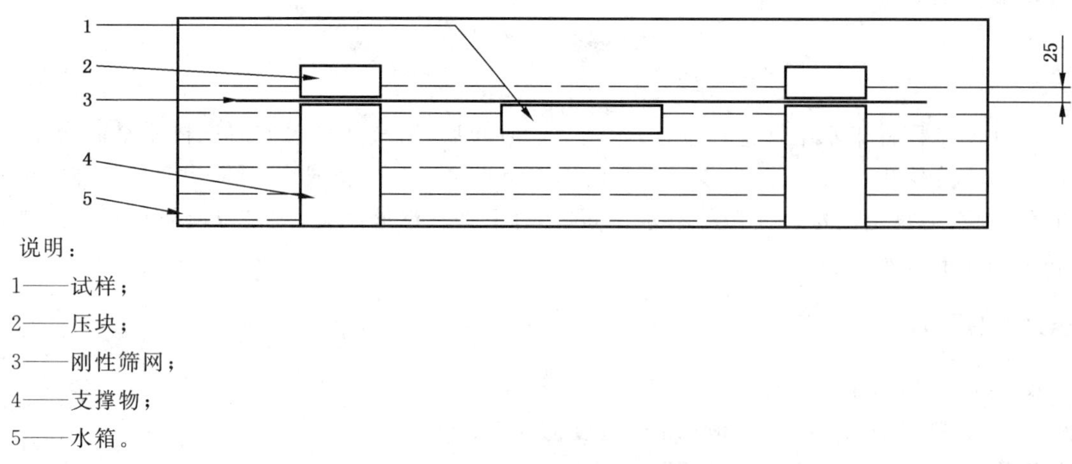

说明:

1——试样;

2——压块;

3——刚性筛网;

4——支撑物;

5——水箱。

图11 全浸试验示意图

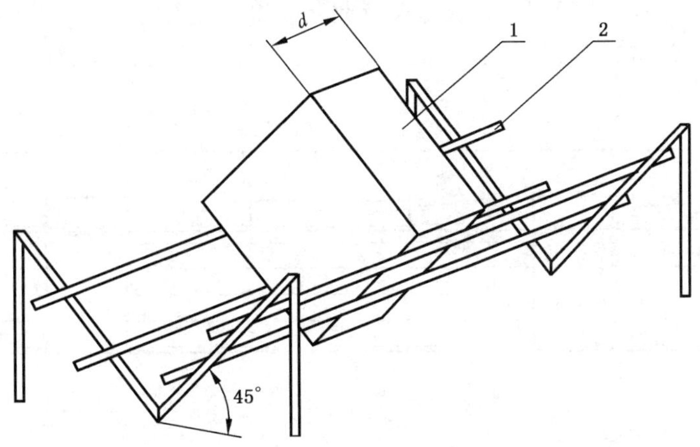

说明：
1——试样；
2——沥水架。

图 12 试样沥水装置示意图

13.5.2 计算及试验结果

体积吸水率按式(15)计算。

$$w=\frac{V_1}{V}\times 100=\frac{m_2-m_1}{V\times \rho}\times 100 \qquad (15)$$

式中：
w ——体积吸水率，%；
V_1 ——吸入试样中的水的体积，单位为立方厘米(cm^3)；
V ——试样的体积，单位为立方厘米(cm^3)；
m_1 ——干燥试样的质量，单位为克(g)；
m_2 ——吸水后试样的质量，单位为克(g)；
ρ ——水的体积密度，单位为克每立方厘米(g/cm^3)。

单位体积吸水量按式(16)计算。

$$w_V=\frac{m_2-m_1}{V}\times 10^3 \qquad (16)$$

式中：
w_V ——单位体积吸水量，单位为千克每立方米(kg/m^3)；
V ——试样的体积，单位为立方厘米(cm^3)；
m_1 ——干燥试样的质量，单位为克(g)；
m_2 ——吸水后试样的质量，单位为克(g)。

试验结果为所有试样的算术平均值。

13.6 部分浸入试验方法

13.6.1 试验步骤

13.6.1.1 按 13.5.1.1 的规定测量试样的尺寸，按 13.5.1.2 的规定干燥试样并称取试样的质量 m_1，算出试样体积和浸水面的底面积。

13.6.1.2 用细的金属丝按试样形状将其固定在刚性不锈钢筛网上，慢慢地将试样底面压至水面下

10 mm处，加上压块使之固定，如图 13 所示。保持此状态 24 h。取出试样，将试样放在沥干架上，让其沥干 10 min。立即称取试样的质量 m_2。

单位为毫米

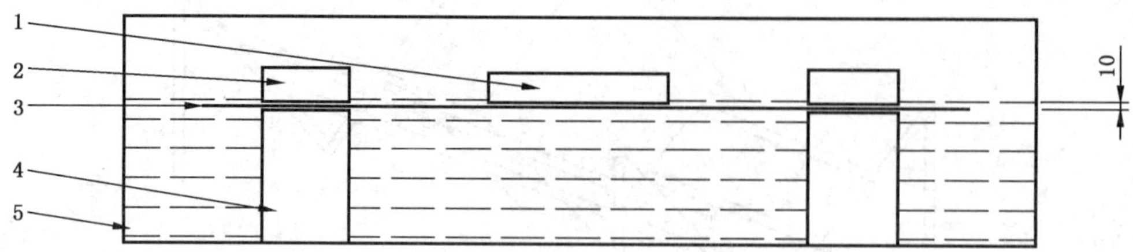

说明：

1——试样；

2——压块；

3——刚性筛网；

4——支撑物；

5——水箱。

图 13 部分浸入试验示意图

13.6.2 计算及试验结果

单位面积吸水量按式(17)式计算。

$$w_S = \frac{m_2 - m_1}{S} \times 10 \qquad \cdots\cdots (17)$$

式中：

w_S ——单位面积吸水量，单位为千克每平方米(kg/m²)；

S ——试样浸水面的底面积，单位为平方厘米(cm²)；

m_1 ——干燥试样的质量，单位为克(g)；

m_2 ——吸水后试样的质量，单位为克(g)。

试验结果为所有结果的算术平均值。

13.7 毛细管渗透试验方法

13.7.1 试验步骤

13.7.1.1 按 13.5.1.2 的规定干燥试样

13.7.1.2 将试样垂直竖立在水深为 6 mm～10 mm 的水箱中，对于较软的试样，可捆扎在镀锌铁丝网上，以帮助竖立。水中可放入使吸水线醒目的指标剂。测量试样浸入的深度 d_0，精确到 1 mm，保持此状态 24 h。取出试样，测量试样吸水线高度 d_1(间隔 30 mm 测量 1 处，共测 4 处，算出平均值)，精确到 1 mm。

13.7.2 计算及试验结果

毛细管渗透高度按式(18)计算：

$$d = d_1 - d_0 \qquad \cdots\cdots (18)$$

式中：

d ——毛细管渗透高度，单位为毫米(mm)；

d_0——试样浸入水中的深度，单位为毫米(mm)；

d_1——24 h后，试样吸水线的高度，以试样表面浸渍线至其底端距离的平均值表示，单位为毫米(mm)。

试验结果为所有结果的算术平均值。

14 有机物含量试验方法

14.1 原理

在规定的条件下，干燥试样在规定温度下灼烧，测出试样失重占原质量的百分数，即为有机物含量。

14.2 设备

14.2.1 天平：分度值不大于0.001 g。

14.2.2 电热鼓风干燥箱：控温精度±5 ℃。

14.2.3 马弗炉：最高使用温度不小于700 ℃，控温精度±10 ℃。

14.2.4 干燥器。

14.2.5 坩埚(推荐选用石英坩埚、陶瓷坩埚或铂金坩埚)。

14.3 试样

用取样器在样品上全厚度随机切取10 g左右作为一个试样，试样数量至少为3个。

14.4 试验步骤

14.4.1 称取干燥试样的质量

将试样连同坩埚放入105 ℃～110 ℃的电热鼓风干燥箱内，烘干至恒重(称量间隔2 h，质量变化率<0.1%)，然后取出，放在干燥器中冷却至室温，称试样的质量，记为m_1。

14.4.2 称取灼烧后试样的质量

将试样连同坩埚放入马弗炉内，玻璃棉产品在(500±20)℃下灼烧1 h以上，岩棉、矿渣棉产品在(550±20)℃下灼烧1 h以上，硅酸铝棉产品在(700±20)℃下灼烧1 h以上，取出放入干燥器中冷却至室温，称试样的质量，记为m_2。

14.5 计算及试验结果

试样有机物含量按式(19)计算：

$$S=\frac{m_1-m_2}{m_1}\times 100 \qquad \cdots\cdots(19)$$

式中：

S ——试样的有机物含量，%；

m_1——烘干后试样的质量，单位为克(g)；

m_2——灼烧后试样的质量，单位为克(g)。

试验结果为所有结果的算术平均值。

15 热荷重收缩温度试验方法

15.1 原理

在加热炉中，对试样施加固定的载荷，并以一定的升温速率加热试样，当试样厚度收缩率达到

10.0%所对应的炉温，即为材料的热荷重收缩温度。

15.2 设备

热荷重试验装置由加热炉、加热容器、测厚装置和热电偶等组成。如图14所示。

单位为毫米

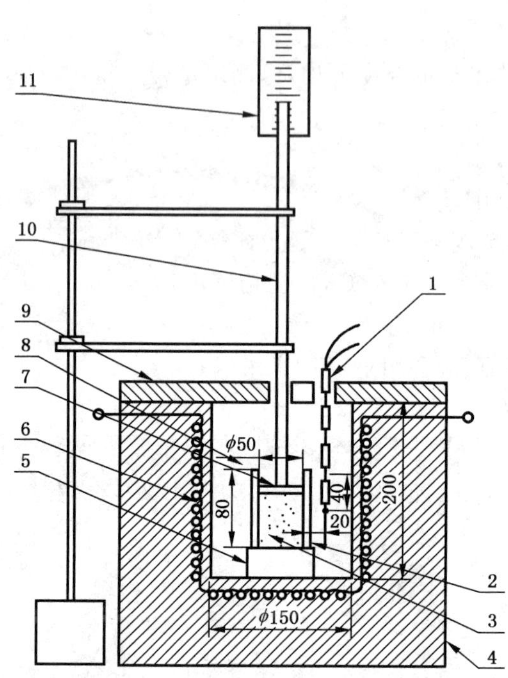

说明：

1 ——热电偶；

2 ——加热容器；

3 ——试样；

4 ——保温壁；

5 ——试样台；

6 ——发热体；

7 ——荷重板；

8 ——加热炉；

9 ——加热炉盖；

10——荷重棒；

11——测厚装置。

图14 热荷重收缩温度试验装置

15.3 试样

15.3.1 制品取实际体积密度的试样2个，且它们之间的体积密度偏差≤10%，即符合式(20)的要求。

$$\Delta\rho=\frac{2\mid\rho_1-\rho_2\mid}{\rho_1+\rho_2}\leqslant 10\% \qquad \cdots\cdots(20)$$

式中：

$\Delta\rho$ ——体积密度偏差；

ρ_1 ——试样1的体积密度；

ρ_2 ——试样 2 的体积密度。

15.3.2 有贴面的制品，应去除贴面材料。

15.3.3 试样为直径 45 mm～50 mm、厚度 30 mm～70 mm 的圆柱体。

15.4 试验步骤

15.4.1 将试样放入加热容器，其上加荷重板和荷重棒，使试样上达到(490±10)Pa 的压力。

15.4.2 检查热电偶热端的位置，使其垂直方向与加热容器外表面平行，并且在水平方向距试样筒外表面 20 mm。记下炉内温度和试样厚度的初始值。

15.4.3 开始加热，初期升温速率为 5 ℃/min。当温度升到比预计的热荷重收缩温度低约 200 ℃时，升温速率降低为 3 ℃/min，直至试样厚度收缩率达到 10.0%，此时炉温即为该试样的热荷重收缩温度。

15.5 试验结果

取 2 个试样的热荷重收缩温度的算术平均值，修约至 10 ℃，作为热荷重收缩温度试验结果。

ICS 71.100.01;87.060.10
G 55

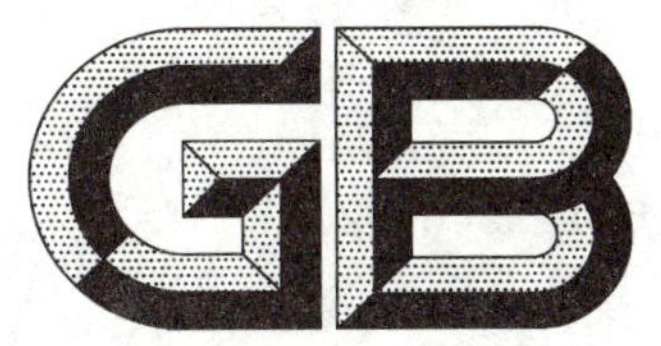

中华人民共和国国家标准

GB/T 5540—2017
代替 GB/T 5540—2007

分散染料 分散性能的测定 双层滤纸过滤法

Disperse dyes—Determination of dispersibility—Filter test of double filter papers

(ISO 105-Z04:1995,Textiles—Tests for colour fastness—Part Z04:Dispersibility of disperse dyes,MOD)

2017-05-31 发布 2017-12-01 实施

中华人民共和国国家质量监督检验检疫总局
中国国家标准化管理委员会 发布

前　言

本标准按照 GB/T 1.1—2009 给出的规则起草。

本标准代替 GB/T 5540—2007《分散染料　分散性能的测定　双层滤纸过滤法》。与 GB/T 5540—2007 相比，除编辑性修改外主要技术变化如下：

——删除了术语和定义(见 2007 年版的第 3 章)；

——修改了原理的表述(见第 3 章，2007 年版的第 4 章)；

——修改了分散染料悬浮液制备的操作过程和表述(见 6.1，2007 年版的 7.1)；

——增加了滤纸验证内容(见第 4 章及附录 C)。

本标准使用重新起草法修改采用 ISO 105-Z04:1995《纺织品　色牢度试验　Z04 部分:分散染料分散性》。

本标准与 ISO 105-Z04:1995 相比，在结构上有较多的调整，附录 A 列出了本标准与 ISO 105-Z04:1995 的章条编号对照一览表。

本标准与 ISO 105-Z04:1995 相比存在技术性差异，这些差异涉及的条款已通过在其外侧页边空白位置的垂直单线(|)进行了标示，附录 B 给出了相应技术性差异及其原因的一览表。

本标准还作了以下编辑性修改：

——将标准名称修改为《分散染料　分散性能的测定　双层滤纸过滤法》；

——修改了第 1 章范围的表述；

——删除了 ISO 105-Z04:1995 的所有注释内容；

——增加了资料性附录 C 滤纸验证。

本标准由中国石油和化学工业联合会提出。

本标准由全国染料标准化技术委员会(SAC/TC 134)归口。

本标准起草单位：浙江龙盛集团股份有限公司、沈阳化工研究院有限公司、国家染料质量监督检验中心。

本标准主要起草人：欧其、董仲生、朱明慧、赵广明、姬兰琴、高怀庆、王勇、汪仁良。

本标准所代替标准的历次版本发布情况为：

——GB/T 5540—1985、GB/T 5540—2007。

分散染料 分散性能的测定 双层滤纸过滤法

1 范围

本标准规定了用双层滤纸过滤法测定分散染料分散性能的测定方法。

本标准适用于分散染料分散性能的测定。

2 规范性引用文件

下列文件对于本文件的应用是必不可少的。凡是注日期的引用文件，仅注日期的版本适用于本文件。凡是不注日期的引用文件，其最新版本(包括所有的修改单)适用于本文件。

GB/T 1914—2007 化学分析滤纸

GB/T 2374—2017 染料 染色测定的一般条件规定

GB/T 6682—2008 分析实验室用水规格和试验方法(ISO 3696:1987,MOD)

3 原理

一定量的分散染料进行预分散、加热，经规定规格的双层滤纸过滤。通过过滤时间和染料过滤残渣评价染料的分散性能。

4 试剂和材料

除另有规定，仅使用确认为分析纯的试剂，并应符合 GB/T 2374—2017 中第 3 章的有关规定；所用水为 GB/T 6682—2008 中规定的三级水。

4.1 乙二胺四乙酸二钠(EDTA)溶液：0.25 g/L。

4.2 乙酸溶液：100 g/L。

4.3 过滤用滤纸：ϕ110 mm 中速滤纸，应符合 GB/T 1914—2007；ϕ110 mm 快速滤纸，应符合 GB/T 1914—2007。滤纸验证参见附录 C。

5 仪器和设备

仪器和设备应符合 GB/T 2374—2017 中第 4 章的有关规定。

5.1 布氏漏斗：内径为 110 mm 的布氏漏斗、有 169 个均匀分布的孔、孔径 1.3 mm～1.5 mm。

5.2 不锈钢圈：外径为 110 mm，内径为 102 mm，高为 8 mm。

5.3 吸滤瓶：容量为 1 000 mL。

5.4 真空泵：真空度可以达到 0.075 MPa。

5.5 真空维持装置：包括真空表、真空控制阀、耐真空胶管等。

5.6 秒表。

5.7 烧杯：400 mL。

5.8 天平:感量不大于 0.1 g。

5.9 电磁搅拌器。

5.10 量筒:250 mL。

5.11 酸度计。

5.12 恒温水浴。

真空过滤装置的安装见图 1。

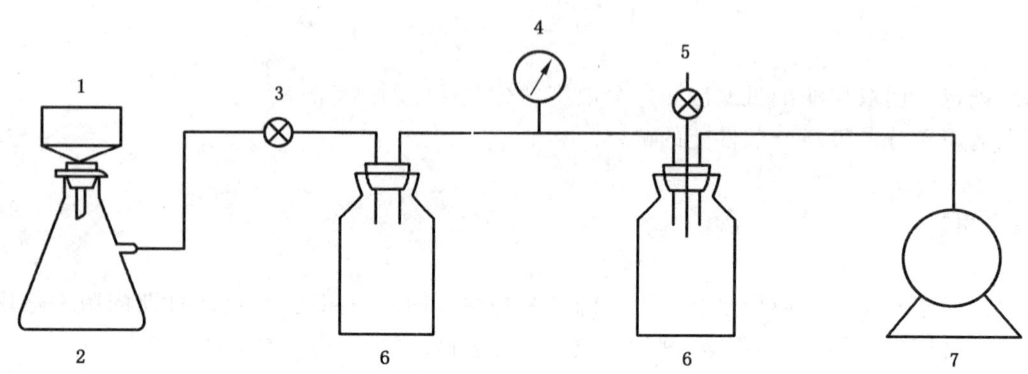

说明:

1——布氏漏斗;

2——吸滤瓶;

3——控制阀;

4——真空表;

5——控制阀;

6——缓冲瓶;

7——真空泵。

图 1 真空过滤装置安装图

6 测定步骤

6.1 分散染料悬浮液(以下简称为染液)的制备

称取染料 2.0 g±0.1 g,置于 400 mL 烧杯中,用 5 mL 45 ℃±2 ℃的三级水(或 45 ℃±2 ℃的 0.25 g/L 的 EDTA 热溶液)调成糊状,然后用同样的三级水(或 EDTA 溶液)稀释至总体积为 200 mL,在电磁搅拌器上搅拌 2 min~3 min,再用 100 g/L 乙酸溶液调节 pH 值为 4.5~5.0,然后将烧杯放在恒温水浴中,在不断搅拌下,于 3 min 内使温度达到 70 ℃±2 ℃,并在此温度保温搅拌 5 min±1 min。待过滤。

6.2 分散染料悬浮液的过滤

真空系统所用缓冲瓶容量为 2 500 mL。真空系统安装后,用放空阀调节真空度为 0.075 MPa±0.013 MPa。

将 250 mL 的 70 ℃±2 ℃的三级水倒入漏斗中,使漏斗及不锈钢圈同时预热,25 s±10 s 后开动真空泵将水全部抽净,切断真空,擦干漏斗及不锈钢圈,把中速滤纸叠放在快速滤纸上,光滑面均朝上,一起放入布氏漏斗中,用不锈钢圈将滤纸紧密地压住。在开动真空泵的同时把已至 70 ℃±2 ℃的染液倒进漏斗中过滤并同时用秒表开始记时,当滤纸外观由湿变干,即达到终点,记录过滤时间,停泵,取出滤纸,将滤纸残余物自然晾干,待评级。染料从化料到过滤完毕的全部操作,要求在 15 min 内完成。

6.3 评级

把过滤时间与滤纸残余物对照“过滤时间级别”和“残余物五级卡”进行评级。分散染料的分散性能用过滤时间级别/残余物级数表示。

过滤时间级别规定为：

A——0 s～24 s；

B——25 s～49 s；

C——50 s～74 s；

D——75 s～120 s；

E——大于 120 s。

残余物五级卡的级数规定为：

5 级——优良；

4 级——良好；

3 级——中等；

2 级——较差；

1 级——最差。

注：残余物五级卡另外发行。

7 试验报告

试验报告包括以下内容：

a) 被测染料的名称；

b) 本标准编号；

c) 试验条件；

d) 使用仪器的名称、型号；

e) 测试结果；

f) 在测试过程中的特殊情况；

g) 与本方法的差异；

h) 试验日期。

附 录 A
（资料性附录）
本标准与 ISO 105-Z04:1995 相比结构变化情况

本标准与 ISO 105-Z04:1995 相比在结构上有较多调整，具体章条号对照见表 A.1。

表 A.1 本标准与 ISO 105-Z04:1995 相比结构变化情况

本标准章条号	对应的 ISO 105-Z04:1995 章条编号
—	3
3	4
—	5
4	6
4.1	6.13
4.2	6.11
4.3	6.2
5	6
5.1	6.1
5.2	6.3
5.3	6.4
5.4	6.5
5.5	6.6
5.6	6.7
5.7	6.8
5.8	6.9
5.9	6.14
5.10	6.15
5.11	6.16
5.12	—
—	6.10
图 1	—
—	7.1
6.1	7.2
6.2	7.3
6.3	8,6.12
7	9
附录 A	—
附录 B	—
附录 C	—

附 录 B
（资料性附录）
本标准与 ISO 105-Z04:1995 的技术性差异及原因

表 B.1 给出了本标准与 ISO 105-Z04:1995 的技术性差异及原因。

表 B.1 本标准与 ISO 105-Z04:1995 的技术性差异及原因

本标准章条号	技术性差异	原因
2	增加引用标准 GB/T 1914—2007 和 GB/T 2374—2017，并用修改采用国际标准的 GB/T 6682—2008 代替 ISO 3696:1987	便于标准使用者使用本标准
3	删除了 ISO 105-Z04:1995 中"根据染料应用方式，试验条件分为三种"内容	本标准仅采用了第一种方法
4.2	把 ISO 105-Z04:1995 中 6.11 乙酸浓度 10%修改为 100 g/L	符合行业的浓度表示方式
4.3	用国产中速定性滤纸代替 A 型滤纸，用快速定性滤纸代替 B 型滤纸	符合我国国情
5.1	真空过滤器（布氏漏斗），玻璃、不锈钢或陶瓷材料，内径 110 mm，192 个孔，总的孔（平均分布）表面积不小于 200 mm^2。修改为：布氏漏斗：内径为 110 mm 的布氏漏斗、有 169 个均匀分布的孔、孔径 1.3 mm～1.5 mm	根据我国实际情况统一制作的此规格的漏斗，其孔面积符合 ISO 标准要求
5.2	对 ISO 105-Z04:1995 中 6.3 的不锈钢环的规格作了微调	111 mm 的外径置于 110 mm 内径的漏斗中不合理
5.4	真空泵要求由 ISO 105-Z04:1995 的可以达到 50 kPa 修改为真空度可以达到 0.075 MPa	增大真空控制范围
5.8	把 ISO 105-Z04:1995 中 6.9 的分析天平修改为天平，并增加了精度要求	表示方法更严谨
5.12	增加了恒温水浴	增加试验仪器要求，使试验操作标准化
图 1	增加真空过滤装置安装图	使试验操作标准化
6.1	称样量统一规定为 2.0 g±0.1 g，删除了对高强度染料可减少称样量内容。删除了标准（参比）染料的测试内容	本标准针对商品染料产品的分散性，与其强度无关。同时测定参比染料意义不大
6.1	增加了染料分散时间要求 2 min～3 min，增加了升温时间控制	确保染料完全均匀分散，避免升温速度不同影响测定结果
6.1	删除了本标准规定方法外的 pH 值调节方法	与本标准无关
6.1	删除了 ISO 105-Z04:1995 中常温（25 ℃±2 ℃）配制染液内容	本标准为避免测试条件变化，仅规定 70 ℃±2 ℃的试验条件
6.2	修改了真空度的控制方法和要求，把 ISO 的放置滤纸后调节真空度为 3 kPa～4 kPa，修改为预先用放空阀调节真空度为 0.075 MPa±0.013 MPa	ISO 105-Z04:1995 标准没有规定试验的真空度要求，不利于操作和控制
6.2	增加了中速滤纸叠放在快速滤纸上的滤纸放置内容	删除 ISO 105-Z04:1995 中 7.1 内容后，在此明确滤纸放置方式

表 B.1（续）

本标准章条号	技术性差异	原因
6.3	删除了 ISO 105-Z04:1995 的 6.12 条中的描述部分，把标准卡修改为残余物五级卡，修改了标准卡的制作发行机构	符合我国国情
7	修改了 ISO 105-Z04:1995 中第 9 章的试验报告内容	试验报告内容符合我国国情
—	删除了 ISO 105-Z04:1995 中第 3 章定义的内容	为避免重复定义，删除定义内容
—	删除了 ISO 105-Z04:1995 中第 5 章安全措施内容	国家标准有详细全面的要求
—	删除了 ISO 105-Z04:1995 中 6.10 的内容	没用使用该试剂
—	删除了 ISO 105-Z04:1995 中 7.1 的内容	本标准仅采用一种试验条件，有关内容在其他章节明确

附 录 C
（资料性附录）
滤 纸 验 证

C.1 采样

滤纸开封使用前，从滤纸上、中、下部各随机抽取一张滤纸。

C.2 验证方法

参照 GB/T 1914—2007 中 5.5 规定的方法进行。

将滤纸对折后再对折，折成纸锥，然后放入玻璃漏斗中，用水润湿滤纸后，从漏斗中取出纸锥悬搁在圈架上。倒入 25 mL 温度为 23 ℃±2 ℃的水，初始滤出的 5 mL 水不计时，用秒表计量滤出随后 10 mL 水所需的时间。计算 3 张滤纸滤水时间的平均值，精确到 1 s。滤水时间测定装置见图 C.1。

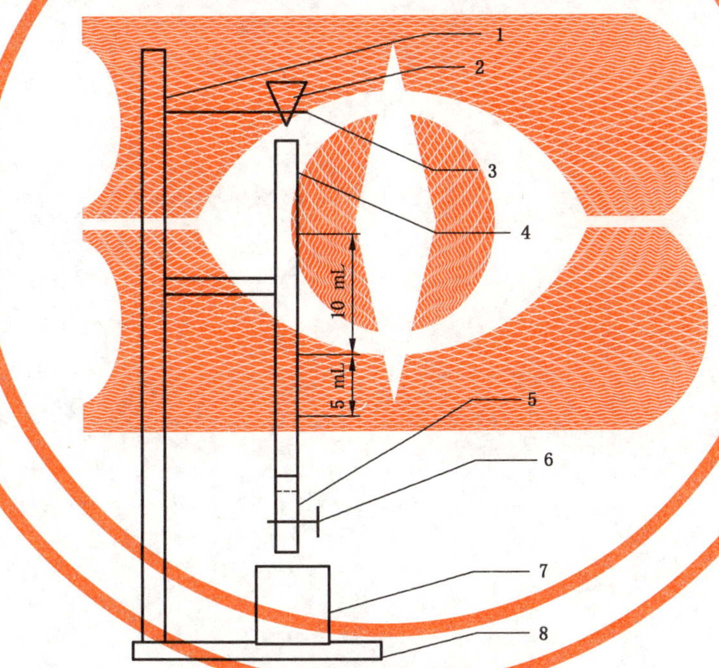

说明：

1——铁架；

2——纸锥；

3——圈架；

4——碱式滴定管；

5——胶管；

6——输液铁夹；

7——烧杯；

8——滴定台。

图 C.1 滤水时间测定装置

C.3 判定

快速滤纸的滤水时间≤35 s 判定为合格，可以使用。

中速滤纸的滤水时间＞35 s～≤70 s 判定为合格，可以使用。

ICS 71.100.01;87.060.10
G 55

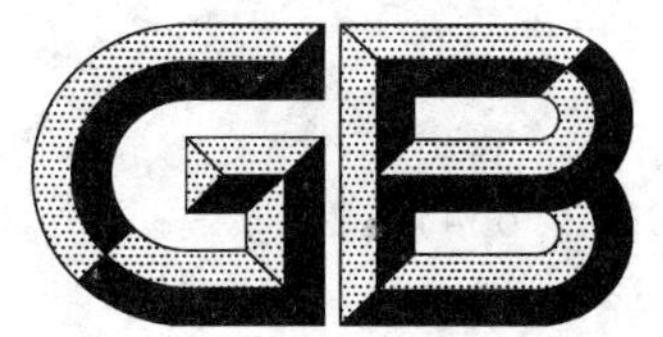

中华人民共和国国家标准

GB/T 5541—2017
代替 GB/T 5541—2007

分散染料　高温分散稳定性的测定 双层滤纸过滤法

Disperse dyes—Determination of stability of dispersion at high temperature—Filter test of double filter papers

2017-05-31 发布　　2017-12-01 实施

中华人民共和国国家质量监督检验检疫总局
中国国家标准化管理委员会　发布

前　言

本标准按照 GB/T 1.1—2009 给出的规则起草。

本标准代替 GB/T 5541—2007《分散染料　高温分散稳定性的测定　双层滤纸过滤法》，与 GB/T 5541—2007 相比，除编辑性修改外，主要技术变化如下：

——删除了术语和定义（见 2007 年版的第 3 章）；

——修改了原理（见第 3 章，2007 年版的第 4 章）；

——“蒸馏水”修改为“三级水”，“50 ℃”修改为“45 ℃±2 ℃”（见 6.2，2007 年版的 7.2）；

——增加了“在充分搅拌下”控制条件（见 6.3，2007 年版的 7.3）；

——增加了滤纸验证内容（见第 4 章及附录 A）。

本标准由中国石油和化学工业联合会提出。

本标准由全国染料标准化技术委员会（SAC/TC 134）归口。

本标准起草单位：浙江闰土股份有限公司、沈阳化工研究院有限公司、国家染料质量监督检验中心。

本标准主要起草人：陈素娟、杨桂芳、朱明慧、顾伟娣、姬兰琴。

本标准所代替标准的历次版本发布情况为：

——GB/T 5541—1985、GB/T 5541—2007。

分散染料 高温分散稳定性的测定 双层滤纸过滤法

1 范围

本标准规定了用双层滤纸过滤法测定分散染料高温分散稳定性的方法。

本标准适用于分散染料高温分散稳定性的测定。

2 规范性引用文件

下列文件对于本文件的应用是必不可少的。凡是注日期的引用文件,仅注日期的版本适用于本文件。凡是不注日期的引用文件,其最新版本(包括所有的修改单)适用于本文件。

GB/T 1914—2007 化学分析滤纸

GB/T 2374—2017 染料 染色测定的一般条件规定

GB/T 6682—2008 分析实验室用水规格和试验方法

3 原理

一定量的分散染料进行预分散、高温热处理、经规定规格的双层滤纸过滤。通过过滤时间和染料过滤残渣评价染料的高温分散稳定性。

4 试剂和材料

除另有规定,仅使用确认为分析纯的试剂,并应符合 GB/T 2374—2017 中第 3 章的有关规定;所用水为 GB/T 6682—2008 中规定的三级水。

4.1 乙二胺四乙酸二钠(EDTA)溶液:0.25 g/L。

4.2 乙酸溶液:100 g/L。

4.3 过滤用滤纸:ϕ11 中速滤纸,应符合 GB/T 1914—2007;ϕ11 快速滤纸,应符合 GB/T 1914—2007。滤纸验证参见附录 A。

5 仪器和设备

仪器和设备应符合 GB/T 2374—2017 中第 4 章的有关规定。

5.1 布氏漏斗:直径为 110 mm 的漏斗、有 169 个均匀分布的孔、孔径 1.3 mm~1.5 mm。

5.2 不锈钢圈:外径 110 mm、内径 102 mm、厚 8 mm。

5.3 吸滤瓶:容量为 1 000 mL。

5.4 真空表。

5.5 真空控制阀。

5.6 耐真空胶管。

5.7 秒表。

5.8 烧杯：400 mL。

5.9 天平：感量不大于 0.1 g。

5.10 电磁搅拌器。

5.11 量筒：200 mL。

5.12 酸度计。

5.13 恒温水浴。

5.14 高温高压染色机。

6 试验方法

6.1 安装真空过滤装置

按图 1 安装真空过滤装置。

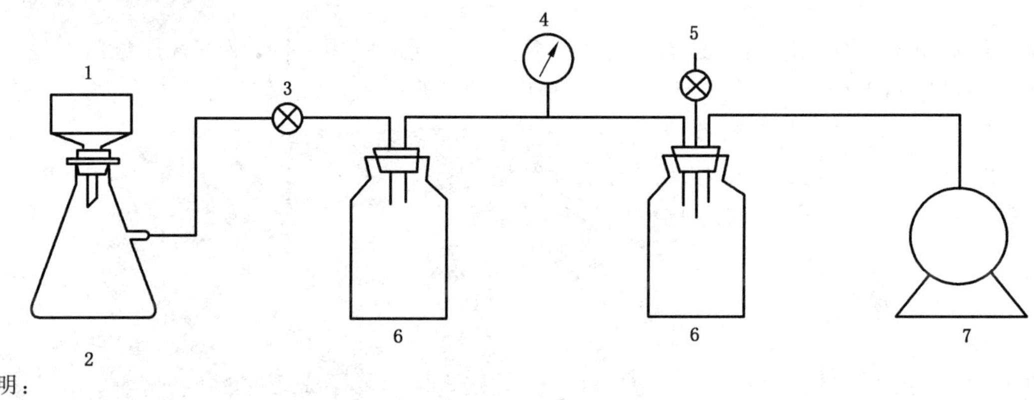

说明：

1——布氏漏斗；

2——吸滤瓶；

3——控制阀；

4——真空表；

5——控制阀；

6——缓冲瓶；

7——真空泵。

图 1 真空过滤装置安装图

6.2 分散染料悬浮液(以下简称染液)的制备

称取染料 2.0 g±0.1 g，置于 400 mL 烧杯中，用 5 mL 45 ℃±2 ℃的三级水(或 45 ℃±2 ℃的 0.25 g/L 的 EDTA 热溶液)调成糊状，然后用同样的三级水(或 EDTA 溶液)稀释至总体积为 200 mL，在电磁搅拌器上搅拌 1 min～2 min，再用 100 g/L 乙酸溶液调节 pH 值为 4.5～5.0。

6.3 染液的热处理

将染液置于高温高压染色机中，在充分搅拌下，在 30 min～40 min 内升温至 130 ℃，然后保温 30 min，在 10 min 内将染液降温至 85 ℃～90 ℃，准备过滤。

6.4 染液的过滤

真空系统所用缓冲瓶容量为 2 500 mL。真空系统安装后，用放空阀调节真空度为 0.075 MPa±0.013 MPa。

首先将漏斗和不锈钢圈置于90℃的热水中预热，取出后用毛巾擦干。将中速滤纸叠放在快速滤纸上，光滑面均朝上，一起放入漏斗中，用不锈钢圈将滤纸紧密地压住。在开动真空泵的同时把已至85℃～90℃的染液倒进漏斗中过滤并同时以秒表开始记时，当滤纸外观由湿变干，即达到终点，记录过滤时间，停止抽真空，取出滤纸，将上层滤纸自然晾干后，进行评级。

6.5 评级

分散染料高温分散稳定性以“过滤时间级别/残余物级别”表示之。

过滤时间按下列规定评级：

A——0 s～24 s；

B——25 s～49 s；

C——50 s～74 s；

D——75 s～120 s；

E——大于120 s。

残余物评级卡的级数规定为：

5级——优良；

4级——良好；

3级——中等；

2级——较差；

1级——最差。

7 试验报告

试验报告包括以下内容：

a) 被测染料的名称；

b) 本标准编号；

c) 试验条件；

d) 使用仪器的名称、型号；

e) 测试结果；

f) 在测试过程中的特殊情况；

g) 与本方法的差异；

h) 试验日期。

附 录 A
（资料性附录）
滤纸验证

A.1 采样

滤纸开封使用前，从滤纸上、中、下部各随机抽取一张滤纸。

A.2 验证方法

参照 GB/T 1914—2007 中 5.5 规定的方法进行。

将滤纸对折后再对折，折成纸锥，然后放入玻璃漏斗中，用水润湿滤纸后，从漏斗中取出纸锥悬搁在圈架上。倒入 25 mL 温度为 23 ℃±2 ℃的水，初始滤出的 5 mL 水不计时，用秒表计量滤出随后 10 mL 水所需的时间。计算 3 张滤纸滤水时间的平均值，精确到 1 s。滤水时间测定装置见图 A.1。

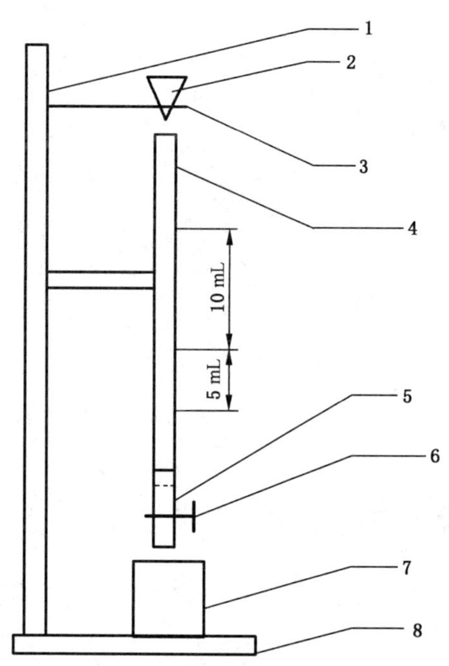

说明：
1——铁架；
2——纸锥；
3——圈架；
4——碱式滴定管；
5——胶管；
6——输液铁夹；
7——烧杯；
8——滴定台。

图 A.1 滤水时间测定装置

A.3 判定

快速滤纸的滤水时间≤35 s 判定为合格,可以使用。

中速滤纸的滤水时间>35 s～≤70 s 判定为合格,可以使用。

ICS 23.040.70
G 42

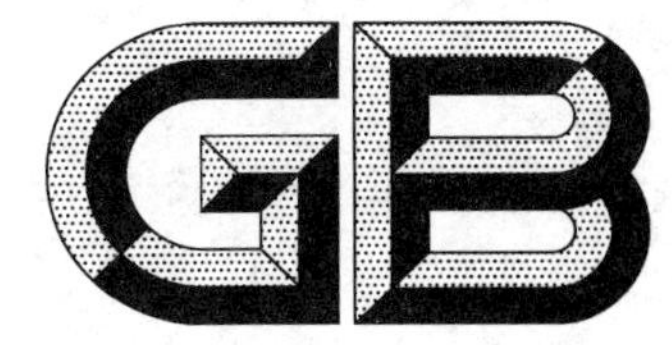

中华人民共和国国家标准

GB/T 5565.1—2017/ISO 10619-1:2011
代替 GB/T 5565—2006

橡胶和塑料软管及非增强软管柔性及挺性的测量 第1部分:室温弯曲试验

Rubber and plastics hoses and tubing—Measurement of flexibility and stiffness—Part 1: Bending tests at ambient temperatures

(ISO 10619-1:2011,IDT)

2017-09-07 发布　　2018-04-01 实施

中华人民共和国国家质量监督检验检疫总局
中国国家标准化管理委员会　发布

前　言

GB/T 5565《橡胶和塑料软管及非增强软管　柔性及挺性的测量》分为三个部分：

——第1部分：室温弯曲试验；

——第2部分：低于室温弯曲试验；

——第3部分：高温和低温弯曲试验。

本部分为GB/T 5565的第1部分。

本部分按照GB/T 1.1—2009给出的规则起草。

本部分代替GB/T 5565—2006《橡胶或塑料软管和非增强软管　弯曲试验》。与GB/T 5565—2006相比主要技术变化如下：

——修改了范围(见第1章，2006年版的第1章)；

——增加了术语和定义(见第3章)；

——修改了方法A为方法A1(见第4章，2006年版的第3章)；

——增加了方法A2(见第5章)；

——修改了方法B(见第6章，2006年版的第4章)；

——增加了方法C1(见第7章)；

——增加了方法C2(见第8章)。

本部分使用翻译法等同采用ISO 10619-1:2011《橡胶和塑料软管及非增强软管　柔性及挺性的测量　第1部分：室温弯曲试验》。

与本部分中规范性引用的国际文件有一致性对应关系的我国文件如下：

——GB/T 2941—2006　橡胶物理试验方法试样制备和调节通用程序(ISO 23529：2004，IDT)

——GB/T 7528—2011　橡胶和塑料软管及软管组合件　术语(ISO 8330:2007，IDT)

——GB/T 9573—2013　橡胶和塑料软管及软管组合件　软管尺寸和软管组合件长度测量方法(ISO 4671:2007，IDT)

本部分由中国石油和化学工业联合会提出。

本部分由全国橡胶与橡胶制品标准化技术委员会(SAC/TC 35)归口。

本部分起草单位：天津格特斯检测设备技术开发有限公司、沈阳橡胶研究设计院有限公司。

本部分主要起草人：刘颖、王淑丽、蔡志雄、王姝。

本部分所代替标准的历次版本发布情况为：

——GB/T 5565—1985、GB/T 5565—1994、GB/T 5565—2006。

橡胶和塑料软管及非增强软管柔性及挺性的测量 第1部分:室温弯曲试验

警告——使用本部分的人员应有正规实验室工作的实践经验。本部分并未指出所有可能的安全问题。使用者有责任采取适当的安全和健康措施,并保证符合国家有关法规规定的条件。

1 范围

GB/T 5565的本部分规定了在室温下从软管或非增强软管发生形变处测量橡胶和塑料软管及非增强软管柔性的三种方法(方法A1、B和C1),以及将橡胶或塑料软管或非增强软管弯曲至规定半径时,通过测量该弯曲力以测定挺性的两种方法(方法A2和C2)。

方法A1和A2适用于内径小于或等于80 mm的橡胶和塑料软管及非增强软管。

方法A1利用两个夹板压扁软管,通过测量外径减小的方式测量软管或非增强软管的柔性。

方法A2利用两个夹板将软管或非增强软管压扁,给出了测量达到规定弯曲半径所需力的方法。

方法B适用于内径小于或等于100 mm的橡胶和塑料软管及非增强软管。给出了评估软管及非增强软管绕芯轴弯曲时的状态的方法。选取的芯轴直径可为软管或非增强软管的最小弯曲半径。所测定的外径减小值,可用于测量软管或非增强软管的柔性。受试软管或非增强软管可不承压、承压或承受真空,如有要求,对于弯管,可在弯曲处或非弯曲处不承压、承压或承受真空。

方法C1和C2适用于内径大于或等于100 mm的橡胶和塑料软管及非增强软管。

方法C1给出了当软管及非增强软管弯至最小弯曲半径时测定柔性的方法。

方法C2给出了当软管及非增强软管弯至最小弯曲半径时测定挺性的方法。

2 规范性引用文件

下列文件对于本文件的应用是必不可少的。凡是注日期的引用文件,仅注日期的版本适用于本文件。凡是不注日期的引用文件,其最新版本(包括所有的修改单)适用于本文件。

ISO 4671 橡胶和塑料软管及软管组合件 软管尺寸和软管组合件长度测量方法(Rubber and plastics hoses and hose assemblies—Methods of measurement of the dimensions of hoses and the lengths of hose assemblies)

ISO 8330 橡胶和塑料软管及软管组合件 术语(Rubber and plastics hoses and hose assemblies—Vocabulary)

ISO 23529 橡胶物理试验方法试样制备和调节通用程序(Rubber—General procedures for preparing and conditioning test pieces for physical test methods)

3 术语和定义

ISO 8330界定的以及下列术语和定义适用于本文件。

3.1

弯曲 bending

在规定的温度下,使直行试样形成或施加力才使其形成弧形的过程。

3.2

柔性 flexibility

软管易于弯曲,且无弯结、塌瘪、断裂或龟裂等损坏的性能。

注:例如一个软管可绕芯轴弯曲。

3.3

挺性 stiffness

软管的抗弯曲性能。

3.4

软管形变 hose deformation

软管绕芯轴被压缩或者弯曲形成的椭圆。

注:可以通过外径或内径的减小进行测量。

3.5

曲挠挺性 flexural stiffness

软管耐弯曲力的度量。

3.6

测力计 dynamometer

测力装置。

4 方法 A1

4.1 装置

装置由 A 和 B 两个导板构成,导板 A 固定在轨道上,导板 B 沿该层板移动,平行于导板并与导板 A 高低一致[见图 1a)]。

也可以测量达到弯曲半径要求的应力,例如,通过一个滑轮系统和砝码测量(见图 2)。应注意,尽量减少摩擦阻力的影响。

4.2 试样

4.2.1 类型和尺寸

试样应该由整根试样或适于试验长度的试样组成。如果制造的长度短于试验要求的长度,应专门制造足够长度的试样。

4.2.2 数量

除非另有规定,应试验两个试样。

4.3 试样的调节

试验应在试样制造 24 h 后进行;

为使评价具有可比性,应尽可能在试样制造后相同时间间隔后进行试验。制造和试验间隔的时间应符合 ISO 23529 的规定;

试验前,试样应在标准实验室温度和湿度下(见 ISO 4671)调节至少 16 h;该 16 h 可以是试样制造后 24 h 时间间隔的一部分。

4.4 试验温度

应在 ISO 23529 规定的标准试验室温度和湿度下进行。

4.5 试验程序

4.5.1 如有要求，按照产品规范要求的真空度和试验压力加压。

4.5.2 用 ISO 4671 中规定的合适的量具测量并确定试样的平均外径 D。

4.5.3 沿整个管长画两条平行且径向相对的直线。如果试样本身具有弯曲，其中一条线应在曲线的外侧。取 $1.6C+2D$ 或 200 mm 两者中较长的距离在每条线上做标记，其中 C 为相应的规范中规定的最小弯曲半径的两倍，以使标出的距离正好相对。这将确保弯曲试验有充分的长度和试样有足够的支撑。

4.5.4 将导板 A 和 B 分开稍短于 $1.6C+2D$ 的距离。将软管放入导板之间，以使标记距离的两端与两个导板的上端对齐，并当导板靠拢到 $C+2D$ 的距离时（见图 1）仍在此位置。

4.5.5 检查软管两边的支撑不短于 D 的长度。

4.5.6 测量并确定软管弯曲部分的最小外径 T[见图 1b)]。

4.6 结果表示

计算 T/D 值。

4.7 试验报告

试验报告应该包括以下信息：

a) 本部分的编号，即 GB/T 5565.1—2017；

b) 所用方法；

c) 试验试样或管件的完整说明；

d) 试验温度；

e) 样件中的压力或真空度；

f) 观察扭曲引起的弯曲试样部分或不规则的任何突然变化；

g) D、T 和 T/D 的值；

h) 试验日期。

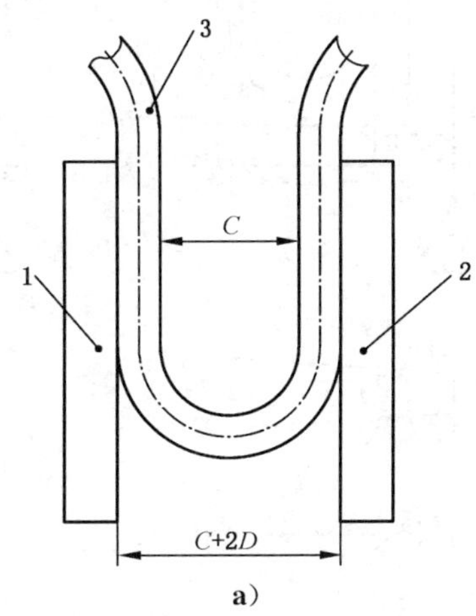

a)

图 1 弯曲试验装置

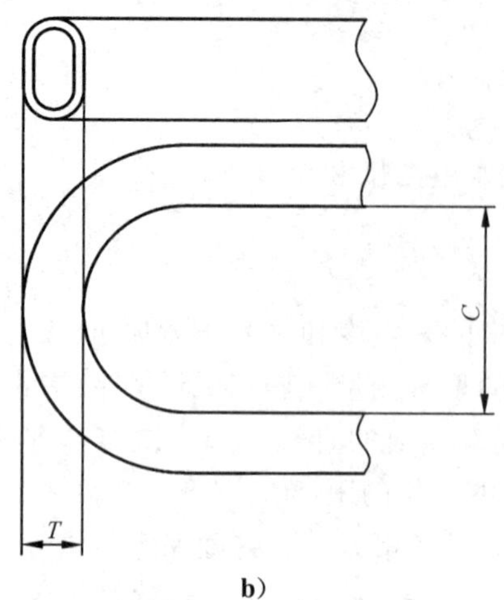

b)

说明：
1——导板 A；
2——导板 B；
3——试样。

图 1（续）

5 方法 A2

5.1 装置

包括两个导板 A 和 B，导板 A 被固定在一个平面上，装配有定滑轮和砝码的导板 B 在该平面可移动，且平行于导板 A，见图 2。应注意，尽量减少摩擦阻力的影响。

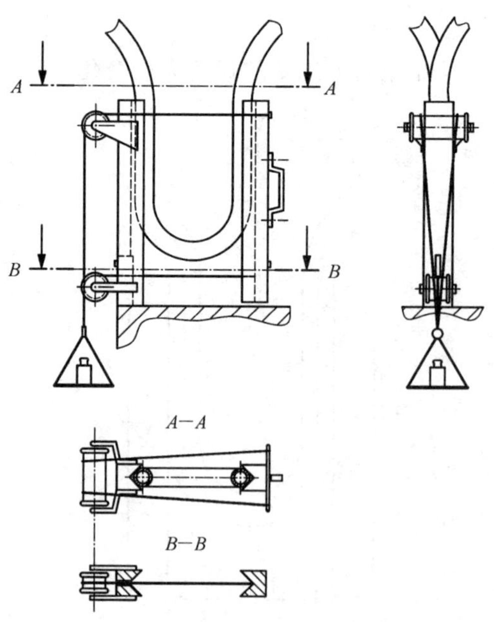

图 2 滑轮和砝码试验装置

5.2 试样

5.2.1 类型和尺寸

试样应该由整根试样或适于试验长度的试样组成。如果制造的长度短于试验要求的长度,应专门制造足够长度的试样。

5.2.2 数量

除另有规定,应试验两个试样。

5.3 试样的调节

试验应在试样制造 24 h 后进行;

为使评价具有可比性,应尽可能在试样制造后相同时间间隔后进行试验。制造和试验间隔的时间应符合 ISO 23529 的规定;

试验前,试样应在标准实验室温度和湿度下(见 ISO 4671)调节至少 16 h;该 16 h 可以是试样制造后 24 h 时间间隔的一部分。

5.4 试验温度

试验应在 ISO 23529 规定的标准试验室温度和湿度下进行。

5.5 试验程序

5.5.1 如有要求,施加在相关产品规范中规定的试验压力或真空度。

5.5.2 沿整个管长画两条平行且径向相对的直线。如果试样本身具有弯曲,其中一条线应在曲线的外侧。取 $1.6C+2D$ 或 200 mm 两者中较长的距离在每条线上做标记,其中 C 为相应的规范中规定的最小弯曲半径的两倍,以使标出的距离正好相对。这将确保弯曲试验有充分的长度和试样有足够的支撑。

5.5.3 将导板 A 和 B 分开稍短于 $1.6C+2D$ 的距离。将软管放入导板之间,以使标记距离的两端与两个导板的上端对齐,并通过加重当导板靠拢到 $C+2D$ 的距离时,保持此位置。直到在软管弯曲部分获得最小外径 T(见图 1)。

5.5.4 检查软管两边的支撑不短于 D 的长度。

5.5.5 测量并确定软管弯曲部分的最小外径 T,记录达到该位置增加的总质量,单位为千克(kg)[见图 1a)]。

5.6 试验报告

试验报告应包括下列内容:

a) 本部分的编号,即 GB/T 5565.1—2017;

b) 所用方法;

c) 试验的增强软管或非增强软管的详细描述和软管进行试验所依据的软管规范;

d) 试验温度;

e) 如果适用,进行试验所用的压力或真空度;

f) T 的值和达到规定弯曲半径所需要的力(如总质量的增加,用 kg 表示);

g) 试验日期。

6 方法 B

6.1 装置

芯轴的外径等于规定的软管最小弯曲半径的 2 倍，或者模型，弧度至少为 180°，见图 3。如果没有规定最小弯曲半径，芯轴或模型的外径应等于软管公称内径的 12 倍。另外芯轴的外径小于原始芯轴直径的是可用的。

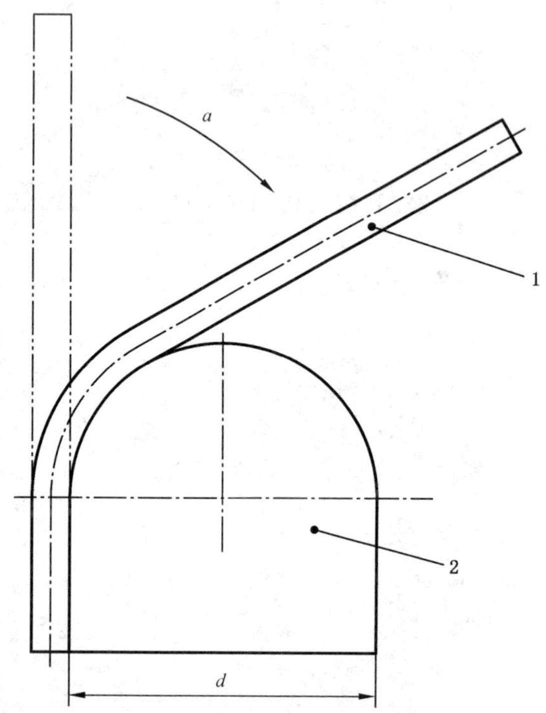

说明：

1——软管试样；

2——芯轴或模型；

a——弯曲的方向；

d——芯轴或模型的直径。

图 3 使用芯轴或模型的试验装置

6.2 试样

应从待试验的软管上切取试样，其长度除了能够围绕芯轴的圆周弯曲的一段外还应在每一端有足够夹持的长度。此外，如果待试验的软管在压力真空下，试样应足够长以允许装配合适的接头。

6.3 试验温度

试验应在标准试验室温度和湿度下进行(见 ISO 23529)。

6.4 程序

6.4.1 根据 ISO 4671 的适当方法测量软管或软管组合件的外径(如果试验的试样承受压力或真空)。

6.4.2 软管或软管组合件应绕一个圆形支撑芯轴(按 6.1 规定选择)弯曲，使外径减小 20%。如果软管组合件本身有弯曲，应选择顺其自然弯曲的状态进行试验。记录外径达到该减小值时的芯轴尺寸。

6.4.3 如适用，逆着软管自然弯曲状态，重复 6.4.2 步骤。

6.5 试验报告

试验报告应包括下列内容：

a) 本部分的编号，即 GB/T 5565.1—2017；

b) 软管的完整说明及其来源；

c) 软管试样的尺寸；

d) 如果适用，试验压力；

e) 外径减小 20%（或其他指定减少的百分比）时的芯轴直径；

f) 试验软管的最小弯曲半径；

g) 试验日期。

7 方法 C1

7.1 装置

装置，见图 4，将软管试样的两端和中间分别放在三个支撑台车上。台车宜适当地设计，以便在软管弯曲时自由移动。

软管试样的两端连接适当的拉力装置能够弯曲软管达到其最小弯曲半径。

单位为毫米

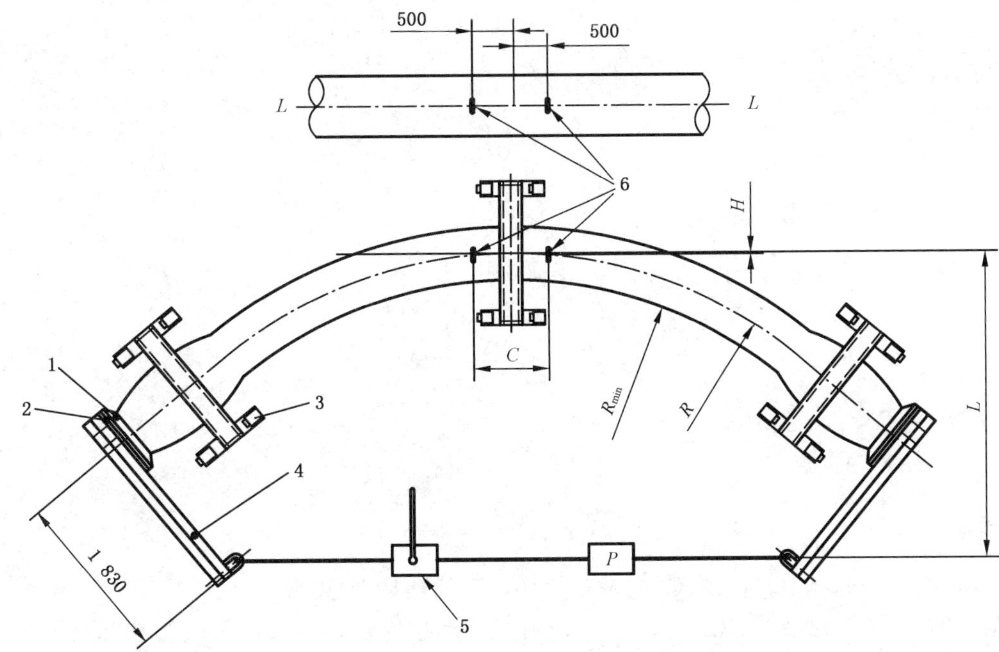

说明：

1 ——软管法兰；	C ——弯曲弧弦；
2 ——试验板；	H ——偏移量；
3 ——允许移动软管的台车；	L ——力臂；
4 ——软管弯曲杆；	P ——线张力/测力计负荷；
5 ——拉力装置；	R ——软管中心线弯曲半径；
6 ——检验标记；	R_{min}——最小弯曲半径。

图 4 曲挠挺性的试验方法

7.2 试样

试验应在成品软管上进行。

7.3 试验温度

试验应符合标准试验室温度和湿度(见 ISO 23529)。

7.4 程序

弯曲试验应按图 4 所示进行,如果适用,将软管排空或加压。弯曲试样达到最小弯曲半径。试验应重复 5 次。完成弯曲试验后,恢复到自然伸直状态,目视检查并记录有无永久形变,如弯结或呈扁圆形等现象。如适用逆着软管自然弯曲状态重复弯曲 5 次,并记录结果。

7.5 试验报告

试验报告应包括下列内容:

a) 本部分的编号,即 GB/T 5565.1—2017;

b) 软管的完整说明及其来源;

c) 软管试样的尺寸;

d) 如果适用,试验压力;

e) 进行试验的软管的弯曲方向;

f) 软管的最小弯曲半径;

g) 目测检验;

h) 试验日期。

8 方法 C2

8.1 装置

见 7.1。

8.2 试样

试验应在成品软管上进行。

8.3 试验温度

每个试样(端部未封闭)应在 15 ℃~25 ℃的环境下加热调节 48 h。

对于在 5 ℃~14 ℃以及 26 ℃~35 ℃下进行的试验,应在加热调节前将软管端部封闭。

8.4 程序

将软管试样排空并伸直,在试样中部沿轴线画一条 1 m 长的参考线,见图 4。在加热调节前将试样端部封闭。

弯曲试样(排空的)至其最小弯曲半径,然后松开至其空载状态。每个周期(弯曲软管的动作)应至少为 10 min,每个周期之间的放松间隔最多 5 min。试样支撑架上的滚轴系统应尽量减少摩擦阻力,从而使产生的摩擦可以忽略不计。至少重复此步骤 4 次,但不超过 7 次,确保弯曲弧度尽可能接近初次的弯曲弧度。

最近两次连续拉力(施加力后 5 min 时测力计显示的读数)的变化应不大于 23 kg。如不符合,继续试验直至完成第7次，并记录拉力 P。

最后一次拉力后，记录图4所示的尺寸 L、C 和 H，用于计算曲挠挺性。参考线之间测量的弦 C 宜小于1.0 m。

8.5 结果表示

曲挠挺性 EI 按式(1)计算：

$$EI = MR \tag{1}$$

其中，M 和 R 分别由式(2)和式(3)计算：

$$M = PL \tag{2}$$

$$R = \frac{C^2 + 4H^2}{8H} \tag{3}$$

式中：

M ——试样中心的弯矩，单位为千克米(kg·m)；

P ——测力计的负载(线张力)，单位为千克(kg)；

L ——力臂，单位为米(m)；

R ——软管中心线弯曲半径，单位为米(m)；

C ——弯曲弧弦，单位为米(m)；

H ——偏移量，单位为米(m)。

8.6 试验报告

试验报告应包括下列内容：

a) 本部分的编号，即GB/T 5565.1—2017；

b) 软管的完整说明及其来源；

c) 软管试样的尺寸；

d) 如果适用，试验压力；

e) 进行试验的软管的弯曲状态；

f) 软管的最小弯曲半径；

g) 曲挠挺性 EI 的结果；

h) 试验日期。

ICS 23.040.70
G 42

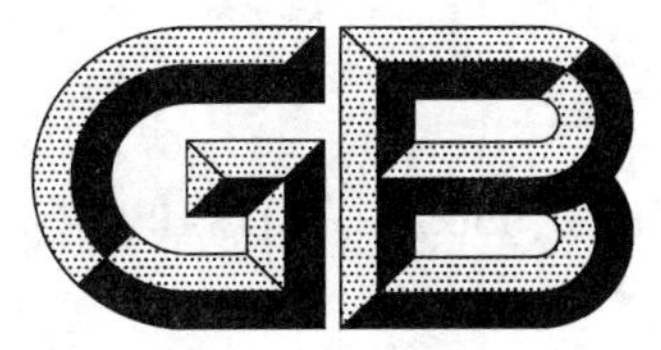

中华人民共和国国家标准

GB/T 5565.2—2017/ISO 10619-2:2011
代替 GB/T 5564—2006

橡胶和塑料软管及非增强软管柔性及挺性的测量 第2部分:低于室温弯曲试验

Rubber and plastics hoses and tubing—Measurement of flexibility and stiffness—Part 2: Bending tests at sub-ambient temperatures

(ISO 10619-2:2011,IDT)

2017-09-07 发布　　　　2018-04-01 实施

中华人民共和国国家质量监督检验检疫总局
中国国家标准化管理委员会　发布

前　言

GB/T 5565《橡胶和塑料软管及非增强软管　柔性及挺性的测量》分为三个部分：

——第1部分：室温弯曲试验；

——第2部分：低于室温弯曲试验；

——第3部分：高温和低温弯曲试验。

本部分为GB/T 5565的第2部分。

本部分按照GB/T 1.1—2009给出的规则起草。

本部分代替GB/T 5564—2006《橡胶和塑料软管　低温曲挠试验》。与GB/T 5564—2006相比主要技术变化如下：

——修改了范围(见第1章，2006版的第1章)；

——增加了方法C(见第1章和第6章)；

——增加了术语和定义(见第3章)；

——试验报告中增加了“试验日期”(见4.6、5.5)。

本部分使用翻译法等同采用ISO 10619-2:2011《橡胶和塑料软管及非增强软管　柔性及挺性的测量　第2部分：低于室温弯曲试验》。

与本部分中规范性引用的国际文件有一致性对应关系的我国文件如下：

——GB/T 2941—2006　橡胶物理试验方法试样制备和调节通用程序(ISO 23529:2004，IDT)

——GB/T 5563—2013　橡胶和塑料软管及软管组合件　静液压试验方法(ISO 1402:2009，IDT)

——GB/T 7528—2011　橡胶和塑料软管及软管组合件　术语(ISO 8330:2007，IDT)

本部分由中国石油和化学工业联合会提出。

本部分由全国橡胶与橡胶制品标准化技术委员会(SAC/TC 35)归口。

本部分起草单位：天津格特斯检测设备技术开发有限公司、沈阳橡胶研究设计院有限公司。

本部分主要起草人：刘颖、王淑丽、蔡志雄、孔波。

本部分所代替标准的历次版本发布情况为：

——GB/T 5564—1985、GB/T 5564—1994、GB/T 5564—2006。

橡胶和塑料软管及非增强软管 柔性及挺性的测量 第2部分:低于室温弯曲试验

警告——使用本部分的人员应有正规实验室工作的实践经验。本部分并未指出所有可能的安全问题。使用者有责任采取适当的安全和健康措施,并保证符合国家有关法规规定的条件。

1 范围

GB/T 5565 的本部分规定了在低于室温条件下橡胶和塑料软管及非增强软管弯曲至特定半径时测量挺性的两种方法,以及测定柔性的一种方法。

方法 A 适用于内径在 25 mm 以下(包括 25 mm)的不可折叠的橡胶和塑料软管及非增强软管。本方法给出了当温度低于标准试验室温度时测量软管或非增强软管的挺性。

方法 B 适用于内径在 100 mm 以下的橡胶和塑料软管及非增强软管,并给出了在低于室温下绕芯轴弯曲时,评估其柔性的方法。也可以用作常规的质量控制试验。

方法 C 适用于内径在 100 mm 以上(包括 100 mm)橡胶和塑料软管及非增强软管。本方法给出了在低于室温下测量软管及非增强软管挺性的方法。本方法仅适用于不可折叠的软管及非增强软管。

2 规范性引用文件

下列文件对于本文件的应用是必不可少的。凡是注日期的引用文件,仅注日期的版本适用于本文件。凡是不注日期的引用文件,其最新版本(包括所有的修改单)适用于本文件。

ISO 1402 橡胶和塑料软管及软管组合件 静液压试验方法(Rubber and plastics hoses and hose assemblies—Hydrostatic testing)

ISO 8330 橡胶和塑料软管及软管组合件 术语(Rubber and plastics hoses and hose assemblies—Vocabulary)

ISO 23529 橡胶物理试验方法试样制备和调节通用程序(Rubber—General procedures for preparing and conditioning test pieces for physical test methods)

3 术语和定义

ISO 8330 界定的以及下列术语和定义适用于本文件。

3.1

弯曲 bending

在规定的温度下,使直行试样形成或施加力才使其形成弧形的过程。

3.2

柔性 flexibility

软管易于弯曲,且无弯结、塌瘪、断裂或龟裂等损坏的性能。

注:例如一个软管可绕芯轴弯曲。

3.3

挺性 stiffness

软管的抗弯曲性能。

4 方法A

此方法仅适用于内径在25 mm以下(包括25 mm)不可折叠的软管。

4.1 装置

4.1.1 转矩轮

其直径等于规定的软管最小弯曲半径的两倍,装备有使软管与轮子保持切线的装置,使软管围绕轮子弯曲的适宜装置和测量扭矩的应变仪和图示记录仪,其准确度为±3%(见图1)。如果没有规定最小弯曲半径,那么扭矩轮的直径应为软管公称内径的12倍(见图1)。

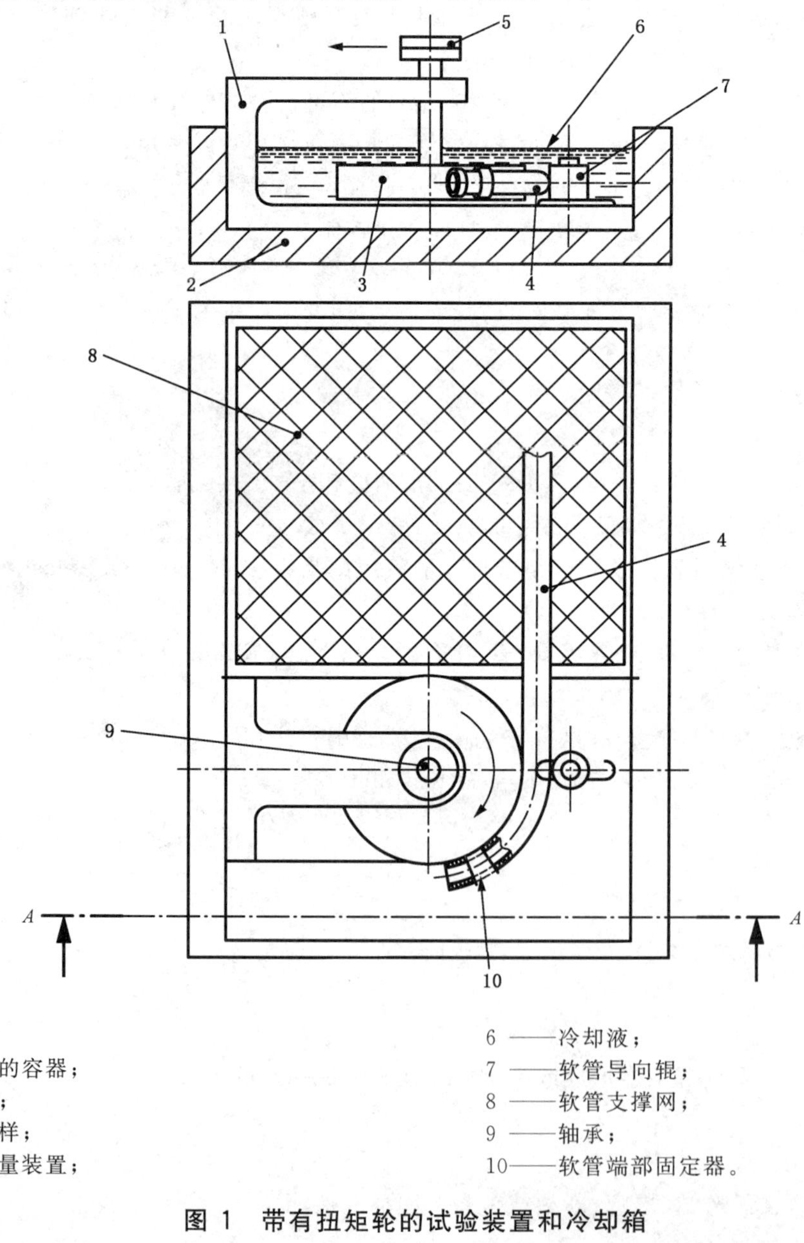

说明:

1 ——支架;
2 ——冷却液的容器;
3 ——扭矩轮;
4 ——软管试样;
5 ——扭矩测量装置;
6 ——冷却液;
7 ——软管导向辊;
8 ——软管支撑网;
9 ——轴承;
10——软管端部固定器。

图1 带有扭矩轮的试验装置和冷却箱

4.1.2 冷却箱

装备有一个搅拌器、一个温度测量装置和直径为 50 mm 的软管导向辊。用于引导软管的直径(见图 1)。

制冷剂不应对试验的软管有影响,并按 ISO 23529 的规定使用。适宜的冷却剂液体为加入粉碎的干冰(固体二氧化碳)的甲醇或乙醇。当仪器设计成使用气体制冷剂的试验与使用液体制冷剂所得结果相同时可使用气体制冷剂。

4.2 试样

4.2.1 类型

应从待试验的软管上切取试样,其长度 L 应按式(1)计算。

$$L = 2(\pi R + d) \tag{1}$$

式中:

R ——软管产品相关标准中规定的最小弯曲半径,单位为毫米(mm);

d ——软管内径,单位为毫米(mm)。

4.2.2 数量

每次试验至少应使用三个试样。

试验应在软管制造 24 h 后进行。

4.3 试验温度

试验应在下列温度之一下进行:

0 ℃±2 ℃;−10 ℃±2 ℃;−25 ℃±2 ℃;−40 ℃±2 ℃;−55 ℃±2 ℃。

或在相关的产品标准中规定的其他低于环境的温度下进行。

4.4 程序

将试样的一端固定在轮子上,而试验的其余部分呈笔直状态。如果软管有自然曲度,那么该曲度应随着轮子的曲度放置。

在冷却箱(4.1.2)中没有制冷剂的情况下,在从 ISO 25329 中给出的那些温度中选择的标准温度下,将试样围绕轮子弯曲 180°,测量所需的扭矩。

弯曲时间应为 12 s±2 s。在冷却箱中充有制冷剂的情况下,在选择的试验温度下(见 4.3)重复上述试验。试验前,在试验温度下,试样于低温箱中调节 24 h,然后在试验装置中在此试验温度下再至少调节 30 min。

4.5 结果表示

对于每个试样,通过计算在相应扭矩踪迹的中间 50%处所含峰值的平均值,计算标准温度下的平均扭矩和试验温度下的平均扭矩。

挺性 S 用试验温度下的平均扭矩与标准温度下的平均扭矩之比表示,按式(2)计算:

$$S = \frac{T_t}{T_o} \tag{2}$$

式中:

T_t ——试验温度下的扭矩(三次试验的平均值),单位为牛米(N·m);

T_o ——标准温度下的扭矩(三次试验的平均值),单位为牛米(N·m)。

如果每一温度下三个试样其中一个扭矩值超过平均值的15%,那么这个试验应重做。

4.6 试验报告

试验报告应包括下列内容:

a) 本部分的编号,即GB/T 5565.2—2017;
b) 软管的完整说明及其来源;
c) 试样的尺寸;
d) 所用的冷却剂;
e) 标准温度和试验温度;
f) 标准温度下的扭矩 T_0 和试验温度下的扭矩 T_t;
g) 挺性 S 的计算值;
h) 试验日期。

5 方法B

此方法仅适用于内径在100 mm以下的软管及非增强软管。

5.1 装置

5.1.1 **芯轴**外径等于规定的软管最小弯曲半径的2倍,或者模型,弧度至少为180°。如果没有规定最小弯曲半径,芯轴或模型的外径应等于软管公称内径的12倍。

5.1.2 **调节箱**能够保持在规定的温度(见5.3)范围内。

5.1.3 对于需要在调节箱外部进行曲挠试验的口径大于22 mm的软管,可使用图2所示的试验台,气动活塞推压芯轴以便软管试样和芯轴接触并绕芯轴弯曲。

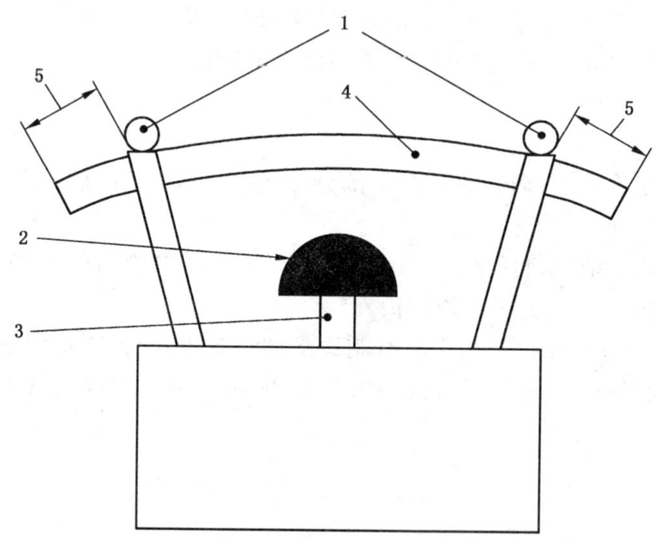

说明:
1——转辊;
2——芯轴;
3——气动活塞;
4——软管试样;
5——额外的软管长度(见下文建议)。
软管试样应足够长以便在弯曲过程中,试样在夹具中仍有剩余。

图2 在低于环境温度下试样的柔性试验装置

5.2 试样

应从待试验的软管上切取试样，其长度除了能够围绕芯轴的圆周弯曲的一段外，至少还有10%的剩余试样长度。除了绕芯轴边缘弯曲外，试样每一端还应有足够夹持的长度。

试验完成后试样应报废。

5.3 试验温度

试验应在下列温度之一下进行：

0 ℃±2 ℃；−10 ℃±2 ℃；−25 ℃±2 ℃；−40 ℃±2 ℃；−55 ℃±2 ℃。

或在相关的产品标准中规定的其他低于环境的温度下进行。

5.4 程序

在选择的试验温度下(见5.3)在调节箱(5.1.2)内调节芯轴(5.1.1)和软管试样(5.2)24 h。不将它们从调节箱中取出，公称内径在22 mm以下(包含22 mm)的软管在10 s内绕芯轴弯曲180°。公称内径在22 mm以上的软管在12 s内绕芯轴弯曲180°。

公称内径大于22 mm的软管，允许在调节箱外进行试验。使用的装置见图2(如果试样不能用手弯曲)。试样从冷冻箱中取出后在12 s内应绕芯轴弯曲。

在弯曲过程中，观察软管的外覆层是否有任何龟裂或破裂。

弯曲后，可使试样恢复到环境温度，施加规定的验证压力，按ISO 1402准确测量，在验证压力后检查内衬层是否有龟裂。

5.5 试验报告

试验报告应包括下列内容：

a) 本部分的编号，即GB/T 5565.2—2017；
b) 软管的完整说明及其来源；
c) 试样的尺寸；
d) 试验温度；
e) 试验使用的芯轴的外径；
f) 弯曲后软管试样的目视检查结果；
g) 验证压力试验后目视检查结果；
h) 试验日期。

6 方法C

本方法适用于内径在100 mm以上(包括100 mm)不可折叠的软管。

6.1 装置

6.1.1 **弯曲挺性试验装置**，如图3，将软管试样的两端和中间分别放在三个支撑台车上。台车宜适当地设计，以便在软管弯曲时自由移动。

单位为毫米

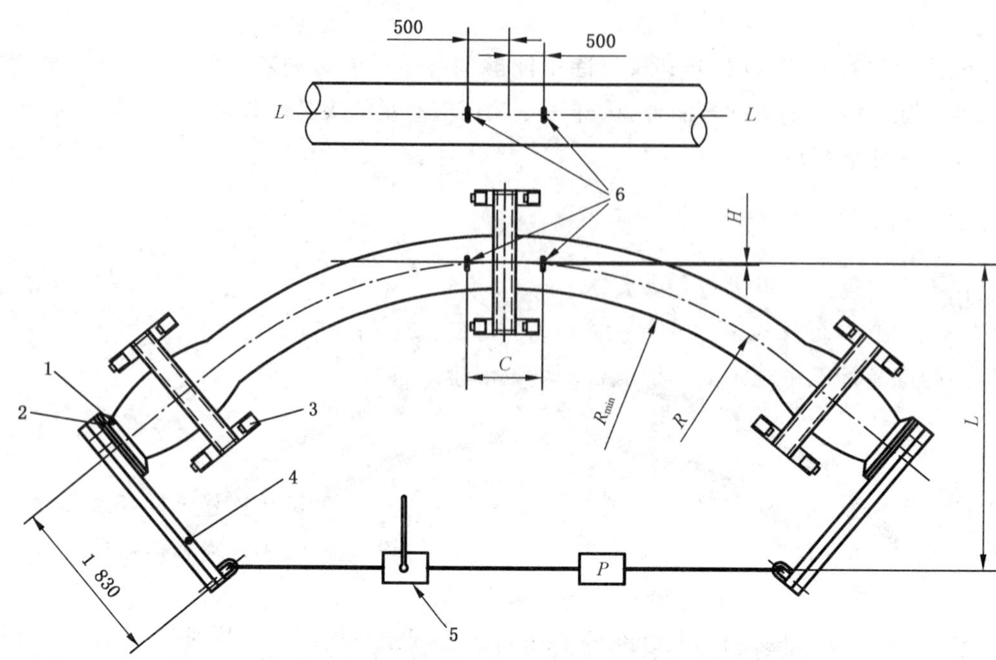

说明：

1 ——软管法兰；
2 ——试验板；
3 ——允许移动软管的台车；
4 ——软管弯曲杆；
5 ——拉力装置；
6 ——检验标记；
C ——弯曲弧弦；
H ——偏移量；
L ——力臂；
P ——线张力/测力计负荷；
R ——软管中心线弯曲半径；
R_{min}——最小弯曲半径。

图 3 曲挠挺性的试验方法

6.1.2 **调节箱**，能够保持规定的温度(见 6.3)。

软管的两端连接适当的拉力装置能够弯曲软管达到其最小弯曲半径 R。

6.2 试样

试验应在成品软管上进行。

6.3 试验温度

试验应在下列温度之一下进行：

0 ℃±5 ℃；−10 ℃±5 ℃；−25 ℃±5 ℃；−40 ℃±5 ℃；−55 ℃±5 ℃。

或在相关的产品标准中规定的其他低于环境的温度下进行。

6.4 程序

将软管试样排空并伸直，在试样中部沿轴线画一条 1 m 长的参考线，见图 3。在加热调节前将试样端部封闭。

弯曲试样(排空的)至其最小弯曲半径 R,然后松开至其空载状态。每个周期(弯曲软管的动作)应至少为 10 min,每个周期之间的放松间隔最多 5 min。试样支撑架上的滚轴系统应尽量减少摩擦阻力,从而使产生的摩擦可以忽略不计。至少重复此步骤 4 次,但不超过 7 次,确保弯曲弧度尽可能接近初始的弯曲弧度。

最近两次连续拉力(施加力后 5 min,读力)的变化应不大于 23 kg。如不符合,继续试验直至完成第 7 次,并记录拉力 P。

最后一次拉力后,记录图 3 所示的尺寸 L、C 和 H,用于计算曲挠挺性。参考线之间测量的弦 C 宜小于 1.0 m。

6.5 结果表示

曲挠挺性 EI 按式(3)计算:

$$EI = MR \qquad \cdots\cdots (3)$$

其中,M 和 R 分别由式(4)和式(5)计算:

$$M = PL \qquad \cdots\cdots (4)$$

$$R = \frac{C^2 + 4H^2}{8H} \qquad \cdots\cdots (5)$$

式中:

M ——试样中心的弯矩,单位为千克米(kg·m);
P ——测力计的负载(线张力),单位为千克(kg);
L ——力臂,单位为米(m);
R ——软管中心线弯曲半径,单位为米(m);
C ——弯曲弧弦,单位为米(m);
H ——偏移量,单位为米(m)。

6.6 试验报告

试验报告应包括下列内容:

a) 本部分的编号,即 GB/T 5565.2—2017;
b) 软管的完整说明及其来源;
c) 软管试样的尺寸;
d) 如果适用,试验压力;
e) 试验温度;
f) 进行试验的软管的弯曲状态;
g) 软管的最小弯曲半径;
h) 曲挠挺性 EI 的结果;
i) 试验日期。

ICS 23.040.70
G 42

中华人民共和国国家标准

GB/T 5565.3—2017/ISO 10619-3:2011

橡胶和塑料软管及非增强软管柔性及挺性的测量 第3部分:高温和低温弯曲试验

Rubber and plastics hoses and tubing—Measurement of flexibility and stiffness—Part 3:Bending tests at high and low temperatures

(ISO 10619-3:2011,IDT)

2017-09-07 发布　　2018-04-01 实施

中华人民共和国国家质量监督检验检疫总局
中国国家标准化管理委员会 发布

前　言

GB/T 5565《橡胶和塑料软管及非增强软管　柔性及挺性的测量》分为三个部分：

——第1部分：室温弯曲试验；

——第2部分：低于室温弯曲试验；

——第3部分：高温和低温弯曲试验。

本部分为GB/T 5565的第3部分。

本部分按照GB/T 1.1—2009给出的规则起草。

本部分使用翻译法等同采用ISO 10619-3:2011《橡胶和塑料软管及非增强软管　柔性及挺性的测量　第3部分：高温和低温弯曲试验》。

与本部分中规范性引用的国际文件有一致性对应关系的我国文件如下：

——GB/T 2941—2006　橡胶物理试验方法试样制备和调节通用程序(ISO 23529:2004,IDT)

——GB/T 7528—2011　橡胶和塑料软管及软管组合件　术语(ISO 8330:2007,IDT)

——GB/T 9573—2013　橡胶和塑料软管及软管组合件　软管尺寸和软管组合件长度测量方法(ISO 4671:2007,IDT)

本部分由中国石油和化学工业联合会提出。

本部分由全国橡胶与橡胶制品标准化技术委员会(SAC/TC 35)归口。

本部分起草单位：天津格特斯检测设备技术开发有限公司、沈阳橡胶研究设计院有限公司。

本部分主要起草人：刘颖、王淑丽。

橡胶和塑料软管及非增强软管柔性及挺性的测量 第3部分:高温和低温弯曲试验

警告——使用本部分的人员应有正规实验室工作的实践经验。本部分并未指出所有可能的安全问题。使用者有责任采取适当的安全和健康措施,并保证符合国家有关法规规定的条件。

1 范围

GB/T 5565 的本部分规定了测定橡胶和塑料软管及非增强软管的弯曲性能,包括弯曲要求的应力的方法,温度范围为－60 ℃～＋200 ℃。装置的特性限定其只适用于内径不大于 12.5 mm 的橡胶和塑料软管及非增强软管。

2 规范性引用文件

下列文件对于本文件的应用是必不可少的。凡是注日期的引用文件,仅注日期的版本适用于本文件。凡是不注日期的引用文件,其最新版本(包括所有的修改单)适用于本文件。

ISO 4671 橡胶和塑料软管及软管组合件 软管尺寸和软管组合件长度测量方法(Rubber and plastics hoses and hose assemblies—Methods of measurement of the dimensions of hoses and the lengths of hose assemblies)

ISO 8330 橡胶和塑料软管及软管组合件 术语(Rubber and plastics hoses and hose assemblies—Vocabulary)

ISO 23529 橡胶物理试验方法试样制备和调节通用程序(Rubber—General procedures for preparing and conditioning test pieces for physical test methods)

3 术语和定义

ISO 8330 界定的以及下列术语和定义适用于本文件。

3.1

弯曲 bending

在规定的温度下,使直行试样形成或施加力才使其形成弧形的过程。

3.2

柔性 flexibility

软管易于弯曲,且无弯结、塌瘪、断裂或龟裂等损坏的性能。

注:例如一个软管可绕芯轴弯曲。

3.3

挺性 stiffness

软管的抗弯曲性能。

4 方法

4.1 装置

4.1.1 压缩试验机，带有移动速率为 100 mm/min 的夹板，宜配有图形记录仪。可以将一个精度为毫米的标尺安装到夹板上测量弯曲半径，但最好能从图形记录上或其他装置上测量。

4.1.2 一对相同槽型的夹持器，装有试验软管端部止动销（见图 1）。

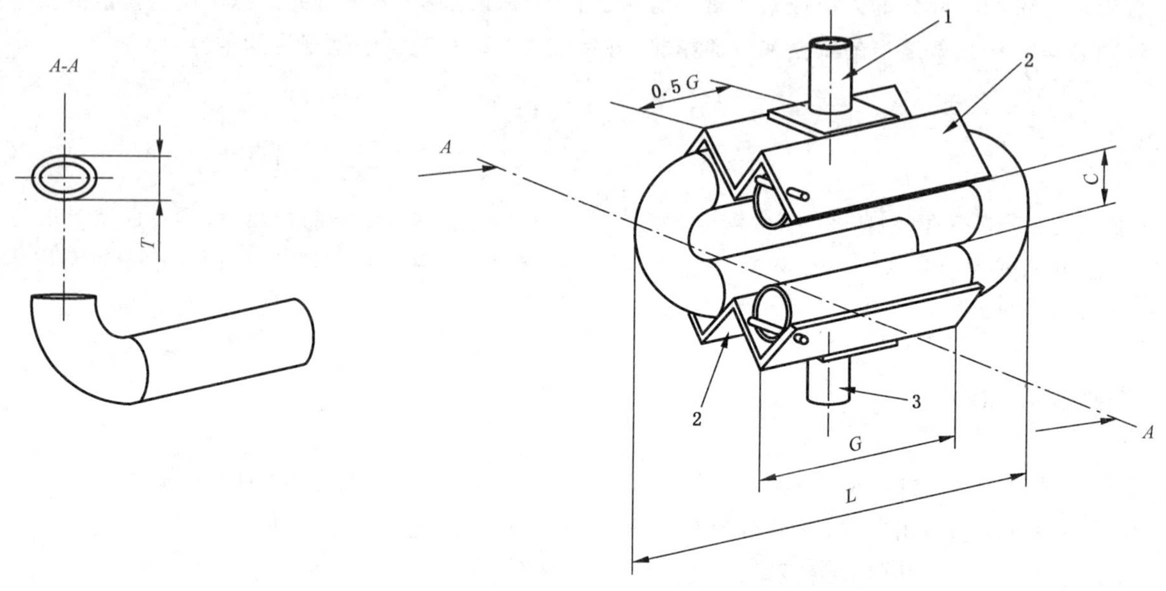

说明：

1 ——A 部分；
2 ——两个软管试样用的槽形夹持器；
3 ——B 部分；
C ——两倍最小弯曲半径；
G ——试样夹持器的长度；
$0.5G$ ——试样夹持器的长度的一半；
L ——安装在装置内软管试样的长度，其中 L 小于加热室或冷却室的长度；
T ——软管弯曲面的最小直径。

图 1 试验装置示意图

4.1.3 控温调节箱，可安装到试验设备上，并带有能测量软管外径的通道。

4.2 试样

4.2.1 类型和尺寸

应取两个等长的待试验的软管或非增强软管的试样（一组）进行试验。试样的长度由夹持器的尺寸确定，应为 $2G+0.5\pi(C+D)$，其中 G 为试样夹持器的长度（见图 1），C 为相应的规范中规定的最小弯曲半径的 2 倍，试样不应接触控温调节箱壁上，长度 L 应短于外罩。

4.2.2 数量

除另有规定，应试验三组试样（一组为两个）。

4.3 试样调节

试验应在软管制造的24 h后进行。

为使评价具有可比性,应尽可能在软管制造后相同时间间隔后进行试验。制造和试验试样间隔的时间应符合ISO 23529的规定。

试验前,试样应在规定试验温度下(见4.4)在控温调节箱(见4.1.3)内平直放置或按其原有弧度放置5 h。

4.4 试验温度

试验温度在相应的软管规范中规定。

4.5 试验程序

4.5.1 当在低于室温下调节的试样,试验宜在8 s~12 s完成。在高温下调节的试样,试验宜在5 s内完成。试验设备应和试样调节相同的温度。

4.5.2 测量外径 D。使用ISO 4671规定的合适的量具在无应力条件下,测量试样中点的外径3次。每组读取6个数求平均为 D_i。

4.5.3 将试样以较大的弯曲半径安装到夹持器内,试样的端部顶在端部止动销上。如果软管有自然弯曲,应顺其自然弯曲状态。

4.5.4 启动试验机。在A点与B点之间施加力(见图1),并测定达到规定弯曲半径2倍时所需的力。

4.5.5 将直接读数或从记录图上获得的应力值除以2获得单个试样的弯曲力。

4.5.6 测量软管弯曲部分最小外径 T(见图1)。获取6个读数,求平均值 T_i。

5 结果表示

用获得的平均值计算 T_i/D_i。

其中 T_i 为当试样弯曲至其最小弯曲半径时的外径(见图1),D_i 为试样未受应力时测量的软管中间点的外径。

6 试验报告

试验报告应包括下列内容:

a) 本部分的编号,即GB/T 5565.3—2017;

b) 所用方法;

c) 试验的增强软管或非增强软管的详细描述和软管进行试验所依据的软管规范;

d) 试验温度;

e) 观察到的任何突然变化或弯折所引起的非常规弯曲现象;

f) D_i、T_i 和 T_i/D_i 值;

g) 如果适用,达到规定的弯曲半径要求的力;

h) 试验日期。

ICS 29.120.99
K 14

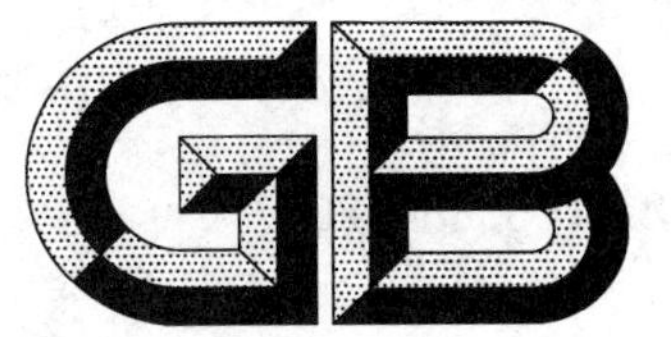

中华人民共和国国家标准

GB/T 5588—2017
代替 GB/T 5588—2002

银镍、银铁电触头技术条件

Technical specification for silver-nickel, silver-iron electrical contacts

2017-11-01 发布　　2018-05-01 实施

中华人民共和国国家质量监督检验检疫总局
中国国家标准化管理委员会　发布

前　言

本标准按照GB/T 1.1—2009给出的规则起草。

本标准代替GB/T 5588—2002《银镍、银铁电触头技术条件》，与GB/T 5588—2002相比，主要技术内容变化如下：

——增加了允许加入添加剂的条款(见表1)；

——增加了挤压型电触头材料的金相检验要求(见3.4)；

——修改了检验规则，降低了抽样数量(见第5章)。

本标准由中国电器工业协会提出。

本标准由全国电工合金标准化技术委员会(SAC/TC 228)归口。

本标准起草单位：桂林电器科学研究院有限公司、福达合金材料股份有限公司、浙江天银合金技术有限公司、温州宏丰电工合金股份有限公司、浙江乐银合金有限公司、温州中希电工合金有限公司、桂林金格电工电子材料科技有限公司、重庆川仪金属功能材料分公司、广州市银玑电工合金有限公司、安平县飞畅电工合金有限公司、宁波汉博贵金属合金有限公司、佛山通宝精密合金股份有限公司、佛山市顺德区嘉润电业有限公司、温州聚星电接触科技有限公司、美泰乐电工(苏州)有限公司、宁波电工合金材料有限公司、广东省工业分析检测中心。

本标准主要起草人：王振宇、柏小平、赵立文、谢永忠、陈晓、郑晓杰、郑元龙、黄锡文、田茂江、王长明、闫红彩、石建华、霍志文、刘家良、颜小芳、陈静、胡礼福、王海涛、吴新合、伍超群。

本标准所代替标准历次版本发布情况为：

——GB/T 5588—1993、GB/T 5588—2002。

银镍、银铁电触头技术条件

1 范围

本标准规定了片状银镍、银铁电触头的要求、抽样、试验方法、标志、标签、包装。

本标准适用于粉末冶金法生产的片状银镍、银铁电触头(以下简称电触头)产品,该产品主要应用于接触器、继电器及电器开关等低压电器。

2 规范性引用文件

下列文件对于本文件的应用是必不可少的。凡是注日期的引用文件,仅注日期的版本适用于本文件。凡是不注日期的引用文件,其最新版本(包括所有的修改单)适用于本文件。

GB/T 2828.1—2012 计数抽样检验程序 第1部分:按接收质量限(AQL)检索的逐批检验抽样计划

GB/T 5586 电触头材料基本性能试验方法

GB/T 5587 银基电触头基本形状尺寸、符号及标注

GB/T 26871 电触头材料金相试验方法

GB/T 26872—2011 电触头材料金相图谱

JB/T 4107.4 电触头材料化学分析方法 第4部分:银镍中镍含量的测定

JB/T 4107.5 电触头材料化学分析方法 第5部分:银铁中铁含量的测定

3 要求

3.1 表面质量

电触头表面应无裂纹、鼓泡、分层;表面和边缘不应有大于0.10 mm的凹陷和超过0.10 mm高的毛刺,表面上最多允许有两处长度小于0.20 mm夹杂物。表面不应有长度大于0.20 mm的锈斑。

3.2 尺寸及公差

除非供需双方另有约定,电触头尺寸规范及公差应符合GB/T 5587的要求。

3.3 代表符号、化学成分及力学物理性能

电触头代表符号、化学成分及力学物理性能应符合表1要求。

表 1 电触头代表符号、化学成分及力学物理性能

产品名称	代表符号	化学成分[a]（质量分数）%			力学物理性能					
					密度 g/cm³	硬度 ≥				电阻率 μΩ·cm ≤
						软态		硬态		
		银	镍	铁		HB	HV	HB	HV	
银镍(5)	AgNi(5)	95±1	5±1	—	10.07～10.42	40	43	65	68	1.95
银镍(10)	AgNi(10)	90±1	10±1	—	10.00～10.32	50	53	75	78	2.10
银镍(15)	AgNi(15)	85±1	15±1	—	9.90～10.23	52	55	76	79	2.20
银镍(20)	AgNi(20)	80±1	20±1	—	9.80～10.15	55	58	77	80	2.30
银镍(25)	AgNi(25)	75±1	25±1	—	9.72～10.06	58	61	78	81	2.50
银镍(30)	AgNi(30)	70±1	30±1	—	9.70～9.97	60	63	80	83	2.70
银镍(35)	AgNi(35)	65±1	35±1	—	9.56～9.99	63	66	83	86	3.00
银镍(40)	AgNi(40)	60±1	40±1	—	9.50～9.81	65	68	85	88	3.40
银铁(7)	AgFe(7)	93±1	—	7±1	10.00～10.30	50	53	70	73	2.00

[a] 为改善性能，制造商可加入总含量不超过1.5%（质量分数）的添加剂，添加剂的种类不限。

3.4 金相组织及金相缺陷

单片压制型电触头产品的金相组织在试样磨片的整个观察面上，不应有长度等于或大于 30 μm 的孔隙，或 100 μm 长的夹杂物，或 200 μm 长的铁、镍颗粒聚集物。在任一观察视场内(100×)，允许有大于或等于 10 μm 而小于 30 μm 的孔隙、大于或等于 30 μm 而小于 100 μm 的夹杂物、大于或等于 100 μm而小于 200 μm 的铁、镍颗粒聚集物，当上述允许值范围内的孔隙、夹杂物、聚集物共同存在时，共计不应超过 3 处。挤压型电触头产品的金相组织(与挤压方向相同)在试样磨片的整个观察面上，不应有 40 μm 宽的铁、镍颗粒聚集物。缺陷的金相照片图例见 GB/T 26872—2011 的 5.1.5 及 5.1.12。

4 试验方法

4.1 表面质量

电触头表面裂纹、鼓泡、分层采用目测，或借助于 5～10 倍放大镜观察。电触头表面夹杂物、锈斑及棱边凹陷采用目测或借助 10 倍工具显微镜观察。

4.2 尺寸及公差

电触头产品尺寸、毛刺用读数精度 0.02 mm 游标卡尺及读数精度 0.01 mm 的千分尺检测，或用其他具有同等精度的仪器或工具检测。

4.3 化学成分及力学物理性能

4.3.1 化学成分

4.3.1.1 银镍电触头中的镍含量按 JB/T 4107.4 测定。

4.3.1.2 银铁电触头中的铁含量按 JB/T 4107.5 测定。

4.3.1.3 电触头中的银含量按附录 A 规定测定。

4.3.2 力学物理性能

电触头的密度、硬度、电阻率按 GB/T 5586 测量。测量电阻率时，应按产品相同材料和相同工艺制作标准试样。单片压制型产品的标准试样推荐尺寸为 50 mm×10 mm×4 mm。挤压产品的标准试样推荐长度取 50 mm，宽度和厚度取半成品挤压板材的宽度和厚度，若半成品挤压板材的宽度大于 10 mm，则标准试样的宽度取 10 mm。

4.4 金相组织及金相缺陷

电触头的金相组织及金相缺陷按 GB/T 26871 检测。

5 检验规则

5.1 组批

电触头产品的检验由制造商质量部门按批进行，每批应为同一批配料和相同工艺生产的产品。

5.2 检验项目及其顺序

检验项目为第 3 章规定的所有项。采用合适的检验顺序，密度、金相组织、硬度及化学成分的检验可在抽取的同一样品上进行。

5.3 抽样及合格判定

5.3.1 表面质量

表面质量检验每批 100%，按件判定。

5.3.2 尺寸

厚度尺寸检验按 GB/T 2828.1—2012 规定，采用一般检验水平Ⅱ、正常检验二次抽样方案，接收质量限(AQL)为 2.5，其他尺寸为 4.0。

5.3.3 力学物理性能

5.3.3.1 密度、硬度检验按 GB/T 2828.1—2012 规定，采用特殊检验水平 S-3、正常检验二次抽样方案，接收质量限(AQL)为 2.5。

5.3.3.2 化学成分、电阻率检验按 GB/T 2828.1—2012 规定，采用特殊检验水平 S-2、正常检验二次抽样方案，接收质量限(AQL)为 10。

5.3.4 金相组织及金相缺陷

金相组织及金相缺陷检验按 GB/T 2828.1—2012 规定，采用特殊检验水平 S-2、正常检验二次抽样方案，接收质量限(AQL)为 10。

5.4 说明事项

为方便本标准使用，附录 B 给出了样本量字码和正常检验二次抽样方案。

6 标志、包装、运输、贮存和合格证书

6.1 标志

银镍、银铁电触头产品尺寸标注，应符合 GB/T 5587 的要求。

6.2 包装

6.2.1 银镍、银铁电触头产品应按同一批、相同组分及相同尺寸规格包装。

6.2.2 银镍、银铁电触头单重小于 5 g，集中用塑料口袋双层封装，银铁电触头用塑料口袋排气后封装并应注意采取防潮措施。袋内附有产品合格证及检验单，袋外应印有电触头名称、规格及厂名。建议银镍、银铁电触头单重 5 g 或 5 g 以上的，采用盒装，并应有防电触头碰磨和防潮湿措施；每盒重量不应超过 2 kg。盒内附产品合格证及检验单，盒外应标明电触头名称、规格、厂名。具体包装方法应由供需双方协商决定。

6.2.3 用塑料袋或盒装的电触头产品发运应装于包装箱内，并用松软的材料填实；建议每箱重量不超过 15 kg。具体包装方法由供需双方协商决定。

6.2.4 在包装箱内应附有装箱单，装箱单上应包含：

——袋(盒)的总数；

——批号及各种尺寸规格电触头的袋(盒)数；

——电触头净重；

——包装日期；

——包装者印鉴。

6.2.5 包装箱外应标明：

——制造厂名称；

——电触头产品名称或代表符号；

——毛重及净重；

——防潮防震标志。

6.3 运输

产品在运输中应防潮、防震，应避免与有腐蚀性货物混运。

6.4 贮存

产品应贮存在无腐蚀性气氛的仓库内，并防受潮。

6.5 合格证书

6.5.1 每批产品应附有产品合格证或质量保证书。

6.5.2 产品合格证应标明：

——电触头产品名称(或代表符号)、尺寸规格及批号；

——电触头数量(个数或净重)；

——检验日期；

——制造商名称；

——检验员姓名(或代号)或检验部门印鉴。

6.5.3 产品质量保证书内容应包括：

——产品名称(或代表符号)、型号或尺寸规格及批号；

——电触头数量(个数或净重);

——产品物理性能及金相组织照片;

——检验日期;

——制造商名称;

——检验员姓名(或代号)或检验部门印鉴。

附 录 A
（规范性附录）
银镍、银铁电触头银含量分析方法

A.1 范围

本附录规定了银镍、银铁电触头银含量的分析方法。

本附录适用于银镍、银铁电触头中银含量的测定，测定范围为55%～95%（质量分数）。

A.2 方法提要

试料用硝酸分解后，以硫酸铁铵为指示剂，用硫氰酸钾标准溶液进行滴定，硫氰酸根首先与溶液中的银离子反应生成难溶的硫氰酸银白色沉淀，当银离子沉淀完全，过量一滴的硫氰酸根与三价铁离子反应生成红色的硫氰酸铁络合物，即为终点。

A.3 试剂及其配制和标定

A.3.1 说明

在分析中仅使用确认为分析纯的试剂和蒸馏水或去离子水。

A.3.2 试剂及其配制和标定

所用试剂及其配制和标定如下：

a） 硝酸（1+1）。

b） 硫酸铁铵溶液（20 g/L）：称取 2 g 硫酸铁铵溶于 100 mL 水中，滴加刚煮沸过的硝酸（见 A.3.2a））至褐色褪去。

c） 硫氰酸钾标准滴定溶液[c(KCNS)=0.04 mol/L]：

  1） 配制：称取约 9.7 g 硫氰酸钾用水溶解后，稀释至 2 500 mL，充分混匀，静置 3 天。

  2） 标定：称取 0.100 0 g 纯银（99.99%）置于 250 mL 锥形瓶中，加 10 mL 硝酸（见 A.3.2a）），于电炉上低温加热溶解，煮沸除尽黄烟，冷却至室温，加水至 100 mL，加 5mL 硫酸铁铵（见 A.3.2b）），用硫氰酸钾标准滴定溶液（见 A.3.2c））滴定至淡红色为终点。

每毫升硫氰酸钾标准滴定溶液相当于银的量按式（A.1）计算：

$$c=\frac{m}{V} \qquad \cdots\cdots\cdots\cdots\cdots\cdots\cdots\cdots (A.1)$$

式中：

m ——纯银的质量，单位为克（g）；

V ——滴定纯银所消耗硫氰酸钾标准溶液的体积，单位为毫升（mL）。

A.4 分析程序

A.4.1 环境

测定环境无盐酸雾。

A.4.2 试料量

称取 0.1 g～0.2 g 试料(控制银量在 100 mg),精确至 0.000 1 g。

A.4.3 测定

A.4.3.1 将试料(见 A.4.2)置于 250 mL 的锥形瓶中,加 10 mL 硝酸(见 A.3.2a)),置于电炉上低温加热,使试料完全溶解后煮沸除尽黄烟,冷却至室温。

A.4.3.2 加水 100 mL,加 5 mL 硫酸铁铵(见 A.3.2b)),摇匀。

A.4.3.3 用硫氰酸钾标准滴定溶液(见 A.3.2c))进行滴定,至溶液呈稳定的淡红色即为终点,记下消耗硫氰酸钾标准滴定溶液的体积。

A.5 分析结果的计算

银的质量分数 w 按式(A.2)计算:

$$w = \frac{c \cdot V}{m} \times 100\% \qquad \text{(A.2)}$$

式中:

c ——每毫升硫氰酸钾标准滴定溶液相当于银的量,单位为克每毫升(g/mL);

V——滴定试料消耗硫氰酸钾标准滴定溶液的体积,单位为毫升(mL);

m——试料的质量,单位为克(g)。

A.6 精密度

在不同的实验室,由不同的操作者使用不同的设备,按相同的测试方法,对同一被测对象相互独立进行测试,结果的绝对差值不大于表 A.1 所列值。

表 A.1 精密度

银质量分数范围/%	绝对差值/%
55～95	0.40

附　录　B
（规范性附录）
正常检验二次抽样方案

B.1　本附录引用的数据部分摘自 GB/T 2828.1—2012，以便使用本标准时查用。

B.2　样本量字码见表 B.1，正常检验二次抽样方案按表 B.2。

表 B.1　样本量字码

批量	特殊检验水平				一般检验水平		
	S-1	S-2	S-3	S-4	Ⅰ	Ⅱ	Ⅲ
2～8	A	A	A	A	A	A	B
9～15	A	A	A	A	A	B	C
16～25	A	A	B	B	B	C	D
26～50	A	B	B	C	C	D	E
51～90	B	B	C	C	C	E	F
91～150	B	B	C	D	D	F	G
151～280	B	C	D	E	E	G	H
281～500	B	C	D	E	F	H	J
501～1 200	C	C	E	F	G	J	K
1 201～3 200	C	D	E	G	H	K	L
3 201～10 000	C	D	F	G	J	L	M
10 001～35 000	C	D	F	H	K	M	N
35 001～150 000	D	E	G	J	L	N	P
150 001～500 000	D	E	G	J	M	P	Q
500 001 及其以上	D	E	H	K	N	Q	R